水利水电工程施工技术全书

第四卷　金属结构制作与
机电安装工程

第六册

水电站
电气设备安装

姚卫星　周光荣　徐礼达　等　编著

中国水利水电出版社
www.waterpub.com.cn
·北京·

内 容 提 要

本书为《水利水电工程施工技术全书》第四卷《金属结构制作与机电安装工程》中的第六分册。本书系统阐述了水电站电气设备安装的技术和方法。主要内容包括：综述，升压变电设备安装，接地与防雷系统设备安装，发电电压设备安装，发电机励磁系统设备安装，发电电动机静止变频启动装置安装，厂用电系统设备安装，电动机及变频调速装置安装，电缆敷设及电缆终端制作，二次回路系统设备安装，继电保护设备及安全自动装置安装，计算机监控设备安装，弱电系统设备安装，照明设备安装，水电站施工供电和水电站电气设备安装工期与施工设备。

本书可以作为水利水电工程施工领域的工程技术人员、工程管理人员和高级技术工人的工具书。也可供从事水利水电工程科研、设计、建设及运行管理和相关企事业单位的工程技术人员、工程管理人员使用，并可作为大专院校水利水电工程及机电专业师生的教学参考书。

图书在版编目（CIP）数据

水电站电气设备安装 / 姚卫星等编著. -- 北京：
中国水利水电出版社，2019.9
  （水利水电工程施工技术全书. 第四卷，金属结构制
作与机电安装工程 ；第六册）
  ISBN 978-7-5170-7941-5

Ⅰ.①水… Ⅱ.①姚… Ⅲ.①水力发电站－电气设备
－设备安装 Ⅳ.①TV734

中国版本图书馆CIP数据核字(2019)第188178号

书　　名	水利水电工程施工技术全书 **第四卷　金属结构制作与机电安装工程** **第六册　水电站电气设备安装** SHUIDIANZHAN DIANQI SHEBEI ANZHUANG	
作　　者	姚卫星　周光荣　徐礼达　等　编著	
出版发行	中国水利水电出版社 （北京市海淀区玉渊潭南路1号D座　100038） 网址：www.waterpub.com.cn E-mail：sales@waterpub.com.cn 电话：(010) 68367658（营销中心）	
经　　售	北京科水图书销售中心（零售） 电话：(010) 88383994、63202643、68545874 全国各地新华书店和相关出版物销售网点	
排　　版	中国水利水电出版社微机排版中心	
印　　刷	天津嘉恒印务有限公司	
规　　格	184mm×260mm　16开本　34.25印张　812千字	
版　　次	2019年9月第1版　2019年9月第1次印刷	
印　　数	0001—2000册	
定　　价	**155.00元**	

《水利水电工程施工技术全书》
编审委员会

顾　　问： 潘家铮　中国科学院院士、中国工程院院士
　　　　　　谭靖夷　中国工程院院士
　　　　　　陆佑楣　中国工程院院士
　　　　　　郑守仁　中国工程院院士
　　　　　　马洪琪　中国工程院院士
　　　　　　张超然　中国工程院院士
　　　　　　钟登华　中国工程院院士
　　　　　　缪昌文　中国工程院院士
名誉主任： 范集湘　丁焰章　岳　曦
主　　任： 孙洪水　周厚贵　马青春
副 主 任： 宗敦峰　江小兵　付元初　梅锦煜
委　　员：（以姓氏笔画为序）

丁焰章	马如骐	马青春	马洪琪	王　军	王永平
王亚文	王鹏禹	付元初	吕芝林	朱明星	朱镜芳
向　建	刘永祥	刘灿学	江小兵	汤用泉	孙志禹
孙来成	孙洪水	李友华	李志刚	李丽丽	李虎章
杨　涛	杨成文	肖恩尚	吴光富	吴秀荣	吴国如
吴高见	何小雄	余　英	沈益源	张　晔	张为明
张利荣	张超然	陆佑楣	陈　茂	陈梁年	范集湘
林友汉	和孙文	岳　曦	周　晖	周世明	周厚贵
郑守仁	郑桂斌	宗敦峰	钟彦祥	钟登华	夏可风
郭光文	席　浩	涂怀健	梅锦煜	常焕生	常满祥
焦家训	曾　文	谭靖夷	潘家铮	楚跃先	戴志清
缪昌文	衡富安				

主　　编： 孙洪水　周厚贵　宗敦峰　梅锦煜　付元初　江小兵
审　　定： 谭靖夷　郑守仁　马洪琪　张超然　梅锦煜　付元初
　　　　　　周厚贵　夏可风
策　　划： 周世明　张　晔
秘 书 长： 宗敦峰（兼）
副秘书长： 楚跃先　郭光文　郑桂斌　吴光富　康明华

《水利水电工程施工技术全书》
各卷主（组）编单位和主编（审）人员

卷序	卷名	组编单位	主编单位	主编人	主审人
第一卷	地基与基础工程	中国电力建设集团（股份）有限公司	中国电力建设集团（股份）有限公司 中国水电基础局有限公司 中国葛洲坝集团基础工程有限公司	宗敦峰 肖恩尚 焦家训	谭靖夷 夏可风
第二卷	土石方工程	中国人民武装警察部队水电指挥部	中国人民武装警察部队水电指挥部 中国水利水电第十四工程局有限公司 中国水利水电第五工程局有限公司	梅锦煜 和孙文 吴高见	马洪琪 梅锦煜
第三卷	混凝土工程	中国电力建设集团（股份）有限公司	中国水利水电第四工程局有限公司 中国葛洲坝集团有限公司 中国水利水电第八工程局有限公司	席　浩 戴志清 涂怀健	张超然 周厚贵
第四卷	金属结构制作与机电安装工程	中国能源建设集团（股份）有限公司	中国葛洲坝集团有限公司 中国电力建设集团（股份）有限公司 中国葛洲坝集团机电建设有限公司	江小兵 付元初 张　晔	付元初 杨浩忠
第五卷	施工导（截）流与度汛工程	中国能源建设集团（股份）有限公司	中国能源建设集团（股份）有限公司 中国葛洲坝集团有限公司 中国水利水电第八工程局有限公司	周厚贵 郭光文 涂怀健	郑守仁

《水利水电工程施工技术全书》
第四卷《金属结构制作与机电安装工程》
编委会

主　　编：江小兵　付元初　张　晔
主　　审：付元初　杨浩忠
委　　员：（以姓氏笔画为序）

马军领　马经红　王生瓒　王启茂　王定苍

王建华　王益民　王家强　吉振伟　刘灿学

刘和林　许礼达　牟官华　李红春　李丽丽

杨　刚　张为明　陈　强　陈梁年　周　晖

周光荣　赵显忠　姚卫星　姚正鸿　高鹏飞

梅　骏　龚祖春　盛国林　彭景亮　曾　文

曾　辉　曾洪富　谢荣复　蔡国忠　潘家根

秘 书 长：马经红（兼）
副秘书长：李红春　安　磊　王启茂　漆卫国

《水利水电工程施工技术全书》
第四卷《金属结构制作与机电安装工程》
第六册《水电站电气设备安装》
主编单位、主编人及审查人

主编单位 中国葛洲坝集团电力有限责任公司 中国葛洲坝集团机电建设有限公司 中国水利水电第八工程局有限公司 中国人民武装警察部队水电部队二总队

主 编 人 姚卫星 周光荣 徐礼达 等

审 查 人 杨浩忠 徐鸣琴 马军领 王家强 吉振伟 陈训耀

各章节编写单位及编写人

序号	章	名称	编写单位	编写人	审查人
1	第1章	综述	中国葛洲坝集团机电建设有限公司	陈训耀 徐海林 莫文华	杨浩忠 王家强 徐海林 陈训耀
2	第2章	升压变电设备安装	中国葛洲坝集团机电建设有限公司 中国葛洲坝集团电力有限责任公司 中国葛洲坝集团国际工程有限公司 中国水利水电第八工程局有限公司	陈训耀 徐海林 高鹏飞 徐 军 陶光立 王益民 周光荣 丁一波 杨家菊	杨浩忠 王家强 徐海林 陈训耀 高鹏飞
3	第3章	接地与防雷系统设备安装	中国葛洲坝集团电力有限责任公司	高鹏飞	杨浩忠 王家强 陈训耀
4	第4章	发电电压设备安装	中国葛洲坝集团机电建设有限公司	宋长斌 徐海林	杨浩忠 王家强 陈训耀 徐海林
5	第5章	发电机励磁系统设备安装	中国水利水电第八工程局有限公司	叶 波	杨浩忠 王家强

序号	章	名称	编写单位	编写人	审查人
6	第6章	发电电动机静止变频启动装置安装	中国人民武装警察部队水电部队二总队 中国葛洲坝集团机电建设有限公司	张孟军 莫文华	杨浩忠 王家强 莫文华
7	第7章	厂用电系统设备安装	中国葛洲坝集团电力有限责任公司	孙卫明 高鹏飞	杨浩忠 王家强 高鹏飞
8	第8章	电动机及变频调速装置安装	中国葛洲坝集团机电建设有限公司	陈训耀	杨浩忠 王家强 徐海林
9	第9章	电缆敷设及电缆终端制作	中国葛洲坝集团电力有限责任公司	魏爱军 高鹏飞 丁文胜	杨浩忠 王家强 高鹏飞
10	第10章	二次回路系统设备安装	中国水利水电第八工程局有限公司	杨家菊	杨浩忠 王家强
11	第11章	继电保护设备及安全自动装置安装	中国葛洲坝集团机电建设有限公司	段少军 崔慧丽	杨浩忠 王家强 莫文华
12	第12章	计算机监控设备安装	中国葛洲坝集团机电建设有限公司	张在荣	杨浩忠 王家强 徐海林
13	第13章	弱电系统设备安装	中国水利水电第八工程局有限公司	杨家菊 刘序涛	杨浩忠 王家强
14	第14章	照明设备安装	中国葛洲坝集团电力有限责任公司	高鹏飞	杨浩忠 王家强
15	第15章	水电站施工供电	中国葛洲坝集团电力有限责任公司	龚祖春 姚卫星 高鹏飞	杨浩忠 王家强
16	第16章	水电站电气设备安装工期与施工设备	中国葛洲坝集团机电建设有限公司	陈训耀 徐海林 王新利	杨浩忠 王家强 徐海林

序 一

水利水电工程建设在我国作为一项基础建设事业，已经走过了近百年的历程，这是一条不平凡而又伟大的创业之路。

新中国成立 66 年来，党和国家领导一直高度重视水利水电工程建设，水电在我国已经成为了一种不可替代的清洁能源。我国已经成为世界上水电装机容量第一位的大国，水利水电工程建设不论是规模还是技术水平，都处于国际领先或先进水平，这是几代水利水电工程建设者长期艰苦奋斗所创造出来的。

改革开放以来，特别是进入 21 世纪以后，我国的水利水电工程建设又进入了一个前所未有的高速发展时期。到 2014 年，我国水电总装机容量突破 3 亿 kW，占全国电力装机容量的 23%。发电量也历史性地突破 31 万亿 kW·h。水电作为我国当前重要的可再生能源，为我国能源电力结构调整、温室气体减排和气候环境改善做出了重大贡献。

我国水利水电工程建设在新技术、新工艺、新材料、新设备等方面都取得了突破性的进展，无论是技术、工艺，还是在材料、设备等方面，都取得了令人瞩目的成就，它不仅推动了技术创新市场的活跃和发展，也推动了水利水电工程建设的前进步伐。

为了对当今水利水电工程施工技术进展进行科学的总结，及时形成我国水利水电工程施工技术的自主知识产权和满足水利水电建设事业的工作需要，全国水利水电施工技术信息网组织编撰了《水利水电工程施工技术全书》。该全书编撰历时 5 年，在编撰过程中组织了一大批长期工作在工程建设一线的中青年技术负责人和技术骨干执笔，并得到了有关领导、知名专家的悉心指导和审定，遵循"简明、实用、求新"的编撰原则，立足于满足广大水利水电工程技术人员的实际工作需要，并注重参考和指导价值。该全书内容涵盖了水利水电工程建设地基与基础工程、土石方工程、混凝土工程、金属结构制作与机电安装工程、施工导（截）流与度汛工程等内容的目标任务、原理方法及工程实例，既有理论阐述，又有实例介绍，重点突出，图文并茂，针对性及可操作性强，对今后的水利水电工程建设施工具有重要指导作用。

《水利水电工程施工技术全书》是对水利水电施工技术实践的总结和理论提炼，是一套具有权威性、实用性的大型工具书，为水利水电工程施工"四新"技术成果的推广、应用、继承、创新提供了一个有效载体。为大力推动水利水电技术进步和创新，推进中国水利水电事业又好又快地发展，具有十分重要的现实意义和深远的科技意义。

水利水电工程是人类文明进步的共同成果，是现代社会发展对保障水资源供给和可再生能源供应的基本需求，水利水电工程施工技术在近代水利水电工程建设中起到了重要的推动作用。人类应对全球气候变化的共识之一是低碳减排，尽可能多地利用绿色能源就成为重要选择，太阳能、风能及水能等成为首选，其中水能蕴藏丰富、可再生性、技术成熟、调度灵活等特点成为最优的绿色能源。随着水利水电工程建设与管理技术的不断发展，水利水电工程，特别是一些高坝大库能有效利用自然条件、降低开发运行成本、提高水库综合效能，高坝大库的（高度、库容）记录不断被刷新。特别是随着三峡、拉西瓦、小湾、溪洛渡、锦屏、向家坝等一批大型、特大型水利水电工程相继建成并投入运行，标志着我国水利水电工程技术已跨入世界领先行列。

近年来，我国水利水电工程施工企业积极实施走出去战略，海外市场开拓业绩突出。目前，我国水利水电工程施工企业在亚洲、非洲、南美洲多个国家承建了上百个水利水电工程项目，如尼罗河上的苏丹麦洛维水电站、号称"东南亚三峡工程"的马来西亚巴贡水电站、巨型碾压混凝土坝泰国科隆泰丹水利工程、位居非洲第一水利枢纽工程的埃塞俄比亚泰克泽水电站等，"中国水电"的品牌价值已被全球业内所认可。

《水利水电工程施工技术全书》对我国水利水电施工技术进行了全面阐述。特别是在众多国内外大型水利水电工程成功建设后，我国水利水电工程施工人员创造出一大批新技术、新工法、新经验，对这些内容及时总结并公开出版，与全体水利水电工作者分享，这不仅能促进我国水利水电行业的快速发展，提高水利水电工程施工质量，保障施工安全，规范水利水电施工行业发展，而且有助于我国水利水电行业走进更多国际市场，展示我国水利水电行业的国际形象和实力，提高我国水利水电行业在国际上的影响力。

该全书的出版不仅能提高水利水电工程施工的技术水平，而且有助于提高我国水利水电行业在国内、国际上的影响力，我在此向广大水利水电工程建设者、工程技术人员、勘测设计人员和在校的水利水电专业师生推荐此书。

2015 年 4 月 8 日

序 二

　　《水利水电工程施工技术全书》作为我国水利水电工程技术综合性大型工具书之一，与广大读者见面了！

　　这是一套非常好的工具书，它也是在《水利水电工程施工手册》基础上的传承、修订和创新。集中介绍了进入 21 世纪以来我国在水利水电施工领域从施工地基与基础工程、土石方工程、混凝土工程、金属结构制作与机电安装工程、施工导（截）流与度汛工程等方面采用的各类创新技术，如信息化技术的运用：在施工过程模拟仿真技术、混凝土温控防裂技术与工艺智能化等关键技术，应用了数字信息技术、施工仿真技术和云计算技术，实现工程施工全过程实时监控，使现代信息技术与传统筑坝施工技术相结合，提高了混凝土施工质量，简化了施工工艺，降低了施工成本，达到了混凝土坝快速施工的目的；再如碾压混凝土技术在国内大规模运用：节省了水泥，降低了能耗，简化了施工工艺，降低了工程造价和成本；还有，在科研、勘察设计和施工一体化方面，数字化设计研究面向设计施工一体化的三维施工总布置、水工结构、钢筋配置、金属结构设计技术，推广复杂结构三维技施设计技术和前期项目三维枢纽设计技术，形成建筑工程信息模型的协同设计能力，推进建筑工程三维数字化设计移交标准工程化应用，也有了长足的进步。因此，在当前形势下，编撰出一部新的水利水电施工技术大型工具书非常必要和及时。

　　随着水利水电工程施工技术的不断推进，必然会给水利水电施工带来新的发展机遇。同时，也会出现更多值得研究的新课题，相信这些都将对水利水电工程建设事业起到积极的促进作用。该全书是当今反映水利水电工程施工技术最全、最新的系列图书，体现了当前水利水电最先进的施工技术，其中多项工程实例都是曾经创造了水利水电工程的世界纪录。该全书总结的施工技术具有先进性、前瞻性，可读性强。该全书的编者们都是参加过我国大型水利水电工程的建设者，有着非常丰富的各专业施工经验。他们以高度的社会责任感和使命感、饱满的工作热情和扎实的工作作风，大力发展和创新水电科学技术，为推进我国水利水电事业又好又快地发展，做出了新的贡献！

近年来，我国水利水电工程建设快速发展，各类施工技术日臻成熟，相继建成了三峡、龙滩、水布垭等具有代表性的水电工程，又有拉西瓦、小湾、溪洛渡、锦屏、糯扎渡、向家坝等一批大型、特大型水电工程，在施工过程中总结和积累了大量新的施工技术，尤其是混凝土温控防裂的施工方法在三峡水利枢纽工程的成功应用，高寒地区高拱坝冬季施工综合技术在拉西瓦等多座水电站工程中的应用……，其中的多项施工技术获得过国家发明专利，达到了国际领先水平，为今后水利水电工程施工提供了参考与借鉴。

目前，我国水利水电工程施工技术已经走在了世界的前列，该全书的出版，是对我国水利水电工程建设领域的一大贡献，为后续在水利水电开发，例如金沙江上游、长江上游、通天河、黄河上游的水电开发、南水北调西线工程等建设提供借鉴。该全书可作为工具书，为广大工程建设者们提供一个完整的水利水电工程施工理论体系及工程实例，对今后水利水电工程建设具有指导、传承和促进发展的显著作用。

《水利水电工程施工技术全书》的编撰、出版是一项浩繁辛苦的工作，也是一项具有创造性的劳动过程，凝聚了几百位编、审人员近5年的辛勤劳动，克服各种困难。值此该全书出版之际，谨向所有为该全书的编撰给予关心、支持以及为此付出了辛勤劳动的领导、专家和同志们表示衷心的感谢！

2015 年 4 月 18 日

本 卷 序

《水利水电工程施工技术全书》第四卷《金属结构制作与机电安装工程》是一部全面介绍水利水电工程在金属结构制作与机电安装领域内施工新技术、新工艺、新材料的大型工具书，经本卷各册、各章编审人员的多年辛勤劳动和不懈努力，至今得以出版与读者见面。

作为一个特定的施工技术行业，水电机电设备安装伴随着新中国水力发电建设事业的发展已经走过了65年的历程，这是一条平凡而伟大的创业之路。

65年来，通过包括水电机电设备安装在内的几代工程建设者的开发和奋斗，水电在中国已经成为一种重要的不可替代的清洁能源。至今，中国已是世界上第一位的水电装机容量大国，不论其已投运机组设备的技术水平和数量，还是在建水电工程的规模，在世界上均遥遥领先。回顾、总结几代水电机电安装人的事业成果和经验，编撰反映中国水电机电安装施工技术的全书，既是我国水力发电建设事业可持续发展的需要，也是一个国家工匠文化建设和技术知识传承的需要。新中国水电机电安装事业的发展和技术进步是史无前例的，它是在中国优越的水力资源条件下，水力发电建设事业发展的结果，归根结底，是国家工业化发展和技术进步的产物。

一座水电站的建设，不论其投资多么巨大，规模多么宏伟，涉及的地质条件多么复杂，施工多么艰巨，其最终的目标必定是安装发电设备并让其安全稳定地运行，以电量送出的多少和水电站调洪、调峰能力大小来衡量工程最终的经济与社会效益，而不是建造一座以改变自然资源面貌为代价的所谓"建筑丰碑"。我们必须以最小的环境代价建成最有效益的清洁能源，这也是我们水电机电工程建设者们共同的、基本的夙愿。

作为水电站建设的一个环节，水电机电安装起着将水电站建设投资转化为现实收益的重要桥梁作用。而机电安装企业也是在中国特色经济条件下形成的一个特定的专业施工技术群体，半个多世纪以来，它承担了中国几乎全部的大中型水电机组的安装工程，向中国水力发电建设的方方面面培养和输送了大量有实践知识、有理论水平的工程师，它的存在和发展同样是中国水力发电事业蒸蒸日上的一个方面。我们将不断总结发展过程中的经验和教训，在建设中国水电工程的同时，实现走出国门，创建世界水电建设顶级品牌的目标。

本卷的编撰工作量巨大，大部分编撰任务都是由中国水电机电安装老一辈的技术干部们承担；他们参加了新中国所有的水电机电建设，见证了中国水电的发展历程，为中国的水电机电安装技术迈上世界领先地位奉献了他们的聪明和智慧。在以三峡水利枢纽工程为代表的一大批世界最大容量的机组安装期间，他们大多数人虽然已经退休，但是仍在设计、制造、管理、安装各层面对安装技术的创新和发展起着核心推动作用，为本卷内容注入了新的知识和技术。

本卷各分册将通过众多有丰富实践经验、有相当理论知识水平的工程师们的总结和归纳，向读者全面介绍我国水利水电建设金属结构制作与机电安装工程的博大、丰富的知识和经验，展示其规范合理的施工程序、精湛细致的施工工艺和内涵丰富的工程实例，并期望通过本卷各分册的出版，答谢社会各界，尤其是国内外从事水电建设的各方长期以来对我国水电机电安装行业和安装技术的关心、关爱、支持和帮助。

2016 年 6 月

前　言

由全国水利水电施工技术信息网组织编写的《水利水电工程施工技术全书》第四卷《金属结构制作与机电安装工程》共分为七册，《水电站电气设备安装》为第六册，由中国葛洲坝集团电力有限责任公司、中国葛洲坝集团机电建设有限公司、中国水利水电第八工程局有限公司和中国人民武装警察部队水电部队二总队编撰。

21世纪以来，我国水电技术高速发展，依次成功建成了一大批大型和特大型水电站，如三峡、拉西瓦、龙滩、锦屏梯级、溪洛渡、向家坝、龙开口、宜兴抽水蓄能、惠州抽水蓄能等大型水电站，水电——我国这一可再生清洁能源的利用率、电力能源占有比例均大幅提升，也缓解了中东部地区电力紧张的局面，满足了我国经济高速发展的能源需求。在这些大、中型水电站建设中，机电工程作为最为核心的系统之一，尤其是机电设备安装调试工作，是工程实施成功的重要标志。机电施工的技术水平不仅关系到建设期的进度、质量、安全及施工效益，也可能直接影响到机电设备使用寿命，也反映了建设时代的工业水平及施工建设团队的技术能力。

为了总结水电站电气设备安装施工技术，统一、规范水电站电气设备安装施工工艺，分析当前我国最为先进的电气设备安装施工技术，为后续工程施工提供指导意见，本册汇编了近现代水电站电气设备安装的发展方向、电气设备的结构与特点、安装技术。希望通过本册，能较为全面反映当前国内外水电站电气设备安装前沿技术，为后续类似工程施工建设提供指导和借鉴。

由于编制、审定时间较短，本册收录的相关技术还存在一定的局限性，可能存在一些不当或错误之处，欢迎广大读者提出宝贵意见。

本册由中国葛洲坝集团有限公司杨浩忠、王家强、张晔、中国电力建设集团有限公司付元初最终审定。

作者

2017 年 6 月

目　录

1 综　　述

1.1　水电站电气设备安装的重要性

水电站电气设备安装是水电站设备安装的重要组成部分，是实现水电站机组向电力系统输送电能的必要环节。水电站电气设备的安装质量优劣将直接影响电气设备运行的质量和寿命，从而直接影响到供电质量和电厂的经济效益。

随着水电站及电力系统的不断发展和安全稳定运行，给国民经济和社会发展带来了巨大的效益。但是，国内外经验表明，大型水电站或电力系统一旦发生自然或人为故障，不能及时有效控制而失去稳定运行或电网瓦解，将酿成大面积停电，给社会带来灾难性的后果。因此，如何保证水电站及电力系统安全稳定运行是电力工作者的职责。技术上不断创新、严格管理，力求避免水电站、电网的稳定性遭到破坏而发生大面积停电事故。随着我国电力系统向大机组、高电压、大电网发展，水电站电气设备的制造安装水平获得极大提高。实践证明，水电站电气设备故障率的高低，除了设备质量因素外，还很大程度上取决于设计、安装、调试和运行维护人员的技术水平和精细管理。据不完全统计，我国水电站的电气设备运行故障中，由于各种人为因素造成的故障约占50%。因此，提高水电站电气设备安装人员素质及科学管理，对保障安装质量水平十分重要。

1.2　我国水电站电气设备安装发展历程

1.2.1　水电站电气设备安装历程

1879年，英国工程师J. D. Bishop在上海虹口乍浦路，以一台10马力的蒸汽机为动力，带动自激直流发电机点亮了我国的第一盏电灯，从那时开始中国人有了电的概念；1904年，我国的第一座水力发电站，即龟山水电站在台湾省建成；1909—1912年，由我国人自己建成的第一座水电站即石龙坝水电站在云南省建成。改革开放以来，随着葛洲坝水电站、李家峡水电站、二滩水电站、小浪底水电站、龙滩水电站、三峡水电站、拉西瓦水电站、向家坝水电站、溪洛渡水电站、广州抽水蓄能电站、天荒坪抽水蓄能电站等一大批大型水电站、抽水蓄能电站的建成，我国水电站机电设备技术经历了从引进、消化、吸收、创新到全部国产化的技术发展历程，标志着我国的水电建设已进入世界先进行列。

我国的水电站电气设备安装技术随着水电站的不断建设而发展，从无到有、设备电压从低到高、容量从小到大，水电站的控制从手动控制到计算机监控，从常规水电站到抽水蓄能电站，随着水电站大量兴建，电气设备技术的飞速发展，安装技术水平得到很大提高。

早期由于水电站单机发电容量小，接入的电力系统的电压比较低，所配套的发电机变压器一般容量小、结构比较简单，变压器一般为油浸式结构。随着电力系统的发展，电力变压器容量和电压不断提高，电力变压器种类也随之增多，例如20世纪90年代初在天生桥二级水电站安装的是500/220/35kV 750MVA三相组合式自耦联络变压器和三相500kV 500MVA低压分裂绕组的壳式主变压器；2002年在三峡水电站安装的是500kV 840MVA三相主变压器；2008年在拉西瓦水电站安装的是单相800kV 260MVA主变压器，这些都标志着我国变压器的安装达到国际先进水平。

20世纪90年代初以来，500kV气体绝缘封闭组合电器（GIS）被普遍采用，并实现安装一次投产成功。2009年拉西瓦水电站800kV GIS安装一次投产成功，标志着我国水电站GIS安装又进入了一个新高度。

气体绝缘金属封闭输电线路（Gas Insulated Metal Enclosed Transmission Line，简称GIL）在我国水电站安装历史不长、安装数量也不多，但经过不断研究与实践，安装单位很快掌握了GIL的安装工艺。2009年我国在高海拔、低气压环境下的拉西瓦水电站800kV GIL在地下垂直210m竖井内安装一次投产成功，随后锦屏水电站、溪洛渡水电站500kV GIL也陆续安装投运成功，标志着我国水电站GIL安装已达到世界先进水平。

我国第一根330kV高压充油电缆于1987年在龙羊峡水电站安装；当今500kV高压低密度聚乙烯绝缘电缆的安装技术及终端制作已成熟并得到普遍应用。

发电机封闭母线在水电站的安装已有近40年的历史，安装关键技术例如氩弧焊技术已经得到普遍应用。

近年来，随着抽水蓄能电站大量兴建，发电电动机的静置变频启动设备应用已成常规。

水电站计算机监控系统在近30多年得到飞速发展，原来常规的继电器、信号、光字牌等技术已经被PLC、传感器技术、网络技术及计算机等代替，目前很多水电站已经实现远程集中调度、故障远程诊断、水情自动测报、发电及故障诊断实现在线监测。

励磁设备从传统的旋转直流励磁机发展为SCR静止自并励励磁设备，制造安装调试技术已成熟。

继电保护装置是从传统的机械型继电器开始，到目前微机继电保护，配以故障录波装置、安全自动装置以及保护信息站，实现实时采集与故障跟踪、分析处理智能化。

1.2.2　水电站电气设备安装发展展望

随着技术的不断进步，水电站自动化程度日益创新，未来水电站电气设备安装技术将向下列方向发展：

（1）1000kV电压等级电气设备安装将会涉及，安装工艺将有质的改变。

（2）单机容量1000MVA及以上水电站电气设备安装技术即将实现。

（3）以无人值班为目标的水电厂运行管理水平及相应的自动化技术将会进一步发展。

（4）以状态检修为标志的设备管理水平与相关检测、监测与分析诊断技术水平将会进一步提高。

（5）智能变电站将会得到更大的普及与发展。

1.3 水电站电气设备安装分类、内容及特点

1.3.1 水电站电气设备安装分类

水电站电气设备安装分为电气一次设备安装和电气二次设备安装。

电气一次设备主要包括以下内容：发电机电压设备；母线；主变压器及中性点设备；高压电缆设备；高压输电母线设备（GIL）；气体绝缘封闭组合电器（GIS）；线路并联电抗器及中性点设备；开关站出线设备；厂用电系统的馈电变压器；电缆、光缆、全厂照明设备；全厂接地防雷设备等。

电气二次设备主要包括以下内容：发电机和变压器继电保护设备；故障录波设备；机组直流电源设备；水电站计算机监控系统设备；水电站安全自动设备；高压配电装置的保护、测控设备及故障录波设备；输电线路及电抗器保护设备；坝上、坝下、开关站及厂内直流电源系统设备；图像监控系统设备；控制电缆、光缆；水电站通信系统设备；水电站消防报警控制系统设备；电梯设备等。

1.3.2 水电站电气设备安装内容及特点

（1）水电站电气设备安装主要包括以下内容：安装现场准备；设备基础埋件及电缆管制作与安装；设备运输；设备定位与连接；设备附件检查；设备本体检查与附件安装；设备内填充绝缘介质；设备整体电气试验；设备的一次、二次配接线；单元调试；设备带电调试；水电站机组及设备接入电力系统调试；设备试运行和投入商业运行。

（2）水电站电气设备安装特点。

1）影响因素多。水电站的电气设备安装，大致分为五大部分：①发电机组及配套的发电电压设备，机组辅助设备配套的电气部分；②水电站厂用电设备；③水电站接入电力系统的开关站电气设备；④水电站防雷与接地设备或装置；⑤水电站的监控系统、继电保护设备、通信设备、公用的风、水、油系统的电气部分等。上述电气设备安装都要受它所在的土建施工和机械安装就位的影响，在安装空间上、时间上受到限制，例如机组辅助设备配套的电气设备安装必须与机组辅助机械设备同步进行安装，防雷接地安装必须与土建施工穿插进行。

2）设备尺寸大。水电站的电力设备如变压器、电抗器、GIS等具有尺寸大、重量重的特点，设备及部件运输受到运输通道和运输手段的限制。例如单机容量为300MW的发电机组所配套的三相主变压器重量一般都在300t左右，体积在6m×3m×3m（长×宽×高），其运输方式以及起吊卸车手段都要根据工地的运输道路、运输环境等条件综合考虑后确定；GIS是一种积木式的电气设备，其运输尺寸的大小决定于运输通道和运输车辆的尺寸。而有些水电站的主变压器受交通条件限制采用了组合式结构，将变压器本体分为几件后运输到工地，然后在工地完成变压器组合。例如龙滩水电站、瀑布沟水电站的主变压器的本体被分为基础托架、分相箱体、低压组合接线油箱及附件等运输到工地后，再进行了三相组合安装成整体。

3）安装接口多。水电站的设备制造厂家多，设备接口错综复杂，接口问题已成为安

装质量的隐患之一。例如某水电站发电机和出口离相封闭母线的制造分别由两个设备制造商完成，因协调不到位导致发电机的引出母线与出口离相封闭母线的水平中心错位最大达到几十毫米，最终不得不通过修改离相封闭母线的基础来进行调整；某水电站接地网由四个土建承包商施工，因多种原因导致接地主干线连接发生误连或开断，最终不得不重新进行接地干线施工。

4）新工艺多。随着大型水电站的建设，500kV 及以上电压等级的变压器、GIS、GIL、干式电缆等新设备、新工艺不断出现，例如绝缘油高真空脱气脱水处理新技术、SF₆ 气体处理技术、高压电缆终端制作技术以及半自动氩弧焊接技术等，这些技术促进了安装工艺技术水平的提高。

5）规范标准多。现代水电站的电气设备来自世界各国设备制造厂商，各国设备厂商都有自己的安装、试验规范和标准，业主、设计、安装和监理等单位也有自己的规范和标准。例如高压变压器、GIS、GIL、高压电缆等设备的安装、试验，除了有国家标准、行业标准外，还有国际标准、国外设备厂家的制造标准等。

6）调试技术复杂。由于大型水电站自动化、智能化水平高，在电网中的影响较大，电网对其安全稳定运行要求也更加严格，对水电站机组设备的调试、试运行也提出了更高的要求；抽水蓄能电站机组运行工况多，控制、保护系统复杂，调试技术比常规机组复杂，对安装调试人员提出了更高的要求。

1.4 保证电气设备安装质量的主要措施

保证电气设备安装质量的主要措施有以下几个方面：

（1）掌握安装技术和工艺。设备安装技术和工艺，由两部分组成，第一部分为设备制造厂提供的安装说明书或安装指导手册，它主要包括以下内容：安装条件、安装技术要求、安装方法、安装工序、安装工艺等；第二部分是由安装工程师编制并经监理工程师审定的安装技术措施，它主要包括以下内容：安装机具、安装材料、安装场地、安装现场运输与保管、安装方法、安装工序、安装工艺等。熟悉掌握安装技术和工艺要求是保证设备安装质量的前提条件。

（2）编制先进合理的施工方案。施工前应组织对施工人员进行技术交底。

（3）采用先进的施工设备与机具。设备在安装过程中要使用大量的施工设备与机具。例如 500kV 变压器安装时要采用滤油机和真空泵，选用 6000～9000L/h 串联双级真空雾化滤油装置和抽气速率不小于 150L/s、残压不大于 3.3Pa 的真空泵，变压器绝缘油的各项指标才能达到国家标准。

（4）创造良好的施工环境。良好的施工环境指的是设备安装场地应干燥、少尘或无尘、无干扰或少干扰。例如 750kV GIS 设备安装处空气相对湿度不得高于 65%，空气内浮游粉尘浓度应小于 0.2mg/m³，同时安装部位周边不应有土建施工。

（5）配备技能熟练的安装人员。设备安装前必须对安装人员进行培训，让安装人员掌握安装方法、工序、工艺等。施工过程中，服从制造厂代表的指导。

2 升压变电设备安装

在水电站中，升压变电设备一般有电力变压器（并联电抗器）、高压断路器、高压隔离开关、电流互感器和电压互感器、GIS电气设备、GIL电器设备安装、升压站构架及铁塔、升压站出线设备。

2.1 电力变压器（并联电抗器）安装

电力变压器是一种静止的电气设备，是用来将某一数值的交流电压（电流）变成频率相同的另一种或几种数值不同的电压（电流）的设备。为了增高输送效率，适宜用较高电压。电力应用为了安全起见，适宜用较低电压。任何变压器均可用作升压或降压。当一次绕组通以交流电时，就产生交变的磁通，交变的磁通通过铁芯导磁作用，就在二次绕组中感应出交流电动势。二次感应电动势的高低与一次、二次绕组匝数的多少有关，即电压大小与匝数成正比。

水电站使用的电力变压器主要有主变压器、联络变压器、馈电变压器和厂用变压器。其中主变压器、联络变压器一般为大容量油浸式变压器（见图2-1、图2-2）；馈电变压器和厂用变压器为中小容量油浸或干式变压器（见图2-3～图2-5）；并联电抗器一般安装在升压站线路侧，用来吸收输电线路的容性无功负荷，改善长输电线路受端的电压质量（见图2-6）。

图2-1 500kV三相油浸式主变压器

图2-2 DSP-260000/800kV单相油浸式主变压器

图 2-3　油浸式厂用变压器

图 2-4　干式厂用变压器

图 2-5　干式厂用变压器外壳

图 2-6　500kV 油浸并联电抗器

2.1.1　工作原理及主要技术参数

（1）工作原理。变压器由铁芯和绕组组成，变压器工作原理见图 2-7。绕组在外铁芯在里称芯式变压器；若铁芯包围绕组，采用日字铁芯，绕组置于日字中间一横上，称为壳式变压器。变压器的一次绕组接通交流电源后，交流电流流过一次绕组，在铁芯里产生一个交变的磁通 ϕ，这个交变的磁通 ϕ 同时通过一次绕组和二次绕组，分别在一次、二次两个绕组中产生感应电动势 E_1 和 E_2；如果把二次绕组与负载接通，则二次绕组便有电流通过，于是便有电能输出。

若一次绕组有 N_1 匝，二次绕组有 N_2 匝，根据电磁感应定律，则一次、二次绕组的感应电动势的有效值分别按式（2-1）和式（2-2）计算：

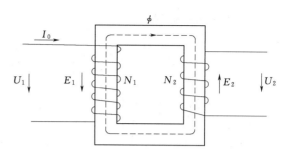

$$E_1 = 4.44 f N_1 \phi_m \times 10^{-8} \qquad (2-1)$$

$$E_2 = 4.44 f N_2 \phi_m \times 10^{-8} \qquad (2-2)$$

式中　f——电源频率，Hz；

N_1、N_2——一次、二次绕组的匝数；

ϕ_m——主磁通的最大值。

图 2-7　变压器工作原理图

式（2-3）表明，感应电动势的大小与各自绕组的匝数成正比：

$$\frac{E_1}{E_2} = \frac{N_1}{N_2} \qquad (2-3)$$

由此可见，变压器一次、二次绕组电动势之比等于一次、二次绕组匝数之比。

如果忽略变压器的内阻抗压降，则

$$U_1 \approx E_1, \qquad U_2 \approx E_2$$

式中　U_1、U_2——一次、二次绕组电压。

将 U_1、U_2 代入式（2-3）得式（2-4）：

$$\frac{U_1}{U_2} = \frac{E_1}{E_2} = \frac{N_1}{N_2} = k \qquad (2-4)$$

式（2-4）说明变压器一次、二次绕组电压之比近似等于一次、二次绕组匝数之比，k 称为变压器的变压比。

（2）主要技术参数。

1）相数和额定频率。电力变压器分为单相变压器和三相变压器，一般根据水电站的机组容量、主接线方式、厂房布置、道路运输条件等因素具体设计确定。我国电力变压器的额定频率为 50Hz。

2）额定电压。变压器长时间运行时所能承受的工作电压，为适应电网电压变化的需要，变压器高压侧都有分接抽头，通过调整高压绕组匝数来调节低压侧输出电压值。

3）额定容量 S_N（MVA）。额定电压，额定电流下连续运行时，能输送的容量。

4）额定电流。变压器在额定容量下，允许长期通过的电流。

5）连接组别。根据变压器一次、二次绕组的相位关系，把变压器绕组连接成各种不同的组合，称为绕组的连接组别。

6）空载电流。当变压器二次绕组开路，一次绕组施加额定频率和额定电压时，一次绕组中所流通的电流称空载电流，通常用该绕组额定电流的百分数表示。

7）空载损耗。当以额定频率的额定电压施加在一个绕组的端子上，其余绕组开路时所吸取的有功功率，主要是铁损（包括铁芯的涡流和磁滞损耗）。

8）阻抗电压。把变压器的二次绕组短路，在一次绕组慢慢升高电压，当二次绕组的短路电流等于额定值时，此时一次绕组侧所施加的电压值，一般以额定电压的百分数表示。

9）负载损耗。把变压器的二次绕组短路，在一次绕组额定分接位置上通入额定电流，此时变压器所消耗的功率，这个损耗主要是铜损。

2.1.2 主要分类及型号

（1）主要分类。

1）按绝缘和冷却介质分为：油浸式、干式、充气式（SF$_6$）。

2）按相数分为：单相、三相。

3）按线圈数量分为：双绕组、三绕组、多绕组。

4）按调压方式分为：无载调压、有载调压。

5）按冷却方式分为：自冷式、风冷式、水冷式、强迫油循环风（水）冷方式。

6）按铁芯结构分为：芯式、壳式。

（2）型号。

型号的标注方式：电力变压器型号的标注方式见图2-8。

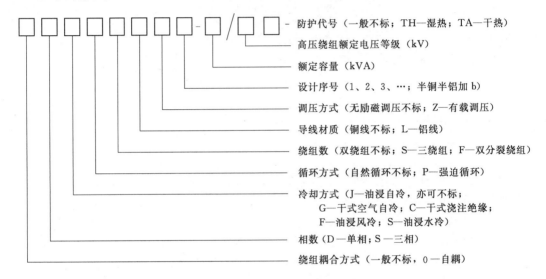

图2-8 电力变压器型号的标注方式图

电力变压器的分类及其代表符号见表2-1。

表2-1　　　　　　　　　　电力变压器的分类及其代表符号表

分　类	类　别	代表符号
绕组耦合方式	自耦	O
相数	单相	D
	三相	S
冷却方式	油浸自冷	—（或J）
	干式空气自冷	G
	干式浇注绝缘	C
	油浸风冷	F
	油浸水冷	S
	强迫油循环风冷	FP
	强迫油循环水冷	SP

分　类	类　别	代表符号
绕组数	双绕组	—
	三绕组	S
绕组导线材质	铜	—
	铝	L

（3）型号示例。

1）例一。型号：SFL7－20000/110，变压器为三相、油浸、风冷、双绕组、无励磁调压、铝导线、20000kVA、110kV级电力变压器。

2）例二。型号：SWPZ7－Z－360000/220，变压器为三相、油浸、水冷、强迫油循环、双绕组、有载调压、铜导线、360000kVA、220kV级低噪声电力变压器。

2.1.3　结构

油浸式变压器结构。油浸式变压器主要由铁芯、绕组、油箱、储油柜（油枕）、呼吸器、压力释放装置、散热器（冷却器）、绝缘套管、分接开关、气体继电器和净油器等组成。三相油浸电力变压器外形（见图2-9～图2-11）。

图2-9　三相油浸电力变压器外形图（一）

1）铁芯。铁芯是变压器的导磁体。运行时要产生磁滞损耗和涡流损耗而发热，为降低发热损耗和减小体积和重量，铁芯一般采用高导磁的冷轧晶粒取向优质硅钢片（厚0.25～0.5mm）叠成，硅钢片双面带有绝缘漆，涡流损耗很小。在大容量的变压器中，为使铁芯损耗发出的热量能够被循环的绝缘油带走，以达到良好的冷却效果，常在铁芯中

图 2-10　三相油浸电力变压器外形图（二）

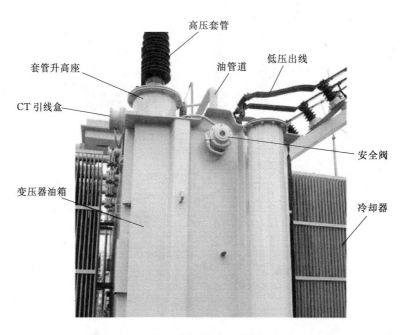

图 2-11　三相油浸电力变压器外形图（三）

设有冷却油道，变压器铁芯结构见图 2-12。

　　2）绕组。绕组是变压器进行电能交换的中枢，采用优质铜或铝导线经过特殊的绕制工艺绕制而成，一般可分为层式绕组和饼式绕组结构两大类，其中层式绕组可分圆筒式绕组和箔式绕组，饼式绕组可分为连续式绕组、纠结式绕组、内屏蔽式绕组、螺旋式绕组、交错式绕组。

（a）五柱式变压器铁芯　　　　　　（b）三柱式变压器铁芯

图 2-12　变压器铁芯结构图

变压器绕组采用铜线或铝线绕制，对导线的表面光滑度及绝缘包扎材质都有严格要求，以保证绝缘强度和避免增大局部放电量。绕组在铁芯柱上的安排方法可以分为同心式和交叠式两种绕组。

同心式绕组的高、低压一般都做成圆筒形（见图 2-13、图 2-14），它们同心地套在铁芯柱上，通常低压绕组放在内层，因为它与铁芯所需的绝缘距离比较小，有利于缩小尺寸，高压绕组，放在外层，由于分接头一般是设置在高压绕组上，这样出线方便，在高、低压绕组之间留有油道，一方面便于绕组冷却；另一方面加强了绕组间的绝缘。

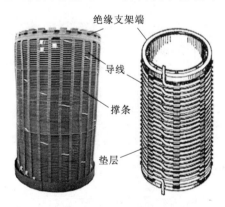

图 2-13　同心式绕组结构图　　　　图 2-14　内屏纠结连续式绕组图

交叠式绕组都做成圆饼式，高、低压绕组相互交叠放置（见图 2-15）。它的机械强度较好，引出线的布置和焊接比较方便，漏电抗也比较小，多用在低电压、大电流的变压器以及壳式变压器里。

3）油箱。油浸式变压器的器身：绕组及铁芯都装在充满变压器油的油箱中，油箱用钢板焊成；中、小型变压器的油箱由箱壳和箱盖组成，变压器的器身放在箱壳内，将箱盖打开就可吊出器身进行检查或检修；大型变压器的油箱由底座和钟罩组成，吊起钟罩就可

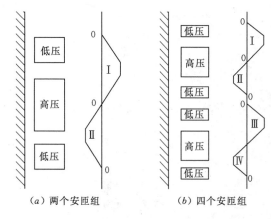

（a）两个安匝组　　（b）四个安匝组

图 2-15　交叠式绕组排列方式示意图

对器身进行检查或检修，典型油箱结构（见图 2-16、图 2-17）。

4）储油柜（油枕）。储油柜的作用是调节变压器因温度变化而引起油体积的变化，并保证变压器油与大气隔离，减缓油的老化。

根据变压器容量，储油柜的形式有普通型和密封型两大类，变压器容量在 630kVA 及以下时为普通型储油柜无气体继电器，容量在 800～630kVA 之间时为普通型储油柜带有气体继电器。800kVA 以上一般为密封式储油柜。密封式储油柜有胶囊式和隔膜式两种，近年来又有金属膨胀器式全密封储油柜。

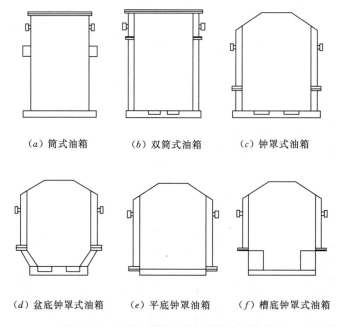

（a）筒式油箱　　（b）双筒式油箱　　（c）钟罩式油箱

（d）盆底钟罩式油箱　　（e）平底钟罩油箱　　（f）槽底钟罩式油箱

图 2-16　大型变压器油箱结构外形面示意图

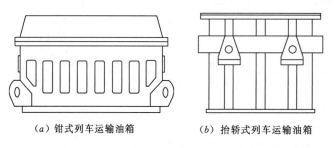

（a）钳式列车运输油箱　　（b）抬轿式列车运输油箱

图 2-17　大型变压器运输油箱示意图

现代大型油浸式电力变压器一般都采用胶囊式或隔膜式储油柜，其结构（见图2-18、图2-19）。它主要由储油柜、胶囊或隔膜、油位指示装置、呼吸器等组成；其中胶囊式或隔膜式主要起将油与空气相隔离的作用。

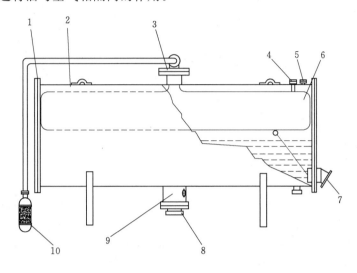

图2-18　胶囊式储油柜结构图

1—端盖；2—柜体；3—罩；4—胶囊吊装器；5—塞子；6—胶囊；7—油位计；
8—油蝶阀；9—集污室；10—吸湿器

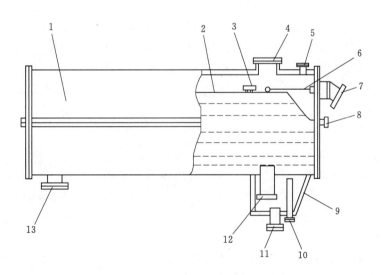

图2-19　隔膜式储油柜结构图

1—柜体；2—合成橡胶隔膜；3—放气塞；4—视察窗；5—管接头；6—油位计拉杆；
7—磁力式油位计；8—放水塞；9—集气盒；10—放气管接头；11—管接头；
12—注放油管；13—集污盒

5）呼吸器。呼吸器又称吸湿器，通常由一根钢管和玻璃容器组成容器，内装干燥剂（硅胶或活性氧化铝）。当储油柜内的空气随变压器油的体积膨胀或缩小时，排出或吸入的空气都经过呼吸器，呼吸器内的干燥剂吸收空气中的水分，对进入空气起去湿作用。油封

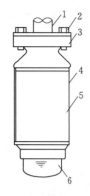

图 2-20　吸湿器结构图
1—呼吸管；2—螺栓；3—法兰；
4—透明耐油玻璃；5—吸附剂；
6—变压器油封

内装有变压器油，进入或排出的空气均要经过 U 形油封，起空气过滤作用。浸有氯化钴的硅胶，其颗粒在干燥时是蓝色，但硅胶吸收水分接近饱和时，粒状硅胶将变成白色或粉红色，据此可判断硅胶是否已失效，受潮后的硅胶可通过加热烘干而再生，重复使用。吸湿器结构见图 2-20。

6）压力释放装置。油浸式电力变压器如果内部出现故障，电弧放电会使油分解、汽化，导致油箱内压力极快升高。如果不能快速释放该压力，油箱可能就会破裂，将变压器油喷射出来，可能引起火灾，造成更大破坏。因此，必须采取措施防止这种情况发生。压力释放装置有防爆管和压力释放阀两种，防爆管用于小型变压器，压力释放器用于大、中型变压器。

防爆管又称喷油管，防爆管装于变压器的顶盖上，喇叭形的管子笔直安装，管口朝向器身以外，管口有薄膜封住。当变压器内部有故障时，油剧烈分解产生大量气体，使油箱内压力剧增。当油箱内压力升高至 5MPa 时，防爆管薄膜破碎，油及气体由管口喷出，防止变压器的油箱爆炸或变形。

压力释放阀与防爆管相比，具有开启压力误差小、开启延迟时间短（仅 2ms）、控制温度高、能重复动作使用等优点，故被广泛应用于大、中型变压器上。压力释放阀也称减压器，它装在变压器油箱顶盖上，类似锅炉的安全阀。当油箱内压力超过规定值时压力释放器密封门（阀门）被顶开，油、气体同时排出，压力减小后，密封门靠弹簧自行关闭，压力释放器动作压力一般由制造厂家整定。压力释放阀结构见图 2-21。

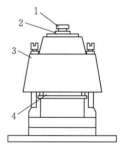

图 2-21　压力释放阀
结构图
1—压板；2—导套；
3—罩；4—膜盘

7）散热器（冷却器）。散热器形式有瓦楞形、扇形、圆形、排管等，散热面积越大，散热的效果就越好。当变压器上层油温与下部油温有温差时，通过散热器形成油的对流，经散热器冷却后流回油箱，起到降低变压器温度的作用。为提高变压器冷却效果，可加用风冷、强迫油循环风冷和强迫油循环水冷等方法。常见的几种散热器结构见图 2-22～图 2-24。

8）绝缘套管。变压器绕组的引出线从箱内穿出油箱引出时必须经过绝缘套管，以使带电的引线绝缘。绝缘套管的结构主要取决于电压等级的高低，电压低的一般采用简单的实心瓷套管或油浸瓷套管，电压较高时，一般采用电容式套管。

图 2-25 是当今用于大型电力变压器低压侧引出线瓷套管。其中图 2-25（a）为电容式瓷套管，图 2-25（b）为纯性瓷套管。图 2-26 是高压电容式瓷套管，其中图 2-26（a）为传统的胶纸电容式套管，由于它存在介损高及内部间隙不均等缺点，所以目前在大型电力变压器中基本不使用，图 2-26（b）、（c）多用于大型电力变压器的高压侧引出线套管；其中图 2-26（d）为 500kV 型环氧浸纸高压油/SF_6 套管。

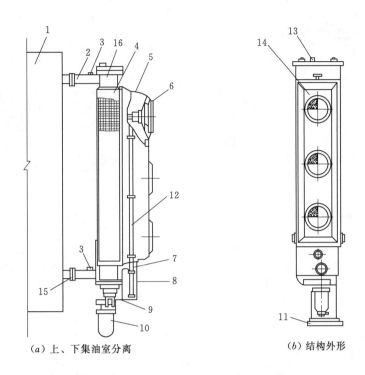

（a）上、下集油室分离　　　　　（b）结构外形

图 2-22　强油循环风冷却器结构图

1—变压器油箱；2—连管；3—温度计座；4—冷却器；5—导风筒；6—风扇；
7—引线；8—分控制箱；9—流动继电器；10—潜油泵；11—净油器；
12—拉杆；13—放气塞；14—保护网；15—阀；16—冷却器集油箱

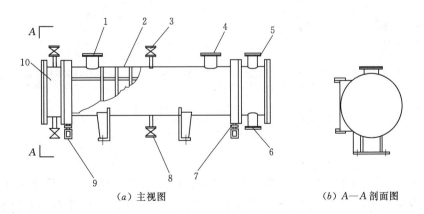

（a）主视图　　　　　　　　　（b）A—A 剖面图

图 2-23　双重管水冷却器结构图

1—出油口；2—冷却器外壳；3—放气阀；4—进油口；5—冷却水出口；
6—冷却水进口；7—放油阀；8—排油阀；9—检漏器；10—水室

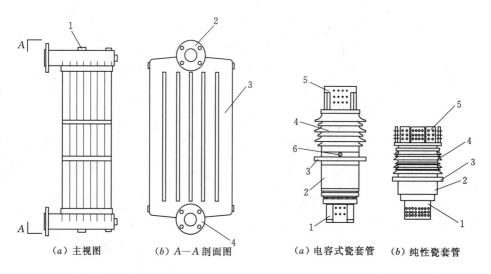

（a）主视图　　（b）A—A剖面图　　　　（a）电容式瓷套管　（b）纯性瓷套管

图2-24　片式散热器结构图　　　　图2-25　大型电力变压器低压套管示意图
1—排气阀；2—上端连接法兰；　　　　1—下接线板；2—瓷套；3—连接法兰；
3—散热片；4—下连接法兰　　　　　　4—瓷套；5—上接线板；6—电容抽头

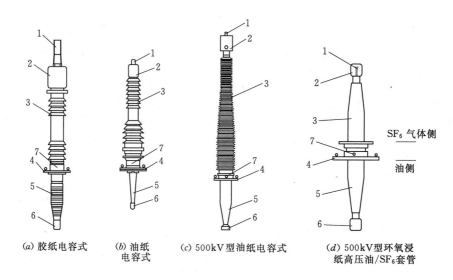

（a）胶纸电容式　　（b）油纸　　（c）500kV型油纸电容式　　（d）500kV型环氧浸
　　　　　　　　　　电容式　　　　　　　　　　　　　　　　纸高压油/SF₆套管

图2-26　高压电容式瓷套管示意图
1—接线端子；2—均压罩；3—上瓷套；4—连接法兰；
5—下瓷套；6—均压罩；7—末屏

9）分接开关。分接开关分无载分接开关和有载分接开关两种，无载分接开关只能在停电的情况下切换，有载分接开关可在带负荷情况下切换，要求在切换过程中绕组导电回路不得断开，同时也不能将分接头间的绕组短路，开关采用特殊结构达到上述目的，故将此装置装在一个专用油箱内。

10）气体继电器。气体继电器构成的瓦斯保护是变压器的主要保护措施之一，它可以反映变压器内部故障及异常运行情况，如油位下降、绝缘击穿、放电等故障，且动作灵敏迅速，结构简单，维护检修方便。气体继电器装设于变压器油箱与油枕之间的连管上，继电器水平安装，其箭头方向应指向油枕，并要求有 1‰～1.5‰ 坡度，以保证变压器内部故障时所产生的气体能顺利地流向气体继电器。

11）净油器。净油器是一个充满吸附剂（硅胶或活性氧化铝）的容器，它安装在变压器油箱的侧壁或强油冷却器的下部。在变压器运行时，由于上、下油层之间的温差，变压器油从上向下经过净油器形成油流。油与吸附剂接触，其中的水分、酸和氧化物等被吸附，使油质改善，延长油的使用寿命。

2.1.4　大型电力变压器运输

随着国民经济的发展，水电站机组单机容量不断增大，主变压器的容量、外形尺寸和重量也随之越来越大，主变压器重量、体积超重、超大，为保证大型电力变压器的运输安全，必须制定专项运输方案。

变压器的运输一般分为两个阶段，从制造厂装车、运输到水电站的运输为第一阶段；变压器到水电站后的卸车转运到安装地点定位为第二阶段。第一阶段的装车、运输工作一般由制造厂家或专业的运输单位完成；第二阶段的卸车、运输、定位由现场安装单位完成。

（1）运输方式的选择。随着我国铁路、公路大量的兴建，变压器可供选择的运输方式也越来越多，有铁路运输、公路运输、水路运输、水路—公路联合运输、公路—铁路—水路联合运输等，可以根据具体情况，进行技术经济性比较后确定。

变压器的现场运输与卸车方式一般根据水电站的实际情况来选择，目前大型变压器最为普遍的运输与卸车方式是变压器运到主厂房后，用厂房桥机卸至厂内变压器运输轨道上，然后用卷扬机拖运到变压器安装地点定位，此种方式最为安全、经济，目前实际应用较多。

安装单位从接受变压器本体开始，对器身的安全负全责，随时检查器身的完整性，保证器身内部处于正压状态，每次运输及装卸车后，均应立即检查冲撞记录仪的读数，应在正常范围内。

（2）公路运输要点。运输前应对运输全程公路作详细调查，特别是桥梁、涵洞的承载能力应进校核，并了解路面的平整度和坡度；沿程的障碍物的清除；提前与当地的交通管理等有关部门联系，做好沿程的交通管制和安全设防；运输车辆的选择，应首选具有防震和自动调节轮胎负荷的车辆，这种车辆行驶在路面不平的道路上时，不会发生超过标准允许的颠簸；变压器的重心应和车辆的载物重心要一致，横向偏差不大于 100mm；在运输车的平板上，要设限位装置，在变压器油箱的四个角，用钢丝绳和车辆两侧紧紧捆绑；运输车速限制应符合制造厂规定；变压器运输期间应有专人跟车监视运输过程情况。

（3）铁路运输要点。运输前应与铁路部门联系，并提交书面的防冲撞等专项技术要求，签订书面文件；装车时，变压器的重心应和车辆的载物重心一致，横向偏差不大于100mm；变压器装车后的外形尺寸应在所经铁路运输允许的界限之内；在运输车辆的平板上，要设阻止变压器移动的限位件，并做出明显的标记，在变压器油箱的四个角，有钢丝绳和车辆两侧紧紧捆绑在一起；变压器运输期间应有专人跟车监视运输过程情况。

（4）水路运输要点。水路运输分海洋和内河运输。海洋运输因风浪大、天气多变等因素比内河运输的难度和风险要大得多。一般水路运输应注意：运输前应与水路交通部门联系，并提交书面的防冲撞、防潮湿、防海盐侵蚀等专项技术要求；变压器的重心应与船舶的载物重心要一致（对内河运输要求），横向偏差不大于100mm；变压器在甲板上，要有阻止变压器移动的限位件，并做出明显的标记，在变压器油箱的四角上，有钢丝绳与船体两侧紧紧捆绑在一起；变压器运输期间应有专人跟船监视运输过程情况。

不论何种运输，变压器出厂前都装有三维冲撞记录仪和油箱补气装置，全程监控。

（5）水路运输实例。某水电站500kV升压站内的三相360MVA自耦联络变压器由国外经海洋运输到达上海，然后转内河运输到达长江某港口码头，然后卸车拖运到安装地点，历时数月，其卸船拖运见图2-27。变压器卸船时，用两套10t三滑轮组将船拉紧定位，用8个100t千斤顶将变压器连同钢托架一同顶起，一端插入4根12m长的滚道钢梁（为防止变压器重心在船一侧而致船身倾斜发生事故，滚道钢梁要有足够的长度，搭到船的另一侧）作为滚道跳板，钢梁端部距船中心2m设一个支点；另一端放在岸上，中间支点设一个由钢梁及方木搭成，在钢梁与钢托架间放入无缝钢管滚杠，为防止滚杠打滑又在滚道上铺设一条砂石运输皮带，增加滚动摩擦力，在变压器卸船方向栓两套4轮滑车组，用5t卷扬机牵引将变压器从船甲板上滚运上岸。码头距变压器安装位置约1km，在路面铺两条槽钢，采用滚杠、卷扬机及滑轮组土法拖运到位。

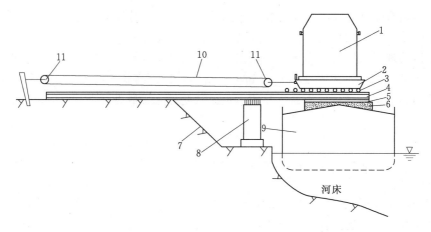

图2-27 360MVA变压器从船甲板滚运卸船拖运示意图

1—变压器；2—钢托架；3—无缝钢滚杠；4—滚道钢梁；5—钢板；6—砂子；

7—护坡；8—支墩；9—甲板船；10—拉绳；11—滑轮组

（6）现场运输实例。某水电站500kV 840MVA主变压器运输：主变压器由公路运输到变压安装区专用卸车平台，用火车站台卸货法横向将主变压器卸下拖车。用推进器和牵引的方法配合卸车运输布置（见图2-28）。变压器卸车时将拖车找正变压器卸车的中心，并用专用垫木将车身垫实。上述工作完毕后，用千斤顶将变压器平稳顶起插入临时轨道并固定，紧接着在变压器油箱底端装上运输小车后再将变压器落于轨道上，最后用专用推进器配合牵引装置将变压器拖运到安装基础上。

某水电站主变压器由公路运输到主厂房，由主厂房桥机卸车，然后用10t卷扬机经专用运输轨道牵引到变压器的安装地点，其现场运输布置见图2-29。

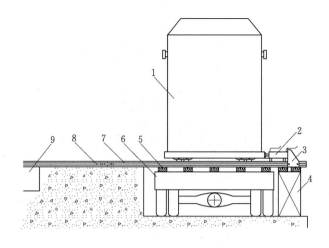

图 2-28　某水电站主变压器现场卸车运输布置图

1—变压器；2—同步液压推进器；3—挡块；4—支承钢架；5—枕木；

6—拖车；7—临时轨道；8—主变永久轨道；9—变压器安装平台

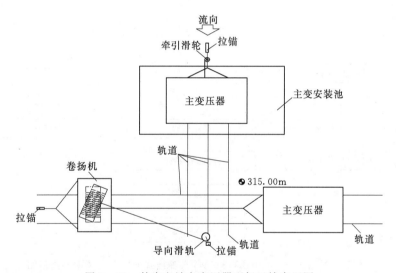

图 2-29　某水电站主变压器现场运输布置图

2.1.5　变压器安装

变压器安装按照《电气装置安装工程　电力变压器、油浸电抗器、互感器施工及验收规范》（GB 50148）的规定进行。变压器安装主要包括：安装前的准备工作；绝缘油过滤；变压器器身检查；变压器附件安装；变压器整体抽真空注油与热油循环；变压器总体检查与验收等。某水电站 500kV 840MVA 油浸式变压器安装主要流程见图 2-30。

（1）安装前的准备工作。准备安装用场地和房屋或临时工棚。准备安装用的设备机具仪器仪表。准备安装用的变压器绝缘油，其用量不应低于本变压器的全部用油量加损耗量。

当变压器制造厂家指导人员已到达现场，天气情况及环境温度和湿度符合规程要求，

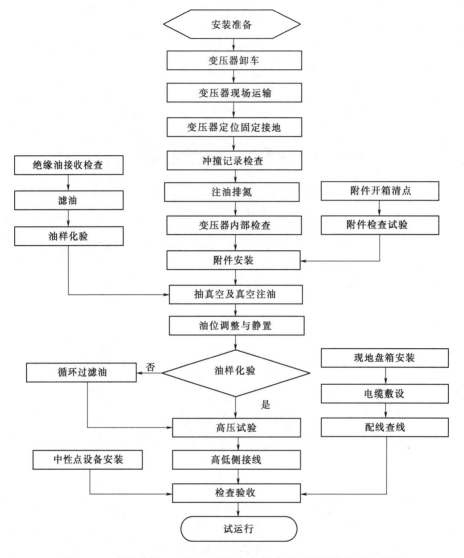

图 2-30　某水电站 500kV 840MVA 油浸式变压器安装主要流程图

附件检查试验合格，全部准备工作就绪，安装条件已具备。

（2）绝缘油过滤。通常的过滤方法有压力滤油法、离心分离过滤法和真空喷雾过滤法三种。

压力滤油法是使用压力式滤油机，用油泵加压使油通过滤纸以除去其中的脏物和水分，这种方法的优点是：除去杂质的效率高；可以吸去油中的部分水分；可以在常温工作，不必加热；设备简单，易于操作。缺点是：要消耗大量滤纸；油中水分多时，效果不佳。

离心分离过滤法是使用离心式滤油机，利用离心力将密度大于油的水分和杂质从油中分离出来。这种方法的优点是：能清除大量杂质和水分；不用滤油纸。缺点是：清除细微杂质效果不好；操作较复杂；需加热，既增加设备，又容易使油氧化；容易将大的杂质分成细小微粒，增加其危害。

真空喷雾过滤法是用真空滤油机，把加热的油注在负压容器内，用喷嘴将油雾化，使油中的水分自行扩散和油脱离，并被真空泵抽出，油经压力滤油机再除去杂质。这种方法的优点是：除水率很高；抽真空时同时排出油中的含气量；可除去杂质。缺点是：设备复杂。现代大型电力变压器安装中绝缘油的处理，通常选择真空滤油机进行过滤，DZJ－30－50型真空滤油机系统见图2－31。

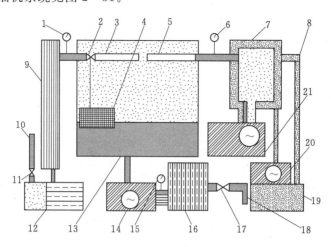

图2－31　DZJ－30－50型真空滤油机系统图
1—温度计；2—自动阀；3—喷管；4—浮标；5—吸气管；6—真空表；7—冷凝器；8—放水管；
9—加热器；10—进油管；11—进油阀；12—初滤器；13—真空缸；14—排油泵；15—压力表；
16—精滤器；17—逆止阀；18—出油管；19—储油箱；20—水泵；21—真空泵

（3）变压器器身检查。将油箱内残油排净，并做油样分析和耐压试验。

器身检查前一般要进行注油排氮，注油排氮有两个作用：一是对绕组进行油浸泡，防止绕组绝缘受潮；二是将运输用的氮气全部排出，排油时补充干燥空气，防止作业人员进入变压器内部工作时出现窒息。

器身检查环境应在相对湿度75％以下的天气进行，检查时器身温度应高于环境温度。

器身检查主要包括：检查运输支撑和器身各部位应无移动现象，所有螺栓应连接紧固，并有防松措施，铁芯夹紧绝缘螺栓应无损坏，防松带绑扎完好。

检查铁芯应无变形，铁轭与夹件间的绝缘应良好。铁芯应无多点接地；铁芯外拆开接地线后，铁芯对地绝缘应良好；打开夹件与铁轭接地后，铁轭螺杆与铁芯、铁轭与夹件、螺杆与夹件间的绝缘应符合产品技术文件要求；当铁轭采用钢带绑扎时，钢带对铁轭的绝缘应良好；打开夹件与线圈压板的连线，检查压钉绝缘应良好；铁芯拉板及铁轭拉带应坚固，绝缘良好；对变压器上有专用的铁芯接地线引出套管时，应在注油前测量其对外壳的绝缘电阻。

检查绕组绝缘层应完整，无损伤、变位现象；各绕组应排列整齐，间隙均匀，油路无堵塞；绕组的压钉应紧固，防松螺母应锁紧；绝缘围屏绑扎牢固，围屏上所有线圈引出处的封闭应良好，绝缘围屏应完好，且固定牢固。

检查引出线的绝缘包扎是否牢固，应无破损、拧弯现象，引出线绝缘距离合格，固定牢固，其固定支架应坚固，引出线的裸露部分应无毛刺或尖角，其焊接应良好，引出线与套管的连接应牢固，接线正确。

检查无励磁调压切开关各分接头与线圈的连接应紧固；各分接头应清洁、接触紧密、弹力良好；所有接触到的部分，用 0.05mm×10mm 塞尺检查，应符合要求；转动接点应正确地停留在各个位置上，且与指示器所指位置一致；切换装置的拉杆、分接头凸轮、小轴、销子等完整无损；转动盘应动作灵活，密封良好。

检查有载调压切换装置的选择开关接触应良好，分接引线应连接正确、牢固，切换开关部分密封良好。

检查油箱底部应无油垢、杂质和水。

带进变压器油箱内物品、工具等必须登记，作业完成必须全部带出箱外。

（4）变压器附件安装。220kV 以上变压器本体裸露于空气的安装应符合下列要求：环境相对湿度不大于 80%；箱体内连续通入露点为－40℃的干燥空气；每次打开一处，连续露空时间不宜超过 8h，超过时，采取措施不让绕组受潮；所有附件按照规程要求检查试验合格后方允许安装。

附件安装主要包括如下内容：

1）低压套管安装。卸开低压套管盖板及旁边的入孔盖，在箱体法兰上放好密封圈，将套管徐徐插入，紧固法兰连接螺栓，再把低压绕组引出线连接到套管的接线端子上。注意此时应有防止连接件或工具掉落的措施。

2）高压套管安装。先安装高压套管升高座，将升高座内及法兰清扫干净，在法兰密封槽内放入密封圈，并用胶临时固定。将法兰吊近安装部位，戴上左右两个连接螺栓，全面检查密封圈无跑槽，同时调整升高座法兰面应符合设计要求，然后拧紧该螺帽，并将其余螺帽紧固。

拆去油箱上高压套管孔的临时盖板，用白布将法兰表面擦干净。在吊套管前，先拧下顶部的接线头和均压罩、压盖板，拆去为运输而装设的密封垫和密封螺帽，下部均压球先拧下，擦净脏污，用白布拴上牵引绳蘸无水酒精清扫干净后重新拧上。当套管吊至变压器上方时，将密封圈安装好，把事先穿入套管的尼龙绳绑住接线头，将引线慢慢拉入套管内，同时慢慢放下套管，直到线头拉出套管为止，当套管落至引线根部应力锥时，应有专人保护应力锥完好地进入套管均压球内。应力锥不得受力。套管就位后，即可穿上引线接头的固定销，高压套管与引出线接口的密封波纹盘结构的安装应严格按制造厂的规定进行。同时要注意，在牵引引线的时，打开升高座上的手孔，要理顺引线，不得扭曲。充油套管的油标应面向外侧，套管末屏应接地良好，回装手孔盖板。

3）分接开关安装。分接开关一般随变压器箱体内绕组等一起在出厂前就安装在油箱内，现场附件安装前，仅只检查触头接触情况和开关的分节位置与箱外表盘指示对应是否一致，通常不进行解体检查和安装。调压开关检查时应注意以下几点：与绕组抽头引线连接紧密；开关转动应灵活无卡阻现象；开关指示位置与实际分接头的位置相符。

4）冷却器安装。安装时检查本体上的蝶阀全部关闭，然后将连接法兰临时封闭板除去，检查阀门开关应灵活，关闭严密，开关方向指示正确，将阀门全关。用起重机将冷却器吊运至安装位置，与变压器本体连接法兰连接，注意止漏垫应处在正确位置。

潜油泵检查：潜油泵一般与冷却器一起组装出厂，现场只用临时电源试转检查。

示流继电器检查：示流继电器装于潜油泵出口联管上，用手拨动挡流板，检查示流信号显示是否正确。

5）净油器。净油器安装前应检查净化剂颜色是否正常，如不正常应更换，安装时应注意油流方向符合设计规定。

6）储油柜安装。安装前要检查隔膜或胶囊是否完好，当储油柜的支撑架初定位后，用吊车水平吊起储油柜本体到支撑架上方，找正方位穿好与支架的连接螺栓后进行紧固螺帽并锁紧，储油柜定位后再安装与变压器油箱相连接的管道和其他附件。

7）气体继电器安装。安装前应经检验合格后方可安装，安装位置要水平，其顶盖上标志的箭头应指向储油柜。

8）呼吸器安装。安装前检查呼吸器内干净无锈蚀后，将干燥的吸附剂硅胶或活性氧化铝装入罐内，装入量应符合要求；最后向油封盒内注入合格的变压器油作为油封。

9）压力释放阀安装。安装前应检查厂家提供的压力校验报告；必要时有校验资质的单位进行动作压力校核，其结果应符合要求。

10）温度计安装。安装前应进行校验，信号接点应动作正确，膨胀温度计导管完整，导通良好。绕组温度计应根据制造厂的规定进行接线并整定；插入式水银温度计座内应清理干净，注入变压器油，密封应良好。

11）现地控制箱安装及电气接线。此项工作应按设计图纸和厂家说明书的要求进行，各项指标应符合产品规定，电缆接线整齐，美观。接触器动作可靠，空气开关整定符合要求。

12）附件安装完毕后的最终检查确认。当变压器的全部附件安装完毕后，对所安装的部件等再进行一次检查、确认安装无漏项、无错项，进入变压器油箱内使用的物品、工具等全部带出箱外。

（5）变压器本体抽真空注油与热油循环。变压器本体抽真空及真空注油、热油循环工作主要包括：抽真空及真空注油系统选择与配置；抽真空前的准备工作；抽真空至规定值；真空注油；油位调整；变压器最终热油循环过滤系统配置；热油循环过滤、静置与密封检查等。

抽真空及真空注油系统选择与配置：大型的电力变压器内检和附件安装完毕后，立即密封变压器本体，开始抽真空及真空注油工作，为此在变压器安装前必须要配置好抽真空装置、管路系统及真空注油系统，其主要系统配置见图 2-32；系统设备及管路阀门的配置依据变压器绝缘油的用量及指标要求来选择：滤油机的工作能力、真空泵的工作能力、油罐的容量、管径、阀门形式等。一般配置原则是：管路尽可能短；真空系统应尽可选用真空球阀，管路选用能耐受真空的管材；真空泵选择双级真空泵（带增压泵）为宜，真空泵的容量和能力应选择大一点为好（500kV 电力变压器的油箱一般都能承受全真空，因此可不必考虑油箱的变形问题），以 500kV 360MVA，变压器为例，一般在 24h 可抽真空到 13Pa 以下；变压器真空注油时应设置临时观察油位的油标，以便注油安全监视。配置管路时还应将不能承受真空的附件与本体油箱相隔离，如储油柜、散热器等。

抽真空前的准备工作。经检查完毕后，启动真空泵监视真空表，先对真空管道阀门进行抽真空检查，当确认无渗漏后，再打开与油箱的连接阀门，对变压器油箱进行抽真空检

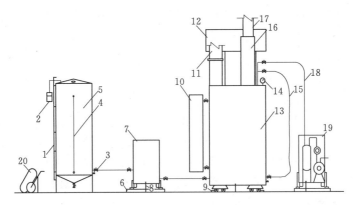

图 2-32　电力变压器抽真空与真空注油主要系统配置示意图

1—爬梯；2—呼吸器；3—真空球阀；4—油位计；5—临时油罐；6—垫木；7—真空滤油机；
8—接地线；9—夹轨器；10—冷却器；11—封母；12—储油柜；13—变压器（电抗器）；
14—压力表；15—临时油标管；16—高压套管；17—GIS；18—真空管；
19—抽真空装置；20—灭火机

查，经检查确认无渗漏后，开始抽真空。

预抽真空合格后，不停真空泵继续抽真空到规定值并保持真空度，一般 220～330kV 级变压器不小于 8h；500kV 级变压器不小于 24h。

真空注油：抽真空及真空保持到规定时间后，在保持抽真空的状态下，打开注油阀门、对油管道先抽真空检查管路无泄漏，启动真空滤油机，调节好注油流量，开始向变压器油箱注油直到油位高于变压器铁芯 200mm（可从临时油标管观察）停止抽真空，关闭真空阀，打开冷却器全部阀门，打开储油柜下部气体继电器两端阀，打开储油柜顶排气阀，向变压器油箱注油。

油位调整：打开变压器及冷却器放气丝堵放气，按当时油温，对照变压器油位-温度关系曲线进行油位调整。

变压器热油循环系统选择与配置：330kV 以下的变压器真空注油工作完毕后，应进行热油循环过滤工作，通过热油循环来过滤油中的水分、气体与杂质等，以提高油的绝缘强度和电气性能。变压器的抽真空→真空注油→热油循环，为三项连续的工序，因此现场必须将三项工序同时考虑。电力变压器热油循环系统配置见图 2-33，系统设备及管路阀门的配置主要依据变压器绝缘油的用量及指标要求来选择滤油机的工作能力、油管径、阀门形式等。以 500kV 300MVA 电力变压器为例，滤油机可选择约 114kW，6000L/h 真空滤油机、直径为 50mm 不锈钢管或带钢丝透明 PVC 专用油管，完全能满足该变压器的热油循环工作。

热油循环：热油循环过滤是指变压器的油系统（包括与相连接的冷却器油系统）进行单方向热油循环：从变压器顶部油阀注入，从底部排油阀抽出，热油循环时间不得少于 48h，最终应以油的各项指标合格为止，合格油按《电气装置安装工程　电力变压器、油浸电抗器、互感器施工及验收规范》（GB 50148）的规定执行；真空净油加热脱水缸温度应为 65℃±5℃；在热油循环的过程中，间断启动冷却器油泵，让冷却器内的油同时参加热油循环，考虑热量的损失，冷却器油泵可每小时转动 5～10min，此时变压器应抽真空。

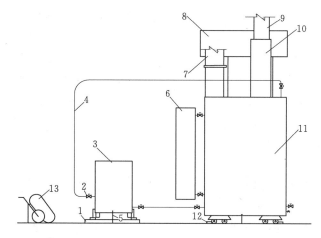

图 2-33 电力变压器热油循环系统配置图

1—垫木；2—真空球阀；3—真空滤油机；4—油管；5—接地线；6—冷却器；

7—封母；8—储油柜；9—GIS；10—高压套管；11—变压器（电抗器）；

12—卡轨器；13—灭火机

密封检查：在变压器储油柜里充规定氮压，保持 24h 以上，检查变压器应无渗漏。

器身和各冷却器放气螺栓拧松放气，按实际气温调整油位至正常位置。

静置：当热油循环完毕后，变压器应静置 72h 以上。

各项电气试验内容按《电气装置安装工程　电气设备交接试验标准》（GB 50150）的相关规定。

（6）变压器总体检查与验收。

1）检查：检查变压器各部位应无渗油现象；按照产品的运行要求，检查各阀门的位置正确；储油柜和充油套管油位正常；按产品要求进行冷却器系统的控制操作正常；电压调压装置可靠和指示正确，有载调压装置的操作试验和信号传输正确；温度指示器指示、信号传输和整定正确；每个接地部位接地线可靠，主要包括：本体两侧与接地干线两处可靠连接；中性点与接地干线两点可靠连接；铁芯、夹件接地线与接地干线可靠连接；变压器全部电气试验合格；保护整定值符合规定；操作及联动试验正确。

2）验收：器身（内部）检查记录，真空干燥记录，安装检验、评定记录，电气试验报告齐全；制造厂提供的产品说明书、试验记录、合格证及安装图纸等技术文件；具有施工图及变更设计的说明文件；具有备品、备件、专用工具及测试仪器清单。

2.1.6　安装实例

（1）某水电站 840MVA 主变压器安装。

基本参数：

型号　　　　　TWUM8957

额定功率　　　840MVA

绝缘等级　　　LI 550 SI 200 AC 680 - LI325 AC 140/LI 125 AC 55kV

连接组别　　　Ynd11

噪声　　　　　72.1dB

额定频率	50Hz
冷却方式	ODWF
相数	3相
总重量	488t
绝缘油重量	85t
运输重量	380t
不带油箱重量	330t
油/线圈温升	17.2/28.6K
无载分节开关型号	UⅢ1600－170－06030ME
生产厂	德国西门子

结构特点：变压器为油浸壳式结构，三相双线圈强迫油循环水冷升压变压器。变压器高压侧采用油/SF_6套管与GIS相连接，低压侧采用油/空气套管与IPB相连。

安装特点：现场的绝缘油处理、附件安装工序、工艺与一般大型变压器安装大致相同，但有如下不同之处。

变压器运到安装现场后，卸车前和卸车后都必须严格检查变压器上部和下部冲撞记录仪的记录值。如果有大于3g的记录，则安装过程中必须内检；如果没有大于3g的记录，则不需要内检。2号、5号主变压器运到现场后，检查其冲撞记录仪没有大于3g的记录，所以安装过程中没有进行内检。

该主变压器充干燥空气到工地，主变附件安装前不需热油循环。在排除残油后，即对器身抽真空保持小于133Pa 72h后，即可开始附件安装。安装过程中，在从进人孔处通入露点大于－40℃的干燥空气，保持器身为正压即可。一天工作未完时，即封密人孔，对器身抽真空保持小于133Pa，直至第二天开始工作前停止，继续安装工作直至结束。例如进行三相高压升高座安装时，在一天时间内未全部完成，晚上抽真空，待第二天停止抽真空，进行另外一相的安装。

附件安装完毕后，即可进行主变压器的注油工作。主变压器注油前，器身抽真空72h，保持0.5mbar的真空度，冷却器即储油柜阀门关闭，不参与抽真空。注油时真空滤油机的出口油温为40℃。主变压器注油到淹没铁芯200mm后停止抽真空，继续注油到稍高于设计油位，多次对主变压器各部位放气。注油完毕待油冷却后，对变压器进行整体密封试验，最后调整油位。

补油完毕，即可进行所有常规性试验和主变压器局放、绕组变形试验。试验接线在设备出厂前已连接好，并在出厂前做了变形试验的波形录制。变压器到达工地器身就位后，即由工厂派专人带同型号仪器在工地录制波形，并与工厂记录做比较，当场得出结论。

一台主变压器安装工期为30d左右。

（2）某水电站667MVA变压器安装。

基本参数：

形式	组合式三相双线圈强迫油循环水冷升压变压器
额定容量	667MVA
相数	三相（由三个单相组合而成）

额定频率	50Hz
额定电压	高压侧550kV
额定电压	低压侧20kV
连接组别	YN，d11
变压器油量	每组变压器油量约为110t
变压器重量	变压器带油总重约580t（三相），单相运输重不大于160t

结构特点：某水电站500kV 667MVA油浸式三相主变压器为特别组合式结构，出厂时分为三个完整的单相变压器和一个低压侧三相引线连接油箱运到现场，现场将三个单相变压器用机械的办法连接成一个整体（但无油路与电气连接）后，将低压侧三相引线连接油箱与三个单相变压低压侧的电气和油路相连从而构成特别三相组合式变压器；变压器高压侧采用油/SF₆套管与GIS相连接，低压侧采用油/空气套管与IPB相连。

安装特点：除了附件安装和绝缘油过滤及热油循环等工作与一般大型变压器安装完全相同外，有以下不同之处。

每个单相定位时，先以B相为中心后A相、C相紧靠B相定位。

三个单相主油箱之间采取机械方法连成整体后，其底座与变压器基础钢托架焊成整体。

三个单相油箱连接为一整体固定后，将变压器低压侧引线连接油箱与三相低压侧引出线连接法兰连接，引线连接油箱内低压侧引线，接成三角形。高压中性点引线亦从此箱内引出。然后进行引线连接和套管等变压器附件安装。

变压器抽真空与真空注油分相进行，全部注油完毕后，先分相滤油，待三相油经取样试验合格后，再打开三相连通阀对变压器整体过滤，直到油样试验合格为止。

安装主要施工设备和机具见表2-2。

表2-2　　　　　　　　　　　安装主要施工设备和机具表

名　称	规　格	数量
油罐	60m³	2个
真空滤油机	6000～9000L/h，真空度不大于100Pa	1台
板式滤油机	15kW（配滤纸20kg）	1台
二级真空泵	抽速不小于150L/s，残压不大于3.3Pa	1台
油罐	5m³	1个
不锈钢球阀	φ50mm	12个
油取样器具	取样瓶、管、专用阀、注射器等	1套
汽车吊	18～20t	1台
电焊机	200A	1台
干燥空气发生器	露点−40℃	1套
真空表	1～100Pa	2只
麦氏真空计	3～700Pa	1只
千斤顶	50～100t	各4个
手拉葫芦	3～5t	2个
水准仪、经纬仪	SN₂	各1架

名　称	规　格	数量
卷扬机	10t	1台
不锈钢软管	$\phi50mm$（单根长 3m）	4根
耐油 PVC 管	透明、内撑钢丝	60m
变压器内检专用工具	电筒、耐油鞋、耐油衣、耐油帽、扳手	2套
露点仪	$-40℃$	1块
含氧测量仪	测量精度在 $0\sim10\%$	1块
电子湿度计	测空气湿度，RH $0\sim100\%$	2块
力矩扳手	M8～M16	1套

2.2　高压断路器安装

高压断路器是高压配电装置中重要的设备之一，用于正常接通或切断有关设备或电路。常有油断路器、空气断路器、真空断路器、六氟化硫（SF_6）断路器等，其中油断路器已淘汰，空气断路器现在基本只用于低压断路器，目前常用的高压断路器是真空断路器和 SF_6 断路器，真空断路器在 10kV 系统应用较多，SF_6 断路器则广泛应用在高压、超高压、特高压系统中，是应用最普遍的高压断路器。

随着封闭组合电器制造技术的发展，SF_6 断路器在封闭组合电器中被应用，发电机出口大容量断路器也采用 SF_6 介质灭弧。可参见本册第 4 章和第 2.5 节的相关内容，本节重点介绍 SF_6 断路器的安装技术。

高压断路器的安装工艺一般包括：起吊、部件组装、性能检测、调整和试运行。因额定电压和结构的不同，安装的具体内容也不大一样。大型户外高压断路器一般分件运输至现场再安装，安装调试比较复杂，而中、小型高压断路器一般整体运输至现场，或已组装在其他高压电气设备（如高压开关柜）中，现场安装调试比较简单，因此实际安装方法应根据高压断路器的结构、运输要求以及现场条件等因素综合起来决定。

2.2.1　高压断路器的型号及意义

目前我国断路器型号根据国家技术标准的规定，一般由文字符号和数字按以下方式组成，其代表意义为：

第一位——产品字母代号：S—少油断路器；D—多油断路器；K—空气断路器；L—六氟化硫断路器；Z—真空断路器；Q—产气断路器；C—磁吹断路器。

第二位——装置地点代号：N—户内，W—户外。

第三位——设计系列顺序号，以数字 1、2、3、…表示。

第四位——额定电压，kV。

第五位——其他补充工作特性标志：G—改进型；F—分相操作。

第六位——额定电流，A。

第七位——额定开断电流，kA。

第八位——特殊环境代号。

常见的几种断路器见图 2-34～图 2-40。

图 2-34 SN10-12 型少油断路器

图 2-35 ZW32 型户外高压真空断路器

图 2-36 LW-126 型户外 SF_6 高压断路器

图 2-37 500kV SF_6 瓷柱式高压断路器

图 2-38 发电机出口断路器

图 2-39 40.5kV 罐式断路器

图 2-40 110～1000kV SF$_6$ 罐式
高压断路器

2.2.2 六氟化硫断路器安装

（1）六氟化硫（SF$_6$）断路器的主要特点。SF$_6$ 断路器是采用具有优良灭弧性能和绝缘性能的 SF$_6$ 气体作灭弧和绝缘介质的断路器，具有开断能力强、体积小、易于安装等特点，同时运行维护工作量也相对较少。由于 SF$_6$ 气体的电气性能好，所以 SF$_6$ 断路器的断口承受电压较高，在电压等级相同、开断电流和其他性能相近的情况下，SF$_6$ 断路器串联断口数较少，可使制造、安装、调试和运行更为经济方便。因此，现已得到广泛的应用。

SF$_6$ 断路器按照结构形式的不同分为瓷柱式和罐式两种。瓷柱式断路器由三个独立的单相和一个液压、电气控制柜组成。每相由两个支柱瓷套的四个灭弧室（断口）串联而成。在每个支柱瓷套顶部装着两个单元灭弧室，为 120°夹角 V 形布置，两个均压并联电容器为水平布置。罐式断路器为三相分装式，单相由基座、绝缘瓷套管、电流互感器和装有单断口灭弧室的壳体组成。每相配有液压机构和一台控制柜，可以单独操作，并能通过电气控制进行三相操作。

SF$_6$ 断路器灭弧室的形式有单压式和双压式两种，现单压式应用较多，单压式灭弧室又有定开距和变开距两种。

（2）安装工艺流程。SF$_6$ 断路器安装工艺流程见图 2-41。

（3）主要工器具。主要工器具有汽车吊、检漏仪、力矩扳手、调整专用工具、吊带、吊绳。

（4）安装方法。

1）开箱检查。设备到货后，组织相关单位共同进行开箱检查，检查资料是否齐全，检查断路器及备品备件齐全、完好、清洁，绝缘部件表面应无裂缝、缺损，外观检查有疑问时应进行探伤检验，瓷套外观完好，瓷套与法兰的接合面黏合应牢固，法兰结合面应平整、无外伤和铸造砂眼，灭弧室应预充有 SF$_6$ 气体，压力值应与厂家技术要求相符，容易受潮或被盗的附件要运往仓库存放。

2）预埋螺栓。首先复查基础中心距离及高度的误差不应大于 10mm，预留螺栓孔或预埋铁板中心线的误差不应大于 10mm。预埋螺栓时要确保垂直度，要求前后左右方向螺栓中心距离偏差不得大于 2mm，各螺栓预埋后露出地面距离要符合厂家要求，误差不大于 5mm。

3）支架安装。待预埋螺栓的混凝土完全凝固后将断路器的支架吊装，一般要求预埋螺栓施工完成一周后才能安装支架，调整预埋螺栓的螺母，使支架处于水平位置，然后紧固预埋螺栓。

4）断路器安装。

A. SF$_6$ 断路器的安装，应在无风沙、无雨的天气下进行；灭弧室组装时，空气相对湿度应小于 80%，并应采取防尘、防潮措施。通常情况下，SF$_6$ 断路器不应在现场解体

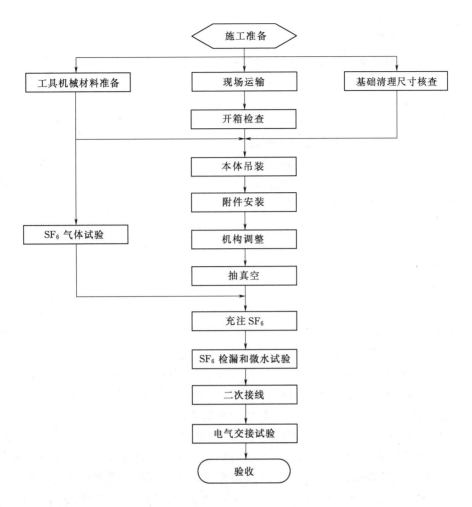

图 2-41 SF₆断路器安装工艺流程图

检查，如有缺陷必须在现场解体时，应经制造厂同意，并在厂方人员指导下进行。

B. 根据产品标识按相序吊装断路器的灭弧室和机构。吊装时应按照厂家技术资料的规定选用吊装器具、吊点及吊装程序，断路器出厂时已进行调试，应按产品编号正确区分每台断路器。吊装单极灭弧室单元必需使用尼龙绳吊装，将平卧的灭弧室直立前，应使用木板垫在下面防止底部的传动单元受损。连接螺栓紧固力矩符合表 2-3 要求。

表 2-3 连接螺栓紧固力矩表 单位：N·m

型号 螺栓类型	M8	M10	M12	M16	M20	M24
普通螺栓	20	40	70	170	340	600
液压管螺栓	—	55	90	—	—	—

C. 安装控制箱，按图纸及说明书要求，用带有防松垫圈的螺栓固定控制柜，用力矩

扳手按规定力矩拧紧螺栓,在电缆槽中敷设电缆,用支撑和紧固箍把每根电缆与支撑横担相接,并以锁紧螺栓固定。

D. 将灭弧室的传动机构与操作机构连接,连接各相之间的机构连杆。

E. 各转动部位应按照设备说明书的要求,添加适合当地气候条件的润滑脂以保证其转动灵活。

F. 按产品规定更换灭弧室吸附剂。

G. 将支架(或基座)与接地网干线连接,连接应牢固,导通良好。

H. 气管连接。用白布擦去阀门口上的油脂、灰尘,在O形胶圈上涂上适量的密封胶进行气管连接,注意检查密封槽面应清洁,无划伤痕迹,已用过的密封垫(圈)不得重复使用;涂密封脂时,不得使其流入密封垫(圈)内侧与SF_6气体接触。

I. 组装完成后应进行检查,在所有的活动轴处的C形挡圈应穿入开口销,连接螺栓处涂防水密封胶。

J. 设备接线端子接触面应平整、清洁、无氧化膜,并涂以薄层电力复合脂,镀银部分不得锉磨。

5)断路器充气。

A. 断路器组装完成后,由厂家代表指导进行充气。当气室已充有SF_6气体,且含水量检验合格时,可直接补气。

B. 充注前检查充气设备及管路应洁净,无水分、油污;管路连接部分应无渗漏。

C. 新的SF_6气体应具有出厂试验报告及合格证件,运到现场后,每批抽查气体含水量检验。充气时不能太快以免结冰,气体压力略高于厂家要求值0.05MPa左右。

D. SF_6气体充注:用制造厂专用充气工具按制造厂要求接好气瓶,先不要接断路器侧,开启气瓶用气体冲洗管道,管道吹风后方可连接断路器进行充气,方向与吹风方向一致;充气时现场设有温度计,以确定现场实际温度,并对温度曲线图折算现场实际温度的压力值(标准压力值是20℃);断路器充气至温度折算值略高0.02MPa后,关闭气瓶阀门,拧下充气工具,拧紧气瓶锁紧螺帽并清洁各部件。

E. 气体检漏:泄漏值的测量应在断路器充气24h后进行。采用灵敏度不低于1×10^{-6}(体积比)的检漏仪对断路器各密封部位、管道接头等处进行检测,检漏仪不应报警;采用收集法进行气体泄漏测量时,以24h的漏气量换算,年漏气率不应大于1%,推荐用塑料薄膜包扎密封面进行检漏。

F. 测量断路器内SF_6气体的微含水量:微含水量的测定应在断路器充气24h后进行。测量与灭弧室相通的气室,应小于150×10^{-6}(体积比);不与灭弧室相通的气室,应小于500×10^{-6}(体积比)。

6)断路器的调整。

A. 断路器的调整应在厂家技术人员的指导下进行,断路器调整后的各项工作参数:压力接点整定值、密度继电器测试、各继电器的动作值、动作时间测定、防跳防慢分功能测试、三相跳闸不同期、SF_6检漏等,应符合产品的技术规定。

B. 断路器电动动作前,断路器内必须充有额定压力的SF_6气体;断路器的位置指示器分、合位置应符合断路器的实际分、合状态。

SF₆支柱式高压断路器安装见图2-42。

（5）现场交接试验。SF₆断路器的试验项目包括：测量绝缘拉杆的绝缘电阻；测量每相导电回路的电阻；耐压试验；断路器并联电容器的试验；测量断路器的分、合闸时间；测量断路器的分、合闸速度；测量断路器分、合闸的同期性；测量断路器合闸电阻的投入时间及电阻值；测量断路器分、合闸线圈绝缘电阻及直流电阻；断路器操动机构的试验；套管式电流互感器的试验；测量断路器内SF₆气体的微量水含量；密封性试验；气体密度继电器、压力表和压力动作值的校验等。

图2-42　SF₆支柱式高压断路器安装图

2.3　高压隔离开关安装

高压隔离开关是高压配电装置中重要的开关电器，一般与高压断路器配套使用。其主要功能是：保证高压电器及装置在运行和检修工作时的安全，起隔离电压的作用，不能用于切断、投入负荷电流和开断短路电流，仅可用于不产生强大电弧的某些切换操作，不具有灭弧功能。

隔离开关的工作原理是通过手动操作机构或者电动（气动）等操作机构，将隔离开关两个触头打开或者合上，为回路供电、断电、检修提供条件。

2.3.1　分类及型号

（1）隔离开关的分类。隔离开关按装设地点可分为户内式和户外式；按绝缘支柱数目可分为单柱式、双柱式、三柱式等；按装设接地刀闸可分为无接地刀隔离开关、单侧接地隔离开关、双侧接地隔离开关等，常见隔离开关分别见图2-43～图2-47。

图2-43　110kV隔离开关
（带双侧地刀）

图2-44　220kV隔离开关
（带双侧地刀）

图 2-45 500kV 单柱式单刀伸缩式
隔离开关（带地刀）

图 2-46 500kV 双柱式单接地刀隔离开关

图 2-47 500kV 三柱式双接地刀隔离开关

（2）高压隔离开关的型号及意义。我国高压隔离开关型号是根据国家技术标准的规定，一般由文字符号和数字按以下方式组成，其代表意义为：

第一位：G—隔离开关；J—接地开关。

第二位：N—户内式；W—户外式。

第三位或第四位：数字，表示设计序号或额定电压，kV。

第四位或第五位：K—带快分装置；G—改进型；D—带接地刀闸。

"/" 后数字—额定电流，A。

CR—中心断口隔离开关（126～252kV）。

DR—双面隔离开关（72.5～363kV）。

KR—双柱水平伸缩式隔离开关（126～550kV）。

PR—单柱双臂垂直伸缩式隔离开关（126～500kV）。

SR—水平旋转单侧断口式隔离开关（40.5kV）。

VR—V 形中心断口隔离开关（126kV）。

YR—单柱单臂垂直伸缩式隔离开关（12～550kV）。

2.3.2 高压隔离开关安装

（1）工艺流程。隔离开关的型号较多，安装工艺流程基本相同，下面以户外双柱式单接地隔离开关为例说明隔离开关的安装程序，三柱式安装程序与双柱式基本相同。其隔离开关安装程序见图 2-48。

（2）主要施工机具。主要施工机具有 8t 或 16t 吊车、吊绳、尖扳手、力矩扳手（220N·m）、梅花扳手（12″～30″）、电焊机、切割机、角磨机等。

（3）安装方法。

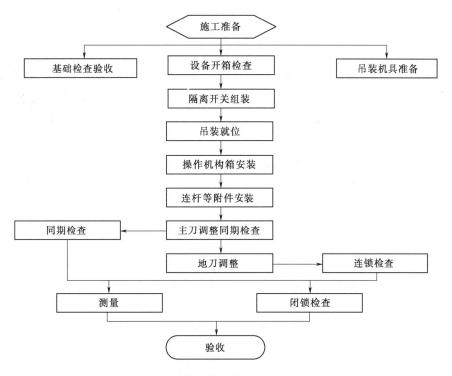

图 2-48　户外双柱式隔离开关安装程序图

1）开箱检查。

A. 设备到货后，开箱检查设备型号、规格、数量是否符合设计要求，检查隔离开关附件应齐全，无锈蚀、变形，瓷支柱弯曲度应在规范允许的范围内，瓷支柱与法兰结合面胶合牢固并涂以性能良好的防水胶。瓷裙外观完好无损伤。

B. 接线端子及载流部分应清洁，接触良好，触头镀银层无脱落。

C. 绝缘子表面应清洁，无裂纹、破损、焊接残留斑点等缺陷，瓷铁黏合牢固。

D. 隔离开关底座转动部分应灵活，操动机构的零配件齐全，所有固定连接部件紧固。

2）安装准备工作。

A. 技术员及安装负责人要熟悉说明书，掌握技术要求。

B. 检查隔离开关基础与底座尺寸偏差小于规程要求，预埋螺栓中心线误差不大于2mm，全站内同类型隔离开关预埋螺栓顶面标高符合设计，设备底座连接螺栓应紧固，同相瓷支柱中心线应在同一垂直平面内，同组隔离开关应在同一直线上，偏差不大于5mm。

C. 同一组隔离开关支架组立时应保证高差及极间安装孔距离的准确性。

3）隔离开关组装。

A. 将隔离开关按设计规格型号分组运到安装地点，隔离开关底座、绝缘子支柱、顶部动触头及接地开关静触头整体组装，组装过程隔离开关拐臂处于分闸状态，并检查所有转动部分是否涂有润滑脂，转动是否灵活，如有卡阻应进行处理。

B. 组装时对导电部分连接部件的接触面（不包括镀银部分），先涂上一层凡士林，用砂纸或钢丝刷刷去表面的氧化层，用布擦掉油污，再涂上一层电力复合脂。均压环要安装正确，平正，均压环宜在最低处打泄水孔。

4）吊装。要求吊装时隔离开关处于合闸位置（剪刀式除外）。各电压等级隔离开关吊装时应注意地刀的朝向符合设计要求，隔离开关主刀闸机构拐臂位置应安装正确。设备底座、机构箱、支架、地刀、机构箱均接地牢固、可靠，所有组装螺栓紧固，并进行扭矩检测，力矩值符合产品技术要求。隔离开关底座自带可调节螺栓时，将其调整至设计图纸要求尺寸。

5）隔离开关调整。

A. 接地开关转轴上的扭力弹簧或其他拉伸式弹簧应调整到操作力矩最小，并加以固定。

B. 隔离开关主刀、接地刀垂直连杆与隔离开关、机构间连接部分应紧固，垂直，焊接部位牢固、平整。

C. 轴承、连杆及拐臂等传动部件机械运动部分应润滑，转动齿轮应咬合准确，操作轻便灵活。

D. 定位螺钉应按产品的技术要求进行调整，并加以固定。

E. 所有传动部分应涂以适合当地气候条件的润滑脂。

F. 电动操作前，应先进行多次手动分、合闸，机构应轻便、灵活，无卡涩，动作正常。

G. 电动机的转向应正确，机构的分、合闸指示应与设备的实际分、合闸位置相符。

H. 电动操作时，机构动作应平稳，无卡阻、冲击异常声响等情况。

I. 闭锁装置应准确可靠；接地刀刃与主刀间的机械和电气闭锁应准确可靠。

2.3.3 隔离开关安装的质量控制

隔离开关安装技术应符合表 2-4 中的要求。

表 2-4   隔离开关安装技术要求表

项　　目	支架安装孔距误差	根开误差 /mm	同期误差 /mm	插入触头深度 /mm	断口距离 /mm	限位螺钉间隙 /mm
GW17-500 主刀		≤10	≤20		≥4700	2
GW17-500 地刀				50±10	≥4000	2
GW16-500 主刀		≤10	≤20		≥4700	2
GW16-500 地刀				50±10	≥4000	2
JW6-500 接地开关	本相不大于 2mm，相间不大于 20mm			50±10		2
GW17-220 主刀		≤10	≤20			2
GW17-220 地刀				50±10		2
GW16-220 主刀		≤10	≤20			2
GW16-220 地刀				50±10		2
JW6-220 接地开关				50±10		2
GW4-35 主刀	本相不大于 2mm，相间不大于 10mm		≤5			2
GW4-35 地刀						2

2.4　电流互感器和电压互感器的安装

互感器是电力系统中供测量和保护用的重要设备。互感器分为电流互感器和电压互感器两大类。其主要作用有：将一次系统的电压、电流信息准确地传递到二次侧相关设备；将一次系统的高电压、大电流变换为二次侧的低电压（标准值）、小电流（标准值），使测量、计量仪表和继电器等装置标准化、小型化，并降低了对二次设备的绝缘要求；将二次侧设备以及二次系统与一次系统高压设备在电气方面很好地隔离，从而保证了二次设备和人身的安全。

2.4.1　互感器的原理与分类

（1）电流互感器。电流互感器又称仪用变流器（TA）。它是一种将高电压大电流变换成低电压小电流的仪器，常用电磁式结构。其工作原理和变压器相似，是利用变压器在短路状态下电流与匝数成反比的原理制成的，它的一次绕组匝数很少，而二次绕组的匝数很多。电流互感器把高电压大电流按一定的比例缩小为低电压小电流，以供给各种仪表和继电保护装置的电流线圈使用。这不仅可靠地隔离开高压，保证了人身和装置的安全。此外，电流互感器的二次额定电流统一为5A或1A，这就增加了使用上的方便，并使仪表和继电器制造标准化。

1）按照用途可分为：

A. 测量用电流互感器：在正常工作电流范围内，向测量、计量等装置提供电网的电流信息。

B. 保护用电流互感器：在电网故障状态下，向继电保护等装置提供电网故障电流信息。

2）按照绝缘介质可分为：

A. 干式电流互感器：由普通绝缘材料经浸漆处理作为绝缘。

B. 浇注式电流互感器：用环氧树脂或其他绝缘树脂混合材料浇注成型的电流互感器。

C. 油浸式电流互感器：由绝缘纸和绝缘油作为绝缘介质，一般为户外型。目前，在高压回路使用较多。

D. 气体绝缘电流互感器：主绝缘由气体构成。

3）按照电流变换原理可分为：

A. 电磁式电流互感器：根据电磁感应原理实现电流变换的电流互感器。

B. 光电式电流互感器：通过光电变换原理以实现电流变换的电流互感器。

4）按照安装方式可分为：

A. 贯穿式电流互感器：用来穿过屏板或墙壁的电流互感器。

B. 支柱式电流互感器：安装在平面或支柱上，兼作一次电路导体支柱用的电流互感器。

C. 套管式电流互感器：铁芯和二次绕组直接套装在绝缘的套管上的电流互感器，套管内穿过高压导电体。

D. 母线式电流互感器：没有一次导体但有一次绝缘，直接套装在母线上使用的电流互感器。

（2）电压互感器。电压互感器又称仪用变压器（TV）。它是一种把高电压变为低电压并在相位上与原来保持一定关系的仪器，常用电磁式结构。其工作原理、构造和接线方式都与变压器相同，只是容量较小，通常仅有几十或几百伏安。它的用途是把高电压按一定的比例缩小，使低压线圈能够准确地反映高电压量值的变化，以解决高电压测量的困难。同时，由于它可靠地隔离了高电压，从而保证了测量人员和仪表及保护装置的安全。此外，电压互感器的二次电压一般为 $(100/3)$V、100V、$(100/3^{1/2})$ V，这样可以使仪表及继电器标准化。

1）按照安装地点可分为户内式和户外式，35kV 及以下多制成户内式；35kV 以上则制成户外式。

2）按照相数可分为单相和三相式，35kV 以上均为单相式。

3）按照绕组数目可分为双绕组、三绕组和多绕组电压互感器，三绕组电压互感器除一次侧和基本二次侧外，还有一组辅助二次侧，供接地保护用，多绕组适用于双重继电保护和电能计量回路。

4）按绝缘方式可分为干式、浇注式、油浸式和充气式。干式电压互感器结构简单、无着火和爆炸危险，但绝缘强度较低，只适用于 6kV 以下的户内式装置；浇注式电压互感器结构紧凑、维护方便，适用于 3～35kV 户内式配电装置；油浸式电压互感器绝缘性能较好，可用于 10kV 以上的户外式配电装置；充气式电压互感器用于 SF_6 全封闭电器中。

5）此外，还有电容式电压互感器（简称CVT），电容式电压互感器实际上是一个单相电容分压器，由若干个相同的电容器串联组成，接在高压相线与地面之间，在最下一节电容器并接变压器，其二次引出标准电压，它广泛用于 110kV 以上的中性点直接接地的电网中。

2.4.2 互感器的型号及含义

（1）电流互感器型号：

第一个字母：L—电流互感器。

第二个字母：A—穿墙式；Z—支柱式；M—母线式；D—单匝贯穿式；F—多匝式；V—结构倒置式；Q—线圈式；Y—低压式。

第三个字母：Z—环氧树脂浇注式；C—瓷绝缘；Q—气体绝缘介质；W—与微机保护专用；K—塑料外壳式；G—改进式。

第四个字母：B—过流保护；D—差动保护；Q—加强型；J—接地保护或加大容量；S—速饱和。

第五个字母：数字—电压等级（kV）产品序号。

例如：LMZ—0.66 表示用环氧树脂浇注的穿芯式电流互感器 0.66kV。

（2）电压互感器型号：

第一个字母：J—电压互感器。

第二个字母：D—单相；S—三相。

第三个字母：G—干式；J—油浸；Z—浇注；C—瓷绝缘。

第四个字母：数字—电压等级，kV。

例如：JDJ—10 表示单相油浸电压互感器，额定电压 10kV。

2.4.3 互感器安装

（1）油浸互感器安装工艺流程见图 2-49。

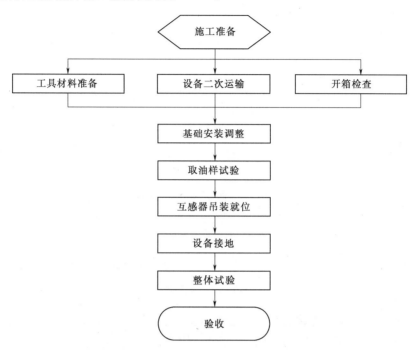

图 2-49 油浸互感器安装工艺流程图

（2）施工准备。

1）材料及主要机具。

A. 起重设备：汽车吊、汽车、卷扬机、手拉葫芦、钢丝绳。

B. 安装器具：梅花扳手、套筒扳手、台钻、冲击钻、手电钻、砂轮切割机、电焊机、手锤。

C. 测试器具：水准仪、钢卷尺、钢板尺、水平、力矩扳手、线锤、万用表、兆欧表等试验仪器。

2）作业条件。

A. 土建基础施工完毕并经验收合格；模板、施工设施及杂物清除干净，并有足够的安装场地，施工道路畅通。

B. 室内地面基层施工完毕，并在墙上标出地面标高。

C. 施工图纸、出厂文件、技术资料齐全。

D. 设备经开箱检查合格，无损伤、附件齐全。

E. 要求安装前进行试验的设备或设备元件，其试验结果与制造厂出厂数据一致。

F. 施工设备、材料、机具和仪器等已齐备、检验合格。

G. 熟悉设计图纸和说明书，学习有关规程，编制安全技术措施，并向施工人员详细技术交底。施工技术措施中要包含质量保证措施和安全保证措施。

（3）安装方法。

1）互感器开箱检查。

A. 互感器到达现场后，应作外观检查。

B. 检查互感器外观和附件是否完整、齐全，有无锈蚀或机械损伤。

C. 油浸式互感器应检查油位和密封情况。

D. 电容式电压互感器应检查外观完整，无渗油现象。

2）互感器安装。

A. 互感器基础应符合设计要求。用底座螺栓将互感器固定后，检查其牢固性及垂直度是否符合规范要求。

B. 互感器开箱后竖立放置并有防倾倒措施。起吊时用绳索扶正，用底部基础上的专用起吊装置吊装，不得用瓷套或顶部的储油柜来起吊，起吊过程应缓慢，避免瓷套受外力。

C. 互感器安装时三相保持引出极性一致，接线盒面向维护侧。

D. 拧紧基础固定螺栓，注意一次高压线连接不应使互感器受到额外的应力。具有均压环的互感器，均压环安装应水平、固定牢固、方向正确。

E. 串级式（包括电容式）电压互感器吊装时，各节的编号应符合设计要求，不得错装。

F. 连接固定内接引线。

G. 拧紧顶盖螺栓和吸湿器螺栓，使其密封。

H. 如需补油时，按制造厂规定进行。

I. 拆除运输中附加的防爆膜保护板。

3）互感器接地。

A. 分级绝缘的电压互感器，在一次绕组接地引出端子接地，电容式电压互感器按制造厂规定进行接地。

B. 电容型绝缘的电流互感器，其一次绕组末屏的引出端子、铁芯引出端子均应接地。

C. 将互感器外壳基座接地。

D. 备用的电流互感器的二次绕组端子应短接后接地。

E. 倒装式电流互感器二次绕组的金属导管，应接地。

4）对于 SF_6 独立式电流互感器装箱、运输及拆卸、吊运的操作方法。

A. 运输：

a. 运输中器身的压力：运输时产品内的 SF_6 气体压力，按生产厂家使用说明书规定的压力值。

b. 运输方向：产品直立运输时，装车方向按包装箱上"箭头方向"；产品卧倒运输时，装车方向应使一次接线排与卡车的运行方向垂直。

c. 限速要求：在运输过程中，运输速度不得过快，应匀速平稳行驶，不使产品受剧烈震动。

B. 装箱：使用制造厂专用的防震动装置，按产品制造厂的规定进行装箱。

C. 拆卸和吊运：解除固定运输架或包装箱与车厢护板的绑绳；将运输架或包装箱连同 SF_6 独立式电流互感器从车上卸下，放置在平整的地面上；产品直立后再进行吊装，吊装时以专用吊耳为吊点，在吊运过程中应保持直立状态。

2.5 GIS 电气设备安装

GIS 是指 SF_6 封闭式组合电器，学名称为气体绝缘金属封闭开关设备（Gas Insulated Switchgear，简称 GIS），它将一座变电站或水电站中除变压器以外的高压配电装置，包括断路器、隔离开关、接地开关、电压互感器、电流互感器、避雷器、母线、电缆终端、进出线套管等，经优化设计有机地组合成一个整体。占地面积仅有敞开设备的1/10左右。

高压配电装置的形式大致有以下几种：

空气绝缘的常规配电装置，常称敞开式（简称 AIS）。其母线裸露，用绝缘子对地绝缘，断路器可用瓷柱式或罐式，敞开式开关站见图 2-50，空气绝缘的常规配电装置见图 2-51。

图 2-50 敞开式开关站

图 2-51 空气绝缘的常规配电装置

混合式配电装置（简称 H - GIS）。母线采用敞开式，采用罐式 SF$_6$ 气体断路器等。SF$_6$ 气体绝缘全封闭电器配电装置见图 2 - 52。

图 2 - 52 SF$_6$ 气体绝缘全封闭电器配电装置

GIS 的优点在于占地面积小，可靠性高，安全性强，检修周期长，维护工作量很小，其主要设备的维修间隔不小于 20 年。目前大型水电站广泛采用，但 SF$_6$ 组合电器元件制造精度高，安装工艺复杂，成本较高。安装过程中，一旦出现小的差错工艺不符要求，都会给设备运行带来严重后果，运行实践中有许多教训可以记取。

2.5.1 GIS 原理与分类

（1）GIS 原理。

1）GIS 设备。GIS 设备是由断路器、隔离开关/接地开关/电流互感器、电压互感器、出线套管、避雷器、母线等几种电器元件组合而成（分别见图 2 - 53～图 2 - 58），为 ABB 产品外貌。它的绝缘介质用 SF$_6$ 气体；其绝缘性能、灭弧性能都比空气好得多。GIS 设备的电场结构是用同轴圆柱体间隙，故为稍不均匀电场。而常规变电站则是棒—板组成的不均匀电场。所以，GIS 设备具有优良的技术性能，特别适合于水电站应用。

图 2 - 53 断路器

GIS 设备的所有圆柱形带电部分都被金属外壳所包围，外壳是用铝合金、不锈钢、无磁铸钢的材料做成，内部充有一定压力的 SF$_6$ 气体。

图 2-54　隔离开关/接地开关/电流互感器

图 2-55　电压互感器

图 2-56　出线套管（SF₆/空气绝缘瓷套管）

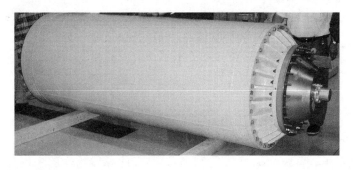

图 2-57　避雷器

2）母线。母线多由铝合金管制成，母线两端插入到触头座里。母线可以做成三相共筒的，也可以做成单相的。前者用于 110kV 以下的 GIS 设备，后者用于 220kV 及以上的 GIS 设备。母线的表面要求光洁度高，没有毛刺和凸凹不平之处，触头座安装在环氧树脂

图 2-58 母线

浇铸的盆形绝缘子中心。

3）隔离开关。隔离开关和接地隔离开关装于断路器的一侧或两侧。以上两种电器均为带电动操作机构。

快速接地隔离开关带有弹簧操作机构，常安装在进线侧。一般在线路检修时投用，将线路感应电压接地，保证检修人员安全。

4）断路器。断路器是 GIS 中最重要的设备，从结构上可分为立式与卧式两种。按灭弧方式分有单压式与双压式。单压式 SF$_6$ 断路器只有一种较低的压力系统，一般只充有 0.3～0.6MPa 压力（表压）的 SF$_6$ 气体作为断路器的内绝缘。在断路器开断过程中，由动触头带动压气活塞或压气罩，利用压缩气流吹熄电弧。分闸完毕，压气作用停止，分离的动、静触头处在低压的 SF$_6$ 气体中。双压式 SF$_6$ 断路器内部有高压区和低压区，低压区一般充有 0.3～0.6MPa 的 SF$_6$ 气体作为断路器的主绝缘。在分闸过程中，排气阀开启，利用高压区约 1.5MPa 的气体吹熄电弧。分闸完毕，动、静触头处于低压气体或高压气体中。高压区喷向低压区的气体，再经气体循环系统和压缩气体打回高压区。以备断路器在开断时灭弧，熄弧过程中，同时也分解产生一些低氟化物，它对人体健康有害，但它能被断路器里的吸附剂吸收，吸附剂置于断路器的过滤器里。

5）电流互感器。一般 GIS 主回路中的电流互感器是电磁式结构，铁芯做成环形，二次绕组绕在环形铁芯上，用环氧树脂浇注在一起，套在 GIS 母线外壳外部，其一次绕组就是母线，故要求套有 TA 的一段母线外壳上不应有电流流过。通常做法是将该段母线外壳法兰加绝缘垫，用旁路办法使该段外壳回流正常流通（例如 ALSTOM 的产品结构就可看到旁路的母线布置）。

6）电压互感器。电压互感器为测量主电路的电压值，常用为电磁式结构。

7）盆式绝缘子。SF$_6$/空气绝缘瓷套管，绝缘瓷套管里充以 SF$_6$ 气体，到货时带一短段母线和盆形绝缘子。盆式绝缘子见图 2-59，与母线导体相连的一侧是高压 SF$_6$ 气体；另一侧则是低压 SF$_6$ 气体。

环氧树脂盆式绝缘子，它有两个作用：一是支持导电元件（带有气孔）；二是将 GIS 设备内部分隔成若干气室（不带有气孔）。GIS 发生故障后，可以抽出故障气室里的 SF$_6$ 气体，解体维修，而不影响其他气室的正常运行。此外，在 GIS 设备的每个气室里，都装有测量压力的压力表，或称密度计；进行充气和排气的气嘴，少数间隔装有防止气体压力过高的防爆膜。

（2）GIS 分类。GIS 设备有户内式和户外式两种，户外式 GIS 设备在户内式的基础上加上防雨、防尘的装置就成为户外式，其余结构相同。

图 2-59　盆式绝缘子

2.5.2　GIS 设备特点

（1）断路器。GIS 中的高压断路器一般由以下五个部分组成：通断元件（灭弧室），中间传动机构，操动机构，绝缘支撑件和外壳基座。

通断元件是断路器的核心部分，主电路的接通和断开由它来完成。主电路的通断，由操动机构接到操作指令后，经中间传动机构传送到通断元件，通断元件执行命令，使主电路接通或断开。通断元件包括有触头、导电部分、灭弧介质和灭弧室等，触头安放在绝缘支撑件上，使带电部分与地绝缘，而绝缘支撑件则安装在基座上。这些基本组成部分的结构，随断路器类型不同而异。

在高压断路器的导电回路中，通常把导体互相接触的部位称为触头。触头往往是高压断路器导电回路中最薄弱的环节。触头的质量主要取决于触头的接触电阻。接触电阻与表面的实际接触面积、触头材料、触头所受压力以及接触表面的洁净程度有关。

通常用下列参数表示高压断路器的基本工作性能：

1）额定电压：它是表示断路器绝缘强度的参数，它是断路器长期工作的标准电压。为了适应电力系统工作的要求，断路器又规定了与各级额定电压相应的最高工作电压。最高工作电压较额定电压约高 10%～15%。断路器在最高工作电压下，应能长期可靠地工作。

2）额定电流：它是表示断路器长期通过电流能力的参数，即断路器允许连续长期通过的最大电流。

3）额定开断电流：它是表示断路器开断能力的参数。在额定电压下，断路器能保证可靠开断的最大电流，称为额定开断电流，其单位用断路器触头分离瞬间短路电流周期分量有效值的千安数（kA）表示。当断路器在低于其额定电压的电网中工作时，其开断电流可以增大。但受灭弧室机械强度的限制，开断电流有一最大值，称为极限开断电流。

4）动稳定电流：它是表示断路器通过短时电流能力的参数，反映断路器承受短路电流电动力效应的能力。断路器在合闸状态下或关合瞬间，允许通过的电流最大峰值，称为动稳定电流，又称为极限通过电流。断路器通过动稳定电流时，不能因电动力作用而损坏。

5）关合电流：是表示断路器关合电流能力的参数。因为断路器在接通电路时，电路中可能预伏有短路故障，此时断路器将关合很大的短路电流。这样，一方面由于短路电流的电动力减弱了合闸的操作力；另一方面由于触头尚未接触前发生击穿而产生电弧，可能使触头熔焊，从而使断路器造成损伤。断路器能够可靠关合的电流最大峰值，称为额定关合电流。额定关合电流和动稳定电流在数值上是相等的，两者都等于额定开断电流的 2.55 倍。

6）热稳定电流和热稳定电流的持续时间：热稳定电流也是表示断路器通过短时电流能力的参数，但它反映断路器承受短路电流热效应的能力。热稳定电流是指断路器处于合闸状态下，在一定的持续时间内，所允许通过电流的最大周期分量有效值，此时断路器不应因短时发热而损坏。国家标准规定：断路器的额定热稳定电流等于额定开断电流。

7）合闸时间与分闸时间：这是表示断路器操作性能的参数。各种不同类型的断路器的分、合闸时间不同，但都要求动作迅速。合闸时间是指从断路器操动机构合闸线圈接通到主触头或合闸电阻接触这段时间，断路器的分闸时间包括固有分闸时间和熄弧时间两部分。固有分闸时间是指从操动机构分闸线圈接通电源到触头分离这段时间。熄弧时间是指从触头分离到各相电弧熄灭为止这段时间。所以，分闸时间也称为全分闸时间。

8）操作循环：这也是表示断路器操作性能的指标。大电流接地系统架空线路的短路故障大多是暂时性的，短路电流切断后，故障即迅速消失。因此，为了提高供电的可靠性和系统运行的稳定性，断路器应能承受一次或两次以上的关合、开断、或关合后立即开断的动作能力。此种按一定时间间隔进行多次分、合的操作称为操作循环。国家标准规定断路器的额定操作循环如下：

自动重合闸操作循环：分—t'—合分—t—合分

非自动重合闸操作循环：分—t—合分—t—合分

其中：分——分闸动作；

合分——合闸后立即分闸的动作；

t'——无电流间隔时间，即断路器断开故障电路，从电弧熄灭起到电路重新自动接通的时间，标准时间为 0.3s 或 0.5s，也即重合闸动作时间；

t——运行人员强送电时间，标准时间为 180s。

（2）隔离开关。隔离开关是在高压电气装置中保证工作安全的开关电器，结构简单，没有灭弧装置，不能用来接通和断开带负荷电路。隔离开关的作用为：隔离电源，倒闸操作过程中，接通和切断小电流电路。

GIS 设备的电场是稍不均匀电场，导电杆和外壳两轴要做成同轴圆柱体。为此 GIS 隔离开关不能和常规式隔离开关那样做成刀闸式的，而要做成动、静触头都是圆柱体、能互相插入式结构。

GIS 隔离开关根据用途不同有三种形式：第一种是只切断主回路，使主回路有一断开点；第二种是接地隔离开关，将主回路通过它直接接地，也就是直接将母线与外壳短接，便于设备检修；第三种是快速接地隔离开关，带有弹簧操作机构，可快速合闸。一般用于线路侧，检修时投入，将线路感应电压短路接地，保证检修工作安全，快速接地隔离开关通常都是安装在 GIS 设备出线侧。

1）单相隔离开关：每台配置一台操作机构。

2）三相隔离开关共用一台操作机构：将操作机构装在第一相，用连杆和中间齿轮箱连接起来，隔离开关操作机构见图 2-60。

3）曲折连接的三相隔离开关：由于GIS设备布置的需要，三相隔离开关位置不同在一个水平线上，用一台操作机构以曲折的连杆，经中间齿轮相连接的三相连动隔离开关。

图2-60　隔离开关操作机构

隔离开关可分为户内和户外两种，其结构没有大的区别。只是在户内外式隔离开关的基础上，加上防雨雪，防潮湿的措施，就变为户外式隔离开关。

（3）电压互感器。电压互感器有两种形式：一种是电磁式；另一种是电容分压式。两种均可竖直安装或卧放，它们直接接在母线上。

（4）电流互感器。

1）电流互感器形式。GIS的电流互感器采用常规电磁穿心式结构，电流互感器见图2-61，它有两种不同的布置形式：①内置式电流互感器。带二次绕组的铁芯套在SF_6气体绝缘金属外壳上，具有体积小、布置紧凑的优点。ABB厂采用这种形式；②外置式电流互感器。其带二次绕组的铁芯套在SF_6气体绝缘金属外壳上，由于该段母线外壳法兰间有绝缘，故将回流铝排直接跳接于绝缘法兰间，保持母线外壳回流畅通。ALSTOM公司和东芝公司的550kV GIS采用此种形式。它具有二次绕组检修拆装方便，安装位置不受限制，但外观较差。

图2-61　电流互感器

2）二次绕组配置数量及额定容量。GIS的电流互感器二次绕组数量配置要满足继电保护双重化和测量的需求，而且它的准确等级要满足短路暂态过程的要求。对于1倍半断路器接线的断路器，两端常需8个电流互感器，其中有4个带小气隙铁芯准确度等级为TPY的二次绕组。二次绕组数量多、尺寸大，有一定的制造难度。因此，在满足工程需要的前提下必须限制二次绕组的额定容量，高电压保护的微机化为此创造了条件。目前，在500kV工程设计中，规定对TPY二次绕组额定容量一般取10VA，在特殊情况下也不超过15VA，以满足550kV GIS制造上的要求。

（5）避雷器。GIS避雷器有两种：一种是带磁吹火花间隙和碳化硅非线性电阻串联而成的避雷器；另一种是没有火花间隙的氧化锌避雷器。后者有较高的通流容量和吸收能力。现在均用没有火花间隙的氧化锌避雷器。

（6）母线。在 GIS 中，母线封装于金属外壳中。母线和外壳是一对同轴的两个电极，构成不均匀电场，母线与金属外壳之间存在电磁耦合，当母线有电流流过时。金属外壳上会产生感应电压，使外壳产生回流这种电流称为环流。根据短路电流计算值，采用不同截面的铜排或铝排做三相短路线，将外壳短接，让环流畅通。

为使 GIS 设备外壳的感应电压在安全规定的范围之内，在 GIS 设备外壳用全链多点接地。

1）GIS 设备管母线型式。GIS 设备管母线设备共有两种型式：

A. 三相共箱封闭式：电压等级比较低的时候，三相母线共用一个金属园外壳。壳体内充一定气压的 SF_6 气体，通过支柱绝缘子将三相导体固定使母线呈三角形布置，在三相电流对称运行下，外壳上不会产生幅值很高的环流。

B. 三相分体式（或离相母线式）：220kV 以上电压一般采用三相分开布置的形式，三相母线分别装于不同的母线外壳里。外壳用铝合金制成，壳体内充一定气压的 SF_6 气体，通过法兰处的盆形绝缘子上的触头座将导体固定，对导流母线起绝缘和支撑作用。在这种结构下，特别是产生不对称或故障运行的时候，外壳上会产生很大的环流。

2）离相式 GIS 母线的外壳保护。GIS 设备的外壳由铝合金或钢材制成。当母线管或元件内部故障时，电弧使 SF_6 气体的压力升高，若没有防爆装置，则可造成外壳爆炸。钢制外壳强度高，熔点也比铝要高，故障耐受时间比铝长。当内部故障而不能及时切断故障点，电弧可能将外壳烧穿。为了不致使故障扩大，在变电站的进线线路上安装快速接地隔离开关，使开关直接接地，通过保护装置切断电源。

GIS 设备外壳的保护有两种方法：一种用防爆装置；另一种用快速接地隔离开关。

3）GIS 外壳接地。由于母线在正常运行时，外壳有感应电流及感应电压，铝合金外壳的感应电流除了会引起外壳及金属结构发热外，还会带来对二次回路干扰等许多不良后果。因此要求 GIS 外壳要进行多点接地。接地线按 GIS 设备接地点短路电流计算值选用。接地线必须直接接到地网主干线上，不允许元件的地线串联之后接地。一般在 GIS 室设置两条接地母线，接地母线与地网主干线连接点不少于两处。

为了防止 GIS 设备外壳的感应电流通过设备支架、运行平台、楼梯、扶手和金属管道，其外壳均应多点接地。设备外壳与金属结构之间应绝缘，以防止产生环流。

为了防止感应电流通过控制电缆和电力电缆的外壳，只允许电缆外皮一点接地，GIS 室内的所有金属管道也只允许一点接地。

（7）连接套管。GIS 设备与架空线、高压电缆、变压器等用套管连接。GIS 出线套管有多种形式，使用较多的是瓷套管和硅橡胶合成绝缘套管两种。

1）瓷套管。瓷套管作为 GIS 与架空连接是使用较多且较普遍的一种，套管内充以 SF_6 气体。它具有运行经验成熟，但因为瓷质材料，对运输与安装的要求特别高。

2）硅橡胶合成绝缘套管。它是近年欧洲制造厂家推出的产品，具有抗污秽等级高、生产周期短和耐地震强度高等优点。

3）SF_6/油套管。GIS 设备与主变压器连接均为 SF_6/油套管，GIS 设备与主变压器连接时，两者中心必然有些误差，为了调整两个元件的中心偏差，母线设有伸缩节，可作适当调整，但套管和 GIS 的连接采用可拆卸的铜棒连接。以备两者检修时，可将两设备在电气上断开。主变压器和 GIS 母线管连接时用软铜带连接。

由于 GIS 设备与主变压器要分别进行高压耐压试验，这时要把连接导体暂时拆开。为了拆卸方便，在连接套管中间设计了一节可拆卸套管。连接套管有两种：一种是中间没有膨胀节的；另一种是有膨胀节的。

4）SF$_6$/空气套管。GIS 设备与架空线连接时采用 SF$_6$/空气套管连接。SF$_6$/空气套管的高压瓷套管端部保护罩内装有密封的盆形绝缘子，在环氧套筒里面充以高压 SF$_6$ 气体，外面充以低压 SF$_6$ 气体。套管的高压气室与相邻的 GIS 气室的压力相同。

5）高压电缆连接箱。GIS 设备与高压电缆的连接是经专用连接箱连接的，箱内充以 SF$_6$ 气体。由于 GIS 设备与高压电缆的交流耐压试验的标准值不相同，故要分开试验。

2.5.3 GIS 布置

GIS 设备的布置方式有很多种，在不同的电压下，GIS 设备的间隔尺寸、同相间的距离和不同相间的距离、元件组合尺寸都由 GIS 制造厂依据用户的要求来选定。并留有 GIS 的安装、运行、检修空间。

（1）现场布置。GIS 现场安装布置是指在 GIS 安装前，在安装现场设置必需的电源、水源和专用工具及零部件的存放间、更衣间、现场办公间、设备存放或组装区、安全保卫岗亭等。电源和水源一般就近取用或取自工程指定的电源和水源点。GIS 安装中临时用场地和房间，均就近利用空地或房间。

（2）安装临时设施。

1）施工电源及临时照明准备。施工现场布置一路主电源至总动力柜，再分到各安装间隔分电柜。GIS 室上下游墙均设置有配电柜，供施工使用。配电柜内装设单、三相空气开关若干，分别供电给施工设备、电动工具、移动照明使用。

在 GIS 室安装临时施工电源及临时照明，必须保证整个 GIS 室尤其是 GIS 组装现场的照明度。

2）施工水源布置。为保证设备基础打孔防尘工作和场地卫生要求，须在 GIS 室设置临时供水点，设排水管到排水沟。

（3）其他要求。检查桥机已交付使用、墙面粉刷、门窗安装、地面施工已完成、永久照明、风机已形成，电缆竖井桥架安装已完成。所有孔洞、接地端子以及安装设备的预埋件按照设计图纸进行复核。如发现遗漏或缺陷必须及时处理，GIS 安装现场防尘保洁措施已落实。

2.5.4 GIS 设备安装

GIS 设备安装流程见图 2-62。

在安装阶段，设备内部的清洁度、密封性和真空度是 GIS 设备安装的关键点。保证环境及设备的清洁度是 GIS 设备总装中首要的任务，安装现场要求持续保持环境清洁。

（1）安装技术要求，以 ABB 公司产品为例。基础误差满足规定的要求；GIS 元件的连接端子、载流插接件部分光洁，镀银层完整，无锈蚀；各隔室 SF$_6$ 气体的压力值和含

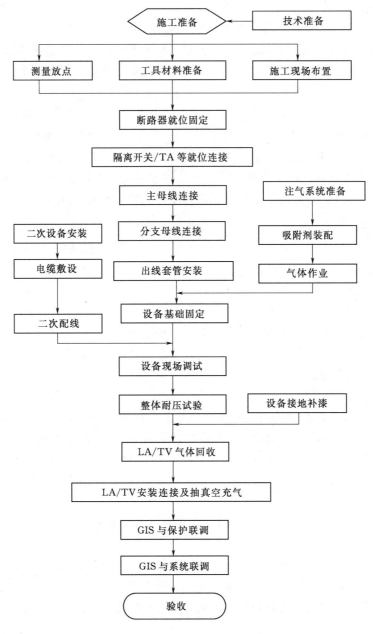

图 2-62 GIS 设备安装流程图

水量符合产品的技术规定；支架及接地线无锈蚀或损伤；母线和母线筒内壁平整无毛刺、清洁无尘土杂物；防爆膜完好，其释放压力满足规定的要求；法兰密封圈无损伤，安装正确；GIS 设备所有安装紧固件的紧固力矩符合要求，运行中会产生振动的部位加锁紧螺母；设备部件不因安装产生额外应力；断路器按厂家规定一般不分解检查；断路器不充 SF_6 气体不得进行电动操作；一个气室禁用多台真空泵同时抽真空；密度继电器禁用带油的检验器检验。

（2）断路器调整就位及固定。根据设计图纸及土建提供的坐标样点进行 GIS 设备安装基点的全面测量，测量 GIS 室地面、主变轨道顶面和出线套管基础的高程及 X、Y 方向里程，均应符合要求。根据轴线和所放样点对照图纸→确定断路器的基础点→确定断路器安装中心线及基础高程→确定各组断路器 B 相中心线，按图确定 A、C 相中心线→将断路器按出厂编号顺序吊到设计位置，按中心线找正→根据厂家装配尺寸测量装配高程并通过加垫调整到水平→通过断路器的平移来调整其 X、Y 方向准确位置→再次检查其水平 X、Y 方向及高程→打孔→基础螺栓装配。

（3）TA、隔离开关（接地开关）与断路器装配。

1）将断路器本体封堵盖打开及清扫。ABB 卧式断路器与外部设备连接从断路器两端引出，断路器到货时其两端有封盖保护。松开封盖螺栓，对称的留 4 颗螺栓不动。松开的螺栓处用吸尘器清扫干净，将剩余的 4 颗螺栓松开、清扫。将封堵盖取出堆放到指定的地点。

将临时封堵用密封圈取下，用无毛纸和无水酒精清扫绝缘子触头座及法兰密封槽。用吸尘器清扫触头座上 4 个固定用螺孔，在螺孔往里的第 4～5 丝扣处涂上适量的锁定胶。将触头清扫干净。配用内六角螺杆、垫片将触头装配在触头座上。

将完好的新密封圈清扫干净装入法兰密封槽内，法兰上对称装上 2 个定位销，再用白布、纸巾涂上酒精清扫，用干净的塑料布将整个打开部分盖住。

2）TA（CT）的安装。利用手动葫芦将 TA 水平吊起，使其封堵盖垂直朝下。打开封堵盖，用吸尘器将 TA 内部及封堵处吸尘干净。将 TA 吊至施工平台上方，使设备下法兰面距离台面为 80～90mm，将 TA 导体固定，使导体与 TA 紧固不致掉下。

将下法兰面与导体清扫干净，在法兰密封凹槽外侧均匀涂上密封胶。导电杆端部均匀涂上导电脂。

3）TA、隔离开关安装。将 TA 吊到断路器的正上方，将盖住断路器上的塑料布取出，将 TA 下降使导体垂直的插入断路器的触头中；当导体杆插入触头一定深度时，停止下降。将导体固定夹松开取出，在固定夹与法兰连接处涂上密封胶，用手电筒等仔细检查盆式绝缘子表面及导电杆表面，用吸尘器将盆式绝缘子表面重新清扫一遍，检查没有问题后，TA 按定位销孔对准下落，到位后用 2 个定位螺帽对称紧固，用 4 个螺帽对称拧紧。

将吊带、葫芦、桥机等移开，松开定位销、定位螺帽，清扫后放入规定的箱子，将其余螺帽对称紧固，达到规定的力矩值。

（4）主母线及分支母线之间的连接。

1）支架的准备。在分支母线安装以前按照设计图纸把不同规格、型号的各种支架拼装好，利用桥机吊到各个规定的位置摆好。

2）分支管母线的准备及组装。按照图纸将管母线吊到小车上（注意其方向性），管母线按先后顺序推到组装现场，用湿抹布等将母线筒外壁清扫干净，用吸尘器将母线临时封堵盖表面及螺孔处仔细清扫干净。用电动扳手将临时封堵螺栓松开（每个封堵盖处对称留 4 根螺杆不松），清扫每个螺孔，将剩下的 4 根螺杆松开，清扫拆除螺杆，慢慢转动封堵盖将管母线内导体慢慢落到外壳上后，移开封堵盖。

导体抬起用木横担水平放入管母线内再将导体落到木横担上，仔细清扫法兰面及导体，短导体的清扫应用不掉纤维的细白布或无毛纸巾喷上无水酒精清扫二遍。

若母线外壳内侧要清扫，则应将导体抽出。搬动和和安装导体时，操作工必须戴上医用乳胶手套。用强光灯检查管母线外壳内壁，清扫法兰面，导体两端内壁涂上一层导电脂；用塑料布或圆口布袋将清扫完毕的管母线开盖处封起来。将一次组装的其余管母线按照程序进行操作，根据图纸上的顺序将清扫后的管母线一节一节的组装起来。

（5）分支管母线的总装。组装好的管母线用桥机缓慢吊起，利用水平尺、定位螺钉调整好管母线的位置，检查无误后，桥机缓慢上升母线至安装位置高度。

将管母线与断路器上部件接头进行对接，将管母线中导体插入触头一定深度时停止；将管母线内部支撑导体的木横担取出，管母线法兰孔对好定位螺钉，利用紧固夹将管母线与接头慢慢拉紧；将管母线的另一端与伸缩节对接，出现偏差（错位）时通过调整伸缩节将法兰面对平，用拉紧带或紧固夹将两个法兰面靠紧，螺栓将管母线的两端用力矩扳手进行紧固，准备好的支架将管母线进行支撑紧固。

（6）主母线安装。在地面上把 B 相水平段组装好数节，具体安装程序如上面所述；将组装好的支撑架吊到安装位置；组装好的 B 相组装件用桥机吊到设计图示位置，与断路器上部分支母线对接；调整母线组合法兰 X、Y 方向，利用支撑件加垫支撑母线，在组合件的中心位置吊线锤与断路器 B 相中心线，插入导电杆并紧固连接法兰。移动调整支撑架进行调整，调整完后紧固所有螺栓；用同样的方式把 A 相、C 相安装完毕；将厂家到货的设备支架在 A 相、B 相之间，B 相、C 相之间进行连接紧固。其余主母线按如上方法继续安装。

（7）竖直段母线安装。把竖直段的管母线清扫完毕后，用桥机把管母线按相进行连接；把竖直段管母线吊至出线孔位置再慢慢往下放，必须扶住管母线，当管母线降至与下面连接组合件接口 1m 左右时停止下放。

仔细清扫对接的两个法兰面，下法兰面放入密封圈，然后用塑料布封堵；下放管母线当距离为 300~400mm 时吊车停止，用手动葫芦将管母线慢慢下放，对好母线接头，经定位销对好螺孔后再降到位进行紧固；三相安装完毕后进行管母线的垂直度调整。松开支撑件紧固螺栓；利用人推动管母线在出线孔处加垫木块把相间距离和母线垂直度调整好，紧固支撑件螺栓。

移开加垫木块再测量三相之间的距离，准备连接室外的管母线及出线套管。

（8）法兰连接工艺。

1）密封圈安装。主体设备的装配连接全部为法兰对接连接，在法兰对接连接过程中，密封圈的装配极为重要。端面连接前，对端面应作细致的清扫，清扫后应无粉尘、油垢。将规定尺寸的密封圈检查清扫后，嵌放入密封槽中，并确认密封圈不会被挤出槽外。法兰螺栓应对称均匀地紧固，并达到厂家规定的紧固力矩值。

2）配套设备连接。对连接法兰面、盆式绝缘子及导电杆内壁进行充分的清扫；检查导电杆的接触面有无磨损，镀银层完整；所有与连接有关的部位如法兰面、管壁、容器内部等都必须用无水酒精或中性溶剂和不掉毛的丝布或纸巾进行擦洗，并用真空吸尘器将其清扫干净；导体的清扫用细白布喷上无水酒精扫两遍，导体两端内圆面用滚筒均匀抹上导电脂。用透明塑料布进行临时包扎母线端部，搬动和安装导体时，操作工必须戴上医用乳胶手套；清扫法兰面的白布绝对不能再涂抹盆式绝缘子，以免白布上的金属碎屑划伤盆式绝缘子；法兰面、密封槽上凸起、毛刺处必须用锉刀、细砂布等进行精加工处理。

（9）气体作业。GIS主体装配完成后，将装配完的气室内安装吸附剂，马上进行抽真空作业，其抽真空作业见图2-63。检查SF₆气体的出厂试验报告及合格证件；厂家到货的真空小车，气体回收小车等设备摆放在道旁，电源接通，相序正确，小车外壳接地。熟悉小车管路的连接、设备使用方法；气体作业人员必须填写气体作业表，做好记录。

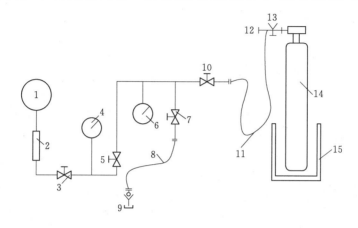

图2-63 SF₆气体抽真空作业示意图

1—真空泵；2—过滤器；3、5、7、10—截止阀；4—真空表；6—压力表；8、11—金属软管；
9—气室；12—阀门；13—压力表；14—SF₆气瓶；15—加热器

对于不同气室所充注SF₆气体压力不同，必须按照厂家技术要求控制；气室抽真空应按厂家要求连续抽真空时间及真空度；检查气室真空度，在规定的时间段内，压降不允许超出厂家的规定值，检查真空度合格的气室再充注SF₆气体，充气的程序必须按照厂家的要求进行。对充气完成的气室，24h后检查气室的露点应合格。检查气室的气密性，用手提检漏仪检查组合面漏气情况，必要时返工处理。

每一个气室抽真空的时间、真空度保持时间、充注SF₆气体的时间和压力值做好详细记录；在本体耐压试验前，根据厂家所提供的气体—温度压力曲线在现场的环境温度下，每一个气室的SF₆气体压力值做最后的调整。

气室抽真空作业可与设备安装平行进行，离抽真空作业区2个气室以外，安装工作可继续进行。平行作业，节省工期。

（10）主母线支架安装及固定。GIS设备在一个间隔安装完后，须对母线支撑件进行固定，基础打孔固定时须注意：管母线支撑件的螺栓必须紧固，支撑件与母线之间须用垫片塞满、塞紧；打孔时，圆筒形钻机的冷却水回路必须畅通才能开机，开机时用吸尘器把排出的泥浆和水吸附干净，打孔深度应按照厂家规定，打完孔后，用厂家到货的膨胀螺栓插入孔内打紧，待固化后用规定的力矩紧固基础螺栓。

（11）GIS各组合法兰压力注胶。GIS安装完成后，经检漏合格，按环境温度、SF₆压力与温度关系曲线调整所有气室压力。对所有盆式绝缘子结合面按厂家要求用专用胶进行压力注胶，使密封条外侧与空气隔绝，延长密封胶寿命。

（12）二次设备安装、电缆敷设及配线。

1）汇控柜安装。汇控柜的垂直度、水平度，并列布置的汇控柜间隙等要符合要求。汇控柜的接地应良好。装有电气元件的可开启的门，应以软铜线与接地的固定金属构架可靠地连接。汇控柜内的元件外观良好、型号规格符合要求，且固定牢靠。

2）电缆线槽及托架安装。横平竖直，托架与吊架的固定方式按设计图纸要求进行，托架间连接用连接板，螺帽朝外，层间距离、接地符合要求。过渡、变层处要圆滑贯通，连接固定牢固。按要求装防火隔板。GIS本体引出电缆线槽及支架按图施工，保证外形整齐美观。

3）电缆的敷设和固定。电缆敷设前，了解电缆盘电缆的总长度，做好计划，各电缆不应有中间接头。按设计提供的线槽走向规划图及电缆清单，有序整齐地进行电缆敷设。在电缆的两个末端及中间每隔一定距离用铝片及不褪色的颜色标志电缆号、电缆规格型号及总芯数。引入汇控柜的电缆应排列整齐，编号清晰，避免交叉，并应固定牢固。

4）二次回路接线。进入汇控柜的电缆要结把整齐，固定牢固，铠装电缆在进入汇控柜后，将钢带切断，切断处的端部加接地软铜线应扎紧，并接地。削剥电缆时，注意不伤及导线，绝缘应良好、无损伤。

汇控柜内的电缆芯线，应按垂直或水平有规律地配置，不得任意歪斜交叉连接，备用芯应留有适当余量，电缆芯线绑扎符合规范要求。

强弱电回路及交直流回路不应使用同一根电缆，并应分别成束分开排列。每根电缆芯线要按芯对线，并套有永久标签，标明端子号，配线时按图施工，接线正确、排列整齐、弧度一致，固定牢靠，导线不应对端子排产生拉力。

导线与电器元件间采用螺栓连接、插接、焊接或压接等，均应牢固可靠。汇控柜内的导线不应有中间接头，盘内设备间不允许"T"接。按要求将电缆屏蔽层接地，二次回路接地设专用螺栓连接。

汇控柜内配线应采用绝缘铜芯导线，并具有阻燃特性，截面应与流过的电流相适应：一般交流电流回路不小于 $2.5mm^2$，交流电压回路不小于 $1.5mm^2$，信号回路不小于 $0.75mm^2$。靠近高温元件的导线应采用耐热绝缘导线。全部工作完成后，对电缆孔洞进行防火封堵。

2.5.5　电气试验

（1）现地调试。当一个间隔全部安装完毕以后就已具备调试的条件，主要内容有：手动操作断路器、隔离开关、接地开关、快速接地开关等在分、合闸位置的检查；所有 SF_6 气体密度监视器压力整定值的检查；气室中 SF_6 气体微水含量的测量；主回路直流电阻测量，TA的特性试验；开关的电动操作试验，闭锁装置的性能试验；二次回路绝缘电阻检查及耐压试验，二次回路接线的检查与核对等。

测量主回路的直流电阻，宜采用直流压降法，通入电流在 $100\sim400A$ 之间，测两端压降值，测试的结果不应超过厂家规定值的1.2倍。

（2）GIS高压试验和继电保护试验。

1）设备现地调试完成以后，GIS 设备已具备高压试验的条件。高压试验主要包括 GIS 设备交流耐压和振荡冲击试验或交流耐压试验和局放试验。耐压试验根据水电站断路器的间隔数进行分段或整体试验，用工频或串联谐振的方法加压，其试验电压值为出厂试验电压的 80%。

高压试验设备必须有良好的接地，以保证高压试验测量准确度和人身安全。接地线用 100mm×0.1mm 铜带，试验设备周围所有的金属架构件必须接地。

试验过程中，无击穿放电现象发生，则认为试验通过；如发生击穿现象，应确定部位处理后再进行试验。

GIS 设备耐压试验时，如遇击穿可重复进行试验，但重复试验过程又产生击穿，如击穿电压值高于第一次，还可再试，直至达到试验要求；如二次试验中击穿值低于第一次，则应进行处理。

进行振荡冲击试验或在设备正常带电状态下，测设备的局部放电值。耐压试验完成后，再安装所有罐式避雷器和电压互感器，按《电气装置安装工程　电气设备交接试验标准》（GB 50150）的规定，也可以先安装电压互感器，参与交流耐压试验，进行抽真空充气作业。

2）继电保护装置的全面调整试验，按调度下达的保护整定值整定各保护装置。有条件时对高压配电装置做一次电流试验，对 TV 二次回路加电压检查，核对保护互感器二次接线的正确性。进行继电保护传动试验，动作应正确。对线路保护进行远跳试验，检查通道和回路接线的正确性。

（3）GIS 设备受电。GIS 室及出线场全面清理，设临时围栏。按调度令进行设备操作检查，具备系统向升压站冲击受电条件。得到系统调度批准后，进行系统向水电站升压站全电压冲击送电。测量线路 TV 二次电压和相序应符合设计要求，带电设备运行正常。高压配电装置分段受电，检查所有 TV 和设备带电正常。核对所有 TV 二次电压相位正确，断路器同期回路接线正确。高压配电装置空载带电运行 24h。

（4）GIS 设备试运行投产送电。机组启动以后，机组带高压配电装置进行升流升压试验，核对相关设备保护 TA、TV 二次接线，检查发电机断路器同期回路接线，检查 GIS 同期回路接线，通过 GIS 设备向系统并网发电，负荷下检查 GIS 及线路保护 TA 极性。

2.5.6　GIS 安装质量控制

GIS 设备施工质量控制点及控制措施见表 2-5。

表 2-5　　　　　　　GIS 设备施工质量控制点及控制措施表

序号	控制点	质量控制内容	质量控制措施
1	设备基础	高程、方位	由专业测量工用水准仪、经纬仪测量控点
2	设备支架制造与安装	①设备支架焊接、安装牢固可靠；②设备支架接地良好；③支架材料的镀锌层完好无损	①由专业焊工进行支架的焊接；②用切割机进行支架材料的切割；③每个支架均设置明显接地点并与水电站接地网干线可靠连接

序号	控制点	质量控制内容	质量控制措施
3	主体设备安装	①法兰面清扫干净；O形圈安装正确，密封胶涂刷正确； ②盆式绝缘子和导电杆清扫干净，连接方向正确，导电脂涂刷均匀； ③触头座清扫干净，螺栓按厂家规定的力矩紧固	①安装现场要保持规定的清洁度，并满足湿度要求； ②部件组装、安装严格按照说明书进行； ③所有螺栓连接全部用力矩扳手按规定力矩紧固
4	抽真空	气室真空度达到要求，保持真空的时间要达到厂家规定的要求，气压降符合规定	抽真空时必须有专人监护，一旦停电必须马上关闭所有阀门
5	充 SF$_6$ 气体	①充气压力符合要求； ②充气完成，静置后检漏，微水测量	①确认所充注 SF$_6$ 气体是合格的； ②充气过程中有专人监护； ③微水含量不能超过国家标准
6	设备调试及带电试运行		按 GB 50150 的规定进行

2.5.7 工程实例

（1）万家寨水电站220kV GIS开关站。万家寨水电站GIS开关站有6回进线、6回出线、2个母联间隔、4个母线TV间隔、母线联络刀闸共19个间隔，是目前国内220kV升压站应用间隔最多的。因此，其运行和维护在220kV GIS开关站中极具代表性。

（2）银盘水电站220kV GIS配电装置。GIS配电装置高度约为6m，220kV断路器按平行水流方向卧式布置，间隔距离为4m。管道母线均为分相式结构，母线相间距离1.2m，为连接各设备，连接段管道母线分层交错布置。GIS室内设置5t桥机，GIS室两侧与主变压器之间的空地可作为检修及安装场地。

GIS配电装置为四角形接线，整套GIS配电装置布置在高程223.00m GIS室内。断路器单列布置，GIS室占地面积约35m×17m。

（3）二滩水电站500kV GIS配电装置。二滩水电站GIS配电装置有6回进线，4回出线，进线为18根500kV干式电缆；出线采用架空线；分为4串，采用3/2、4/3两种接线方式。

1）避雷器的配置。在500kV线路进线侧和主变高压侧装设避雷器。

2）隔离开关、接地开关和快速接地开关的配置。为了安全在主变高压侧、断路器两侧装设隔离开关及接地开关，500kV线路侧装设快速接地开关，用以释放平行线路之间的电磁感应电流。

3）接地的配置。多点接地，三相间用短路板连接，这样，既降低了外壳感应电压，又保证了设备安全。

4）为避免GIS外壳感应电流经主变外壳入地，引起变压器温度升高，在GIS短段母线和主变高压套管法兰相连接处，设置绝缘层；该绝缘能耐受交流5kV、1min的耐压，同时，在绝缘层的两侧跨接氧化锌限压器。

5）为便于检修及避免事故扩大，采用多隔室结构，适应因温度变化设备长度发生变化的需要。

（4）三峡水电站左岸、右岸550kV GIS开关站。三峡水电站左岸550kV GIS分为左一、左二两个开关站，电气主接线采用1倍半接线，两站间设有联络断路器。左一GIS接有8台发电机组、5回550kV出线，其中4个联合单元进线和4回出线组成4串1倍半接线；另一串为双断路器接1回出线。左二GIS接有6台发电机组、3个联合单元、3回550kV出线。

三峡水电站右岸550kV GIS配电装置的接线为6个联合单元与7回出线组成，另有一个双刀开关和两个母线分段断路器间隔，共计36组断路器间隔，4700单相米SF$_6$管道母线。通过7回550kV架空线接入电力系统，每套出线设备包括空气/SF$_6$套管电容式电压互感器、避雷器等设备。隔离开关中包括有接地开关、快速接地开关。断路器根据其开断电流（2000A、3150A、4000A）的不同分三种结构。

（5）拉西瓦水电站750kV GIS开关站。拉西瓦水电站电气主接线形式为发电机变压器单元接线，发电机出口设有发电机断路器，采用联合单元出线；750kV高压侧采用2串3/2断路器和1串双断路器接线，有3回联合单元进线和2回750kV出线。800kV高压配电装置采用GIS经SF$_6$气体绝缘金属封闭输电线路（GIL）出线，用约450m的GIL通过设在管道夹层的水平隧道和207m的竖井与设在高程2474.50m的出线平台750kV架空线连接。两回750kV出线与官厅变电站、西宁变电站连接，官厅线安装800kV 3×140MVar线路电抗器。

2.6 GIL电气设备安装

GIL（Gas Insulated Metal Enclosed Transmission Line，简称GIL）即SF$_6$气体绝缘金属封闭管道母线，用于高压、超高压、大容量（4000A以下）和较长距离（数千米）的输电设备，壳体内部充注SF$_6$气体为绝缘介质。它有以下优点：性能可靠，使用寿命长，无污染；全部采用铝合金壳体，通流能力强，体积小，重量轻；GIL可以通过套管与架空线连接，通过油气套管与变压器连接，可以与GIS直连，也可以在其线路上装设避雷器、电压互感器等保护和测量设备；结构紧凑，施工方便，占地面积小，可以实现比较复杂的接线方案，可以根据用户的意愿选取各种布置形式；与同样电流电压等级的高压电缆相比较容量大得多。

2.6.1 GIL分类、结构特点及布置

（1）原理与分类。GIL主要用于水电站内高电压电力输送；GIL为圆筒形，外壳和导体均为铝合金；采用盆式绝缘子或支柱式绝缘子固定导体，绝缘介质为具有优良绝缘性能的SF$_6$气体。

GIL系统的原理没有任何特别之处，按其结构可分为三相共箱式和分相式。

（2）结构及特点。

1）壳体。壳体为铝合金材料，一般采用卷制的螺旋铝合金管，单元长度越长，结构

就越简单，同时考虑到制造、运输的限制及导体的机械特性等因素，因此，确定直线形管道母线标准单元的长度，两端配法兰进行连接或直接焊接连接。

2）导体。导体为铝合金管，为圆形，导体的连接采用插入式梅花触头结构。

3）绝缘子。气体分隔处导体支持件使用隔室型盆式绝缘子，其他的导体绝缘支持件使用三脚绝缘子。

4）连接件。外壳采用法兰连接时，法兰间采用O形圈密封；导体连接主要采用插入式梅花触头结构，接触面涂以导电的润滑脂。

5）保护和测量装置。在GIL上装有SF_6气体密度继电器和压力表，以监测GIL内SF_6气体压力情况，并将信号发送到保护装置。

（3）GIL布置。

1）布置方式。GIL为管型封闭结构，有三种布置方式：直埋敷设、户外架设和隧道安装。

2）布置特点。

A. 直埋敷设：无需支架，在铝合金外壳包绕防腐和缓冲作用的沥青玻璃丝带，管段连接为现场焊接，密封检查合格后，在焊接面外涂上最终覆盖层。通常约每百米设充气、压力释放和密度监视装置井。现场焊接能有效减少漏气点，运行可靠性较高。其直埋布置见图2-64。

图2-64 GIL直埋布置

B. 户外架设：采用钢支架，可任意高度任意走向，管段连接为现场焊接或法兰连接，在腐蚀环境中需外涂防腐漆，法兰连接面需涂防水胶以防密封圈老化，法兰连接的工作量小，但需注意防止漏气。其户外架设布置见图2-65和图2-66。

图2-65 GIL户外架设布置（一）

图2-66 GIL户外架设布置（二）

C. 隧道安装：采用钢支架，可水平或垂直布置，管段连接为现场焊接或法兰连接，无需采用防腐、防水措施在竖井中使用GIL比电缆更有优势。它具有尺寸小、接地安全、没有火险、支撑结构简单、机械强度高的优点。GIL隧道安装布置见图2-67和图2-68。

图 2-67　GIL 隧道安装布置（一）	图 2-68　GIL 隧道安装布置（二）

（4）GIL 安装及主要工作内容。

1）现场布置。应根据现场设备布置方式，在现场布置工具间、开箱清洁区、运输工具、起吊工具，考虑设置运输通道、人行通道等。

2）安装临时设施。安装临时设施考虑设备存储仓库、现场工具及备品备件存储房屋，现场安装防尘、防潮、起吊装置、运输装置等。

3）对土建的要求。安装场所全部土建装修施工完毕，场地清理干净，并经过验收，混凝土基础埋件及构支架达到允许进行安装的强度和刚度，预埋件及预留孔符合设计要求，接地线可靠引出，施工道路畅通。

4）设备运输要求。GIL 设备在运输和装卸过程中不得倾翻、碰撞和受到剧烈振动。

5）主要工程内容。GIL 设备安装、调试及试验的主要工程范围包括：设备基础、设备支架、SF_6 管道母线、SF_6/空气套管的安装；气室抽真空、充 SF_6 气体及检测气体质量；检测设备、二次盘柜、电缆敷设及接线；接地、高压试验及试运行。

2.6.2　设备安装

（1）GIL 设备安装程序。GIL 设备安装程序见图 2-69。

（2）GIL 设备的安装工艺。

1）现场环境及施工管理。对安装现场应严格防尘，始终保持现场清洁，减少尘埃，经常用真空吸尘器清理现场，空气内浮游粉尘浓度力求小于 $0.2mg/m^3$。

打开 GIL 管道母线作业时，附近禁止其他作业，对部件及容器内部用不脱毛的清洁纸及吸尘器清扫；法兰连接处用专用不起毛的擦拭纸和易挥发且含水量极小的中性溶剂清洗，清洗过金属表面的擦拭纸不允许再用来擦拭盆式绝缘子表面，以免金属粉屑嵌入盆式绝缘子中，影响其表面绝缘；打开的孔口应尽快封闭，暂不用的孔口和取出清洗后的零部件应用干净塑料薄膜及时包扎保护。

安装人员应穿专用的不带纽扣的清洁工作服、鞋、帽。

2）现场设备检查管理。GIL 设备经长途运输到达安装现场后，应在专用场地进行开箱检查，吊出设备后应将包装箱转移，并将设备表面清扫后，才能运至安装地点。

GIL 设备经长途运输至现场，安装前应对设备进行认真检查。检查内部清洁度、电极（导体和筒壁）的表面粗糙度等，特别要检查导电杆的两端导电接触面在运输过程中有无

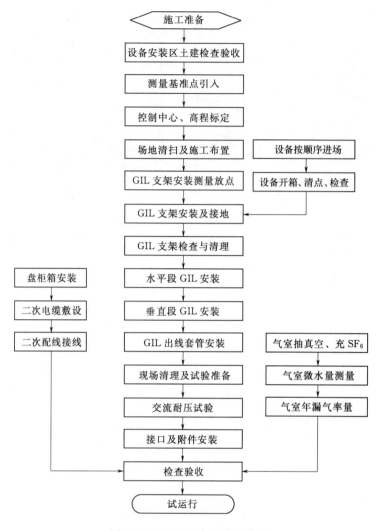

图 2-69　GIL 设备安装程序图

磨损，镀银层有无脱落情况，触指弹性正常。安装前需用无水酒精或中性溶剂和不脱毛纸进行擦洗，并用真空吸尘器进行清扫。

气密性检查。对充气运输的设备，应检查运到现场后各气隔内的充气压力，以判断气密情况及绝缘受潮情况。

3）支架及接地安装。

A. 安装前对 GIL 水平廊道和垂直竖井的土建进行全部检查确认，应符合安装条件要求。

B. 将工程给定的基准点由专业测量队引入。

C. 按基准点进行 GIL 支架安装基础全线进行测量放点。

D. 按设计图纸准确安装 GIL 支架并接地。

4）水平段 GIL 母线安装。

A. GIL 在吊装前应先检查 GIL 支架的高程和中心，其结果应符合要求。

B. GIL 吊装前应将 GIL 水平置于临时支撑架上，打开运输保护端盖进行全面检查母线及外壳内侧触头等、清扫、洁净，并临时用专用口袋封闭。

C. GIL 全面检查、清扫、洁净后，用尼龙专用吊带将 GIL 水平吊起就位固定或与相连设备或 GIL 对接。GIL 的安装尺寸应按图纸尺寸控制，长度误差将均分到可调节段，其总的误差应控制在允许的范围内。

D. GIL 的水平导体的安装。导体一般与母线外壳组装后到工地，个别导体因检查需要有可能要单独拆装，设备进场后将导体水平置于木制的平台或小车上，进行全面检查、清扫、洁净。

对于短导体可用人工直接插入进行组装，对于水平长导体必须借助专用安装工具或安装小车进行插装（见图 2-70），对于垂直长导体必须借助于专用吊具进行吊装。

当导体一端插入后必须要进行检查其插入触头座的深度；另一端必须用专用干净的绳索临时固定以防碰伤（见图 2-71），直到连接端插入后解掉绳索与另一端插接。

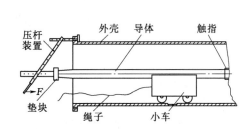

图 2-70　水平长导体安装示意图
F—外部施加的作用力

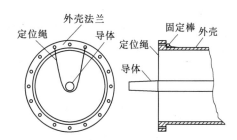

图 2-71　导体临时固定示意图

E. GIL 绝缘子安装。绝缘子平置于木制的平台上，进行全面检查、清扫、洁净。

全面检查、清扫、洁净后，用手托到安装部位并借助于定位栓进行定位，然后用专用螺栓和专用工具固定。

5）垂直段 GIL 母线安装。

A. GIL 在吊装前应先检查 GIL 支架的高程和中心，其结果应符合要求。

B. 将 GIL 水平置于临时支撑架上，打开运输保护端盖进行全面检查、清扫、洁净，用塑料布临时封连接面。

C. 将 GIL 运输到竖井处，用尼龙专用吊带将 GIL 水平吊到一定的高度后，借助导链将 GIL 翻转垂直，检查全部吊绳稳妥后，用竖井内的起吊装置转运到安装部位。

D. GIL 垂直吊到安装部位后，打开下端部塑料布将 GIL 平稳就位与固定或与 GIL 相连接的设备对接。

E. GIL 垂直段法兰连接结构，安装从下至上安装直至 GIL 出线层。

F. GIL 的安装尺寸应按图纸尺寸控制，长度误差将均分到可调节段，其总的误差应控制在允许的范围内。

G. GIL 的垂直导体的安装。导体一般与母线组装后到工地，个别导体因检查需要有可能要单独拆装，导体在安装前应将导体水平置于木制的平台上，进行全面检查、清扫、洁净。

导体经全面检查、清扫、洁净后，对于短导体可用人工直接插入的方法进行安装，对于垂直长导体必须借助专用安装工具，垂直吊起并找正中心后进行插装。

6）GIL法兰连接。GIL安装中，法兰连接工作量大、分布较广，所涉及的位置也较多，安装工作要求特别仔细，一旦大意将造成气室漏气，这对以后的寻找漏点或拆卸处理带来很大的难度，因此要求一次做成，所以此项工作将必须按以下要求进行：

A. 法兰对接前应先对法兰面、密封槽及密封圈进行检查，法兰面及密封槽应光洁、无损伤，对轻微伤痕可用细纱纸、油石打磨平整。密封圈用白布或不起毛的擦拭纸蘸无水酒精擦拭干净，放入密封槽内。

B. 两法兰合拢前应先检查GIL筒内应清洁、无遗留物品，并做好施工记录。连接时，先将四根导销对称地插入法兰孔中，导销全部长度应能自如地插入，同时注意导电杆插入触头座中没有卡阻现象。如发现导销插入困难，表明法兰面没有对齐，此时应使法兰左、右、前、后稍许移动一下，将法兰面对齐，使导销能自如地插入法兰中，然后慢慢地将法兰靠拢。当两法兰靠不拢时，用法兰夹（或C形夹）对称地夹住法兰两侧，收紧法兰夹使法兰靠拢，然后在与导销对称的4个螺孔中插入螺栓，并对称相间地用力矩扳手拧紧，其紧固力矩符合要求。

7）GIL法兰注胶密封。

A. 在气室真空度检查合格充入SF_6气体后，按设备供应商要求对密封圈外侧进行压力注胶。密封胶由设备供应商提供。

B. 由于法兰连接结构不全相同，因此按其连接处的结构来确定注胶孔的位置。

C. 用清洁剂清洁注胶孔后，用压力向注胶孔进行注胶。注胶的具体操作压力和时间按照设备供应商指导手册中要求进行。

8）GIL出线SF_6/空气套管安装。

A. 套管支架的安装。

B. 根据现场通道及设备外形尺寸及重量，现场配置汽车式起重机，将套管吊至出线平台，采用升降台车配合安装。

C. 连接段母线经全面检查、清扫、洁净合格后，采用汽车吊装套管插入，固定套管支架。

9）GIL外壳短路板接地线、支架接地线安装。

A. 按设计图确定安装部位。

B. 规定要求清洁连接面。

C. 按设计规定的材质和截面安装连接，并将短路板与接地线相连，连接紧密。

D. 按图纸安装支架接地线。

E. 按设计或电厂运行标记进行标识。

10）GIL SF_6气体密度继电器安装。密度计的安装时间应在设备安装固定后，抽真空前进行。管道、阀门、仪表安装好，采取保护措施加以保护。

11）GIL SF_6气室抽真空、充SF_6气体。

A. 抽真空不应安排在雨天和相对湿度大于80％的情况下进行。

B. 安装完的密封段气室应及时抽真空和充入SF_6气体，气室连续抽真空时间为24h

（或按设备供应商规定），真空度保持 65Pa 以下。

C. 真空度达到 65Pa 以下后，关闭抽真空阀门，停止抽真空，保持真空状态 4h 压力应没有变化，若有变化，则应查明原因，处理后重新抽真空。真空检漏合格后，再抽一定时间真空，即可充入合格的 SF_6 气体。为防止设备意外受潮，GIS SF_6 气室抽真空工序，应紧随安装程序进行，安装两个气室即进行抽真空处理。

D. 充 SF_6 气可用专用充气装置进行。也可采用设备供应商提供的 SF_6 气体回收装置上的充气装置进行充气，严禁用 SF_6 气瓶未经减压、过滤直接向设备充气。为了不使盆式绝缘子单侧受压过大，充气分两次进行，第一次充气到额定压力的一半，当相邻气室平压后，再进行第二次充气至额定压力。

E. SF_6 新气的质量标准。新气必须有出厂质量证明，符合有关标准和规定，必要时应抽样 5% 检验。SF_6 新气的质量标准见表 2-6。

表 2-6 SF_6 新气的质量标准表

杂质或杂质组合	GB/T 8905 的规定值	IEC-376 规定值
空气（N_2+O_2）/%	≤0.05（质量分数）	<0.05
四氟化碳（CF_4）/%	≤0.05（质量分数）	<0.05
湿度/($\mu g/g$)	≤8	<8
酸度（以 HF 计）/($\mu g/g$)	≤0.3	<0.3
可水解氟化物（以 HF 计）/($\mu g/g$)	≤1.0	<1.0
矿物油/($\mu g/g$)	≤10	<10
纯度/%	≥99.8（质量百分数）	
生物毒性试验	无毒	

12）GIL 设备上电缆槽安装。电缆槽安装在设备完全固定后依据图纸进行。

13）电气盘柜安装。

A. 盘柜运进 GIL 部位后，无论是安装固定与否都应将防尘、防潮塑料套罩好。

B. 盘柜的安装标准应按盘柜安装规程的标准控制。

C. 进入盘柜内的电缆孔应统一安排开孔，统一绑扎电缆，配线应按盘柜内已有的布线方式、走向一致。

D. 按要求设计对进线电缆口进行封堵。

14）电缆的敷设和接线。

A. 电缆敷设工作在盘柜安装固定后进行。

B. 按设计提供的电缆桥架走向规划图及电缆清单，进行电缆敷设。

C. GIL 设备的电缆必须按设计图规定的规格、型号、走向来敷设。

D. 引入盘柜的电缆应排列整齐，编号清晰，避免交叉，并应固定牢固。

E. 端子配线按图施工。接线应正确、排列整齐、弧度一致、固定牢固。电缆屏蔽线按图施工。

F. 导线与电器元件间采用螺栓连接、插接、压接等，均应符合设备供应商的要求。

15）设备支架接地和三相短路板安装。

A. GIL 设备及设备支架接地及三相短路线工作量大、工作将在设备安装的后期设置专人专项安装。

B. 铜排或铝排与设备构架均用螺栓连接。螺栓拧紧力矩应按图纸给定值拧紧。

C. 三相短路板截面和材料按图纸要求，与铝法兰面连接前应先除去法兰面的氧化膜后再连接。

2.6.3 GIL 检查、试验及试运行

（1）GIL SF$_6$ 气室漏气检查。

1）GIL 设备安装和充 SF$_6$ 气完成后，必须对各气室的法兰连接处等应进行定性和定量漏气（或年漏气率）检测。定性检测是为了迅速确定是否漏气和漏气的具体位置，以便及时处理；定量检测是为了确定年漏气率是否在规定允许的范围内，以保证设备的运行安全。

2）定性检测方法一般有以下两种：

A. 压力表法。用压力表长时间静止监视压力表的变化来寻找漏气部位，发现漏气点应做上记号查明原因及时处理。

B. SF$_6$ 气体检漏仪检测法。用 SF$_6$ 气体检漏仪的探头在法兰连接处、焊缝处、组合面处等进行探测、寻找确切的漏气点，如有漏气点应做上记号查明原因及时处理。SF$_6$ 气体检漏仪检测法操作简单、方便、灵敏，为工程优选的方法，但在使用时应注意仪器中电池是否有电，灵敏度应不小于 10^{-8}（如设备供应商有其他规定和要求应按设备供应商要求进行）。

（2）GIL SF$_6$ 气室年漏气率检测。

1）年漏气率的检测应在安装完成之后进行（这样测得的值更真实），年漏气率的标准应符合供应商要求。

2）单密封圈结构——塑料包扎法，即在气室结合处用塑料布包扎（见图 2-72）并留有一定的空间，放置 3h，然后用灵敏度不低于 1×10^{-6}（体积比）的 SF$_6$ 气体检漏仪检测，并按式（2-5）计算每小时的漏气量 Q(L/h)（注：如设备供应商有规定和要求将按设备供应商规定执行）。

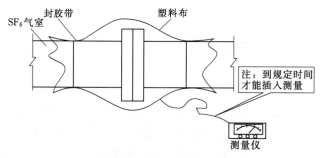

图 2-72　塑料包扎法示意图

每个气室漏气量：

$$Q = (VM/T) 10^{-6} \tag{2-5}$$

式中　V——被测处设备与塑料包围之间容积，L；

M——检测仪测量指标指示值，ppm，$1ppm=1\times10^{-6}(V/V)$；

T——塑料包扎收集气体的时间，h。

每个气室年漏气率按式（2-6）计算。

$$q=[(365\times24)/1000]\times\{Q/[(P/0.101)+1]\times V\}\times100\% \qquad (2-6)$$

式中 P——额定气压，MPa；

V——气体设备的容积，L。

（3）交接试验项目。

1）导体对地绝缘电阻测量。

2）辅助回路绝缘试验。

3）主回路直流电阻测量。

4）气体密封性试验。

5）隔室 SF_6 气体中水分含量测量。

6）SF_6 气体验收试验。

7）SF_6 气体密度继电器及压力表校验。

（4）主回路交流耐压试验，操作冲击耐压试验。GIL 设备的整体交流耐压试验前必具备以下条件：

1）设备整体耐压前所有的安装、充 SF_6 气、检漏、接地等工作都已完毕且检查合格。

2）必须要隔离的设备按试验要求进行隔离，如出线并联电抗器与 GIS、GIL 连接的导电杆应拆除，GIL 侧装屏蔽罩充入额定 SF_6。

3）GIL 部位及通道清洁、通道畅通无阻。

4）按试验设备容量，GIL 耐压分相进行，也可以分段进行。方案经各方协商确定。

5）耐压试验期间配备相应的检查和巡视人员进行监听。

6）耐压试验完毕后恢复被隔离的设备。

（5）试运行。带电 24h 正常即可验收，也可随机组 72h 试运行试验。

2.6.4 GIL 安装质量控制

（1）质量控制依据。

1）制造厂的安装使用说明书。

2）《电气装置安装工程 高压电器施工及验收规范》（GB 50147）。

3）《电气装置安装工程 电气设备交接试验标准》（GB 50150）。

4）《气体绝缘金属封闭输电线路技术条件》（DL/T 978）。

（2）质量控制方法及手段。

1）设备安装、调试工作将在 GIL 供货商代表监督指导下完成。

2）设立质量控制点，严格按照质量管理体系要求的程序、方法进行检验。

3）施工人负责采购的安装材料、零部件必须经过供货商代表同意后方可使用。

4）采取措施保证安装现场的清洁，环境温度、湿度和含尘量等条件符合要求。

2.6.5 工程实例

（1）实例一：某水电站临时升压站 500kV GIL 安装。

某水电站临时开关站是西电东送的一个升压站，GIL 布置在户外，总长约 50m，500kV GIL 设备安装有效工期约 30d。

（2）实例二：某水电站 800kV GIL 安装。

1）某水电站两回 800kV GIL 由 GIS 电缆层（高程 2252.70m）经长约 105m 的水平廊道（廊道截面尺寸宽 6m，高 3.5m）引至 GIL 垂直竖井。垂直竖井截面尺寸为 ϕ10.5m，高 207m，直通高程 2460.00m 和高程 2471.50m 出线平台，采用出线套管与出线设备连接。

GIL 为圆筒形，外壳和导体均为铝合金。采用盆式绝缘子固定导体，内充 SF_6 气体。GIL 有 9m 和 11.5m 两种长度，各段之间为法兰连接，用专用夹具固定在洞壁槽钢支架上。平洞段支架间距约 1500mm，每个支架固定一相 GIL，三相按上、中、下垂直布置，相间距 1200mm；垂直段支架间距约 2000mm，三相 GIL 平行布置，相间距 1200mm。

800kV GIL 设备运输由制造厂到省城为海运和铁路运输，由中转站到水电站为公路运输。高程 2252.70m GIL 设备运至主交通洞使用 GIS 大厅桥机卸车，设备卸车落入夹层采用叉车就位；高程 2460.00m 设备在出线楼卸车，进入 GIL 竖井平台，用两台 5t 桥机就位。

GIL 总长约 2949m，安装工期约 390d。

2）GIL 设备安装工种劳动力配备见表 2-7。

表 2-7　　　　　　　GIL 设备安装工种劳动力配备表

序号	工种	人数	序号	工种	人数
1	一次电工	14	4	起重工	3
2	二次电工	2	5	试验工	2
3	电焊工	1	6	工程师	2

3）GIL 设备安装特殊工具及设备见表 2-8。

表 2-8　　　　　　　GIL 设备安装特殊工具及设备表

序号	名称	型号规格	单位	数量	备注
1	麦氏检测仪		台	2	真空度测量
2	汽车吊	8t	台	1	
3	真空吸尘器	300W	台	2	用于清扫
4	电焊机		台	1	电焊
5	经纬仪		台	1	基础检查
6	水准仪		台	1	
7	千斤顶	10t/5t	台	4～6	设备调整
8	卷扬机	5t	台	2	
9	扭矩扳手	各种规格	套	2	连接用
10	手动葫芦	3t/1t	台	3～5	设备连接
11	SF_6 气体检漏仪		台	1	
12	SF_6 气体回收装置		台	1	带真空泵、软管、阀门等

序号	名　称	型号规格	单位	数量	备　注
13	SF₆气体充（补）气小车		台	1	带真空泵、气瓶等
14	叉车	5t	台	1	
15	桥机	5t	台	2	
16	干燥空气发生器	露点−45℃，0.7MPa	台	1	
17	真空泵	B21−274	台	2	
18	活动防尘棚	60m³	个	3	
19	二次配线工具	成套	套	2	剥线钳、压线钳、起子等

2.7　升压站构架及铁塔安装

2.7.1　升压站构架的结构型式及发展趋势

（1）升压站构架的结构型式。升压站构架结构，按材质分：分为钢结构和混凝土结构；按结构型式分：对柱有钢格构式、A字柱及打拉线等型式；横梁有钢格构式和非格构式。构架的结构型式通常主要有以下几种：

1）焊接普通钢管结构是目前常用的结构型式，该结构由焊接普通钢管人字柱和格构式钢梁组成。该结构加工工艺成熟，施工方便，外形美观。

2）格构式角钢（钢管）塔架结构由矩形断面格构式柱和矩形断面格构式钢梁组成。柱有自立式和带端撑式两种，自立式柱用得较多。格构式结构单根杆件较小，制作、安装、运输比较方便。

3）高强度钢管梁柱结构，可以充分利用钢材强度，减少钢材用量。但对于大跨度构架梁由挠度和稳定要求时，用钢量的减少不明显。

4）型钢结构是由工字钢、槽钢等组成的钢结构，具有材料易于采购、结构简单、加工制造简易、腐蚀情况较钢管结构易于察觉的优点，但钢材用量较大，国外的低电压等级的变电站工程采用得较多。

5）薄壁离心钢管混凝土结构，是在钢管内灌筑混凝土的复合结构，内壁的混凝土可以提高构件的抗压能力，同时还可以提高管壁的稳定及内壁的防锈能力，其用钢量较钢结构省，但该结构自重比较大，使得运输、吊装费用增加，且节点构造繁琐，接头连接要求较高，离心混凝土质量不易控制，施工安装周期较长，具有生产能力的厂家很少。

6）钢管混凝土结构，是一种将混凝土填入钢管内而形成的组合结构。一方面内填混凝土增强钢管的稳定性；另一方面钢管对混凝土的套箍作用，使混凝土处在三向受力状态，从而提高构件的抗压能力和钢管的稳定性，同时还可以提高防锈能力，其用钢量较钢结构省，比较适合于以受压为主的构件。该结构自重比薄壁离心钢管混凝土结构大，混凝土一般在现场灌注，混凝土质量不易保证，施工周期长。钢管应分节热镀锌。

7）环形截面钢筋混凝土杆结构，在电压等级较低、荷载不大、使用年限要求不高的变电站中使用较多，其主要特点是一次性投资较低。

8）预应力混凝土环形杆结构，与环形截面钢筋混凝土杆结构类似，在电压等级较低、荷载不大、使用年限要求不高的变电站中使用，其主要特点是一次性投资较低，但其加工制作较环形截面钢筋混凝土杆结构复杂，造价节省不明显。

9）拉线结构，是利用拉线钢材较好的抗拉强度，达到节省结构材料，降低结构造价。在以往低电压等级的变电站和输电线路中应用较多，在相同构架高度的情况下，拉线结构占地较其他结构型式大，为了节省宝贵的土地资源，这种结构型式现在在变电站工程中已很少应用。

（2）构架的发展及趋势。

1）构架结构型式发展趋势。我国220kV及以下升压站中的构架结构，早期传统的钢筋混凝土环形杆为主。这种环形杆经过几年使用后，其缺点日见显现，沿环形杆的纵、环向出现不同程度的裂缝，内部钢筋遇雨水的侵蚀后锈蚀，流出黄水，既影响了环形杆的结构强度，又影响构架杆的美观，严重时影响电气设备的安全运行。近些年来，随着新材料技术及其制造工艺的发展，在220kV及以下等级的变电站构架结构中，采用钢结构的越来越多了，采用混凝土结构的越来越少了，采用非预应力的越来越多了，采用预应力的越来越少了。我国500kV及以上的变电工程中，普遍采用钢结构，钢结构是未来一种主要的结构型式，主要有以下几种：

A．等截面普通钢管结构。该结构由A形等截面普通钢管构架柱和三角形断面格构式钢梁组成，梁柱采用铰接，纵向设置端撑。构架柱和钢梁弦杆采用普通钢管，柱、钢梁弦杆拼接接头采用刚性法兰连接，钢梁腹杆采用螺栓连接，安装、制作和运输较方便。此种结构是国内500kV变电构架应用最为广泛的一种结构型式。

B．格构式钢结构。该结构由矩形断面格构式柱和矩形断面格构式钢梁组成，梁柱铰接或刚接。依据杆件类型不同又可分为钢管格构式和角钢格构式。格构式钢结构的优点在于其整个结构均由较小角钢或钢管组成，节点采用螺栓连接，构件尺寸小、自重轻，制作、运输及防腐处理很方便，缺点是杆件种类和数量较多，现场拼装工作量较大。

C．变截面高强度钢管结构。该结构由A形高强度钢管构架柱和单杆式高强度钢管梁组成，梁柱刚接。该结构的特点是钢材强度高（450MPa），杆体重量轻，热镀锌质量将得到永久保证，免维护，外观好。由于采用纯钢管式梁代替传统的格构式钢梁，使构架杆件简单，外形美观，构件少，用钢量省，接头制作工厂化，安装快速，从而减少安装费用。但国内生产厂家较少，单价高，总造价仍稍高于普通钢管结构。

D．多棱钢管结构。多棱钢管柱替代传统圆钢管柱，这种结构形式，自20世纪70年代在美国兴起。梁柱均采用多边形钢管，很好地解决了第二代结构中存在弱轴、局部失稳、节点复杂和造型不美观的问题。它高效、简洁，很快在美国得到了推广。如今，在全美兴建的各种电压等级的变电所结构中，90%以上采用的是第三代钢管结构。

2）构架材料发展趋势。目前变电站构支架中使用较为广泛的是混凝土结构、钢结构、钢混结构，传统的构支架普遍存在质量大、易腐烂、锈蚀或开裂等缺陷，使用寿命较短，施工运输和运行维护困难，容易出现各种安全隐患。玻璃纤维增强复合材料属于树脂基复合材料，是一种优良的电气绝缘材料，还具有强度和刚度高、抗疲劳性能良好、耐化学腐蚀性好等特点。随着新材料技术及其制备工艺的发展，复合材料的构支架是未来的发展趋势。

2.7.2 升压站构架安装

水电站升压站构架安装一般分为地面构架和屋顶构架安装。地面构架一般采用汽车吊安装，屋顶构架一般采用固定式建筑塔吊、移动吊车进行安装。

（1）钢筋混凝土电杆构支架安装。其施工工艺流程见图2-73。

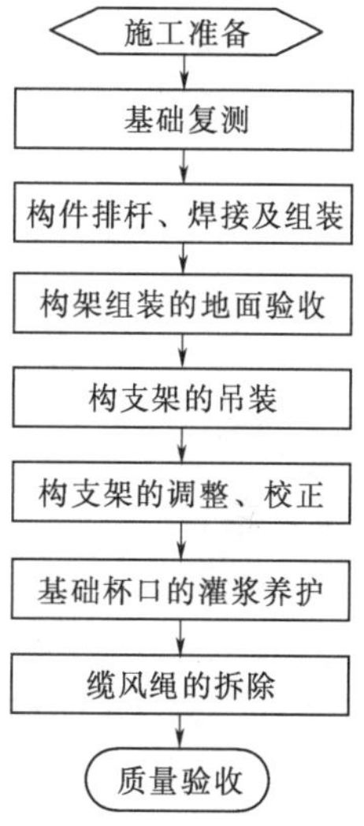

1）施工准备。

A. 技术准备：首先进行图纸会审，然后编制作业指导书，对施工人员进行技术交底。技术交底内容要充实，并形成书面交底记录。

B. 机具准备：按照作业指导书要求的工器具进行准备和检查。

C. 构件进场、验收及堆放。

2）基础复测。

A. 基础杯底标高复测：基础复测时基础杯底标高用水平仪进行复测，基础杯底标高取最高点数据，并做好记录。杯底标高找平时在杯口四周做好基准点标识，然后依据构支架埋深尺寸进行量测找平，找平采用水泥砂浆。

B. 基础轴线的复测：复测时将每个基础的中心线标出后，根据构架支柱直径及A字柱根开尺寸进行安装限位线的标注，划线在基础表面用红漆标注。

3）构件排杆、组装。

A. 根据施工图轴线和厂家构件安装说明，制定"构件平面排杆图"。

B. 构件运输、卸车排放时组装场地应平整、坚实，按照"构件平面排杆图"一次就近堆放，尽量减少场内二次倒运。

C. 排杆时应将构件垫平，每段应保证不少于两个支点垫实。

D. 钢筋混凝土电杆组装。

a. 搁置电杆的道木应排放在平整、坚实的地方，以便排杆和焊接。

b. 在道木上的电杆用薄板垫平、排直，而后用小木楔两边临时固定。

c. 电杆钢圈对口找正，遇到钢圈间隙大小不一时应转动杆段；不得用大锤敲击电杆的钢圈，如还不能抿缝时可用气割处理，但应打出坡口，严禁填充焊接。

E. 电杆焊接工艺要求。

a. 杆段接头全部校正后，点焊固定，可沿周长三等分进行点焊，避开钢圈接缝。电焊的焊缝长度约为钢圈壁厚的2～3倍，高度不宜超过设计高度的2/3。点焊所用焊条牌号应与正式焊接用的焊条牌号相同，使用的电焊条应符合设计要求，严禁使用药皮脱落或焊芯生锈的焊条，焊条应事先干燥好。

施工准备
↓
基础复测
↓
构件排杆、焊接及组装
↓
构架组装的地面验收
↓
构支架的吊装
↓
构支架的调整、校正
↓
基础杯口的灌浆养护
↓
缆风绳的拆除
↓
质量验收

图2-73 升压站构架安装
施工工艺流程图

b. 钢圈间对接焊缝采用手工电弧焊。

c. 焊接必须经过电杆焊接培训并考试合格的焊工操作，一个焊口应连续焊成，焊完后打上焊工代号的钢印，原则上同一根杆柱，由同一焊工施焊。

d. 焊前应清除焊口及附近的铁锈及污物。

e. 焊缝应呈平滑的细鳞形，为防止由于焊缝应力引起杆身弯曲，应采用对称焊。为了防止高温引起钢圈接头处混凝土的爆裂，应采取有效降温措施。

f. 电杆钢圈厚度大于 6mm，采用 V 形坡口多层焊，多层焊缝的接头应错开，收口时应将熔池填满。

g. 焊缝应有一定的加强面，其高度 c 及遮盖宽度 e 尺寸允许偏差应符合表 2-9 的规定。

表 2-9　　　　　　　　　　　　焊缝加强面尺寸允许偏差

项　目	钢圈厚度 S/mm	
	<10	10～20
高度 c/mm	1.5～2.5	2～3
宽度 e/mm	1～2	2～3
图示		

h. 水泥杆钢圈焊接、构件镀锌层破坏处及其他非镀锌的外露铁件均应进行防腐处理。

i. 为了保证焊缝质量，不应在雨天或雪天进行焊接。

j. 带接地引下线的杆柱，吊装前应敷设接地扁铁，接地扁铁采用通长镀锌扁铁，以挺身弯与两端钢圈焊接，全长呈直线，其朝向应符合电气要求，接地色漆完整，所有爬梯、人字杆的钢横撑、栏杆均应与接地线连接。6m 以上的长杆的接地引下线应采用 25mm×4mm 扁铁抱箍固定，消除风振噪声。构支架接地线方向全站尽量做到统一，相位漆高度保持一致。

F. 钢梁组装。钢梁组装时按照设计给定的预拱值地面组装。

a. 对组装好的钢梁，应测量其梁端孔距及梁长并做好记录，同时应检查节点的方向、位置，挂线板位置应符合图纸要求。

b. 连接处采用包角钢连接时，必须与主材紧贴。

G. 螺栓安装。

a. 螺栓安装方向一致：下平面的节点板螺栓应由下向上穿；侧面的节点板螺栓应由里向外穿。螺栓不得强行敲打，螺栓应对称拧紧，复紧后露出丝扣不少于两扣；对双螺母可与螺母相平。

b. 螺栓用套筒扳手或力矩扳手拧紧，若无力矩要求的螺栓，其拧紧度应大致一样。

4）构架组装的地面验收。地面验收主要内容：螺栓穿向及紧固情况，A 形柱的根开、柱垂直高、柱长、柱的弯曲矢高、钢梁起拱值、组装后的总长、支座安装孔孔距、挂线板中心偏差。

5）构支架吊装。

A. 根据场地条件采用旋转法或滑移法吊装，选择合理吊点、吊绳，进行强度和稳定性验算。吊装顺序依此进行柱、钢梁、地线柱等构件的吊装。

B. 当柱脚接近杯底时，应从柱四周向杯口插入 4～5 个木楔，同时收紧四周的缆风绳，确认缆风绳全部固定并使立柱基本垂直后，才能松钩。

C. 带避雷针的构架吊立后应及时做好临时接地。

6）构支架的调整、校正。平面校正应根据基础杯口安装限位线进行根部的校正，立体校正用两台经纬仪同时在相互垂直的两个面上检测，单杆进行双向校正，人字柱以平面内和平面外两种方式进行。校正时从中间轴线向两边校正，每次经纬仪的放置位置应做好记号，否则在测 A 形柱会造成误差，校正最好在早晚进行，避免日照影响；柱脚用千斤顶或起道机进行调整，上部用缆风绳纠偏。

7）基础杯口的灌浆及养护。待构支架校正结束，清除杯口内掉进的泥土或积水后进行混凝土回填。灌浆时用振动棒振实，不要碰击木楔，以免木楔松动杆子位移。回填应分两次进行，第一次填至 2/3 杯口高度，应注意检查支架是否有偏移；养护 7d 后将木楔取出进行第二次回填，及时做好混凝土试块。

8）缆风绳的拆除。基础杯口混凝土的二次回填结束后构架整体形成稳定结构，待钢梁及节点上所有紧固件都复紧后方可拆除缆风绳。

9）接地引上线。每榀构架组立完毕后，立即进行接地线的连接。

10）防腐。构件锌层受损部位和焊接的部位应涂刷防腐漆。

（2）钢管杆构支架安装。钢管杆构支架安装流程同混凝土杆，构架钢柱的吊装见图 2-74，构架钢梁的吊装及就位见图 2-75。

图 2-74　构架钢柱的吊装　　　　图 2-75　构架钢梁的吊装及就位

1）施工准备。施工准备与混凝土杆基本一致，不同在于钢管杆现场进场验收的质量验收标准，对单节（单段）构件弯曲矢高偏差控制在 $L/1500$，且不大于 5mm；单个构件长度偏差不大于 ±3mm。

2）基础复测。同钢筋混凝土杆构支架。

3）构件排杆、组装。钢管杆排杆与混凝土杆基本一致。

A. 钢管柱组装。组装时每段钢柱两端保证两根道木垫实，且每基钢柱组装的道木应保证在一平面上，同时应检查和处理法兰接触面上的锌瘤或其他影响法兰面接触的附着物。组装后，对其根开、柱垂直高、柱长、柱的弯曲矢高进行测量并记录。

B. 钢梁组装。

a. 钢梁组装时按照钢梁预拱值进行地面组装。

b. 在初装时，用靠模将梁端安装孔进行固定，梁紧固后再拆除靠模，对组装后的钢梁应进行几何尺寸核对（主要指孔距）。

C. 螺栓安装。

a. 螺栓安装方向一致：钢柱的法兰穿向由下至上；下平面的节点板上螺栓应由下向上穿；侧面的节点板上螺栓应由里向外穿。

b. 螺栓用普通套筒扳手拧紧，其松紧程度应大致一样。

4）构架组装的地面验收。地面验收主要内容：螺栓穿向及紧固，钢柱的根开、柱垂直高、柱长、柱的弯曲矢高及法兰顶紧面，钢梁起拱值、组装后的总长、支座处安装孔孔距、挂线板中心偏差。

5）构支架吊装。吊装方法与钢筋混凝土杆构支架相同，重点是根据构件重量及起吊高度选择合适起重机械。

其他工序同钢筋混凝土杆构支架。

（3）格构式构架安装。格构式构架安装流程同混凝土杆。

1）施工准备。同钢管杆构支架。

2）基础复测。同钢管杆构支架。

3）构件排杆、组装。

A. 排杆前应根据施工总平面布置图。

B. 将构件运输到指定的位置，按照制造厂家提供的《构件组装说明》和构支架安装图排杆。

C. 排杆前应仔细检查构件编号、构件钢印号及基础编号，确保构支架位置准确、方向一致，杆尾应尽量布置在基础附近，便于安装。

D. 组装前，应检查法兰盘的平整度并处理法兰接触面上的锌瘤或其他影响法兰接触的附着物。

E. 法兰应垂直于钢管中心线，上下法兰盘接触面应相互平行。

F. 构件螺栓规定。

a. 钢梁组装时宜遵循先下弦杆后上弦、先主材后腹材的组装程序，螺栓穿入方向宜遵循水平面应由下向上、垂直面由里向外的原则，螺栓紧固后，外露螺纹应满足相关要求。

b. 法兰式构支架采用普通螺栓连接，厂家应提供进货螺栓实物最小载荷试验报告，安装方向应统一为：自下而上、由内向外穿入；螺栓不宜过长或过短，以拧紧后露出 2～3 扣为宜。

c. 构件若采用高强度螺栓连接，应满足相关标准的规定。螺栓扭矩检查在终拧完成 1h 后、48h 内进行，其检查结果应符合设计要求。

G. 钢梁组装时下部应垫实，支点应垫在节点处。

H. 钢梁应按设计预起拱值进行组装，对组装后钢梁的几何尺寸应进行核对。

4）地面验收。验收主要检查内容：螺栓穿向及紧固，柱垂直度、钢柱的根开、柱长、柱的弯曲矢高及法兰顶紧面，钢梁起拱值、组装后的总长、支座处安装孔孔距、挂线板中心偏差等。

5）格构式构架吊装。

A. 吊点选择。

a. 吊索合力的作用点必须高于重心。

b. 应根据起重机的技术性能合理设置吊点。

c. 架构吊点确定后应进行稳定性验算。

d. 当稳定性验算结果不能满足要求时，应重新调整吊点位置或制定相应的补强措施，以确保在起吊过程中钢结构不发生失稳。

B. 吊具的选择。

a. 在起吊过程中，吊索所受的拉力随构架杆和水平面的夹角而变化，应计算吊索处于最不利受力状态下的拉力计算吊索所受的最大拉力，以确定钢丝绳是否满足要求。

b. 根据吊物重量选择滑车和 U 形环。

C. 格构式构架柱吊装。

a. 起吊过程中应平稳起吊，严禁在地面上拖拽构架柱。

b. 起吊过程中应随时注意观察构架柱各杆件的变形情况，如发现异常应停止吊装，及时处理。

c. 用撬杠引导构架柱的四个柱腿缓缓进入杯口。

d. 用尺规对线，采用千斤顶或其他方法调整柱腿到准确的位置。

e. 用经纬仪对构架柱两个面的垂直度进行校正，直到柱腿位置及构架柱垂直度都符合要求为止。

f. 用木楔将每个柱腿固定牢固。

g. 打好构架柱的临时拉线，缆风绳的大小应根据吊物的重量选定。

h. 地锚宜采用水平地锚，地梁的埋入深度应根据地锚的受力大小和土质而定。

i. 待缆风绳固定好后松吊钩。

j. 架构在最终固定前，不待拆除临时固定设施。

D. 钢梁的吊装。

a. 若经验算，吊点的绑扎位置不满足稳定性要求时，应对钢梁进行补强。

b. 起吊前在横梁两端绑扎控制绳，以防止桁架在起吊过程中发生摇摆和晃动，同时引导就位。钢柱的吊装和钢梁的吊装分别见图 2-76 和图 2-77。

图 2-76　钢柱的吊装　　　　　　　　图 2-77　钢梁的吊装

c. 钢梁就位的同时，应通过缆风绳调整架构的垂直度，当架构的垂直度及钢梁位置均符合要求时，即可进行螺栓紧固。

其他工序同钢筋混凝土杆构支架安装。

2.7.3　升压站构架安装的质量控制

升压站构架安装质量应满足表 2-10～表 2-12 中的要求。

表 2-10　　　　　　　　　　　混凝土杆构支架安装质量标准表

钢梁的质量标准/mm		混凝土杆柱的质量标准/mm		
钢梁组装后的总长偏差	≤±10	柱中心线对定位轴线的偏移量		≤10
安装螺孔中心距偏差	±3	柱的垂直度偏差		≤3H/2000，且不大于 25
钢梁组装后挂线板中心偏差	≤8	柱弯曲矢高允许偏差		
钢梁的弯曲矢高（L 为钢梁长度）	≤L/1000	构架柱顶标高偏差	柱顶标高不大于 10m	≤±10
			柱顶标高大于 10m	≤±15

注　设备支架顶面标高偏差：0～−5mm（设备支架标高应满足设备无垫片安装要求）；H 为钢梁截面中心距地面的垂直高度。

表 2-11　　　　　　　　　　　钢管杆构支架安装质量标准表

钢梁的质量标准/mm		钢管柱的质量标准/mm	
钢梁组装后的总长偏差	≤±10	镀锌组合钢柱弯曲矢高偏差	≤H/1200，且不大于 15
安装螺孔中心距偏差	±3	柱的垂直度偏差	≤H/1000，且不大于 15
钢梁组装后挂线板中心偏差	≤8	构架柱顶标高偏差	≤±10
钢梁的弯曲矢高（L 为钢梁长度）	≤L/1000	设备支架顶面标高偏差	0～−5

注　法兰顶紧接触面不应小于 70%，且边缘最大间隙不应大于 0.8mm；H 为钢梁截面中心距地面的垂直高度。

表 2 - 12　　　　　　　　　　　格构式构架安装质量标准表

序　号	项　目	允许偏差/mm
1	钢梁组装后挂线板中心偏差	≤8
2	钢柱中心线对定位轴线偏差	≤10
3	钢梁的弯曲矢高	≤$H/1000$，且大于 20
4	钢柱垂直度偏差	≤$H/1000$，且不大于 25
5	钢柱根开偏差	≤±15

注　H 为钢梁截面中心距地面的垂直高度。

2.7.4　升压站铁塔安装

升压站出线铁塔是进出架空线路的起止点，为终端型铁塔，在正常情况下，承受线路侧与构架侧的不平衡张力；在事故情况下，它承受架空线路的断线张力。故采用自立式铁塔，也称刚性铁塔。

（1）组立安装方法选择。铁塔组立安装可分整体组立和分解组立两类。整体组立一般用于重量轻、结构面小，地形开阔平坦位置的铁塔；分解组立一般用于重量重、结构面大、高的铁塔组立，自立式铁塔以分解组塔方法为主。因此应根据其结构、重量、运输及地形条件等综合决定组立方式。

大型分件组装的铁塔多采用内悬浮抱杆分解组立方法、起重机整体组立（或分解）组立方法、起重机与抱杆等机具混合组立几种组立安装方法。

（2）铁塔组立前的施工准备。

1）技术准备。施工前铁塔基础检验：铁塔混凝土基础必须经检查验收合格；分解组立铁塔时，基础混凝土的强度应达到设计强度的 70% 以上，整体组立铁塔时，基础混凝土的强度应达到设计强度的 100%；基面、防沉层及周围场地应平整，以便于组装和吊装作业。

施工前需进行图纸审核和技术交底，并进行培训，施工人员应熟悉铁塔组立施工作业指导书、施工图及安装的有关注意事项。

2）材料准备。铁塔材料运达现场后，应按设计和有关规定要求，对塔材材质及加工质量进行抽检，抽检合格后方能使用，认真核对、清点塔材规格、数量，并按吊装顺序分段摆放整齐，发现弯曲等项目超标时应处理后再组装，缺少主材、关键连板、包钢及连接螺栓不匹配时不得组立；铁塔螺栓使用前要分规格及分级别清点摆放，严禁混放，防止误用。

3）机具准备。根据组塔机具配置计划，清查工器具。工器具运往现场前必须进行检查、维修，确保合格的工器具进入现场。安全防护用具严禁使用"四无"产品。每次使用前必须由使用人员进行外观检查，必须具有国家特种设备检验机构检验合格的报告，操作人员有操作资格证。机动绞磨、抱杆、拉链葫芦、钢丝绳和各种规格滑车等均应按规程规定进行试验合格后方可使用。

4）施工现场平面布置。施工前应对组塔场地进行平整，清除影响组装和立塔的障碍物，要准备足够的场地以便摆放、组装、起吊塔材，现场布置要合理，尽量减少占地，进

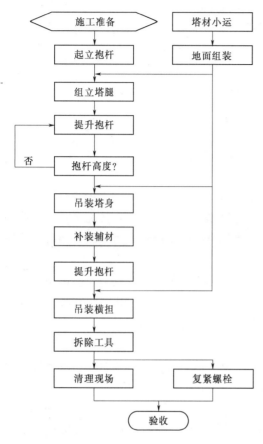

图 2-78 内悬浮抱杆组塔施工工艺流程图

场运输道路要充分利用原有道路，地锚、抱杆外拉线的设置，可依据地势条件进行相应布置，但须保证拉线对地面的夹角不大于45°。

（3）内悬浮抱杆分解组塔。

1）结构特点。抱杆根部置于铁塔结构中心线上，并通过四根承托绳，其一端固定在铁塔的四根主材上；另一端固定在抱杆根部四角上，使抱杆构成悬浮稳定结构。抱杆的临时拉线采用外拉线时，其地锚位于铁塔基础中心线夹角45°的延长线上，顶部拉线4根为X形布置；抱杆的临时拉线采用内拉线时，抱杆顶部的四根拉线固定在已组装好的铁塔主材顶端。利用抱杆顶部滑车组吊装构件，当抱杆高度失效，无法吊装后续塔材时，可提升抱杆。主要工器具包括抱杆、抱杆拉线、起吊绳（包括起吊滑车组、吊点绳、牵引绳等）、承托绳和控制绳等。

2）施工工艺流程。内悬浮抱杆组塔施工工艺流程见图2-78。

3）内悬浮抱杆采用外拉线组塔操作。

A.现场布置。内悬浮外拉线抱杆组塔的现场布置可分为6个系统：抱杆本体、抱杆承托系统、抱杆拉线系统、牵引系统、吊绳系统、吊件控制系统。内悬浮外拉线抱杆组塔现场平面布置见图2-79。

抱杆本体：由主柱、腰环、抱杆帽和抱杆底座四部分组成，其中主柱有若干端由螺栓连接而成；抱杆帽的四角有连接抱杆拉线的挂环，抱杆帽的四面有连接起吊滑车组的挂环，抱杆帽的顶部安装朝天滑车，抱杆的头部能够旋转；抱杆底座的四角有连接承托绳的挂环，抱杆底座的四面有连接提升抱杆滑车组的挂环，腰环是在升抱杆时保护抱杆的工具。

承托系统：由承托钢绳、卡具组成。承托绳布置在塔身截面的对角位置，其规格、长度应根据各绑点的对角尺寸，经计算确定，安装时应根据抱杆伸出长度的需要作相应的调整。其一端与抱杆底部四角承托绳挂点（承托绳滑车）连接；另一端通过专用卡具（卸扣）固定于铁塔主材上，承托绳必须系在铁塔大交叉铁节点处并位于节点上方。

拉线系统：外拉线采用4根落地拉线呈X形设置。拉线对水平面夹角通常以45°为宜。外拉线通过缓冲器与地锚连接。放松拉线时，采用缓冲器平缓释放拉线钢丝绳；收紧拉线时，通过并联手板葫芦收紧拉线钢丝绳及缓冲器。

牵引系统：由滑车组和机动绞磨组成，滑车组上端挂在抱杆帽的挂环上，下端挂吊装

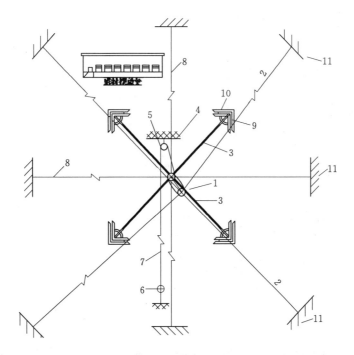

图 2-79 内悬浮外拉线抱杆组塔现场平面布置图

1—抱杆；2—外拉线；3—承托绳；4—转向地锚；5—底滑车；6—机动绞磨；
7—起重钢丝绳；8—控制大绳；9—铁塔主材；10—承托绳专用夹具；11—地锚

的塔材，牵引钢绳通过腰滑车和地滑车至机动绞磨，用机动绞磨通过滑车组提升塔材。绞磨距塔位距离不小于塔全高的 1.5 倍，且不小于 40m。

吊绳系统：连接在滑车组下端和塔材之间的索具，索具应绑扎在塔材重心的上端，索具与吊钩之间不得滑动，吊装塔片时应对塔片进行补强，防止塔片受力后发生变形，吊绳应方便塔材安装就位。

吊件控制系统：控制绳的上端绑扎在吊装塔材下部，控制绳的下端通过松绳制动器连在拉线地锚上，控制绳与地面夹角不大于 30°。用于控制塔材在起吊过程中不与已组立好的铁塔碰撞，安装时控制塔材就位。

B. 起立抱杆。抱杆分解运至现场，进行摆放、组装、调直、紧固法兰螺栓。根据现场地形情况，先利用小型倒落式人字抱杆整体组立抱杆上部的 20~25m（下部的暂不装），再利用抱杆上段将铁塔组立到一定高度，然后采用倒装提升方式，在抱杆下部接装抱杆其余各段，直至全部组装完成。抱杆组立时根部放置于塔基中心，并将起吊绳、外拉线、承托绳连好。然后以承托绳作为制动绳，固定在转向地锚上；以一条拉线作为起重绳，另外使用三根拉线分别作为侧防倒、后防倒绳。抱杆起立见图 2-80。

C. 组立塔腿。抱杆起立后，即开始铁塔腿部构件的吊装，腿部采用单吊或片吊。主材单吊时，用起吊绳头拴于主材的上部，将抱杆起吊绳与此绳头相连，启动牵引绞磨利用旋转法将塔腿段的主材吊装就位；同时主材上用两根钢丝绳作控制绳，主材根部也用钢丝绳作绊腿绳。腿部采用片吊时，腿部塔片应反向组装，将塔脚联板连同主材、斜材一同

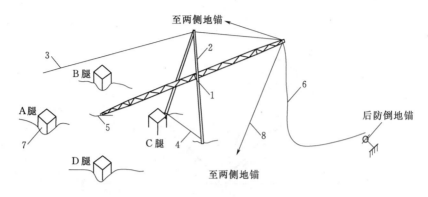

图 2-80　抱杆起立示意图

1—25m 段抱杆；2—13m 人字抱杆；3—兼做抱杆牵引绳的拉线；4—绊腿绳；
5—制动地锚；6—后防倒拉线；7—铁塔基础；8—外拉线

组装，塔腿连板竖放在各自的基础立柱上并使就位孔对准插入角钢；塔片水平材处应用圆木加强，防止起吊时变形；调整抱杆的倾斜角度和方向，再通过控制绳将塔材就位。

塔腿部交叉材也采用反向组装，用一根钢丝绳作副吊绳拴于水平材中间的节点上，同时在该水平材中间节点及两根交叉材下部还应设向外控制溜绳，启动绞磨同样利用旋转法将小片扳起，扳起后稍稍将小片提离地面，通过控制各溜绳，使其方便就位。

D. 抱杆提升。当抱杆高度失效，无法吊装后续塔材时，应提升抱杆。在抱杆提升前必须将底层塔材安装齐全，且螺栓紧固后才能提升抱杆。抱杆提升见图 2-81。

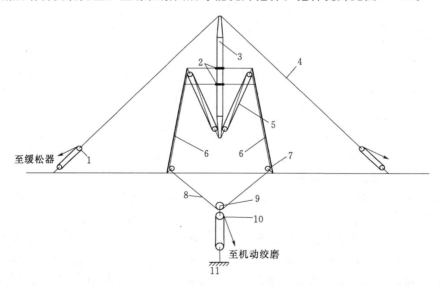

图 2-81　抱杆提升示意图

1—拉线调节滑车组；2—腰环；3—抱杆；4—抱杆拉线；5—提升滑车组；6—已立塔身；
7—转向滑车；8—牵引绳；9—平衡滑车；10—牵引滑车组；11—地锚

提升过程中应至少设置二道腰环，腰环拉索收紧并固定在 4 根主材上，抱杆高出已组塔体的高度，应满足待吊段顺利就位的要求。

在塔身对角处挂上二套提升滑车组，滑车组的下端与抱杆下部的挂板相连，将两套滑车组牵引绳通过各自塔腿上的转向滑车引入地面上的平衡滑车，平衡滑车与地面滑车组相连，利用地面滑车组以"2变1"方式平衡提升。

抱杆提升过程中必须听从统一指挥同时放松外拉线。外拉线、承托绳固定后，松开提升钢丝绳、调整抱杆的垂直度。

抱杆提升过程中，应设专人对腰环和抱杆进行监护；随抱杆的提升，应同步缓慢放松拉线，使抱杆始终保持竖直状态。

抱杆提升到预定高度后，将承托绳固定在主材节点的专用连板挂环上。

抱杆固定后，收紧拉线，调整腰环呈松弛状态。调整抱杆的倾斜角度，使其达到最佳工作状态。

E. 铁塔塔身组立。根据塔身结构和重量决定是否采用片吊或单件吊装。

吊装塔身段时双点绑扎，吊点应选在两侧主材节点处，距塔片上段距离不大于该片的 1/3，对于吊点位置根开较大、辅材较弱的吊片，应用直径不小于 100mm 的圆木进行补强，吊点处应垫麻袋对吊带进行保护。吊点绳顶点的夹角 θ 不得大于 90°。

起吊主材或大片等构件时，上设一道控制绳，下设两道控制绳。开始起吊时要将构件下部的控制绳拉紧，上部的控制绳放松，使构件平稳立起。从开始起吊到构件离开地面的过程中，在构件着地的端头，应设专人监护，防止塔材受外力作用而发生变形。塔身组立见图 2-82。

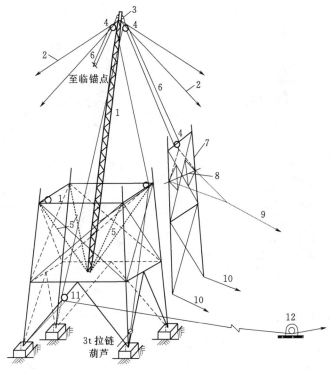

图 2-82　塔身组立示意图

1—抱杆；2—外拉线；3—垫木；4—起重滑车；5—承托绳；6—起重绳；7—塔片；
8—补强构件；9—控制绳；10—攀根绳；11—转向滑车；12—机动绞磨

构件吊离地面后，暂时停止起吊并进行检查，确认绑扎牢固且两侧构件离地高度一致方可继续起吊。在起吊过程中，要随时注意调整两侧控制绳，使构件与塔身保持0.5~1m的距离，如发现异常，应查明原因及时处理。

当塔片提升至较低一侧能就位安装时，即停止牵引，用控制绳调整接头位置，用尖扳手插入连接处的一对螺孔，在其他孔中安装一个螺栓，然后回松绞磨，使另一接头靠近安装位置，用尖扳手对孔，穿入螺栓，然后将两接头处所有螺栓全部上好并紧固，并将该塔片两侧最下一根大斜材连接上，固定好已组塔片，即可回松绞磨。按上述方法吊装另一片就位，就位后自下而上连接侧面斜材和水平材，并在提升抱杆前将所有螺栓拧紧。

F. 横担吊装。地线支架的吊装：地线支架利用抱杆整体吊装。为便于地线支架就位，就位时上主材两正面各先带上一个螺栓，然后回松起吊滑车组，同时用控制绳配合，使地线支架缓慢下落，使下主材正面主材就位，带上并拧紧全部螺栓。

导线横担的吊装：导线横担利用地线横担和抱杆共同受力起吊。起吊过程中尽量保持水平或略向上翘起均匀上升，达到就位高度后，先就位上面两主材，用尖扳手调整、对齐两主材螺孔，先带上一个螺栓，但不要拧紧，然后回送起吊绳，使下主材正面主材就位，带上并拧紧全部螺栓。导线终端塔横担分段吊装见图2-83。

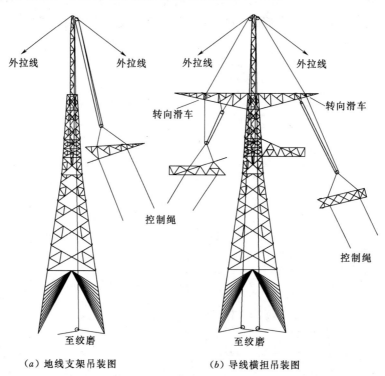

（a）地线支架吊装图　　　　　　（b）导线横担吊装图

图2-83　导线终端塔横担分段吊装图

G. 抱杆拆除。铁塔组立完毕后，抱杆即可拆除；收紧抱杆提升系统，使承托绳呈松弛状态后拆除，再将抱杆顶部降到低于铁塔顶面以下，装好铁塔顶部水平材；在铁塔顶面的两主材上挂 V 形吊绳，利用起吊滑车组将抱杆下降至地面，逐段拆除、拉出塔外、运出现场。V 形吊绳位置应选在铁塔主材的节点处；拆除过程应采取防止抱杆旋转、摆动的措施。

4）内悬浮抱杆采用内拉线组塔操作要点。铁塔塔位地形狭窄，不能布置外拉线时，可采用内悬浮内拉线组塔，即抱杆顶部的四根拉线固定在已组装好的铁塔主材顶端。由于拉线的受力关系，此种组塔方式提升抱杆次数较多，吊装重量要小于外拉线组塔方式。

A. 内拉线的设置：内拉线分塔上控制和塔下控制。

内拉线塔下控制过程为：在已组立铁塔最顶端设置腰滑车，在地面通过转向滑车后与缓冲器相连。需调紧拉线时，在地面收紧与拉线并联的手板葫芦即可。由于单根拉线的控制需占用 2 个塔腿，为避免塔脚拉线之间出现交叉干扰，各拉线的转向滑车与尾绳端应顺时针布置。需注意的是：为避免塔上拉线夹角过小，腰滑车应尽量靠近主材，转向滑车处的拉线钢丝绳距离铁塔主材不得大于 30cm。

B. 内悬浮内拉线抱杆和内悬浮外拉线抱杆组立只有拉线设置位置不同，其抱杆的起立、提升、拆除与吊装程序相同。

C. 吊装导线横担时，抱杆上拉线对垂直方向的夹角与抱杆倾斜角相差不大，此时上拉线无法平衡单面起吊引起的水平分力，而且构件在提升过程中容易失去控制；为了提高起吊过程中抱杆的稳定性和减少上拉线的受力，并且确保抱杆的可靠控制，需要在顺线路方向铁塔的前后侧，在抱杆顶部各打一根落地拉线，同原有上拉线共同配合，防止抱杆倾斜；落地拉线对地夹角应不大于 60°。

（4）起重机整体组立组塔简述。可选用起重机组塔，此方法既安全又高效。

1）起重机组塔可以采用整体组立或分解组立，其选择主要考虑铁塔高度及重量、地形条件对起重机摆放位置的确定。一般 110kV 及以下铁塔结构尺寸小，重量轻，可采用起重机整体组立；对于 220kV 及 500kV 铁塔结构尺寸较大，重量重，一般采用起重机分解组立。起重机的型号应根据确定的组立方法选择，对于整体组立要根据铁塔高度、重量，摆放位置选择满足吊装要求；对于分解组立要根据分次起吊重量、高度选择满足吊装要求。

2）起重机组立，铁塔吊点位置选择。对于整体组立，吊点位置应在铁塔结构重心以上，吊点位置越高越有利铁塔就位；对于分解组立，吊点一般选择在构件的上端，便于塔片就位。起吊绑扎绳要根据起吊状态情况进行验算选择，保证起吊绳安全。铁塔塔体吊点处受力部位也要进行验算，必要时进行补强。

3）起重机组立铁塔要求。组立铁塔前施工人员必须明确铁塔吊装顺序、吊装重量、吊点位置、补强方法。起重作业应与高空作业人员密切配合，专人指挥。起重机作业的控制：起重机实行专人专车；车况不佳不作业；支腿稳固，吊臂活动范围不受阻；吊重不超出规定；吊臂下及吊臂活动范围下方为危险区，由吊车指挥监护。

（5）起重机与抱杆等机具混合组塔。对于结构尺寸、重量都比较大的铁塔，在运输道路及地形条件允许的情况下，可采用起重机与抱杆等机具混合组塔施工方法，起重机组立铁塔可以明显提高组塔效率，一般起重机用于组立塔腿及塔身下部，在起重机组立高度不够时，再利用内悬浮抱杆组立铁塔上部结构。

起重机与抱杆等机具混合组塔施工工艺流程见图2-84。

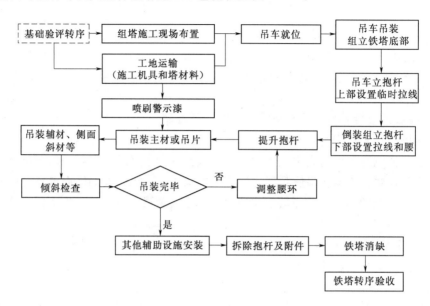

图2-84　起重机与抱杆等机具混合组塔施工工艺流程图

2.7.5　铁塔安装的质量控制

角钢塔、钢管杆塔安装质量检验评定标准及检查方法分别见表2-13、表2-14。

表2-13　　　　　　　　　角钢塔安装质量检验评定标准及检查方法表

序号	检查项目	性质	评定标准（允许偏差）		检查方法
1	部件规格、数量	主控	符合设计要求		与设计图纸核对
2	节点间主材弯曲	主控	1/750		弦线、钢尺测量
3	转角塔、终端塔倾斜	主控	符合设计要求		经纬仪、塔尺测量
4	直线塔结构倾斜/%	一般	一般塔	0.3	经纬仪、塔尺测量
			高塔①	0.15	
5	螺栓与构件面接触及露扣情况	一般	符合规范的规定		检查
6	螺栓防松	一般	符合设计要求		检查
7	螺栓防盗	一般	符合设计要求		检查
8	脚钉	一般	符合设计要求		检查
9	螺栓紧固	一般	符合规范的规定，且紧固率：组塔后95%，架线后97%		扭矩扳手检查
10	螺栓穿向	一般	符合规范的规定		检查
11	保护帽	一般	符合设计要求		检查

① 高塔指塔高在100m以上的铁塔。

表 2-14　　　　　　　　　钢管杆塔安装质量检验评定标准及检查方法表

序号	检查项目	性质	评定标准（允许偏差）		检查方法
1	部件规格、数量	主控	符合设计要求		核对图纸
2	焊接质量	主控	符合规范规定		观察
3	转角、终端杆向受力反方向侧偏斜	一般	符合设计要求		经纬仪、塔尺测量
4	直线杆结构倾斜/%	一般	0.5		经纬仪、塔尺测量
5	杆身弯曲/%	一般	0.2		经纬仪、塔尺测量
6	横担高差/%	一般	110kV	0.5	经纬仪、塔尺测量
			220～330kV	0.35	
7	螺栓与构件面接触及露扣情况	一般	符合规范的规定		观察
8	螺栓防松	一般	符合规范规定		观察
9	螺栓防盗	一般	符合设计要求		观察
10	爬梯或脚钉	一般	符合设计要求		观察
11	横线路位移/mm	一般	50		经纬仪、塔尺测量
12	螺栓紧固	一般	符合规范的规定，且紧固率：组塔后95%、架线后97%		扭矩扳手检测
13	螺栓穿向	一般	符合规范的规定		观察
14	保护帽	一般	符合设计要求		观察

2.7.6　工程实例

（1）500kV升压站构架安装。某500kV升压站构架主体工程用 $\phi720$mm、$\phi500$mm 等管径的钢管，采用法兰连接，镀锌防腐。进出线构架高24m，加其上的地线柱及避雷针最高为41m，主构架高37m，加其上的地线柱及避雷针最高为47m，构架梁采用角钢组成钢梁，跨度为28m，采用50t汽车吊作为主吊车，25t汽车吊作为辅助吊车。

（2）750kV及以上升压站构架安装。某750kV升压站构架吊装累计48吊，钢材总重1081t；其中构架柱共计26吊，最大起吊高度为58m，最大构件起吊长度为57m，单吊最大重量为35t；构架梁共计22吊，最大起吊高度为42m，最大构件起吊长度为57m，单吊最大重量为18t；最大构架采用260t履带吊作为主吊车、70t汽车吊作为辅助吊车。

某750kV变电站构架为钢管格构式，构架柱共24组，构架梁21榀。进出线构架柱重 26.45～28.35t，安装高度为57.4～58.7m；进出线构架梁重14.25t，安装高度41.5～42.8m，跨度42m。构架柱、梁地面一次组装成型，构架柱采用275t与50t履带吊车双机抬吊，主吊机利用吊装钢梁8吊点6滑车起吊，辅助吊车2吊点起吊；750kV构架梁采用275t履带吊4吊点平衡起吊，梁与柱在高空人工对接。

（3）某水电站500kV厂房出线终端塔组立。

1）工程概况。某水电站地下厂房500kV出线3基终端塔均为角钢、钢管混合结构，塔为DZ1-36型单回路终端塔。DZ1-36型铁塔结构见图2-85。

2）组立方法。DZ1型单回终端塔，呼高36m，全高52m，重约73t，铁塔根开约13m，结构面大。该塔位于地下水电站厂房前侧，通过厂房进场道路汽车起重机可直接到

(a) 立面图　　　　　　　　(b) 侧面图

图 2-85　DZ1-36 型铁塔结构图

达塔位，采用 55t 汽车吊＋内悬浮内拉线抱杆混合组塔的方法组立。

A.55t 起重机吊装塔腿及横担以下塔身部分。吊装顺序及吊装方法如下。

吊装顺序：塔脚→主材→水平材→斜材→辅材及附件。

塔脚、主材吊装：采用 10t 专用吊装带单点吊装。

水平材吊装：当一个面的两根主材安装完毕，即可用吊车吊装水平材。水平材两端均有法兰盘，起吊方法是：水平起吊，根据具体情况用 2～4 点补强吊。水平材吊装到位后，让一端先就位，间隔安装几个螺栓后，将主材上法兰结点处的楔形块抽出（或通过调整主材顶端的落地拉线上的手扳葫芦）使已安装主材上口间距与水平材长度吻合，并使用两根绑扎在吊件两端的小绳来调整倾斜，从而实现水平材就位。

斜材吊装：吊装采用两点吊。用钢丝绳通过挂在吊钩上的滑车，钢丝绳的一端和拴在斜材中间的吊装带相连；另一端和拴在斜材上端的吊装带相连。吊装就位后可先将下面连接点装上一个螺栓，然后摆动汽车吊的吊臂或调整绳，使斜材上端顺利就位，对准螺栓孔后，安装连接螺栓。

辅材及附件安装：当主材、水平材及斜材吊装完毕后，便可吊装剩余辅材等。辅材采用 2～3 点单吊，两端带小绳调整倾斜。

55t 起重机吊装塔腿及横担以下塔身部分见图 2-86。

B. 横担以上部分吊装方法。横担以上部分采用 700mm×700mm×20m 内悬浮内拉线抱杆分解组立。

图 2-86　55t 起重机吊装塔腿及横担
以下塔身部分

塔身段吊装：采用单吊法分段分片吊装。

地线支架和横担吊装方法：地线支架分别在左右两侧采用抱杆整体吊装。当两侧地线支架吊装完成，用 $\phi15mm$ 钢绳利用抱杆对地线支架进行补强，然后利用地线支架整体吊装横担，其吊装见图 2-87 和图 2-88。

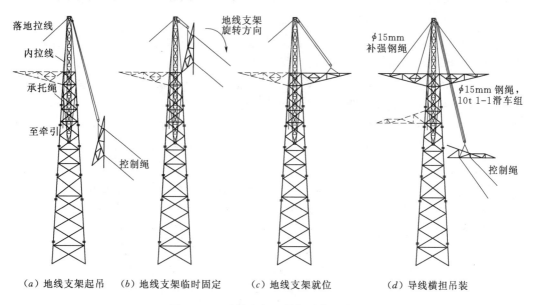

（a）地线支架起吊　（b）地线支架临时固定　（c）地线支架就位　（d）导线横担吊装

图 2-87　地线支架和横担吊装示意图

图 2-88　内悬浮抱杆吊装横担

2.8　升压站出线设备安装

升压站出线设备安装包括电容式电压互感器安装、交流电力系统阻波器安装、交流无间隙金属氧化物避雷器安装等。

2.8.1　电容式电压互感器安装

（1）电容式电压互感器的主要作用。电容式电压互感器（简称 CVT）用于中性点有效接地系统中电压测量、电能计量及继电保护之用，同时可兼作载波通信通道接口。

（2）电容式电压互感器结构及使用性能。

1）结构。电容式电压互感器是由电容分压器和电磁装置组成。电容分压器叠装在电磁装置油箱上部，分压电容器在下部，标称电容为 C2，其低压端子从分压器底板引出，电容器的芯子由若干电容元件串联组成，浸于绝缘油中，器身顶部装有金属膨胀器作油体积补偿。电磁装置由中间变压器、补偿电抗器、保护装置和阻尼器等组成，中间变压器的一次绕组并接于电容分压器的 C2 上，接地端和由油箱引出至出线盒，中间变压器和补偿电抗器组均具有若干抽头，电抗器铁芯具有可调气隙，抽头和气隙均在出厂试验时调定。

2）使用性能。电容式电压互感器的二次绕组为 a－n，精确度级为 0.5/0.2，根据需要可有 2 组或 3 组，剩余电压绕组 da－dn 精确度级为 3P，作绝缘监察之用。

误差：每个二次绕组应在其额定输出的 25％～100％ 范围内满足各自的准确级要求，剩余电压绕组的误差试验应在二次绕组分别带有 0～100％ 额定负荷下进行。

绝缘水平：互感器一次部分的标准雷电冲击全波耐受电压满足规范要求，低电压端子（即通信端子）、二次绕组、剩余电压绕组之间及对地短时工频耐受电压为 3kV（有效值）保持 1min；互感器接地端（E）短时工频耐压为 3kV（有效值）保持 1min。

绝缘电阻：常温下，各二次绕组、剩余电压绕组之间及对地绝缘电阻应大于 100MΩ，一次绕组接地端 E 对二次绕组、剩余电压绕组对地绝缘电阻应大于 500MΩ。

（3）开箱验收。

1）对照图纸清点货物的件数、型号是否相符，并做好开箱记录。

2）检查设备运输途中无损坏，零部件无丢失。

3）外观检查：检查互感器表面磁件破损情况；渗油、变形情况；外观完整，连接良好。

（4）安装。

1）起吊互感器时采用油箱上的 4 个吊耳，注意防止互感器放倒或损坏瓷套，不允许采用电容分压器顶端的法兰或瓷套的伞群起吊。

2）互感器直立安装在水泥金属框架或其他足够坚固的基础上。

3）应注意型号与图纸相符、铭牌方向一致，各节按制造厂序号组装。

4）检查连接可靠，油箱有可靠接地。出线盒内 az、a 或 2az、2a 为阻尼器接入端子，出厂时已用接线板联号，应长期固定在绕组两端；电容分压器的低压端子对地的过电压保护间隙 N、E 已调定（约 0.5mm），作载波通信时，N、E 端必须打开连接片，不作载波通信时，该 N、E 必须可靠短接，严禁开路（出厂时 N、E 已短接），一次绕组的接地端（E）应可靠接地。

5）检查互感器的密封情况，检查底座及电容分压器下部无渗油。

6）在多次取油样后，按照油温 40℃ 时油面离箱盖 60mm，10℃ 时油面离箱盖 70mm 的比例及时加油，注意保持油面上部留有一定的空间，以补偿由于油温变化带来的内部压力的变化。

7）严禁一次及二次绕组的末端对地开路，设备外壳必须接地，严禁一次及二次回路短路。

（5）现场交接试验。

1）绝缘电阻测量。

2）互感器电压变比测试，严禁从二次侧用感应的方法做空载励磁特性试验。

3）检查电容分压器低压端 N 与一次接地端 E 之间的保护间隙及 E 端在二次出线盒中与油箱相连并油箱接地。

4）电容分压器介质损耗测量及耐压试验。

5）互感器准确度试验。

6）极性检查：按照《电气装置安装工程 电气设备交接试验标准》（GB 50150）的规定进行。

2.8.2 交流电力系统阻波器安装

（1）阻波器的作用。阻波器是电力系统载波通信通道的关键设备，串接在高压输电线路进入升压站的一次回路中，阻止载波信号进入升压站而分流，降低载波信号损耗。

（2）阻波器的结构。阻波器由主线圈、调谐装置和保护元件三大部件构成，用于超高压电力系统时还应配备均压屏蔽环。主线圈由强流绕组、吊架、紧固件和接线端子等组成。调谐装置由电容器、电感器、电阻等元件组成。保护元件是金属氧化物避雷器，均压屏蔽环由上、下两个铝制圆环构成。

电力阻波器主线圈自谐振频率高，额定频率范围内无盲区、盲点；主线圈品质因数高，额定电感误差小；调谐装置元器件耐高压，温度系数小；保护元件性能好，杂散电容小。

（3）开箱验收。

1）对照图纸清点货物的件数、型号是否相符，并做好开箱记录。

2）检查阻波器在运输途中有无损坏，零部件是否丢失。

3）外观检查。检查阻波器主线圈有无变形，表面绝缘漆有无损坏；调谐装置和避雷器外观是否完整，连接是否良好，固定是否可靠。

（4）安装。

1）准备好起吊设备、运输设备和安装用工具。

2）设备运至安装位置附近，在运输过程中注意不要使阻波器受到损伤。

3）各紧固件安装可靠，接线端子平整。

4）悬挂式阻波器的安装：注意将吊环拧紧，下列部件需要在现场安装：

A. 配备均压屏蔽环。安装时将阻波器吊起 0.5m 左右，分别将上、下屏蔽环与阻波器可靠安装。

B. 配备防鸟栅。将阻波器吊起，把阻波器上吊架的吊环与钢构架上的绝缘子可靠相连。如阻波器还需下部拉紧，将下绝缘子串与其相连。

5）座式阻波器的安装。将阻波器吊起，把支座与支柱绝缘子可靠相连，将支座与阻波器下吊架用螺栓连接好。各支撑点应找平，应在支柱绝缘子下部放置钢垫片等，且要固定牢靠。配备均压屏蔽环或防鸟栅时安装方法同上。

6）连线。按相关的安装规程进行接线端子安装，应保证接触部分具有良好的导电性能和足够的机械强度，不致引起接头过热现象发生。

（5）现场交接试验。现场交接试验阻抗—频率特性的测试，避雷器试验和阻波器阻塞阻抗测量。

阻抗—频率特性的测试、避雷器试验值应与出厂说明给出的参数相符。阻塞电阻或阻塞阻抗测量试验结果应与出厂说明给出的参数相符。

1）避雷器试验。可按《电气装置安装工程 电气设备交接试验标准》（GB 50150）的规定进行试验。

2）阻塞电阻或阻塞阻抗测量。采用《交流电力系统阻波器》（GB/T 7330）中推荐的电桥法，安装时也可根据实际条件采用其他等效方法进行该项试验。测量时阻波器应与周围金属构架、物体或材料之间至少隔开一个直径的距离，所有试验引线应尽可能短，阻波器应采用绝缘物垫起或吊起 1m 以上的高度。

2.8.3 交流无间隙金属氧化物避雷器安装

（1）避雷器的主要作用。避雷器是用来保护高压电气设备免受雷电过电压和操作过电压损害的保护设备。

（2）避雷器结构及使用性能。交流无间隙金属氧化物避雷器由非线性氧化锌电阻片串联叠加组装，密封于高压瓷套内，无放电间隙。在正常运行电压下，避雷器呈高阻绝缘状态；当受到过电压冲击时，避雷器呈低阻状态，迅速泄放冲击电流入地，将与其并联的电器设备上的电压限制在规定值，以保证电器设备的安全。交流无间隙金属氧化物避雷器设有压力释放装置，在超负载动作或发生意外损坏时，其内部压力剧增，压力释放装置动作，排出高压气体。交流无间隙金属氧化物避雷器具有陡波响应特性，冲击电流耐受能力强。

（3）安装。

1）首先将避雷器瓷底座固定于避雷器基础上，再安装避雷器元件。220kV 系列避雷器推荐底座安装高度在 2.5m 以上。也有落地安装的避雷器，但须安装保护网。

2）由单节元件组成的避雷器：110kV 及以下系列安装时将底座、连接板、避雷器元件垂直安装，用 M16 螺栓紧固。

由上、下节元件串联组成的避雷器：220kV 系列安装时可依次将底座、连接板、避雷器元件下、连接板、避雷器元件上用 M16 螺栓紧固，再将均压环安装在避雷器的上法兰上。

3）线路连接。高压导线连接按图进行，防止导线对避雷器产生不应有的侧向拉力，放电计数器和测漏电流的毫安表接地导线截面大于 $100mm^2$。

4）避雷器的中心偏斜量不大于产品总高度的 2%。三相铭牌应在同一方向，放电计数器及检测仪表应在便于观测的方向。

（4）现场交接试验。按照《电气装置安装工程 电气设备交接试验标准》（GB 50150）的规定进行。

参 考 文 献

[1] 谢毓成. 电力变压器手册. 北京：机械工业出版社，2003.

[2] 国家电网公司基建部. 国家电网公司输变电工程 施工工艺示范手册 变电工程分册 电气部分. 北京：中国电力出版社，2006.

[3] ［英］Martin J. Heathcote. 变压器实用技术大全. 保定天威保变电气股份有限公司. 王晓莺，等，译. 北京：机械工业出版社，2008.

[4] 姚志松，姚磊. 新型配电电力变压器结构、原理和应用. 北京：机械工业出版社，2007.

[5] 罗学琛. SF_6 气体绝缘全封闭组合电器（GIS）. 北京：中国电力出版社，1999.

[6] 黄庆丰. 水电站电气设备. 郑州：黄河水利出版社，2009.

[7] 全国水利水电工程施工技术信息网组编，《水利水电工程施工手册》编委会. 水利水电工程施工手册. 北京：中国电力出版社，2002.

3 接地与防雷系统设备安装

接地系统是保护人身及电气设备安全的重要装置，通过接地装置和接地导体将设备的故障电流和外壳的异常电压引入大地，从而保护电气设备的安全运行，保证电力系统的可靠性与稳定性。接地系统由接地体（极）和接地线组成。接地体（极）是指埋入土中并直接与大地接触的金属导体，分为垂直接地体和水平接地体。常用的接地材料有扁铜带、铜绞线、铜棒、铜覆钢（圆线、绞线）、锌覆钢和降阻材料等。接地线是指电气设备、杆塔的接地端子与接地体或零线连接用的正常情况下不载流的金属导体。常用的接地线材料有铜线、镀锌圆钢、镀锌扁铁等。

防雷系统是防止雷击造成人身伤亡和设备损坏的重要装置，不仅要满足工频短路电流的要求，还要满足雷电冲击电流的要求，其主要由接闪器、接地网和接地线等组成。接闪器是指接受雷电闪击装置的总称，包括避雷针、避雷线、避雷网、避雷带、避雷器以及金属屋面、金属构件等。接地网是指由垂直和水平接地体组成的具有泄流和均压作用的网状接地装置。

3.1 水电站接地特点和意义

3.1.1 水电站接地特点

我国的水电资源分布极不平衡，大部分分布在西南地区和黄河上游地区，受水资源分布的影响，水电站的位置较偏远，远离负荷中心。从河流看，我国水电资源主要集中在长江、黄河的中上游，雅鲁藏布江的中下游及珠江、澜沧江、怒江和黑龙江上游。如按行政区划分，主要集中在经济发展相对滞后的西部地区，西南和西北 11 个省（自治区、直辖市）。水电站的建设一般在山区河流的峡谷地区，所处地方的地质结构复杂，土壤特性很不均匀，如我国东北地区的水电站除了周围的岩石结构外，冬天还有很长时间的冻土时间，接地情况更为复杂，我国水电站的接地一般有以下特点。

（1）接地处理方法多样化。水电站大多数建设在山区河流的峡谷地区，地处坚固的岩石基础上，土壤电阻率极高，通过降低土壤电阻率或置换土壤的办法来降低接地电阻受到很大限制。因此，一方面要充分利用自然接地体；另一方面可采用水下接地网、深埋接地体等综合处理方法。利用低电阻率的水源敷设水下接地网，是水电站降低接地电阻最常用的方法。

（2）利用自然接地体。大型水电站的建设都集发电、航运、防洪、灌溉等多种功能于一身，有较多的自然接地体可以利用。例如，与水或潮湿土壤接触的钢筋混凝土，金属门槽、拦污栅、尾水管、引水系统的钢筋或钢管、大坝挡水面（无沥青防渗层）的冷却钢管等。

（3）采用隔离和均压措施。由于大型水电站的地网电阻很难达到设计值，所以必须采用一些必要的安全措施，主要包括隔离站内的高电位引出和站外的低电位引入，以及对重要的通信和控制设备的电源线、信号线和通信线等加强过电压防护和采取有效的隔离措施。

（4）接地系统施工量大且周期长。水电站由于是一个地上地下相连的庞大建筑群，一般大型水电站地下接地网等效正方形对角线长 5km 左右，接地施工所涉及的部位多，而且施工期是随土建、机电工作完结才完工，一般均需几年到十几年不等。

3.1.2　水电站接地的意义

接地是为了在正常、事故以及雷击的情况下，利用大地作为接地电流回路的一个元件，从而将设备处的接地电位限制在允许的范围内，以保证人身和设备安全。

在电力系统中为了工作和安全的需要，需将电力系统及其电气设备的某些部分与地中的接地装置相连接。接地根据用途的不同可以分为工作接地、防雷接地和保护接地。工作接地就是为了满足电力系统运行需要的接地。例如，我国在 110kV 及以上的电力系统中采用中性点接地的运行方式。在正常情况下流过工作接地体的电流是几安至几十安的不平衡电流，但在系统发生接地故障时，则会有高达数十千安的短路电流流过接地体，但持续时间不长，一般为 0.5s 左右。防雷接地是为了消除过电压危险的接地，例如避雷针、避雷线和避雷器的接地。防雷接地只是在雷电冲击的作用下才会有电流流过接地装置，雷电流值可达数十千安，持续时间为毫秒。保护接地是为了防止设备因绝缘损坏带电危害人身安全的接地。例如，设备外壳接地。保护接地只是在设备绝缘损坏的情况下才会有电流流过，在电力系统中因为接地不合要求而引起的事故时有发生。水电站接地主要问题有以下几个方面：

（1）接地网的接地电阻不合格直接会导致工频接地短路和雷电流入地时地电位的升高。

（2）电位升高容易向电缆沟内的电缆或发电机中性点产生反击电压，造成设备的损坏。

（3）设备接地问题。防雷设备如避雷线、避雷器等因接地不合格会产生很高的残压和反击电压。

（4）接地线的热稳定问题。接地线的热稳定如果达不到要求，在接地短路电流流过时，就会将接地线烧断，造成设备外壳带电，也容易发生高压向保护和控制线反击。

（5）接地网的腐蚀问题。接地装置由于长期在地下运行，运行条件恶劣，在一些潮湿、有害气体存在或土壤呈酸性的地方最容易发生腐蚀。腐蚀后的接地网参数会发生变化，甚至会造成电气设备的接地与地网之间，地网各部分之间形成电气上的开路，危害更加严重。

（6）地电位的干扰问题。随着水电站内微机保护、综合自动化装置的大量应用，这些弱电元件对接地网提出了更高的要求，地电位的干扰对监控和自动化装置的影响也越来越引起大家的重视。例如，水电站控制楼内的保护和自动化设备多通过较长的电缆与升压站内的电气设备相连，这些电缆的屏蔽层多在两端接地，由于雷击或故障时接地网上的电位分布不均匀，不仅可能在电缆的屏蔽层中流过很大的电流把电缆烧毁，而且可能导致保护和自动化设备的各种信号、计量和控制等线缆感应干扰电压和电流，保护和自动化设备多为含微处理器的微电子系统，其抗干扰能力较差，较大的干扰电压和电流会导致这些设备发生误动作甚至损坏这些设备。

目前我国水电站容量与电压等级不断提高，入地电流也随之增大，这对接地系统设计与建设的要求就更加严格。当电力系统出现接地短路故障或其他大电流入地时，如果地网接地阻抗较大，当发生雷击或接地事故时，就会造成地网电位异常升高，可能破坏绝缘，发生高压窜入控制室使检测设备失灵或保护设备发生误动和拒动，扩大事故。也会发生接触电压、跨步电压超过人体耐受值或是由于地网高电位引出、外界低电位引入等原因，造成人身伤害。地网电位异常升高，还会使低压电器设备和保护装置受到反击过电压的影响，造成二次设备的绝缘损坏，高压窜入二次系统，导致监测、控制设备发生误动或拒动，甚至破坏监控设备而使事故扩大，造成巨大的经济损失和不良的社会影响。同时，当雷击独立避雷针时，如果避雷针的冲击接地电阻太大，可能造成避雷针和地下电网的暂态高电位，严重时发生向周围设备的反击。

由此可见，水电站接地的好坏直接关系到水电站内的电气一次设备和电气二次设备的安全稳定运行，水电站接地良好是水电站可靠运行、人身安全、电磁兼容和防雷设计的综合要求。

3.2 接地装置安装

3.2.1 接地装置的选择

（1）水电站接地可利用的自然接地体有，混凝土建筑物内的钢筋，尤其是水下混凝土钢筋、引水压力钢管、蜗壳、尾水管、闸门门槽、闸门拦栅等水下钢结构。

（2）水电站接地装置利用自然接地体一般达不到要求，工程上通常的做法是在尾水渠和水库河床敷设人工接地体，接地网、均压带、垂直接金属接地体等。在特殊部位采取填埋降阻剂或进行土壤置换，如升压站、换流站等。

（3）接地装置材料选择应符合以下规定。

1）除临时接地装置外，永久接地装置采用钢材时均应热镀锌，水平敷设的应采用热镀锌的圆钢和扁钢，垂直敷设的应采用热镀锌的角钢、钢管或圆钢。

2）当采用扁铜带、铜绞线、铜棒、铜覆钢（圆线、绞线）、锌覆钢等材料作为接地装置时，其选择应符合设计要求。

3）不得采用铝导体作为接地体或接地线。

（4）接地装置的人工接地体，导体截面应符合热稳定、均压、机械强度及耐腐蚀的要求，水平接地体的截面不应小于连接至该接地装置接地引下线截面的 75%，且不应小于表 3-1 和表 3-2 所列规格，电力线路杆塔的接地体引出线的截面不应小于 $50mm^2$。

（5）接地体用热镀锌钢及锌覆钢的锌层厚度应满足设计的要求。

（6）低压电气设备地面上外露的连接至接地极或保护线（PE）的铜接地线最小截面应符合表 3-3 的规定。

表 3-1   钢接地体和接地线的最小规格表

种类、规格		地上	地下
圆钢直径/mm		8	8/10
扁钢	截面/mm²	48	48
	厚度/mm	4	4
角钢厚度/mm		2.5	4
钢管管壁厚度/mm		2.5	3.5/2.5

注 1. 地下部分圆钢的直径，其分子、分母数据分别对应于架空线路和发电厂、变电站的接地网。
     2. 地下部分钢管的壁厚，其分子、分母数据分别对应于埋于土壤和埋于室内混凝土地坪中。

表 3-2   铜及铜覆钢接地体的最小规格表

种类、规格	地 上	地 下
铜棒直径/mm	8	水平接地极 8
		垂直接地极 15
铜排截面/mm²，厚度/mm	50，2	50，2
铜管管壁厚度/mm	2	3
铜绞线截面/mm²	50	50
铜覆圆钢直径/mm	8	10
铜覆钢绞线直径/mm	8	10
铜覆扁钢截面/mm²，厚度/mm	48，4	48，4

注 1. 裸铜绞线一般不作为小型接地装置的接地体用，当作为接地网的接地体时，截面应满足设计要求。
     2. 表中铜覆钢规格仅为钢材的尺寸，其铜层厚度不应小于 0.25mm。
     3. 铜绞线单股直径不小于 1.7mm。

表 3-3   低压电气设备地面上外露的铜接地线的最小截面表

名　　称	最小截面/mm²
明敷的裸导体	4.0
绝缘导体	1.5
电缆的接地芯或与相线包在同一保护外壳内的多芯导线的接地芯	1.0

（7）严禁利用金属软管、管道保温层的金属外皮或金属网、低压照明网络的导线铅皮以及电缆金属护层作为接地线。

（8）金属软管两端应采用自固接头或软管接头，且金属软管段应与钢管段有良好的电气连接。

（9）电气设备的接地线可采用铜、铜覆钢、热镀锌钢及锌覆钢等材料。

3.2.2 接地装置的敷设

（1）接地装置的安装工艺流程见图 3-1。水平接地装置一般在接地沟槽开挖后采用人工敷设，垂直接地装置一般在浅层条件采用人工锤击安装，深层接地体采用机械锤击安装，岩石地质条件下采用机械钻孔安装。

（2）接地网的埋设深度与间距应符合设计要求。当无具体规定时，接地体顶面埋设深

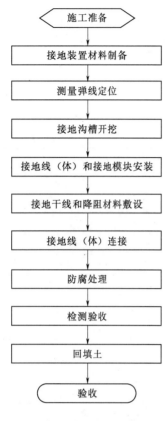

图 3-1 接地装置的安装
工艺流程图

度不宜小于 0.6m；水平接地体的间距不宜小于 5m，垂直接地体的间距不宜小于其长度的 2 倍。

（3）接地网的敷设应符合下列要求。

1）接地网的外缘应闭合，外缘各角应做成圆弧形，圆弧的半径不宜小于临近均压带间距的一半。

2）接地网内应敷设水平均压带，可按等间距或不等间距布置。

3）35kV 及以上发电厂、变电站接地网边缘有人出入的走道处，应铺设碎石、沥青路面或在地下装设两条与接地网相连的均压带。

（4）接地线应采取防止发生机械损伤和化学腐蚀的措施。接地线在与公路、铁路或管道等交叉及其他可能使接地线遭受损伤处，均应用钢管或角钢等加以保护；接地线在穿过已有建（构）筑物处，应加装钢管或其他坚固的保护套，有化学腐蚀的部位还应采取防腐措施；接地线在穿过新建构筑物处，可绕过基础或在其下方穿过，不应断开或浇筑在混凝土中。

（5）接地装置由多个分接地装置部分组成时，应按设计要求设置便于分开的断接卡；自然接地体与人工接地体连接处、进出线构架接地引下线等应设置便于分开的断接卡，断接卡应有保护措施。

（6）接地装置的回填土应符合下列要求。

1）回填土内不应夹有石块和建筑垃圾等，外取的土壤不应有较强的腐蚀性；在回填土时应分层夯实，室外接地沟回填高度应有 100～300mm 的防沉层。

2）在山区石质地段或电阻率较高的土质区段的土沟中，回填不应少于厚 100mm 的净土垫层、敷接地体，最后应用净土分层夯实回填。

（7）明敷接地线的安装应符合下列要求。

1）接地线的安装位置应合理，便于检查，不应妨碍设备检修和运行巡视。

2）接地线的安装应美观，不应因加工造成接地线截面减小、强度减弱或锈蚀等问题。

3）接地线支持件间的距离，在水平直线部分宜为 0.5～1.5m；垂直部分宜为 1.5～3m；转弯部分宜为 0.3～0.5m。

4）接地线应水平或垂直敷设，亦可与建筑物倾斜结构平行敷设；在直线段上，不应有高低起伏及弯曲等现象。

5）接地线沿建筑物墙壁水平敷设时，离地面距离宜为 250～300mm；接地线与建筑物墙壁间的间隙宜为 10～15mm。

6）在接地线跨越建筑物伸缩缝、沉降缝处时，应设置补偿器，补偿器可用接地线本身弯成弧状代替。

（8）明敷接地线，在导体的全长度或区间段及每个连接部位附近的表面，应涂宽度15～100mm相等的绿色和黄色相间的条纹标识。当使用胶带时，应使用双色胶带。中性线宜涂淡蓝色标识。

（9）在接地线引向建筑物的入口处和在检修用临时接地点处，均应刷白色底漆并标以黑色标识，其代号为"⏚"。同一接地体不应出现两种不同的标识。

（10）在断路器室、配电间、母线分段处、发电机引出线等需临时接地的部位，应设与接地网连接的接地桩。

（11）每个电气装置的接地必须单独与接地母线或接地网相连接，严禁在一条接地线中串接两个及以上需要接地的电气装置。

（12）发电厂、升压站电气装置的接地线应符合下列要求：

1）下列部位应采用专门敷设的接地线（体）接地：①发电机机座或外壳，出线柜、中性点柜的金属底座和外壳，封闭母线的外壳；②配电装置的金属外壳；③110kV及以上钢筋混凝土构件支座上电气装置的金属外壳；④直接接地的变压器中性点；⑤变压器、发电机和高压并联电抗器中性点所接自动跟踪补偿消弧装置提供感性电流的接地电抗器或变压器的接地端子；⑥气体绝缘金属封闭开关设备的接地母线、接地端子；⑦避雷器、避雷针、避雷线的接地端子。

2）当不要求采用专门敷设的接地线（体）接地时，应符合下列要求：①电气装置的接地线（体）宜利用金属构件、普通钢筋混凝土构件的钢筋、穿线的钢管等；②操作、测量和信号用低压电气装置的接地线（体）可利用永久性金属管道，但不应利用可燃液体、可燃或爆炸性气体的金属管道；③使用上述第①项和第②项所列材料作接地线（体）时，应保证其全长为完好的电气通路，当利用串联的金属构件作为接地线（体）时，金属构件之间应以截面不小于100mm²的钢材焊接。

3）发电机中性点、110kV及以上电压等级变压器中性点、直接接地的中性点均应有两根接地线与接地网的不同接地点相连接，其每根规格应满足设计要求。

4）变压器的铁芯、夹件应可靠接地，并便于运行监测接地线中环流。

5）110kV及以上电压等级的重要电气设备及设备构架宜设两根接地线，且每一根截面均应满足设计要求，连接引线应便于定期进行检查测试。

6）成列安装盘、柜的基础型钢和成列开关柜的接地母线，应有明显且不少于两点的可靠接地。

7）电气设备的机构箱、汇控柜（箱）、接线盒、端子箱等，以及电缆金属保护管（槽盒），均应有明显接地且可靠。

（13）避雷器、放电间隙应用最短的接地线与接地网连接。

（14）干式空心电抗器采用金属围栏时，金属围栏不得整圈闭合应设置明显断开点，且不应通过接地线构成闭合回路。

（15）高频感应电热装置的屏蔽网、滤波器、电源装置的金属屏蔽外壳，高频回路中外露导体和电气设备的所有屏蔽部分及与其连接的金属管道均应接地，并宜与接地网连接。与高频滤波器相连的射频电缆应全程伴随100mm²以上的铜质接地线。

3.2.3 接地线（体）的连接

（1）接地线（体）的连接应采用焊接，焊接应牢固无虚焊，接地线与接地极的连接宜采用焊接，异种金属接地体之间连接时接头处应采取电化学防腐处理。

（2）电气设备上的接地引下线，应采用热镀锌螺栓连接；有色金属接地线不能采用焊接时，可用螺栓连接，螺栓连接处的接触面应符合现行国家标准及行业标准要求。

（3）热镀锌钢材焊接时，在焊痕外最小100mm范围内应采取可靠防腐处理，在做防腐处理前，表面应除锈并去掉焊接处残留的焊药。

（4）接地线（体）采用电弧焊连接时应采用搭接焊缝，其搭接长度应符合下列规定。

1）扁钢为其宽度的2倍且不得少于3个棱边焊接。

2）圆钢为其直径的6倍。

3）圆钢与扁钢连接时，其长度为圆钢直径的6倍。

4）扁钢与钢管、扁钢与角钢焊接时，除应在其接触部位两侧进行焊接外，并应焊接由钢带弯成的卡子或直接由钢带本身与钢管或角钢焊接。

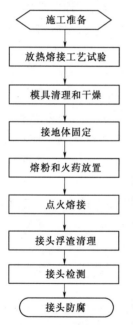

图3-2 放热焊接施工工艺流程图

（5）接地线（体）的连接工艺采用放热焊接时，其焊接接头应符合下列规定。

1）被连接的导体截面应完全包裹在接头内。

2）接头的表面应平滑。

3）被连接的导体接头表面完全熔合。

4）接头无贯穿性的气孔。

放热焊接又称CADWELD，常用的连接方式有：线缆与线缆的连接、扁铜（钢）与扁铜（钢）的连接、线缆与扁铜（钢）的连接、线缆与铜（钢）棒的连接、扁铜（钢）与铜（钢）棒的连接、线缆与钢筋的连接等。施工前应根据接地体的规格尺寸和不同的接地体连接方式，定制石墨模具，放热焊接施工工艺流程见图3-2。放热焊接施工要点：

A. 接头熔接前应进行放热熔接工艺试验，对熔焊工艺参数（熔剂量、引火粉量等）进行确认，验证模具、焊材的实际质量情况；同时，对人员进行培训，使操作人员掌握操作要领和安全注意事项。

B. 将放热熔接模具清理干净，用加热工具（如烘干箱或喷灯）将模具中的水分烘干，将不同规格的接地体用模夹夹好，确保接地线（体）连接位置准确，尺寸适当，便于熔接。

C. 放上金属隔离片，倒入相应熔粉，上面均匀洒上引火粉，在模具豁口也洒上少许引火粉。

D. 盖上模盖，用点火枪对准点燃，注意模具豁口不要正对人或其他易燃物品，点火后，人员应保持足够的安全距离。

E. 按照厂家规定时间熔接后打开模具，即完成一次成型焊接。然后清理模具，准备下一次焊接。

F. 确保每个接点焊接可靠。要求焊接各点平整光滑，无砂孔气泡。经测量，其电阻不应大于原导体电阻值。

G. 热熔焊接经检测合格后，去除掉氧化层，接头应进行绝缘处理，可放入预制的PVC模具盒内，使用环氧树脂充填，环氧树脂浇筑时，要边浇边捣，以免产生空洞和小气泡。

（6）采用金属绞线作接地线引下时，宜用压接端子与接地体连接。

（7）利用各种金属构件、金属管道为接地线时，连接处应保证有可靠的电气连接。

（8）沿电缆桥架敷设铜绞线、镀锌扁钢及利用沿桥架构成电气通路的金属构件，如安装托架用的金属构件作为接地网时，电缆桥架接地时应符合下列规定。

1）电缆桥架全长不大于 30m 时，不应少于 2 处与接地网相连。

2）全长大于 30m 时，应每隔 20～30m 增加与接地网的连接点。

3）电缆桥架的起始端和终点端应与接地网可靠连接。

（9）金属电缆桥架的接地应符合下列规定。

1）电缆桥架的连接部位宜采用两端压接铜鼻子的铜绞线跨接，跨接线最小允许截面积不小于 $4mm^2$。

2）镀锌电缆桥架间连接板的两端无跨接接地线时，其间的连接处应有不少于两个带有防松螺帽或防松垫圈的螺栓固定。

（10）GIS 的接地应符合设计规定，并应符合以下要求。

1）GIS 应采用分设在断路器两端的接地线与接地干线连接。GIS 室环形接地母线至少有两根与接地干线连接。接地母线较长时，其中部应加设接地线，并连接至接地网。

2）接地线与 GIS 接地母线应采用螺栓连接方式。

3）当 GIS 露天布置或装设在室内与土壤直接接触的地面上时，其接地开关、金属氧化物避雷器的专用接地端子与 GIS 接地母线的连接处，宜装设集中接地装置。

4）GIS 室内应敷设环形接地母线，室内各种设备需接地的部位应以最短路径与环形接地母线连接。GIS 置于室内楼板上时，其基座下的钢筋混凝土地板中的钢筋应焊接成网，并和环形接地母线连接。

5）法兰片间应采用跨接线连接，并保证良好的电气通路；制造厂采用盘式绝缘子与法兰结合面保证电气导通时，法兰片间可不用跨接线连接。

3.2.4　接地装置的降阻

（1）在高土壤电阻率地区，可采用下列措施降低接地电阻。

1）在接地网附近有较低电阻率的土壤时，可敷设引外接地网或向外延伸接地体。

2）当地下较深处的土壤电阻率较低，或地下水较为丰富、水位较高时，可采用深/斜井接地极或深水井接地极；如地下岩石较多，可考虑采用深孔爆破接地技术。

深/斜井接地极的施工方法是采用钻机钻孔达到设计深度，把接地极（包括伽尔玛、钢管接地体和 TEGS 电解接地体）放置孔内，用低阻回填料（长效降阻剂）填满填实。将垂直接地极与水平接地体焊接在一起构成接地系统。

3）敷设水下接地网。水力发电厂可在水库河床、施工导流隧洞、尾水渠、下游河床，或附近的水源中的最低水位以下区域敷设人工接地极。

4）填充电阻率较低的物质。

（2）在永冻土地区可采用下列措施。

1）将接地装置敷设在溶化地带或溶化地带的水池或水坑中。

2）敷设深钻式接地极，或充分利用井管或其他深埋地下的金属构件作接地极，还应敷设深垂直接地极，其深度应保证深入冻土层下面的土壤至少0.5m。

3）在房屋溶化盘内敷设接地装置。

4）在接地极周围人工处理土壤，以降低冻结温度和土壤电阻率。

（3）在季节冻土或季节干旱地区可采用下列措施。

1）季节冻土层或季节干旱形成的高电阻率层的厚度较浅时，可将接地网埋在高电阻率层下0.2m。

2）已采用多根深钻式接地极降低接地电阻时，可将水平接地网正常埋设。

3）季节性的高电阻率层厚度较深时，可将水平接地网正常埋设，在接地网周围及内部接地极交叉节点布置短垂直接地极，其长度宜深入季节高电阻率层下面2m。

（4）降阻材料的选用和施工应符合设计要求，同时应满足下列要求。

1）降阻材料中重金属及放射性物质含量应符合《土壤环境质量标准》（GB 15618）的规定。

2）使用的降阻材料性能应符合《复合接地体技术条件》（GB/T 21698）和《接地降阻材料技术条件》（DL/T 380）的规定。

3）降阻材料应按产品技术文件的工艺要求进行施工。

3.2.5　水电站接地装置的特殊处理

水电站的接地装置有其特殊性，一般须紧跟土建工程的施工进度随时进行预埋，大中型水电站通常分为若干个坝块分段分块进行浇筑，每个仓位在备仓时都要进行接地装置的预埋，接地装置经验收合格后才能进行混凝土的开仓浇筑，为保证坝块之间接地装置的连接可靠，通常采用Ω形接地进行处理，即在坝体纵向和横向伸缩缝之间，采用Ω形接地扁铁或钢筋将前后、左右、上下坝块之间的接地连接，以补偿接地体在坝体之间的伸缩应力。

（1）接地干线应在不同两点及以上与接地网连接；自然接地体应在不同的两点及以上与接地网相连接。

（2）接地干线敷设在土建钢筋网上应与钢筋及金属结构埋件等焊接形成电气通路，每间隔5～8m与钢筋网焊接1次。

（3）接地体通过水工建筑物的伸缩缝和沉降缝时，均需做跨接处理，用保护钢管过缝，钢管内部接地线可做成Ω形或W形。

3.2.6　防雷装置的安装

接闪器及其接地装置，应采取自下而上的施工程序。首先安装集中接地装置，后安装引下线，最后安装接闪器。

避雷针一般在工厂加工制作热镀锌处理后分段运输到现场，在地面组装好后采用吊车进行吊装。避雷针地面组装时，在安装现场清理出宽5m，长度大于避雷针总高度的一段平地，其中一端位于避雷针安装基础旁，以便整体吊装；先将避雷针的各段按顺序在平地上摆好，摆放时，应将最下一段的底部靠近基础，然后将各段组对好再用螺栓连接，宜用枕木和砖砌体搭设拼装平台，保证避雷针的拼装质量，安装垂直度应满足规范要求。

避雷带、避雷网的接地引线一般采用钢筋混凝土主筋或外墙敷设引线的方式，采用第一种方式时，应连接可靠；采用第二种方式时，需要在墙上预埋铁件。

避雷带一般采用镀锌圆钢，在运往屋顶前应用拉伸机进行拉直处理，每根的长度宜为屋顶的边长。避雷带与屋顶外延埋设支持圆钢焊接牢固，然后涂沥青漆防腐。

屋顶避雷网一般用混凝土支座架设，网格的面积一般不大于10m×10m，网格可用φ8～12mm镀锌圆钢，其端部与外沿避雷网线焊接，屋顶所有凸起的金属物应与避雷网线焊接。

3.3 防雷接地系统设备的接地

3.3.1 接闪器的接地

（1）避雷针、避雷线、避雷带、避雷网的接地应遵守下列规定。

1）避雷针和避雷带与引下线之间的连接应可靠，宜采用放热焊接。

2）避雷针和避雷带的引下线及接地装置使用的紧固件均应使用镀锌制品，当采用没有镀锌的地脚螺栓时应采取防腐措施。

3）建筑物上的防雷设施采用多根引下线时，应在各引下线距地面1.5～1.8m处设置断接卡，断接卡应加保护措施。

4）装有避雷针的金属筒体，当其厚度不小于4mm时，可作避雷针的引下线，筒体底部应至少有2处与接地体对称连接。

5）独立避雷针及其接地装置与道路或建筑物的出入口等的距离应大于3m；当小于3m时，应采取均压措施或铺设卵石或沥青地面。

6）独立避雷针和避雷线应设置独立的集中接地装置，其与接地网的地中距离不应小于3m。当有困难时，该接地装置可与接地网连接，但避雷针与主接地网的地下连接点至35kV及以下设备与主接地网的地下连接点间沿接地体的长度不得小于15m。

7）发电厂、变电站配电装置的架构或屋顶上的避雷针及悬挂避雷线的构架应在其引下线处装设集中接地装置，并与接地网连接。

（2）建筑物上的避雷针或防雷金属网应和建筑物顶部的其他金属物体连接成一个整体。

（3）装有避雷针和避雷线的构架上的照明灯电源线，应采用的带金属护层的电缆或穿入金属管的导线。电缆的金属护层或金属管应接地，埋入土壤中的长度不应小于10m，方可与配电装置的接地网相连或与电源线、低压配电装置相连接。

（4）发电厂和变电站的避雷线线档内不应有接头。

3.3.2 输电线路杆塔的接地

（1）根据土壤电阻率不同，接地装置埋设深度及接地电阻应符合表3-4的要求。

表 3－4		土壤电阻率与接地装置埋设深度及接地电阻的要求表			
土壤电阻率 ρ/($\Omega \cdot m$)	≤100	100<ρ≤500	500 <ρ≤1000	1000<ρ≤2000	>2000
埋设深度/m	自然接地	≥0.6	≥0.5	≥0.5	≥0.3
接地电阻/Ω	≤10	≤15	≤20	≤25	≤30

（2）在土壤电阻率 ρ≤100$\Omega \cdot m$ 的潮湿地区，可利用铁塔和钢筋混凝土杆的自然接地，有地线的线路且在雷季干燥时，每基杆塔不连架空地线的接地电阻不宜超过10Ω。在居民区，当自然接地电阻符合要求时，可不另设人工接地装置。

（3）在土壤电阻率 100$\Omega \cdot m$<ρ≤500$\Omega \cdot m$ 的地区，除利用铁塔和钢筋混凝土杆的自然接地，还应增设人工接地装置；在土壤电阻率 500$\Omega \cdot m$ <ρ≤2000$\Omega \cdot m$ 的地区，可采用水平敷设的接地装置。

（4）在土壤电阻率 ρ>2000$\Omega \cdot m$ 的地区，若接地电阻很难降到30Ω 时，可采用6～8根总长度不应超过500m的放射形接地极或连续伸长接地极体，接地电阻不受限制。

（5）放射形接地极可采用长短结合的方式，每根的最大长度应符合表 3－5 的要求。

表 3－5		放射形接地极每根的最大长度表		
土壤电阻率 ρ/($\Omega \cdot m$)	≤500	≤1000	≤2000	≤5000
最大长度/m	40	60	80	100

（6）在高土壤电阻率地区采用放射形接地装置时，当在杆塔基础的放射形接地极每根长度的 1.5 倍范围内有土壤电阻率较低的地带时，可部分采用外引接地或其他措施。

（7）居民区和水田中的接地装置，宜围绕杆塔基础敷设成闭合环形。

（8）对于室外山区等特殊地形，接地装置应按设计图敷设，受地质地形条件限制时可作局部修改。应在施工质量验收记录中绘制接地装置敷设简图并标示相对位置和尺寸。

（9）在山坡等倾斜地形敷设水平接地体时宜沿等高线开挖，接地沟底面应平整，沟深不得有负误差，回填土应清除影响接地体与土壤接触的杂物并夯实，以防止接地体受雨水冲刷外露，腐蚀生锈；水平接地体敷设应平直，以保证与土壤更好接触。

（10）接地线与杆塔的连接可靠且接触良好，并应便于打开测量接地电阻。

（11）架空线路杆塔的每一塔腿都应与接地引线连接，通过多点接地以保证可靠性。

（12）架空线路杆塔架空地线引入变电站应采用并沟线夹与变电站接地网可靠连接，但不得影响绝缘子两侧的放电间隙。

（13）混凝土电杆宜通过架空地线直接引下，也可通过金属爬梯接地。当接地线从架空地线直接引下时，引下线应紧靠杆身，并每隔不大于2m的距离与杆身固定一次，以确保电气通路顺畅。

（14）对于预应力钢筋混凝土电杆地线的接地线应用明线与接地体连接并设置便于打开测量接地电阻的断开接点。

3.3.3 调度楼、主控楼和通信站的接地

（1）调度楼、主控楼和通信站应与楼内的电气装置、建筑物避雷装置及屏蔽装置共用一个接地网。

（2）通信机房内应围绕机房敷设环形接地母线，使用铜排截面不应小于 $90mm^2$，镀锌扁钢截面不应小于 $120mm^2$；通信机房建筑周围应敷设闭合环形接地装置。

（3）通信机房内各种电缆的金属外皮、设备的金属外壳和框架、进风道、水管等不带电金属部分、门窗等建筑物金属结构等，应以最短距离与环形接地母线连接。电缆沟道、竖井内的金属支架应至少两点接地，接地点间距离不宜超过 30m。

（4）发电厂、升压站或开关站的通信站接地装置应使用至少两根规格不小于 $40mm×4mm$ 的镀锌扁钢或截面不小于 $100mm^2$ 的铜材与厂、站的接地网连接。

（5）各类设备接地线宜用多股铜导线，其截面应根据最大故障电流确定，应为 25～95mm^2；导线屏蔽层的接地线截面面积应大于屏蔽层截面面积的 2 倍；连接点应进行防腐处理。

（6）连接两个变电站之间电缆的屏蔽层应在离变电站接地网边沿 50～100m 处可靠接地，应以大地为通路实施屏蔽层的两点接地。可在进变电站前的最后一个工井处实施电缆的屏蔽层接地，接地极的接地电阻不应大于 $4Ω$。

（7）屏蔽电源电缆、屏蔽通信电缆和金属管道入室前水平直埋长度应大于 10m，埋深应大于 0.6m，电缆屏蔽层和金属管两端接地并在入口处接入接地装置。对于不能埋入地中的屏蔽电源电缆、屏蔽通信电缆和金属管道，应至少将金属管道室外部分沿长度均匀分布两点接地，接地电阻应小于 $10Ω$；在高土壤电阻率地区，每处的接地电阻不应大于 $30Ω$。

（8）微波塔接地装置应围绕塔基做成闭合环形接地网，微波塔接地装置与机房接地装置之间至少用 2 根规格不小于 $40mm×4mm$ 的镀锌扁钢连接。

（9）微波塔上同轴馈线金属外皮的上端和下端应分别就近与铁塔连接；在机房入口处与接地装置再次连接；馈线较长时应在中间加一个与塔身的连接点；室外馈线桥首尾两端均应和接地装置连接。

（10）微波塔上航标灯电源线应选用金属外皮电缆或导线穿入金属管敷设，电缆金属外皮或金属管在上下两端应与铁塔连接，进机房前水平直埋长度应大于 10m，埋深应大于 0.6m。

（11）直流电源的"正极"在电源设备侧和通信设备侧均应接地，"负极"在电源机房侧和通信机房侧应接金属氧化物避雷器。

3.3.4 继电保护设施及安全自动装置的接地

（1）装有微机型继电保护及安全自动装置的 110kV 及以上电压等级的变电站或发电厂，应敷设等电位接地网，等电位接地网应符合下列要求。

1）装设保护和控制装置室的等电位接地母线宜用截面不小于 $100mm^2$ 的接地铜排连接成首末可靠连接的环网，并用截面不小于 $50mm^2$、不少于 4 根铜排与厂、站的接地网干线直接连接。

2）保护和控制装置的屏柜内下部应设有截面不小于 $100mm^2$ 的接地铜排。屏柜内装置的接地端子应用截面不小于 $4mm^2$ 的多股铜线和接地铜排相连。接地铜排应用截面不小于 $50mm^2$ 的铜排与地面下的等电位接地母线相连。

（2）分散布置的就地保护小室、通信室与集控室之间的等电位接地网，应使用截面不小于100mm²的铜排或铜缆确保可靠连接。

（3）微机型继电保护装置屏柜内的交流电源的中性线不应接入等电位接地网。

（4）公用电压互感器的二次回路应在控制室内有一点接地；公用电流互感器二次绕组及其回路应在相关保护屏柜内一点接地；独立的、与其他电压互感器和电流互感器的二次回路没有电气联系的二次回路应在开关场一点接地。

（5）控制等二次电缆应具有必要的屏蔽措施并妥善接至等电位接地网。

1）屏蔽电缆的屏蔽层应在升压站和屏蔽室内两端接地。在控制室内屏蔽层宜在保护屏上接于屏柜内的等电位接地网；在升压站屏蔽层应在与高压设备有一定距离的端子箱接地，互感器经屏蔽电缆引至端子箱接地。

2）高频同轴电缆屏蔽层应在两端分别接地，并紧靠同轴电缆敷设截面不小于100mm²两端接地的铜导线。

3）传送音频信号应采用屏蔽双绞线，其屏蔽层应两端接地。

4）对于低频、低电平模拟信号的电缆，屏蔽层应在最不平衡端或电路本身接地处一点接地。

5）对于双层屏蔽电缆，内屏蔽应一端接地，外屏蔽应两端接地。

（6）等电位接地线与接地网连接时，应远离高压母线、避雷器和避雷针的接地点、并联电容器、电容式电压互感器、结合电容及电容式套管等设备。

3.3.5　电力电缆金属护层的接地

（1）交流系统中三芯电缆的金属护层，应在电缆线路两终端接地，中间接头两端应直接接地。

表3-6　电缆终端接地线截面积表

电缆截面积/mm²	接地线截面积/mm²
S≤16	接地线截面积与芯线截面积相同
16＜S≤120	16
S＞120	25

（2）交流单芯电力电缆金属护层接地方式选择及回流线的设置应符合设计要求。

（3）电缆接地线应采用铜绞线或镀锡铜编织线与电缆屏蔽层连接，其终端截面积不应小于表3-6的规定。铜绞线或镀锡铜编织线应加包绝缘层，110kV及以上电压等级的电缆接地线截面积应符合设计规定。

（4）统包型电缆终端头的电缆铠装层、金属屏蔽层应使用接地线分别引出并可靠接地；橡塑电缆铠装层和金属屏蔽层应锡焊接地线。

（5）当电缆穿过零序电流互感器时，电缆头的接地线应通过零序电流互感器后接地；由电缆头至穿过零序电流互感器的一段电缆金属护层和接地线应对地绝缘。

3.3.6　配电电气装置的接地

（1）户外箱式变压器、环网柜和柱上配电变压器等电气装置的接地装置，宜围绕户外箱式变压器、环网柜和柱上配电变压器敷设成闭合环形。

（2）接地装置的敷设、连接应符合第3.3.2条和第3.3.3条的要求。

（3）接地线与变压器中性点的连接应牢固，且防松垫圈等零件应齐全。

（4）与户外箱式变压器、环网柜和柱上配电变压器等电气装置外露导电部分连接的接地线应与接地装置连接。

（5）引入配电室的每条架空线路安装的避雷器的接地线，应与配电室的接地装置相连接，且在入地处应敷设集中接地装置。

（6）当低压系统采用 TT、IT 接地形式时，电气装置应设独立的接地装置，不得与电源处的系统接地合用接地装置；电气装置外露导电部分的保护接地线应与接地装置连接。

3.3.7 建筑物电气装置的接地

（1）接地装置的设置应符合设计要求。

（2）电气装置的系统接地、保护接地及建筑物的防雷接地等采用同一接地装置，接地装置的接地电阻值应符合其中最小值的要求。

（3）当采用总等电位方式时，自接地装置引至总等电位端子箱的接地线不应少于 2 根。

（4）变电室或变压器室内设置的环形接地母线应与接地装置或总等电位端子箱连接，连接接地线不应少于 2 根。

（5）接地导体与变压器中性点的连接处应牢固可靠，且防松垫圈等零件齐全。

（6）变电室或变压器室内高压电气装置外露导电部分，应通过环形接地母线或总等电位端子箱接地。

（7）低压电气装置外露导电部分，应通过电源的 PE 线接至装置内设的 PE 排接地。

（8）电气装置应设专用接地螺栓，防松装置齐全，且有标识，接地线不得采用串接方式。

（9）当接地线穿过墙、地面、楼板等处应有足够坚固的保护措施。

（10）总等电位的保护联结线截面积应符合设计要求，其最小值不应小于下列规定：铜为 $6mm^2$；铜覆钢为 $25mm^2$；钢为 $50mm^2$。

（11）辅助等电位、局部等电位连接线截面积应符合设计要求，其最小值不应小于下列规定：①有机械保护时，铜为 $2.5mm^2$ 或铝为 $16mm^2$；②无机械保护时，铜为 $4mm^2$。

3.3.8 携带式和移动式用电设备的接地

（1）携带式和移动式用电设备应用专用的绿/黄双色绝缘多股软铜绞线接地。移动式用电设备的接地线截面应不小于 $2.5mm^2$，携带式用电设备的接地线截面应不小于 $1.5mm^2$。

（2）由固定电源或由移动式发电设备供电的移动式用电设备的金属外壳或底座，应和这些供电电源的接地装置有可靠的电气连接；在 IT 系统中，可在移动式用电设备附近装设接地装置，以代替敷设接地线，应利用附近的自然接地体，但应保证其电气连接和热稳定，其接地电阻应符合相关规程的要求。

（3）移动式发电机系统接地应符合电力变压器系统接地的要求，下列情况可不另做保护接地：

1）移动式发电机和用电设备固定在同一金属支架上，且不供给其他设备用电时。

2）不超过两台的用电设备由专用的移动式发电机供电，供、用电设备间距不超过

50m，且供、用电设备的金属外壳之间有可靠的电气连接。

3.4 接地装置的交接试验

（1）电气设备和防雷设施的接地装置的试验项目应包括下列内容：①接地网电气完整性测试；②接地阻抗；场区地表电位梯度、接触电位差、跨步电压和转移电位测量。

（2）测试与同一接地网的各相邻设备接地线之间的电气导通情况，以直流电阻值表示。直流电阻值不应大于0.2Ω。

（3）接地阻抗值应符合设计要求，当设计没有规定时应符合表3－7的要求。试验方法可按《接地装置特性参数测量导则》（DL/T 475）的规定，试验时必须排除与接地网连接的架空地线、电缆的影响。

表 3－7　　　　　　　　　接 地 阻 抗 规 定 值

接地网类型	要　　　求
有效接地系统[①]	$Z \leqslant 2000/I$ 或 $Z \leqslant 0.5\Omega$（当 $I > 4000A$ 时，I 为经接地装置流入地中的短路电流，A；Z 为考虑季节变化的最大接地阻抗，Ω）
非有效接地系统	1. 当接地网与1kV及以下电压等级设备共用接地时，接地阻抗 $Z \leqslant 120/I$； 2. 当接地网仅用于1kV以上设备时，接地阻抗 $Z \leqslant 250/I$； 3. 上述两种情况下，接地阻抗一般不得大于10Ω
1kV以下电力设备	使用同一接地装置的所有这类电力设备，当总容量不小于100kVA时，接地阻抗不宜大于4Ω，如总容量小于100kVA时，则接地阻抗允许大于4Ω，但不大于10Ω
独立微波站	接地阻抗不宜大于5Ω
独立避雷针[②]	接地阻抗不宜大于10Ω
独立的燃油、易爆气体储罐及其管道	接地阻抗不宜大于30Ω（无独立避雷针保护的露天储罐不应超过10Ω）
露天配电装置的集中接地装置及独立避雷针（线）	接地阻抗不宜大于10Ω
有架空地线的线路杆塔	当杆塔高度在40m以下时，按下列要求；当杆塔高度不小于40m时，则取下列值的50％，但当土壤电阻率大于2000Ω·m时，接地阻抗难以达到15Ω时，可放宽至20Ω。 土壤电阻率不大于500Ω·m时，接地阻抗10Ω； 土壤电阻率500～1000Ω·m时，接地阻抗20Ω； 土壤电阻率1000～2000Ω·m时，接地阻抗25Ω； 土壤电阻率大于2000Ω·m时，接地阻抗30Ω
与架空线直接连接的旋转电机进线段上避雷器	不宜大于3Ω
无架空地线的线路杆塔	1. 非有效接地系统的钢筋混凝土杆、金属杆：接地阻抗不宜大于30Ω； 2. 中性点不接地的低压电力网络的钢筋混凝土杆、金属杆：接地阻抗不宜大于50Ω； 3. 低压进户线绝缘子铁脚的接地阻抗：接地阻抗不宜大于30Ω

①　接地阻抗不符合以上要求时，可通过技术经济比较增大接地阻抗，但不得大于5Ω。同时应结合地面电位测量对接地装置综合分析。为防止转移电位引起的危害，应采取隔离措施。

②　当与接地网连在一起时可不单独测量。

（4）扩建接地网应在与原接地网连接后进行测试。

（5）场区地表电位梯度、接触电位差、跨步电压和转移电位测量，应符合设计规定。

目前水电站接地装置的测试方法包括电位降法、电流—电压表三极法（分直线法和夹角法）以及接地阻抗测试仪法三种。在施工中应根据水电站的规模、接地装置的大小、土壤均匀性、现场试验条件等实际情况制定切实可行的测试方案，力求减少测量干扰误差，宜采用多种方法相互验证。常用的测试方法是电流电压法，其试验接线见图 3-3。电源采用隔离变压器，中性点不得接地。在施加电源后，同时读取电流表和电压表值，并按式（3-1）计算接地电阻，计算值中应消除干扰地电位的影响。即：

$$R_s = \frac{U}{I} \tag{3-1}$$

式中　R_s——接地电阻，Ω；

　　　U——实测电压，V；

　　　I——实测电流，A。

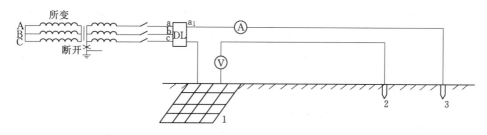

图 3-3　电流电压法测接地电阻的试验接线示意图
1—接地网；2—电压极；3—电流极

3.5　工程实例

某水电站接地系统降阻措施。

（1）工程概况。某大型水电站工程地处花岗岩地带，水电站装机数量多，单机容量大，500kV 发生单相接地故障时接地装置的入地电流可达 33.3kA。按规范要求接地装置电位不应超过 2000V，设计接地电阻应不超过 0.135Ω。该工程两岸表层土壤电阻率平均为 1000$\Omega \cdot$m；岸边与河床深层均为花岗岩，电阻率为 15000$\Omega \cdot$m；江底岩石的厚度为 30m，深层岩石的电阻率为 22000$\Omega \cdot$m，按估算所需接地网面积为 70km²，而该工程左岸水电站水平接地网面积为 28800m²，右岸水电站水平接地网面积为 36400m²。按上述电阻率和接地布置，该水电站的接地电阻将超过设计值，不能满足要求。

（2）主要降阻措施。

1）左、右岸水电站接地装置利用水下钢结构物连成一体，钢结构物有尾水护坦结构钢筋、尾水底板结构钢筋、蜗壳、锥管、进水压力钢管等。

2）在主、副厂房各楼层的底板四周设置了接地干线，每层的电气设备接地线就近与接地干线连接，避雷器接地引下线直接引至进水压力钢管。

3）变压器、电抗器的接地经 2 条主干接地线与地网连接，500kV GIS 室敷设两条接地铜母线，GIS 设备接地线与铜母线连接，铜母线与楼板中钢筋多点连接，并与接地干线连接。

4）副厂房顶上的电气设备接地装置与副厂房顶上人工地网相连接。

5）大坝自然接地体。大坝全长约为 2km，大坝上游迎水面结构表层钢筋网孔为 20m×20m，作为垂直地网面积为 239000m²。

6）泄水闸接地体。泄水闸全长为 583m，有 22 个底孔、23 个深孔和 22 个表孔。闸门槽钢结构与上游迎水面结构钢筋连接，闸门槽钢结构顶端与坝顶门机轨道连接，底端与泄洪坝段的深孔底板接地网和 1～7 号泄洪坝段下游护坦接地网连接，泄洪坝段接地网面积为 7200m²。

7）永久船闸接地体。双线五级船闸全长 1600m，将船闸的闸室底板和侧墙结构钢筋与贯五级船闸两侧四条输水廊道结构钢筋连接一体，上、下游导航墙的表层结构钢筋与船闸侧墙钢筋和人字门连接一起，永久船闸接地网面积为 316000m²。

8）临时船闸接地体。临时船闸为一级船闸，船闸上下游导航墙表层结构钢筋与闸室底板结构钢筋和人字门连接在一起。临时船闸接地网面积为 13300m²，利用升船机滑道将升船机蓄水槽接地网与金属船箱连接，蓄水槽接地网面积为 3300m²。临时船闸接地网与升船机接地网紧邻，将两接地网连接在一起。

自然接地体通过大坝上游迎水面结构表层钢筋、贯穿整个大坝电缆廊道的接地干线、基础廊道接地装置和坝面门机轨道连接在一起的，与岸上主网和水中辅助接地网相连，共同构成该水电站的接地系统，本工程经上述降阻措施后，实测工频接地电阻值 0.1287Ω，降阻效果显著。

参 考 文 献

[1] 陈家斌. 接地技术与接地装置. 北京：中国电力出版社，2003.

4 发电电压设备安装

发电电压设备是指从发电机（或发电电动机）出口到变压器低压侧的一次主回路中所连接的各种电气设备，主要包括母线安装、断路器安装、制动开关装置安装、电压互感器柜及避雷器柜安装、穿墙套管安装、中性点设备安装等。

4.1 母线安装

母线是电流传输与分流的通道，母线一般分为敞开式和封闭式两类。敞开式母线多为硬母线；封闭式母线又可分为共箱封闭母线和离相封闭母线两类。敞开式硬母线在大型水电站发电机已很少采用，取代的是各类封闭母线，目前大中型水电站发电机的母线多为离相封闭母线或共箱封闭母线。

离相封闭母线按外壳连接方式可分为以下几类。

（1）非全连式（或称为分段绝缘式）。它的主要特点是：母线外壳由长 5～7m 的相互绝缘的分段组成，每段只有一点接地［见图 4-1（a）］，用以限制外壳上的感应电势，避免对人身造成危害。外壳受到邻相磁场的作用产生涡流，部分屏蔽了相邻磁场，使短路时该处导电体产生的电动力是敞露式母线的 30%～40%，附近钢构件的损耗及温升也可显著降低。

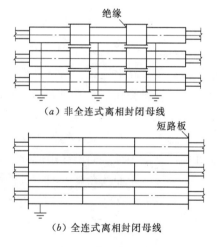

图 4-1　封闭母线外壳连接方式示意图

（2）全连式。全连式离相封闭母线的每相导体和外壳沿长度方向在现场焊接成整体，两端用短路板将三相外壳互连，使三相外壳在电气上成为一闭合回路［见图 4-1（b）］，当导体通电流时，便在外壳上感应出与导体电流大小相等、方向相反的环流，使壳外磁场几乎为零，这使得导体相间短路几乎不会发生，附近钢构件发热也几乎完全消失，外壳起到了屏蔽作用。全连式离相封闭母线的缺点是增加了外壳的有功损耗。

离相封闭母线按冷却方式可分为以下几类。

（1）自冷式。自冷式离相封闭母线是指母线发热完全由外壳散出，不需要附加任何冷却器装置，运行简单、可靠、维护工作量小。因此，在 20 世纪 90 年代前水电站 200～300MW 的发电机组多采用此类封闭母线。

（2）强迫风冷式。强迫风冷式离相封闭母线是母线在自冷却母线的基础上加装了一套强迫通风系统，通风系统分开式循环和闭式循环两种。前者装置简单，无需热交换器，后者则因需配热交换器而占地面积增大，运行略显复杂一点。

4.1.1 硬母线安装

硬母线又称汇流排，常用在 24kV 及以下的发电配电装置中。其材料常用铜、铝以及其他合金。硬母线的安装包括下列内容。

（1）硬母线的现场配制。

1）母线的弯曲形式。母线的弯曲形式一般有立弯、平弯与扭弯（见图 4-2）。

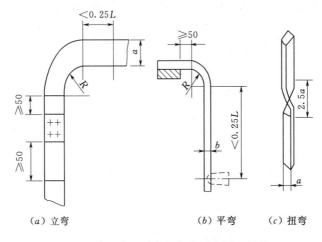

（a）立弯 　　　　　（b）平弯 　　　（c）扭弯

图 4-2　硬母线立弯、平弯与扭弯示意图（单位：mm）

2）母线弯曲制作。母线弯曲段制作前，应先实地采样和放样，必要时可应用纸板辅助，然后在实材上进行弯制，母线的弯制工作一般采用模具或弯曲机进行。也有的可直接将图纸与材料委托给专业加工车间制作。

3）母线弯制过程中注意事项。母线开始弯曲处与母线连接处的距离应大于 50mm，以便于施工；从弯曲处至绝缘子支撑点应有 50mm 以上的距离但不得大于 $0.25L$（L 为弯曲处两端支持绝缘子间沿线中心线的距离）。

矩形母线弯曲的角度不同，其弯曲处的发热温升也不同。直角弯曲处的温升比 45°弯曲处的温升高 10℃左右，所以尽量避免直角弯曲，矩形母线的最小允许弯曲半径（R）值见表 4-1。

表 4-1　　　　　　　　　　矩形母线的最小允许弯曲半径（R）值

弯曲方式	母排尺寸 /(mm×mm)	最小弯曲半径/mm		
		铜	铝	钢
平弯	50×5 及以下	$2b$	$2b$	$2b$
	120×10 及以下	$2b$	$2.5b$	$2b$
立弯	50×5 及以下	$1a$	$1.5a$	$0.5a$
	125×10 及以下	$2a$	$2a$	$1a$

注　a—母排的宽度；b—母排的厚度。

母线现场配制最关键的是接触面加工。母线螺栓连接的接触面，粗看很平整，实际上并非如此，在显微镜下观察，母线接触面呈现凹凸不平的粗糙表面，如果不进行处理。连接在一起时只有凸出点接触，接触电阻的大小与接触面的尺寸，接触面处理质量和接触面间相互的压力有关。接触面加工越平，接触的点就越多，电流的分布就越均匀。一般规定螺栓连接点的接触电阻，不得大于同长度母线本身电阻的 20%。

接触面加工的主要作用，是消除母线表面的氧化膜，折皱和隆起部分，使接触面平整而略显粗糙。加工的方法，在现场条件下，通常是手锉加工，手锉加工时，操作者应将锉刀持平，均匀施力，精心锉磨。加工表面出现金属光泽，平整而略呈粗糙时，停止加工，立即涂一层中性凡士林或导电脂，防止氧化。加工后如不立即安装，接触面应用纸包好。

母线接触面加工后其截面有所减小，截面的减小值，铜线不应超过原截面的 3%，铝线不应超出原截面的 5%。

（2）硬母线的安装。支柱绝缘子固定及铝母线制作完备以后，即可开始母线安装。母线安装主要是母线在支柱绝缘子上的固定及母线的连接。硬母线长度超过 20m 应加伸缩节。

1）母线固定。母线在支柱绝缘子上的固定方法通常有三种。

A. 用螺栓直接将母线拧在支柱绝缘子上〔见图 4-3（a）〕。这种方法事先在母线上钻椭圆形孔，此孔长轴与母线走向一致，温度变化而引起的母线变形时，母线能够沿椭圆形孔伸缩、移动，不致使绝缘子受力而损坏。

B. 用扁铝夹板固定〔见图 4-3（b）〕。这种方法母线不需钻孔，把母线穿过夹板，两边用螺栓固定即可。

C. 用卡板固定〔见图 4-3（c）〕。把母线放在卡子内；把卡板转一个角度卡住母线即可。

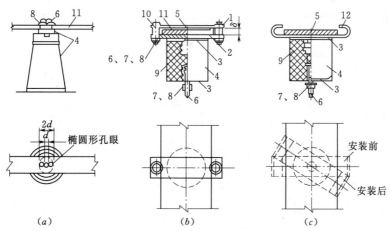

图 4-3 硬母线的固定方式图

1—上夹板；2—下夹板；3—红钢纸垫圈；4—绝缘子；5—沉头螺钉；6—螺栓；
7、9—螺母；8—垫圈；10—套筒；11—母线；12—卡板

母线固定在支柱绝缘子上，可以平放也可立放，视需要而定。如果多片母线敷设时，无论立放或平放均需用特殊的母线卡固定方式见图 4-4。当母线平放时，固定夹板外面

的螺栓应套上支持套筒，使母线与夹板之间有 1～1.5mm 的间隙。当母线立放时，母线间要有垫片，使上部压板与母线之间保持 1.5～2mm 的间隙。这样当母线受热膨胀时可以自由伸缩，不致损坏绝缘子。

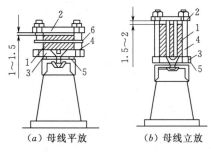

图 4-4 母线卡固定方式图（单位：mm）
1—母线；2—上部压板；3—下部压板；
4—螺栓；5—垫片；6—支持板

当母线电流大于 1500A 时，每相母线支持铁件及母线支持夹板的零件（双头螺母，压板，垫板等）不应构成闭合磁路，一旦形成闭合磁路，在夹板和螺栓形成的环路中将产生很大的感应环流，使母线增加发热，当工作电流较大时（大于 1500A）这种情况更为严重。

2）母线及母线与引线的连接。母线连接可分螺栓连接和焊接连接。高压开关柜柜顶矩形母线及母线与引线的连接，通常用螺栓连接。螺栓连接母线时，母线的接触面应涂抹一层中性凡士林或导电脂，螺栓、螺母、圆垫片均应采用镀锌精制品或半精制品。螺栓的装法，母线平放时螺栓由下向上穿，其余情况，螺帽应装在便于维护侧。螺栓两侧均应加垫片，螺母侧加装弹性垫圈。在拧紧螺栓时，应逐个均匀拧紧。螺栓的松紧对接触电阻影响很大，不应过紧或过松。通常螺栓拧的紧一些能使接触紧密，接触电阻小，但拧得过紧反而会得到相反的效果，因为拧得太紧，螺栓垫圈的底下部分与接触面的其他部分承受的压力差别太大，当母线温度变化时，接触面各部分变形差别也大，所以接触面变形而产生间隙，使接触电阻显著增大。规范要求，对母线的连接螺栓使用力矩扳手紧固，各种钢制螺栓的紧固力矩值见表 4-2。使用力矩扳手，按规定力矩紧固的螺栓，受力均匀，螺栓对螺母的压力相等，母线接触面增加，从而减少接触电阻。拧好的螺杆应超出螺母 3～5 个螺纹。

表 4-2   钢制螺栓的紧固力矩值

螺栓规格	力矩值 /(N·m)	螺栓规格	力矩值 /(N·m)	螺栓规格	力矩值 /(N·m)
M8	8.8～10.8	M14	51.0～60.8	M20	156.9～196.2
M10	17.7～22.6	M16	78.5～98.1	M24	274.6～348.2
M12	31.4～39.2	M18	98.1～127.1		

母线搭接处的接触面，对铜、钢母线应搪锡，铜、铝接触时，在干燥的室内可直接连接，在室外或潮湿的场所应使用铜铝过渡板，铜端应搪锡，以防止电化学腐蚀而使接触电阻增大。

母线用螺栓连接后，将连接处表面油垢擦净，在接头的表面和缝隙处涂上 2～3 层透明清漆，以保证接触点密封良好。

（3）硬母线的涂色、排列和防腐。硬母线安装完后，要进行刷漆，油漆要调匀，不可过稀或过稠，以达到涂刷均匀。刷漆有以下几方面的作用：便于识别相序、防止腐蚀、提高母线表面散热系数改善母线冷却条件、表示带电体。

1) 母线的涂色。

A. 母线应按下列规定着色。A、B、C 三相交流母线的颜色依次为：黄、绿、红。

单相交流母线：与引出相的颜色相同。

直流母线：正极为赭色，负极为蓝色。

支流均衡汇流母线及交流中性汇流母线：不接地者为紫色，接地者为紫色带黑色条纹。

封闭母线：母线外表面及外壳内表面涂无光泽黑漆，外壳外表面涂浅色漆。

B. 母线在下列各处应刷相色漆。单片母线的所有各面、多片母线的所有可见面、钢母线的所有表面应涂防腐相色漆。

C. 母线在下列各处不应刷相色漆。母线的螺栓连接处及支持连接处、母线与电器的连接处以及距所有连接处 10mm 内的地方。供携带式接地线连接用的接触面上，不刷漆部分的长度应为母线的宽度或直径，不应小于 50mm，并在其两侧涂以宽度为 10mm 的黑色标志带（刷有测温涂料的地方）。

2) 母线排列。母线排列在设计图中均有规定。如无规定时，可按下列要求排列：

A. 上下布置时，交流母线 A、B、C 相的排列次序为由上向下；直流母线为正极在上，负极在下。

B. 水平布置时，交流母线 A、B、C 相的排列次序为由盘后到盘面；直流母线为正极在后，负极在前。

C. 引下线，交流母线 A、B、C 相的排列次序为人面向母线由左到右；直流母线为正极在左，负极在右。

4.1.2 离相封闭母线安装

（1）封闭母线基本原理与特性。

1) 封闭母线的基本原理。封闭母线是将带电的导体用金属物（一般用纯铝金属）全封闭起来。三相离相封闭母线见图 4-5。

由电工学可知，交流三相工频在稳态下的电流分布及电磁关系，完全可用单相来分析。因此，以图 4-6 为例，它是单相全连式封闭母线简化结构及稳态电流分布图，母线导体上的电流方向是从读者的右边母线导体流入，从左边母线导体流出，外壳上的感应电流是通过短路板而构成回路的。

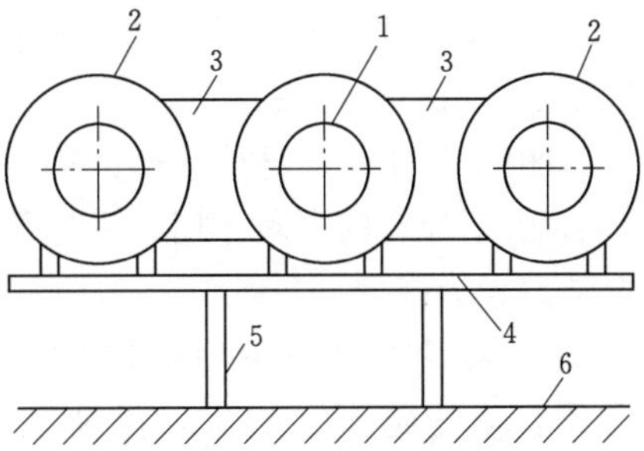

图 4-5 三相离相封闭母线示意图

1—母线导体；2—母线外壳；3—三相短路板；
4、5—母线支架；6—地面

按图 4-6 封闭母线上的电流分布，可画出图 4-5 单相全连式封闭母线稳态电磁分布（见图 4-7）。

由电工学可知：

$$\dot{I}_R = \dot{I}_M - \dot{I}_{k*} \qquad (4-1)$$

主磁通在外壳上感应电势 $\dot{E}_R$ 以克服外壳环流在外壳电阻上的压降 $r_k\dot{I}_r$，可写为式（4-2）。

$$\dot{E}_R=j\omega L_R\dot{I}_R=r_k\dot{I}_r=r_k(\dot{I}_M-\dot{I}_k) \qquad (4-2)$$

式中　　$\dot{E}_R$——感应电势，V/m；

　　　　L_R——母线导体与外壳间的互感，H/m；

　　　　r_k——外壳回路的电阻，Ω/m；

　　　　ω——工频角频率，314rad/s。

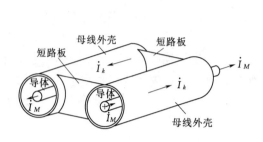

图 4-6　单相全连式封闭母线
稳态电流分布图

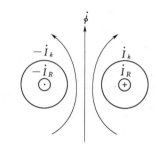

图 4-7　单相全连式封闭母线
稳态电磁分布图

因剩余电流很小，外壳主磁场也很小，一般可不考虑。由于电磁场屏蔽作用，壳内磁场由壳内导体电流产生，不受相邻的影响。由于外壳有电阻，邻相磁场仍有少量透入壳内，但在稳态情况下，影响很小，因此不考虑。

从式（4-2）可知，外壳上感应电势 $\dot{E}_R$ 在工频稳态下的大小，只与外壳电阻有关，而电阻与外壳的材质和长度有关。换言之，只要选择合适的材料、合适长度母线外壳，并将母线外壳接地，就可将母线外壳上的感应电压限制在安全的范围内。

2）离相式封闭母线的基本特性。

A. 封闭母线因有外壳保护，可基本消除外界潮气、灰尘以及外物引起的接地故障，保证了发电机运行的安全连续性；基本杜绝了相间短路的发生；减少了接地故障。

B. 由于封闭母线导体全部由铝质外壳屏蔽，从而基本上解决了钢结构感应发热问题。

C. 由于外壳的屏蔽作用，发生短路时的短路电流流过母线时，使相间导体所受的短路电动力大为降低。

D. 母线两端开口采用密封绝缘隔断、封闭后，可采用压缩空气微正压和加热去潮方式，防止绝缘子结露，提高运行安全可靠性，为母线采用通风冷却方式创造了条件。

E. 封闭母线由工厂成套生产，质量较有保证，运行维护工作量小，施工安装简便，而且不需设置网栏，简化了结构，也简化了对土建结构的要求。

F. 母线外壳的同一相，包括分支回路采用电气全连式并采用多点接地，使外壳基本处于等电位接地方式，杜绝人身触电危险。

不足之处主要是：由于环流和涡流的存在，外壳将产生损耗；有色金属消耗量大；母线散热条件差。

3）封闭母线通常的使用条件是：周围空气环境温度为 ±40℃；海拔不超过

1000.00m；相对湿度日平均不大于 95％；风压不超过 70Pa；覆冰厚度不大于 20mm；封闭母线周围不宜含有腐蚀性气体和导电尘埃。对于周围空气环境温度超过±40℃，或海拔高于 1000.00m 的使用条件时，应乘以温度校正系数或海拔校正系数。

4）封闭母线的设计额定电压分为：1kV、3.15kV、6.3kV、10.5kV、13.8kV、15.75kV、18kV、20kV、24kV、35kV；发电机主回路离相封闭母线的额定电流为：3150A、4000A、5000A、6300A、8000A、10000A、12500A、16000A、20000A、25000A、31500A、40000A；发电机分支回路离相封闭母线的额定电流为：630A、800A、1000A、1250A、1600A、2000A、2500A、3150A、4000A；共箱封闭母线的额定电流为：1000A、1250A、1600A、2000A、2500A、3150A、4000A、5000A、6300A。根据实际需要，经供需双方协商可适当选用其他电流等级。

5）金属封闭母线的额定频率为 50Hz。

6）封闭母线的绝缘水平。封闭母线的绝缘水平见表 4-3。

表 4-3 　　　　　　　　　封闭母线的绝缘水平表　　　　　　　　单位：kV

额定电压 （有效值）	最高电压 （有效值）	绝缘水平		
		额定 I_{min} 工频耐受电压		额定雷电冲击 耐受电压（峰值）
		湿试（有效值）	干试（有效值）	
1.00	1.2	—	4.2	8
3.15	3.6	18	25	40
6.30	7.2	23	32	60
10.50	12.0	30	42	75
13.80	15.8	35	51	95
15.75	18.0	40	57	105
18.00	21.0	45	61	115
20.00	24.0	50	68	125
24.00	27.6	60	75	150
35.00	40.5	80	100	185

7）封闭母线的动稳定和热稳定电流见表 4-4。

表 4-4 　　　　　　　　封闭母线的动稳定和热稳定电流表

用　途	额定电流有效值 /A	动稳定电流峰值 /kA	热稳定电流有效值 /kA（2s）
发电机主回路离相封闭母线	3150～40000	125、160、200、250、 315、400、500、630	50、63、80、100、125、 160、200、250
发电机分支回路离相封闭母线	630～4000	200、250、315、400、 500、630、800	80、100、125、160、 200、250、315
隔相共箱封闭母线	1000～6300	40、63、80、100、125、160	16、25、31.5、40、50、63
不隔相共箱封闭母线	1000～6300	53、80、100、125、160	25、31.5、40、50、63

金属封闭母线承受规定的动、热稳定电流作用后，不得有影响产品正常工作的任何机械损伤，如母线导体、金具、外壳、支持等零、部件有明显变形，绝缘子、套管及其他绝缘部件因损伤而引起绝缘性能降低；不得有接头熔焊或有影响正常工作的烧伤。

8）金属封闭母线各部位的允许温度和温升。金属封闭母线在正常使用条件下，各部位的温度和温升应符合表4-5的要求。

表4-5　　　　　　　　　　金属封闭母线各部位允许温度和温升表

金属封闭母线的部件		最高允许温度/℃	最高允许温升/K
导体		90	50
螺栓紧固的导体或外壳的接触面	镀银	105	65
	不镀	70	30
外壳		70	30
外壳支持结构		70	30
绝缘件		按《电气绝缘　耐热性和表示方法》（GB/T 11021）	—

注　金属封闭母线用螺栓紧固的导体或外壳的接触面不应用不同的金属或金属镀层构成。

强迫冷却的离相封闭母线，制造厂家应分别提供母线各部位在允许温度和温升条件下，强迫冷却和自然冷却时的额定持续运行电流值。绝缘材料的允许温度应符合表4-6的要求。

表4-6　　　　　　　　　　绝缘材料的允许温度表

绝缘材料耐热等级	最高允许温度/℃	绝缘材料耐热等级	最高允许温度/℃
Y	90	B	130
A	105	F	155
E	120	H	180

9）封闭母线的材料。金属封闭母线的导体宜采用1060牌号的铝材或T2牌号的铜材，并符合国家标准或行业标准的要求。

10）封闭母线的接地。金属封闭母线的外壳及支持结构的金属部分应可靠接地；全连式离相封闭母线的外壳可采用一点或多点通过短路板接地（一点接地时，必须在其中一处短路板上设置一个可靠的接地点，多点接地时，可在每处但至少在其中一处短路板上设置一个可靠的接地点）；非连式离相封闭母线的每一分段外壳上必须有也只允许有一点接地；共箱封闭母线的外壳各段间必须有可靠的电气连接，其中至少有一段外壳应可靠接地；当母线通过短路电流时，外壳的感应电压应不超过24V；接地导体应有足够的截面，具有通过短路电流的能力。

11）封闭母线的测温装置。金属封闭母线的接头处或其他通风条件较差容易过热的部位，可设置监测导体、接头和外壳温度的测温装置。

12）全连式离相封闭母线外壳回路中可装设速饱和电抗器。

13）封闭母线外壳防护等级。外壳的防护等级按国家标准或行业标准的要求选择，一般离相封闭母线为 IP54；共箱封闭母线由供需双方商定。

14）封闭母线微正压按照厂家规定的充气压力进行整定，对离相封闭母线的外壳内充以干燥净化空气。安装完成后应进行充气渗漏测定，并应符合要求。

（2）离相封闭母线结构及特点。全连式离相封闭母线主要由母线导体、外壳、绝缘子、金具、外壳支持件、密封隔断装置、短路板、穿墙板、各种设备柜、与发电机、变压器的连接结构等部分构成。

由于母线整体较长，一般在制造厂做成若干分段，到现场后将各母线分段焊接或螺栓连接而成。三相母线导体分别密封于各自的铝制外壳内，导体同一断面采用三个绝缘子支撑，成 Y 形。绝缘子上部开有凹孔，内装橡胶弹性块及蘑菇头金具。金具顶端与母线导体接触，导体可在金具上滑动或固定。绝缘子下部固定于支撑板上，支撑板用螺栓紧固在焊接于外壳外部的绝缘底座上。

外壳的支持采用槽钢支持底座。在支持点处先用槽钢抱箍将外壳抱紧，抱箍通过轴与底座连接，底座焊接于固定支撑钢梁上。底座与钢横梁间可用或不用绝缘件绝缘，钢横梁则支持或吊装与工地预埋件钢架上。

各段母线间或各段外壳间采用双半圆抱瓦搭接焊接。封闭母线在一定长度范围内，设置有焊接的不可拆伸缩补偿装置，母线导体采用多层薄铝片做成的伸缩节与另一端母线导体搭接焊连接，外壳则用外壳抱瓦与两端外壳搭接焊，伸缩节母线与外壳应对应布置。

封闭母线与设备连接处设置螺接的可拆伸缩补偿装置，母线导体与设备端子导电接触面皆镀银，其间用带接头的铜编织线作为伸缩连接件，外壳用橡胶伸缩套或活动套筒连接，同时起到密封作用。

外壳需要全连导电时，伸缩套外两端外壳加装可伸缩的导电连接板，其断口为可拆装置。

母线导体连接接头或其他容易过热部位（母线位置较高及其环境通风条件不良部位），一般装设有测温装置（如温度计）。

母线导体靠近发电机、主变、电压互感器柜连接处设外壳短路板；采用一点接地时，每一支的吊点底座与钢梁必须加装绝缘板；封闭母线与发电机、主变、厂变、电压互感器柜等连接处的短路板也只允许其中的一块短路板可靠接地。

封闭母线配套用的电压互感器、避雷器、中性点消弧线圈或变压器等分别装置于设备柜内，电压互感器、避雷器柜子采用小车结构，电流互感器套装在母线上，和外壳间用固定螺栓固定，断路器则采用封闭式。

1）封闭母线外壳及外壳布置结构。离相封闭母线外壳是与导体同圆心的封闭圆筒形结构，三相等距离布置，根据建筑结构及位置一般多采用封闭母线外壳悬挂式结构，见图 4-8，封闭母线外壳地面支撑式结构见图 4-9。

2）导体及绝缘子。

A. 封闭母线导体布置在外壳内并与外壳同圆心的圆筒结构，根据发电机电流大小，导体的规格及截面有大小之分。

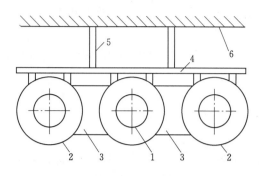

图 4-8 封闭母线外壳悬挂式结构图

1—母线导体；2—母线外壳；3—三相短路板；
4、5—母线支架；6—顶板基础

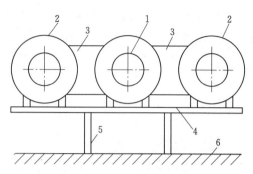

图 4-9 封闭母线外壳地面支撑式结构图

1—母线导体；2—母线外壳；3—三相短路板；
4、5—母线支架；6—地面

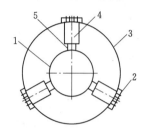

图 4-10 封闭母线导体
及绝缘子结构图

1—母线导体；2—母线绝缘子
支座；3—母线外壳；4—绝缘子；
5—绝缘子顶板

B. 封闭母线绝缘子布置在导体与外壳之间，在圆周内成 120°等角度对称布置，用于导体的绝缘和结构支撑作用，封闭母线导体及绝缘子结构见图 4-10。

3）封闭母线连接结构。

A. 封闭母线导体连接伸缩节见图 4-11：导体之间的螺栓连接结构一般为铜线编织伸缩节，用以补偿较长母线导体的热胀冷缩。

B. 封闭母线外壳连接伸缩节见图 4-12：外壳之间的螺栓连接结构一般为铝片叠压伸缩节，用以补偿较长母线外壳的热胀冷缩。

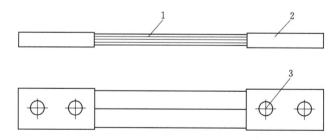

图 4-11 封闭母线导体连接伸缩节图

1—铜线编织式伸缩节；2—伸缩节连接板；3—连接螺栓孔

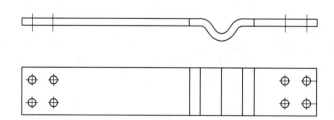

图 4-12 封闭母线外壳连接伸缩节图

C. 封闭母线之间螺栓连接伸缩结构见图 4-13；封闭母线之间的螺栓连接结构一般利用图 4-10 中的伸缩节进行整圆连接布置，为了日常运行巡视检查，一般在外壳适当位置设置观察孔结构。

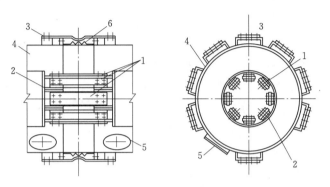

图 4-13　封闭母线之间螺栓连接伸缩结构图
1—母线导体软连接；2—导体螺栓连接桩头；3—外壳连接板；
4—母线外壳；5—观察孔；6—波纹管伸缩段

D. 封闭母线之间焊接连接伸缩结构见图 4-14；母线之间的焊接连接的伸缩结构一般为铝片叠压封焊式伸缩节。

E. 封闭母线焊接连接结构见图 4-15；一般采用铝瓦片式抱箍，进行搭接焊接而成一体，此种结构为刚性连接结构。

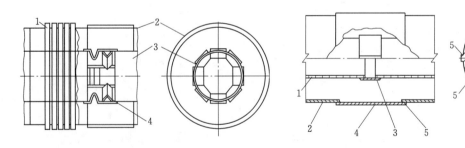

图 4-14　封闭母线之间焊接连接伸缩结构图
1—波纹管；2—母线外壳；3—母线导体；
4—伸缩结构

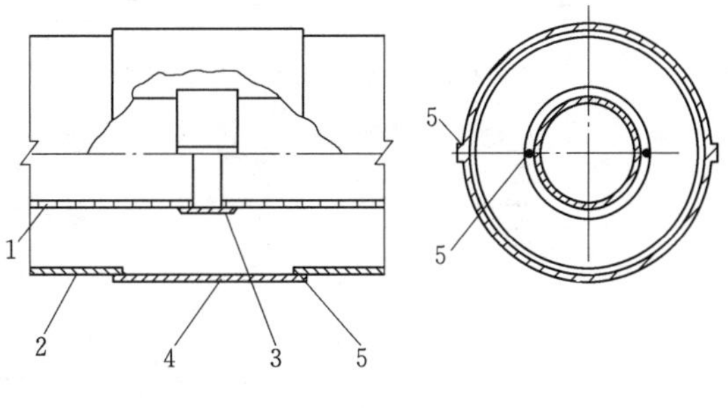

图 4-15　封闭母线焊接连接结构图
1—母线导体；2—母线外壳；3—导体抱箍；
4—外壳抱箍；5—焊缝

F. 封闭母线与发电机连接结构见图 4-16；一般采用铜编织带式伸缩节进行连接。为避免局部涡流过热现象发生，一般在发电机风洞出口采用三相整体外壳式布置。

G. 封闭母线与发电机出口断路器连接结构见图 4-17；导体一般采用铜编织带式伸缩节进行连接；外壳直接与封闭母线外壳焊接进行密封布置。

H. 封闭母线与电制动装置连接结构见图 4-18；一般采用铜编织带式伸缩节进行连接，外壳之间采用橡胶伸缩套进行密封布置。

I. 封闭母线与主变压器连接结构见图 4-19；一般采用铜编织带式伸缩节进行连接，外壳之间采用橡胶伸缩套进行密封布置。

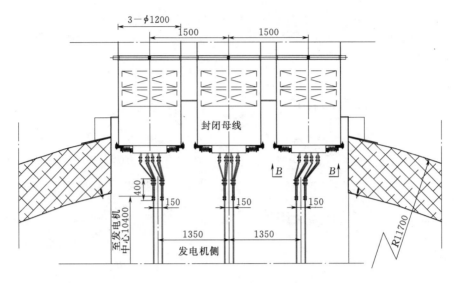

图 4 - 16　封闭母线与发电机连接结构图（单位：mm）

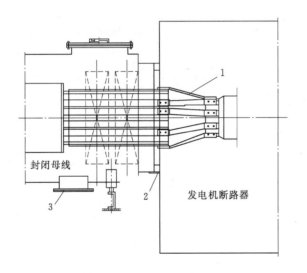

图 4 - 17　封闭母线与发电机出口断路器连接结构图
（TA 要安装在管型母线上）

1—母线导体软连接；2—母线外壳抱箍；3—接线盒

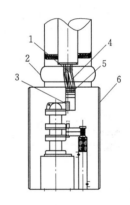

图 4 - 18　封闭母线与电制动装置
连接结构图

1、3、5—螺栓；2—波纹管；
4—软连接件；6—电制动开关装置

　　J. 封闭母线与厂用变压器连接结构见图 4 - 20：一般采用铜编织带式伸缩节进行连接，外壳之间采用橡胶伸缩套进行密封布置。

　　K. 封闭母线外壳橡胶套伸缩结构见图 4 - 21：橡胶套与外壳之间采用螺栓压接。

　　4）干燥冷却装置。为了保证封闭母线内部干燥、防止绝缘子结露，一般通过低压干燥空气装置向封闭母线外壳内输入微正压的干燥空气，保证封闭母线的绝缘。干燥空气的来源一般有两种，其一是专门设置的空气系统；其二是采用从厂内总供气管经过滤、干燥处理后用专管供给。无论采取哪种方式现场都比较容易实现。封闭母线干燥冷却装置典型布置形式见图 4-22。

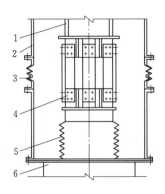

图 4-19　封闭母线与主变压器连接结构图
1—母线导体；2—母线外壳；3—橡胶波纹管；4—软
连接件；5—变压器低压套管；6—主变压器

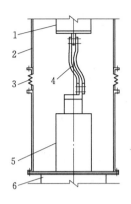

图 4-20　封闭母线与厂用变压器连接结构图
1—母线导体；2—母线外壳；3—橡胶波纹管；4—软
连接件；5—变压器低压套管；6—厂用变压器

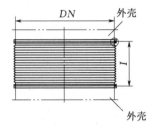

（a）封闭母线橡胶套结构正视图

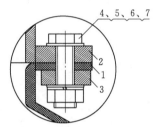

（b）橡胶套与母线外壳螺栓连接图

图 4-21　封闭母线外壳橡胶套伸缩结构图
1—橡胶套；2—母线外壳；3—压环；4、5、6、7—紧固件

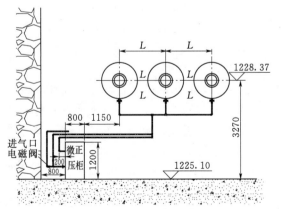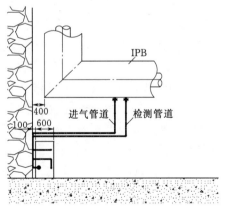

图 4-22　封闭母线干燥冷却装置典型布置形式示意图（单位：mm）

5）测温装置。封闭母线在运行过程中，经常会发生大电流过热现象，在环境冷却条件较差的母线部位，为了掌握封闭母线导体的发热情况，一般在封闭母线较高位置及通风

条件差处设置专用测温装置，用于巡检和保护监测。

（3）离相封闭母线安装。

1）施工准备。

A. 技术准备。施工前应收集设计部门提供的电气一次接线图或封闭母线布置图、母线厂家安装说明书以及分段装配图和部件装配图，并审核校对设计部门图纸与厂家图纸应一致。

B. 施工设备及工器具准备。吊车、手拉葫芦、软质绳具或套有橡胶管的钢丝绳、力矩扳手、普通扳手、内六角扳手、螺丝刀、木槌、铁锤、卷尺、水平仪、线坠、纱布、喷漆用的喷枪、铜丝刷、吸尘器、清洗剂（不含油溶剂）、干净的白软布、耐火防护布、电焊机、氩弧焊机、各种焊条（铝焊丝、电焊条）、防水布、锉刀、扁铲、安全带、安全帽、角形磨光机、氩气、电源等各种必备件。

C. 土建工程、发电机及变压器的尺寸和高程检查。在开始安装前，检查土建工程、发电机及变压器的尺寸和高程，了解土建和母线布置图间的差别，基础中心标高测量及修正，以设计院离相封闭母线布置图及生产厂家封闭母线的总装配图为依据，以发电机出线的端子、主变压器低压套管与墙预留孔为基准，校对以下尺寸，不符合时需进行修正，修正误差为±3mm/m，整体不大于±5mm。① 测定发电机引出口的纵向、横向以及发电机组的中心线；② 测定主变压器低压套管的纵向、横向的中心线；③ 测定厂高变、励磁变的高压侧的纵向、横向的中心线；④ 测定封闭母线基础构架、PT柜、中性点柜的基础及标高。

确认以上各高程、标高、中心线准确无误后，做出母线B相中心线并弹上墨线，并由地面反馈到母线支撑架上，确保主变低压侧B相套管中心线与厂高变高压侧B相套管中心线，封闭母线B相中心线在一条直线上，左右误差不超过±5mm或符合图纸要求。

D. 母线安装前的清点、外观检查。按照制造厂的发货清单清点母线及配件数量是否与清单相符。

由于封闭母线属于大件产品，配件规格较多，品种繁杂，而价格较贵，因此，封闭母线在到达现场后，配件必须逐箱清点；发货清单经业主、监理、生产厂家、安装单位等几方共同签字确认，并移交给安装单位保管。

封闭母线的开箱清点和检查，还应特别注意检查以下内容：

a. 封闭母线外壳及导体无碰伤、损坏和变形，焊缝应完好，无漏焊、烧穿、弧坑未焊透等缺陷；母线的螺栓连接面镀银层完好、保护措施齐全、平滑及无脱落起皮等异常现象；导体的外表面及外壳的内表面涂漆均匀，无漏涂、爆皮、脱落等缺陷；导体与外壳的同心度符合要求等。

b. 钢结构镀锌层均匀，无爆皮、跑锈现象；垂直度符合规范要求。

c. 支持绝缘子无损坏、破裂、表面清洁光滑；绝缘电阻和耐压试验符合规范要求。

d. 若电流互感器随封闭母线配套供货，应检查线圈表面有无损伤、变形和锈蚀；线圈绝缘应完好；一次、二次绕组间绝缘经检测应良好。

e. 其他附件如微正压装置、中性点柜等，应齐全无缺损和变形，并符合厂家设计要求。

E. 安装现场准备。①合理布置施工电源；②设置足够的施工照明；③根据现场实际，确定母线挂装方案，设置足够的起吊设施，如汽车吊、液压叉车、手拉葫芦、卷扬机、滑轮或自制吊架等，某水电站封闭母线挂装方案布置见图4－23；④搭设安全可靠的安装调整、焊接施工脚手架；⑤在设备吊装处预先设置围栏并挂警示标志。

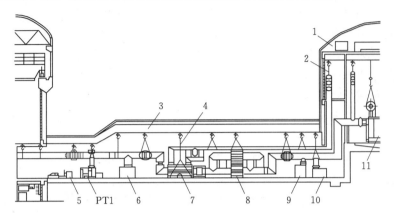

图4－23　某水电站封闭母线挂装方案布置图

1—主变洞；2、4—起吊装置；3—母线洞；5—母线干燥机；6—电制动开关；
7—GCB断路器；8—换向开关；9—厂用变；10—PT柜；11—主变

2）安装施工程序。原则上先户内后户外，户内为先里后外，即按照母线总装配图先将发电机出线箱、TV柜、避雷器柜吊进并就位，调整出线箱的高度并焊好出线箱的支撑架；然后由发电机出口开始进行母线的分段吊装，原则为先里后外。离相封闭母线设备安装施工程序见图4－24。

3）母线支、吊架安装及脚手架搭设。发电机定子就位后，即可进行母线中心和标高的测量。

根据设计图纸和测量基准点，确定设备及母线安装的高程和中心，确保不同楼层母线中心线一致，并与发电机出口和主变低压侧套管中心吻合。

测量母线构架基础的标高，特别注意室内出线平台的标高与发电机接线端子、室外基础间的标高差符合图纸要求，若出现土建基础误差较大时，应立即与土建单位商讨解决方案。母线中心一般仅画出B相中心，再向两侧平移得到A、C相中心。测量标出的

施工准备

测量、放点及基础安装

断路器设备安装就位

主回路封闭母线挂装、调整

各分支母线挂装、调整

穿墙板安装及短路板就位

母线挂装、断口调整

导体及外壳断口抱瓦焊接

母线外壳短路板、支架焊接并接地

微正压装置或热风保养装置、泄水装置或呼吸器安装

母线内部清理、密封

母线耐压试验及密封试验

表面油漆处理

图4－24　离相封闭母线设备安装施工程序图

中心线和标高，一般用记号笔或油漆笔在地面、基础和构筑物上做好明显的记号。土建修改均符合要求后方可正式办理交付安装的验收签证。

根据钢支架、吊架的安装图，按标高±5mm、中心线±2mm的误差标准对钢吊、支架进行吊装就位。支架的底座固定方式分膨胀螺栓固定、预埋钢件焊接固定和预留孔预埋螺栓固定三种。当采用膨胀螺栓固定时，应在画线时先划出膨胀螺栓位置，放置好螺栓后，方可进行吊装；预埋螺栓固定时，应在画线时定出预埋螺栓的预留高度和相对位置，进行浇灌时，应采取防止螺栓移位的措施，混凝土凝固后方可吊装；预埋钢件焊接法应当调整预埋钢件水平和标高后方可焊接。

有的封闭母线生产厂设计时，已预留了封闭母线横梁的可调尺寸，当全部母线构架安装结束后，可在出线平台用水准仪根据发电机接线端子标高对横梁高度进行调整，可使标高误差控制在1mm以内。

支持结构组装完即可在封闭母线下部约500mm处搭设钢管脚手架，脚手架应牢固、可靠，并能防止母线临时置放时塌落，还应满足封闭母线对口焊接和调整的需要。脚手架搭设结束，即可根据基础尺寸将B相母线中心引到构架横梁上，从内向外拉一根铁丝，画好全部构架的B相中心，再分别划出A、C相中心。厂用分支母线的中心确定方法与此相同。再将绝缘垫和外壳抱箍固定好，具备封闭母线的吊装条件。离相封闭母线支吊架安装尺寸控制见图4-25。

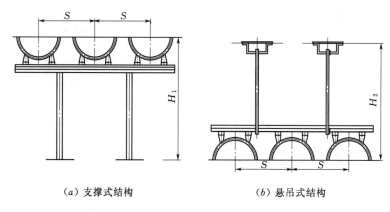

（a）支撑式结构　　　　　　　（b）悬吊式结构

图4-25　离相封闭母线支吊架安装尺寸控制示意图

4）母线的搬运与起吊。由于母线具有承担电力传输的功能，在短路故障时母线还有承受电动应力的机械功能。因此母线在搬运、储藏、清扫、切割、焊接时必须考虑这两个主要功能不受影响。搬动母线时应极度小心，因封闭母线是由L2R铝板制成的，该材料具有很好的电气性能，但机械性能差，因此母线在搬运时应避免由于吊车动作过快而引起振动，使绝缘子破裂或外壳变形，另外选择吊挂点时应避免弯曲过大损坏绝缘子。为避免碰坏封闭母线表面油漆或擦划伤母线外壳表面，必须用软质绳具进行起吊。母线必须放在平整的地方，但绝不能将母线直接放在地面上，应在母线与地面间放置木块。

封闭母线的吊装顺序应按出厂编号从发电机开始逐段向主变压器、高厂变压器、励磁变压器的方向吊装，每段的头尾不能颠倒，同时还要按先内后外、先下后上的顺序依次就位。

厂家为防止封闭母线运输中绝缘子损坏，运输时导体和外壳之间没有安装支持绝缘子，而是用弓形木块和可调整螺栓或焊接进行固定，现场安装前，先检查母线与外壳同心度是否小于5mm，如超标，应先用可调螺杆调整正确，用木榔头敲打调整圆弧，使其符合要求后，再安装绝缘子，并拆除临时支撑。

室内部分由于场地狭窄，必须统筹考虑吊运通道和内部附件的吊装顺序。一般是先将母线吊运到发电机层，再根据现场情况先后吊到出线平台。

直线段母线支架跨度较大，超过单节封闭母线的长度时，宜先在地面进行组装，减少施工的工作量。地面组装时必须认真核对每节母线的长度和两节母线组合后的总长度，并保证两节母线的支持绝缘子方位完全一致。

5）封闭母线的就位。支架准确就位后，打上墨线表示母线B相的中心线，根据B相的中心线确定支撑架焊接位置，焊接支撑架及工字钢横梁，并调整其标高，确保其标高计算与设计图纸完全一致，其误差不超过±5mm，根据母线支撑架安装图焊接母线抱箍支架（先点焊，以便母线就位后的尺寸调整），安装母线外壳下抱箍。

将母线逐一按次序地吊装在槽钢支撑抱箍上，然后由发电机与主变压器侧开始进行尺寸方向调整，并保证母线绝缘子成Y形支撑，保证每相邻两段断口的尺寸，误差不超过±10mm，母线同心度的调整，其误差上下左右误差不超过5mm。安装穿墙处母线前，需将穿墙隔板框架点焊在基础埋件上，以防止母线安装后，穿墙框架未就位，而造成返工。

母线在吊装前，需要完成母线全面清扫和吸尘，母线就位后，在尺寸调整过程中，再次进行母线清扫工作，用酒精、棉布、吸尘器、压缩空气将母线外壳内表面、绝缘子表面清扫干净后临时封口，以减少母线开焊前的工作。

6）封闭母线的安装调整。封闭母线就位后，应仔细测量各段间尺寸，并复测相间的距离。当出现误差后，要仔细核对，尽量将误差分配到各断口上。若仍较大，则要认真检查支撑结构的尺寸、中心、标高及与母线相连的设备，才能确定是否要修改，严禁不经检查随意修改母线段长度。

在组装过程中，应使各段、各相的绝缘子位置保持一致，如果顶部的绝缘子不在一条直线上，易使绝缘子受较大应力而损坏。封闭母线外壳上没有必要打开的手孔尽量不要打开，防止破坏密封性，外壳端部的保护一般在该段拼装时再打开，打开后要将母线内的尘土、灰尘、杂物清扫干净，清扫可用真空吸尘器，也可用清洁白布擦除。一旦打开还应注意防护，防止雨水、杂物、灰尘侵入，以减轻总体清扫的工作量。

封闭母线导体的硬性连接一般采用衬管结构。这种母线断口一般已在工厂内做出一定的坡度，但有些调节段没有坡口，导体断口调节前应磨出60°坡口或按制造厂规定的角度。对接断口时，先将衬管套入已调整好的一侧母线导体内，用氩弧焊点焊几点进行固定，再将连接段母线导体套好，调整好尺寸。一般制造厂在说明书中提供母线间的导体间隙尺寸。

根据图纸和安装说明书提供的尺寸，调整好母线各断口间的间隙，尽量使其满足说明书要求。调节由于安装、计算和设备间距的误差，其最大间隙误差必须控制在±40mm左右。否则，外壳之间的距离变大，可能造成外壳无法连接。母线导体焊接连接纵向可调范围不超过±15mm；导体焊接伸缩节在现场拼装的焊接端部纵向尺寸可调范围在±15mm之内，母线与设备间的螺栓连接纵向尺寸应在＋5～－10mm范围内。母线外壳与设备端子罩法兰间的连接采用橡胶伸缩套，纵向尺寸可调范围不超过±10mm。离相封闭母线相间尺寸及断口尺寸见图4-26。

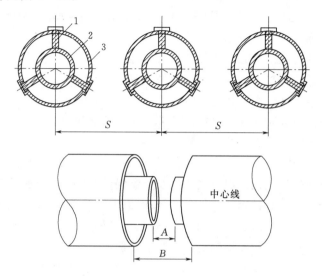

图4-26 离相封闭母线相间尺寸及断口尺寸示意图
1—母线绝缘子；2—母线导体；3—母线外壳

调整母线导体与外壳的同心度，使其不超过±5mm。

封闭母线安装必须做到横平竖直，直线段母线中心弯曲偏差不应超过母线段长度的0.2%，现场组装时，除用母线抱箍找正外，还应用钢板尺或木直尺对每两段断口找直、找正，或用拉线目测法判断外壳的弯曲度。

母线导体与设备端子间螺栓连接前，连接面须用无水乙醇清洗干净，再涂一层导电脂，然后进行连接。螺栓紧固时应使用力矩扳手，按设备厂家规定的力矩进行紧固，力矩值在无设备厂家规定时应参照表4-7规定的紧固力矩进行紧固。连接螺栓应逐个均匀拧紧，紧固力矩过大或过小会使螺接面接触不良，螺栓紧固后可用0.05mm的塞尺做辅助检查，其塞入深度不应大于4mm。接触面电流密度不应大于0.1A/mm²。

表4-7　　　　　　　　　　封闭母线连接面螺栓的紧固力矩表　　　　　　　　　单位：N·m

螺栓规格	螺栓材质		螺栓规格	螺栓材质	
	钢材	铝合金		钢材	铝合金
M8	9.8±1	—	M16	90±15	60±10
M10	20.2±2.4	—	M20	176±20	—
M12	45±8	30±6	M24	309±34	—

7）封闭母线导体及外壳的焊接。

A. 母线焊接前的清扫。封闭母线外壳内壁，绝缘子表面，内部导体均应用干净的棉布擦除油污和杂物，绝不可遗留杂物在母线内部，用干燥的压缩空气吹扫封闭母线内部，使之清洁无尘。

当需要人进入封闭母线内部进行清扫时，应穿无扣工作服，戴防止头发掉落的工作帽，穿软底鞋，所带清扫工具要做记录，进出相符，切勿损坏内部绝缘子等部件。

B. 封闭母线焊接。封闭母线的导体与外壳均由工业纯铝卷制成，其硬连接均采用焊接。由于铝极易氧化，故采用惰性气体氩气保护的电弧焊—氩弧焊来焊接铝母线接口。其优点在于氩气不与铝发生反应，又不溶解于铝；氩气从焊枪喷嘴呈圆锥状喷出，将电弧溶池与空气隔离，保证铝熔液不受氧化；焊件焊接时接焊机的阴极，利用阴极雾化作用能自行除去氧化膜，保证了铝的纯度，提高了焊接质量。

C. 焊丝选择。封闭母线导体和外壳所采用的焊机类型主要有手工钨极氩弧焊、半自动或自动熔化极氩弧焊焊机。现场常用半自动熔化极氩弧焊，焊丝的选择应与焊机的导电嘴、送丝管相匹配，材质应符合母线制造厂要求或与母线、外壳的材质一致，较薄铝板（5mm 以下）的焊接也可用手工氩弧焊。

D. 焊接要求。离相封闭母线是承担电力传输的重要导电部件。导体和外壳均要通过相等的电流。所以封闭母线焊缝必须要保证其电气和机械性能是高质量的。同时，离相封闭母线外壳的焊缝还必须达到防雨要求。因此，焊工均必须焊接考试合格，并有一定的焊接经验的焊工进行焊接，确保母线焊接一次性完成。

焊接之前，应检查外壳对导体的安全距离，其值应符合表 4-8 之规定。

表 4-8　　　　　　　　　　封闭母线外壳对导体的安全距离表

额定电压/kV	最小安全距离/mm	额定电压/kV	最小安全距离/mm
10.5	125	18	200
13.8	160	20	220
15.75	180	24	240

焊接前，焊接区表面用砂纸或铜丝刷，刷除漆层、氧化层，并用酒精或其他清洗剂（不含油脂）擦净，方可进行焊接。焊接导体双抱瓦时，应用耐火防护布遮住导体焊接区两侧以防止焊接飞溅，损伤绝缘子和母线表面，焊缝高度应高出母材。在导体焊接完后，用铜丝刷刷去氧化膜，如有尖角需磨去。经监理工程师验收合格后涂上相应的无光黑漆，检查此焊接段口是否有剩余工具等杂物遗留在母线外壳内部，待检查完毕后方可焊接母线外壳。

E. 半自动气体保护焊。焊丝盘拆封后，立即装入送丝机，按焊机说明书调整好焊接参数。调整时，应在设置的引弧板和收弧板上进行，严禁在母线上调试焊接参数。

在温度低于 5℃和环境特别潮湿的情况下，焊件需要适当预热，但预热温度不应超过200℃。室外作业风力较大时，对焊接质量会产生较大影响，应在焊接区域四周搭设临时挡风设施。

封闭母线导体焊前应先进行点固焊。点焊后，用铜丝刷刷去氧化物及飞溅，再焊接整个焊口，每道焊缝应一次焊完，除瞬间断弧外不得停焊。每层焊缝焊完后应将焊瘤飞溅铲去，并用铜丝刷刷去氧化膜，再进行下一层焊接。

母线焊完应待焊口完全冷却后方可移动或受力，防止产生裂纹。

导体焊口完成后，应清理母线内部氧化物飞溅灰尘等杂物；在导体焊口区域刷好无光黑漆。

外壳抱瓦的焊接，将外壳双抱瓦扣好拉紧；外壳的点固焊与导体相同，但由于外壳的同心度可能出现微小偏差造成搭接面缝隙较大，应在点固焊的同时用木榔头将缝隙敲小，使整个圆周和纵向搭接焊缝间隙符合要求，再进行焊接。封闭母线焊接施工见图4-27。

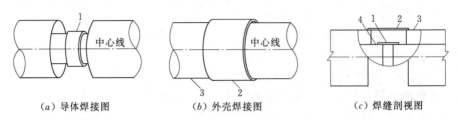

（a）导体焊接图　　　　　（b）外壳焊接图　　　　　（c）焊缝剖视图

图4-27　封闭母线焊接施工示意图
1—导体抱瓦；2—外壳抱瓦；3—母线外壳；4—母线导体

氩弧焊接时，焊嘴与工件的间距一般控制在8~10mm范围内，并随时清理焊嘴。为使熔池有良好的氩气保护，以防止焊枪导电嘴被烧损，在焊接过程中，应将焊丝出焊嘴的长度控制在6~10mm之内。引弧采用超前引弧池的20~40mm，收弧必须进行衰减操作，以便填满弧坑。母线较厚需多层焊接时，层间温度应控制在200℃以下。

F. 手工氩弧焊。当母线较薄，使用半自动氩弧焊不能满足质量要求时，可采用手工氩弧焊。手工氩弧焊一般都加温预热，特别当环境温度低的情况下更应预热，预热温度根据铝板的厚度和散热快慢决定，一般在200~300℃为宜。如预热温度过低，熔池浓度大、凝固快，会产生气孔，甚至引起裂纹；如过高，会使熔池面积扩大、凝固慢，在焊缝上产生焊瘤，使焊缝不美观，且易造成母线变形。

G. 短路板焊接。一般根据制造厂家提供的部件安装详图，将短路板焊接在母线外壳准确的位置，焊接截面必须达到图纸设计要求。

H. 铝波纹管的焊接。离相封闭母线配套的铝波纹管，一般设在土建沉降缝处，主要用于现场土建调节。关于铝波纹管的焊接，有些制造厂家已经在出厂前将一端与母线外壳焊好；另一端在现场焊接，焊接方法与母线导体、外壳双抱瓦焊接相同。

I. 焊接后的检查及标准。母线焊接完毕后，应对封闭母线进行清扫、封闭。

封闭母线外壳内部、绝缘子表面、导体外表面均应用干净的棉布及酒精或不含油剂的清洁剂擦除油污和杂物，绝不可以遗留杂物在母线内部，用干燥的压缩空气吹扫封闭母线内部，使之清洁无尘。

当需要人进入封闭母线内部进行清扫时，应穿无扣工作服，戴防止头发落下的工作帽，穿软底鞋，所带清扫工具要做记录，进出数量相符，切勿损坏内部绝缘子等部件。

封闭母线进行最后的清扫，封闭检查时，应由监理、施工单位共同检查确认后，方可进行封闭母线最后的封闭密封工作，封闭密封后，不得擅自打开可拆断口，以防止灰尘、杂物进入封闭母线内部，而影响封闭母线的安全运行。导体和外壳内侧黑色油漆完整。

封闭母线焊接质量应符合《母线焊接技术规程》（DL/T 754）等有关方面的标准。焊接外表加强面不得低于规范要求，且均匀美观，呈细致的鱼鳞状，加强面高度不高于4mm；导体及外壳焊缝截面应不小于被焊截面的1.25倍；焊缝不允许有裂纹、烧穿、焊坑、焊瘤等缺陷，未焊透长度不得超过焊缝长度的10%，深度不超过被焊金属厚度的

5%；焊缝应经 X 射线或超声波探伤检验合格。导体及伸缩节抽样探伤长度不少于焊缝长度的 25%，外壳不少于焊缝长度的 10%；外壳的焊缝应有良好的气密封性能。对于导体焊缝直流电阻应不大于同截面、同长度的原金属的电阻值。

8）封闭母线其他附件安装。

A. 短路板及接地线的安装。封闭母线短路板应按布置图要求焊在母线外壳的短路板均流环上。封闭母线短路板定位见图 4-28。首先将外壳处的油漆清理干净，短路板要保持和母线互相垂直，并紧贴在封闭母线外壳上，两者之间不能有间隙，短路板的焊接与母线焊接相同。

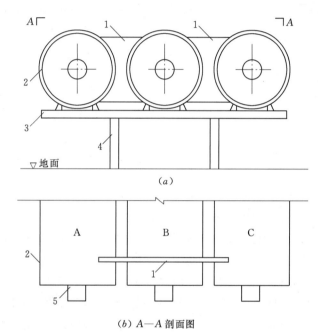

图 4-28 封闭母线短路板定位示意图
1—短路板；2—母线外壳；3、4—母线支架；5—母线导体

封闭母线一般有多点接地，接地点设在短路板上，接地引流板应在现场焊到短路板上，再根据图纸要求连接好适当截面的接地引线。

B. 封闭母线内电流互感器安装。电流互感器安装前，应对安装部位、电流互感器外表面进行检查清扫。

将电流互感器放置在一橡皮垫上进行电气试验检查及参数测定，各项检测数据应符合设备说明书要求。

将电流互感器平稳就位，调整好高程、中心使之与设计图纸相符。

电流互感器完全就位后，按要求进行固定和接地。封闭母线内电流互感器定位见图 4-29。

C. 穿墙堵板的安装。封闭母线就位前，只将封闭母

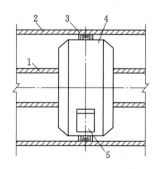

图 4-29 封闭母线内电流互感器
定位示意图
1—母线导体；2—母线外壳；3—加强箍；4—电流互感器；5—接线盒

线穿墙处的框架点焊于预埋件上，母线就位并调整完毕后，根据图纸调整好穿墙板、框架的位置，将框架及穿墙板固定牢靠。穿墙堵板布置见图4-30。

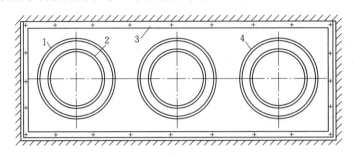

图4-30 穿墙堵板布置示意图
1—母线外壳；2—母线导体；3—框架；4—中间隔板

D. 软连接。封闭母线与发电机、变压器、TV柜、避雷器柜、中性点端子、厂高变、励磁变的连接及可拆断点均采用铜辫子或铜压成的伸缩节螺接，这些连接应在各连接设备经耐压试验合格后进行。

伸缩节根据安装位置的不同，规格、型号会有差异，安装时必须按制造厂编号或要求选择伸缩节，不能混装。

伸缩节接触面的镀银层的保护套要待安装时再拆除，搬运时应轻搬轻放，防止损伤接触面。外壳为橡胶套结构，应先将橡胶套套好再安装伸缩节。在电流不大的回路使用的无镀层伸缩节应用清洁剂清除接触面氧化膜，已在制造厂家压好一定弯曲度的伸缩节安装时，要使各层伸缩节的弯曲度一致，两接触面平整对齐，穿拆螺栓灵活，母线的接触面应连接紧密，螺栓的紧固应采用力矩扳手，其紧固力矩见表4-7。

螺栓紧固后，伸缩节应自然平整，保证良好的接触，铜片伸缩节不得散开，不得有裂纹及断股和折皱现象。设备端子不得受额外应力，伸缩节距接地部分的距离应符合安全净距要求。检查软连接正确、内部无遗留物后，即可进行外壳软连接。应注意橡胶密封套的外观应完好无损、无裂纹等异常情况，有纵向折皱的伸缩套应将其处理平整。首先在外壳搭接宽度的表面划线，使密封套平整一致；然后用专用不锈钢扎带重叠两圈，将密封套与外壳收紧，用卡子固定牢固，应注意，钢带卡下部收紧前应垫好一个梯形橡胶垫，防止钢带卡处压力不均匀造成密封不良。

E. 其他附属设备装配。封闭母线其他附属设备包括观察窗、温度计、铭牌、传感器等，这些附属设备应在封闭母线焊接结束后按照施工图进行安装。

9）清扫与整体油漆。封闭母线安装过程中，要分阶段和多次进行母线内部清扫和检查。焊接前，应进行一次大清扫，每密封一个断口都要进行清扫检查，并进行签证，合格后才能封闭。全套封闭母线安装完毕，两端封闭之前，内部再用干燥压缩空气吹扫一次。

封闭母线外壳要求涂漆防护，一般采用灰漆。涂漆前，应除去外壳表面的毛刺、焊瘤、飞溅、标签，并用汽油或丙酮清洗表面油污。干燥后，在外壳表面均匀涂一层锌黄环氧底漆，以增加抗腐蚀能力和增加铝表面与面漆的结合力，底漆宜薄，干燥后再喷涂面漆两遍，喷涂时，应横竖交错进行，要求均匀且不产生流痕，第一层干燥后再按同样方法喷涂第二遍。

喷涂结束，检查漆层应均匀、平滑、美观、色泽一致，无漏喷，无皱纹、流痕、脱皮等缺陷。

10）安装后的试验。

A. 绝缘电阻试验。应用 2500V 兆欧表，母线整体绝缘电阻测试值不低于 $100M\Omega$（在相对地之间进行）。

B. 交流耐压试验。根据《电气装置安装工程　电气设备交接试验标准》（GB 50150）进行交流耐压试验，现场试验的封闭母线工频耐压试验值应符合表 4-9 的规定，或根据合同要求进行现场工频耐压试验。

表 4-9　　　　　　　　　　　　封闭母线工频耐压试验值

额定电压 /kV	最高工作电压 /kV	额定短时工频耐压（有效值）（1min）/kV		额定电压 /kV	最高工作电压 /kV	额定短时工频耐压（有效值）（1min）/kV	
		湿试	干试			湿试	干试
10.50	11.5	30	42	18	20	45	60
13.80	15.5	36	50	20	23	50	65
15.75	17.5	40	55	24	26.5	60	75

注　带 TA 的母线段按照 TA 耐压标准进行试验。

C. 淋水试验。根据国家标准要求对户外部分封闭母线的外壳进行淋水试验，试验时从两个侧面和上面淋水 24h，降水量不小于 3mm/min，降水角度与水平面成 45°，试验后，外壳内部不应有进水痕迹；如有进水，应查明原因，若是焊接漏水，应进行补焊；若是装配不当，应重新装配，直至试验合格。

如遇下雨，此项试验可不做。

D. 微正压系统试验。对于微正压充气的封闭母线，要进行外壳气密性试验，每相母线内充以一定压力的压缩空气，压力值应符合制造厂的要求。同时，用肥皂水检查外壳焊缝及外壳上的其他装配连接密封面，无明显的气泡时为合格，试验中任何呼吸道或排水口必须密封好。

（4）封闭母线干燥设备安装。

1）干燥设备一般为微正压气体干燥装置，其设备及管路必须在母线及与母线相连的主设备定位后进行安装，且母线的密封系统经检查应完好。

2）母线及与母线相连的主设备定位后，按照设计图纸现场测量放点确定设备方位、高程和管道的走向。

3）按照设计图纸进行设备基础、管道支架和接地安装。

4）干燥设备开箱检查验收与就位固定与接地。

5）管道配接与试漏检查。

6）干燥气监测系统安装与调试。

7）喷漆标识、标志。

4.1.3 共箱封闭母线安装

共箱封闭母线是指三相导体在一个公共的金属壳内的母线设备。

单机容量在 50MW 及以下的发电机由于安全运行特殊要求，采用共箱封闭母线，即将三相母线导体封闭在同一金属外壳中，其中各相母线导体间不用隔板隔开的称为不隔相共箱封闭母线；各相母线导体间用隔板隔开的称为隔相共箱封闭母线。

共箱封闭母线包括不隔相共箱封闭母线、隔相共箱封闭母线及交直流励磁共箱母线。广泛用于 50MW 以下发电机引出线与主变压器低压侧之间的电流传输，共箱封闭母线也可用于发电机交直流励磁回路、变电所所用电引入母线或其他工业民用设施的电源引线。

共箱封闭母线导体采用铜铝母排或槽铝槽铜，结构紧凑，安装方便运行维护工作量小，防护等级为 IP54，可基本消除外界潮气灰尘以及外物引起的接地故障。外壳采用铝板制成，防腐性能良好，外壳电气上全部连通并多点接地，杜绝了人身触电危险并且不需设置网栏，简化了对土建的要求，根据用户需要可在母排上套热缩套管、在箱体内安装加热器及呼吸器等以加强绝缘。

（1）共箱母线的结构特点。共箱封闭母线主要由母线导体、绝缘子、连接螺栓或螺栓等部分构成。

由于共箱封闭母线整体较长，一般在制造厂做成若干分段，到现场后将各母线分段用螺栓连接起来，三相母线导体均置于金属外壳内，导体用绝缘子支撑，绝缘子上部装有相应的金具，导体可在金具上滑动或固定，绝缘子下部固定于支撑板上，支撑板焊接于箱体内部。共箱封闭母线结构见图 4-31。

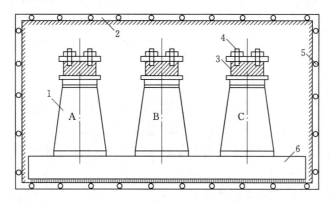

图 4-31 共箱封闭母线结构图
1—绝缘子；2—母线箱体；3—母线导体；4—连接螺栓；
5—螺栓；6—母线基础构架

箱体的支持采用支撑或吊架。钢横梁则支持或吊装于工地预埋件钢架上。

各段母线间或各段箱体间采用螺栓连接。共箱封闭母线在一定长度范围内，设置温度补偿装置，满足箱体在一定范围内的误差，导体亦能满足由于温度差或安装带来的误差，母线导体采用多层薄铝片或铜片做成的伸缩节与两端母线导体连接，外壳则用伸缩节连接。

共箱封闭母线与设备连接处采用螺栓连接，母线导体与设备端子导电接触面镀银或搪锡，其间用带接头的多层薄铝片或铜片软连接或铜编织线作为伸缩连接件。

（2）共箱封闭母线的施工程序。原则是先户内后户外，户内为先里后外，即按照母线总装配图安装就位，并进行尺寸调整，最后进行断口处连接。

（3）共箱封闭母线安装现场施工具备的条件。安装前必须进行母线及配件检查清点，目测支持绝缘子是否有损坏、破裂现象，母线是否有箱体变形，擦划伤，母线导体是否移位等现象，如发现以上问题需及时处理以便母线安装后造成不必要的返工。

A. 共箱封闭母线安装工具。包括吊车、手拉葫芦、软质绳具或套有橡胶管的钢丝绳、力矩扳手、螺丝刀、木槌、铁锤、卷尺、水平仪、线坠、纱布、吸尘器、清洗剂、干净的白软布、防水布、锉刀、安全带、安全帽、弹丝、电源等各种必备件。

B. 土建工程，变压器与开关柜的尺寸和高程检查。在开始安装前，检查土建工程、变压器的尺寸和高程是必不可少的，因为它是顺利进行共箱母线安装的基础，可以了解它与合同中土建和布置图间的差异，基础中心标高测量及修正，以设计院共箱母线图及生产厂家封闭母线的总装配图为依据，变压器低压套管和墙预留孔为基础，校对以下尺寸，不符合时需进行修正，修正误差为±3mm/m，整体不大于±5mm。①测定发电机出线口的纵向、横向的中心线以及发电机组的中心线；②测定主变低压套管的纵向、横向的中心线；③测定共箱封闭母线基础构架的基础及标高。

根据设计单位、制造厂家的共箱封闭母线总装配图进行基础构架及标高等尺寸是否符合设计图纸要求。

C. 共箱封闭母线安装前的清点及外观检查。封闭母线安装前的清点是封闭母线到货情况的检验依据，外观检查是封闭母线安装的基本条件，同时可以减少母线在安装过程中的工作量。

按照制造厂详细的发货清单清点共箱封闭母线及配件数量是否与发货清单相吻合。

由于共箱封闭母线属于大、中件产品，配件价格较贵。因此，封闭母线在到达现场后，配件必须逐箱清点。

（4）共箱母线的安装。

A. 共箱封闭母线的就位。支架必须准确地安装就位，根据共箱封闭母线的总装配图或段装配等确定支撑架或吊架的焊接位置，焊接支撑架及槽钢（角钢）横梁，并调整其标高，确保其标高计算与设计图纸完全一致，其误差不超过±5mm，根据共箱封闭母线支撑架安装图焊接支撑架（必须焊接牢固，防止母线就位后发生事故）。

待上述工作结束后，按照设计图纸或制造厂图纸将共箱封闭母线按次序吊装在槽钢（角钢）支撑架上，然后由发电机、变压器侧、开关柜连接处开始进行尺寸方位调整，误差一般由伸缩节来满足配合。

共箱封闭母线在安装就位至穿墙处，先将穿墙隔板框架点焊在基础埋件上，以防止共箱封闭母线安装后，穿墙框架未就位，而造成返工或切割框架等工作；如无穿墙隔板，洞口的封堵一般采用石棉泥封堵。

共箱封闭母线就位后，在尺寸调整过程中，同时进行母线清扫工作，用酒精、棉布、吸尘器等将母线箱体内表面、绝缘子表面清扫干净后并盖上箱盖进行封闭，以减少共箱封闭母线调试前的工作量。

B. 共箱封闭母线调整与清扫。共箱封闭母线安装完毕后，应全面清扫、封闭。

共箱封闭母线箱体内壁、绝缘子表面、内部导体均应用干净的棉布擦除灰尘和杂物，绝不可遗留杂物在母线内部，必要时可用吸尘器，使之清洁无尘。

当在共箱封闭母线内部进行清扫时，切勿损坏内部绝缘子等部件，安装工具等绝不可以遗留在箱体内。

（5）共箱封闭母线的验收检查。共箱封闭母线在安装完毕后，应对其进行彻底清扫、封闭。

共箱封闭母线进行最后的清扫、封闭检查时，应由监理、施工单位等共同检查确认后，方可盖上箱盖进行封闭；封闭后，不得擅自打开箱盖，以防止灰尘、杂物进入封闭母线内部，而影响封闭母线的运行。

（6）共箱封闭母线安装后相关试验。

A. 绝缘电阻试验。应用 2500V 兆欧表，共箱封闭母线整体测试值不低于 50MΩ，在相—地、相—相之间进行。

B. 耐压试验。现场试验的工频耐压试验值应符合《电气装置安装工程　电气设备交接试验标准》（GB 50150）的规定，或根据合同规定值进行现场工频耐压试验并顺利通过。

4.2　断路器安装

断路器是指能带电切合正常状态的空载设备和能开断、关合及承载正常的负荷电流，并且能在规定的时间内承载、开断和关合规定的异常电流（如短路电流）的开关电器。

断路器的主要功能：在关合状态时应为良好的导体，不仅能对正常电流而且对规定的短路电流也应能承受其发热和电动力的作用；断口间、对地及相间具有良好的绝缘性能；应能在不发生危险过电压的条件下，在尽可能短的时间内开断规定的短路电流；在开断状态的任何时刻，在短时间内安全地关合规定的短路电流。

发电机出口断路器是水电站常用的设备之一。在下列情况，一般需在发电机主出线的出口处装设断路器：

（1）扩大单元接线。

（2）联合单元接线。

（3）发电机与三绕组升压变压器的单元接线。

（4）在电力系统中承担调峰的水电站，在发低压侧引接厂用电电源，当发电机停止运行时，需由升压变压器向厂用电源倒送电的单元接线。

（5）小型水电站接在汇流母线上的发电机。

发电机断路器的形式与应用范围。按其灭弧介质分类，主要有油、六氟化硫（SF_6）、空气和真空 4 种类型的断路器。其应用范围主要根据发电机额定电压等级、额定电流大小和电站计算短路电流值来确定。一般少油断路器主要用于发电机额定电压为 6～10kV，额定电流 3000A 及以下，短路电流在 50kA 以下的发电机主出线；六氟化硫（SF_6）断路器已可用于额定电压 24kV 及以下，额定电流 24000A 以下，短路电流 160kA 以下的发电机主出线；空气断路器则用于额定电压 24kV 及以下，额定电流大于 12000A 和短路电流大于 120kA 的发电机主出线；真空断路器是最晚研究并投入工程使用中的，目前产品多用于厂用电系统。

除径流式水电站外，一般水电站都具有调峰能力，在电力系统中水轮发电机都做调峰运行，每天起停机操作频繁。所以对发电机断路器要求有较高的机械和电气寿命，具有频繁操作的能力。此外，发电机电压电路中，短路电流的非周期分量较大，一般为周期分量峰值的 0.8~0.9 倍，发电机断路器还需满足这一要求。

小型水电站发电机出口断路器，一般是 10kV 开关柜结构。

4.2.1 成套设备安装

（1）设备安装前，应做好安装准备工作，包括运输路线和吊装手段、安装及测量工具、安装场地清理和布置、基础复测及放点画线等。

（2）需要埋设基础钢埋件的，应在土建施工期内完成基础安装，基础埋件的高程、中心误差应符合设计要求，或留出基础二期混凝土。

（3）断路器设备一般运输到安装部位进行开箱检查、清点验收工作，开箱验收工作应有设备厂家、监理或业主及施工单位代表同时在场。

（4）室内布置的断路器吊装，一般采用卷扬机、滑轮组配合进行，断路器室内水平运输见图 4-32；断路器用平衡梁吊装见图 4-33。

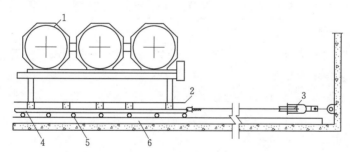

图 4-32　断路器室内水平运输示意图

1—SF₆ 断路器；2—包装箱底板；3—滑轮；4—运输平台；
5—滚杠；6—槽钢滑轨

（5）检查确认断路器与封闭母线尺寸相吻合后，在设备厂家代表的现场指导下进行设备内部结构安装调试。断路器在操作与调整前，应确认断路器 SF_6 气室压力在额定值。

断路器如需补充 SF_6 气体，应用厂家提供的专用 SF_6 充气装置，向断路器 SF_6 气室充入合格的 SF_6 气体到额定压力。当 SF_6 气室静置规定时间后还应测量气室微水含量，其值不得大于厂家规定值。断路器操作与调整时应先手动操作、后电动操作，使断路器符合以下要求。

1）断路器操作机构工作平稳，无卡阻和冲击等异常现象。

2）分、合闸指示正确。

3）分、合闸时间符合设计要求。

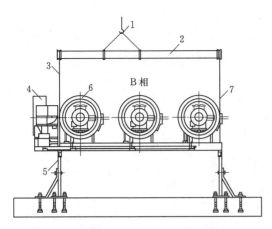

图 4-33 断路器用平衡梁吊装示意图
1—吊钩；2—平衡吊梁；3、7—软质吊绳；
4—操作箱；5—主承重架；6—断路器本体

4）断路器三相跳合闸同期误差达到本产品的技术要求。

5）断路器的各部件清洁、完好，传动部分的销钉、开口销、备帽齐全，润滑良好，转动灵活。

（6）断路器设备内的隔离开关、接地开关检查调整：操作时应遵循先手动、后电动的顺序。调整后的要求：开关的操作机构工作平稳，无卡阻和冲击等异常现象；开关的分、合闸指示正确；时间符合设计要求；开关传动部分的销钉、开口销、备帽齐全，润滑良好，传动灵活。

（7）断路器的全部操作试验及参数测定合格后，按厂家要求值，进行断口间及对地绝缘耐压试验，其结果应符合设计要求。

（8）断路器与主母线外壳焊接、或软连线前，应确认主母线、断路器安装、调整、试验工作均全部完毕，断路器与主母线导体的连接面应平整、镀银层完好；焊接焊缝应满足焊接工艺要求。

（9）小型水电站发电机断路器，一般是10kV开关柜结构。

4.2.2 安装技术要求

每套发电机断路器成套设备的安装应按设备厂家安装指导技术文件及相关标准的规定进行，其基本安装技术要求如下：

（1）发电机断路器安装前应进行检查，检查内容包括：断路器内 SF_6 气体的压力值和含水量应符合设备厂家的技术要求；绝缘部件表面应无裂缝、无剥落或破损，绝缘应良好；密度继电器和压力表应检验等。

（2）SF_6 断路器不应在现场解体检查，当有缺陷必须在现场解体检查时，应经设备厂家同意，并在设备厂家技术人员指导下进行。

（3）按设备厂家的部件编号和规定的顺序进行组装。

（4）三相支架一般采用膨胀螺栓固定，固定前应按照设计图纸的布置尺寸准确确定膨胀螺栓的定位尺寸后进行钻孔，其偏差应不大于发电机断路器与封闭母线连接的要求，断路器的固定应牢固可靠。

（5）相间中心距离的误差不应大于5mm。

（6）所有部件的安装位置要正确，并按设备厂家规定要求保持其应有的水平或垂直位置。

（7）应按设备厂家的要求选用吊装器具、吊点及吊装程序。

（8）接线端子的接触表面应平整、清洁、无氧化膜；镀银部分不得挫磨；软连接部分不得有折损、表面凹陷及锈蚀。

（9）断路器调整后的各项动作参数，应符合产品的技术规定。

（10）断路器和操作机构的联合动作应符合下列要求：在三相联动前，断路器内充有

额定压力的 SF_6 气体；操作机构同轴联动的就地合分位置指示器应正确、可靠，并符合断路器的实际分、合状态；操作机构的防跳跃、防慢分和防慢合的功能正确；操作机构设置的检修及调整用的慢速三相分合闸手动操作装置动作正确。

（11）密度继电器的报警、闭锁定值应符合规定；电气回路传动正确。

（12）油漆应完整，相色标志正确，接地良好。

（13）断路器内设备的连接线应连接牢固，对接头部位的镀银层不得有磨损，螺栓连接时应按照设备厂家规定的力矩要求进行紧固。

4.2.3 现场试验

安装完毕后的发电机断路器的现场试验应按照设备厂家的技术文件要求和《电气装置安装工程 电气设备交接试验标准》（GB 50150）的有关规定进行，现场检查及试验应至少包括且不限于下述项目：

（1）主回路电阻测量。

（2）主回路绝缘试验。

（3）SF_6 气体含水量测量。

（4）SF_6 气体泄漏测试。

（5）辅助回路和控制回路的耐压试验。

（6）断路器分、合闸线圈绝缘电阻及直流电阻测量。

（7）机械操作试验。

（8）断路器操动机构试验。

（9）分、合闸时间测试。

（10）电气、机械闭锁试验。

（11）密度继电器校验。

（12）发电机断路器成套设备内各元件的试验按有关规程规范进行。

4.3 制动开关装置安装

通常大型水轮发电机的电气制动是在机组停机过程，发电机解列灭磁后，转速降至 $50\%N_e$ 时采用定子绕组三相对称短路，转子重新加励磁使定子绕组有电流值的制动电流流过，产生电制动力矩，实现电气制动停机。此三相短路开关装置即为发电机制动开关装置，发电机制动开关装置作为电气制动系统中的主要设备之一，其功能使发电机定子绕组三相对称短路，应具有大容量、快速合闸和跳闸、三相联动操作等技术性能。

4.3.1 安装工艺

发电机制动开关装置的安装除与发电机出口的 SF_6 断路器安装工艺（见第4.3.2条）相同，开关柜体安装也与一般开关柜安装并无本质差别。但应注意以下事项。

（1）设备在安装前先对设备各部位进行检查，其结果应符合安装要求。

（2）基础安装后的高程、中心应符合设计要求。

制动开关装置开箱检查、清点验收及清扫等项工作完成后，吊装制动开关装置到安装平台上，并按设计要求就位固定及接地。发电机制动装置安装布置见图 4－34。

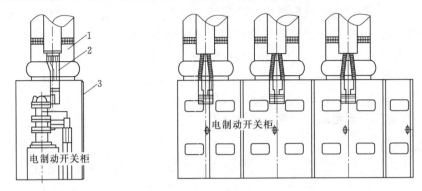

图 4－34　发电机制动装置安装布置图
1—封闭母线；2—软连接；3—电制动开关柜体

（3）制动开关柜固定好后，检查 SF_6 气室内的压力，其结果应在规定的压力范围内。如需补气，在厂家人员的指导下用厂家提供的专用 SF_6 充气装置，向制动开关柜 SF_6 气室充入合格的 SF_6 气体到额定压力。当 SF_6 气体静置到厂家规定的时间后再进行水分测量，其值不得大于厂家规定值。

（4）在制动开关柜充入 SF_6 气合格后，进行制动开关柜的操作与调整，制动开关柜操作与调整时应先手动操作、后电动操作，使制动开关柜符合以下要求：

1）制动开关柜操作机构工作平稳，无卡阻和冲击等异常现象；分、合闸指示正确，分、合闸时间符合设计要求，制动开关柜三相同期误差达到本产品的技术要求；制动开关柜的各部件清洁、完好，传动部分的销钉、开口销、备帽齐全，润滑良好，转动灵活。

2）制动开关柜的全部操作试验及参数测定合格后，按厂家要求值，进行断口间及对地绝缘耐压试验，其结果应符合设计要求。

3）制动开关柜全部安装、调整、测试完成后，进行与主母线的导体和外壳连接，其连接的方式按厂家要求进行，使连接面紧密、可靠。

4.3.2　安装的技术要求及现场试验

（1）安装应按照设备厂家的安装说明书及相关标准的规定进行。

（2）发电机制动开关成套设备的安装，其基本安装技术要求与发电机断路器相同，参见本章第 4.2.2 条。

（3）发电机制动开关安装完毕后，其成套设备的现场试验应按照设备厂家的技术文件要求和《电气装置安装工程　电气设备交接试验标准》（GB 50150）的有关规定进行，现场检查及试验项目与发电机出口断路器相同（见第 4.2.3 条）。

4.4　电压互感器柜及避雷器柜安装

4.4.1　电压互感器及金属氧化锌避雷器

（1）电压互感器。

1）电磁式电压互感器的工作原理。电压互感器的主要结构和工作原理类同于变压器。电磁式电压互感器原理接线见图 4-35。电压互感器的一次绕组匝数 N_1 很多，并接于被测高压电网上，而二次绕组的匝数 N_2 较少，二次负荷比较恒定，为高阻抗的测量仪表和继电器电压绕组。

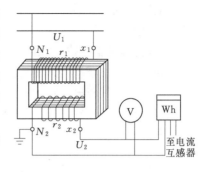

电压互感器的一次、二次绕组额定电压之比，称为电压互感器的额定变比，忽略铁芯损耗，即

$$K_n = U_{1n}/U_{2n}$$

图 4-35　电磁式电压互感器原理接线图

其中，一次绕组额定电压 U_{1n} 是电网的额定电压，业已标准化（如 10kV、35kV、110kV、220kV、330kV、500kV 等），二次电压 U_{2n} 则统一为 100（或 $100/\sqrt{3}$，100/3）V。

2）电压互感器的分类。按安装地点分为户内式和户外式两种。35kV 及以下多制成户内式，35kV 以上则制成户外式。

按相数可分为单相式和三相式。35kV 及以上均为单相结构。

按绕组数可分为双绕组和三绕组。三绕组电压互感器除供给测量仪表和继电器的二次绕组外，还有一个附加二次绕组，用来接入监视电网绝缘状况的仪表和接地保护继电器。

按绝缘方式分干式、浇注式、油浸式和充气式。干式（浸绝缘胶）电压互感器结构简单，但绝缘强度低，仅用在较低电压等级（3～6kV）空气干燥的户内配电装置；浇注式结构紧凑、维护方便，适用于 3～35kV 户内装置；油浸式电压互感器绝缘性能好，可用于 10kV 以上的户外配电装置；充气式电压互感器用于 SF_6 全封闭组合电器中。

（2）金属氧化锌避雷器。大气过电压往往造成线路掉闸和设备绝缘破坏，严重威胁电网安全运行，防雷设备就是防止和限制大气过电压的设备，氧化锌避雷器是常用的防雷设备之一。

氧化锌避雷器是具有良好保护性能的避雷器。利用氧化锌良好的非线性伏安特性，使在正常工作电压时流过避雷器的电流极小（毫安级）；当过电压作用时，其电阻急剧下降，保持较低的残压，达到保护设备的效果。这种避雷器和传统的避雷器的差异是它没有放电间隙，利用氧化锌的非线性特性起到泄流和开断的作用。

1）氧化锌避雷器按额定电压值的等级可分为三类。

高压类：指 66kV 以上等级的氧化锌避雷器系列产品，大致可划分为 1000kV、500kV、330kV、220kV、110kV、66kV 六个等级。

中压类：指 3～66kV（不包括 66kV 系列的产品）范围内的氧化锌避雷器系列产品，大致可划分为 3kV、6kV、10kV、23kV、25kV、35kV 六个电压等级。

低压类：指 3kV 以下（不包括 3kV 系列的产品）的氧化锌避雷器系列产品，大致可划分为 1kV、0.5kV、0.38kV、0.22kV 四个电压等级。

2）氧化锌避雷器按标称放电电流可划分为 20kA、10kA、5kA、2.5kA、1.5kA 五类。

3）氧化锌避雷器按用途可划分为系统用线路型、系统用电站型、系统用配电型、并联补偿电容器组保护型、电气化铁道型、电动机及电动机中性点型、变压器中性点型七类。

4) 氧化锌避雷器按结构可划分为两大类。

瓷外套：瓷外套氧化锌避雷器按耐污秽性能分为四个等级，Ⅰ级为普通型、Ⅱ级为用于中等污秽地区（爬电比距 20mm/kV）、Ⅲ级为用于重污秽地区（爬电比距 25mm/kV）、Ⅳ级为用于特重污秽地区（爬电比距 31mm/kV）。

复合外套：复合外套氧化锌避雷器是用复合硅橡胶材料做外套，并选用高性能的氧化锌电阻片，内部采用特殊结构，用先进工艺方法装配而成，具有硅橡胶材料和氧化锌电阻片的双重优点。该系列产品除具有瓷外套氧化锌避雷器的一切优点外，另具有良好的绝缘性能、高的耐污秽性能、良好的防爆性能以及体积小、重量轻、平时不需维护、不易破损、密封可靠、耐老化性能优良等优点。

氧化锌避雷器是具有良好保护性能的避雷器。利用氧化锌良好的非线性伏安特性，使在正常工作电压时流过避雷器的电流极小（毫安级）；当过电压作用时，其电阻急剧下降，泄放过电压的能量，达到保护设备的效果。这种避雷器和传统的避雷器的差异是它没有放电间隙，利用氧化锌的非线性特性起到泄流和开断的作用。

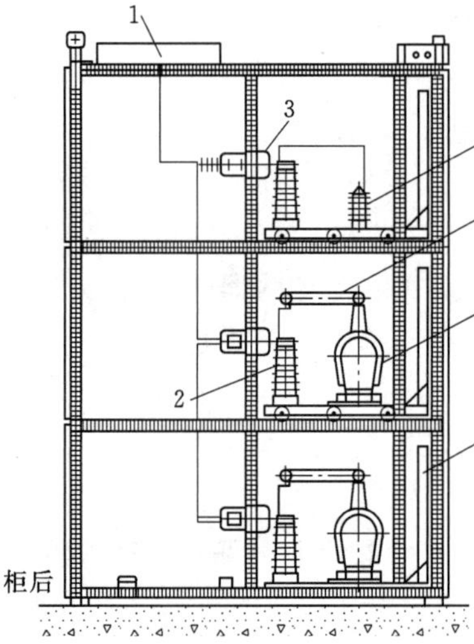

4.4.2　安装

（1）结构特点。电压互感器柜、电压互感器及避雷器柜一般采用组合柜体，根据设计可以配置不同数量及种类的电压互感器和避雷器等元器件。一般柜型配电压互感器、避雷器、电容器和高压熔断器，为发电机提供保护。

柜体采用移开式金属铠装结构，并在面板上配装观察窗，可随时观察柜体内部的运行情况。每一台电压互感器配备一只独立的小车，便于拉出检修，并可实现带电抽出检修。每层柜底板均有导轨及限位装置，确保一次触头分合可靠。其一次、二次回路均采用插接结构，并实现一次室与二次室的分隔。电压互感器及避雷器组焊柜安装布置见图 4-36。

图 4-36　电压互感器及避雷器
组焊柜安装布置图

1—进线升高座；2—绝缘子；3—触头盒；
4—避雷器；5—高压熔断器；
6—电压互感器；7—小车

（2）安装工艺。

1）电压互感器及避雷器柜一般安装在室内。首先清理现场，将柜体吊放至预埋槽钢处，按图纸就位，采用基础螺栓从柜内 4 个基础安装孔与预埋槽钢连接，要求连接平稳、牢固，或可直接将柜体同预埋槽钢焊接为一体。柜体在主母线安装定位后，按主母线出线孔位作适当调整，保证高压引线顺畅。

通过铜片软连接与主母线相连，用螺栓紧固法兰接口处，并密封。电压互感器一次 N

端按图通过柜底电缆孔接地，柜后底部接地排与现场接地系统主干线相连。二次接线由柜顶二次接线小室引出，可以通过二次小室两侧电缆孔或柜底二次电缆孔引接至外部。

用于励磁回路的电压互感器，其一次侧应为双套管，中性点 N 用高压电缆相连。

单套管电压互感器中性点直接接地。

2）柜体调整。立柜时，可先把柜体调整到大致的水平位置，然后再精确地调整柜体垂直度。

电压互感器柜的水平调整可用水平尺测量。垂直情况的调整，可以在柜顶放一木棒，沿柜面挂一线锤，柜面上下端与垂线的距离相等时，表示柜已垂直。如果距离不等，可以加薄垫片，使其达到要求。前后的垂直调好后，可用同样方法把左右侧调垂直。PT 柜的水平误差应不大于 1/1000，垂直误差不大于其高度的 1.5/1000。

调整完备再全部检查一遍，是否都合乎质量要求，然后用电焊（或连接螺栓），将柜底座固定在基础型钢上。焊接时，每个柜的焊缝不少于四处，每处焊缝长度 100mm 左右。为了美观，焊缝应在柜体的内侧。焊接时，应把垫于柜下的垫片焊在型钢上。

3）柜内清扫及设备检查调试。组合柜立好后应对柜内进行清扫，清除杂物，用抹布将各设备擦干净。

对柜内隔离开关、电压互感器等设备进行检查、调整。

4）电压互感器现场试验项目。

A. 测量绕组的绝缘电阻。

B. 交流耐压试验（单套管电压互感器一次绕组不进行交流耐压试验）。

C. 一次绕组直流电阻测量。

D. 测量空载电流和励磁特性。

E. 检查三相接线组别和单相引出线的极性。

F. 检查变比。

5）发电机避雷器设备现场试验项目。

A. 测量绝缘电阻。

B. 测量泄漏电流。

C. 测量工频直流参考电压。

4.5　穿墙套管安装

当敞开母线要通过室内墙壁或楼板但又不能采用开窗口的办法时（需要隔离封闭），就得应用穿墙套管，母线由室内通至室外，又因环境条件不同，也需要用穿墙套管来连接。

（1）高压穿墙板制作。

1）CLB 型穿墙套管板。室内穿墙套管安装见图 4-37，图 4-37 中框架多为角钢作成，框架（零件 3、4）之间的连接，采用周边焊接；钢板在框架上焊接固定，采用沿钢板四周边焊接，安装墙洞尺寸宽 1230mm；高 530mm。

2）SLWB 型穿墙套管板。室外穿墙套管安装见图 4-38，图 4-38 中开孔尺寸为选用尺寸，选用其他型号穿墙套管时，要核定尺寸后开孔。

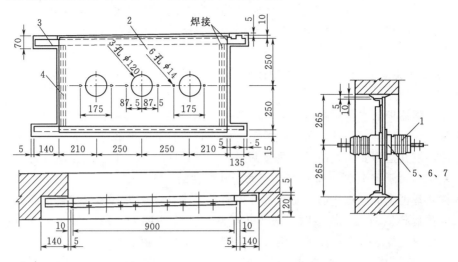

图 4-37　室内穿墙套管安装示意图（单位：mm）
1—室内穿墙套管；2—钢板；3、4—框架；5、6、7—螺栓、螺母、垫圈

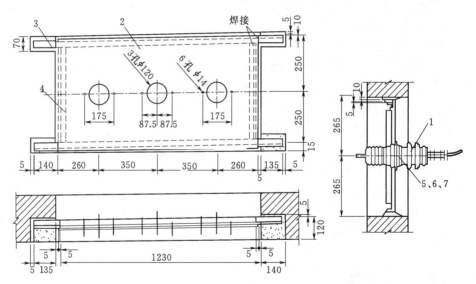

图 4-38　室外穿墙套管安装示意图（单位：mm）
1—室外穿墙套管；2—设备线夹；3—钢板；4—框架；5、6、7—螺栓、螺母、垫圈

（2）高压穿墙套管安装。

1）准备工作。清理检查套管，看瓷体是否完好，法兰浇合质量良好，导体螺牙是否完好，套管内腔的半导体釉层是否完好等。还应用 2500V 摇表检测其绝缘电阻值、用介损仪检测其介损值等均应合格。

2）穿墙套管的安装。穿墙套管在安装时，应注意以下事项。

A. 为保证母线对地的安全净距、不使母线受到额外的机械应力、使母线敷设的整齐美观，故母线应位于同一平面上，其中心线位置应符合设计要求。

B. 为了检修和更换穿墙套管的方便，故穿墙套管的法兰盘不得埋入混凝土或抹灰层内。

C. 安装穿墙套管的孔径应比嵌入部分大 5mm 以上，混凝土安装板的最大厚度不得超过 50mm。

D. 额定电流在 1500A 及以上的穿墙套管，为防止涡流造成严重的发热，其固定钢板应采用开槽并铜焊，使之不形成闭合磁路。

E. 为便于运行时巡视检查，监视套管固定螺栓的松动情况，故规定：垂直安装时，法兰向上；水平安装时，法兰在外。

F. 穿墙套管的室外部分应适当下倾，以避免雨水沉积在墙壁或钢板上，影响线路的绝缘。若套管两端均在室内或室外，则套管仍须保持水平。

G. 角铁支架必须良好接地。

H. 穿墙套管两端的导线与墙面的距离，必须符合母线安装中的有关规定。

（3）低压母线穿墙板安装。低压母线由变压器进入低压配电室时，要经墙体上的隔板（过窗板）通过：过窗板由电工绝缘板制成，分成上下两部分。低压母线过窗板在墙上的安装见图 4-39。

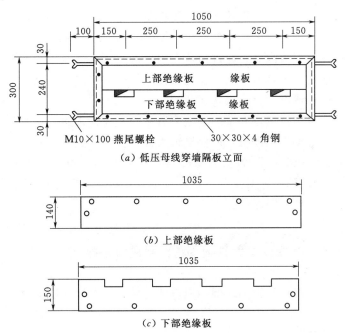

图 4-39　低压母线过窗板在墙上的安装图（单位：mm）

1）过窗板的预留墙洞与穿墙套管预留墙洞的方法相同。

2）角钢支架必须横平竖直，其中心与母线中心在同一直线上。

3）过窗板应装在角钢支架的内侧，固定螺栓上须垫橡皮垫圈及方垫圈。每个螺栓应均匀地同时进行拧紧，以免受力不均匀而损坏过窗板。

4）过窗板应在母线敷设完毕后进行，由上下两块板合成。合好后，上下两块板的间隙不得大于 1mm；板与母线的空隙应保持 2mm。

5）角钢支架应用扁钢进行可靠接地；角钢支架与墙面的空隙，应用混凝土填满，并使之与墙表面平齐。

4.6 中性点设备安装

水轮发电机三相中性点一般采用高阻抗接地方式，苏联常采用中性点经电抗器接地，而欧美各国多采用经动力变压器接地方式。我国20世纪70年代前大中型水轮发电机均采用电抗器接地，20世纪80年代以后又大多采用动力变压器接地，相应的接地保护方式也随之改变。

当发电机单相接地，电流大于规定值时，有可能产生弧光接地过电压，而发电机耐压水平较弱，绝缘容易损坏。如果接地电流过大，还会造成发电机铁芯灼伤及烧结。通常在发电机中性点采用高阻抗接地方式，以限制弧光接地过电压，减少对铁芯的灼伤，同时可提高继电保护的灵敏度，作用于跳闸使过电压限制在相电压的2.6倍以内，限制电弧的重燃，防止弧光间隙过电压损坏主设备，也抑制铁磁谐振过电压，从而保证发电机的运行安全。

消弧线圈是水轮发电机中性点接地的常用设备。当发电机电容电流超过允许值时，中性点采用经消弧线圈接地的方式。当发电机内部一点接地时，由于消弧线圈的补偿作用，使通过故障点的电容电流值限制在允许值范围内，避免发电机定子铁芯烧损。其电弧接地过电压比中性点不接地方式有所降低，发电机接地保护只作用于信号。使一点接地的发电机仍能短时继续运行，便于运行人员转移负荷。

大容量水轮发电机中性点也有采用接地变压器等接地方式的，发电机一旦内部发生单相接地故障，零序保护动作于停机，以保机组为首要目的。接地变的运行特点是：长时空载，短时过载。接地变压器实际为动力变压器，其二次侧接负载电阻和100%接地保护TA。当系统发生接地故障时，对正序负序电流呈高阻抗，对零序电流呈低阻抗性使接地保护可靠动作，跳开发电机断路器并灭磁。

4.6.1 基础安装

发电机中性点设备通常安装在槽钢或角钢制成的基础上。基础钢构件按设计图纸制作。

土建施工时，根据设计图纸预埋型钢固定件，并留出安放型钢的空位，型钢的安装步骤如下。

（1）型钢进行调直除锈。

（2）型钢放在安装位置，用水平尺和平板尺（长度不小于2m）将型钢调至水平，其误差不大于1mm/m，全长不得超过5mm，基础一般由两根型钢组成，两根型钢应平行，且在一个水平面上，后面的型钢水平误差为负误差，即可低1～1.2mm，但不得比前面的型钢高。

（3）两条型钢之间的外沿尺寸应同于开关柜角钢骨架的外沿尺寸，两条型钢顶面应高出水泥永久地面10～20mm。

（4）型钢调整完毕后，用电焊把型钢与预埋铁件焊接固定。型钢的周围用C20的混凝土填充并捣实。

（5）基础型钢应作良好的接地，一般是在型钢的两端用扁钢与接地网电焊连接，型钢露出地面部分应涂油漆。

4.6.2　柜体安装

（1）中性点设备柜运到现场后，应进行开箱检查。用抹布把设备擦干净，并检查设备与设计是否相符，有无损坏、锈蚀等情况，检查附件、备件、技术资料等是否齐全。

开箱检查后，根据设计图纸将设备柜就位。

（2）中性点设备柜调整。

1）立柜时，可先把柜体调整到大致的水平位置，然后再精确地调整垂直度。

2）设备柜的水平调整可用水平尺测量。垂直情况的调整，可以在柜顶放一木棒，沿柜面挂一线锤，柜面上下端与垂线的距离相等时，表示柜已垂直。如果距离不等，可以在柜底加薄垫片，使其达到要求。前后的垂直调好后，可用同样方法把左右侧调垂直。

3）柜体的水平误差应不大于 1/1000，垂直误差不大于其高度的 1.5/1000。

4）调整完毕后再全部检查一遍，然后用电焊（或连接螺栓），将设备柜底座固定在基础型钢上。焊接时，柜内的焊缝不少于四处，每处焊缝长度约 100mm。并把垫于柜底的垫片焊在型钢上。

（3）柜内清扫及设备检查调试。

1）中性点设备柜立好后应对柜内进行清扫，清除杂物，用抹布将各设备擦干净。

2）对柜内隔离开关、电流互感器、电阻器等设备进行检查。

（4）中性点设备柜与发电机中性点一般用单相电缆连接，先按要求敷设电缆，并做好电缆头，经耐压试验合格后即可与设备连接。

4.6.3　中性点设备采用电抗器

如果中性点设备采用电抗器时，安装的工程量较小。将电抗器（油浸）就位固定，做好围栏。取油样检查符合要求，电抗器耐压合格即可与发电机中性点连接，同样采用经耐压试验合格的高压单相电缆。

4.7　工程实例

某水电站发电机电压设备及封闭母线安装工程。

（1）设备概况。该水电站封闭母线设备额定电流 16000A，在设备制造厂内分段制造，运往工地后在上游副厂房安装部位进行拼装并焊接为一个整体。导体及外壳材料均为铝，主回路外壳直径 1200mm，相间距离 1500mm，设计导体最高温升 90℃，导体电阻温度系数 0.004/℃。

主回路封闭母线长度 103.038m，主变低压侧三角回路封闭母线长度 58.001m，电制动回路封闭母线长度 28.92m，各分支回路封闭母线长度 91.28m，焊接断口计 86 套，软连接断口计 18 套。铝母线焊接采用氩弧气体保护焊，焊机型号 1GBT 逆变 MAG 半自动焊机 NB-500。

主要发电电压设备有：发电机出口断路器 GCB、出口电压互感器 TV 柜、厂用高压干式变压器、电制动开关、励磁变压器、主变低压侧 TV 及避雷器柜、主母线回路电流互感器设备等。

（2）设备布置。封闭母线由中间层发电机机坑＋Y 方向引出，通过主厂房中间层、上游副厂房 1225.10m 层及垂直段，在上游副厂房 1231.60m 层母线室进行主变低压侧"△"连接并接至布置于上游侧 1231.50m 平台主变低压套管。发电机侧伸入机坑内壁约 300mm，母线导体通过柔性连接线与发电机主引出线相连。

发电机出口电流互感器布置在中间层发电机机坑外侧的主回路封闭母线内。

发电机断路器布置于上游副厂房 1225.10m 层。

机端高压厂用变压器、电压互感器及避雷器组合柜布置于上游副厂房 1225.10m 层，发电机制动开关、励磁变压器、电压互感器柜布置于上游副厂房 1231.60m 层，并通过分支离相封闭母线与主回路相连。某水电站离相封闭母线及发电电压设备布置见图 4 - 40。

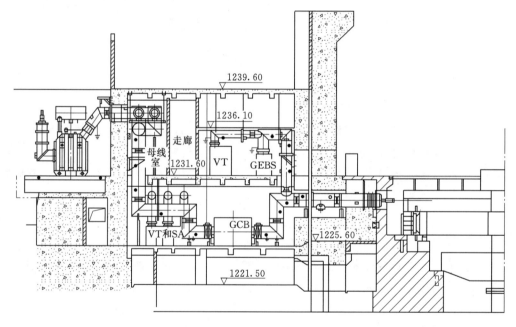

图 4 - 40　某水电站离相封闭母线及发电电压设备布置图

（3）设备安装情况。发电机出口封闭母线及发电电压设备安装自 2012 年 4 月 28 日开始测量放点，4 月 30 日发电机出口断路器运输就位并吊装首节封闭母线，至 2012 年 6 月 20 日全部发电电压设备安装就位及全部封闭母线挂装完成，7 月 25 日封闭母线焊接施工完成，7 月 30 日完成封闭母线整体耐压试验，具备设备带电条件。

5 发电机励磁系统设备安装

同步发电机静止励磁系统，一般由励磁功率单元和励磁调节器两个主要部分组成。励磁功率单元向同步发电机转子提供励磁电流；而励磁调节器则根据输入信号和给定的调节基准控制励磁功率单元的输出。励磁系统的自动励磁调节器对提高电力系统并联机组的稳定性具有重要作用。

电力系统在正常运行时，发电机励磁电流的变化主要影响电网的电压水平和并联运行机组间无功功率的分配；在某些故障情况下，要求发电机迅速增大励磁电流，维持电网的电压水平及稳定性。因此，对同步发电机的励磁进行调节和控制，是对发电机的运行进行控制的重要内容之一。励磁功率单元是向同步发电机转子绕组提供直流励磁电流的，而励磁调节器则是根据控制的输入信号和给定的调节基准比较后，调节励磁功率单元输出值的装置。由励磁调节器、励磁功率单元和发电机本身一起组成的系统称为励磁控制系统。励磁系统是发电机的重要组成部分，它对电力系统及发电机本身的安全稳定运行有很大的影响。励磁系统的主要作用有：

（1）根据发电机负荷和系统电压的变化相应地调节机组励磁电流，机端电压按调差系数规律输出。

（2）控制并列运行各发电机间无功功率分配。

（3）提高发电机并列运行的静态稳定性。

（4）提高发电机并列运行的暂态稳定性。

（5）在发电机内部出现故障时，进行解列灭磁，以减小故障设备的损失。

（6）根据运行要求对发电机实行最大励磁限制及最小励磁限制。

5.1 发电机励磁系统的分类及组成

5.1.1 发电机励磁系统的分类

按照励磁电源的不同，将励磁系统分为直流励磁机系统、交流励磁机系统、无刷（旋转）励磁系统和静止励磁系统。这种分类基本反映了励磁系统的发展进程。从直流励磁机发展到交流励磁机，从交流励磁机又发展成两个方向，小方向发展为无刷励磁系统，大方向发展为静止自并励励磁系统。

（1）直流励磁机系统。在电力系统发展初期，同步发电机容量较小，励磁电流通常由与发电机组同轴的直流发电机供给，用专门的直流发电机向同步发电机转子回路提供励磁电流，发电机的励磁绕组通过装在大轴上的滑环及固定电刷从励磁机获得直流电流。这种励磁方式具有励磁电流独立，工作比较可靠等优点，具有较成熟的运行经验。缺点是励磁机时间常数大，调节速度较慢，维护工作量大。

直流励磁机系统又分为自励与他励两种方式。所谓自励，就是励磁电源取自励磁机本身，而他励的励磁电源取自其他发电机或厂用电等。自励直流励磁系统原理见图5-1。

发电机（G）的转子绕组（L）由专门的自励式直流励磁机（EL）供电，R_c为励磁机磁场调节电阻。该励磁系统可以手动调节R_c的大小，也可以由自动励磁调节器改变励磁机磁场电流，达到自动调节发电机端电压的目的。直流励磁机励磁系统在我国老式机组上使用。原配用的机械式或电磁式自动调节器都已逐步淘汰，取而代之的是主要以绝缘栅极双极晶体管IGBT为半导体功率元件的自动调节器。这种将IGBT串入直流励磁机的磁场回路内，通过改变IGBT导通时间与关断时间的比例，来控制磁场电流的大小，称作"开关式励磁系统或开关式励磁调节器"，其励磁系统原理见图5-2。这里，IGBT控制励磁机（EL）的励磁绕组（L_2）电流；DXL是续流二极管；R_x是限流电阻；L_1是发电机F的转子绕组。

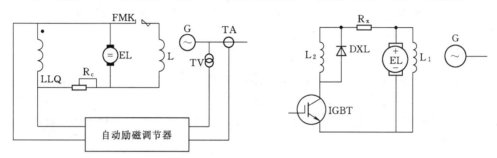

图5-1　自励直流励磁系统原理图　　图5-2　直流励磁机开关式励磁系统原理图

开关式励磁调节器的优点是：可利用直流机本身实现自并激，无需另配电源，因此，结构紧凑，体积小，且励磁电源可靠，不受电力系统电压波动的影响。另外，不存在可控整流桥的触发同步问题，控制简便，运行可靠性高。

（2）交流励磁机系统。20世纪60年代初，国外开始在中型发电机上采用交流发电机加半导体整流器的励磁方式，即交流励磁机系统。交流励磁机系统是汽轮发电机组较为主要的励磁方式。

交流励磁机系统的具体接线方式多，但究其整流器的区别可以归纳为：同步发电机采用二极管整流励磁，交流发电机（交流励磁机）采用晶闸管整流励磁。下面给出几种典型的接线方式。

1）他励交流励磁机系统（三机他励励磁系统）。他励交流励磁机系统原理接线见图5-3。交流主励磁机（ACL）和交流副励磁机（ACFL）都是交流发电机，均与同步发电机同轴。副励磁机是自并励式的，其磁场绕组由副励磁机机端电压经自动恒压装置控制。也有用永磁发电机作副励磁机的，亦称三机他励励磁系统。主励磁机磁场绕组由自动励磁调节器控制，采用晶闸管整流电路。主励磁机定子绕组经过二极管整流器向发电机转子提供励磁电流。

2）自并励交流励磁机系统。自并励交流励磁机系统没有副励磁机。交流励磁机的励磁电源是从该机（ACL）的出口电压直接获得。交流主励磁机经过二极管整流装置向发

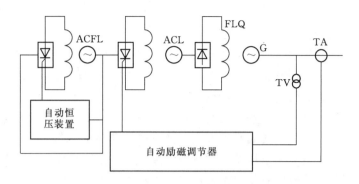

图 5-3　他励交流励磁机系统原理接线图（三机他励励磁系统）

电机转子回路提供励磁电流；自动励磁调节器控制晶闸管的触发角，调整其输出电流，控制主励磁机的出口电压，其原理接线（一）见图 5-4。

　　交流励磁机的励磁电源由发电机出口电压经励磁变压器 TR 获得，自动励磁调节器控制晶闸管的触发角，以调节交流励磁机励磁电流，交流励磁机输出电压经硅二极管整流后接至发电机转子，亦称为两机一变励磁系统，其原理接线（二）见图 5-5。

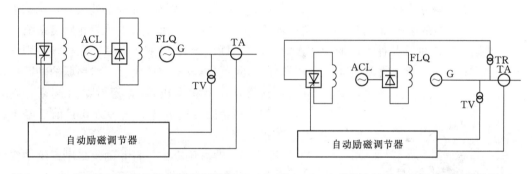

图 5-4　自并励交流励磁机系统原理接线图（一）　图 5-5　自并励交流励磁机系统原理接线图（二）

　　（3）无刷（旋转）励磁系统。上述交流励磁机系统，励磁机的电枢与整流装置都是静止的。虽然由硅整流元件或晶闸管代替了机械式换向器，但是静止的励磁系统需要通过滑环与发电机转子回路相连。滑环是一种转动的接触部件，是励磁系统的薄弱环节。随着巨型发电机组的出现，转子电流大大增加，可能产生个别滑环过热和冒火花的现象（俗称碳刷打火现象）。为了解决大容量机组励磁系统中大电流滑环的制造和维护问题，提高励磁系统的可靠性，出现了一种无刷励磁方式。这种励磁方式整个系统没有任何转动接触元件，故无刷励磁系统也称为旋转励磁系统，其原理接线见图 5-6，虚线框内的设备安装在发电机转子内，定子与转子的能量传递通过磁感应方式进行，因而省去了发电机滑环和碳刷。

　　无刷励磁系统中，主励磁机（ACL）电

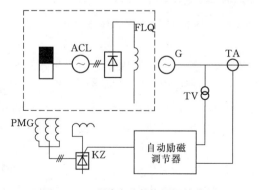

图 5-6　无刷励磁系统原理接线图

枢是旋转的，它发出的三相交流电经旋转的二极管整流桥整流后直接送发电机转子回路。由于主励磁机电枢及硅整流器与主发电机转子都在同一根轴上旋转，所以它们之间不需要任何滑环及电刷等转动接触元件。无刷励磁系统中的副励磁机（PMG）是一个永磁式中频发电机，磁极与发电机同轴旋转，电枢是静止的。主励磁机的磁场绕组是静止的，即它是一个磁极静止、电枢旋转的交流发电机。

无刷励磁系统彻底革除了滑环、电刷等转动接触元件，提高了运行可靠性和减少了机组维护工作量。但旋转半导体无刷励磁方式对硅元件的可靠性要求高，不能采用传统的灭磁装置进行灭磁，转子电流、电压及温度不便直接测量等。这些都是不同于其他励磁系统类型的新问题。尽管无刷励磁系统也是采用交流励磁机，很多人也将无刷励磁系统归纳于交流励磁机类型。但是，鉴于无刷励磁系统的特殊性，这里单独归纳为一种励磁系统。

（4）静止励磁系统。静止励磁系统取消了励磁机，采用变压器作为交流励磁电源，励磁变压器接在发电机出口或系统厂用电母线上。因励磁电源系取自发电机自身或是发电机所在的电力系统，故这种励磁方式称为静止自励励磁系统，简称自励系统。如果励磁变压器取自厂用电，则称为他励静止系统，简称他励系统。水电站备用励磁系统，是他励系统；自励系统的发电机进行零起升压、升流试验时，可将自励临时改为他励方式。

与电机式励磁方式相比，在自励系统中，励磁变压器、整流器等都是静止元件，励磁电流需要通过发电机的碳刷和滑环进入发电机转子绕组，故自励磁系统又称为静止励磁系统。

静止励磁系统也有几种不同的励磁方式。如果只用一台励磁变压器并联在机端，则称为自并励方式。如果除了并联的励磁变压器外，还有与发电机定子电流回路串联的励磁变流器（或串联变压器），两者结合起来，则构成所谓自复励方式，这种方式目前已经不再采用。

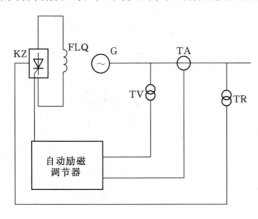

图 5-7　自并励系统原理图

1）自并励方式。自并励是自励系统中接线最简单的励磁方式，其系统原理见图 5-7。只用一台接在机端的励磁变压器 TR 作为励磁电源，通过晶闸管整流装置 KZ 直接控制发电机的励磁电流。目前国内比较普遍采用。

自并励方式的优点是：设备和接线比较简单，由于无转动部分，具有较高的可靠性；造价低；励磁变压器放置自由，缩短了机组长度；励磁调节速度快。但对采用这种励磁方式，以前人们普遍有两点顾虑：第一，发电机近端短路时能否满足强励要求，机组是否失磁；第二，由于短路电流的迅速衰减，带时限的继电保护可能会拒绝动作。国内外的分析和试验以及工程实践表明，目前，这些疑问在技术上已解决。故自并励方式越来越普遍地得到采用。

2）直流侧叠加的自复励方式。在自并励的基础上加一台与发电机定子回路串联的励磁变流器，后者另供给一套硅整流装置，两者在直流侧叠加，则构成直流侧叠加的自励方式。叠加方式分为电流叠加（直流侧并联）和电压叠加（直流侧串联）两种。直流侧并联自复励系统原理见图5-8。发电机G的转子励磁电流由硅整流桥GZ与晶闸管整流桥KZ并联供给。硅整流桥KZ由励磁变流器GLH供电，晶闸管桥由励磁变压器TR供电。TR并接于机端，GLH串接于发电机出口侧或中性点侧。发电机空载时由晶闸管桥单独供给励磁电流，发电机带负载时，由晶闸管桥与硅整流桥共同供给励磁电流。其中硅整流桥的输出电流与发电机定子电流成正比，晶闸管桥的输出电压受励磁调节器的控制，起电压校正作用。

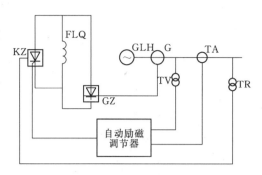

图5-8 直流侧并联自复励系统原理图

这种直流侧并联的自复激励磁方式，在我国一些中、小型汽轮发电机和水轮发电机上采用较早，有一定的运行经验，但未得到推广。因为在系统中短路时，复励部分与自并励部分协调配合较差，此外，励磁变流器副方尖峰过电压问题也比较严重。

3）交流侧电压叠加的自复励方式。励磁变压器的输出与励磁变流器的输出，先叠加再经过整流供给发电机励磁，则构成交流侧叠加的自复励方式，这时励磁变流器原边电流要转换成副边电压信号，变流器铁芯必须加有空气隙，这将大大增加变流器的体积。交流侧串联自复励系统原理见图5-9，励磁变压器TR的副方电压与励磁变压器GLH的副方电压相量相加，然后加在晶闸管整流桥KZ上，经整流后供给发电机的励磁。当发电机负载变化时，例如电流增大或功率因数降低，则加到晶闸管整流桥上的阳极电压增大，故这种励磁方式具有相复励作用。

交流侧叠加的自复励方式，由于反映发电机的电压、电流及功率因数，故又称为相补偿自复励方式。

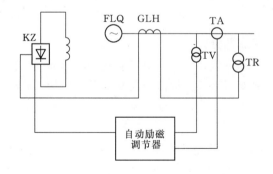

图5-9 交流侧串联自复励系统原理图

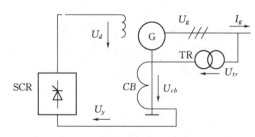

图5-10 交流侧串联自复励电源原理图

实际上，串联变压器一般安装在发电机的中性点侧。交流侧串联自复励电源原理见图5-10，其晶闸管阳极电压U_y则显示其具有相复励作用。由向量关系（见图5-11）可知：

$$U_y = U_{tr} + U_{cb} = U_g / K_{tr} + jI_g X_u$$

而

$$U_{tr} = 1.35 U_y \cos\alpha$$

式中　U_y——晶闸管整流桥阳极电压；

U_{tr}——并联变压器二次侧电压；

K_{tr}——整流变变比；

I_g——发电机定子电流；

U_{cb}——串联变压器二次侧电压；

X_u——串联变互感抗；

U_g——发电机定子电压；

U_d——整流桥输出电压。

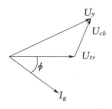

图 5-11 交流侧串联的
自复励电源向量图

因此，交流侧串联型自复励的晶闸管阳极电压，不仅反映
了发电机机端电压的水平，而且也同时反映了发电机实际负载情况，其整流输出电压
不仅与阳极电压和控制角 α 有关，而且也与机组工况密切相关。特别是，当发电机机
端发生三相短路，尽管机端电压下降了，造成 U_{tr} 变小。但短路电流的上升，却使 U_{cb}
变大，其结果可以维持较高的晶闸管整流桥阳极电压 U_y，从而保证励磁装置的强励
能力。

对于三相晶闸管整流电路来说，由于串联变压器的存在，使得阳极回路的总电抗增
大，从而造成换相缺口大，过电压很高。换相缺口大，所产生的晶闸管换相过电压也大。
过高的换相电压，使转子电压和阳极电压的过电压毛刺尖峰极高，不仅损害电气设备的绝
缘，还加重晶闸管阻容保护的负担，这些都使得励磁系统主回路设备极易损坏。因此，新
设计的励磁系统基本上不再采用自复励系统。

鉴于静止半导体励磁系统是现代励磁的主要方式，在此进一步归纳总结如下：

$$
励磁方式\atop(励磁电源)\left\{
\begin{array}{l}
他励：励磁电源取自厂用电，发电机零起升压试验或备用励磁装置采用\\
自励\left\{
\begin{array}{l}
自并励：励磁电源取自发电机机端的励磁整流变压器\\
自复励\left\{
\begin{array}{l}
交流侧串联自复励（既有励磁并联变还有励磁串联变）\\
直流侧并联自复励
\end{array}
\right.
\end{array}
\right.
\end{array}
\right.
$$

5.1.2 发电机励磁系统的组成

尽管发电机励磁系统种类较多，有不同的组成部分，但依然可以用三个大的部分来概
括：调节控制部分包括自动励磁调节器、自动恒压装置、手动调节电阻等；电源部分包括
直流励磁机、交流励磁机、励磁整流装置、励磁变压器等；灭磁与起励部分，包括灭磁开
关、灭磁电阻、过电压保护和起励回路等。

静止自并励励磁系统各组成部分及其作用如下。

（1）静止自并励励磁系统的组成。静止自并励励磁系统主要由励磁变压器、晶闸管整流
桥、自动励磁调节器及起励装置、转子过电压保护与灭磁装置等组成，其原理见图 5-12。目
前，新建水电站都采用静止自并励励磁系统。

1）励磁变压器。励磁变压器为励磁系统提供励磁能源。为防止励磁装置高次谐波串
入发电机回路，在励磁变压器一次、二次绕组间加静电屏蔽层并接地。

励磁变压器可设置过电流保护、温度保护。容量较大的油浸励磁变压器还需设置差动
保护和瓦斯保护。小容量励磁变压器一般自己不设保护。将励磁变压器包括在发电机的差
动保护范围之内。

早期的励磁变压器一般都采用油浸式，随着干式变压器制造技术的进步并考虑防火、维护等因素，现在都采用环氧树脂变压器。对于大容量的励磁变压器，采用三个单相干式变压器组合。通常采用 Y/△接线。励磁变压器的短路阻抗为 4%～8%。

2）晶闸管整流桥。自并励励磁系统中的大功率整流装置均采用三相桥接法。这种接法的优点是半导体元件承受的电压低，励磁变压器的利用率高。三相桥电路可采用半控或全控桥方式，通常用于中型发电机中。这两者增磁的能力相同，但在减磁时，半控桥只能把励磁电压控制到零，而全控桥在逆变运行时可产生负的励磁电压，把励磁电流急速下降到零，并将能量反馈到电网和发电机中。现在自并励励磁系统中几乎全部采用全控桥。

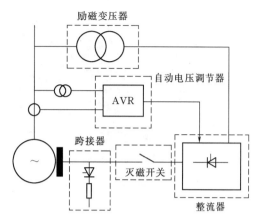

图 5-12　静止自并励励磁系统原理图

晶闸管整流桥采用相控方式。对三相全控桥，当为感性负载时，控制角在 0°～90°之间为整流状态（产生正向电压与正向电流）；控制角在 90°～150°之间（理论上控制角可以达到 180°，考虑到实际存在换流重叠角，以及触发脉冲有一定的宽度，所以一般最大控制角取 150°）为逆变状态（产生负向电压与正向电流）。因此当发电机负载发生变化时，通过改变晶闸管的控制角来调整励磁电流的大小，以保证发电机的机端电压为设定值。

对于大型励磁系统，为保证有足够的励磁电流，采用数个整流桥并联。整流桥并联支路数的选取原则为：$(N+1)$，N 为保证发电机正常励磁的整流桥个数。即当一个整流桥因故障退出时，不影响励磁系统的正常励磁能力。

3）励磁控制装置。励磁控制装置包括自动电压调节器和起励控制回路。对于大型机组的自并励励磁系统中的自动电压调节器（AVR），多采用微机型数字电压调节器。励磁调节器测量发电机机端电压，并与给定值（设定值）进行比较，当机端电压高于给定值时，增大晶闸管的控制角，减小励磁电流，使发电机机端电压回到设定值。当机端电压低于给定值时，减小晶闸管的控制角，增大励磁电流，维持发电机机端电压为设定值。

4）灭磁及转子过电压保护。发电机灭磁系统由灭磁开关和灭磁电阻配合，安全迅速地切断励磁电流并吸收转子能量，这样配置大大减轻了灭磁开关的负担。非线性电阻灭磁在当今发电机组上已普遍应用。对于灭磁电阻，国内一般采用高能氧化锌阀片（ZnO），而国外采用碳化硅电阻（SiC），并配备转子过电压保护装置（跨接器）。

（2）UNITROL 5000 励磁系统的配置介绍。UNITROL 5000 是瑞士 ABB 公司生产的大型静止励磁装置，在我国大型机组中得到广泛应用，其装置整体前视见图 5-13。左起第一个柜是励磁调节器柜；第二个柜是灭磁柜兼直流出线柜，包括灭磁开关、灭磁电阻、转子过电压保护装置等；第三个至第五个柜是整流柜，包括交流侧过电压保护装置；第六个柜是交流进线柜和起励回路等。

UNITROL 5000 自并励系统典型原理见图 5-14，主要由励磁变压器（T20）、晶闸

图 5-13　UNITROL 5000 励磁装置整体前视图

管整流装置（EG31 至 EG34）、双自动电压调节器（A10 和 A20）、灭磁开关（Q02）、灭磁非线性电阻 R02、跨接器（F02、A02）、直流侧阻容吸收器（F04、R04、C04）、起励装置（Q03、V03、R03）、分流器 R06 和必要的监测、保护、报警辅助装置等组成。

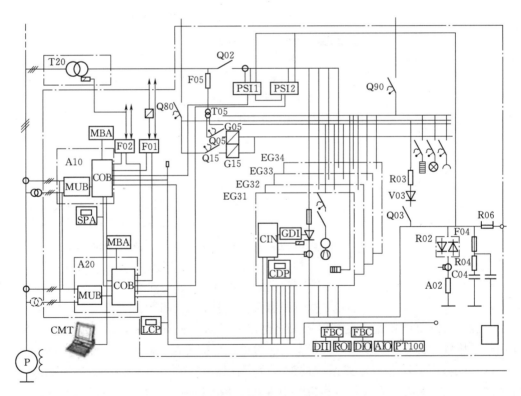

图 5-14　UNITROL 5000 自并励系统典型原理图

在自动电压调节器框图中，由测量板 MUB、主控板 COB 和阳极电源信号接口板 PSI1/2、快速 IO 接口板 F01/02、LCP 就地控制面板、手持编程器 SPA、Modbus 通信适配器 MBA、CMT 调试和维护电脑、ARCnet 现场总线等组成。在整流柜原理框图中，主回路由整流柜输入输出隔离开关（可选）、快熔、晶闸管、正负极电流测量传感器组成。脉冲回路由整流器接口板 CIN、脉冲驱动板 GDI、整流柜显示板 CDP 组成。风机回路由风机电源开关、风机切换继电器和风机组成。F05、T05、Q05、G05 组成自用电交流输入稳压电源回路，Q80、Q15、G15 组成直流输入稳压电源回路，Q90 是厂用交流辅助电源开关。UNITROL 5000 还可以选配独立的扩展门极控制板（EGC）作为后备通道，也就是一个手动通道。

UNITROL 5000 具有强大的串行通信功能。一方面，它可以通过串行通信实现与电站监控系统的接口，支持 MODUS 和 PROFIBUS 等协议；另一方面，在励磁系统内，控制和状态信号的交换是通过 ARCNET 现场总线实现连接的，这些连接板有现场总线连接器 FBC、开关量输入接口板 DII、继电器输出接口板 ROI、开关量输入输出接口板 DIO、模拟量输入输出接口板 AIO、PT100 接口板等。

1）自动电压调节装置（AVR）。AVR 采用双通道数字式微机励磁调节器，具有稳定发电机电压和合理分配无功以及提高电力系统稳定性的作用。本调节器具有手动和双自动通道，各通道之间相互独立，可随时停用任一通道进行检修。主备用通道间相互跟踪，保证无扰动切换。AVR 与监控装置 DCS 接口实现控制室内对 AVR 的远方操作。

AVR 采用强迫通风，风机故障时能保证 AVR 正常运行。AVR 柜为封闭式，进风口有空气过滤器，柜体的保护接地与工作接地分开，以提高设备的抗干扰能力。

UNITROL 5000 励磁装置的主要配置及其功能和技术参数如下：

A. 电压调节、监测和保护功能。

a. 发电机电压调节：给定值调整；有功补偿和无功功率补偿；V/Hz 限制器；软起励；自动跟踪；PID 控制。

b. 监视和保护功能：TV 故障检测；转子温度测量；励磁变压器温度测量，反时限过流保护和瞬时过流保护；失励保护（P/Q 保护）；过激磁保护（V/Hz）；电子控制板自诊断功能。

c. 晶闸管整流器监视功能：具有带熔断报警接点的熔断器，导通监视；风机冷却流量监视；整流桥温度监视；整流桥柜门闭锁监视。

B. 交流侧过压保护具有带熔断报警接点的熔断器。

C. AVR 的自动调节模式为 PID+PSS，手动调节采用 PI 方式。

D. AVR 各通道设恒电流调节手动单元，手动跟踪自动，切换无扰动。

E. AVR 两个通道设独立 PT 接口，每个通道功能齐全，都具有独立工作能力。

F. AVR 可显示和修改参数并可故障自检。

G. AVR 工作逻辑：正常时，双通道自动运行，同时发脉冲；运行通道故障时，故障通道无扰动退出、报警。

H. AVR 主要性能。空载到额定负载调压精度：不大于 $\pm 0.5\%$；调差率 $\pm 10\%$ 可调。

I. 调节范围：自动调节范围 $(20\% \sim 110\%)U_n$；手动调节范围 $(10\% \sim 130\%)U_n$。

J. AVR 报警信号和显示：AVR1 通道故障；AVR2 通道故障；过励磁报警；低励限制动作报警；转子反时限过流限制动作报警；有功/无功限制报警；励磁电流限制报警；

定子电流限制/过励限制报警；TV 断线报警；强励动作信号；励磁控制回路电源消失信号；自动运行显示；手动运行显示；AVR 正常运行显示；PSS 投入显示；PSS 退出显示。

2）晶闸管整流装置。

A. 整流方式为三相全控桥，具有逆变能力。

B. 整流柜数量 4～5 个，如一个柜故障退出报警，剩下的柜可满足包括 1.1 倍额定励磁和强励在内的各种运行工况的要求；退出两个柜能保证发电机在额定工况下连续运行。

C. 每个晶闸管元件设快速熔断器保护，可及时切除短路故障电流。

D. 每柜交流侧设尖峰过电压吸收器。

E. 冷却方式采用强迫开启风冷，具有 100％容量备用。在风压或风量不足时备用风机能自动投入。提供二路冷却风机电源，二路电源能自动切换。

F. 晶闸管整流装置报警信号：任一个整流柜退出运行报警；晶闸管熔丝熔断报警；散热器或空气过热报警；冷却风扇故障报警；空气流量过低报警。

3）交流侧过压保护装置。置于每个整流桥的交流侧过压保护装置可吸收晶闸管换相过压尖峰。主要由 1 个三相二极管整流桥及其直流侧连接的电容组成。在出现高频过电压时，电容器呈现出低阻抗特性，起到滤波作用。将一个放电电阻器与电容并联，可以吸收电容器内储存的过压能量。在二极管整流桥的交流侧装有带报警接点的保护熔断器，由于晶闸管制造工艺的提高，目前已不再采用。

4）灭磁与过电压保护装置。灭磁与过电压保护装置主要由灭磁开关、跨接器 BOD（触发电子板、雪崩转折二极管、两个正反相连接的晶闸管）及相串联的碳化硅非线性电阻组成。其作用是在发电机正常或故障时迅速切除励磁电源并灭磁、抑制正向和反向转子过电压或出现发电机大滑差以及非全相运行时保护转子。

发电机正常停机时，可切断灭磁开关或使晶闸管桥逆变退励磁；当发电机相差保护动作时，直接跳开灭磁开关的同时触发跨接器，使发电机磁场回路与整流器断开而与非线性电阻短接成回路。当发电机转子回路中产生正或反向过电压时，跨接器中的雪崩二极管被击穿，相连的晶闸管被触发，立即将灭磁电阻器接入转子回路中，同时发跳闸令使灭磁开关断开。

5）转子接地保护装置。转子一点接地保护的目的是监视转子绕组对地的绝缘水平。保护的测量回路采用惠斯通电桥原理，由两个电容建立测量桥的平衡；一个连接在正极和地之间；另一个连接在负极和地之间。该继电器不仅能检测励磁绕组的绝缘水平，还能检测包括励磁变压器的次级线圈在内的所有主回路设备的绝缘水平。继电器具有两段设置，接地电阻整定值和延时时间分别可调的。接地故障报警具有自保持功能，可以由继电器面板上的按钮复归，继电器还具有在线试验功能。

6）起励回路。起励时，当发电机电压不大于 10％，起励装置应保证 AVR 能可靠投入；当发电机电压上升到规定值时，起励回路自动脱开；设有"起励投入"和"起励故障"远方信号。

一般情况下，UNITROL 5000 可实现残压起励。控制回路能够正常工作所需的整流桥输入电压为 10～20V。如果电压大于或等于该值，首先使用残压起励，连续触发晶闸管整流桥，将电压升至额定值；如果整流桥输入电压小于 10～20V，起励回路会自动闭合，为整流桥提供输入电压；当机端电压达到发电机额定电压的 10％时（根据软件参数设定），整流桥已能正常工作，起励开关自动退出，软起励过程开始并将发电机电压升到额定值。整个起励过程的控制和监测都是由 AVR 软件实现的。

7）UN5000 励磁系统性能。

A. 当发电机的励磁电压和电流不超过其额定励磁电流和电压的 1.1 倍时，励磁系统保证连续运行。

B. 励磁系统具有短时过载能力，励磁系统的短时过负荷能力大于发电机转子绕组的短时过负荷能力。

C. 励磁系统强励倍数不小于 2（静止励磁系统即使定子电压降到 80％额定值时），允许强励时间为 20s。

D. 励磁系统具备高起始响应特性，在 0.1s 内励磁电压增长值达到顶值电压和残压升至额定电压值的 95％。

E. 励磁系统响应比即电压上升速度，不低于 3.58 倍/s。

F. 励磁系统稳态增益保证发电机电压静差率达到±1％。

G. 励磁系统动态增益保证发电机电压突降时，可控桥开放至允许最大值。

H. 自动励磁调节器的调压范围，发电机空载时能在 70％～110％额定电压范围内稳定平滑调节，整定电压的分辨率不大于额定电压的 0.2％，发电机空载时手动调压范围为 $(20\%～130\%)U_n$。

I. 电压频率特性，当发电机空载频率变化±1％，采用 AVR 调节器时，其端电压变化不大于 0.25％额定值。

J. 在发电机空载运行状态下，自动励磁调节器调压速度可整定，出厂设置不大于 1％额定电压/s，也不小于 0.3％额定电压/s。

K. 发电机转子回路装设有过电压保护，其动作电压的分散性不大于±10％，励磁装置的硅元件或可控硅元件以及其他设备能承受直流侧短路故障、发电机异步运行等工况而不损坏。

L. 因励磁系统故障引起的发电机强迫停运率不大于 0.25 次/a，励磁系统强行切除率不大于 0.1％。

M. 自动电压调节器（包括 PSS）投入率不低于 99.9％。

（3）UNITROL 6000 励磁系统。UNITROL 6000 励磁系统 2007 年投入运行，UNITROL 6000 调节器采用高速可编程控制器 AC800 PEC，我国的三门核电站、海阳核电站、海南核电站已经选用。

UNITROL 6800 励磁系统是 UNITROL 6000 励磁系列产品中的一员，它采用 IEEE 64 位浮点运算控制器，采用了先进的印刷电路板制作技术和新型的电晶体元件，具有维护方便的特点。数字式自动电压调节器（AVR）模块为 PEC 800 型多功能功率控制器，它不仅控制功率整流器的电压输出，而且包含有限制器、监视功能及供货范围内的其他控制。溪洛渡水电站右岸水电站 9 台 770MW 机组、锦屏水电站 14 台 600MW 机组，也使用 UNITROL 6800 励磁系统。

UNITROL 6800 励磁系统的主要特点如下。

A. 三通道包括：三个通道组成，其中两个相同的自动通道冗余配置；另一个独立的手动后备通道并提供100％的手动冗余度，三个通道只有一个处于运行状态。

B. 两个自动通道包括：带自动电压调节器（AVR）和集成手动磁场电流调节器AC800PEC控制器，自动控制提供所有的控制、限制及PSS等功能。限制器的作用在于防止电机在非正常工作范围内工作。手动控制是自动电压调节器的后备，主要用于系统调试和维护。

手动后备通道包括：1个CCM控制器，在两个自动通道故障时，提供后备磁场电流调节。通道还包括1个ANS150/51反时限过流保护，信号取自励磁变一次侧或二次侧的电流互感器。

C. 励磁系统还包括下列硬件：

a. X台三相六脉冲整流桥（$n-1$），提供所需的励磁电流。

b. 灭磁回路安装额定电流为X000A的快速直流磁场断路器、跨接器和用于在发电机停机或跳闸时消耗磁场能量的非线性电阻，灭磁回路的作用在于防止磁场绕组和励磁系统损坏。

c. 用于自动通道的通用I/O装置。

d. 全冗余24V工作电源和配电系统，可由厂用直流或厂用交流电源供电。

e. 控制柜前门安装的控制面板SCP，每通道一个，用于现地控制/设备的报警、事件列表及参数的访问。

f. 控制柜前门安装的触摸屏ECT，用于系统启动、调试、就地控制显示以及维护等。

g. 后备供电电源，作为主电源的备份，用于：主电源故障时的紧急供电；停机电源或同步电机测试电源，带短路保护。

h. 各通道在线维护措施。

i. 起励装置，交流或直流厂用电供电。

j. 电力系统稳定器PSS，PSS2B或4B，应符合《动力系统稳定性研究用励磁系统模型推荐规程》（IEEE 421.5—2005）的要求。

k. 转子接地保护继电器。

l. 转子温度监视回路。

m. 轴电压吸收回路。

n. V/Hz保护回路。

D. 每个自动通道的标配功能：自动电压调节；软起励；可调有功/无功；磁场电流限制；定子电流限制；P/Q曲线的欠励限制；V/Hz限制；自动/手动/恒无功方式间的双向自动跟踪功能；恒功率因数或恒无功调节；自动卸载无功负荷；标准监视功能；PT熔丝断线检测；手动限制；内部控制电子的看门狗监视功能；励磁变压器温度监视；标准保护功能；转子反时限或速断保护；V/Hz保护；失磁保护。

E. 励磁系统可根据命令或在紧急跳闸时退出运行，并网时的控制、监视与保护是由AVR软件实现的。

（4）UNITROL 5000与UNITROL 6000之硬、软件性能比较。UNITROL 5000与UNITROL 6000之硬、软件性能比较见表5-1及表5-2。

表 5-1　　　　　　　　　UNITROL 5000 与 UNITROL 6000 之硬件性能比较

项目	说　明	UNITROL 5000	UNITROL 6000
1	最大通道数	4	3
2	跳闸前可切换次数	4	5
3	控制电源冗余	双路供电，双稳压电源，公共 24V 电源	可选全冗余：三路供电 分布式稳压电源
4	主 CPU（每个通道）	80186＋DSP	2 片 Power PC，主频 396MHz
5	数据总线长度/位	16/24/32	32
6	闪存容量/字节	384K	16M
7	随机存储器容量/字节	256K	32M 静态 RAM
8	内部总线		32 位 PCI 总线，时钟频率 33MHz
9	时钟	定时器	RTC 实时钟
10	快速闭环运算周期/ms	5	0.4
11	分布 PCB 板的 CPU	80C196	2 片 Power PC，主频 396MHz
12	可编程系统芯片	专用集成电路	现场可编程门阵列
13	内部通信	Arcnet 总线 最高速率 2.5 Mb/s	以太网和最高速率 10Mb/s 的 光纤通信
14	内部通信隔离	不隔离	变压器或光纤隔离
15	上位机串行通信方式	RS485 介质的 Modbus RTU/Profibus DP 工业 以太网 OPC 服务器	RS485 介质的 Modbus RTU/Profibus DP 以太网过程控制对象连接与嵌入服务器 工业以太网 Modbus TCP 协议
16	时钟同步方式	小时脉冲	简单网络时间协议服务器
17	硬接线信号	最多 40DI，40DO，8AO，6AI（2FIO 板）	最多 96DI，144DO，24AO，48AI（8CCI 板）
18	I/O 信号冗余	部分冗余	部分冗余，可选全冗余
19	I/O 信号连接及隔离	扁平电缆，通道间不隔离	光纤，通道间隔离
20	触发信号连接	电气脉冲总线，树型扁平电缆	光纤点对点数据流
21	同步电压	集中式	分布到各整流桥
22	整流桥电流测量传感器	2 只霍尔传感器，安装在直流输出侧	3 只抗饱和 CT，安装在交流输入侧

表 5-2　　　　　　　　　UNITROL 5000 与 UNITROL 6000 之软件性能比较

项目	说　明	UNITROL 5000	UNITROL 6000
1	开发和工程软件工具	汇编/C 语言，GAD 软件	Matlab/Simulink，ABB Control Builder
2	电压调节器类型	ST1A，IEEE 421.5—1992	ST5B，IEEE 421.5—2005
3	限制器处理	与 AVR 共用一个 PID	AVR 和每个限制器设独立的 PID 滤波器
4	PSS 模型	IEEE 421.5—1992，PSS2A/2B 可选自适应 PSS	IEEE 421.5—2005，PSS2A/2B 和 PSS4B

项目	说　明	UNITROL 5000	UNITROL 6000
5	限制器延时	定时限	定时限、标准反时限，强反时限，超强反时限
6	最大励磁电流限制器延时	标准反时限	标准反时限、强反时限、超强反时限
7	定子电流限制器继电器	标准反时限	标准反时限、强反时限、超强反时限
8	均流功能	相比较慢，但足够精确（可达95%）	快速且非常精确（>95%）
9	通过母线电压调节实现的自动无功功率均衡	不支持	支持
10	自动无功功率卸载	特殊设计	支持
11	励磁变压器过电流保护	不支持	如果订购第三通道，支持
12	系统及发电机短路监视	不支持	支持
13	转子接地电阻监测	不支持	选项
14	电动机应用：自动通道调节方式	自动电压调节	自动电压调节或功率因数/无功直接控制
15	电动机应用：启动时间监视	不支持	支持
16	发电机/电动机启动：联控逻辑	特殊设计	标准化程序

（5）EX 2100 励磁系统的配置简介。EX 2100 励磁装置典型配置整体见图5-15。左起第一个柜是励磁控制柜，前面是励磁调节器，后面是灭磁电阻、跨接器和起励回路；第二个柜至第三个柜是整流柜，上面是脉冲控制板，中间是晶闸管组件，下面是输入输出五极隔离开关；第四个柜是励磁控制辅助柜，主要是阳极过电压保护装置和主回路测量保险；第五个柜是直流灭磁开关柜和直流出线母排。

图5-15　EX 2100 励磁装置典型配置整体图

（6）THYRIPOL 励磁系统的配置简介。THYRIPOL 是大型静止励磁系统，在我国水电、火电部门都有应用。某大型水电站所采用的 THYRIPOL 励磁装置整体见图5-16。左起第一个柜是励磁调节器柜；第二个柜是励磁控制辅助柜，包括电源变压器、接触器和继电器等；第三个至第七个柜是整流柜；第八个至第九个柜是直流灭磁开关柜，包括起励回路；第十个柜是灭磁电阻柜（后面），前面是交流辅助灭磁开关和制动输出开关；第十一个柜是电气制动整流柜。

图 5-16　THYRIPOL 励磁装置整体图

THYRIPOL 自并励系统原理见图 5-17。这里最显著的特点是采用交直流双灭磁开关，交流侧采用 SIEMENS 3AH3 078-8 真空开关，直流侧采用 LENOIR 2CEX98 5500 4.2 灭磁开关。正常停机后只跳交流灭磁开关，事故停机先跳直流灭磁开关，紧接着跳交流灭磁开关。

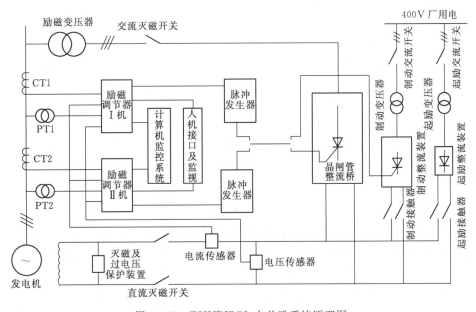

图 5-17　THYRIPOL 自并励系统原理图

5.2　励磁系统设备安装

5.2.1　施工应具备的条件

（1）图纸及技术资料。工程建设单位提供安装调试使用的产品说明书及工程设计图纸和各项技术资料。

（2）设备的开箱检查与保管。

1）查明到货产品的设备型号、规格、数量等，应与设备装箱清单相符合。

2）查明到货产品的备品、备件、附件和专用工具的型号、规格、数量等，应与到货装箱清单相符合。

3）查明装箱资料袋中的产品合格证书、技术条件、说明书、图纸资料、出厂试验记录等规定的技术资料应完整。

4）开箱后查出的设备缺陷、缺件以及运输损坏部件，应由各方代表签证，并由制造厂负责补发。

5）开箱后暂不安装的设备必须妥善保管。对易受潮或有贮藏温度要求的电气设备及精密仪器、仪表，应放在符合贮藏环境要求的库房内。

（3）装置性材料的检查。到货的装置性材料，应具有出厂合格证。必要时，须进行材料的材质鉴定。

（4）施工技术措施。编制安装与调试技术措施，编制依据为有关规程、施工设计图纸及产品说明书等技术文件，编制后报监理工程师审批。

（5）基础槽钢安装。按设计图纸安装盘柜、变压器基础槽钢，用水准仪和经纬仪调整好槽钢水平度、直线度、高程、安装尺寸等，焊接固定，基础槽钢要可靠地与接地网连接，之后，浇灌基础槽钢的二期混凝土。基础槽钢安装的允许偏差见表5-3。

表5-3　　基础槽钢安装的允许偏差表

项　目	允　许　偏　差	
	mm/m	mm/全长
不直度	<1	<5
水平度	<1	<5
位置误差及不平行度		<5

5.2.2　设备安装

励磁装置的安装和调试的方法与要求，应符合相关标准及制造厂产品说明书的规定。

（1）励磁系统安装场地的要求。励磁装置的安装，应在室内建筑施工全部完成后进行。安装场地清洁、干燥、通风。并应检查设备的安装基础是否符合设计要求。

（2）设备调整、就位。

1）盘柜运输到位之后，按设计编号就位对设备进行调整，检查盘柜的垂直度、水平偏差及盘面偏差和盘间接缝的偏差，符合规范要求。盘、柜安装的允许偏差见表5-4。

2）按设计要求固定和接地。

3）如室内需二次装修，应采取措施将盘柜保护好。

（3）抽屉式结构的盘、柜安装要求。

1）安装的盘、柜框架及盘面应无变形。抽屉的推、拉操作应灵活轻便，无卡涩。

2）整流功率柜的备品抽屉及抽屉间互换性应符合要求。

表5-4　　盘、柜安装的允许偏差表

项　目		允许偏差/mm
垂直度/m		<1.5
水平偏差	相邻两盘顶部	<2
	成列盘顶部	<5
盘间偏差	相邻两盘边	<1
	成列盘面	<5
盘间接缝		<2

3）对接插式抽屉应检查动、静触头接触压力，要求不小于产品使用说明规定值。抽

屉的防滑出机械锁锭装置应可靠。

4）抽屉内的电气连接螺栓和印刷板的插接应紧密可靠，接触良好。

5）使用一次通过空冷的整流功率柜，滤尘器不应堵塞。密闭循环式全部热交换器的冷却水路应通畅，热交换器表面不应凝水。

（4）灭磁开关或磁场断路器的安装。

1）传动机构分、合闸线圈及锁扣机构的外部检查。分别在手动和电动两种方式下，检查传动与锁扣机构，其动作应符合产品标准。

2）接触导电部件的检查。检查灭弧触头和主触头动作顺序应正确，主触头的接触应灵活无卡涩，合闸后主触头接触电阻和超程均应符合产品技术条件要求，所有连接件必须紧固。

（5）整流管和晶闸管的拆装方法。在安装与调试中测录参数或更换元件时，应按下列规定进行。

1）对螺栓型整流管或晶闸管应用专用六角套扳拆装，装配时不宜过紧。对于平板型整流管或晶闸管，只能与散热器同时拆下，不得将晶闸管的管芯与散热器分开拆下。

2）整流管或晶闸管的控制极回路引线不得与别的引线平行走线。

3）整流管或晶闸管散热器在相与相之间和相与地（外壳）之间的最小距离，应符合国家标准的规定。

4）更换串、并联的整流管或晶闸管应进行选配。

（6）电缆敷设、做头与连接配线。

1）熟悉电缆敷设路径，检查电缆规格型号、外皮绝缘，准备电缆牌，牌上标明电缆编号、规格型号、起止点及长度，字迹要清楚、耐久。

2）待电缆通道形成后，按设计的电缆路径敷设电缆，动力电缆、控制电缆、励磁电缆、通信电缆分层布置（强、弱电回路应分开走线），以避免强电干扰。

3）电缆在电缆架上排列整齐，固定牢靠，电缆在拐弯处要符合电缆弯曲半径要求，从励磁变到整流柜的各相并联电缆长度应完全一致，如是单芯电缆应将三相电组成品字形绑到一起，在电缆架上排列应符合制造厂要求。

4）电缆整理、固定好后，量取尺寸，剥开保护层，注意保护芯线绝缘，电缆头如无特殊要求，可采用干包。

5）动力电缆在铠装上焊接地线时，不得伤及绝缘，地线尺寸符合要求，芯线各相色标志清晰。屏蔽电缆应按要求可靠接地。

6）电缆连接前，先进行绝缘检查和相关设备的常规试验。

7）配线应美观、整齐，每根芯线的标志必须明显、清楚，不易退色和破损，电缆固定牢靠。

8）按设计要求对电缆进行防火处理，对电缆孔洞进行封堵，堵料符合图纸及有关消防规程要求。

9）施工完后进行场地清理和盘内整理。

5.2.3 交接试验项目

（1）励磁变压器试验：变比及直流电阻测量；绝缘电阻和耐压试验；三相接线组别

检查。

（2）灭磁开关及磁场断路器试验：绝缘电阻和耐压试验；导电性能检查；操作性能试验；同步性能测试。

（3）非线性电阻及过电压保护器部件试验：绝缘电阻和耐压试验；跨接器试验。

（4）功率整流器试验：绝缘电阻和耐压试验。

（5）自动励磁调节器试验：绝缘和耐压试验。

（6）励磁系统试验：零起升压、自动升压、软起励试验；升降压及逆变灭磁特性试验；自动/手动及两套独立自动调节通道的切换试验；空载状态下 10% 阶跃响应试验；调压精度测试；电压调节范围及变化速率测试；测录发电机电压频率特性；电压/频率限制试验；TV 断线模拟试验；励磁系统整流柜的均流试验；发电机电压调差率的测定；发电机无功负荷调整及甩负荷试验；发电机在空载和额定负荷下的灭磁试验；励磁系统顶值电压及电压响应时间的测定；过励磁限制功能试验；欠励磁限制功能试验；电力系统稳定器 PSS 试验；励磁系统各部分的温升试验；励磁系统在额定工况下的 72h 连续试运行。

5.3 励磁系统的检查及调试

5.3.1 励磁系统设备的绝缘耐压试验

对励磁设备或回路进行绝缘电阻测试或进行交流耐压试验时，首先应清洁设备，断开不相关的回路，区分不同电压等级分别进行，做好安全措施。非被试回路及设备应可靠短接并接地，被试电子元件、电容器的各电极在试验前应短接。

（1）绝缘电阻的测定。

1）绝缘电阻的测量部位：各带电回路与金属支架底板之间。

2）测量绝缘电阻的仪表：100V 以下的电气设备或回路，使用 250V 兆欧表；100～500V 以下的电气设备或回路，使用 500V 兆欧表；500～3000V 以下的电气设备或回路，使用 1000V 兆欧表；3000～10000V 以下的电气设备或回路，使用 2500V 兆欧表；10000V 以上的电气设备或回路，使用 2500V 或 5000V 兆欧表。

3）绝缘电阻值：不同性质的电气回路绝缘电阻值要求见表 5-5。

表 5-5　　　　　　　　　不同性质的电气回路绝缘电阻值要求表

序号	电气回路性质	绝缘电阻值/MΩ
1	与励磁绕组及回路电气上直接连接的所有回路及设备	不低于 1
2	与励磁绕组或回路电气上不直接连接的设备或回路	不低于 1

（2）耐压试验。

1）与励磁绕组回路电气上直接连接的所有回路及设备。

A. 额定励磁电压为 500V 及其以下者：出厂试验电压为 10 倍额定励磁电压，且最小值不得低于 1500V；交接试验电压为 85% 出厂试验电压或厂家要求进行，但最小值不得低于 1200V。

B. 额定励磁电压为 500V 以上者：出厂试验电压为 2 倍额定励磁电压加 4000V；交接试验电压为 85% 出厂试验电压或厂家要求进行。

2）与发电机定子回路电气上直接连接的设备和电缆（如励磁变压器、高压侧熔断器、隔离开关等）。交接试验电压按标准 GB 50150 的规定进行。

3）与励磁绕组电气上不直接连接的设备与回路。交接试验电压应符合标准 GB 50150 的规定。

5.3.2 励磁系统主回路设备及功率元器件的试验

（1）干式励磁变压器试验。

1）测量绕组的直流电阻。应符合下列要求。

A. 测量各分接头在所有位置上的电阻值。

B. 相间测得值的相互差值应小于平均值的 2%；线间测得值的相互差值应小于平均值的 1%。

C. 与同温下产品出厂实测数值比较，变化不应大于 2%。

2）检查所有分接头的变压比。与制造厂铭牌数据相比应无明显差别，且应符合变压比的规律。

3）检查变压器的三相接线组别和单相变压器引出线的极性。必须与设计要求及铭牌上的标记和外壳上的符号相符。

4）测量绕组的绝缘电阻。绝缘电阻值不应低于产品出厂试验值的 70%。

5）工频交流耐压试验。

6）测量可接触到的穿心螺栓、轭铁夹件及绑扎钢带对铁轭、铁芯及绕组压环的绝缘电阻。

7）额定电压下的冲击合闸试验。符合《电气装置安装工程 电气设备交接试验标准》（GB 50150）的规定，试验次数 5 次，每次间隔时间 5min，应无异常现象。

8）变压器的相位，应与系统相位一致。

9）在发电机额定工况下测定励磁变压器低压侧三相电压，不对称度不大于 5%。

（2）灭磁开关及磁场断路器试验。

1）绝缘电阻测定及耐压试验：用 2500V 兆欧表测量下列部位的绝缘电阻，不应小于 5MΩ。

A. 断开的两极触头间。

B. 主回路中所有导电部分与地之间。

C. 耐压试验按制造厂的规定进行。

2）导电性能检查。灭磁开关或磁场断路器中通以 100A 以上电流，连续接通和分断 3 次，测量主触头的电压降。其 3 次测量结果的平均值应不大于制造厂的规定。电压降不应有明显变化。双断口或多断口电压降要尽可能一致。另可附加测试灭磁开关或磁场断路器各触头的合闸压力，应符合制造厂家规定。

3）操作性能试验，按《电气装置安装工程 电气设备交接试验标准》（GB 50150）的规定进行。

4）主触头分、合闸时间测试以及同步性能测试，应在额定操作电压下进行，并应符合制造厂要求。

5）分断电流试验。灭磁开关及磁场断路器分别以 50% 和 100% 的额定励磁电流各进行 $1\sim2$ 次分断试验。试验后检查触头及栅片间隙等，应无明显异常。

（3）非线性电阻及过电压保护器部件试验。励磁绕组过电压保护装置一般由非线性电阻和跨接器组成。灭磁用非线性电阻有时和过电压保护装置采用相同的电阻。因此试验方法一致，但整定值不同。

1）非线性电阻试验。对于高能氧化锌压敏电阻元件，交接试验中应逐支路测试记录元件压敏电压 U_{10mA}。测试元件泄漏电流，对元件施加相当于 $0.5U_{10mA}$ 倍直流电压时其漏电流应小于 $100\mu A$。

非线性电阻组件工频耐压试验按第 5.3.1 条的规定进行。

当采用碳化硅电阻时，试验按厂家出厂标准。

2）跨接器试验：跨接器动作值的校验。按照制造厂产品说明书进行测量校验（正反向动作电压值）。

（4）大功率整流器。三相桥晶闸管元件的选配在工厂进行，选好后装于机柜内，并提供合同规定的配件，绝缘电阻测定与介电强度试验按第 5.3.1 条的规定进行，调试中发现损坏件则用配件更换。

5.3.3　励磁系统调节器及二次设备的试验

（1）励磁调节器及二次设备的调整试验。按照《大中型水轮发电机微机励磁调节器试验与调整导则》（DL/T 1013）的有关规定进行。

（2）励磁调节器及二次设备的绝缘电阻测定及耐压试验。按照第 5.3.1 条的规定进行。

（3）励磁调节器与主回路的励磁系统联调试验。按照第 5.3.2 条的规定进行。

5.3.4　励磁系统总体特性试验

（1）开环高压小电流试验（属出厂和型式试验）。其目的是检验调节器的同步、移相、触发和晶闸管控制触发性能，进行功率整流柜的参数验证。在励磁调节器与晶闸管整流装置完成高压小电流试验接线、励磁调节器工作正常、试验仪器齐备条件下，使励磁调节器工作在恒定角度控制方式下，将输入晶闸管整流装置的交流侧电源电压调整至励磁变压器二次额定交流电压的 1.3 倍，通过励磁调节器控制增磁使整流装置输出 2 倍额定励磁电压，利用示波器观察晶闸管输出直流侧波形，晶闸管整流特性应平滑，整流锯齿波形应基本对称。试验时注意核实负载电阻阻值及容量，负载电阻阻值的选择以小电流试验时通过的电流不小于 1A 为宜，并依据此选取相应的电阻容量（注：现场试验可以不考核 1.3 倍的电压试验结果）。

（2）开环低压大电流试验（属出厂和型式试验）。其目的是检验晶闸管控制触发性能、晶闸管整流装置输出能力及大电流工况下的温升参数验证。在励磁调节器与晶闸管整流装置完成低压大电流试验接线、励磁调节器工作正常、整流装置的冷却系统工作正常、试验仪器齐备条件下，将输入晶闸管整流装置的交流侧电压调整至 20V 左右，直流侧采用通流铜排进行短接或低值大电流负载电阻。开启晶闸管整流装置的冷却系统，励磁调节器工作在恒角度控制方式下，通过励磁调节器控制增磁使整流装置输出电流逐渐上升，观测输出锯齿波形应有稳定的 6 个波峰，且一致性好。

观测输出电流指示至 50％额定电流时应停留 30min 左右，测量直流输出、交流三相电流值及整流器各部温升等有关量。然后继续增磁，改变控制角度，直至晶闸管整流装置输出电流达额定值，运行 2h 以上，在此期间，每 30min 左右测量各电气量及温度量 1 次，直至测点温度稳定，不再上升。

晶闸管整流装置最大励磁电流试验，将电流进一步升至顶值电流倍数（功率整流柜额定输出电流）持续 20s，当电流减至额定值后测量各点温升并记录。

（3）零起升压、自动升压、软起励试验。其目的是测试励磁调节器零起升压、自动升压、软起励特性。

在发电机转速 0.9～1.05 倍额定转速范围内，励磁系统工作正常，励磁系统具备升压条件。

1）零起升压。首先退出起励电源，调整励磁调节器电压给定值（如 10％），然后对励磁调节器进行开机起励操作，通过残压发电机端电压应自动上升至电压给定值，然后增磁操作将发电机机端电压逐渐上升至额定值，对试验过程的相关数据进行记录。发电机机端电压上升过程应平滑、无波动。

2）自动升压。首先调整励磁调节器电压给定值至额定值，然后对励磁调节器进行开机起励操作，发电机机端电压应快速上升至额定值，对试验过程的相关数据进行录波。试验结果应满足标准《大中型水轮发电机静止整流励磁系统及装置技术条件》（DL/T 583）的要求。

3）软起励。首先将励磁调节器置于软起励方式，然后进行开机起励操作，发电机机端电压应按一定的速率逐渐上升至额定值或设定值，电压上升过程应平稳无超调。

（4）升降压及逆变灭磁特性试验。其目的是检验励磁调节器升降压及逆变灭磁性能。

条件：发电机运行在空载工况下，解除灭磁开关分闸的逻辑回路。

试验方法：通过增磁、减磁操作增加或减少发电机机端电压，机端电压变化应平稳。

当发电机机端电压升至额定值后，通过励磁调节器发出手动逆变令及通过远方发出停机令进行逆变灭磁操作，励磁系统应可靠灭磁，无逆变颠覆现象。对逆变灭磁试验进行录波。

（5）自动/手动及两套独立调节通道的切换试验。其目的是考核发电机励磁调节器自动/手动及双通道的各种切换过程中励磁电流的波动和机端电压变化情况。检验相互跟踪情况，是否可快速正确跟踪并能够实现无扰切换。

1）在开环小电流情况下，发电机励磁调节器工作电源投入。调节器工作在自动方式下，使晶闸管导通小电流正常工作，调节触发控制角度为强励角或强减角。做调节器主从通道切换试验，用示波器观测晶闸管导通角度是否变化，并测量晶闸管输出直流侧电压值，不应有明显变化。

2）在发电机空载运行情况下，调节器双通道工作正常。调节器做自动/手动通道切换试验，观测机组机端电压是否出现波动及波动量，并进行录波。然后对调节器做主从通道切换试验，观测机组机端电压是否出现波动及波动量，并进行录波。

3）在发电机并网运行情况下，带一定负荷。调节器双通道工作正常。调节器做自动/手动通道切换试验，观测机组负荷是否出现波动及波动量，并进行录波。然后对调节器做主从通道切换试验，观测机组无功是否出现波动及波动量，并进行录波。在切换时，发电机机端电压或无功功率均不应有明显的波动。调节器通道切换应进行无故障切换和模拟运行通道故障时切换两种方式。切换试验结果应满足《大中型水轮发电机静止整流励磁系统及装置技术条件》（DL/T 583）的要求。

（6）10％阶跃响应试验。其目的是检验励磁调节器的调节性能。发电机处于空载运行状态，维持在额定转速下。

励磁调节器工作在自动方式。将发电机定子电压调整在额定值，突减调节器给定值相当于发电机额定电压的10％的阶跃信号，录制施加阶跃信号后的发电机电压、励磁电流波形。然后，突加励磁调节器给定值发电机额定电压的10％的阶跃信号，重复录制上述各量的波形。试验结果应满足《大中型水轮发电机静止整流励磁系统及装置技术条件》（DL/T 583）的要求。

（7）调压精度测试。由于调节精度测试上的困难，因此以测试发电机电压静差率来代替。确定励磁调节器所具有的调节性能。在发电机运行在负载工况下，自动励磁调节器的调差单元退出。电压给定值不变，退出发电机解列后自动返回空载给定值功能，使发电机负载从额定视在功率值减到零（可通过跳出口断路器），同时记录对应发电机机端电压，然后根据《大中型水轮发电机静止整流励磁系统及装置技术条件》（DL/T 583）中的公式计算发电机电压负载变化时的调压精度。

（8）电压给定值整定范围及变化速率测试。其目的是测试励磁调节器在自动、手动方式下的调节范围并测试调节器电压调节速率。

发电机工作在空载状态条件下，分别在恒发电机定子电压闭环调节方式以及恒发电机转子电流闭环调节方式下，通过对发电机励磁调节器进行增、减（磁）给定值操作观测发电机定子电压给定值、转子电流给定值的上下限，并做记录。

发电机工作在负载状态（由于实际操作困难可用模拟方法）条件下，分别在恒发电机定子电压闭环调节方式以及恒发电机转子电流闭环调节方式下，通过对发电机励磁调节器进行增、减（磁）给定值操作观测发电机定子电压给定值、转子电流给定值的上、下限，并做记录。试验结果应符合 DL/T 583 中的规定。

发电机工作在空载状态下，对发电机励磁调节器进行增、减励磁操作，记录某时间段中发电机机端电压变化量。然后，计算出单位时间的机端电压变化百分数值。试验结果应满足《大中型水轮发电机静止整流励磁系统及装置技术条件》（DL/T 583）的要求。

（9）测录带自动励磁调节器的发电机电压—频率特性。其目的是测试发电机空载情况下的频率变化对机端电压调节性能的影响。

条件：发电机运行在空载工况下，机组频率在 47～52Hz 范围内变化，退出电压/频率限制器功能。

发电机运行在空载工况下，机组频率在 47～52Hz 范围内变化，测量发电机机端电压的变化值，并进行计算，其结果应符合《大中型水轮发电机静止整流励磁系统及装置技术条件》（DL/T 583）的规定。

（10）电压/频率限制试验。其目的是测试励磁调节器的电压/频率限制特性。

条件：发电机运行在空载工况下，机组频率变化在 45～50Hz 范围内。投入电压/频率限制器功能。

发电机在空载额定转速及额定电压下，励磁调节器处于自动方式运行。逐步缓慢降低机组频率。当机组频率降低至 47.5Hz 时电压/频率限制功能应开始动作。随着机组频率的逐步降低，发电机机端电压逐步自动下降，观察转子电流没有明显增大。当机组频率降低至 45Hz 时，发电机逆变灭磁，机端电压降到最低。

（11）TV 断线模拟试验。其目的测试励磁调节器的 TV 断线检测功能，并验证 TV 断线后励磁调节器自动切换动作的正确性。

发电机在空载额定转速下，发电机机端电压升至额定值，励磁调节器处于恒电压闭环自动方式运行。人为模拟任意 TV 断一相，微机励磁调节器应发出报警信号同时从主通道自动切换至备用通道（也可从自动切至手动）。对双自动通道调节器则进行通道切换后仍保持自动方式运行。TV 断线调节器切换后，发电机仍应保持稳定运行，机端电压或无功功率应基本保持不变。TV 断线恢复后，励磁调节器的 TV 断线信号自动复归。

（12）整流功率柜的噪声试验（属出厂和形式试验）。整流功率柜应在冷却系统全部投运状态下，柜门关闭时测量噪声。测得的噪声在离柜 1m 处应不大于 70dB。

（13）励磁系统整流功率柜的均流试验。其目的是检验并联功率柜的均流情况。现场机组带额定无功功率。将所有整流功率柜输出并联连接，测量每个整流桥的电流，并计算均流系数。计算公式用《大中型水轮发电机静止整流励磁系统及装置技术条件》（DL/T 583）的规定，测得的均流系数应符合该标准的要求。

（14）带自动励磁调节器的发电机电压调差率的测定。其目的是检查调差极性是否符合设计或电网要求，测量励磁调节器发电机电压调差率整定的正确性。

条件：发电机并网运行，功率因数为零的情况下，将自动励磁调节器调差单元投入，自动控制励磁调节器投入"自动"位置，电压给定值固定。解除电压给定值回空功能。

首先确认调差极性是否符合电网的要求，通过改变电厂内相邻机组的无功功率或电厂母线电压，使得试验发电机无功功率达到一定数值（越大越好），记录该点的发电机机端电流 I_{G1} 和该点的机端电压 U_{G1}，然后跳发电机出口断路器，记录发电机电流 I_{G0} 和机端电压 U_{G0}。按照《大中型水轮发电机静止整流励磁系统及装置技术条件》（DL/T 583）中的公式计算发电机电压调差率。调差率的设置调整范围应符合 DL/T 583 的规定。

也可以首先通过增加励磁将发电机无功带到额定，记录该点的电流、电压值。然后跳发电机出口断路器，再记录电流、电压值。将两点电流、电压值代入调差率公式进行计算。调差率的设置应符合《大中型水轮发电机静止整流励磁系统及装置技术条件》（DL/T 583）的规定。

（15）发电机无功负荷调整试验及甩负荷试验。其目的是通过励磁调节器调整无功负荷的能力，并测试励磁调节器在发电机甩无功时的调节性能。

条件：发电机并网运行、有功功率分别为 $0\%P_N$、$100\%P_N$ 下，调整发电机无功负荷到额定值（可加做一次 50% 无功），调节器给定值固定。机组解列，灭磁开关不跳，维持空载运行。

通过手动跳出口断路器，机组甩负荷解列。记录甩负荷前、后发电机的有关数据。并录制甩负荷时发电机电压、励磁电压和励磁电流波形。观测励磁调节器在发电机甩无功时的调节特性。通过甩负荷试验确定调节器能否满足发电机甩无功时，将机端电压及时回到空载位置以及调节器调节性能能否满足《大中型水轮发电机静止整流励磁系统及装置技术条件》（DL/T 583）的规定。若不能满足，则调整调节器有关参数。

（16）发电机在空载和额定工况下的灭磁试验。其目的是检验励磁系统灭磁性能。

条件：发电机运行在空载和额定工况。

发电机在空载额定转速及额定电压下跳灭磁开关或磁场断路器进行灭磁，录制发电机电压、转子电压、转子电流、灭磁电阻电流的波形。

发电机在额定工况下，跳发电机出口断路器，联动跳灭磁开关或磁场断路器进行灭磁。录制发电机电压、转子电流、转子电压、灭磁电阻电流的波形。

检查灭磁时间常数、磁场电压控制值是否达到设计要求。

（17）励磁系统顶值电压及电压响应时间的测定。其目的是检验励磁系统动态特性参数。

发电机处于并网状态下，励磁调节器处于"自动"位置。测试前将电力系统稳定器退出。

当发电机带上额定负荷且励磁绕组温度已趋稳定后，记录励磁电流、励磁电压和励磁绕组温度。然后突加偏差信号使整流器触发控制角达到最小，模拟发电机电压下降（实际操作中可逐步增加电压下降幅度的模拟，注意控制风险），使得发电机励磁控制系统强励。同时，录制励磁电压响应曲线、励磁电流响应曲线、计算出励磁顶值电压、励磁系统电压响应时间。模拟发电机电压突然下降的信号，应持续到励磁顶值电流达到要求值时将其自动切除。

（18）各辅助功能单元及保护、检测装置的整定与动作正确性试验。其目的是检测励磁系统各限制、保护功能参数整定与动作正确性。

条件：发电机处于并网状态条件下。

1）过励磁限制功能试验。发电机处于滞相区间运行。过励磁限制功能限制曲线整定好以后，调节器在自动调节方式下，投入过励限制功能。将有功功率稳定在一定值上，无功功率保持在较小的数值，使发电机运行点处于过励磁限制功能限制曲线以内。增加励磁电流，使无功功率逐步增加，最终超出限制曲线，过励磁限制功能动作。延时数秒后，发电机无功功率应被箝定在限制曲线整定值上，要求无功功率无明显的摆动。

2）欠励磁限制功能试验。发电机处于进相区间运行。欠励磁限制功能限制曲线整定好以后，调节器在自动调节方式下，投入欠励限制功能。将有功功率稳定在一定值上。试验开始无功功率可以为零数值，使发电机运行点处于欠励磁限制功能限制曲线以内。减少励磁电流，使发电机进相无功功率逐步增加，最终超出限制曲线。欠励磁限制功能应瞬时动作。动作后，继续减磁无效。发电机无功功率应被箝定在限制曲线整定值上，要求无功功率无明显的摆动。

应注意欠励磁限制功能应先于失磁保护动作。

（19）电力系统稳定器（PSS）试验。PSS试验是电网的验收试验，测试项目根据具体情况自定。下面对PSS试验基本试验内容做一个简单描述。

该试验的目的是整定PSS的相频特性和幅频特性，测试PSS对有功低频振荡抑制的有效性，考核PSS对抑制低频振荡的作用。

试验方法：

1）将发电机有功功率升至接近额定负载，功率因数接近 1。励磁系统及调节器工作正常。做 PSS 不投入情况下的励磁控制系统相频和幅频特性的测试，获得励磁系统在 $0.1\sim2\mathrm{Hz}$ 范围内的频率特性。

2）根据励磁控制系统的相频特性、可能发生的振荡频率（由系统提供），整定 PSS 环节相频特性，也即整定 PSS 超前和滞后时间及回路增益。然后投入 PSS 检验其抑制有功低频振荡的效果。可以用不同方法来检验 PSS 的抑制有功低频振荡的效果。常用的方法有发电机负载阶跃响应法、系统阻抗突变法和正弦扰动强迫振荡法三种，较常用的是发电机负载阶跃响应法。

试验过程：

1）测量被试机组励磁系统 PSS 不投入情况下的相频特性。无补偿频率特性即励磁控制系统滞后特性，为自动电压调节器信号综合点到发电机端电压的相频特性。在自动电压调节器信号综合点加不同频率的小干扰信号，用分析仪测量发电机机端电压，得到励磁控制系统 PSS 不投入情况下的相频特性。

2）PSS 参数整定计算。整定 PSS 环节参数。根据上面测量的结果和线路上有功功率低频振荡时的振荡频，计算被试机组 PSS 的校正参数。要求在线路发生有功功率低频振荡时，PSS 输出的力矩对应 ω 轴在 $10°$ 至滞后 $45°$ 之间，并使发电机本机有功功率振荡时 PSS 输出的力矩对应 ω 轴在 $0°$ 至滞后 $30°$ 之间。

3）校核被试机组励磁系统的相位校正特性。励磁控制系统 PSS 投入后的频率特性由无补偿频率特性、PSS 单元相频特性和 PSS 信号测量环节相频特性相加得到，其应有较宽的频带。

4）测试 PSS 临界增益。将发电机有功功率调整在某稳定值，切除 PSS，观察机组各有关量应无扰动。然后投入 PSS，将 PSS 增益从零逐渐增加，测试发电机励磁电压直到出现轻微持续的振荡为止，此时的增益即为 PSS 的临界增益。PSS 增益实际整定值一般为临界增益的 $1/3\sim1/5$。

5）测试 PSS 对有功低频振荡的抑制效果。常用的方法是发电机负载阶跃响应法测试。通过人为的机端电压不大于 5% 的额定值阶跃扰动，迫使机组的有功功率振荡。然后录取投入 PSS 和没有投入 PSS 两种情况的有功功率、机端电压等量的变化波形。通过计算有功功率波形的衰减阻尼比及波形的振荡频率比较可以看出 PSS 抑制有功低频振荡的效果。

6）检查 PSS 是否存在"反调"现象。投入 PSS，按机组增减有功功率最快的速度调节机组出力，使之变化额定有功功率的 10%，测录调节中有功功率和无功功率的变化波形，PSS 应无明显的反调现象。一般可接受不超过 30% 的额定无功功率的波动。

（20）励磁系统各部分的温升试验。发电机在额定负载与额定功率因数下，连续运行 2h 后，按 DL/T 583 规定的各部位，有铂电阻法、绕组电阻法或红外测温仪测其温度，温升值不得超过规定的限值。励磁变压器温升不得超过《电力变压器 第 2 部分：液浸式变压器的温升》（GB 1094.2）和《干式电力变压器》（GB 6450）中规定的温升限值。

（21）励磁系统在额定工况下的 72h 试运行。应在额定工况下与机组同时进行 72h 试运行。运行期间，应测量发电机电压、发电机电流、励磁电压、励磁电流及均流、均压、各部分温升等。

5.3.5　环境和机械振动试验

试验方法和要求按《远动设备及系统　第2部分：工作条件　第2篇：环境条件（气候、机械和其他非电影响因素）》（GB/T 15153.2）的规定进行。

5.3.6　电磁兼容试验

试验方法和要求按《电磁兼容试验和测量技术系列标准》（GB/T 17626）的规定进行，参考《电磁兼容测试标准》（IEC 61000-4-5）的规定，试验等级应达到《大中型水轮发电机静止整流励磁系统及装置技术条件》（DL/T 583）的规定要求。

5.4　某水电站励磁系统安装实例

某水电站励磁系统的励磁调节器，整流功率柜和灭磁系统设备全部由德国西门子供货；励磁变压器、制动变压器由广东顺德特种变压器厂生产。

励磁系统主要由励磁变压器、五个主整流功率柜、制动变压器、制动功率柜、两套励磁调节器、灭磁装置及转子过电压保护、起励装置、保护、信号设备等组成，励磁系统方式见图5-18。励磁变压器采用三个单相环氧树脂浇注干式变压器、额定容量3×2200kVA、二次侧电压1024V、绝缘等级H、温升80K、短路阻抗6%、接线组别Y/d-11。制动变压器采用三相环氧树脂浇注干式变压器、额定容量625kVA、一次侧电压400V，二次侧电压192V/164V、绝缘等级F、接线组别Y/d-11，水轮发电机采用自并励励磁方式。起励电压42V，起励电流377A，起励时间不超过10s。机组解列并灭磁，当水轮发电机转速小于50%，无电气故障时，投电气制动（合发电机出口短路开关、合制动变进线开关，投励磁），励磁电流1800A；当水轮发电机转速小于10%，投机械制动，混合制动总制动时间约5min。

励磁系统采用的是自并励方式，电气制动时是从厂用电400V取电源的他励方式（见图5-18）。

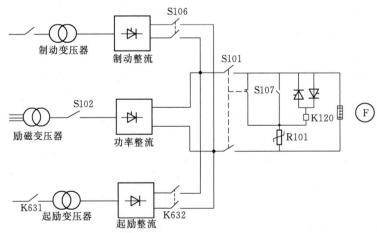

图5-18　励磁系统方式图

5.4.1 励磁系统参数及主要部件功能

(1) 励磁系统参数见表 5-6；晶闸管整流装置参数见表 5-7。

表 5-6 励 磁 系 统 参 数 表

项　　目	额定容量时	最大容量时
励磁电流/A	3779	4334
励磁电压/V	409	420
直轴同步电抗 X_d（不饱和/饱和）	0.970/0.88	1.05/0.95
直轴瞬变电抗 X'_d（不饱和/饱和）	0.32/0.30	0.35/0.32
直轴超瞬变电抗 X''_d（不饱和/饱和）	0.22/0.20	0.23/0.21
直轴瞬变开路时间常数 T'_{do}/s	11.1	
直轴瞬变短路时间常数 T'_d/s	4.0	
定子绕组短路时间常数 T_a/s	0.32	
转子绕组电阻/Ω	0.0964（90°）	
空载励磁电压/V	211	
空载励磁电流/A	2190	
励磁顶值电压/V	1280	
励磁顶值电流/A	7880	

表 5-7 晶闸管整流装置参数表

制　造　厂	Siemens	制　造　厂	Siemens
晶闸管整流桥并联支路数	5	退出一个整流桥的负载能力	持续 4334A、20s、7880A
每条支路串联元件数	1		
晶闸管整流柜数量	5	强励时晶闸管控制角/(°)	4
晶闸管元件反向峰值电压/V	4200	空载时晶闸管控制角/(°)	80
晶闸管元件额定正向平均电流/A	1400	逆变时晶闸管最小逆变角/(°)	150
单个整流桥的负载能力/A	1991	整流柜冷却方式	强迫风冷

(2) 励磁系统主要部件功能。

1) 励磁调节器。采用 PID+PSS 调节规律；双 PLC 控制器互为备用；运行于 AVR（自动）调节模式，当主通道故障自动切至另一通道做主用，若此时备用通道有故障，紧急切至 ECR（手动）调节模式运行；在 ECR 模式运行，任一通道 AVR 调节模块故障复归，自动切至 AVR 模式运行；面板为带触摸键盘的液晶显示屏。

每套励磁调节器包括电源装置和 SIMADYN D 装置，励磁调节器的工作电源由二路 220V 直流、一路 380V 交流经电源变换器装置为三路 24V 直流电源后并联供电。其中直流电源取自单元控制室机组交直流负荷盘，交流电源取自励磁变压器低压侧经 T102 提供，电源装置输入电源电压为 DC24V、输出电源电压为 DC±15V 和 DC±5V；SIMA-DYN D 装置工作电源是 DC±15V 和 DC±5V，SIMADYN D 装置包括三个中央处理器（CPU）、四个扩展模块（IT42）、两块通信模块（CS7）、CPU 模块名称是 PM5、32 字节。励磁调节有自动电压调节（AVR）和励磁电流调节（ECR），电压调节范围：$70\%U_N\sim110\%U_N$、电流调节范围：$10\%I_N\sim110\%I_N$，励磁调节时间小于0.03s，调节规律PI＋PSS，PI参数：K_P为10，T_N为1s，AVR电压调差率为±10，系统采用负调差。励磁调节控制器由两套完全独立的数字式励磁调节器组成，两套调节器采用热备用运行方式，一旦工作调节器（－A100）故障则备用调节器（－A200）自动投入调节，实现无扰动切换。当两台励磁调节器的电压调节（AVR）同时故障时，自动切换至励磁电流调节（ECR）方式运行，励磁调节器的控制方式可以通过钥匙开关S701选择现地控制（ON）、远方控制（OFF）和现地调试（UNLOCK ON）三种方式。

2）主功率柜及制动功率柜。主整流功率柜及制动功率柜采用晶闸管整流装置，晶闸管整流装置采用三相全控桥式接线，主整流功率柜整流桥并联支路数为5，制动功率柜并联支路数为1，各桥臂串联元件为1，晶闸管采用强迫风冷，主整流功率柜的每个功率柜每相交流进线有两个并联的630A快速熔断器保护可控硅，制动功率柜每相交流进线有两个并联的700A快速熔断器保护可控硅，采用的是带散热片的平板式可控硅，每个可控硅都设有阻容保护。每个功率柜设有两台风机，正常运行时风机一台自动运行，一台备用；当自动运行的风机停止或风量低于5m/s时，延时15s自动切换到备用风机运行，若30s没有风机运行或风量低于5m/s时，则关断可控硅退出该功率柜。主整流功率柜风机由两路电源提供，一路由励磁变低压侧T103（20kV/400V）提供；另一路由厂用电400V系统提供，正常工作时，由T103提供风机电源。在系统发生故障时，可控硅励磁系统具备快速提供2.0倍强励电压顶值的能力。

3）灭磁装置及转子过电压保护。灭磁装置包括直流灭磁开关－S101和交流灭磁开关－S102及碳化硅非线性电阻－R101。直流灭磁开关－S101安装在励磁系统直流主回路中，交流灭磁开关－S102安装在励磁变压器低压侧。直流灭磁开关－S101和交流灭磁开关－S102的分合闸由励磁装置控制，－S101设有机械手动跳闸手柄，－S102设有电手动和机械手动操作。碳化硅电阻－R101最大电流11337A、残压2100V、泄漏电流$2\sim3\mu A$。灭磁方式有正常和事故灭磁两种方式。一个冗余的灭磁方案，交直流灭磁开关中的一个开关拒动；另外一个开关可配合非线性电阻单独灭磁。发电机正常停机时采用逆变灭磁，事故情况下，保护发命令给励磁系统，跳直流灭磁开关－S101，并联跳交流灭磁开关－S102，灭磁时间常数为2.45s。转子过电压保护用以保护设备免于遭受励磁回路中出现的瞬态过电压，发电机非全相和异步运行产生的过电压，过电压保护装置能自动恢复并允许连续动作。正反向过电压保护动作值为2740V。

4）电力系统稳定器PSS。电力系统稳定器PSS安装在调节器（－A100和－A200）IT42模块上，采用无限大理论实现系统、机组的稳定性，调节器带有低频发生器，低频范围为0.2～3Hz。PSS通过"平均有功"及"暂态有功"计算"加速功率"并由此合成一个含校正相位及放大倍数的调节信号，对有功振荡产生阻尼。即当系统有功功率突然发生振荡时，PSS自动投入，阻止系统有功功率突变，保证机组端电压无大波动。系统稳定运行时，PSS自动退出。

5.4.2 励磁设备布置

（1）机组单元控制室。包括励磁调节柜；辅助控制柜；功率整流柜；直流灭磁开关柜；灭磁电阻柜；制动整流柜。

（2）发电机层。包括励磁变压器；交流灭磁开关柜。

（3）上游副厂房。包括制动变压器。

5.4.3 安装依据

（1）设备安装调试工程招标文件及合同、制造厂家、设计单位的图纸和技术资料。

（2）有关规程规范。

1）《大型水轮发电机静止整流励磁系统及装置试验规程》（DL/T 489）。

2）《电气装置安装工程 电气设备交接试验标准》（GB 50150）。

3）《电气装置安装工程 盘、柜及二次回路接线施工及验收规范》（GB 50171）。

4）《电气装置安装工程 电力变压器、油浸电抗器、互感器施工及验收规范》（GB 50148）。

5）《电气装置安装工程 电缆线路施工及验收规范》（GB 50168）。

6）《电气装置安装工程 接地装置施工及验收规范》（GB 50169）。

7）《大中型水轮发电机静止整流励磁系统及装置技术条件》（DL/T 583）。

8）《反向阻断三极晶闸管测试方法》（JB/T 7626）。

5.4.4 安装流程

励磁系统设备安装工艺流程见图 5-19。

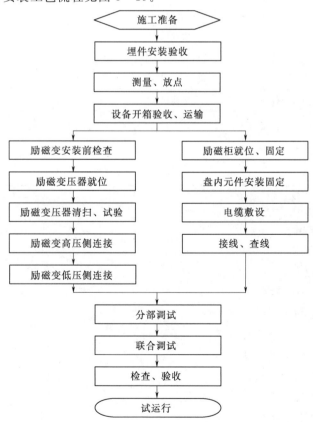

图 5-19 励磁系统设备安装工艺流程图

5.4.5 安装检测标准

安装检测标准见表 5-8。

表 5-8 安装检测标准表

工序	工序名称	评定标准	质量检测			
			指标名称	受控类别	优良值	合格值
1	机组励磁系统盘柜搬运	GB 50171、TGPS	防震、防潮、防变形措施	一般	好	
			盘柜漆面保护措施	一般	好	
			运输过程轻提轻放	一般	好	
2	机组励磁系统盘柜安装	GB 50171、TGPS	垂直度	主控	≤1.0mm/m	≤1.5mm/m
			相邻两盘盘顶偏差	一般	≤1.5mm	≤2mm
			相邻两盘盘面偏差	一般	≤0.5mm	≤1mm
			盘间间隙	一般	≤1mm	≤2mm
			盘柜接地	主控	可靠	
3	机组励磁系统电缆敷设、配线及设备接地	GB 50169、GB 50171、TGPS·JZ 09	电缆弯曲半径	主控	大于20倍电缆外径	小于15倍电缆外径
			屏蔽层、铠装层接地	主控	可靠	
			电缆绑扎及盘内走线	一般	整齐美观	
			电缆做头	一般	符合工艺要求	
			每回端子上配线数	一般	1根	不超过两根
			配线和电缆标识	主控	正确清晰	
4	机组励磁电缆对线	TGPS	电缆对线	主控	正确	
5	机组励磁二次回路检查	TGPS	回路检查	主控	≥10MΩ	
6	机组励磁系统试验报告	TGPS	系统调试	主控	符合厂家和设计要求	

注 TGPS 为三峡水利枢纽工程标准。

5.4.6 励磁系统调试

(1) 通电前检查。

1) 可控硅抽屉检查。

2) 可控硅抽屉绝缘检查。

3) 功率柜绝缘和耐压试验。

4) 功率柜带阳极电缆绝缘检查。

5) 制动柜带阳极电缆绝缘检查。

6) 转子主回路绝缘检查。

7) 跨接器绝缘检查以及动作电压校验。

8) SIC 灭磁电阻绝缘检查。

(2) 励磁装置送电检查。

1）调节器送电检查。

2）校验 S101 触头时差，常开、常闭触头接触重叠时间。

3）整流柜电流变送器校验。

4）整流柜风速继电器校验。

5）功率柜风机启动试验。

6）励磁电压和励磁电流变送器检验。

7）TV、TI 通电试验。

（3）励磁装置小电流试验。

1）励磁调节器开关量输入输出状态检查。

2）小电流试验前模拟操作。

3）小电流试验（脉冲检查，整体波形和单柜波形检查）。

（4）变送器校验和操作模拟试验。

1）调节器 D/A 模块和变送器校验。

2）校对调节器与 CSCS 模拟量通信（模拟量对点）。

3）开环模拟操作试验。

4）故障模拟报警跳闸试验。

5）检查励磁装置参数及器件整定值。

6）校对调节器与 CSCS 开关量通信（开关量对点）。

（5）励磁装置大电流试验。

1）试验准备。

2）整流柜大电流试验。

3）制动柜大电流试验。

4）检查励磁调节器参数和部分逻辑原理图。

（6）励磁开机试验。

1）励磁开机试验前准备，将励磁变压器电源改接至厂用电 400V。

2）励磁他励升流试验（发电机升流试验）。

3）励磁他励升压试验（发电机升压试验）。

（7）励磁空载试验。

1）励磁空载试验前准备，将励磁变压器恢复至自并励接线。

2）通道Ⅰ（A100）空载试验。

3）通道Ⅱ（A200）空载试验：内容和方法同通道 1。

4）励磁空载限制、故障及跳闸试验。

（8）励磁负载试验。

1）发电机并网调节试验：发电机并网后，调节 P 和 Q，观察稳定性。记录机组带最大负荷时各功率柜输出电流，计算均流系数。

2）甩负荷试验（$25\%P_N$、$50\%P_N$、$75\%P_N$、$100\%P_N$）。

3）低励限制试验：在 $P=0$ 时，减磁使 $Q=-140$Mvar 左右，欠励动作，继续减磁，Q 不变；增加 $P=550$MW，欠励继续动作，Q 不变，但励磁电流增加。

4）定子电流限制试验：在 $P=550\text{MW}$，$Q=-120\text{Mvar}$ 时，改变限制整定值，使之比测量值少 4%，延时后，限制器动作，此时 Q 由 -120Mvar 增加为 -80Mvar 左右；在 $P=550\text{MW}$，$Q=160\text{Mvar}$ 时，改变限制整定值，使之比测量值少 4%，延时后，限制器动作，此时 Q 由 160Mvar 减至 100Mvar。

5）励磁电流限制试验：在负载情况下校验励磁电流限制，对于慢速过励限制，改变整定值小于测量值，延时后动作；对于快速过励限制，改变整定值大于测量值，然后进行 $+3\%$ 阶跃，限制器动作。

6）PSS 试验：该水电站××号机组 PSS 试验实例。

A. 励磁调节器模型。该机组励磁调节器采用 PID＋PSS 控制方式，励磁调节器模型见图 5-20。

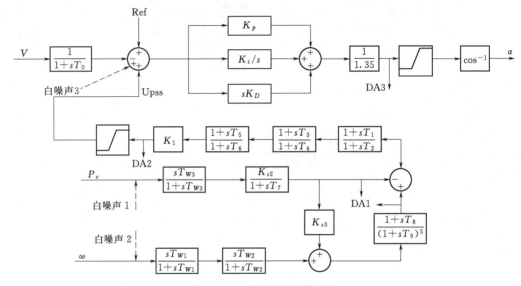

图 5-20　励磁调节器模型图

B. 试验项目及步骤。

a. 在线无补偿励磁系统频率响应特性测试。励磁系统相频特性测量试验。

试验工况条件：该水电站其他机组没有运行，机组负荷：$P=676\text{MW}$，$Q=48\text{Mvar}$。

励磁系统无补偿相频特性见表 5-9，励磁系统无补偿相位频率特性见图 5-21。

表 5-9　　　　　　　　　励磁系统无补偿相频特性表

f/Hz	$\Phi_e/(°)$	f/Hz	$\Phi_e/(°)$	f/Hz	$\Phi_e/(°)$
0.1	-17	0.8	-86	1.5	-102
0.2	-36	0.9	-90	1.6	-95
0.3	-44	1.0	-95	1.7	-98
0.4	-63	1.1	-108	1.8	-101
0.5	-69	1.2	-160	1.9	-110
0.6	-70	1.3	-145	2.0	-104
0.7	-83	1.4	-114		

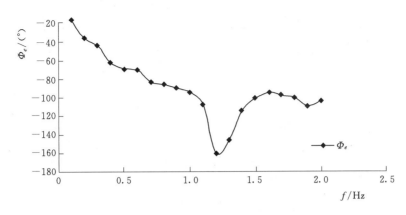

图 5-21　励磁系统无补偿相位频率特性图

b. 在线励磁系统有补偿相频特性仿真。PSS 参数整定要求 PSS 的作用需兼顾联网后出现的 0.1Hz 左右的系统振荡频率。因此，PSS 参数整定应使 PSS 产生的电磁力矩（在机组的功角变化很小的情况下，可近似认为基本与 ΔV_t 同相）在 0.1～2.0Hz 的频率范围内，满足滞后 $-\Delta P_e$ 信号在 60°～120° 之间的要求，即在 $\Delta \omega$ 轴的 $\pm 30^\circ$ 范围内。如果用 Φ_e 表示励磁系统的相位，用 Φ_{pss} 表示 PSS 的相位，则要求 PSS 的参数整定应使得在 0.1～2.0Hz 的频率范围内，$\Phi_e + \Phi_{pss}$ 在 -60°～-120° 之间。

励磁系统的频率响应特性通过测量得到（见表 5-9），PSS 的模型已知，根据上述 PSS 参数的整定原则用逐步逼近的方法可确定 PSS 参数见表 5-10。

表 5-10　　　　　　　　　　PSS　参　数　表

T_{W1}，T_{W2}，T_{W3}，T_7	6s	T_1	0.15s	M	5
K_{s1}	5	T_2	0.02s	N	1
K_{s2}	0.67	T_3	0.2s		
K_{s3}	1	T_4	0.02s		
计算时间常数	0	T_8	0.6s		
转动惯量 M	450000t · m²	T_9	0.12s		

计算可得到该机的 PSS 环节的频率特性（见表 5-11）。其中 Φ_e 为励磁系统在线无补偿相频特性实测值，Φ_{pss} 为 PSS 环节计算值，$\Phi_e + \Phi_{pss}$ 为励磁系统在线有补偿相频特性计算值。

表 5-11　　　　PSS 相频特性和有补偿相频特性（计算值）表

f/Hz	Φ_e/($^\circ$)	Φ_{pss}/($^\circ$)	$\Phi_e + \Phi_{pss}$/($^\circ$)
0.1	-17	-49.1849	-66.1849
0.2	-36	-52.9912	-88.9912
0.3	-44	-47.7729	-91.7729
0.4	-63	-40.8293	-103.8290
0.5	-69	-33.7481	-102.7480

f/Hz	$\Phi_e/(°)$	$\Phi_{pss}/(°)$	$\Phi_e+\Phi_{pss}/(°)$
0.6	−70	−27.0623	−97.0623
0.7	−83	−20.9678	−103.9680
0.8	−86	−15.5202	−101.5200
0.9	−90	−10.7102	−100.710
1.0	−95	−6.49807	−101.49800
1.1	−108	−2.83147	−110.8310
1.2	−160	0.345053	−159.6550
1.3	−145	3.085391	−141.9150
1.4	−114	5.439588	−108.5600
1.5	−102	7.452889	−94.5471
1.6	−95	9.165572	−85.8344
1.7	−98	10.61315	−87.3868
1.8	−101	11.82679	−89.1732
1.9	−110	12.83372	−97.1663
2.0	−104	13.65776	−90.3422

由表 5-11 可以看出，在 0.1～2.0Hz 的频率范围内，除 1.2Hz 和 1.3Hz 外由 PSS 产生的电磁力矩（认为与 ΔV_t 基本同相）满足滞后 $-\Delta P$ 信号在 60°～120°之间的要求，对 0.1Hz 左右的联网系统振荡频率都具有较好的阻尼。

c. 在线电压阶跃响应试验校核 PSS 阻尼效果。PSS 增益调整：理论上讲，在正确的相位补偿下，PSS 的增益越大，其提供的正阻尼越强，但实际上，电力系统是一个高阶的复杂系统，增加 PSS 的增益虽然可以增加某些机电振荡模式的阻尼，但如果 PSS 增益过大，也可能引起 PSS 调节环出现不稳定现象，此时，将发生等幅或增幅振荡。因此，PSS 实际存在一个能稳定运行的大增益，即临界增益。

PSS 临界增益是由很多因素决定的，如发电机的负荷水平、PSS 在电厂和系统中的配置和投退情况、电力系统的运行方式等，所以一般用现场试验的方法来确定。在选定的相位补偿下，缓慢增大 PSS 的增益，同时观察励磁系统的变化，直到出现不稳定现象为止 [主要标志是调节器输出电压、发电机转子电压出现频率较高（1～4Hz）的剧烈振荡]，这时的 PSS 增益即为临界增益。

7) 反调试验。PSS 的原理是通过励磁系统的作用抑制有功功率的低频振荡，可以说 PSS 是通过无功功率的波动来抑制有功功率的波动。由于发电机的有功功率都会有一点波动，因而投入 PSS 后较不投 PSS 时励磁系统的波动要大一些，只要无功功率的波动在合适的范围内，就可认为正常。采用单一发电机电功率为输入信号的 PSS，在原动机功率以较快速度增加（或减少）时，发电机的无功会发生较大的、有时甚至是不能容许的减少（或增加），这就是所谓的"反调"现象。本 PSS 采用 IEEE 标准的 2A 模型，原理上能有效抑制反调现象。在 PSS 投入的情况下，快速调节原动机功率（增、减 100MW），观察 PSS 对反调的影响。PSS 装置投入后未见异常。

增减有功功率时未见对励磁产生显著影响，说明反调的影响在正常范围内。

6 发电电动机静止变频启动装置安装

静止变频启动装置（SFC）是抽水蓄能电站核心控制设备，担负蓄能机组抽水工况下电动机启动任务。

2011年5月24日，国内首台拥有完全自主知识产权的大型抽水蓄能机组静止启动变频器（SFC）在河北潘家口抽水蓄能电厂成功投入试运行，标志着我国已完全掌握抽水蓄能机组SFC的核心关键技术，打破了国外企业在该领域的长期技术垄断，实现了抽水蓄能机组控制设备国产化的重大突破。

可逆式机组的启动方式主要有同步启动、异步启动、静止变频启动几种方式，并根据机组容量、台数和水电站内或邻近有无常规水电机组等情况确定主要启动方式，机组容量较大时，一般采用静止变频启动方式。

6.1 静止变频启动装置（SFC）的分类

静止变频启动装置（Static Frequency Converter，简称SFC），从广义上讲，SFC可以分为电压源型和电流源型，电流源型中又可以分为负载换相式和可关断元件式。抽水蓄

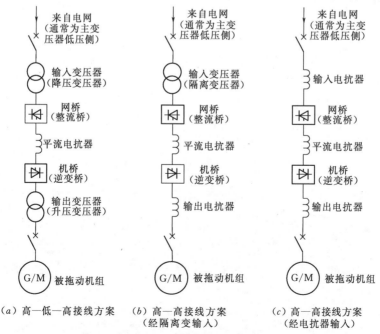

图6-1 SFC的各种接线方案图

能电站的 SFC 属于负载换相式（Load Commutated Inverter，简称 LCI），逆变器的换相依靠被拖动的同步电机的反电动势实现。抽水蓄能电站 SFC 是一种短时工作制的设备，它只在水泵工况启动过程中运行，机组并网后它立即退出，它的容量是按照设备要求的工作和间歇时间来设计的。

按照整流桥和逆变桥的工作电压，SFC 可分为高—高接线方案和高—低—高接线方案（见图 6-1）。

图 6-1 中（a）所示的高—低—高接线方案的 SFC 的整流桥经降压变压器接到来自电力系统的电源（多为主变压器的低压侧），输出侧经升压变压器接到机组。这种接线方案的 SFC 的整流桥和逆变器承受的阳极电压较低，需串联的晶闸管元件数量较少。

图 6-1（b）和图 6-1（c）所示的高—高接线方案的 SFC 的整流桥分别经变比为 1 的隔离变压器或电抗器接到其供电电源，整流桥的输入交流电压与机端电压相同。输出侧不接变压器，而是经电抗器输出。高—高接线方案的整流桥和逆变器晶闸管元件承受的阳极电压是发电机的额定电压，需串联较多的晶闸管元件。

6.2　静止变频启动装置（SFC）的构成

抽水蓄能电站静止变频启动装置（SFC）主回路典型主接线见图 6-2，SFC 的构成按其功能进行划分，包括功率单元、控制保护单元、辅助单元。

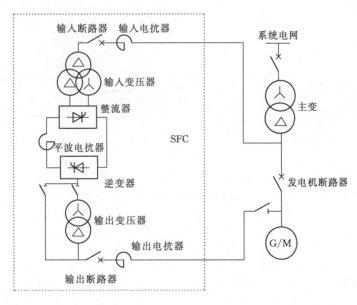

图 6-2　静止变频启动装置（SFC）主回路典型主接线图

6.2.1　功率单元

SFC 功率单元所包含的设备也就是单线图上的主要一次设备（见图 6-2）。图 6-2 为当前采用较多的高—低—高接线方案，功率单元设备可分为：输入设备、变频设备及输出设备，一般由输入变压器、输入电抗器、晶闸管整流桥、晶闸管逆变桥、平波电抗器、输入/输出断路器、旁路开关、输出变压器、输出电抗器等组成。

（1）输入变压器。输入变压器（见图6-3）连接在电网和网桥（NB）之间主要起隔离作用。变频器工作时，在输入和输出端会出现较高的直流电压差和3倍工频的交流电压差，它们会经过变频器的电网侧和电机侧中性点接地的变压器，电压互感器以及电机自身的中性点接地点形成直流和交流的环流，设置输入变压器，可以隔断直流通路，起到隔离的作用。

在水电站用于SFC系统的输入变压器多为油浸变压器，当其容量较小时，也可采用干式变压器。在高—高接线方案中，输入变压器的变比是1即为隔离变压器，在高—低—高接线方案中，输入变压器为降压变压器。输入变压器可限制短路电流；如果输入变压器是降压变压器，将使来自系统的电压与整流桥的工作电压相适配，减少各桥臂串联的晶闸管的数量；输入变压器接线组别多采用Y/△或△/Y，以大幅度削弱整流桥产生的3次及阶次为3的整数倍的谐波，并减弱其他阶次谐波对电站和电力系统的干扰。

（2）输入电抗器。输入电抗器（见图6-4）的作用是稳定和限制静止变频启动装置的输入电流，特别是限制可能发生的短路电流，对静止变频启动装置（SFC）元件起保护作用。但在高—高接线方案中当整流桥和逆变器的电压较高时，不能阻断3次及阶为3的整倍数的谐波，也不利于减弱其他次谐波对电站和电力系统的干扰。

图6-3 输入变压器

图6-4 输入电抗器

（3）晶闸管整流桥。SFC电网侧的晶闸管整流桥也称网桥（见图6-5），为一个或两个三相全控整流桥，每个桥含6个桥臂，用于将来自电网的交流电流转换为直流电流。在工程上一般均采用大功率晶闸管，所以不需要并联。根据网桥的工作电压和晶闸管的反相电压承受能力，每个臂可能由几个晶闸管串联而成，也可能只有一个晶闸管。晶闸管有其对应的门极触发单元，它由相对应的电脉冲触发，此信号来自SFC的控制器。控制器将电信号转化为光信号用光纤传输到各晶闸管，再经光电转换装置还原成电脉冲去触发晶闸管，这种方式能有效地使高电压功率元件与控制元件之间的隔离。晶闸管的冷却方式可采用风/水冷却方式、水/水冷却方式或强风冷却方式。

（4）晶闸管逆变桥。SFC电机侧的晶闸管逆变桥也称机桥（见图6-6），为三相全控逆变器，每个桥有6个桥臂，用于将直流电流转换为频率可调的交流电流，它的构成、触发方式、冷却方式与整流桥相似。

图 6-5　晶闸管整流桥

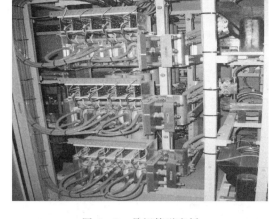

图 6-6　晶闸管逆变桥

（5）平波电抗器。平波电抗器（见图 6-7）的功能是用于对整流输出后的平波和去耦，作为电流源型的 SFC，电抗器是不可少的，它是电流储能设备，保证了 SFC 向负载提供稳定的电流。平波电抗器有气芯和铁芯两种，空气芯电抗器采用自然风冷却或强迫风冷却，而铁芯电抗器采用的是风冷却或水冷却；一般风冷却的空气芯电抗器的体积较大，必须独立布置；而采用水冷却的电抗器比较紧凑，可以安装在柜内，或和 SFC 的整流柜、逆变柜等组装成一排，可节省占地面积。

图 6-7　平波电抗器

（6）输入/输出断路器。输入/输出断路器（见图 6-8）为 SFC 与外围设备之间的通断开关，在静止变频启动装置（SFC）启动机组并网之后或启动过程中发生故障时切断回路，对 SFC 系统起保护作用。

（7）旁路开关。当被拖动机组的转速低于额定转速的 10% 时，由于电压和频率都很低，为了避免输出变压器运行在过低的频率下，也为使机组得到较大的启动电流，旁路开关（见图 6-9）闭合，使 SFC 逆变桥直接与发电电动机绕组相连，当机组转速大于额定转速的 10% 后，旁路开关断开，输出变压器接入。

（8）输出变压器。输出变压器（见图 6-10）位于 SFC 逆变桥与机组之间，根据 SFC 系统的工作特点，当 SFC 工作频率在 0～5Hz 阶段时，输出变压器退出运行，当 SFC 工作频率大于 5Hz 后，输出变压器投入运行。

（9）输出电抗器。输出电抗器是 SFC 的输出设备（见图 6-11），它的作用是稳定和限制静止变频启动装置的电流，防止逆变器换流时电流增长太快而损坏晶闸管元件，以及限制可能出现的短路电流，从而对静止变频启动装置元件起保护作用，并可限制变频器的高次谐波对电机的干扰。

图 6-8　SFC 断路器

图 6-9　旁路开关

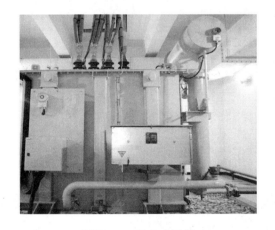

图 6-10　输出变压器

图 6-11　输出电抗器

6.2.2　控制保护单元

SFC 控制保护单元包括测量单元、脉冲单元、可编程数字控制器（PNC）、可编程逻辑控制器（PLC）、保护单元等。

（1）测量单元。测量单元用于测量 SFC 调节控制所需的各种变量的元件，如机桥、网桥侧 TA、TV 及转子位置传感装置等。

（2）脉冲单元。脉冲单元用于可控硅触发信号的传送和变换元件，如触发卡、光纤及光电转换卡等。

（3）可编程数字控制器（PNC）。SFC 控制系统的核心是控制器，它由处理单元、存储单元和各种输入/输出插板构成。SFC 内有一个综合监测系统，用于保护内部元件和相连接的外部设备。检测器和传感器不间断地监视系统的电流、电压及冷却系统，检测到事故状态时，它将作出反应，包括立即或延时关断网桥或机桥，立即或延时跳闸和/（或）发出报警信号。SFC 控制器是依相适配的软件为支持的，软件的功能包括 SFC 的调节，即根据从 TA、TV 和许多外部设备输入的数据，直接获得或经过计算获得机组的信息，包括当前转速和转子的位置等。根据这些信息计算出应采用的控制角的大小，以及应当导通的桥臂，从而控制机组的转速和转矩。

以河南宝泉抽水蓄能电站为例，SFC 控制器的闭环控制方法：从机桥及网桥侧电流、电压互感器传来的电流、电压信号经过 I/U，U/U 转换器后变成电压信号送入可编程数字控制器 PNC 的 PU 处理卡，把这些电压信号转换成数字量分别送入 PNC 的 SCN824（用于网桥控制）及 SCN825（用于机桥控制）中央处理单元中去，同时在刚拖动时，转子位置传感器把转子位置信号送 SCN825 卡中，这些信号在 SCN824 和 SCN825 卡中经过内部软件计算，后由 SCN302 卡输出可控硅的触发脉冲信号，输出的触发信号是电流信号，经过光电转换器 SCN954 卡的转换后变成光信号。通过光纤送入触发卡 20AM/20AE 中，即触发信号到了脉冲单元，触发卡 20AM/20AE 由一个 220V 装置提供其电源，它能在触发信号中断时发信息给监视卡，光触发信号经过触发卡 20Am/20AE 处理后经过光纤送入 OEXA31 卡。OEXA31 卡把传来的光触发信号又转换成控制可控硅的方波电信号，OEXA31 卡在可控硅正向偏压大于 45V 时产生一个 $15\mu s$ 的脉冲给可控硅门极，从而控制可控硅的导通，这就是 PNC 的闭环控制过程。

（4）可编程逻辑控制器（PLC）。可编程逻辑控制器（PLC）用于静止变频启动装置 SFC 和监控系统的输入、输出联络与故障管理，具体功能如下：

1）SFC 系统的管理（远方自动/现地 Step by step/检修）。

2）分、合输入输出断路器。

3）辅助设备管理（冷却水泵、油泵、风扇等）。

4）频率参考值管理：当选择开关 follow - up 处于 on 时跟踪电网频率，当选择开关 follow - up 处于 off 时频率设定为 50Hz。

5）对于温度等 SFC 内部一些故障报警、分类、显示。

6）对于用户可编程面板的管理。

（5）保护单元。SFC 保护单元是为 SFC 各种电气部件的保护而设置，其中输入/输出变压器设有瓦斯、温度、过电流、过电压、低电压、差动保护等，变频单元设有低电压、过电压、网桥 NB 和机桥 MB 过电流、过速保护，对于冷却水回路设有温度、压力、流量、去离子水电阻率等监视回路。

6.2.3 辅助单元

SFC 辅助单元主要包括静止变频启动装置冷却单元、输入/输出变冷却单元及其他辅助设备。

（1）静止变频启动装置冷却单元。

1）内冷却回路。采用去离子水作为冷却介质，主要用于可控硅元件及桥臂两端电抗器的冷却，主要元件有循环水泵、去离子装置、过滤器、流量计等。

2）外冷却回路。采用普通水作为冷却介质，冷却去离子水，主要元件有水/水冷却器、三通阀等。

3）空气冷却回路。利用空气/水冷却器冷却去离子水，另外让空气在机桥和网桥盘柜内循环来冷却可控硅，主要元件有冷却风扇、空气/水冷却器等。

（2）输入/输出变冷却单元。

1）水冷却回路。采用经过滤的技术供水作为冷却介质，主要用于变压器绝缘油介质的冷却，主要元件有水泵、阀门、过滤装置、水/油冷却器、测温计和流量计等。

2）油循环回路。冷却变压器的绕组和铁芯采用绝缘油作为冷却介质，主要元件有油泵、阀门、流量计和测温计等。

（3）其他辅助设备。主要是指静止变频启动装置（SFC）的消防喷淋及其他消防灭火设备等。

6.3　静止变频启动装置的技术特点

静止变频启动装置主要是根据电机转速及位置信号控制晶闸管变频装置对同步电机进行变频调速，从而产生从零到额定频率值的变频电源，同步地将机组拖动起来，其主要技术特点如下。

（1）启动性能好。采用静止变频启动装置（SFC）启动方式，可使启动电流维持在同步电机要求的额定电流以下运行，能实现无级调速，启动平稳，不存在失步问题，对电网无任何冲击，具有较好的软启动性能。

（2）控制功能强。SFC的控制系统由于利用了先进的硬件模块和系统总线、高效率的多微处理器并行处理技术、高速度的操作系统软件，并应用矢量控制技术，使全数字式控制系统能够以很高的动态性能完成极复杂的控制，具有操作简单而功能强大的控制功能。

（3）故障概率低。由于SFC的控制单元采用全数字控制系统，具有丰富、全面的控制、监视及故障诊断功能，因此大大减少了调试、维护及检修所需时间。同时，由于SFC系统取消传感器硬件测位方法，采用电气测角和测速，从而消除了由于硬件设备的故障导致SFC运行错误的发生概率，并从根本上消除了转子振荡和失步的隐患。

（4）抗干扰能力强。SFC全部的控制、监视功能及保护功能均由软件实现，从而减小硬件故障隐患点。此外，由于从控制单元到功率单元的触发及检测信号采用光电耦合技术，因此增强抗干扰能力，确保触发的正确性和可靠性。

（5）功能扩充较容易。由于SFC控制系统应用标准化和专业化集成技术，大大简化了硬件结构，因此SFC控制系统内部只需要几种不同类型的硬件模板即可实现SFC的全部控制功能，并且控制系统的硬件和软件是模块式的，可以根据系统的扩展需要，实现控制功能的修改、完善和扩充。

（6）性价比更优。静止变频启动装置（SFC）满足抽水蓄能电站的发电电动机组在电网电力调峰过程中频繁启动的要求，可多台机组共用一套SFC，设备省，单机投资价格比低。随着科技的发展，SFC的性能更理想，可靠性更高，而造价逐渐降低，现新建大型抽水蓄能电站均配备了 SFC 装置。

6.4 静止变频启动装置工作原理

静止变频启动装置的工作原理包括可控硅全控桥的工作原理、转子位置检测原理、静止变频启动装置的工作原理。

6.4.1 全控桥的基本原理

（1）基本原理。全控桥的直流端可以等同为一个电动势（或反电动势）和一个二极管的串联回路。可逆可控桥基本原理见图 6-12，二极管规定了直流电流的方向。直流电压 U_d 的大小和方向由闭环控制装置监控，当 U_d 为正时，它是一个整流桥，由电网或电机输入的交流电经整流后以直流电的形式送入直流过渡回路，当 U_d 为负时，它是一个逆变桥，由直流过渡回路输入的直流电经逆变后以相应频率交流电的形式送入电网或电机。

（2）导通与截止条件。可控桥的换相取决于晶闸管的导通和截止，桥臂的换相过程也就是晶闸管的导通与截止过程。晶闸管的导通必须同时具备两个条件：一是在阳极和阴极之间施加正向电压；二是在门极施加触发脉冲。晶闸管一旦开通，门极就失去控制作用，即使触发脉冲已经撤除，只要正向电压存在，晶闸管就会继续导通。晶闸管的截止必须满足两个条件中的一条：一是在阳极和阴极之间施加反向电压；二是关断给晶闸管供电的电流源或电压源。

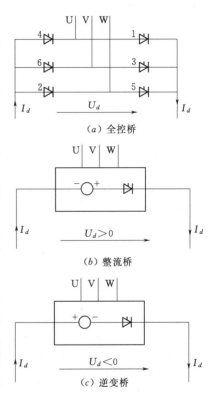

图 6-12　可逆可控桥基本原理图
1～6—晶闸管编号

6.4.2 转子位置检测原理

SFC 控制系统需要知道转子的位置，以便确定为使转子获得最大的转矩应该通电的定子绕组相别，从而确定应该导通的桥臂。以往采用感应型或光电型的轴角传感器来测位（如桐柏抽水蓄能电站），现在主流厂家采用的是通过计算电机电压矢量来确定转子位置，省去了传感器。以下以无传感器的方式分析各阶段转子位置的检测：在启动过程中，转子的初始位置检测、低速阶段转子位置检测、高速阶段转子位置检测三个阶段。为了分析的方便，假定电机的极对数为 1，电角度与空间角度一致，网桥为一个三相全控桥，这个分析的结果很容易推广到多对极的电机和网桥为两个三相全控桥的情况中去。

（1）转子初始位置的检测。机组启动前，转子处于静止状态时，不能用定转子相对运动的机理来判断转子位置。但是在施加励磁电流的瞬间，电机定子三相绕组中会感应出电动势，利用此电动势，可以推算出转子轴线与 U 相轴线的夹角 γ，从而确定转子的初始位置（见图 6-13）。施加励磁电流时，定子三相绕组中因互感产生的磁通可以用式（6-1）计算：

$$
\left.\begin{array}{l}
\Phi_u = M i_f \cos\gamma \\[4pt]
\Phi_v = M i_f \cos(\gamma + 120°) \\[4pt]
\Phi_w = M i_f \cos(\gamma - 120°)
\end{array}\right\} \tag{6-1}
$$

式中　Φ_u、Φ_v、Φ_w——转子电流在定子三相绕组中产生的磁通；

　　　　M——定转子绕组之间的互感；

　　　　i_f——转子电流；

　　　　γ——转子轴线与 U 相轴线的夹角。

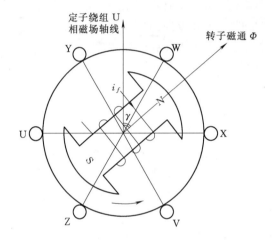

图 6-13　同步电机的转子初始位置和 6 个扇区示意图

转子电流可用式（6-2）计算：

$$
i_f = \frac{u_f}{r_f}\left(1 - e^{-\frac{r_f}{L_f}t}\right) \tag{6-2}
$$

式中　u_f——施加到转子绕组上的电压；

　　r_f、L_f——转子绕组的电阻和电感。

定子三相绕组中感应出的电动势可以用式（6-3）计算：

$$
\left.\begin{array}{l}
e_u = -\dfrac{\mathrm{d}\Phi_u}{\mathrm{d}t} = -\dfrac{\mathrm{d}}{\mathrm{d}t}(M i_f \cos\gamma) = -M\dfrac{u_f}{r_f}\cos\gamma\,\dfrac{\mathrm{d}}{\mathrm{d}t}\left(1 - e^{-\frac{r_f}{L_f}t}\right) = -M\dfrac{u_f}{L_f}\cos\gamma\,e^{-\frac{r_f}{L_f}t} \\[12pt]
e_v = -\dfrac{\mathrm{d}\Phi_v}{\mathrm{d}t} = -M\dfrac{u_f}{L_f}\cos(\gamma + 120°)\,e^{\frac{r_f}{L_f}t} \\[12pt]
e_w = -\dfrac{\mathrm{d}\Phi_w}{\mathrm{d}t} = -M\dfrac{u_f}{L_f}\cos(\gamma - 120°)\,e^{-\frac{r_f}{L_f}t}
\end{array}\right\} \tag{6-3}
$$

定子三相绕组感应电动势的最大值出现在转子绕组施加电压的瞬间，即 t 为 0 时，用式（6-4）计算。式中 e_{u0}、e_{v0}、e_{w0} 为定子三相绕组感应电动势的最大值，K 为系数，K 值等于 $M u_f / L_f$。

$$e_{u0}=-M\frac{u_f}{L_f}\cos\gamma=-k\cos\gamma$$

$$e_{v0}=-M\frac{u_f}{L_f}\cos(\gamma+120°)=-k\cos(\gamma+120°)$$

$$e_{w0}=-M\frac{u_f}{L_f}\cos(\gamma+120°)=-k\cos(\gamma-120°)$$

$$(6-4)$$

利用三角函数公式对式（6-4）进行求解，可得式（6-5）：

$$\cos\gamma=-\frac{1}{k}e_{u0}$$

$$\sin\gamma=\frac{e_{v0}-e_{w0}}{\sqrt{3}k}$$

$$\tan\gamma=\frac{e_{w0}-e_{v0}}{e_{u0}}$$

$$\tan\gamma=\frac{u_{w0}-u_{v0}}{u_{u0}}$$

$$\gamma=\tan^{-1}\frac{u_{w0}-u_{v0}}{u_{u0}}$$

$$(6-5)$$

在定子绕组空载的情况下，e_{u0}、e_{v0}、e_{w0} 与 u_u、u_v、u_w 相等，而后者是可以测得的，所以 γ 很容易求得，转子初始位置从而可以确定。采用 $\tan\gamma$ 推算 γ，可以获得最好的精确度。

（2）低速阶段转子位置的检测。转子开始转动，但频率低于 0.15Hz（即转子转速低于 0.3％额定值）时，定子各相绕组感应电动势的幅值很低，尚不能利用后面讲到的高转速时将要采用的积分法求得转子位置。这时采用的转子位置识别方法原理，转子的运动用式（6-6）计算：

$$J\frac{\mathrm{d}\Omega}{\mathrm{d}t}=T_M-T_R \qquad (6-6)$$

$$T_M=CI\varphi$$

式中　J——机组的转动惯量；

　　　Ω——转子角速度；

　　　T_M——SFC 提供的驱动力矩；

　　　T_R——机组的阻力矩；

　　　C——常数；

　　　I——定子电流，由 SFC 提供，选择合适的控制角，可以使其为常数；

　　　φ——转子磁通，由励磁系统提供的电流确定，在此转速范围内为常数，所以 TM 在此转速范围内为常数。

转速从零到 0.3％额定值的范围内，可以近似认为 T_R 是常数。从而得到式（6-7）～式（6-10）：

$$\frac{\mathrm{d}\Omega}{\mathrm{d}t}=\frac{T_M-T_R}{J}=K \qquad (6-7)$$

$$\Omega=Kt \qquad (6-8)$$

$$\Omega = \frac{\mathrm{d}\gamma}{\mathrm{d}t} = Kt \qquad (6-9)$$

$$\gamma = K\int t\mathrm{d}t = \frac{1}{2}Kt^2 + \gamma_0 \qquad (6-10)$$

式中 K——常数;

    γ_0——此前算得的转子初始轴线与 U 相绕组磁场轴线的夹角;

    γ——转子轴线与定子 U 相绕组磁场轴线的夹角, 根据此式可以算出转子在低转速期间各时刻的位置。

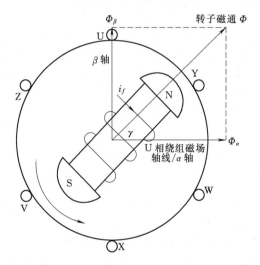

图 6-14 同步电机的 α、β 坐标系示意图

（3）高速阶段转子位置的检测。转速高于 0.15Hz（即 0.3% 额定转速值）时, 定子端电压的幅值已经足够大, 可以利用更为精确的计算方法实现转子位置的识别。定子各相绕组端电压是由转子磁场运动产生的, 其幅值与当时的转子空间位置直接相关, 所以各相绕组端电压幅值的组合能够反映转子的位置。在介绍具体的计算方法之前, 需先将电机的三相坐标系转换为两相坐标系, 即 α-β 坐标系。这种坐标系的 α 轴与定子 U 相绕组磁场轴线相重合, β 轴与 α 轴成 90°（见图 6-14）。

从 U、V、W 三相坐标系转换到 α、β 坐标系按式（6-11）和式（6-12）计算:

$$\begin{bmatrix} u_\alpha \\ u_\beta \end{bmatrix} = \frac{2}{3}\begin{bmatrix} 1 & -\dfrac{1}{2} & -\dfrac{1}{2} \\ 0 & \dfrac{\sqrt{3}}{2} & -\dfrac{\sqrt{3}}{2} \end{bmatrix}\begin{pmatrix} u_u & u_v & u_w \end{pmatrix} \qquad (6-11)$$

$$\begin{bmatrix} i_\alpha \\ i_\beta \end{bmatrix} = \frac{2}{3}\begin{bmatrix} 1 & -\dfrac{1}{2} & -\dfrac{1}{2} \\ 0 & \dfrac{\sqrt{3}}{2} & -\dfrac{\sqrt{3}}{2} \end{bmatrix}\begin{pmatrix} i_u & i_v & i_w \end{pmatrix} \qquad (6-12)$$

式中 u_u、u_v、u_w 与 i_u、i_v、i_w——U、V、W 三相坐标系中的电压、电流;

    u_α、u_β 与 i_α、i_β——α、β 坐标系中的两相电压、电流。

在测得 u_u、u_v、u_w 与 i_u、i_v、i_w 后, 通过变换, 很容易获得 u_α、u_β 与 i_α、i_β。根据 $U = e + iR + L\mathrm{d}i/\mathrm{d}t$ 的基本公式, 可以从 u_α、u_β 与 i_α、i_β 以及同步电机的 R、L_α（α 等效绕组的自感）、L_β（β 等效绕组的自感）、M（α 等效绕组与 β 等效绕组之间的互感）等参数, 根据式（6-13）和式（6-14）求得 e_α、e_β:

$$e_\alpha = u_\alpha - i_\alpha R - L_\alpha \frac{\mathrm{d}i_\alpha}{\mathrm{d}t} - M\frac{\mathrm{d}i_\beta}{\mathrm{d}t} \qquad (6-13)$$

$$e_\beta = u_\beta - i_\beta R - L_\beta \frac{\mathrm{d}i_\beta}{\mathrm{d}t} - M\frac{\mathrm{d}i_\alpha}{\mathrm{d}t} \qquad (6-14)$$

根据 $e=-L\mathrm{d}\varphi/\mathrm{d}t$ 的基本关系，可以得到式（6－15）、式（6－16）：

$$\Phi_{\alpha}=-\frac{1}{L}\int e_{\alpha}\mathrm{d}t \tag{6-15}$$

$$\Phi_{\beta}=-\frac{1}{L}\int e_{\beta}\mathrm{d}t \tag{6-16}$$

转子磁场的总磁通 Φ 为以上两项的矢量和，可由式（6－17）～式（6－19）求得：

$$\dot{\Phi}=\dot{\Phi}_{\alpha}+\dot{\Phi}_{\beta} \tag{6-17}$$

$$\tan\gamma=\frac{\Phi_{\beta}}{\Phi_{\alpha}} \tag{6-18}$$

$$\gamma=\tan^{-1}\frac{\Phi_{\beta}}{\Phi_{\alpha}} \tag{6-19}$$

在 α、β 坐标系中，γ 是 Φ 的方位角，即转子轴线与 α 轴或 U 相轴的夹角，计算出 γ 值，从而得知转子位置。

6.4.3 转子位置与桥臂的导通关系

转子的初始位置从 0°到 359°皆有可能，但机桥可能导通的桥臂组合只有 6 种。所以，必须将转子的初始位置归并为 6 种，以适应对机桥晶闸管的控制要求。将电机定子内的空间划分为 6 个 60°的扇形区，每个扇形区的轴线都是定子某相绕组磁场的轴线，转子必然处于 6 个扇形区之一。根据转子的位置，确定应通入定子电流的相别和方向，从而确定与之对应的应当导通的机桥晶闸管，其对应关系见表 6－1。

6.4.4 静止变频器工作原理

（1）SFC 基本原理。静止变频启动控制系统的基本原理是根据转子的位置和转速信号，按一定的控制方式产生控制信号，调整控制可控硅的导通角，从而控制变频启动装置输出电流电压的频率、幅值和相位大小，达到电机转速跟踪转子转速的目的。

SFC 启动机组时，首先确定转子初始位置，再按照矢量控制理论中的力矩星形分布情况，SFC 判定同步电动机启动时刻能产生最大正加速力矩的两相定子电流，触发晶体管导通，给对应的两相定子绕组通电，产生一个超前转子磁场的同步定子磁场，两个磁场相互作用，使转子获得最大电磁转矩，转子开始转动。

机组转动后，由整流器控制 SFC 输出电流的幅值，由逆变器控制 SFC 输出电流的频率，为保证机组启动后加速阶段电磁转矩的恒定，在转子转动的同时改变输入定子电流的频率，从而使转子磁场与定子磁场同步旋转，并且在空间矢量上，也保持定子磁势超前转子磁势的夹角不变。

（2）SFC 控制原理。SFC 控制系统分为整流器的整流调速控制系统、逆变器的自同步逆变控制系统（见图 6－15），整流器采用速度和电流双闭环控制，逆变器采用矢量控制技术，通过 SFC 输出侧的霍尔效应变换器型电压互感器测量定子电压，综合补偿计算后产生同步电动机电压模型的磁通矢量，实现对电压模型的矢量控制，使逆变器每次都选择在定子与转子磁场矢量互成 90°时进行换相。

抽水蓄能机组变频启动时，变频启动装置预先优化设定一条转速上升曲线，然后由转速给定单元输出一个与电网频率相当的转速（对应于 50Hz 的转速）基值，在 $\mathrm{d}n/\mathrm{d}t$ 环节

表 6-1

转子位置与桥臂导通对应关系表

内容	扇区 1	扇区 2	扇区 3	扇区 4	扇区 5	扇区 6
A 转子位置						
B 转子初始位置如 A 行所示时 γ 值	$-30^\circ \sim 90^\circ$	$-90^\circ \sim 150^\circ$	$-150^\circ \sim 150^\circ$	$150^\circ \sim 90^\circ$	$90^\circ \sim 30^\circ$	$30^\circ \sim -30^\circ$
C 转子位置如 A 行所示时，应通入电流的定子各相绕组						
D 与 C 行对应导通的机桥晶闸管编号	Th_3 和 Th_4	Th_4 和 Th_5	Th_5 和 Th_6	Th_6 和 Th_1	Th_1 和 Th_2	Th_2 和 Th_3
E 定子各相电流方向	U+、V-	U+、W-	V+、W-	U-、V+	U-、W+	V-、W+

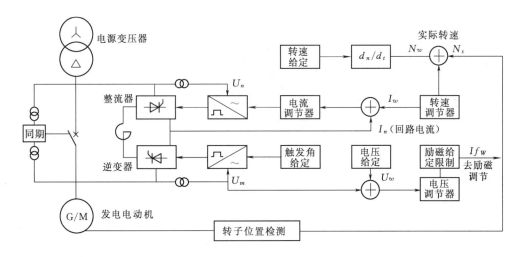

图 6-15　静止变频启动装置（SFC）启动控制框图

（限制转速基值的上升速度）作用下，产生转速整定值 N_w 并与机组实际转速 N_s 比较，将偏差量（$N_w - N_s$）作为转速调节器（外闭环）和电流调节器（内闭环）的输入控制信号，最终调整整流器的触发角以控制变频启动装置回路的运行电流，使机组快速跟踪转速指令的变化。$N_w \geq N_s$ 或 $N_w \leq N_s$ 时，变频启动装置自动增加（或减小）提供给机组的电磁力矩；$N_w = N_s$ 时，变频启动装置保持原有运行状态，变频启动装置提供的电磁力矩与机组的阻力矩相等，机组维持一定的转速。

影响机组变频启动过程中转速特性的主要因素是转速调节器及电流调节器的参数，因此要对这两个调节器的参数进行优化，以使机组获得快速平稳的最佳启动特性。一般为了防止机组在启动的加速过程中转速波动，处于内闭环控制的电流调节器的响应速度应快于外闭环控制的转速调节器。另外，适当选择机组启动的加速度（dn/dt），也可以有效降低机组振动，提高启动成功率。

（3）SFC 启动机组过程。静止变频启动装置（SFC）启动过程主要分为 5 个阶段：转子初始位置测量阶段、低速强迫换相阶段、强迫换相到自然换相的过渡阶段、自然换向运行阶段、同期并网运行阶段。

1）转子初始位置测量阶段。转子初始位置测量阶段，以宝泉电站为例，SFC 采用电气测量方法，机组启动前首先投入励磁，在转子磁场逐步建立过程中，定子绕组感应出三相电动势，SFC 通过对定子感应电动势进行计算，从而得到转子的初始位置，再根据转子初始位置，向定子输入相应的两相电流推动转子旋转。

2）低速强迫换相阶段。在启动的初始阶段，当电动机转速较低（0～5Hz）时，机端的感应反电动势较低，电机绕组的电阻引起的电压降相对较大，施加到应关断的桥臂上的反向电压不能够关断晶闸管，换相无法自然完成，此时必须由 SFC 依次向各相绕组提供脉冲，实现所谓强制换相，具体换相方法如下：

A. 根据转子的初始位置，SFC 控制器发出适当的导通脉冲，使全控桥晶闸管按图 6-12 中的预期顺序轮流导通（1—2，2—3，3—4，4—5，5—6，6—1）。在从一种导通组合过渡到下一个导通组合时，首先将整流器转入逆变状态，导通角 $\alpha=150°$，使主回路直流电流 I_d 下降为零，此时逆变器因无电流供电，从而使逆变桥中晶闸管全部关断。

B. 检测到 $I_d=0$ 时，重新使整流桥转入整流工作状态，并向下一轮应当导通的全控桥晶闸管发出导通脉冲，重新建立直流回路的电流 I_d。导通脉冲的发出时刻是根据转子的当前位置确定的。

当同步电动机采用强迫换流时，由于整流桥的强制关断，定子电流和驱动转矩都是断续的，每个周期中，电路被关断 6 次，重新开通 6 次。在强迫换相阶段，逆变桥的换相超前角对换相已不起作用，为增大启动转矩，减小转矩脉动，一般取换相超前角为 0°；因为强迫换流时，电流脉动较大，晶闸管导通时间也相对较长，故应对主回路电流加以限制，一般限制为额定电流的 67%。

3）强迫换相到自然换相的过渡阶段。当电动机转速升高到一定数值以后（通常为额定转速的 5%～10%），反电动势的大小足以满足自然换相的要求时，通过控制系统自动地由强迫换相方式切换到反电动势自然换相方式。此时，将换相超前角由 0° 变到 60°，并对强迫断流脉冲信号进行封锁，使逆变器的晶闸管换相时电动机不再断流，避免电动机转矩受到影响。两种换相方式切换时的关键是保证平滑过渡，逆变桥可靠换相，这就要求强迫换相方式下的频率上限与自然换相方式下的频率下限之间的重叠部分有足够的裕度，即选择合适的切换频率。

过渡过程的切换方法为：当电动机转速升高到切换频率所对应的转速，该进行换相方式切换时，仍应坚持断续换流法到下一个端电压过零点处，在该过零点处进行断流，使逆变桥 6 个晶闸管全部可靠关断，然后按反电动势换相法要求的换相超前角为 60° 的触发次序触发相应的晶闸管，接着应立即封锁强迫断流信号，使系统切换到反电动势自然换相方式。

4）自然换向运行阶段。当电动机转速大于额定转速的 10% 时，就转入反电势自然换相阶段，自然换相的原理就是利用电动机本身产生的反电势进行自然换相。在换相重叠角期间，3 个晶闸管同时导通，在两个导通的晶闸管和某两相电机绕组之间出现短路电流，从而使原来导通的一个晶闸管在反向偏压的作用下关断，实现逆变器晶闸管的换相。

在自然换向期间由于晶闸管可以自然换向，因而这一阶段不需要转子位置传感器的信号，SFC 控制器根据力矩设定值和频率基准值，并通过测量机桥与网桥侧的电压、电流来控制机桥与网桥的触发脉冲，以调节 SFC 输出的启动电流，从而将机组拖动到频率基准值 49.5Hz。

如上所述，为了使 SFC 在整个频率范围内正常工作，要求强迫换向模式的工作频率上限应高于自然换向模式的工作频率下限，两种工作模式的切换频率就是 SFC 强迫换向与自然换向两个工作阶段的转折频率，一般该频率应在 2.5～8Hz 之间。

5）同期并网运行阶段。当电机转速上升至接近额定转速时，系统进入同期并网阶段，这是抽水蓄能机组变频启动过程中一个重要的控制步骤，它实现机组从变频增速到与电网同期运行的过渡，从而结束变频启动的全部过程。

在该阶段，同期装置根据电网电压和同步电动机端电压频率的差值，产生一个附加的转速微调信号，自动地调整整流桥输出的直流电压的高低，对同步电动机转速作微调。与此同时，励磁系统则由自动电压平衡单元控制同步电动机的转子励磁电流，以使同步电动机端电压和电网电压平衡。当同步电动机定子端电压和电网电压的差值达到同期条件时，同期装置发出合闸脉冲，合上机组断路器，电动机并入电网，同时切除 SFC 装置，从而完成 SFC 启动机组从静止至并网的全过程。

宝泉水电站实例：SFC 拖动机组加速成功后，当转速达到 90% 额定值时，励磁系统的控制模式由 SFC 工作模式切换为 AVR 自动电压调节模式。当速度高于 99% 额定转速时，"SFC 速度 > 99%" 信息通过通信系统被送至后台监控系统，此时，SFC 开始接受来自同期设备的"快"和"慢"的频率调节命令。当发电机电压与电网侧电压的频差、角差、压差满足并网要求时：频率差 $\delta_f < \pm 0.25 \text{Hz}$、电压差 $\delta_u < \pm 5\% U_n$（U_n 为电动机额定线电压）、相位差 $\delta_\theta < \pm 1.5°$ 时，同期装置发出合闸令，机组断路器 GCB 合闸，同时"GCB 合闸"信息立即被送至 SFC 装置，以封锁 SFC 变频装置脉冲，避免在电网和机组之间形成环路，由监控系统 CSCS 断开 SFC 输出断路器切断电气轴，至此，机组进入水泵调相工况。

6.5 静止变频启动装置安装

静止变频启动装置设备安装主要包括：SFC 输入/输出变压器安装、SFC 系统的盘柜设备安装、启动限流电抗器安装、SFC 冷却系统安装等。

6.5.1 SFC 输入/输出变压器安装

SFC 输入/输出变压器安装工作主要包括：施工准备、卸车、运输、厂内拖运、安装调整、试验等。

（1）施工准备。

1）技术准备：熟悉设备安装的设计图纸和厂家安装技术资料，了解与掌握安装中的重点及难点；编制施工技术文件、检查及验收表格并报监理审批。

2）工具准备：准备好施工中所需的卷扬机、切割机、手拉葫芦、钢丝绳、活动扳手、水平尺等。

3）人员组织：包括技术员、安全员、安装工、辅助人员等，开工前应进行技术和安全交底。

4）开箱检查：提前进行设备的开箱检查工作，核对设备的型号、规格、数量、配套附件等与到货清单是否一致，并附有产品合格证和安装技术资料。

（2）卸车。SFC 变压器到货后，可在厂房安装间利用桥机进行卸车。如现场暂不具备安装条件，则需采用 40t 汽车吊（根据单机 300MW 容量的机组，SFC 变压器带油重量约 20t）进行卸车至临时仓库。

（3）运输。SFC 变压器从仓库至工地厂房，采用 20t 以上的平板拖挂车进行运输。在变压器吊装平板车之前，应在变压器底部放置 5mm 以上的橡胶垫，防止运输中变压器油箱底部损坏，使器身重心与拖车受力中心重合。SFC 吊装上平板车后，四周必须进行绑扎，绑扎时使用 5t 手拉葫芦、钢丝绳等固定在平板上。输入/输出变压器运输见图 6-16。

图 6-16　输入/输出变压器运输图

SFC 变压器的运输速度不得超过 5km/h。行走中不得急刹车，事先要将路面进行平整，确保平整度及拐弯半径符合拖车运输的要求。

（4）厂内拖运安装。SFC 变压器运至厂房后，在安装间利用主厂房桥机进行卸车，将输入/输出变放置到主变运输轨道上。SFC 变压器一般布置在主变洞，与主变同一高程，此时，可利用主变运输轨道进行拖运。

利用主变轨道运输时，首先检查 SFC 变压器轨距与主变轨道的轨距是否一致，如不一致，则需在 SFC 变压器底部两侧各增加一根工字钢扁担梁，滚轮装在扁担梁上，以解决 SFC 变压器与运输轨道的等距拖运，输入/输出变拖运见图 6-17，扁担梁与变压器固定稳妥。

SFC 变压器在拖运前必须对轨道区域进行清扫，确保运输安全。运输过程中，采用 2t 卷扬机用钢丝绳进行缓慢拖运，控制拖运速度，其拖运见图 6-17。在轨道转弯处，暂停拖运，先用千斤顶顶起变压器，转换滚轮方向后，再继续拖拉，最终完成 SFC 变压器的就位。

（5）安装调整。SFC 输入/输出变压器一般为带油整体到货，经运输至现场

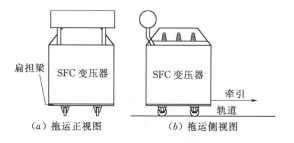

图 6-17　输入/输出变拖运示意图

就位后，再按照安装图纸进行调整固定与接地，按照厂家说明书安装变压器冷却系统及其他保护设备，做好电缆敷设接线。

（6）试验。SFC 输入/输出变压器应进行吊芯检查，箱底取油样进行耐压试验合格，对变压器的控制保护系统进行模拟试验应正常。箱体油位正常后静置 24h，开展变压器的现场交接试验项目。按照《电气装置安装工程　电气设备交接试验标准》（GB 50150）的规定要求，主要试验项目有：绕组的绝缘电阻、绕组直流电阻、变比和接线组别、交流耐压试验、绝缘油试验，其结果应符合要求。

6.5.2　SFC 系统的盘柜设备安装

SFC 系统的盘柜主要包括：SFC 控制柜、SFC 整流柜、SFC 逆变柜、SFC 隔离开关柜、SFC 输入输出断路器柜等，SFC 系统盘柜设备安装流程见图 6-18。

（1）施工准备。

1）技术准备：熟悉设备安装图纸和厂家安装指导技术资料，掌握安装中的重点及难点。

2）工具准备：准备好施工中所需的工器具、材料，如滚筒、焊接工具、导链、运输叉车、尼龙吊带、高程及中心测量仪器。

3）人员组织：人员组织包括技术员、安全员、安装工、辅助人员。

4）开箱检查：提前进行设备的开箱检查，核对设备的型号规格与设计图纸是否一致，并附有产品合格证和安装使用说明书。

（2）基础预埋件检查及基础槽钢制作安装。

1）根据一期预埋图纸，对埋件插筋的位置、数量进行检查，并将基础预埋插筋清理干净。

2）按照施工图纸要求进行基础槽钢的制作。

3）按照图纸要求进行安装部位测量放点。

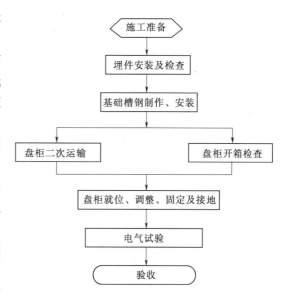

图 6-18　SFC 系统盘柜设备安装流程图

4）将基础槽钢焊接固定在一期插筋上，基础槽钢安装高度应高出最终地面抹平面约 10mm。

5）用不小于 40mm×4mm 的镀锌扁钢将基础槽钢与厂房接地网干线可靠焊接，焊缝长度为接地扁钢宽度的 2 倍，接地扁钢在基础槽钢的两端各留出一个明接地点。

6）基础安装工作结束，经验收后进行二期混凝土浇筑，要求二期混凝土回填密实。

7）对基础槽钢的外露部分涂刷防锈漆。

（3）盘柜运输。使用汽车将盘柜运至厂房后，用桥机卸至距离盘柜安装地点的最近部位。

（4）盘柜开箱检查。

1）会同业主、监理工程师、厂家代表共同进行开箱检查。

2）检查设备型号、规格是否与图纸相符，外观无损坏，附件、备件、技术文件齐全，并做好开箱检查记录。

（5）盘柜就位、调整、固定。

1）安装前，对设备基础型钢进行清理。

2）成列排布的盘柜，先安装第一面，用线锤和水平尺、直尺找正位置后，采用镀锌螺栓与基础型钢固定，再依次将其他盘柜以第一面为基准调成一排。其垂直度、水平偏差、盘面偏差以及盘柜接缝的允许偏差应符合表 6-2 规定。

3）盘柜之间的连接螺栓均采用镀锌螺栓。

4）盘柜的活动门均用专用接地线可靠接地。

（6）电气试验。在安装工作完成后，依照《电气装置安装工程　电气设备交接试验标准》（GB 50150）和制造厂的技术要求对盘柜设备进行调整试验，所有柜门应上锁，以防止灰尘进入柜内，利于成品保护。

项　目		允许偏差/mm	项　目		允许偏差/mm
垂直度		<1.5	盘面偏差	相邻两盘边	<1
水平偏差	相邻两盘顶部	<2		成列盘面	<5
	成列盘顶部	<5	盘面接缝		<2

6.5.3 启动限流电抗器安装

SFC 电抗器的安装工作主要包括：施工准备、绝缘子安装、电抗器就位、电抗器调整、电抗器试验等。

（1）施工准备。

1）技术准备：熟悉设备安装的设计图纸和厂家安装技术资料。

2）工具准备：电焊机、门形架、切割机、手拉葫芦、吊带、活动扳手、水准仪、全站仪等工器具。

3）人员组织：包括技术员、安全员、安装工、辅助人员。

4）开箱检查：提前进行设备的开箱检查工作，核对设备的型号规格与设计图纸是否一致，并附有产品合格证和安装技术资料。

（2）绝缘子安装。

1）基础板安装，绝缘子基础支墩浇筑完成。

2）将绝缘子放置在基础板上进行调整，调整绝缘子上端三角线符合图纸要求。支撑绝缘子安装见图 6-19。

3）依照《电气装置安装工程　电气设备交接试验标准》（GB 50150）对绝缘子进行绝缘测试及交流耐压试验。

（3）电抗器就位。安装时采用吊装门形架，通过手链葫芦，完成电抗器的吊装就位。电抗器运输安装见图 6-20。

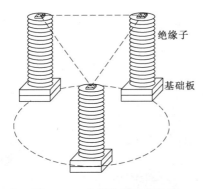
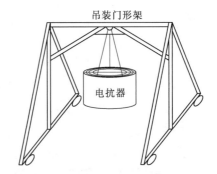

图 6-19　支撑绝缘子安装图　　　　图 6-20　电抗器运输安装图

（4）电抗器调整。电抗器就位调整，检查各绝缘子的受力应均匀，紧固螺栓。检查电抗器的接线端子与外接母线或电缆的位置是否相对应。对于直流电抗器，还需要考虑电抗器的正负极性应正确，接地线符合设计要求。安装电抗器安全防护栏并可靠接地。

（5）电抗器试验。电抗器安装完成后，依照《电气装置安装工程　电气设备交接试验标准》（GB 50150）要求进行电抗器的交接试验。

6.5.4　SFC冷却系统安装

SFC输入变压器、输出变压器、功率柜均采用水冷却方式，SFC冷却系统主要设备包括：水泵电机设备、管道、自动化元件，其安装流程包括：准备工作、测量放点、设备基础处理、设备安装、管道支架安装、管道及阀门等附件配装、管道焊接、压力试验及清洗、管道回装、系统试验、管道涂漆和标识，电缆敷设及接线。

设备及管路全部安装完成后，进行冷却系统的调试。

（1）检查电机及一次、二次回路接线符合设计要求，自动化元件校验及接线正确，电气回路绝缘符合规范要求。

（2）检查手自动控制功能及信号回路正确，电机的转向正确，运行工作电流正常。

（3）PLC流程功能符合设计要求，PLC复原试验正常，主备用泵的切换、轮换试验正确。

（4）检查滤水器电机控制回路符合设计要求。

（5）检查通信功能正常。

（6）检验水泵运转性能参数如流量、压力、轴承温度、振动、噪声等符合要求。

6.6　静止变频启动装置的检查及调试

SFC变频启动系统的设备安装工作结束并验收合格后，即可开始变频系统的检查及调试工作，其主要工作流程及调试内容如下。

6.6.1　检查与调试总流程

SFC检查与调试总流程见图6-21。

6.6.2　检查及调试前应具备的条件

SFC变频启动系统检查与调试前，应具备以下条件：

（1）输入/输出电抗器、输入/输出变压器、输入/输出断路器、直流电抗器、隔离开关、启动母线和高压电缆等主要一次设备，按《电气装置安装工程　电气设备交接试验标准》（GB 50150）和合同要求完成了现场交接试验，其试验结果应合格。

（2）SFC控制柜电缆敷设完好，接线完成，交直流控制电源具备送电的条件；控制盘柜清扫干净。

（3）SFC变频启动柜冷却系统安装完毕，经试验检查符合要求。

（4）输入/输出电抗器、直流电抗器等高压设备已按设计要求进行防护隔离。

（5）现场经厂家、监理单位和施工单位共同确认调试条件，并办理工序交接签证。

6.6.3　调试方法和步骤

（1）变频功率柜的检查和试验。

1）测量变频功率柜电气主回路的绝缘电阻，绝缘电阻值应符合设计和规范要求。

2）对变频功率柜电气主回路进行交流耐压，试验电压按厂家技术文件规定。

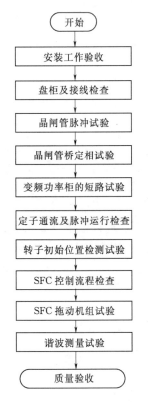

图 6-21 SFC 检查与调试总流程图

3）测量变频功率柜换流桥的均压系数，均压系数应符合厂家设计要求。

（2）变频控制柜的检查和试验。

1）测量变频控制柜及其外部回路的绝缘电阻，绝缘电阻值应符合设计和规范要求。

2）检查变频控制柜电源模块，检查输出电压，符合设计要求。

3）检查变频控制柜的控制系统、逻辑单元、巡检单元和信号单元，通电检查各单元功能符合设计要求。

4）检查变频控制柜的晶闸管触发单元脉冲波形正确，幅值符合设计要求。

5）检查变频控制柜保护单元，按设计要求整定，模拟动作可靠。

6）检查变频控制柜与母线的隔离开关、断路器等设备的控制回路，模拟动作正确。

7）检查变频控制柜与计算机监控系统、励磁系统、调速器系统和继电保护的接口，联控动作正确。

（3）晶闸管脉冲试验。

1）检查变频控制柜的晶闸管触发单元接线正确。

2）选择操作面板上的脉冲试验模式，再选择被触发的晶闸管，在触发过程中对脉冲波形进行录波。

3）检查脉冲波形持续时间以及幅值符合设计要求。

（4）可控硅桥定相试验。

1）断开输入输出断路器。

2）定相试验分两次进行，在变频功率柜网桥侧以及机桥侧分别接入 $3×400V$ 电源。

3）检查网桥侧 TV 二次侧电压大小及相序、TV 二次相位与主回路的相位差。

4）在控制柜内的功能模块上检测 E_α 与 E_β 大小及相位差。

（5）变频功率柜的短路试验。

1）将变频功率柜的整流桥直流输出经过直流电抗短路，投入 SFC 保护装置。

2）在变频功率柜的整流桥输入侧接入 400V 交流电源，检查整流桥各晶闸管同步触发脉冲的信号，检查相序是否正确；改变触发脉冲的控制角，用录波装置录取直流输出电流的波形图。

3）将变频功率柜的逆变桥交流输出直接短路，在变频功率柜的整流桥输入侧接入 400V 交流电源，检查变频功率柜逆变桥的换流控制程序的正确性，录取输出电流的波形图。

4）水电站完成系统倒送电后，将整流桥输出经电抗器短接，在变频功率柜接入额定的交流电源，改变整流桥各晶闸管触发脉冲的控制角，将直流输出电流从 0 逐渐到额定值，检查和调整电流闭环调节参数，输出的电流波形、电流值和调节范围应符合设计要求，记录电流闭环调节参数。

5）用短路电流校验 SFC 的电流保护，整定符合设计要求，动作正确。

6）SFC 短路试验接线见图 6-22，第一次试验的短路点为 D1、D2 点；第二次试验的短路点为 ABC 短接。

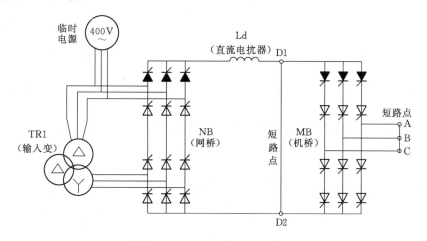

图 6-22　SFC 短路试验接线图

（6）发电/电动机定子通流试验和 SFC 的脉冲运行功能检查。

1）发电/电动机的转子处于制动状态。

2）SFC 通过启动母线和发电/电动机的定子连接，投入发电/电动机的电流保护和 SFC 的相关保护。

3）水电站完成系统倒送电后，在变频功率柜的交流侧接入额定电压，变频装置处于手动调节状态，向定子输入电流，检查变频装置脉冲运行逻辑控制程序的正确性，检查变频功率柜逆变桥的换流控制程序的正确性，录取直流输出电流的波形。

4）根据变频装置的直流输出波形，进一步优化变频装置脉冲运行参数。

（7）发电/电动机转子初始位置检测装置试验。

1）对于电磁感应原理确定转子初始位置的装置，应在转子通入初始励磁电流设定值，录取通入瞬间的励磁电流响应曲线和定子三相电压波形。

2）根据录取的波形，对励磁调节器参数进行优化，使装置能准确判断转子的初始位置。

（8）SFC 系统单线图。以宝泉水电站为例，SFC 系统典型单线见图 6-23。

（9）SFC 控制流程的检查。SFC 的控制方式分两种：

1）远方自动控制：即命令来自中控室 CSCS 远方。

2）现地手动控制：即命令通过 SFC 现地控制器上的按键手动操作。SFC 在启动电机时通常选择为远方自动控制方式，SFC 启动机组流程见图 6-24。下面以远方自动控制方式为例，从 SFC 开始启动到完全退出的全过程分别予以介绍，内容包括：缩写名称说明、SFC 启动前的状态、SFC 辅助系统的启动程序、SFC 准备程序、SFC 启动程序、SFC 停止程序。

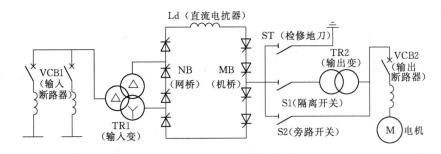

图 6-23 SFC 系统典型单线图

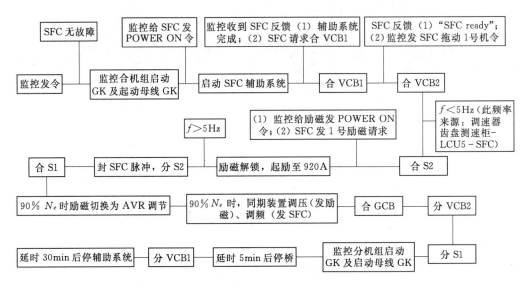

图 6-24 SFC 启动机组流程图

1）流程中名称说明：VCB1 为 SFC 输入断路器；VCB2 为 SFC 输出断路器；S1 为 SFC 输出变的输入隔离开关；S2 为 SFC 输出变的旁路隔离开关；CSCS 为计算机监控系统。

2）SFC 启动前的状态：所有盘柜的门关上并上锁；所有低压控制开关合上；所有低压电源提供可靠；在窗口上没有报警、错误信息，SFC 具备启动。

3）SFC 辅助系统的启动程序。当 SFC 设备具备启动条件后，就启动 SFC 辅助系统：在面板上选择开关置"远方"；SFC 通过通信线发送"没有 SFC 报警"和"没有 SFC 跳闸"信息给 CSCS；CSCS 收到 SFC 正常信息后，合选定启动机组启动隔离开关和 SFC 母线隔离开关，为电气轴的形成做好准备；SCS 发送"SFC POWER ON"启动命令给 SFC，以启动 SFC 辅助系统；SFC 启动辅助系统，包括：启动风扇、冷却水系统；CSCS 同时还发送"POWER ON"命令给被拖动机组的励磁系统；辅助系统启动后，SFC 检测到反馈信号正常，发送"SFC 辅助系统启动"信息给 CSCS。

4）SFC 准备程序。当 SFC 辅助系统启动后：SFC 发送"输入断路器 VCB1 合闸请求"；CSCS 合 SFC 输入断路器 VCB1，并发送"VCB1 已合闸"信号给 SFC；VCB1 合闸，则表明 SFC 已经准备好"SFC READY"；CSCS 选择一台被拖动机组"1~4"，SFC

根据此信号来选定相应机组。CSCS 合 SFC 输出断路器 VCB2；当 VCB2 合上，"SFC READY"信号被复归；SFC 发送"励磁请求"给被拖动机组的励磁系统柜，以启动励磁；励磁脉冲被解锁，建立转子电流，定转子间磁场具备；SFC 收到"励磁具备"反馈信号，开始以下 SFC 启动程序。

5）SFC 启动程序。根据机组转动后的转速，CSCS 发送"$f>5Hz$"或者"$f<5Hz$"信号给 SFC，SFC 再根据"$f>5Hz$"或者"$f<5Hz$"信号，合 S1 或者 S2 隔离开关。

A. 当"$f<5Hz$"时的 SFC 启动程序：①SFC 合 S2 旁路隔离开关；②转速上升；③SFC 晶闸管脉冲被解锁，SFC 至定子之间建立电流，机组开始旋转，SFC 以脉冲耦合即强制换相方式控制逆变器晶闸管；④频率达到 5Hz 时，SFC 晶闸管脉冲被暂时闭锁，定子电流消失；⑤S2 旁路隔离开关断开。

B. 当"$f>5Hz$"时的 SFC 启动程序：①SFC 输出变的输入隔离开关 S1 合闸，并且 SFC 晶闸管脉冲再次被解锁；②SFC 至电机的一次回路再次建立电流，SFC 以自然换相方式控制逆变器晶闸管，电机转速继续上升；③励磁系统以恒励磁电流方式调节（大致等于额定空载励磁电流），定子电压与机组转速比例上升；④当转速达到 90％额定值时，励磁切换为自动电压调节 AVR 模式；⑤当速度高于 99％额定转速时，"SFC 速度大于 99％"信息通过通信系统被送至后台监控系统；⑥SFC 接受来自同期设备的"快"和"慢"的频率调节命令；⑦当发电机的频率和电压与电网侧相同，两侧电压相位差达允许值时，发 GCB 合闸脉冲，断路器 GCB 合闸；⑧"GCB 合闸"信息立即被送至 SFC 以封锁脉冲，以避免在电网和机组之间形成环路；⑨VCB2 断路器由 CSCS 断开，切断电气轴；⑩S1 输入隔离开关断开，机组启动，隔离开关由 CSCS 断开，如果没有"停止令"，则 SFC 等待新的启动令，以继续启动其他需要被拖动的机组。

6）SFC 停止程序。①CSCS 向 SFC 发令，设置"SFC POWER ON"为 0，停止 SFC 运行；②CSCS 断开 SFC 输入断路器 VCB1；③"SFC READY"状态被设置为 0，并被送至 CSCS；④SFC 辅助系统停止：5min 后停止晶闸管、30min 后停止风系统、冷却水系统；⑤SFC 辅助系统停止；⑥SFC 停止。

6.6.4 调试过程中遇到的问题

以宝泉水电站为例，在 SFC 拖动机组启动至额定转速的调试过程中，主要遇到两类问题：一是由于判转子初始位置不准而造成 SFC 启动机组多次失败；二是谐波分量的干扰。

（1）SFC 判转子初始位置失败。

1）现象。调试初期，SFC 启动机组试验多次失败，SFC 拖动 1 号机组成功率很低，主要现象为：机组拖不起来、机组反转。

2）原因分析。

A. 电压采集偏差：在经过对 SFC 软件分析后，发现 SFC 判转子初始位置的方法是判断发电机机端电压。其工作逻辑为：在发给机组"EXC start"命令开始，1.5s 后开始采集定子电压，采集电压时间为 0.7s，再根据采集到的电压计算转子位置，如果电压还未加上、电压很低或定子感应电压已进入下降沿，则拖动不成功，由于机端电压的上升阶段只持续 300ms 左右，之后开始下降。SFC 在采集该电压时，最好要采用上升沿且电压足够大时方能成功。

B. 时间偏差：根据 SFC 启动流程，在 SFC 发出 EXC start 命令时，先发到监控，再由监控发给励磁，励磁再按自己流程启动。这中间经过了许多的逻辑判断和软硬件回路，因此导致机端电压采集的准确性出现偏差，最终导致判转子初始位置失败。

C. 励磁电流不足：为保证定子感应电压足够大，起励电流可以稍微加大一些，原程序为额定空载励磁电流值 920A，后经讨论，增大至 970A。

（2）谐波干扰。

1）现象。宝泉水电站在 SFC 拖动机组的后期调试过程中，多次出现 SFC 交流电源故障信号，从而导致事故停机。

2）背景说明。在 SFC 拖动机组调试初期，由于机组启动品质不理想，SFC 启动机组从静止至额定转速的时间超出合同时间 4min，因此，现场对 SFC 程序中的触发参数进行了优化和调整，之后 SFC 再次启动机组时，则出现了以上现象。

3）原因分析。由于 SFC 控制电源为 400V，开始分析可能是 SFC 启动时产生的谐波造成，后经现场测量，SFC 拖动机组时产生的谐波分量并未超标，为什么还会出现电源故障呢，后经反复观察发现，其真实原因是由 SFC 和空压机共同产生的谐波而导致，具体分析如下。

A. SFC 与空压机的关联：由于每次 SFC 启动机组前，都需要向机组尾水充气压水，压缩空气的消耗造成空压机的启动运行，而空压机的电机为软启动装置，其运行时也会产生一定的谐波分量，因此，当 SFC 启动机组时，如果空压机也处于运行状态，则两者产生的谐波分量叠加，造成谐波整体超标，从而导致电源报警故障。

B. 空压机的谐波分量检测：SFC 为静止状态，手动启动空压机，空压机的启动电流为 110A，同时产生一系列的奇次谐波分量，现场检测谐波分量 $THD=45.7\%$。

4）解决办法。由于 SFC 程序基本定型，优化空间不大。因此，现场对空压机电机的软启动程序进行了调整和优化，最终电源故障问题解决。

7 厂用电系统设备安装

厂用电系统是指为水电站内部各用电负荷供电的系统。水电站主要用电设备包括：

（1）水轮发电机附属设备各水泵、油泵电动机电源、行车等。

（2）厂用公用设备风、水、油及暖通系统供电。

（3）厂房进水口、尾水一线启闭机电源。

（4）大坝防洪泄水系统供电。

（5）航运船闸、升船机系统供电。

（6）水电站消防安全照明系统供电等。

厂用电负荷按照其重要性可分为三类：

Ⅰ类负荷：停止此类负荷供电，将使水电站不能正常运行或停止运行。应保证其供电的可靠性，允许中断供电的时间可为自动或人工切换电源的时间。

Ⅱ类负荷：短时停止此类负荷供电不会影响水电站的正常运行，应尽可能地保证其供电的可靠性，允许中断供电的时间可为人工切换操作或紧急修复的时间。

Ⅲ类负荷：允许长时间的停电而不会影响水电站的正常运行。

参与水电站运行的设备电源均为重要负荷，重要负荷均设双电源，由两段厂用母线分别供电，一段母线失电后，备用电源通过备自投（简称 BZT）装置自动切换至另一端母线继续供电，电源恢复后，供电回路自动切回至原来供电状态。一般负荷如二级检修电源、油库动力电源等可由单母线供电。

厂用电系统设备主要包括厂用变压器安装、高低压开关柜安装、插接式槽形母线安装、直流电源系统安装、UPS 电源安装、EPS 电源安装、柴油发电机组安装等。

7.1 厂用变压器安装

7.1.1 干式变压器安装

干式变压器由铁芯、铁芯夹件、高低压线圈、调压抽头、调压机构、接线排、风扇、温控装置等组成。干式变压器安装工艺流程见图 7-1。

（1）开箱验收。

1）检查产品的铭牌数据与订货合同是否相符，如产品型号、额定容量、额定电压、接线组别、短路阻抗等。

2）检查出厂文件是否齐全。

3）检查包装箱内零部件是否与装箱单相符。

4）检查产品有无损伤，接线是否断裂、绝缘是否有破损等。

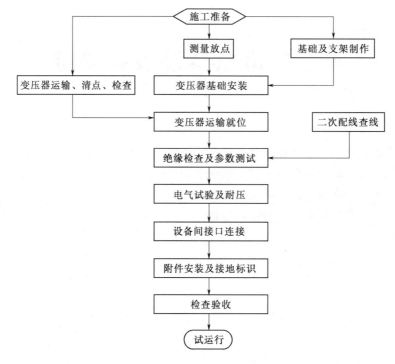

图 7-1　干式变压器安装工艺流程图

（2）干式变压器安装。

1）安装部位土建装修完毕经验收合格。

2）应仔细阅读制造厂安装使用说明书，了解外形尺寸、重量及安装方法等，准备好相应的施工起吊设备和工器具。

3）起吊运输：设备可采用起重机、叉车及平板车等起重运输设备。未打开包装箱时，起吊遵照主体包装箱上喷有"由此吊起"指示操作。起吊钢丝绳之间的夹角不得大于60°。

4）一般情况下，变压器可直接安装在指定位置，安装固定检查试验完毕后即可投入运行。当有防震和其他特殊要求时，安装变压器的地基应埋置螺栓，螺栓位置应与变压器安装孔相对应，经螺栓把变压器固定，也可按设计要求将变压器基础槽钢与基础埋件点焊固定。

5）带电零部件之间连接必须牢固，铁芯夹紧件螺栓必须牢固。

6）安装带外壳的干式变压器时，严禁将上下网板堵住。安装完毕后，应清除外壳内外所有遮挡物。

7）对于无外壳的变压器，应按设计要求安装保护网。

8）容量较大的变压器，外壳和本体是分开到货的，设备就位后，做检查试验，连接相间连线，安装外壳和附件。

（3）干式变压器的检查。

1）检查所有紧固件、连接件是否松动。

2）检查运输时拆下的零部件是否重新安装妥当，并检查变压器（特别是风道内）是否有异物存在。

3）检查风机，温控设备以及其他辅助器件能否正常运行。风机运行正常。对温控（温显）等其他辅助设备，参照使用说明书正确可靠接线。

4）检查并清洁变压器的绝缘子、下垫块凸台处，并使用干燥的压缩空气（2～5 个大气压）吹净通风气道中的灰尘。检查紧固件，连接件是否松动，导电零件有无生锈、腐蚀的痕迹，必要时采取相应措施处理。

5）变压器应可靠接地。

（4）干式变压器安装后的试验。

1）测量绕组在所有分接位置下的直流电阻。

2）极性、接线组别和变比检查。

3）检查变压器箱体和铁芯应有永久性一点接地。

4）线圈绝缘电阻的测试，一般情况下，若每 1000V 额定电压，其绝缘阻值不小于 2MΩ（1min，25℃时的读数），或与出厂值作比较，就能满足运行要求。但如变压器遭受异常潮湿发生凝露现象，则不论其绝缘电阻如何，在其进行耐压试验或投入运行前，必须进行热风干燥处理。

5）检查铁芯夹紧螺栓或绑带对地绝缘电阻值应合格。

6）对于有载调压变电器，应根据有载调压分接开关使用说明书进行投入前的检查和试验。

7）干式变压器的交流耐压试验电压值为出厂试验电压值的 80%。

8）变压器配有温度控制器或温度显示仪时，参照温度控制器或温度显示仪使用说明书，在温度控制器或温度显示仪调试正常后，先将变压器投入运行，后投入温度控制器或温度显示仪，投切温度控制器电源，温度控制器装置不应误动作。

9）变压器在空载合闸时，合闸涌流峰值最高可达到 10～15 倍额定电流，变压器的电流速动保护设定值应大于涌流峰值。变压器投入运行后，所带负荷应由小到大，及时检查变压器有无异响。

7.1.2　油浸变压器安装

（1）油浸变压器安装。

1）设备开箱检查。

A. 设备开箱检查应由安装单位、供货单位及监理共同进行，并做好记录。

B. 按照设备清单，清点变压器本体及附件备件的规格型号是否符合，是否齐全，有无损坏情况。

C. 变压器本体外观检查无损伤及变形，油漆完好无损伤。

D. 油箱封闭是否良好，有无渗油现象，油标处油面是否正常，发现问题应立即处理。

2）变压器二次搬运。

A. 变压器二次搬运时，一般采用移动起重机吊装，钢丝绳必须挂在油箱的吊钩上，采用汽车运输，装车后必须用钢丝绳固定牢固，行车应平稳。

B. 变压器搬运时，应注意保护瓷瓶，可采用木箱将高低压瓷瓶罩住。

3）变压器安装。

A. 变压器就位可用汽车吊直接吊进变压器室内，或采用钢管作滚杠，拖运至安装部位。

B. 变压器就位时，应注意其方位，允许安装误差为±25mm。

C. 变压器基础的轨道应水平，轨距与轮距应配合，装有气体继电器的变压器，应使其顶盖沿气体继电器气流方向有1%～1.5%的升高坡度。继电器应水平安装，继电器的箭头指向油枕。

D. 变压器吊心检查，若变压器出厂前参加了制造厂的器身总装，质量合格，运输过程中进行了有效监督，无紧急制动、冲撞或严重颠簸现象，制造厂代表说明了情况，可不进行吊心检查。若制造厂代表和业主单位认为有必要进行器身检查，则要进行器身检查。

E. 耐油压试验，从变压器底部取油样进行击穿试验，试验结果应符合要求。油箱中的油可不进行处理。如不合格，则应对油箱中的油进行过滤，直至耐压合格。

F. 变压器冷却器安装，将冷却器经滤油机循环过滤，并经油电气和机械耐压试验合格，按编号与变压器法兰连接，补充油至变压器正常油位，瓦斯继电器应放气。

G. 事故喷油管的法兰安装严密、不渗油。

H. 防潮呼吸器的安装：防潮呼吸器安装前，应检查硅胶是否失效，如已失效，温度可在115°～120°之间烘烤8h，使其复原，或更换新的硅胶。将呼吸器盖子上橡皮垫去掉，并在下方隔离器具中装适量变压器油。

I. 温度计的安装，套管温度计安装，应直接安装在变压器上盖的预留孔内，并在孔内加以适量的变压器油。

（2）油浸变压器安装后的试验。测量绕组连同套管的直流电阻；检查所有分接头的变压比；检查变压器的三相结线组别；测量绕组连同套管的绝缘电阻、吸收比；绕组连同套管的交流耐压试验；绝缘油试验；有载调压切换装置的检查和试验；额定电压下的冲击合闸试验；检查相位；测量噪声。

7.2 高低压开关柜安装

7.2.1 高低压开关柜安装

（1）施工准备。施工准备主要应做好以下工作，即技术准备、人员准备、工器具准备以及施工现场的清理和布置，具体如下：

1）技术准备：参与施工的人员必须先熟悉施工图纸资料及开关柜安装施工方法。

2）人员准备：施工人员必须持有相应工种的操作证。

3）工器具准备：开关柜安装工器具见表7-1。

4）施工现场清理：土建施工完毕，清理现场土建施工杂物。

（2）基础复核。用经纬仪、钢尺复测开关柜基础槽钢的长度/宽度/标高及安装方位是否符合图纸要求，检查基础槽钢的直线度和水平度，误差不得超过允许值。基础接地良好。

基础槽钢质量标准：直线度：每米误差1mm，全长误差5mm；平整度：每米误差1mm，全长误差5mm。

表 7－1 开关柜安装工器具表

序号	工器具名称	规格	单位	数量
1	电焊机		台	1
2	切割机		台	1
3	经纬仪		台	1
4	钢丝绳	16mm×7m	对	2
5	力矩扳手		套	2
6	钢卷尺	10m	把	2
7	角尺		把	1
8	吊线垂		只	2
9	电工工具		套	若干

（3）高压开关柜开箱检查。对高压开关柜开箱检查，检查其型号规格及屏面布置符合设计，元件完好无损。根据装箱单核对零件、备件、专用工具及技术文件齐全完好，详细登记并妥善保管。断路器支架焊接应良好，外部油漆完好，真空断路器的灭弧室、瓷套与铁件间应粘贴牢固，无裂纹及破损，SF_6 断路器气压正常。

（4）开关柜就位。用吊车将开关柜按先内后外的顺序吊至安装部位门口，用叉车就位或采用钢管做滚筒，人工就位，各柜间应先留一定间隙，以便于拼装。

（5）开关柜安装。开关柜安装时，按设计位置顺序排列就位，对每面开关柜进行粗调，调到大致水平后，再精调第一面开关柜，然后以第一面开关柜为标准将其他柜逐次调整。调整时用水平尺、吊线锤控制开关柜水平度和垂直度。调整完毕后再检查一遍。最后将柜体与基础型钢焊牢，每面柜体不少于 4 处，各焊缝长约 100mm。焊缝应在柜体内侧。或按设计要求定位。开关柜拼装质量标准：垂直度为每米误差 1.5mm；水平度成列盘顶部误差 5mm；盘面不平度相邻盘顶部误差 1mm，成列盘顶部误差 5mm；盘间接缝误差小于 2mm。

7.2.2 开关柜检查、电气试验

（1）开关柜检查。开关柜安装后，需要对其进行检查，主要检查的内容有：

1）对照原理接线图检查一次母线及二次线路的接线是否正确、牢固，同时应用 1000V 兆欧表测试二次线的绝缘电阻，一般应大于 10MΩ，电流互感器二次绕组是否可靠接地。

2）检查高压带电部位绝缘件应完好、清洁。

3）检查手车推拉应轻便灵活，无卡阻及碰撞现象。

4）检查隔离静触头的安装应正确，与动触头的中心线一致，手车推入工作位置后，动触头与静触头接触紧密，插入深度符合要求。

5）检查手车和柜体的动静触头接触应紧密、可靠。

6）如设计有要求断路器小车有互换性时，应逐台进行实际试验，小车移动自如，就

位准确。

7）小车的五防闭锁试验应逐台检查符合要求。

8）二次回路辅助开关的接点切换应动作准确、接触可靠，柜内控制电缆不应妨碍手车的移动，并固定良好。

9）开关柜的接地应符合设计要求。

（2）开关柜电气试验。电气试验在设备就位、安装完成后进行，先进行电气元件检查试验，断路器及其操作机构 PT、CT、隔离刀闸等检查［按《电气装置安装工程　高压电器施工及验收规范》（GB 50147）项目要求进行］，接地的安装可靠，按《电气装置安装工程　电气设备交接试验标准》（GB 50150）的要求进行，最后进行电气二次回路操作调试。

7.2.3　备用电源自动投入装置

当有两个供电回路时，备用电源自动投入装置是当工作母线电源因故失电以后，能自动而迅速地将备用电源投入到工作母线，恢复母线电压的一种自动装置，备用电源自动投入装置简称"备自投（BZT）"装置。分段备自投接线见图 7-2。

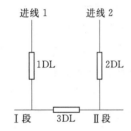

图 7-2　分段备自投接线示意图

（1）正常运行条件。分段断路器 3DL 处于分位置，进线断路器 1DL、2DL 均处于合位置；Ⅰ段母线和Ⅱ段母线均有电压；备自投投入开关处于投入位置。

（2）启动条件。Ⅱ段备用Ⅰ段：Ⅰ段母线无压，1DL 进线 1 无流，Ⅱ段母线有压；Ⅰ段备用Ⅱ段：Ⅱ段母线无压，2DL 进线 2 无流，Ⅰ段母线有压。

（3）动作过程。

1）对启动条件 1：若 1DL 处于合位置，则经延时跳开 1DL，确认跳开后合上 3DL；若 1DL 处于分位置，则经延时合上 3DL。

2）对启动条件 2：若 2DL 处于合位置，则经延时跳开 2DL，确认跳开后合上 3DL；若 2DL 处于分位置，则经延时合上 3DL。

（4）退出条件。3DL 处于合位置；备自投一次动作完毕；有备自投闭锁输入信号；备自投投入开关处于退出位置。

7.3　插接式槽形母线安装

7.3.1　施工准备

（1）设备及材料要求。

1）封闭插接式母线应有出厂合格证，安装技术文件。

2）母线及附件与装箱清单相符。

（2）主要施工机具。

1）主要机具：工作台、台虎钳、钢锯、榔头、电钻、电锤、电焊机、扳手等。

2）测量工具：钢角尺、钢卷尺、水平尺、塞尺、兆欧表等。力矩扳手 0～300mm。

（3）作业条件。

1）设备到货、施工图纸及产品技术文件齐全。

2）封闭插接母线安装部位的建筑装饰工程全部结束，暖卫通风工程安装完毕。

3）设备及附件应存放在干燥有锁的房间保管。

7.3.2 插接式槽形母线安装工艺

插接式母线一般用于厂用变或动力变与低压开关柜连接，4 根铜排用绝缘材料包封在一起，并定型。占地空间小，安装灵便，水电站中一般动力盘和变压器在同层安装时使用。母线常用长螺杆吊于顶板，有的插接母线带有外壳，便称为插接式槽形母线。

工艺流程：设备开箱检查→支吊架制作及安装→封闭插接式槽形母线安装→试运行验收。

（1）设备开箱检查。

1）设备开箱检查，应有安装单位、建设单位或供货单位共同进行，并做好记录。

2）根据装箱单检查设备及附件，其规格、数量、品种应符合装箱单列表。

3）检查设备及附件，母线分段标志应清晰、外观无损伤变形，接头镀层完整，母线绝缘电阻符合设计要求。

（2）支吊架制作及安装。应按设计制作和安装，如设计和产品技术文件无规定时，按下列要求制作和安装。

1）支吊架制作。

A. 支吊架应采用角钢或槽钢制作。应采用一字形、L 形、T 形及 Ⅱ 形。

B. 支吊架的加工制作按选好的型号、测量好的尺寸制作，加工尺寸最大误差为 5mm。

C. 支吊架上钻孔应用台钻或手电钻钻孔，孔径不得大于固定螺栓直径 2mm。

D. 螺杆套扣，应用套丝机或套丝板加工，不能断丝。

2）支吊架的安装。

A. 插接式槽形母线的拐弯处、与箱（盘）连接处以及末端悬空时必须加支吊架。水平敷设插接母线支吊架的距离不应大于 2m，垂直敷设的插接母线支架距离不大于 3m。

B. 当插接式槽形母线直线敷设长度超过 40m 时应设置伸缩节，在母线跨越建筑物的伸缩缝或沉降缝处，宜采取适应建筑结构移动的措施。

C. 埋设支架用水泥砂浆，应注灰饱满、严密，不高出墙面，埋深不小于 80mm。

D. 支吊架与支架预埋件焊接处应均匀涂刷防锈漆及面漆，无漏刷不污染建筑物。

（3）封闭插接式槽形母线安装。

1）应按设计和产品技术文件规定组装，组装前逐段进行绝缘测试，检查母线连接面涂层完好平整，将螺孔清理干净，按相连接，螺栓按要求力矩紧固。每条母线安装完毕后进行绝缘测试，绝缘电阻值应符合要求，做相间和对地耐压试验合格，并做好记录。

2）吊架应垂直安装，在插接式槽形母线与设备连接处应加固定支架。

3）插接式槽形母线每段连接时，两相邻段母线及外壳对准，连接后不使母线及外壳受额外应力。

4）母线与母线间、母线与变压器和动力盘连接时，接线端的搭接面，应清洁并涂以电力复合脂。

（4）试运行验收。

1）插接式槽形母线安装完毕后，应整理、清扫干净，用摇表检测相间、相对地、相对零、零对地的绝缘电阻值并做好记录。

2）检查测试符合设计要求，与设备一起投入运行，正常后办理验收签证。

（5）插接式槽形母线安装实例。某水电站550MW机组励磁直流输出电源，由励磁盘至发电机转子滑环采用插接式槽形母线。正负极用两根120mm×10mm母线组装成插接式槽形母线，安装在镀锌钢板矩形盒内。励磁盘装在主机室发电机层上游侧，母线由励磁盘底电缆孔处出线，向下游经混凝土风洞预留孔直穿至发电机上环板上部至滑环室，与转子滑环用母线连接。两端均用软连接线与设备端母线相连。母线经几个主弯和平弯进入发电机内部。到货母线在工厂按设计图纸制作完成，分数段到货，在工地组装成型。母线两端由支架固定，因此安装工作量较少，母线安装完成后整齐美观。

7.4 直流电源系统安装

水电站采用220V或110V蓄电池组作为操作电源，供给开关控制、保护、信号及事故照明等，构成直流系统。蓄电池分酸性电池和碱性电池，在结构上可以分为敞开式、密闭防爆式及免维护电池。

7.4.1 直流电源系统安装流程

直流电源系统安装流程见图7-3。

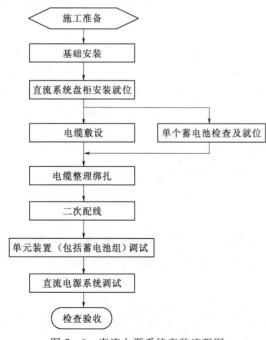

图7-3 直流电源系统安装流程图

7.4.2 蓄电池安装

（1）基本规定。

1）蓄电池组的安装应按已批准的设计图纸及产品技术文件的要求进行施工。

2）蓄电池在运输过程中，应轻搬轻放，不得有强烈冲击和振动，不得倒置、重压和日晒雨淋。

3）蓄电池到达现场后，应进行验收检查，并应符合下列规定：

A. 包装及密封应良好。

B. 应开箱检查清点，型号、规格应符合设计要求；附件应齐全；元件无损坏。

C. 产品的技术文件应齐全。

D. 应按本规范要求外观检查合格。

4）蓄电池到达现场后，应在产品规

定的有效保管期限内进行安装及充电。不立即安装时，其保管应符合下列规定：

A. 酸性和碱性蓄电池不得存放在同一室内。

B. 蓄电池不得倒置，开箱后不得重叠存放。

C. 蓄电池应存放在清洁、干燥、通风良好的室内，应避免阳光直射；存放中，严禁短路、受潮，并应定期清除灰尘。

D. 阀控式密封铅酸蓄电池宜在 $5\sim40℃$ 的环境温度，相对湿度低于 80% 环境下存放；镉镍碱性蓄电池宜在 $-5\sim35℃$ 的环境温度，相对湿度低于 75% 环境下存放。蓄电池从出厂之日起到安装后的初始充电时间超过 6 个月时，应采取充电措施。

5）蓄电池施工应制定安全技术措施。

6）蓄电池室的建筑工程应符合下列规定：

A. 与蓄电池安装有关的建筑物的建筑工程质量，应符合《建筑工程施工质量验收统一标准》（GB 50300）的有关规定。当设备及设计有特殊要求时，尚应符合其要求。

B. 建筑工程及其辅助设施应按设计要求全部完成，并应验收合格。

7）蓄电池室应采用防爆型灯具、通风电机，室内照明线应采用穿管暗敷，室内不得装设开关和插座。

8）蓄电池直流电源柜订货技术要求、试验方法、包装及贮运条件，应符合《电力系统直流电源柜订货技术条件》（DL/T 459）的有关规定。盘、柜安装应符合《电气装置安装工程　盘、柜及二次回路接线施工及验收规范》（GB 50171）的有关规定。

（2）阀控式密封铅酸蓄电池组。

1）安装。

A. 蓄电池安装前，应按下列规定进行外观检查。

a. 蓄电池外观应无裂纹、无损伤；密封应良好，应无渗漏；安全排气阀应处于关闭状态。

b. 蓄电池的正、负端接线柱极性应正确，应无变形。

c. 透明的蓄电池槽，应检查极板无严重变形；槽内部件应齐全无损伤。

d. 连接条、螺栓及螺母应齐全。

B. 清除蓄电池表面污垢时，对塑料制作的外壳，应用清水或弱碱性溶液擦拭，不得用有机溶剂清洗。

C. 蓄电池组的安装应符合下列规定：

a. 蓄电池放置的基架及间距应符合设计要求；蓄电池放置在基架后，基架不应有变形；基架宜接地。

b. 蓄电池在搬运过程中不应触动极柱和安全排气阀。

c. 蓄电池安装应平稳，间距应均匀，单体蓄电池之间的间距不应小于5mm；同一排、列的蓄电池槽应排列整齐。

d. 连接蓄电池连接条时应使用绝缘工具，并佩戴绝缘手套。

e. 连接条的接线应正确，连接部分应涂以电力复合脂。螺栓紧固时，应用力矩扳手，力矩值应符合产品技术文件的要求。

f. 有抗震要求时，其抗震设施应符合设计要求，并应牢固可靠。

D. 蓄电池组的引出电缆的敷设，应符合《电气装置安装工程　电缆线路施工及验收规范》（GB 50168）的有关规定。电缆引出线正、负极的极性及标识应正确，且正极应为蓝色，负极应为蓝色。蓄电池组电源引出电缆不应直接连接到极柱上，应采用过渡板连接，电缆接线端子处应有绝缘防护罩。

E. 蓄电池组的每个蓄电池应在外表面用耐酸材料标明编号。

2）充放电。

A. 蓄电池组安装完毕后，应按产品技术文件的要求进行充电，并应符合下列规定：

a. 充电前应检查蓄电池组及其连接条的连接情况。

b. 充电前应检查并记录单体蓄电池的初始端电压和整组电压。

c. 初充电期间，充电电源应可靠，不得中途断电。

d. 充电期间，环境温度应为 5～35℃，蓄电池表面温度不应高于 45℃。

e. 充电过程中，室内不得有明火；通风应良好。

B. 蓄电池组安装完毕投运前，应进行完全充电，并应进行开路电压测试和容量测试。

C. 达到下列条件之一时，可视为完全充电：

a. 蓄电池在环境温度 5～35℃的条件下，单个的恒定电压达到 2.40V±0.01V、充电电流不大于 2.5～10A 充电至电流值 5h 稳定不变时。

b. 充电后期充电电流小于 $0.005C_{10}A$ 时。

c. 符合产品技术文件完全充电要求时。

D. 完全充电的蓄电池组开路静置 24h 后，应分别测量和记录每只蓄电池的开路电压，测量点应在端子处，开路电压最高值和最低值的差值不得超过表 7-2 的规定。

表 7-2　开路电压最高值和最低值的差值

标称电压/V	开路电压最高值和最低值的差值/mV
2	20
6	50
12	100

E. 蓄电池容量测试应符合下列规定：

a. 蓄电池在环境温度 5～35℃的条件下应完全充电，然后应静放 1～24h，当蓄电池表面温度与环境温度基本一致时，应进行 10h 率容量放电测试，应以 $0.1C_{10}A$ 恒定电流放电到其中一个蓄电池端电压为 1.80V 时即终止放电，并应记录放电期间蓄电池的表面温度 t 及放电持续时间 T。

b. 放电期间应每隔 1h 测量并记录单体蓄电池的端电压、表面温度及整组蓄电池的端电压。在放电末期应随时测量。

c. 在放电过程中，放电电流的波动允许范围为规定值的 ±1%。

d. 实测容量 C_t（A·h）应用放电电流 I（A）乘以放电持续时间 T（h）计算。

e. 当放电期间蓄电池的表面温度不为 25℃，将实测放电容量折算成 25℃基准温度时的容量按式（7-1）计算：

$$C_{25} = \frac{C_t}{1+0.006(t-25)}$$ （7-1）

式中　t——放电开始时蓄电池的表面温度，℃；

C_t——当蓄电池的表面温度为 $t℃$ 时实际测得容量，A·h；

C_{25}——换算成基准温度（25℃）时的容量，A·h；

0.006——10h 率放电的容量温度系数。

f. 放电结束后，蓄电池应尽快进行完全充电。

g. 第一次 10h 率放电容量测试不应低于 $0.95C_{10}$，在第三次循环内应达到 $1.0C_{10}$，容量测试循环达到 $1.0C_{10}$ 后可不再做容量测试。

h. 蓄电池组的开路电压和 10h 率容量测试有一项数据不符合本规范的规定时，此组蓄电池应评为不合格。

i. 在整个充、放电期间，应按规定时间记录每个蓄电池的电压、表面温度和环境温度及整组蓄电池的电压、电流，并应绘制整组充、放电特性曲线。

j. 蓄电池充好电后，应按产品技术文件的要求进行使用与维护。

（3）镉镍碱性蓄电池组。

1）安装。

A. 蓄电池安装前应按下列规定进行外观检查：

a. 蓄电池外壳无裂纹、损伤、漏液等现象。

b. 蓄电池正、负端接线柱极性正确，壳内部件齐全无损伤；有孔气塞通气性能良好。

c. 连接条、螺栓及螺母齐全，无锈蚀。

d. 带电解液的蓄电池，其液面高度在两液面线之间；防漏运输螺塞无松动、脱落。

B. 清除蓄电池表面污垢时，对塑料制作的外壳，应用清水或弱碱性溶液擦拭，不得用有机溶剂清洗。

C. 蓄电池组的安装应符合下列规定：

a. 蓄电池放置的平台、基架及间距应符合设计或产品技术文件的要求，蓄电池放置在基架后，基架不应有变形，基架宜接地。

b. 蓄电池安装应平稳，间距应均匀，单体蓄电池之间的间距不应小于 5mm；同一排、列的蓄电池应排列整齐。

c. 连接蓄电池连接条时应使用绝缘工具，并应佩戴绝缘手套。

d. 连接条的接线应正确，连接部分应涂以电力复合脂，螺栓紧固时，应用力矩扳手，力矩值应符合产品技术文件的要求。

e. 有抗震要求时，其抗震设施应符合设计规定，并应牢固可靠。

D. 蓄电池组引线电缆的敷设，应符合《电气装置安装工程 电缆线路施工及验收规范》（GB 50168）的有关规定。电缆引出线正、负极的极性及标识应正确，且正极应为赭色，负极应为蓝色。蓄电池组电源引出电缆不应直接连接到极柱上，应采用过渡板连接。电缆接线端子处应有绝缘防护罩。

E. 蓄电池组的每个蓄电池应在外表面用耐碱材料标明编号。

2）配液与注液。

A. 配制电解液应采用三级化学纯的氢氧化钾，其技术条件应符合 GB 50168 附录 A 的规定。配制电解液应用蒸馏水或去离子水。

B. 电解液的密度应符合产品技术文件的要求。

C. 配制和存放电解液应用铁、钢、陶瓷或珐琅制成的耐碱器具，不得使用配制过酸性电解液的容器。

D. 配液时，应将碱慢慢倾入水中，不得将水倒入碱中。配制的电解液应加盖存放并沉淀 6h 以上，应取其澄清液或过滤液使用。对电解液有怀疑时应化验，化验结果应符合相关标准要求。

E. 注入蓄电池的电解液温度不宜高于 30℃；当室温高于 30℃时，应采取降温措施。其液面高度应在两液面线之间。注入电解液后宜静置 2～4h 后再初充电。

F. 配液工作应由有施工经验的技工操作，操作人员应戴专用保护用品，并应设专人监护。

G. 工作场地应备有含量 3%～5% 的硼酸溶液。

3）充放电。

A. 蓄电池的初充电应按产品技术文件的要求进行，并应符合下列规定：

a. 初充电期间，其充电电源应可靠，不得中途断电。

b. 初充电期间，室内不得有明火；通风应良好。

c. 装有催化栓的蓄电池应将催化栓拆下，待初充电完成后再重新装上。

d. 带有电解液并配有专用防漏运输螺塞的蓄电池，初充电前应取下运输螺塞换上有孔的气塞，并检查液面不应低于下液面线。

e. 充电期间电解液的温度范围宜为 20℃±10℃；当电解液的温度低于 5℃或高于 35℃时，不宜进行充电。

B. 蓄电池初充电应达到产品技术文件所规定时间，同时单体蓄电池的电压应符合产品技术文件的要求。

C. 蓄电池初充电结束后，应按产品技术文件的规定作容量测试，其容量应达到产品使用说明书的要求，高倍率蓄电池还应进行倍率试验，并应符合下列规定：

a. 在 3 次充、放电循环内，放电容量在 20℃±5℃之间时不应低于额定容量。

b. 用于有冲击负荷的高倍率蓄电池倍率放电，在电解液温度为 20℃±5℃条件下，应以 $0.5C_5$ 电流值先放电 1h 情况下继以 $6C_5$ 电流值放电 0.5s，其单体蓄电池的平均电压应为：超高倍率蓄电池不得低于 1.1V；高倍率蓄电池不得低于 1.05V。

c. 按 $0.2C_5$ 电流值放电终结时，单体蓄电池的电压应符合产品技术文件的要求，电压不足 1.0V 的电池数不应超过电池总数的 5%，且最低不得低于 0.9V。

D. 充电结束后，应用蒸馏水或去离子水调整液面至上液面线。

E. 在制造厂已完成初充电的密封蓄电池，充电前应检查并记录单体蓄电池的初始端电压和整组总电压，并应进行补充充电和容量测试。

F. 放电结束后，蓄电池应尽快进行完全充电。

G. 在整个充、放电期间，应按规定时间记录每个蓄电池的电压、电解液温度和环境温度及整组蓄电池的电压、电流，并应绘制整组充、放电特性曲线。

H. 蓄电池充好电后，应按产品的技术要求进行使用和维护。

（4）质量验收。

1）在验收时，应按下列规定进行检查。

A. 蓄电池室的建筑工程及其辅助设施应符合设计要求，照明灯具和开关的形式及装设位置应符合设计要求。

B. 蓄电池安装位置应符合设计要求。蓄电池组应排列整齐，间距应均匀，应平稳牢固。

C. 蓄电池间连接条应排列整齐，螺栓应紧固、齐全，极性标识应正确、清晰。

D. 蓄电池组每个蓄电池的顺序编号应正确，外壳应清洁，液面应正常。

E. 蓄电池组的充放电结果应合格，其端电压、放电容量、放电倍率应符合产品技术文件的要求。

F. 蓄电池组的绝缘应良好，绝缘电阻不应小于 $0.5M\Omega$。

2）在验收时，应提交下列技术文件。设计变更的证明文件；制造厂提供的产品说明书、装箱单、试验记录、合格证明文件等；充、放电记录及曲线，质量验收资料；材质化验报告；备品、备件、专用工具及测试仪器清单。

7.5 UPS 电源安装

7.5.1 简述

不间断电源（Uninterruptible Power Supply，简称 UPS），它可以保障负载不因电源切换过程出现电压中断，切换至蓄电池供电时能继续正常工作一段时间。UPS 分为在线式和后备式等。

（1）UPS 电源的组成。UPS 电源是一种含有储能装置，以逆变器为主要元件，稳压稳频输出的电源设备。主要由整流器、蓄电池组、逆变器、静态开关、旁路开关、输出变压器等组成。

1）整流器。整流器是一个桥式整流装置，在市电正常时，将交流（AC）电源转化为直流（DC）电源，经逆变器变成 50Hz 交流电给负载供电，同时给蓄电池充电。

2）蓄电池组。蓄电池是 UPS 用来作为储存电能的装置，它由若干个电池串联而成，其容量大小决定了其维持放电（供电）的时间（安时）。

3）逆变器。逆变器是一种将直流电（DC）转化为交流电（AC）的装置。它由 IGBT 模块、控制电路、保护电路以及滤波电路等组成。

4）静态开关。这是用两个可控硅（SCR）反向并联组成的一种交流开关，其闭合和断开由逻辑控制器控制，可以在极短的时间内将负载由旁路供电转换为逆变器供电。

UPS 较之柴油发电机组，具有体积小、效率高、无噪声振动、维护费用低、可靠性高等优点，但容量相对较小，主要用于计算机系统、通信系统、控制中心等重要场所。

（2）UPS 电源的分类。UPS 根据工作状态分为后备式和在线式。后备式 UPS 在市电正常时直接由市电向负载供电，当市电超出其工作范围或停电时通过转换开关转为电池逆变供电，其特点是结构简单，体积小，成本低，但输入电压范围窄，输出电压稳定精度差，有较短的切换时间，且输出波形一般为方波。在线式 UPS 在市电正常时，由市电进行整流后提供直流电压给逆变器工作，由逆变器向负载提供交流电，在市电异常时，逆变器由电池提供能量，逆变器始终处于工作状态，保证无间断输出。其特点是，有极宽的输入电压范围，无切换时间且输出电压稳定精度高，特别适合对电源要求较高的场合，但是成本较高。目前，功率大于 3kVA 的 UPS 几乎都是在线式 UPS。UPS 基本结构见图 7-4。

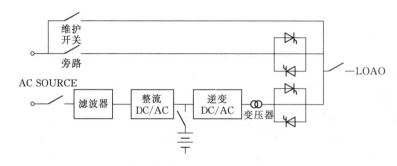

图 7-4　UPS 基本结构图

（3）UPS 的工作模式 。UPS 一般有四种工作模式：正常市电供电模式、蓄电池供电模式、旁路供电模式、维护旁路供电模式。

1）正常市电供电模式。整流器将市电交流电源转换为直流电源后，供逆变器并同时对电池组充电。

2）蓄电池供电模式。当市电异常时，电池组提供电能给逆变器，使交流输出不会中断现象。

3）旁路供电模式。当逆变器发生如温度过高、短路、输出电压异常或过载等异常情况时，逆变器会自动关闭，防止损坏，若此时市电正常，静态开关会将电源转为由旁路电源供给负载使用。

4）维护旁路供电模式。当 UPS 要进行维修或更换电池而负载供电又不能中断时，可以先关闭逆变器开关，然后接通维修旁路开关，再将整流器和旁路电源开关切断，市电经维护旁路供应给负载。

（4）UPS 备用时间。UPS 的备用时间是由储能装置决定的，现在的 UPS 一般都采用全密封的免维护铅酸蓄电池作为储能装置，电池容量的大小由"安时（AH）"这个指标反映，其含义是按规定的电流进行放电的时间。相同电压的电池，安时数大的容量大；相同安时数的电池，电压高的容量大，通常以电压和安时数共同表示电池的容量，如 12V/7AH、12V/24AH、12V/65AH、12V/100AH。

蓄电池是 UPS 的重要组成部分，占有很大的价值比重，并且其质量的好坏直接关系到 UPS 的正常使用，所以应慎重选择有质量保证的正牌蓄电池。

7.5.2　UPS 安装

UPS 安装前应查验设备合格证和随带技术文件，有生产许可证编号和安全认证标志，有出厂试验报告。同时，能进行设备外观检查：有铭牌，柜内元器件无损坏丢失、接线无脱焊，蓄电池壳体无碎裂、漏夜，涂层完整，无碰撞凹陷。

对安装环境应有如下要求：

1）设备安装场地应为硬质地面，如果安装防静电活动地板，则需考虑地板承重，应设置钢质托架。

2）清理机房，机房内严禁存放易燃易爆等危险物品，UPS 安装部位要有良好的通风，便于散热和检修。

3）安装部位应远离热源，避免高温，无阳光直射，为了延长电池的使用寿命，环境温度应保持在 20～25℃之间。

4）UPS 的标准机柜一般采用电缆下进下出方式。

下面以某 UPS 安装为例进行说明。

（1）拆箱就位。在拆箱时必须小心拆卸，及时检查设备及配件是否在运输过程中损坏，设备进入安装场地前要注意安全，防止机柜倾倒。

（2）输入、输出线材选择。

1）输入、输出开关选型。在为 UPS 选择输入、输出断路器时，要求断路器的标称额定电压符合 UPS 的额定输入、输出电压，断路器的标称额定电流要大于 UPS 的最大输入、输出电流，一般 UPS 厂家会直接给出 UPS 的最大输入、输出电流。UPS 输入开关选择见表 7-3，UPS 输出开关选择见表 7-4。

表 7-3　　　　　　　　　　　　　　UPS 输入开关选择表

功率/kVA	输入	最大电流/A	开关容量/A	功率/kVA	输入	最大电流/A	开关容量/A
10	380V，3 相	24	50	30	380V，3 相	71	100
15	380V，3 相	35	50	40	380V，3 相	93	125
20	380V，3 相	47	63	50	380V，3 相	117	160
25	380V，3 相	59	63	60	380V，3 相	141	200

表 7-4　　　　　　　　　　　　　　UPS 输出开关选择表

功率/kVA	输入	最大电流/A	开关容量/A	功率/kVA	输入	最大电流/A	开关容量/A
10	380V，3 相	15	50	30	380V，3 相	45.5	63
15	380V，3 相	23	50	40	380V，3 相	60	100
20	380V，3 相	30	63	50	380V，3 相	75.8	100
25	380V，3 相	38	63	60	380V，3 相	91	125

2）输出配电方式。配电方式宜采用分级多路配电方式，此时末端某一支路发生过流或短路时，将会影响其他设备的用电，下一级的总额定电流不应大于上一级的 130%，避免总开关跳闸，以致全部放在均失去供电，且上一级断路器的脱扣曲线和脱扣时间应大于下一级断路器的脱扣曲线和脱扣时间。

3）输入、输出电缆选择。UPS 的电源应选用多股铜芯电缆，如果电缆的程度较长时，电缆截面积应相应增大。小功率 UPS 的输入、输出均为单相：相线＋中性线，相线和中性线的安装位置一定要按照说明书中的安装位置连接，特别要注意中性线和接地线的位置，否则容易引发安全事故。大功率的 UPS 采用三相五线制：3 根相线＋中性线＋接地线。

UPS 输入电缆选择见表 7-5，UPS 输出电缆选择见表 7-6。

表 7-5   **UPS 输入电缆选择表**

功率/kVA	输入	电流/A	相线线径/mm²	中性线线径/mm²	地线线径/mm²
10	380V，3 相	24	10	6	6
15	380V，3 相	35	10	6	6
20	380V，3 相	47	16	10	10
25	380V，3 相	59	25	16	16
30	380V，3 相	71	25	16	16
40	380V，3 相	93	35	25	16
50	380V，3 相	117	50	35	16
60	380V，3 相	141	50	35	16

表 7-6   **UPS 输出电缆选择表**

功率/kVA	输入	电流/A	相线线径/mm²	中性线线径/mm²	地线线径/mm²
10	380V，3 相	15	10	6	6
15	380V，3 相	23	10	6	6
20	380V，3 相	30	16	10	10
25	380V，3 相	36	16	10	10
30	380V，3 相	45.5	16	10	10
40	380V，3 相	60	25	16	16
50	380V，3 相	75.8	25	16	16
60	380V，3 相	91	35	35	16

4）电池线材选择。电池低压在 $300 \sim 410\text{V DC}$ 之间，其线材选择见表 7-7。

表 7-7   **电 池 线 材 选 择 表**

功率/kVA	最大电流/A	线径/mm²	功率/kVA	最大电流/A	线径/mm²
10	30	16	30	90	35
15	45	16	40	120	50
20	60	25	50	150	50
25	75	25	60	180	70

5）接线。

A. 某 UPS 接线端子见图 7-5。

B. 拆开整机前面板，按照接线端子图，将 UPS 的输入、输出、电池线接好，注意电池的正负极不能接反。

C. 市电输入相序不能接反，否则机器无法正常开机，同时面板相序指示灯亮。

6）接地。UPS 需要将安全保护接地进行重复接地，UPS 输出端的中性线（N 极），必须与由接地装置直接引来的接地干线相连接，做重复接地（或按设计要求连接）。

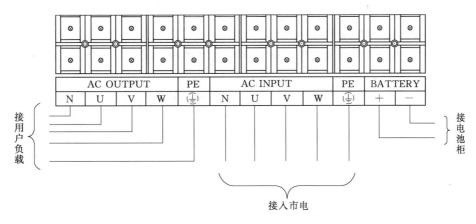

图 7-5　某 UPS 接线端子图

7）安装检查。主机柜要求安装稳固；检查全部螺栓应拧紧，不缺平垫、弹簧垫；配线检查：机柜原有布线应无松脱，电缆接线正确；布线整齐，电缆绑扎符合工艺规范。

7.5.3　开机调试

某 UPS 液晶面板见图 7-6。

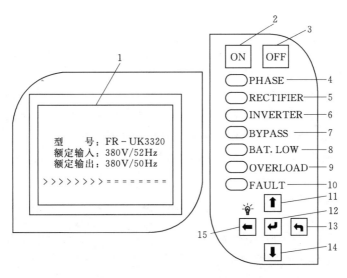

图 7-6　某 UPS 液晶面板示意图

1—LCD 显示屏：显示 UPS 的运行参数及状态（如电压、电流、负载量等）；2—开机键：开启逆变器时使用；3—关机键：关闭逆变器时使用；4—相位警告指示灯（红色）：整流器输入、旁路输入缺相/相序出错时灯亮；5—整流器工作流程指示灯（绿色）：整流器正常工作时灯亮；6—逆变器工作流程指示灯（绿色）：逆变器正常工作时灯亮；7—旁路警告指示灯（红色）：旁路输出时灯亮；8—电池欠压警告指示灯（红色）：电池欠压时灯亮；9—过载警告指示灯（红色）：UPS 输出过载时灯亮；10—故障警告指示灯（红色）：整流器系统、逆变器系统、旁路系统故障时灯亮；11—向上翻页键：查找 LCD 显示内容时使用；12—确认键：查找 LCD 显示内容时使用；13—返回键：查找 LCD 显示内容；14—向下翻页键：查找 LCD 显示内容时使用；15—向左翻页键：查找 LCD 显示内容时使用，和打开 LCD 背光灯时使用开机前需确认所有的电源线已正确连接，所有进出线开关均处于分闸位置。以下以某UPS为例，对开机调试程序进行说明。

（1）合上UPS的输入开关，将市电加在输入端子上，用万用表测试输入电压，应处于正常范围内。用相序表检测相序，应为正相序，否则，应对输入相序进行调整。

（2）开启旁路电源开关（旁路开关）：电源板开始工作，液晶面板开始显示，电池欠压灯亮，蜂鸣器长鸣。

（3）开启整流器电源开关（市电开关）：若市电输入正确，整流器将自动工作，面板整流器灯（RECTIFIER）亮，延时20s后，DC电压完全建立，电池欠压灯（BAT LOW）及蜂鸣器告警信号解除。

（4）开启电池开关：整流器开始向蓄电池进行充电。

（5）开启逆变器系统：长按面板ON按键1s以上，面板逆变器灯（INVTER）亮，开始逆变，30s后，逆变器正常工作。

（6）输出电压检测：用万用表检测输出端子上的输出电压，应符合要求。

（7）转换检测：人工模拟市电断电，电池开始供电，检测输出应无间断（示波器记录波形检查）。

（8）开机正常后，可开启用电负载，在加负载时，应先启动大功率负载，后启动小功率负载。检查设备的状态应正常。

关机时，遵照以下程序操作。

（1）关闭逆变器系统：长按面板上的OFF按键关闭逆变器，此时静态开关自动将输出负载由逆变器转换为旁路电源供电，而不会造成输出有中断现象。

（2）切断电池开关：若要完全关闭UPS，切断电池开关。

（3）切断整流器输入开关（市电）：切断整流器开关。

（4）切断旁路输入开关：在切断之前，确认所有负载不需供电。

（5）待面板上的液晶显示熄灭后，切断输出开关，UPS完全关机。

7.6 EPS电源安装

应急电源（Emergency Power Supply，简称EPS）：主要由整流充电器、蓄电池组、逆变器、互投装置和系统控制器等部分组成。其中逆变器是核心。

7.6.1 EPS的分类和工作原理

（1）EPS的分类。按输入方式可分为单相220V和三相380V；按输出方式可分为单相、三相及单相、三相混合输出；安装形式有落地式、壁挂式和嵌墙式三种；容量有从0.5kW到800kW等各个级别；按服务对象可分为动力负载和应急照明两种；其备用时间一般有90～120min，如有特殊要求还可按设计要求配置。

（2）EPS的工作原理。在交流电网正常时逆变器不工作，经过互投装置给重要负载供电。当交流电网断电后，互投装置将会立即投切至逆变电源供电。当电网电压恢复时，互投装置将会切换至交流电网供电。整流充电器的作用是在市电输入正常时，实现对蓄电池组充电；逆变器的作用则是在市电非正常时，将蓄电池组存储的直流电能变换成交流电输出，供给负载稳定持续的电力；互投装置保证负载在市电及逆变器输出间的顺利切换；系统控制器对整个系统进行实时控制，并可以发出故障告警信号和接收远程联动控制信号，并可通过标准通信接口由上位机实现 EPS 系统的远程监控。典型单电源输入 EPS 原理见图 7 - 7。

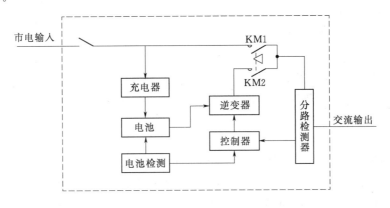

图 7 - 7　典型单电源输入 EPS 原理图

注：当有市电时，市电通过 KM1 输出，同时充电器对电池充电，当控制器检
　　测到市电停电或市电电压超限时，使 KM1 断开 KM2 闭合，逆变器工作应
　　急输出通过 KM2 向负载提供电能。

7.6.2　EPS 的安装和调试

（1）确定 EPS 应急电源放置位置、进出电缆线的进出方向和方式。

（2）按照设备使用说明书将设备安装就位并固定牢固。

（3）在断开市电的情况下依次接入输入线、输出线、监控线。

（4）设备经检测无误后，先不带负载以市电开机启动运行。

（5）启动运行无异常再带合适负载试运行。

（6）试运行无异常情况，再断开市电检查逆变切换是否正常。

（7）逆变切换无异常情况，最后再加大负载，检测过载能力及蓄电池放电的实际备用时间是否达到产品设计文件要求。

7.7　柴油发电机组安装

7.7.1　简述

柴油发电机组（以下简称机组）是以柴油机为原动机，拖动发电机发电的一种电源设备，是一种启动迅速、操作维修方便、投资少、对环境的适应性能较强的发电装置，主要由发动机、发电机及其冷却和控制系统等组成，额定功率一般为 3～3000kW，经过了机械调速控制系统、电子—机械调速控制系统、电子—电子调速控制系统三个发展阶段，现阶段的柴油发电机组具有远程或自启动，实时检测各种参数，进行自动控制和保护，能同市电电源设备组成完整可靠的供电系统。

柴油发电机组可以整体固定在混凝土基础上，定位使用，也可装在拖车上，移动使用。柴油发电机组属非连续运行发电设备，若连续运行超过12h，其输出功率将低于额定功率约90%。水电站的柴油发电机一般作为应急电源，固定安装使用，额定功率一般为100~1000kW。

（1）柴油发电机的分类。

1）按照发电机组的功率可分为：

A. 小功率机组：三相5~30kW。

B. 中等功率机组：三相40~400kW。

C. 大功率机组：三相500kW以上。

2）按照发电机组的用途可分为：

A. 固定式：又分为陆用和船用两大类。

B. 移动式：有汽车电站、拖车电站、方舱电站等。

C. 低噪声电站：噪声小于85dB、80dB、75dB（或者根据用户要求）。

3）按照发电机组的功能可分为：

A. 普通型：具备手动控制的柴油发电机的基本功能。

B. 自动化型：具备自动化功能，按照国家标准可以分成1级、2级、3级。

C. 智能型：除了具备自动化功能以外还可以和计算机通信，实现"三遥"和无人值守。

4）按照柴油机的冷却方式可分为：

A. 水冷式：用水作为冷却介质，水冷有风扇水箱冷却和热交换器冷却方式两种，另外还有开式冷却方式。

B. 风冷式：用空气作为冷却介质，风扇将热量吹散。

（2）柴油发电机组的工作原理。从能量转换的角度来分析柴油发电机组的三大部件：

柴油机：将柴油燃烧产生的热能转换为机械能，从而带动发电机转子转动。

发电机：将柴油机输出的机械能，通过电磁感应转换为电能输出。

控制系统：对发电机输出的电能进行监测、控制、分配，保证柴油机、发电机的正常运行，即频率电压保持在正常范围。

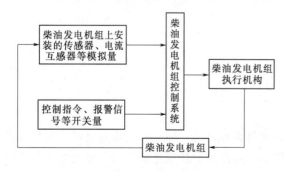

图7-8 柴油发电机组控制系统图

（3）柴油发电机组的控制系统。

1）柴油发电机组控制系统的作用：

A. 对柴油发电机组的运行进行控制（手动或自动）。

B. 对柴油机、发电机的运行参数进行实时监测控制。

C. 对柴油机、发电机的运行进行保护，包括机械和电气部分。

2）柴油发电机组的控制系统的组成。柴油发电机组控制系统见图7-8。

3）发电机组的功能选择。

A. 普通二级保护型机组：一般采用一体式结构，具备基本的启动、停机手动操作和仪表显示功能，对柴油机的水温、油压进行检测，有水温高、油压低报警和停机功能。

B. 多级保护型机组：在上述基础上，增加了超速、欠速、启动失败、不发电时发出报警信号，并同时停机。当启动用蓄电池充电失败、电池电压过高、过低时发出报警信号，不停机。根据模块不同，还可具有手动和自动功能，可用于普通机组和一般自动化机组。

发电机过载保护和短路保护动作跳开出口空气断路器。

C. 自动化柴油发电机组：按照《自动化内燃机电站通用技术条件》（GB/T 12786），不同等级的自动化机组其自动化功能有所不同，但都应该具有基本的自动化功能：

a. 自启动：在市电失电或者接到启动指令后，能够自动启动（允许三次启动，如果三次启动都失败，则发出启动失败报警信号）。有的机组在启动前有自动预润滑和预热等程序。

b. 自投入：发电机组启动成功以后，自动升速到额定转速、并且起励建压，自动合闸向负载供电。市电失电后恢复向负载供电时间一般在 8～20s 之间。

c. 自动停机：当市电恢复或者接到停机令后，机组出口断路器分闸，进入空载冷机程序。

空载运行 2min 左右即自动停机，并且转入待机状态。没有自投入功能的机组由人工或者 ATS（自动切换开关）完成负载切换。

d. 自动报警、保护系统：自动报警、保护的项目有：水温高、油温高；油压低；超速（过频）。

还可以根据需要，增加以下功能：

e. 自动切换：按照需要或者接受指令后，将负载由市电或者柴油发电机组供电，将自动切换开关称为 ATS。ATS 具有机械和电气连锁装置，以防止误动作。

f. 自动并车：自动控制两台或者多台发电机组并列运行。

g. 自动补给：自动加水加油、蓄电池充电等。

7.7.2 柴油发电机安装

柴油发电机安装前应做好基础预留预埋和设备开箱检查。对于基础预留预埋有如下要求：

1）根据柴油发电机厂家提供的基础尺寸、位置、进排风口与设计给定的基础尺寸、位置进行对比，如果不一致须及时做出设计变更；若柴油发电机组日用油箱为外置油箱，需考虑日用油箱位置。

2）进风口、排风口的面积满足厂家的技术要求，采用铝合金百叶窗外加防盗网固定，防止动物从风口进入室内。

3）屋面施工时应预埋吊挂消声器总成的钢板，间距符合消声器总成吊挂间距，水平位置应正对烟道排烟管的预留套管的中心。

开箱检查的要求：

1）设备运至现场，期间经历多次装卸，拆箱检查时首先要检查外包装木箱是否完整，外包装的标识同送货清单是否一致。

2）柴油发电机组随机资料一般包括发动机、发电机资料、配件清单、合格证、出厂

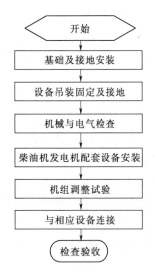

图 7-9 柴油发电机
安装工艺流程图

检测报告等。

3）发动机配件包括消声器总成、法兰式排烟波纹管（法兰式）、弯头（法兰式）、异径接头（法兰式）、石棉垫片、螺栓、排烟管弯头（单头法兰式）、卡箍、发动机专用工具、滤芯器拆装工具、风道连接帆布等，所有配件须与随机配件清单一一核对。

柴油发电机安装工艺流程见图 7-9。

某 250kW 柴油发电机组安装布置见图 7-10。柴油发电机组的安装要求如下：

（1）设备就位。机组安装时，应考虑机组进入发电机房的方式，若机组的外形净尺寸大于门洞尺寸，则应在主体施工时提前转运到位，或预留通道，待主体进入后再封堵，并严密防护，避免主体施工时损坏或污染机组；机组重约 8t，可直接用叉车就位；也可在地面和设备基础间垫出斜道，采用卷扬机和滚杠托运至基础上。

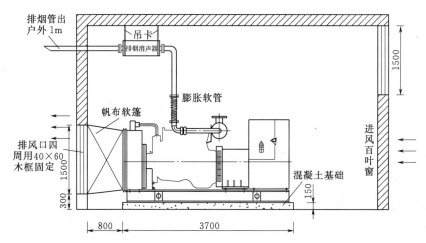

图 7-10 某 250kW 柴油发电机组安装布置图（单位：mm）

将机组方位按图找正，在预留洞内放置基础螺栓，浇筑膨胀混凝土，待混凝土凝固后，将螺栓与机组底盘紧固好。

（2）安装日用油箱。大功率机组为外置式日用油箱，日用油箱以靠墙安装为宜，等墙面吸音板安装完成后，就可以将日用油箱用膨胀螺栓固定在地面上。

（3）接地。发电机组输出为三相 380/220V，需要在发电机房内取工作接地，工作接地电阻不应大于 4Ω，一般将房建基础钢筋作为接地体，采用 40mm×4mm 镀锌扁钢作为接地母线，形成可靠的接地网，实测接地阻值需满足要求。在发电机房内四周墙面距地 0.2m，明敷一圈接地母线，并采用 40mm×4mm 镀锌扁铁引至设备基础不少于两处，与机组底盘可靠连接。

（4）安装排烟、消声管路。

1）排烟管厂家不提供，根据现场实际尺寸制作3段带法兰短管，放线测量，下料加工，并焊接好与消声器总成、波纹管、弯头等连接的法兰片。

2）在屋面预留的两块基础钢板上各垂直焊接一块同厚度带有直径20mm孔的钢板，将两根φ12mm圆钢与消声器总成抱箍连接，吊挂在房顶挂板上（见图7-10），采用这样的柔性连接目的是避免机组的震动传递到建筑物的结构上。

3）将排烟管弯头按图逐节相连，无法兰端与机组排烟口用卡箍连接。所有法兰连接都需要加石棉密封垫。排烟管道和消声器总成采用矿棉保温隔热，外缠锡箔包扎纸。

（5）连接风道帆布软连接。风道口尺寸一般应大于冷却器尺寸，用帆布做软连接，帆布两端分别嵌压进排风口和冷却器四周，做好密封，软连接的长度约2m。

（6）连接馈电电缆和控制电缆。按要求将馈电电缆线用压线端子，与发电机组的输出空气开关下桩头连接可靠。控制电缆采用两芯线取自配电柜给出的市电停电常闭无源接点，接至控制屏内自动远程启动端子上，实现市电停电机组自动延时启动的功能。

（7）连接供油管、回油管。将做好的带专用丝扣接口的两根高压橡胶油管分别接至日用油箱和发动机的相应供油、回油管接口上，将丝扣拧紧，注意不得接反；发动机供油口在柴油滤芯器前端，回油口在机组的上部。

（8）所有连接件，如排烟管、油管、水管等连接部位应采用柔性连接，馈电电缆、控制电缆应有防震动措施。

7.7.3　噪声处理措施

柴油发电机组的噪声尤以排气噪声为主，噪声呈明显的低频性，在噪声源无法降低的情况下，可根据需要对该柴油发电机组采取隔声、吸声和消声的综合治理方案。

（1）机房通风及消声。实际工作中在考虑方案时既要有效降低噪声，又要满足发电机组运行需要的空气流量。

1）机房进风消声系统。为满足机组运行时所需的冷却风量和燃烧空气量，发电机组采用机械进风方式通风。在机房外用砖砌两个进风道，进风道墙体下分别安装一台低噪声轴流风机向机房内送风。进风道内还安装一台大风量组合片式消声器，吸收气流噪声和机械噪声。进风道外墙体上开一进风口，进风口处安装特制铝合金百叶窗及防护钢丝网，防止异物进入风道内。

2）机房排风消声系统。在机房外用砖砌两个排风道，在每个排风道内安装一台大风量组合片式消声器，吸收排气流噪声和机械噪声。排风口设置在机组正前方，机组散热器前端设置减振柔性接头及导风扩容消声风管，连接到排热风消声道。

3）机组排气消声器。机组随机配置的排气消声器的消声作用小，一般不能满足要求。在机组的排气管上重新安上针对高、中、低不同频率噪声设计的高效微穿孔板排气消声器，其特点为消声量大、阻力小、材质及结构耐高温。排气管与机组烟气出口处采用金属波纹管连接，以减少因钢性连接而产生的振动噪声。

（2）机房内吸声。发电机房由于是砖砌混凝土结构，声音反射强烈。为了达到吸声效果，机房内墙面及顶面合理设置高效吸声材料，吸声层结构为铝合金穿孔扣板＋离心吸声棉＋轻钢龙骨＋支吊架。混凝土墙壁平均吸声系数 $\alpha_1 \approx 0.10$，加装吸声材料后平均吸声系数 $\alpha_2 \approx 0.75 \sim 0.85$，其吸声量可达 $9 \sim 12$dB（A），混响时间可降至 $2 \sim 3$s。机房内的响度也随之大大下降，极大地改善了工作条件，同时可提高机房的隔声性能。

（3）隔声系统。为保证机房良好的隔声性能，在与机房外相通处，安装防火隔声门，门缝密封材料为橡胶密封条。其他会引起漏声的孔洞用砖封堵。

典型柴油发电机房降低噪声处理方案见图 7-11。

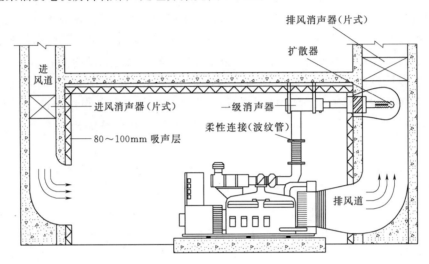

图 7-11　典型柴油发电机房降低噪声处理方案图

7.7.4　启动试运行

（1）燃油、润滑油。

燃油：冬天使用－10 号柴油，其余天气使用 0 号标准柴油，同时须沉淀 8h 放净杂质及水分后使用。

润滑油：使用 API/CF15W-40 以上级别机油，或各品牌的专用机油。

（2）冷却水。冷却水须使用尽可能清洁而没有杂质的软水，向冷却水箱内注水，打开发动机侧面的卸水点，循环直至水质干净，再注满水。运行过程中每 250h 添加水箱防锈剂两支，同时更换冷却水滤清器，以保证水箱中水质 pH 值适中，运行 500h 或 1 年需将水箱水更换 1 次。冬季必须添加防冻液，以防发动机机体冻裂。添加数量依水箱容积和室温而定，至少不低于水箱容积 1/3。

（3）开机前检查。

1）柴油检查：日用油箱清洗干净，注入不少于 1/3 油箱容积的柴油。

2）润滑油检查：油位应在油标尺 H 线上，不得超过。

3）冷却水检查：水箱水一定加满，机组运行和水温高时，严禁打开水箱盖，防止烫伤。气温低于 5℃时，应对机组冷却系统进行加热（配电加热器），减少因低温启动造成气缸套的磨损。

4）蓄电池检查：单只电瓶电压须达到 12V 以上，2 只电瓶电压应在 25V 以上，电瓶桩头无松脱腐蚀情况。蓄电池串联好后，连接到机组启动马达的输入端子上，注意正负极。

5）控制系统自检：控制系统带电后，控制屏应无红灯报警，如有红灯报警，应处理相应故障后，按复位键复位后方可开机。

（4）开机调试。

1）将馈电开关置于"OFF"位置。

2）控制系统的运行模式调至手动启动"MANUAL"位置。

3）手动按"START"启动机组。

4）观察机组状态。烟道排烟开始较黑属正常，运行一段时间后烟逐渐变淡；机组刚启动时声音较大属正常，一段时间后声音为规律的发动机声音；发电机转动应无噐鸣声；排烟管道无漏烟。

5）翻动液晶显示面板上的输出状态，检查电压、频率、转速、水温、油温等参数是否正常。机组运行参数：柴油机组压力 2.5～10bar；水温正常值冬季 80～85℃；夏季 85～90℃；发电机频率：50Hz，电压 400V/230V；转速：1500r/min；蓄电池充电指示：26～28V。

6）加载。空载运行 5～10min 一切正常后，合上馈电断路器，逐步加载；加载后检查电压、频率、转速、水温、油温等参数是否正常。

7）停机。停机前，一定要先卸掉负载。卸负载后，让引擎空转 4～5min 再停机，以利于机组逐步散热，一般不要在带负载的情况下突然停机（有自动功能机组需预先设定停机时间）。停机后检查机油液面，不足时需添加。

8）自启动功能试验。控制系统的运行模式调至自动启动"AUTO"位置，手动短接自启动控制干节点，机组应能启动。

9）设置双电源开关的自动转换延时时间、机组自启动延时时间、停机延时时间。一般设置时间如下：停电后 5～10s 机组可再启动，双电源开关在 60s 后转换到机组侧供电，以利于机组发动机预热，达到正常出力水平，市电来电后，双电源开关 5～10s 转换到市电侧供电，机组延时 120～180s 停机，以利于机组散热。

（5）运行注意事项。

1）新机磨合期。磨合期为 50～100h，在此期间允许最大负载为额定功率 70%～80%。磨合期满后，要将机油、机油滤清器、冷却水滤清器、柴油滤清器全部更换，以后可按常规保养期更换及保养。

2）保养与配件。每运行 200～250h 或 1 年，必须更换机油、机油滤清器、柴油滤清器和冷却水滤清器，每运行 500h 必须更换空气滤清器（环境恶劣时，须提前更换）若制造厂有规定，按制造厂规定执行。

7.7.5 高压柴油发电机组

水电站部分厂用电距离配电中心距离较远，10kV 端采用高压柴油发电机组，直接将备用电源接入 10kV 系统。

（1）高/低压柴油发电机组特点分析比较见表 7-8。

（2）高压柴油发电机组的结构特点见表 7-9。

表 7 - 8　　　　　　　　　　　　　　高/低压柴油发电机组特点分析比较表

序号	特点	低压柴油发电机组	高压柴油发电机组
1	容量	可多台机组并联	可多台机组并联，机房可集中建设
2	输送距离	可短距离输送	可长距离输送
3	损耗	线路损耗较大	线路损耗较小
4	成本	初期投资小，维护成本低，低容量短距离有优势	设备初期投资大，维护成本低，对大容量长距离有较大的优势，配套投资费用低
5	操作维护	操作使用较为简单	操作使用较为复杂
6	配置	配置较为简单	配置复杂，尤其在发电机组和输出配电柜方面

表 7 - 9　　　　　　　　　　　　　　高压柴油发电机组的结构特点表

序号	设备名称	使用要求说明	备注
1	发动机	一般单台功率 1000kW 以上，可选用康明斯、三菱、沃尔沃等发动机	与低压机组无区别
2	发电机	按不同的电压等级选用，可选用 STAMFORD 等品牌发电机	与低压机组区别较大
3	连接方式	双轴承联轴器连接，可靠性、安全性高	
4	机组并列控制系统	一般包括主控制器、同期装置等	与低压相比，增加同期装置，差动保护
5	高压开关柜	一般并机输出开关采用真空断路器、微机保护系统、直流操作	

（3）智能控制系统。高压柴油发电机组智能控制系统主要由高压开关柜和集中控制台组成，高压柜一般由配电室集中管理。安装于高压柜上的微机保护系统及集中控制台上的智能控制器，可以通过 RS232 接口进行通信，用于实时数据采集，进行集中监控，归档管理。

智能控制系统一般集成了全面的柴油机及发电机组保护功能，可以满足发电机组及其附属设施的基本保护功能；微机保护系统主要由发动机组进线柜（并列柜）、PT 柜、出线柜组成。

（4）发电机组差动保护。当高压供电系统发生故障时，发电机组的故障电流非常大，因此高压发电机组应设差动保护装置，当差动电流大于差动保护装置的整定值时，保护动作，将发电机组各侧断路器跳开。

（5）接地保护系统。因 10kV 配电系统一般为中性点不接地系统，当系统接地时，中性点将发生偏移，非接地相的电压将升高。为了限制发电机组的输出电压，需要将发电机组的中性点通过接地电阻强制接地，接地电阻限制其故障电流。由于中性点接地电阻能吸收大量的谐振能量，可以抑制故障产生的谐振过电压。

电动机及变频调速装置安装

8.1 电动机

电动机作为一种电能转换为机械能的设备，它并不单独存在，它的前端及电能输入是电网，它的后端及机械能的输出是某种机械设备，如水泵、油泵、风机、压缩机等。水电站电动机一般随上述设备完整的安装在一起成套供货（特殊情况除外），因此电动机从不作为一个单体来安装，但在使用前均要进行机械电气检查和调试，以保证设备的可靠运行。

水电站的电动机主要是为辅助设备和闸门启闭机配套的，如深井泵、技术供水泵、风机、空压机、油泵、高压油顶起装置、空调装置、桥机等；电动机以交流电动机为主，个别需要备用电动机的配直流电动机，如高压油顶起装置；电动机启动以直接启动和软启动为主，有调速要求的采用变频调速装置，如桥机用电动机。

8.1.1 特性及型号

（1）特性。按工作电源分类的电动机特性见表8-1，按结构分类的电动机特性见表8-2。

表8-1   按工作电源分类的电动机特性表

名称	特性
直流电动机	使用永久磁铁或电磁铁、电刷、整流子等元件，电刷和整流子将外部所供应的直流电源，持续地供应给转子绕组，并适时地改变电流的方向，使转子能依同一方向持续旋转
交流电动机	将交流电通过电动机的定子绕组，设计让周围磁场在不同时间、不同的位置推动转子，使其持续运转
脉冲电动机	电源经过数位IC芯片处理，变成脉冲电流以控制电动机转动，步进电动机就是脉冲电动机的一种

表8-2   按结构分类的电动机特性表

名称	特性
同步电动机	特点是恒速不变与不需要调速，启动转矩小，且当电动机达到正常速度时，转速稳定，效率高
异步感应电动机	特点是构造简单耐用，且可使用电阻或电容调整转速与正反转，典型应用是风扇、压缩机、冷气机
异步可逆电动机	基本上与感应电动机构造与特性相同，特点是电动机尾部内藏简易的刹车机构（摩擦刹车），其目的是为了借由加入摩擦负载，以达到瞬间可逆的特性，并可减少感应电动机因作用力产生的过转量

名称	特　　性
异步步进电动机	特点是脉冲电动机的一种，以一定角度逐步转动的电动机，因采用开关回路控制，因此不需要位置检出和速度检出的回授装置，就能达成精确的位置和速度控制，且稳定性佳
异步伺服电动机	特点是具有转速控制精确稳定、加速和减速反应快、动作迅速（快速反转、迅速加速）、小型质轻、输出功率大（即功率密度高）、效率高等特点，广泛应用于位置和速度控制上
异步线性电动机	具有长行程的驱动并能表现高精密定位能力
其他	旋转换流机旋转放大机等

（2）型号。直流电动机：以 Z 表示，如 Z3-95 型号中 Z 代表直流电机；3 代表第三次改型设计；9 代表机座号；5 代表铁芯长度。

交流异步电动机：以 Y 表示，如 Y112M-4，型号中 Y 表示 Y 系列鼠笼式异步电动机（YR 表示绕线式异步电动机）；112 表示电机的中心高为 112mm；M 表示中机座（L 表示长机座，S 表示短机座）；4 表示 4 极电机。

有些电动机型号在机座代号后面还有一位数字，代表铁芯号，如 Y132S2-2 型号中 S 后面的 2 表示 2 号铁芯长（1 为 1 号铁芯长）。

交流同步电动机：以 TD 表示，后面的字母指出其主要用途。如 TDG 表示高速同步电动机；TDL 表示立式同步电动机。

8.1.2　直流电动机

（1）结构。直流电动机外形见图 8-1；直流电动机部件组成见图 8-2。

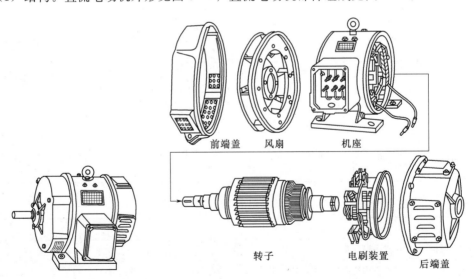

图 8-1　直流电动机外形示意图　　　　图 8-2　直流电动机部件组成示意图

直流电动机定子：定子由机座、铭牌、端盖、电刷装置、换相极、主磁极等组成。
直流电动机转子：转子由电枢铁芯、电枢绕组、换相器、转轴、轴承、风扇等组成。

（2）启动控制。常规直流电动机分并励和串励两种结构。并励直流电动机启动时，转子回路串电阻启动。并励直流电动机电枢串电阻启动控制线路见图 8-3。图 8-3 中 KA1 为过电流继电器，对电动机进行过载和短路保护；KA2 为欠电流继电器，做励磁绕组的失磁保护，以免励磁绕组因断线或接触不良而产生事故；电阻 R 为电动机停电时，励磁绕组的放电电阻；V 为截流二极管，使励磁绕组正常工作，电阻 R 上没有电流流过。启动时上合开关 QS，励磁绕组获电励磁，时间继电器 KT 线圈获电吸合，KT 动作（常闭）触头瞬时断开，以保证电阻 Rst 串在电枢回路启动，欠电流继电器 KA2 线圈获电吸合，KA2 常开触头闭合，然后按下启动按钮 SB2，接触器 KM1 线圈获电吸合，KM1 主触头闭合，电动机 M 串电阻 Rst 启动，KM1 的动断（常闭）触头断开，KT 线圈断电释放，经过一定的整定时间，KT 动断（常闭）触头延时闭合，接触器 KM2 线圈获电吸合，KM2 动断（常开）触头闭合将 Rst 短接，电动机正常运转。

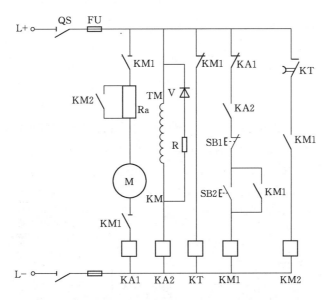

图 8-3　并励直流电动机电枢串电阻启动控制线路图

串励直流电动机串电阻启动控制。串励直流电动机串电阻启动控制线路见图 8-4。启动时合上电源开关 QS，励磁绕组获电励磁，时间继电器 KT1 线圈获电吸合，KT1 动作（常闭）触头瞬时断开，闭锁 KM2、KM3，继电器动作以保证电动机启动时串入的全电阻。然后按下启动按钮 SB2，接触器 KM1 线圈获电吸合，KM1 主触头闭合，串励直流电动机串 R1 和 R2 电阻启动，并接在电阻 R1 两端的时间继电器 KT2 吸合，KT2 动断，KT2 动断（常闭）触头断开，同时由于 KM1 动断（常闭）触头断开，KT1 断电释放，延时启动 KM2，将其接点短接电阻 R2 及 KT2 继电器，经过一定的整定时间，KT2 动断（常闭）触头延时闭合，接触器 KM3 线圈获电吸合，KM3 动合（常开）触头闭合短接电阻 R2，电动机正常运转。必须指出，串励电动机不能空载或轻载下启动或运行，否则电动机的转速会极高，会使电枢受到极大的离心力而损坏，因此串励电动机应在带 20%～25%负载的情况下启动。

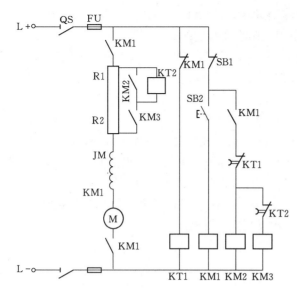

图 8 - 4 串励直流电动机串电阻启动控制线路图

（3）正反转控制。

1）并励直流电动机正反转控制。并励直流电动机常采用改变电枢极性来实现正反转，这种方法是保持磁场方向不变而改变电枢电流方向，使电动机反转。并励直流电动机正反转控制线路见图 8 - 5。启动时合上电源开关 QS，励磁绕组获电励磁，KA 继电器获电吸合，合上启动开关 SB2，接触器 KM1 线圈获电，KM1 动合（常开）触应闭合，电动机正转。若要反转，则需先按下 SB1，使 KM1 断电，电动机停机，然后再按下 SB3，KM2 获电动合（常开）触头闭合，使电枢电流反向，电动机反转。

2）串励直流电动机正反转控制。串励直流电动机常采用磁场反接法来实现正反转，这种方法是保持电枢电流方向不变而改变励磁电流方向，使电动机反转。因为，串励电动机电枢绕组两端的电压很高，而励磁两端的电压较低，反接较容易。串励直流电动机正反转控制线路见图 8 - 6。启动时先合上电源开关 QS，按下启动按钮 SB2 时，KM1 线圈获电吸合，KM1 动合（常开）触头闭合，励磁绕组电流从 JM 端流向 KM 端，电动机启动正转。若要反转，按下 SB3 按钮，接触器 KM2 线圈获电吸合，KM2 动合（常开）触头闭合，使励磁绕组电流从 KM 端流向 JM 端，电动机反转。

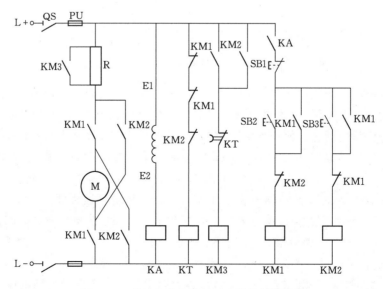

图 8 - 5 并励直流电动机正反转控制线路图

（4）停机制动控制。

1）反接制动。直流电动机反接制动原理接线见图8-7。电机运转时，励磁不变，突然将电枢电源反接，由于反接后的电源电压极性和电动机的反电势极性相同，在电枢回路中产生较大的反向制动电流 I_f，从而使电动机迅速制动停转。当反接制动时，正转接触器触点 KM1 闭合打开，反接制动接触器的触点 KM3 打开，反转接触器触点 KM2 闭合，完成反接制动过程。图8-7中 R_f 为反接制动电阻，当反接制动开始时，将电阻 R_f 接近零时，将电阻 R_f 短接。

2）能耗制动式。直流电动机能耗制动原理接线见图8-8。当电机需要制动时，将电机的电枢电源断开，断开时将并联的能耗制动电阻 R_f 投入，此时由于电动机因负载的惯性而继续运转，成为一台向电阻 R_f 供电的发电机，从而使电动机制动。

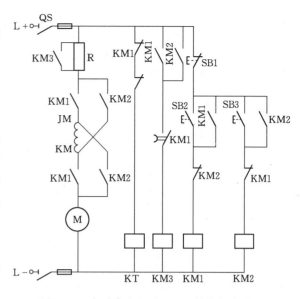

图8-6　串励直流电动机正反转控制线路图

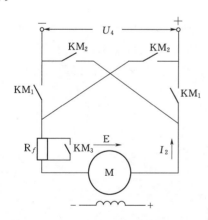

图8-7　直流电动机反接制动原理接线图

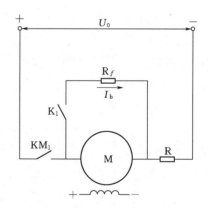

图8-8　直流电动机能耗制动原理接线图

8.1.3　三相交流异步电动机

（1）结构。封闭式三相笼型异步电动机结构见图8-9。它的种类很多，但各类三相异步电动机的基本结构是相同的，它们都由定子和转子这两大基本部分组成，在定子和转子之间有一定的气隙。此外，还有端盖、接线盒、吊环等。转子由两侧端盖上固定的滚动轴承座固定轴承。

定子：由外壳、定子铁芯、机座、端盖、风扇叶、定子绕组等几部分组成。

转子：由转子铁芯、转子绕组轴等几部分组成。

（2）启动控制。

1）全电压直接启动控制。直接启动是利用闸刀或接触器把电动机直接接到具有额定电压的电源上（见图 8-10）。这种启动方式的优点是，启动设备和操作简单、方便，从理论上讲，三相异步电动都可以直接启动，能否直接启动要依据所接入的电网电压降的允许值的大小来决定。

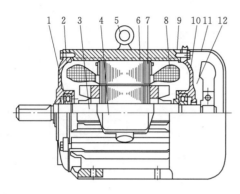

图 8-9　封闭式三相笼型异步电动机
结构图

1—轴承；2—前端盖；3—转轴；4—接线盒；
5—吊环；6—定子铁芯；7—转子；8—定子
绕组；9—机座；10—后端盖；
11—风罩；12—风扇叶

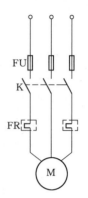

图 8-10　三相交流电动机全电压
直接启动电路图

2）星—三角降压启动控制。星—三角降压启动控制电路见图 8-11，启动时，定子绕组首先连接成星形，待转速上升到接近额定转速时，将定子绕组的连接由星形改接成三角形，电动机便进入全电压正常运行状态。主电路由三个接触器进行控制，其中 KM2、

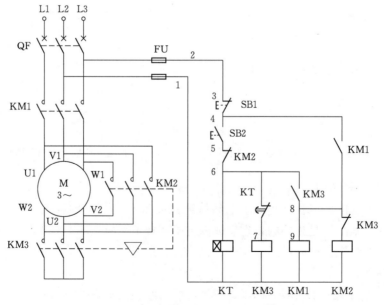

图 8-11　星—三角降压启动控制电路图

KM3 不能同时吸合，否则将出现三相电源短路事故。在图 8 - 11 中，KM3 主触点闭合，则将电动机绕组连接成星形；KM2 主触点闭合，则将电动机绕组连接成三角形。KM1 主触点则用来控制电源的通断。在控制电路中，用时间继电器来实现电动机绕组由星形向三角形连接的自动转换。按下启动按钮 SB2，时间继电器 KT、接触器 KM3 的线圈通电，接触器 KM3 主触点闭合，将电动机绕组接成星形。随着 KM3 通电吸合，KM1 通电并自锁。电动机绕组在星形联结情况下启动起来。待电动机转速接近额定转速时，时间继电器延时完毕，其常闭延时触点 KT 动作断开，接触器 KM3 失电，其常闭触点复位，KM2 通电吸合，将电动机绕组接成三角形连接，电动机进入全电压持续运行状态。

3）三相绕线异步电动机启动控制。绕线转子异步电动机启动的控制电路见图 8 - 12，主电路中串接两级启动电阻，启动过程中逐步短接 R1、R2 启动电阻。串接启动电阻的级数越多，启动越平稳。接触器 KM2、KM3 为加速接触器，K1 和 K2 是电流继电器，其绕组串接在转子电路中。这两个电流继电器的吸合电流的大小相同，但释放电流不一样，K1 的释放电流大，K2 的释放电流小，刚启动时，转子绕组中启动电流很大，电流继电器 K1 和 K2 都吸合，它们接在控制电路中的常闭触点都断开，外接启动电阻全部接入转子绕组电路中；待电动机的转速升高后，转子电流减小，使电流继电器 K1 先释放，K1 的常闭触点复位闭合，使接触器 KM2 线圈通电吸合，转子

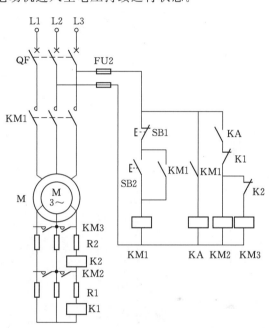

图 8 - 12　绕线转子异步电动机启动的控制电路图

电路中 KM2 的主触点闭合，切除电阻 R1；当 R1 电阻被切除后，转子电流重新增大使转速平稳，随着转速继续上升时，转子电流又会减小，使电流继电器 K2 释放，它的常闭触点 K2 复位闭合，接触器 KM3 线圈通电吸合，转子电路中 KM3 的主触点闭合，把第二级电阻 R2 又短接切除，至此电动机启动过程结束。中间继电器 KA 作用是保证启动时全部启动电阻接入转子绕组的电路，只有在中间继电器 KA 线圈通电，KA 的常开触点闭合后，接触器 KM2 和 KM3 线圈才有可能通电吸合，然后才能逐级切除电阻，这样就保证了电动机在串入全部启动电阻的情况下进行启动。

4）单向点动控制电路。三相笼型异步电动机单向点动控制电路见图 8 - 13。它由电源刀开关 QS、熔断器 FU1、接触器 KM 的常开主触点与电动机 M 构成主电路，FU1 作电动机 M 的短路保护，PE 为电动机 M 的保护接地线；启动时，合上刀开关 QS，引入三相电源，按下按钮 SB，接触器 KM 线圈得电吸合，主触点 KM 闭合，电动机 M 因接通电源便启动运转。松开按钮 SB，按钮就在自身弹簧的作用下恢复到原来断开的位置，接触器 KM 线圈失电释放，接触器 KM 主触点断开，电动机失电停止运转。

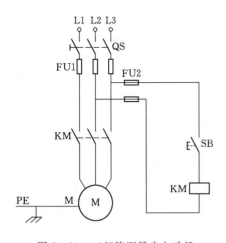

图 8-13 三相笼型异步电动机
单向点动控制电路图

5）单向自锁连续运转控制电路。三相笼型异步电动机单向自锁控制电路见图 8-14。启动时，合上 QS，引入三相电源。按下启动按钮 SB2，交流接触器 KM 的吸合线圈通电，接触器主触点闭合，电动机因接通电源直接启动运转。同时与 SB2 并联的常开辅助触点 KM 闭合，这样当手松开，SBZ 自动复位时，接触器 KM 线圈仍可通过接触器 KM 的常开辅助触点使接触器线圈继续通电，从而保持电动机的连续运行。要使电动机 M 停止运转，只要按下停止按钮 SB1，将控制电路断开即可。这时接触器 KM 线圈断电释放，KM 的常开主触点将三相电源切断，电动机 M 停止旋转。当手松开按钮后，SB1 的常闭触点在复位弹簧的作用下，虽又恢复到原来的常闭状态，但接触器线圈已不再能依靠自锁触点通电了，因为原来闭合的自锁触点早已随着接触器线圈的断电而断开。

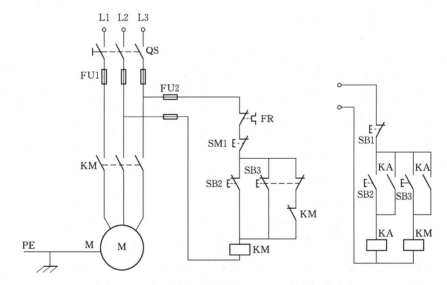

图 8-14　三相笼型异步电动机单向自锁控制电路图

6）单向点动、自锁混合控制电路，其控制电路见图 8-14 右侧图，图 8-14 中采用了一个按钮 SB3，这样，点动控制时，按点动按钮 SB3 时，KM 线圈通电，主触点闭合，电动机启动运转。当松开 SB3 时，KM 线圈断电，主触点断开，电动机停止转动。若需要电动机连续运转，则按下 SB2 启动按钮即可，此时中间继电器 KA 线圈通电吸合并自锁。KA 另一对触点接通接触器 KM 线圈。当需停止电动机运转时，按下停止按钮 SB1。由于使用了中间继电器 KA，使点动与连续工作连锁可靠。

7）正反转控制方式。由于两个接触器 KM1、KM2 的主触点所接电源的相序不同，从而可改变电动机转向（见图 8-15）。接触器 KM1 和 KM2 触点不可同时闭合，以免发生相间短路故障，为此就需要在各自的控制电路中串接对方的常闭触点，构成互锁。电动机正转时，按下正向启动按钮SB2，KM1线圈得电并自锁，KM1常闭触点断开，这时，即使按下反向按钮SB3，KM2也无法通电。当需要反转时，先按下停止按钮SB1，令接触器KM1断电释放，KM1常闭触点复位闭合，电动机停转。再按下反向启动按钮SB3，接触器KM2线圈才能得电，电动机反转。由于电动机由正转切换成反转时，需先停下来，再反向启动。

8）电动机的软启动。软启动器采用三相反并联晶闸管作为调压器，将其接入电源和电动机定子之间。使用软启动器启动电动机时，投QF电源断路器，晶闸管的输出电压逐渐增加，电动机逐渐加速，直到晶闸管全导通，电动机工作在额定电压的机械特性上，实现平滑启动，控制启动电流，避免启动过流跳闸。待电机达到额定转数时，启动过程结束，软启动器自动用旁路接触器取代已完成任务的晶闸管，为电动机正常运转提供额定电压，以降低晶闸管的热损耗，延长软启动器的使用寿命，又使电网避免了谐波污染。

软启动器接线模型见图8-16。从图8-16中可看出，电动机的软启动非常简单，软启动过程将旁路接触器KM断开，软启动器CMC-L投入启动，当启动电压到额定电压后，旁路接触器KM接通，从启动到正常运行的全过程均是自动完成。

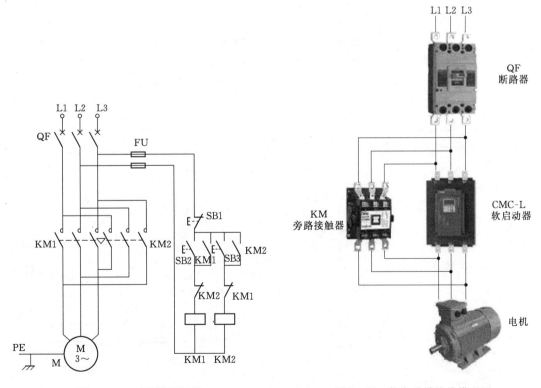

图8-15 正反转控制图　　　　　　　图8-16 软启动器接线模型图

（3）制动控制。

1）反接制动。反接制动是利用改变电动机电源相序，使定子绕组产生的旋转磁场与转子惯性旋转方向相反，因而产生制动作用的一种制动方法。单向运行反接制动控制电路

239

见图 8-17。主电路中，接触器 KM1 的主触点用来提供电动机的工作电源，接触器 KM2 的主触点用来提供电动机停车时的制动电源。启动时，合上电源开关 QF，按下启动按钮 SB2，接触器 KM1 线圈获电吸合且自锁，KM1 主触点闭合，电动机启动运转。当电动机转速升高到一定数值时，速度继电器 KS 的动合触点闭合，为反接制动作准备。

停车时，按停止按钮 SB1，接触器 KM1 线圈断电释放，KM1 主触点断开电机的工作电源；而接触器 KM2 线圈获电吸合，KM2 主触点闭合，主回路串入电阻 R 进行反接制动，电动机产生一个反向电磁转矩（即制动转矩），迫使电动机转速迅速下降，当转速降至 100r/min 以下时，速度继电器 KS 的常开触点复位断开，使接触器 KM2 线圈断电释放，及时切断电动机的电源，防止了电动机反向启动。由于反接制动时转子与定子旋转磁场的相对速度接近于两倍的同步转速，所以定子绕组中流过的反接制动电流相当于全电压直接启动时电流的两倍。为此，一般在 10kW 以上的电动机采用反接制动时，应在主电路中串接反接制动电阻，以限制反接制动电流。控制电路中使用了复合按钮 SB1，是为了防止当操作人员因工作需要用手转动工件或主轴时，电动机带动速度继电器也随之旋转；当转速达到一定值时，速度继电器的常开触点闭合，电动机会获得电源而意外转动，造成事故。现有 SB 常开触点闭锁，即可避免以上事故发生。

2）能耗制动。电动机能耗制动接线电路见图 8-18。制动时，将运行中异步电动机的定子绕组断开电源后，接到制动用的直流电源上，从而得到励磁，此时电动机即变一台发电机运行，其电能消耗在转子回路，产生制动转矩，从而使电动机停止运转。调节 R 的大小来改变励磁电流（制动电流）L_z 即可改变制动转矩。

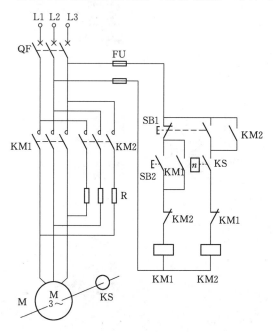

图 8-17 单向运行反接制动控制电路图

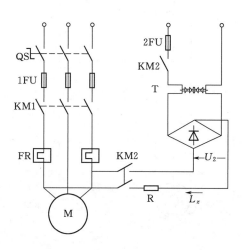

图 8-18 电动机能耗制动接线电路图

8.1.4 三相交流同步电动机

（1）结构。同步电动机一般由定子绕组、端箍、定子铁芯、磁极、励磁绕组、轴承、底板等组成。三相凸极同步电动机结构见图8-19。

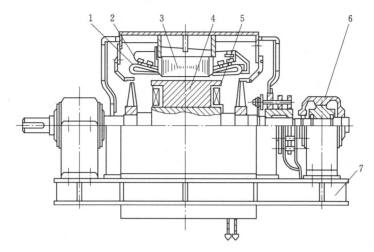

图8-19 三相凸极同步电动机结构图
1—定子绕组；2—端箍；3—定子铁芯；4—磁极；5—励磁绕组；6—轴承；7—底板

（2）启动控制。凸极式同步电机一般磁极面上都嵌有较粗的阻尼条，阻尼条两端用铜条短路。

1）直接启动。同步电动机全电压合闸，此时转子阻尼条中产生感应电流，电机此时如感应电动机般启动运转，转子绕组经灭磁开关常闭触头接入电阻，防止绕组过电压。当电动机达到准同步转速度（95％额定转速）时即合灭磁开关供给励磁，然后牵入同步运行。但能否直接启动主要取决于电机的结构是否允许直接启动，启动的转矩能否满足负载的要求，启动时母线上的电压降的程度。

2）降压启动。同步电动机降压启动即通过电阻、电抗器或自耦变压器（见图8-20），电动机并接到电网上，绕组承受部分电压，开始运转，当加速到一定的转速时，再切换到全压，线路及设备基本与异步电动机相同。

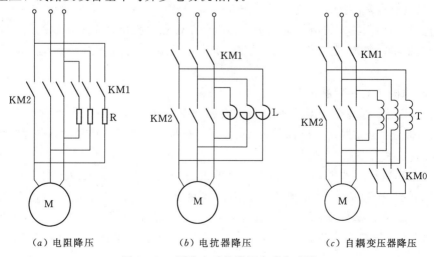

（a）电阻降压　　　　（b）电抗器降压　　　　（c）自耦变压器降压

图8-20 同步电动机降压启动方式图

A. 电阻降压启动见图 8-20（a）。先使启动接触器 KM1 吸合，电动机经限流 R 接到电网上，随着电动机的转速增加，定子电流逐渐下降，电动机端电压逐渐增加，当加速到一定值时，使加速接触器 KM2 吸合，电动机得全电压运行。加速后供励磁的过程同前。

B. 电抗器降压启动见图 8-20（b）。先使启动接触器 KM1 吸合，电动机经限流 L 接到电网上，随着电动机的转速增加，定子电流逐渐下降，电动机端电压逐渐增加，当加速到一定值时，使加速接触器 KM2 吸合，电动机得全电压运行。加速后供励磁的过程同前。

C. 自耦变压器降压启动见图 8-20（c）。先使零位接触器 KM0 吸合，再使启动接触器 KM1 吸合，这时经自耦变压器 T 把降低了的电压接到同步电动机的定子上，当转速加速到一定时，先断开 KM0，电动机经 T 的一部分线圈接到电网上，这时 T 相当一个电抗器，机组继续加速，再后使加速接触器 KM2 吸合，电动机得全压运行。机组继续加速后供励磁的过程同前。

同步电机启动过程励磁电流按空载值整定（工厂提供），进入同步转速后，按要求调节励磁电流，此时电机除带负载外，还可做调相机用。

8.1.5 电动机安装

（1）安装应遵循的原则。

1）有大量尘埃、爆炸性或腐蚀性气体、环境温度 40℃ 以上以及水中作业等场所，应该选择具有合适防护形式的电动机。

2）一般场所安装电动机，要注意防止潮气。当不满足电动机运行条件时，可采用抬高基础或安装换气扇排潮，降低环境湿度。

3）通风条件要良好。环境温度过高会降低电动机的效率，甚至使电动机过热烧毁。

4）灰尘少。灰尘会附在电动机的线圈上，使电动机绝缘电阻降低、冷却效果恶化。

5）安装地点要便于对电动机的维护、检查。

6）接地要牢固可靠。电动机的绝缘如果损坏，运行中机壳就会带电。一旦机壳带电而电动机又没有良好的接地装置，当操作人员接触到机壳时，就会发生触电事故。因此，电动机的安装、使用一定要有接地保护。在电源中性点直接接地系统，机壳同时接中性线保护，在电动机密集地区应将中性线重复接地。在电源中性点不接地系统，应采用保护接地。

（2）电动机与配套装置安装。

1）安装工艺。安装工艺流程是：基础安装→设备开箱清点→安装前的检查→电动机安装→抽芯检查（必要时）→电机干燥（必要时）→控制、保护和启动设备电缆电线安装→试运行前的检查→试运行及验收。

A. 水电站所使用的电动机一般与配套的设备成套供货，到工地即电动机的基础与设备基础为同一个基础，因此基础一般不需要重新设置，基础的面积每边一般比机组底座大 10～15cm，基础顶部应高出地面 10～15cm，基础重量一般为电动机重量的 2.5 倍。较大电动机基础应为钢筋混凝土结构，由设计供图土建施工，设备基础螺栓为二次预埋。

B. 设备拆箱点件。设备开箱清点检查应有安装单位、供货单位、监理单位、建设单位共同进行，并做好记录；按照设备供货清单、技术文件，对设备及其附件、备件的规格、数量进行详细核对；电动机本体、控制和启动设备外观检查应无损伤及变形，油漆应完好；电动机及其附属设备均应符合设计要求。

C. 安装前的检查。盘动转子应灵活，不得有卡阻及碰撞现象；润滑脂的情况正常，无变色、变质或变硬现象。润滑脂性能应符合电动机的工作条件；电动机的引出线端子焊接或压接应良好，编号齐全，裸露带电部分的电气间隙应符合国家对本产品的规定；绕线式电动机应检查电刷的提升装置，提升装置应有良好的启动、运行的标志。电刷与滑环接触良好。

D. 电动机本体的安装。当电动机经检查合格后，且电动机的基础及电源管线已装好，将电动机本体及底座螺丝孔套入电动机基础上的预埋底角螺丝上，采用垫铁方式调整水平，水平合格后按设计要求固定。需要连轴的要使两轴同心（两轴的中心轴线在一条直线上），两联轴器之间保持 2～4mm 的距离。

E. 抽芯检查（必要时）。如果制造厂有要求或现场检查发现有异常需要抽芯检查时，按照制造厂的技术要求进行。

F. 电动机干燥（必要时）。电动机由于运输、保存或安装后受潮，绝缘电阻或吸收比，达不到规范要求，应进行干燥处理；干燥处理应按照制造厂的技术要求进行。

G. 控制、保护和启动设备安装。电机的控制和保护设备安装前应检查是否与电机容量相符，并符合图纸要求；控制和保护设备的安装应按设计图纸进行；电动机、控制设备和所拖动的设备应对应编号。

H. 试运行前的检查。根据接线图核查控制柜、启动柜至现地设备和自动化元件的电缆连接是否正确；测量深井泵电机的绝缘、极性、接线应符合设计和规范要求；二次回路的绝缘情况应符合规范要求；检查各控制柜（箱）、电机的接地应良好牢固；对照图纸检查所控制设备的功能及控制是否满足设计要求；用万用表测量电源电压值是否正常，用相位表测量电压的相序是否正确。

I. 试运行及验收。检查"手/自动"或"现地/远方"切换动作的可靠性及正确性；查看控制回路接线正确，控制功能是否正确，各连锁功能是否有效；电机与机械法兰脱开，将转换开关打至现地，手动操作按钮，点动电机运行，判断电机旋转方向。假如反转应立即换相序。

恢复法兰连接，启动电机，检查电动机和配套设备能否正常运行，用仪表测量启动装置相应的输出是否正确，启动过程是否平稳，启动时间是否满足设计及合同要求。

手动启动正常后，进行自动启动和停机调试。带负载启动和运行试验，电机各部温度、振动、电流应正常。

投入试运行，运行合格后按规程进行验收。

2）电动机安装实例。本例为水泵电机安装，安装内容包括：选择启动及控制设备；电机检查；控制设备检查；电动机安装；磁力启动器安装；配制线管；调试及试运行。

A. 选择启动及控制设备。根据拖动电动机的容量选择启动及控制设备。电动机的型号及规格：JO2-81-2；额定容量40kW；额定电流74.3A；电压380V；△接法；转速2950r/min。根据现场情况采用直接启动方式；导线钢管埋设；控制设备就近安装在墙壁上；电源接自动力配电箱；电气接线原理见图8-21。根据电气原理图选择控制设备及主要材料包括：三相刀闸、磁力启动器、熔断器、焊接钢管、塑料绝缘电缆。

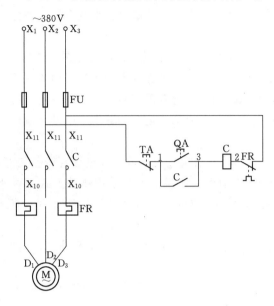

图8-21　电气接线原理图

B. 电机检查。外观良好，无机械损伤；风扇罩良好齐全；转轴转动灵活，轴承无缺油现象；电机及水泵的规格型号符合图纸要求；测电机的绝缘电阻，检查时应用500V兆欧表，检查电机绕组的相与相之间、绕组与外壳之间的绝缘电阻，其绝缘电阻值必须大于3MΩ。对于旧电机或长期库存的电机，其绝缘电阻值可能降低到0.5MΩ，应进行干燥处理；必要时，要抽出转子检查。轴承清洗加油；检查定子绕组有无断路或匝间短路现象。

C. 控制设备检查。磁力启动器的检查：用兆欧表（500V）检查相间、相与外壳之间的绝缘电阻，其绝缘电阻值必须大于3MΩ；三相触头接点烧蚀情况，磁力启动器的动作是否灵活，有无卡壳现象；磁力启动器的规格型号是否符合图纸要求。

D. 电动机安装。40kW电机拖动的水泵，其电机与水泵同时安装在铸铁底盘上，这是水泵出厂时就已经安装好的，安装时只需将铸铁底盘固定在混凝土基础上即可。电机轴与水泵轴的连接是靠联轴器连在一起的，电机轴与水泵轴的校正最简单的方法是用直尺校正，校正时，取下连接螺栓，用直尺测量两联轴器之间的径向间隙a和水平间隙b的尺寸，然后把联轴器旋转180°后，继续测量。如果在各个位置上测得的数值基本相等，说明联轴器校正好了，先暂不连接轴节。

E. 磁力启动器安装。磁力启动器与按钮都安装在水泵附近的墙壁上，磁力启动器及按钮中心安装高度离地面为1.4m左右。

F. 配制线管。根据水泵电机的接线盒及磁力启动器的位置制作线管，在钢管两头应焊接接地螺栓，以备不带电的金属外壳接地用；电缆穿管敷设并压接接线头，测相间和对地绝缘合格。如电机采用△接法只需将电机接线盒内的导电连接片将（1，6）（2，4）（3，5）端子连接好，将电机电源接至（4，5，6）三个端子上即可。

G. 调试及试运行。线路接好，检查无误后方可通电试车。试车前先断开电机电缆头，看磁力启动器动作是否正确，无误后恢复电缆接线，电机试转向（点动）；电机转向正确后空载运行一段时间，运行时检查电机空载电流是否符合要求，有无异常响声，一切正常即可。将与水泵的法兰连接好，带水泵试车。

8.2 变频调速装置

变频调速装置在工业上的应用是针对传统电动机的调速复杂、体积大、噪声大、不节能、运行性差等原因而出现的；变频调速优点明显，整个调速系统体积小、重量轻、控制精度高、保护功能完善、工作安全可靠、操作过程简便、通用性强、使传动控制系统具有优良的性能。

8.2.1 总体构成

变频调速装置总体变频器与电源、电动机关系见图 8-22。变频调速装置的主体是变频器，变频器是变频调速装置的核心设备，变频器介于电源与电动机之间。

变频器结构见图 8-23。主回路的作用是，直接给电动机提供调频电源；控制回路的作用是根据预先设定或由闭环反馈信号来控制主回路，使主回路按一定规律调节电压与频率输出；保护回路则为逆变器的各个部分提供完善的保护，如过流、过载、过电压等故障的保护，使逆变器的工作具有高可靠性。

图 8-22　变频器与电源、电动机关系图

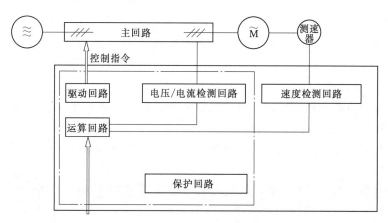

图 8-23　变频器结构图

8.2.2 安装与调试

变频调速装置一般是在制造厂内组装调试合格后和盘柜一起整体出厂的，现场安装和控制保护盘柜安装相同，安装的技术要求可参照第 10 章的相关内容。

变频器现场调试内容包括：控制柜送电检查、模拟调试、带电机空载试验、电机负载试验，正式投运试验。

（1）控制柜送电检查。送电前的安装、接线检查包括：根据设计图纸及技术文件要求，检查柜内控制电源、功能模块及线缆光纤等应连接正确、插接牢靠；回路绝缘良好，变频器及柜体接地线已可靠连接。

控制电源送电后检查内容如下:

1) 接通控制电源开关,检查输入电压幅值及相位应正确,检查变频器输入电压及面板显示,根据使用说明书操作熟悉变频器按键。

2) 检查主控板各数字、模拟输入、输出信号的显示状态。

3) 对远控信号进行测试,以确保接口正确;将主控板上的开关拨至正确位置。

(2) 模拟调试。进行装置的模拟调试:

1) 主回路电源断路器、开关的分合、模拟联动试验。

2) 控制及保护、故障报警信号的正确性检查。

3) 变频器"现地"或"远方"启/停、复位、给定设置操作试验。

4) 柜内冷却风机、照明、电磁锁开关投运检查。

(3) 带电机空载试验。

1) 检查电动机已具备带电运行条件、冷却方式正确、手动盘动灵活,连接变频器输出与电动机主回路,电动机与变速机构断开。

2) 设置变频器初始参数及电机的升降速时间,清除故障历史记录。

3) 以"现地"控制方式启动变频器带电机空载运行,从 5Hz 开始,升速过程中,查找并记录电机的机械共振点,设置跳频参数并作记录;继续逐级升速至额定转速,用示波器观测并记录变频器输出电流波形。

4) 优化变频器参数后,以"远方"控制方式启动变频器空载运行,观察并记录各级电流输出波形,记录电动机温升及三向振动值。

5) 变频器带电机启/停 3 次,运行过程中,监测变频器功率模块及电动机各部位温度。

(4) 电机负载试验。

1) 电动机与负载连接,变频器置"现地"方式运行,逐级升转速至额定,观测并记录变频器输出电流波形及电机三向振动值。

2) 变频器"远方"控制方式,逐步升速至额定,观测记录变频器输出电流波形及电机三向振动值。

3) 变频器带电机启/停 3 次,运行过程中,监测变频器功率模块及电动机各部位温度。

(5) 正式投运试验。变频器正式投运后,运行监测内容包括:监测变频器温度、运行电流、频率、噪声、柜体出风口温度,拖动电动机三相电流、温度、振动、电机轴温及环境温度等。

8.2.3 变频器应用实例

(1) 多台水泵向一水池供水。为节省能源,当用水多时多开泵,用水少时少开泵,用 1 台变频器控制多台水泵电机,除了启动对供电电网冲击小外还有能简化控制系统从而提高可靠性等。以下以 1 台变频器控制 3 台水泵电机向一水池供水作说明。

1) 供水系统结构。供水管网结构见图 8-24,工频交流 380V 电源进入控制柜内经变频器向水泵电机 M1、M2、M3 供水泵电机(其中 M1、M2 为大泵;M3 为小泵),水泵将按控制柜设定向清水池供水,在运行中,水泵的投入运行或退出运行是由清水池水位和用水管网水压力反馈与给定压力比较后由控制柜内变频器发出投入运行或退出运行指令（为了简略，图 8-24 中的排水管网没有画出）。

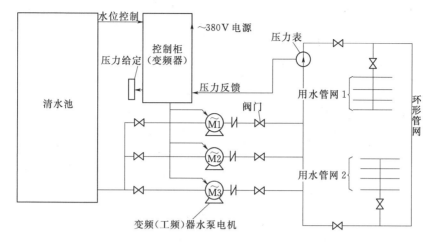

图 8-24　供水管网结构示意图

2）供水系统工作。设备通过安装在供水管网上的高灵敏度压力传感器来检测供水管网在用水量变化时的压力变化，不断向变频器传输变化信号，经过微电脑运算与设定压力比较后，向控制器发出变频率的指令，控制器通过改变频率来改变水泵电机的转速与启动台数，自动调节供水量以保证供水管网压力恒定，从而保证各用水网的需求。

在图 8-24 中，M1、M2 两台变频泵根据供水量的需求进行自动切换，并对新投加的水泵进行变频启动，当两台大泵退出运行（满足休眠条件）时 M3 小泵以变频方式投入运行。

水泵电机控制回路见图 8-25，工作时先由 M1 泵在变频器的控制下工作，当用水量增大时，M1 泵运行已达到了额定频率而水压仍然不足时，经过短时的延时后，将 M1 水泵切换成工频状态工作，同时变频器的频率迅速降到 0 Hz，此时 M2 水泵启动运行在变频状态；当用水量减少时，M1 泵退出运行，M2 泵继续运行，当用水量极小时（满足休眠条件）经过短延时后，M2 泵也退出运行，M3 小泵启动投入运行，以保证用水管网水量极小时压力恒定，从而完成一次性的加减水泵的循环和用水量极小时压力恒定的维持。

（2）双梁桥式起重机控制。某发电厂有两台其结构和电气系统完全一样的 75t/20t 双梁桥式起重机，其结构见图 8-26，主要由主副起升机构、小车运行机构、大车运行机构转动系统、桥机操作控制系统等部分组成。平时两台桥机可以单独运行，当需要抬吊发电机定子时，两台桥机合并为一台。任何一台桥车司机室时都可以控制两台桥机各机构的协调运行，并且也可以单独控制对方桥机各机构的运行。

桥式起重机可编程控制和变频器调速见图 8-27。控制系统由 3 台变频器和可编程控制器模块组成，控制的方式是以程序控制取代继电器—接触控制，电动机调速方式采用变频调速，起重机的电气传动有大车纵向行走电动机 2 台，小车横向行走电动机 1 台，提升电动机 1 台；用 3 台变频器控制 4 台电动机，实现重载启动，变频调速。

桥式起重机控制系统主电路见图 8-28，它主要由 3 台变频器、4 台电动机、3 台电

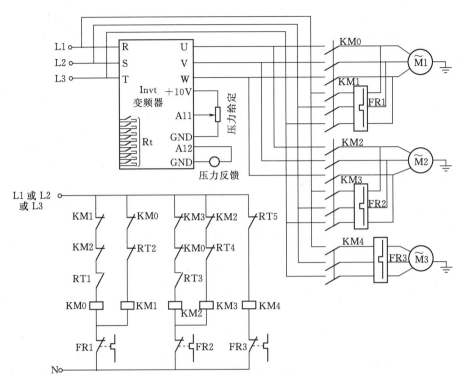

图 8-25　水泵电机控制回路图

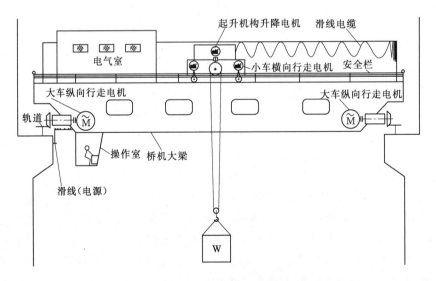

图 8-26　双梁桥式起重机结构示意图

磁制动器、3 个指示灯组成。大车变频器连接有 2 台电动机，小车变频器和起升机构各连接 1 台变频器。3 台电磁制动器，YB1、YB2、YB3 都是断电制动，通电松开。每台变频器都接有 6 个信号输入触点，分别控制变频器的正转、反转、变频器停止输出信号、控制高速频率的电压信号、控制中速频率的电压信号、控制低速频率的电压信号。变频器的接

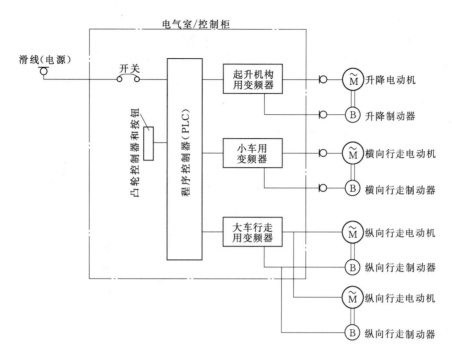

图 8-27　桥式起重机可编程控制和变频器调速示意图

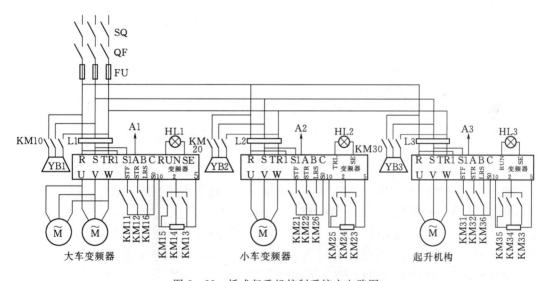

图 8-28　桥式起重机控制系统主电路图

线端子 A 是变频器异常信号输出，3 台变频器的该接线分别用 A1、A2、A3 来表示。变频器的指示灯 HL1、HL2、HL3 分别是 3 台变频器的交流电抗器，它的主要作用是限制冲击电流，改功率因数，滤除高次谐波从而减少不良影响，R1、S1 是变频器控制系统的源输入端。

由于电路中采用变频器，从而使主电路中省去了各个电机的热继电器、熔断器、缺相保护装置；又因变频器具有优良调速性能使主电路中省去了各个电动机转子串电阻调速装置。

桥式起重机大车电气控制原理见图 8-29，实施控制的主要元件是 PLC，被控对象为大车纵向行走，由凸轮控制器来控制实现大车低、中、高速行走，并设有大车行走点动、大车滑行控制（滑行控制具有缓冲震荡、节能的效果）、频器故障信号保护、电磁制动器断电制动等功能。

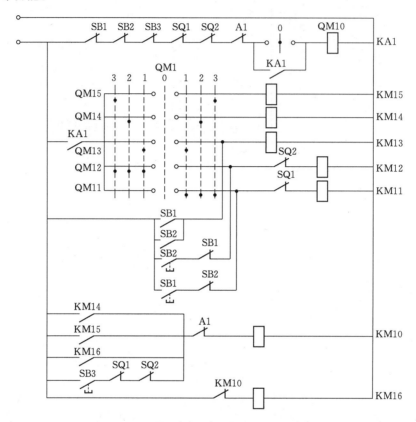

图 8-29　桥式起重机大车电气控制原理图

在图 8-29 中 SB1、SB2 按钮开关是来控制大车正反转点动。电动机的正转、反转高速和中低速都由凸轮控制器 QM1 来控制。凸轮控制器 QM1 向右旋转为正转，大车向右运动，转到第 1 挡为低速，第 2 挡为中速，第 3 挡为高速。向左旋转为反转，以下为 1 挡、2 挡、3 挡等速度挡。继电器 KA1 为零位保护继电器，即防止电源断电后再得电，使电动机自行启动。继电器 KM11 是控制变频器正转的信号，当其得电时，给变频器输入正转信号。继电器 KM12 是控制变频器反转的信号，当其得电时，给变频器输入反转信号。继电器 KM13 是控制变频器变低速的信号，当其得电时，给变频器输入低速挡频率的电压控制信号。继电器 KM14 是控制变频器变中速的信号，当其得电时，给变频器输入中速挡频率的电压控制信号。继电器 KM15 是控制变频器变高速的信号，当其得电时，给变频器输入高速挡频度的电压控制信号。继电器 KM10 是控制电磁制动器是否制动的信号，当其得电时，电磁制动器松开，当其失电时，电磁制动器制动。继电器 KM16 是控制变频器停止输出的信号，当其得电时，变频器停止对电动机输送电能。常闭触点 A1

是变频器故障输出端控制的触点，当变频器运行发生异常时，该触点断开，SQ1、SQ2是限位保护行程开关，SB3是大车滑行控制按钮。

桥式起重机小车电气控制原理见图8-30，实施控制的主要元件是PLC，被控对象为小车横向行走，由凸轮控制器来控制实现小车低、中、高速行走，并设有小车行走点动、频器故障信号保护、电磁制动器断电制动等功能。

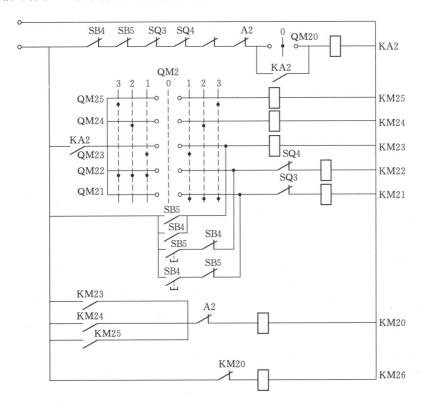

图8-30 桥式起重机小车电气控制原理图

在图8-30中SB4、SB5按钮开关是来控制小车正反转点动。电动机的正转、反转高速和中低速都由凸轮控制器QM2来控制。凸轮控制器QM2向右旋转为正转，小车向前运动，转到第1挡为低速，第2挡为中速，第3挡为高速。向左旋转为反转，以下为1挡、2挡、3挡等速度挡。继电器KA2为零位保护继电器，即防止电源断电后再得电，使电动机自行启动。继电器KM21是控制变频器正转的信号，当其得电时，给变频器输入正转信号。继电器KM22是控制变频器反转的信号，当其得电时，给变频器输入反转信号。继电器KM23是控制变频器变低速的信号，当其得电时，给变频器输入低速挡频率的电压控制信号。继电器KM24是控制变频器变中速的信号，当其得电时，给变频器输入中速挡频率的电压控制信号。继电器KM25是控制变频器变高速的信号，当其得电时，给变频器输入高速挡频度的电压控制信号。继电器KM20是控制电磁制动器是否制动的信号，当其得电时，电磁制动器松开，当其失电时，电磁制动器制动。继电器KM26是控制变频器停止输出的信号，当其得电时，变频器停止对电动机输送电能。常闭触点A2

是变频器故障输出端控制的触点，当变频器运行发生异常时，该触点断开，SQ3、SQ4 是限位保护行程开关。

桥式起重机起升机构电气控制原理见图 8-31，实施控制的主要元件是 PLC，被控对象为起升机构升降，由凸轮控制器来控制实现起升机构低、中、高速升降，并设有升降点动、变频器故障信号保护、电磁制动器断电制动、超载保护等功能。

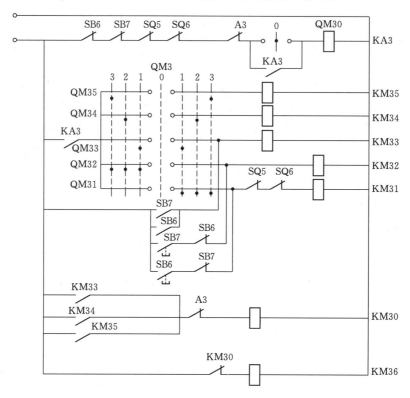

图 8-31　桥式起重机起升机构电气控制原理图

在图 8-31 中 SB6、SB7 按钮开关是来控制起升机构正反转点动。电动机的正转、反转高速和中低速都由凸轮控制器 QM3 来控制。凸轮控制器 QM3 向右旋转为正转，起升机构向上运动，转到第 1 挡为低速，第 2 挡为中速，第 3 挡为高速。向左旋转为反转，以下为 1 挡、2 挡、3 挡等速度挡。继电器 KA3 为零位保护继电器，即防止电源断电后再得电，使电动机自行启动。继电器 KM31 是控制变频器正转的信号，当其得电时，给变频器输入正转信号。继电器 KM32 是控制变频器反转的信号，当其得电时，给变频器输入反转信号。继电器 KM33 是控制变频器变低速的信号，当其得电时，给变频器输入低速挡频率的电压控制信号。继电器 KM34 是控制变频器变中速的信号，当其得电时，给变频器输入中速挡频率的电压控制信号。继电器 KM35 是控制变频器变高速的信号，当其得电时，给变频器输入高速挡频度的电压控制信号。继电器 KM30 是控制电磁制动器是否制动的信号，当其得电时，电磁制动器松开，当其失电时，电磁制动器制动。继电器 KM36 是控制变频器停止输出的信号，当其得电时，变频器停止对电动机输送电能。常闭触点 A3 是变频器故障输出端控制的触点，当变频器运行发生异常时，该触点断开，SQ5

是限位保护行程开关，SQ6 是超载保护程开关。

参 考 文 献

［1］ 李方圆. 变频器原理与维修. 北京：机械工业出版社，2010.
［2］ 冯垛生. 变频器原理及应用指南. 北京：人民邮电出版社，2006.

电缆敷设及电缆终端制作

9.1 简述

9.1.1 电缆分类及型号

（1）电缆分类。电缆按照用途分为电力电缆、控制电缆、通信电缆、消防感温电缆等，水电站施工中最常见的是电力电缆和控制电缆，电力电缆是用于电力传输和分配大功率电能的电缆，控制电缆是用于控制和保护的电缆。

电缆可以有多种分类方法，如按照电压等级分类、按导体芯数分、按导体标称截面积分、按绝缘材料分等。

1）按电压等级分。电缆一般都是按照国标电压等级制造的，由于绝缘材料及结构的不同，使用于不同的电压等级。我国电缆产品的电压等级有 0.6kV/1kV、1kV/1kV、3.6kV/6kV、6kV/10kV、8.7kV/10kV、8.7kV/15kV、12kV/15kV、18kV/20kV、18kV/30kV、21kV/35kV、26kV/35kV、36kV/63kV、48kV/63kV、64kV/110kV、127kV/220kV、190kV/330kV、290kV/500kV 等。330kV 及以上称为超高压电力电缆，1000kV 称为特高压电力电缆。

电压等级用 U_0/U（单位为 kV）两个数字表示，斜杠前的数值是相电压值，斜杠后的数值是线电压值，如 0.6kV/1kV、3.6kV/6kV、6kV/10kV、21kV/35kV、36kV/63kV、64kV/110kV 等。

2）按导体芯数分。电力电缆导体芯数有单芯、2 芯、3 芯、4 芯和 5 芯共五种。一般大截面电力电缆和高压电缆多为单芯，2 芯电力电缆用于传输单相交流电或直流电，3 芯电缆主要用于三相交流电网，在 35kV 及以下各种中小截面电缆在工业系统中得到广泛的应用，2 芯、4 芯、5 芯电缆多用于低压线路。

3）按导体标称截面积分。电力电缆导体是按照一定等级的标称截面积制造的，我国电力电缆标称截面积系列有：$1.5mm^2$、$2.5mm^2$、$4mm^2$、$6mm^2$、$10mm^2$、$16mm^2$、$25mm^2$、$35mm^2$、$50mm^2$、$70mm^2$、$95mm^2$、$120mm^2$、$150mm^2$、$185mm^2$、$240mm^2$、$300mm^2$、$400mm^2$、$500mm^2$、$630mm^2$、$800mm^2$、$1000mm^2$、$1200mm^2$、$1600mm^2$、$2000mm^2$。

4）按绝缘材料分。按绝缘材料分为挤包绝缘电力电缆、油浸纸绝缘电力电缆。挤包绝缘电力电缆包括聚氯乙烯绝缘电力电缆、交联聚乙烯绝缘电力电缆、聚乙烯绝缘电力电缆、橡塑绝缘电力电缆、阻燃电力电缆、耐火电力电缆。挤包绝缘电力电缆制造简单、重量轻，终端和中间接头制作容易，安装敷设简单，维护方便，具有耐化学腐蚀和一定的耐水性，适用于高落差垂直敷设，氯乙烯绝缘电力电缆、聚乙烯绝缘电力电缆多用于 10kV 及以下电缆线路中，交联聚乙烯绝缘电力电缆有 6～500kV 用于输电工程中，橡塑绝缘电力电缆主要是 0.6kV/1kV 级的低压产品。油浸纸绝缘电力电缆是一种早期产品，目前使用较少。

（2）电缆型号。35kV 及以下电力电缆的型号及命名介绍如下。

电缆型号由汉语拼音和阿拉伯数字组成，电缆型号除表示电缆类别、绝缘结构、导体材料、结构特征、铠装层类别、外护层类型，还将电缆的工作电压、线芯数目、截面积大小等分别放在型号后面，电缆型号表示方法如下：

□□□□□□□-□-□×□

第一位——字母，表示电缆类别（用途），K—控制电缆；P—信号电缆；B—绝缘电线；R—绝缘软线；Y—移动式软电缆；H—电话电缆；电力电缆则省略。

第二位——字母，表示绝缘材料（绝缘结构），Z—纸绝缘；V—聚氯乙烯绝缘；Y—聚乙烯绝缘；YJ—交联聚乙烯绝缘。

第三位——字母，表示导体（线芯）材料，T—铜芯（不标注）；L—铝芯。

第四位——字母，表示内护层类型，Q—铅包；L—铝包；V—聚氯乙烯；Y—聚乙烯；H—橡塑护套；F—氯丁橡胶护套。

第五位——字母，表示结构特征，无特征不标注。

第六位——数字，表示铠装层的类型，0—无铠装；1—双层细钢丝；2—钢带；3—细钢丝；4—粗钢丝。

第七位——数字，表示外护层类型，0—无外护套；1—无纤维外被；2—聚氯乙烯外护套；3—聚乙烯护套。

第八位——电压等级，如 10 表示 10kV。

第九位——数字，表示电缆芯数，1—单芯（可省略）；2—2 芯；3—3 芯；4—4 芯；5—5 芯。

第十位——数字，表示电缆截面积，单位为 mm^2。

阻燃电缆在电缆型号前加 ZR，耐火电缆在电缆型号前加 NH。

例如，ZR-YJV22-10-3×120 表示，阻燃特性、交联聚乙烯绝缘、铜芯导体、聚氯乙烯内护套、钢带铠装、聚氯乙烯外护套、10kV、3 芯、电缆截面积 120mm^2。

9.1.2 电缆结构

电缆因品种繁多，主要特性有：导体、导体屏蔽层、绝缘层、绝缘屏蔽层、金属铠装层、电缆外套层等，本节将以水电站工程使用较普遍的一种电力挤包交联聚乙烯绝缘电缆（见图 9-1、图 9-2）为例说明其结构。

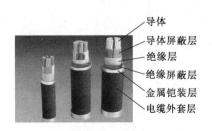

图 9-1 多芯挤包交联聚乙烯（XLPE）
绝缘电缆

图 9-2 单芯挤包交联聚乙烯（XLPE）
绝缘电缆

（1）一般电力电缆结构。

导体：电缆的导体多用纯铜或铝构成，单芯电缆导体完全采用绞合图形紧压线芯，可以减少电缆外径，也有纵向阻水功能导电线芯。

导体屏蔽层：导体的屏蔽由挤包的半导体材料组成，主要改善介电性能，改善介电损失正切值和温度曲线斜率，增加绝缘电气强度，提高它的稳定性，可使工频耐压强度增高12%～15%。

绝缘层：电缆导体屏蔽层外贴紧的是绝缘层，其绝缘层多用聚乙烯、交联聚乙烯等绝缘材料构成，其绝缘层的厚度由电缆的标称电压等级决定。电缆的绝缘层是电缆的主绝缘，它决定着电缆的耐电压水平。

绝缘屏蔽层：绝缘屏蔽由挤包的半导体材料组成，其主要是起均匀电场作用。

金属铠装层：一般均由钢带或镀锌钢丝构成，其主要作用是保护电缆免受机械、化学、磁性等损伤电缆。

电缆外套层：电缆外套层一般由 PVC 和 PE 组成，它将电缆导体及各层绝缘、屏蔽加上护套组成防腐层，防止化学和电化腐蚀。单芯电缆防腐层除起防腐作用外，还必须满足金属护套在一端接地时，耐受护套过电压的要求。

（2）一般电力电缆芯的标记。

通用的颜色标记：

2 芯：红、蓝

3 芯：黄、绿、红

4 芯：黄、绿、红、蓝

数字标记：

2 芯：0、1

3 芯：1、2、3

4 芯：0、1、2、3

5 芯：0、1、2、3、4

多芯：0、1、2、3、4、5、…依此类推。

9.2 电缆保护管制作与预埋

9.2.1 基本要求

（1）电缆管。

1）电缆管内壁应光滑无毛刺。其选择应满足使用条件所需的机械强度和耐久性，且应符合下列规定：

A. 需采用穿管抑制对控制电缆的电气干扰时，应采用钢管。

B. 交流单芯电缆以单根穿管时，不得采用未分隔磁路的钢管。

2）部分或全部暴露在空气中的电缆保护管的选择，应符合下列规定：

A. 防火或机械性要求高的场所，宜采用钢质管。并应采取涂漆或镀锌包塑等适合环境耐久要求的防腐处理。

B. 满足工程自熄性要求时，可采用阻燃型塑料管。

3）地下埋设的保护管，应满足埋深下的抗压要求和耐环境腐蚀性的要求。

4）同一通道的电缆数量较多时，宜采用排管。

5）电缆管管径与穿过电缆数量的选择，应符合下列规定：

A. 每管宜只敷设1根电力电缆。除发电厂、变电所等重要性场所外，对1台电动机所有回路或同一设备的低压电机所有回路，可在每管同时敷设不多于3根电力电缆或多根控制电缆。

B. 管的内径，不宜小于电缆外径或多根电缆包络外径的1.5倍。排管的管孔内径，不宜小于75mm。

6）单根电缆管使用时，宜符合下列规定：

A. 每根电缆管的弯头不宜超过3个，直角弯不宜超过2个。

B. 地中埋管距地面深度不宜小于0.5m；距排水沟底不宜小于0.3m。

C. 并列管相互间宜留有不小于20mm的空隙。

（2）排管。

1）管孔数宜综合考虑适当备用预留。

2）导体工作温度相差大的电缆，宜分别安装在不同排管组，间距满足规范要求。

3）管路顶部土壤覆盖厚度不宜小于0.5m。

4）管路应置于经整平夯实土层且有足以保持连续平直的垫块上；纵向排水坡度不宜小于0.1%。

5）管路纵向连接处的弯曲度，应符合牵引电缆时不致损伤的要求。

6）管孔端口应采取防止电缆损伤的措施。

（3）工作井。较长电缆管路和排管中的下列部位，应设置工作井：

A. 电缆牵引张力限制的间距处。电缆穿管敷设时允许最大管长的计算方法，应符合设计规范的规定。

B. 电缆分支、接头处。

C. 管路方向较大改变或电缆从排管转入直埋处。

D. 管路坡度较大且需防止电缆滑落的必要加强固定处。

9.2.2 施工流程

电缆管以热镀锌钢管和柔性金属管最为常见，金属电缆保护管施工流程见图9-3。

9.2.3 电缆管加工

以下以钢管电缆保护管为例，对施工安装工艺进行说明。

（1）施工准备。

1）确定长度。现场量取有关尺寸，确定保护管长度，引向设备的管口离设备接线盒一般为200～500mm。

2）检查管材。保护管内外表面光滑，无铁屑、毛刺，保护管外表面无穿孔、裂缝及

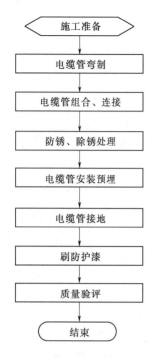

图 9-3　金属电缆保护
管施工流程图

显著锈蚀的凹凸不平现象。

3）施工工器具。准备好切割机、砂轮锯、弯管机、手锤、电焊机、半圆锉等。

（2）电缆管的弯制。弯制模具应严格按管径尺寸选择，用液压弯管机或电动弯管机，按所量尺寸、角度弯制，电缆保护管的弯曲半径一般取管子外径的 10 倍，且不应小于所穿电缆的最小弯曲半径，电缆管在弯制后，不应有裂缝和显著的凹瘪现象，其弯扁程度不大于管子外径的 10%。

每根电缆管的弯头不应超过 3 个，直角弯不应超过 2 个，电缆管如需多个弯头应在中间增加工作井。

（3）电缆管加工。

1）按照施工图纸和现场实测尺寸，测量、画线，用砂轮切割机按照所画的线切割保护管，切割的保护管管口要平齐，用半圆锉刀打磨毛刺、锐边等，并锉成喇叭形。

2）钢管的连接。钢管宜采用带螺纹的管接头连接，连接处可绕以麻丝并涂以铅油。另外也可以采用短套管连接，两管连接时，管口应对准，短套管两端应封焊。所使用的管接头或短套管的长度不小于保护管外径的 2.2 倍，以保证保护管连接后的强度。连接后应密封良好。金属管不得采用直接对焊连接，以免管内壁可能出现的疤瘤而损伤电缆。

（4）除锈、防锈处理。用钢丝刷，将保护管的锈蚀除掉，除锈合格的保护管，涂刷防锈漆和银粉漆，对焊接的部位，也应涂防锈漆和银粉漆。

9.2.4　电缆管安装

根据现场实际情况，对电缆管进行组装。

（1）埋设在混凝土内部的电缆管，在混凝土仓位准备过程中，将加工好的钢管安装敷设并加以支撑和固定，保证管口位置正确，管口伸出收仓混凝土一定高度，保证下次延长工作顺利进行。保护管弯制前应进行清扫，采用铁丝绑上棉纱或破布穿入管内清除脏污，在保证管内光滑畅通后，将管子两端应用铁板或木塞等临时封堵严密，严防渗漏进灰浆。

（2）明敷电缆管。

1）明敷的电缆保护管走向与土建结构平行时，通常采用在建筑结构上安装支架，将保护管装设在支架上。支架应均匀布置，支架间距不宜大于 0 中的数值。如明敷的保护管为塑料管，其直线长度超过 30m 时，需加装伸缩节，以消除由于温度变化引起管子伸缩带来的应力影响。

2）保护管与墙之间的净空距离不得小于 10mm；与热表面距离不得小于 20mm；交叉保护管净空距离不宜小于 10mm；平行保护管间净空距离不宜小于 20mm。

电缆管支持点间最大允许距离见表 9-1。

表 9-1		电缆管支持点间最大允许距离表				单位：mm
电缆管直径	硬质塑料管	钢管		电缆管直径	硬质塑料管	钢管
		薄壁钢管	厚壁钢管			薄壁钢管	厚壁钢管
20 及以下	1000	1000	1500	40～50	—	2000	2500
25～32	—	1500	2000	50～70	2000	—	
32～40	1500	—	—	70 以上	—	2500	3000

3）明敷金属保护管的固定不得采用焊接方法。

4）典型的明敷电缆保护管固定支架见图9-4。

（3）直埋电缆管的埋设深度。自管子顶部至地面的距离，一般地区应不小于0.7m，在人行道下不应小于0.5m，电缆保护管穿过有重型车辆通过的道路或其他场所时，保护管应采用混凝土包封。电缆管应有不小于0.1%的排水坡度。

（4）当多根保护管进入同一控制箱时，保护管应排列整齐，管口高度应一致，管口与控制箱应保持300～500mm的距离，以便金属软管引接，同时方便设备拆装和进出。

（5）保护管接地。

1）利用金属保护管作接地线时，应在有螺纹的管接头处用跳线焊接，并应事先在保护管上焊好接地线然后再敷设电缆，保证接地可靠，同时防止焊接时损坏电缆。

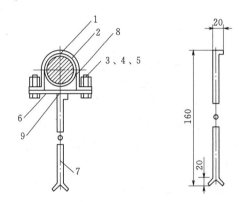

图9-4 明敷电缆保护管
固定支架图（单位：mm）
1—抱箍；2—电缆保护管；3—螺栓；4—螺母；
5—垫片；6—钢板；7—预埋支架；
8—保护管；9—焊接

2）保护管接地扁铁外露部分应涂以15～100mm宽度相等黄绿相间的接地标识漆。

9.2.5 排管和工作井

（1）排管。

1）排管的结构是将预先准备好的管子按需要的孔数排成一定的形式，用水泥浇成一个整体。管子可用钢管、混凝土管、石棉水泥管，也有采用硬质聚氯乙烯管制作短距离的排管。

2）每节排管的长度约为2～4m，按照目前情况和将来的发展需要，根据地下建筑物的情况，决定敷设排管的孔数和管子排列的形式。管子的排列有方形和长方形，方形结构比较经济，但中间孔散热较差，因此这几个孔大多留作敷设控制电缆之用。电缆排管结构见图9-5。

3）排管施工较为复杂，敷设和更换电缆不方便，且散热差影响电缆载流量。但因排管保护电缆效果好，使电缆不易受到外部机械损伤，不占用空间，且运行可靠。当电缆线路回路数较多时，平行敷设于道路的下面，或穿越公路、铁路和建筑物是一种较好的选择。

4）敷设排管时地基应坚实、平整，不得有沉陷。不符合要求时，应对地基进行处理

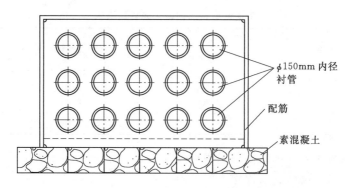

图 9-5 电缆排管结构示意图

并夯实，以免地基下沉损坏电缆。

5）电缆排管孔内径应不小于电缆外径的 1.5 倍，且最小不宜小于 100mm。管子内部必须光滑，管子连接时，管孔应对准，接缝应严密，不得有地下水和泥浆渗入。管子接头相互之间必须错开。

6）排管的埋设深度，自管子顶部至地面的距离，一般地区应不小于 0.7m，在人行道下不应小于 0.5m，在厂房内不宜小于 0.2m。

7）基础施工。排管的基础通常为碎石垫层和素混凝土垫层二层。碎石垫层采用粒径 30～60mm 的碎石或卵石，铺设厚度 100mm，垫层要夯实。素混凝土垫层铺设在碎石垫层上，厚度 100mm，素混凝土基础要振捣密实，及时排除基坑积水，素混凝土基础原则上应一次浇筑完成，如需分段浇筑，应采取预留接头钢筋、毛面、刷浆等措施。

8）排管施工。一般是先建工作井，后建排管，并从一座工作井向另一座工作井顺序排管，管道的间距要保持一致，并用特制的管箍或 U 形垫块将管道固定，垫块不得放置在管子的接头处，上下左右要错开，与管子的接头间距不小于 300mm，排管的水平间距一般为 250mm，上下间距一般为 240mm。排管平面位置应尽可能平直，每节管子允许有少许转角，但相邻的保护管只能向一个方向转角，不允许有 S 形的转弯。

（2）工作井。

1）为了便于检查和敷设电缆，埋设的电缆管其直线段每隔 30m 距离的地方，以及在转弯和分支的地方须设置电缆工作井（见图 9-6）。工作井的深度不小于 1.8m，直径不小于 0.8m。电缆管应朝工作井方向有 0.1% 的排水坡度，电缆中间接头可放在井坑内。

2）工作井的接地。井内的金属支架和预埋铁件应可靠接地，一般做法是在井外对角处或四只边角处，埋设 2～4 根 ϕ50mm×2m 钢管为接地极，深度应大于 0.8m，接地电阻一般不应大于 4Ω。在井内壁以扁钢组成接地网，与接地极用电焊连通。井内金属支架、预埋铁件、与接地网之间用电焊连通。

3）工作井的尺寸。电缆工井按用途分为敷设工作井、普通接头井、绝缘接头井等。平面形状有矩形、T 形、L 形和十字形。工作井的内净尺寸，取决于以下两个因素：一是要包括工作井内接头施工时所需的工作面积；二是要包括电缆在工井内立面弯曲所必需的尺寸。

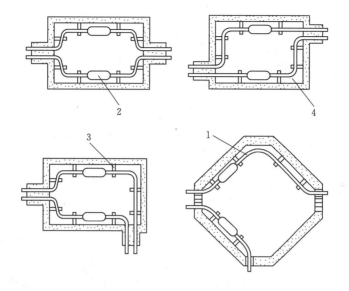

图 9 - 6　电缆工作井示意图

1—电缆；2—电缆中间接头；3—电缆支架；4—电缆井坑

9.2.6　水电站中电缆管埋设特点及埋设注意事项

（1）电缆管埋设工作量大。水电站是一个地上地下相连的庞大建筑群，机电设备多，分布广，大量的动力和控制电缆、光缆需要在建筑群内部安装，为保护好电缆和光缆，需要预埋大量的电缆管。

（2）电缆管埋设需与土建施工同步。水电站主体建筑多为钢筋混凝土结构，在混凝土浇筑期间电缆管的埋设工作必须跟随土建施工同步进行，水电站工程的电缆管埋设工作是随土建工作结束而完工的，机组和公用设备的风水油管路也是同样的要求。

（3）局部电缆管埋设难度大。在水电站的主体建筑中电缆管要穿过纵横交错的钢筋群，如水轮发电机机墩、升船机塔柱混凝土钢筋中有不少的电缆管穿过，在这些小空间埋设电缆管，只能根据实际情况，现场设计，灵活施工，实现目标要求。

（4）水电站电缆管埋设注意事项。

1）由于水电站电缆管埋设工期要按土建进度要求完成，应与本专业的电气接地线埋设工作统一考虑，安排专人负责。

2）当电缆管的路径与其他专业存在交叉，埋设路径与设计图纸不符时，可根据现场实际情况对埋设的路径进行调整，但要求电缆管的起点和终点位置不变，同时路径尽可能短，少拐弯，当无法保证上述要求时，应要求设计增大管径。

3）电缆管经过混凝土分缝采取外加套大于电缆管外径尺寸钢管加以保护。

4）电缆管埋设后应注意半成品和成品保护。水电站工程的土建工期一般较长，而且预埋的部位也特别多，有时一根电缆管可能要经过多个仓位工期需要几个月甚至几年，因此电缆管口部分，要加强巡视保护并进行标识，不仅可以防止混凝土砂浆进入电缆管内，而且可以防止其他专业施工时损伤电缆管。

5）埋设的电缆管拐弯多或电缆埋管过长时，应在管内预穿入钢丝，留作土建工作完成后管道疏通用。

9.3 电缆支架制作及安装

9.3.1 电缆支架种类

水电站厂房及隧道、沟道、竖井内的电缆一般都敷设在电缆支架或桥架上，电缆支架有角钢支架、装配式电缆支架（以上二种支架统称普通支架）、电缆托架及电缆桥架等。

（1）角钢支架。角钢支架制作简便，强度大，一般在现场加工制作，适用于35kV及以下电缆明敷的隧道、沟道内及厂房夹层的电缆支架。主架采用50mm×50mm×5mm的角钢，层架采用40mm×40mm×4mm的角钢，层间距离为150～200mm。角钢电缆支架见图9－7。

（2）装配式电缆支架。20世纪60年代我国开始推广应用装配式电缆支架。这种支架由工厂成批生产，现场安装，对保证施工质量、加快安装进度、节约钢材有显著效果，已在工程中广泛采用。装配式支架适用于中小型工程主厂房及夹层的电缆敷设，以及电缆明敷的沟道、隧道内，不适用于易受腐蚀的环境。装配式支架和格架用薄钢板冲压成型，并冲出需要的孔眼，立柱用槽钢以60mm为模数冲以孔眼。现场安装时，将格架与立柱装配成格，层间距为120mm、180mm、240mm，支架长度一般为200mm、300mm、400mm。装配式电缆支架见图9－8。

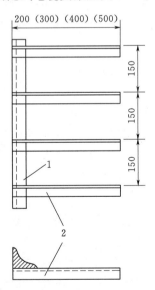

图9－7 角钢电缆支架图（单位：mm）
1—角钢主架；2—角钢层架

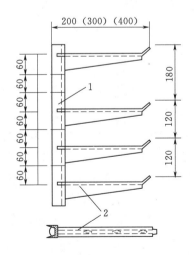

图9－8 装配式电缆支架图（单位：mm）
1—槽钢立柱；2—格架

（3）电缆托架。托架的槽板和横格架（横撑）是用厚度为1.5mm或2.5mm的薄钢板压制成型，然后再将横格架焊在槽板上。工厂制成直线、三通、四通、弯头及曲线格架，运到现场后，再利用连接片、调角片，单立柱、双立柱等部件组装成托架装置。立体式电缆托架及电缆引出装置分别见图9－9、图9－10。电缆托架在工厂分段加工成标准件，编上号码，在现场安装时对号入座，既方便又缩短时间。

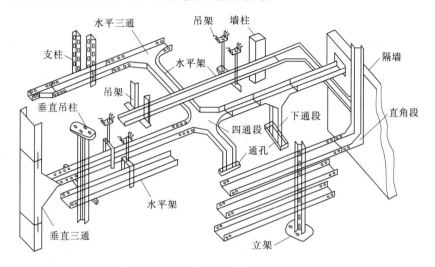

图 9-9　立体式电缆托架示意图

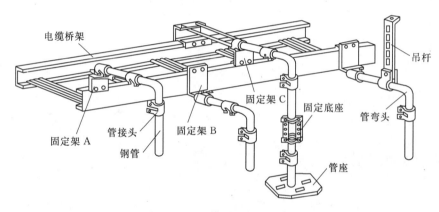

图 9-10　电缆引出装置示意图

（4）电缆桥架。我国 20 世纪 80 年代初期开始生产电缆桥架，很快广泛应用于发电厂、工矿企业、体育场馆及交通等部门。系列电缆桥架有梯架式、托盘式和线槽式三种，其结构和特点如下。

1）梯架式桥架是用薄钢板冲压成槽板和横格架（横撑）后，再将其组装成梯架。直通梯架见图 9-11。

2）托盘式桥架是用薄钢板冲压成基板，再将基板作为底板和侧板组装成托盘。基板有带孔眼的和不带孔眼。托盘式桥架见图 9-12。

3）线槽式桥架的线槽是用薄钢板直接冲压而成。线槽式桥架见图 9-13。

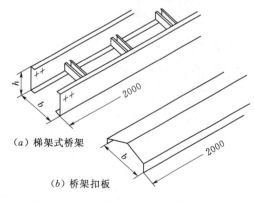

（a）梯架式桥架

（b）桥架扣板

图 9-11　直通梯架示意图（单位：mm）

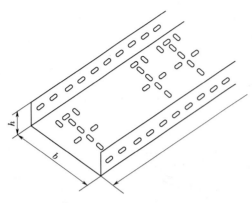

图 9-12 托盘式桥架示意图

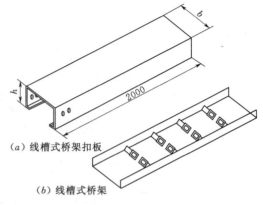

（a）线槽式桥架扣板

（b）线槽式桥架

图 9-13 线槽式桥架示意图（单位：mm）

电缆桥架的主体部件包括立柱、底座、横臂、梯架或槽形钢板桥、盖板及二通、三通、四通弯头等。立柱是支撑电缆桥架及电缆全部负载的主要部件。底座是主柱的固定部件。横臂同立柱配套使用，并固定在立柱上，支撑梯架或槽形钢板桥，梯架或槽形钢板桥用连接螺栓固定在横隔架上；盖板盖在梯形桥或槽形钢板桥上起屏蔽作用，能防尘、防雨、防晒或杂物落入；垂直或水平的各种弯头可改变电缆走向或电缆引上引下。在施工现场利用标准紧固件，可以组装成所需的电缆桥架（见图 9-14）。

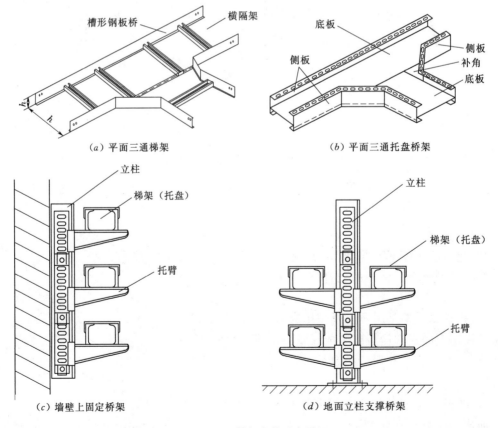

（a）平面三通梯架

（b）平面三通托盘桥架

（c）墙壁上固定桥架

（d）地面立柱支撑桥架

图 9-14 桥架安装示意图

4）电缆桥架的特点。

A. 电缆桥架制作工厂化、系列化，全部经热镀锌，质量容易控制；其结构轻、强度大、安装方便；桥架托臂及梯架横隔架间距离小、无棱角，所以在桥架内放置电缆时，较省力且不会损伤电缆外护层，这样就缩短了电缆施工时间，电缆得到较可靠的保护。

B. 电缆桥架槽较深，一层隔架内，可敷设很多根电缆而不会滑动。电缆在槽内易于排列整齐，无挠度。

C. 装设有盖板的电缆桥架，适用于户外或容易积灰的场所；装设隔板的桥架托臂，适用于受热源影响的电缆线路。

D. 电缆桥架对架空敷设的电缆虽然有很多优点，但桥架耗费钢材较多，成本高，因而它适用于电缆数量较多的大中型工程，以及受通道空间限制又需敷设数量较多电缆的场所。

E. 电缆桥架除钢制桥架外，还有铝合金桥架和玻璃钢（玻璃纤维增强塑料）桥架。铝合金适用于强磁场的环境，玻璃钢桥架适用于易受腐蚀的环境。

9.3.2 角钢电缆支架制作安装

（1）角钢电缆支架制作安装施工流程见图 9-15。

（2）施工准备。

1）技术准备。审阅设计图纸，现场勘察电气设备的安装位置和电缆支架安装的路由；建筑结构类型；预埋件和预留孔洞的位置、尺寸。

2）工器具准备。电焊机、砂轮锯、切割机、扳手、磁力线坠、水平尺、钢卷尺、防护眼镜、防护手套等。

3）材料准备。角钢型号符合设计要求，一般采用 Q235 热轧钢，竖撑采用 50mm×50mm 角钢，水平横撑用 40mm×40mm 角钢，钢材应校直。

（3）支架加工。

1）按设计长度用切割机下料，下料误差应在 5mm 以内。对角钢切口，去除卷边和毛刺。主架在贴沟壁边钻孔（膨胀螺栓固定孔），间距满足表 9-2 的要求。

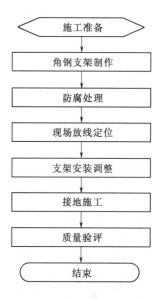

图 9-15 角钢电缆支架制作安装施工流程图

表 9-2	电缆支架的允许间距表		
电 缆 特 征	敷设方式		
	水平/mm	垂直/mm	
未含金属套、铠装的全塑小截面电缆	400	1000	
除上述情况外的中、低压电缆	800	1500	
35kV 以上高压电缆	1500	3000	

2）按支架长度、高度、水平层架间距用 50mm×50mm 角钢制作支架角钢固定模具，防止焊接变形。

3）将已下好料的角钢层架、主架放入制作好的模具中，校正各部位尺寸，确保支架横平竖直、间距准确。

4）将水平层架焊接在主架上，焊接应牢固，焊缝高度不小于5mm，焊缝饱满、不夹渣、无气孔、无显著变形。各横撑间的垂直净距与设计偏差不应大于5mm。

5）电缆支架的层间允许最小距离，当设计无规定时，可采用表9-3的规定。但层间净距不应小于两倍电缆外径加10mm，35kV及以上高压电缆不应小于2倍电缆外径加50mm。

表9-3　　　　　　　　　　电缆支架的层间允许最小距离值

电缆类型和敷设特征		支（吊）架/mm	桥架/mm
控制电缆		120	200
电力电缆	10kV及以下（除6～10kV交联聚乙烯绝缘外）	150～200	250
	6～10kV交联聚乙烯绝缘	200～250	300
	35kV单芯		
	35kV三芯	300	350
	110kV及以上，每层多于1根		
	110kV及以上，每层1根	250	300
电缆敷设于槽盒内		$h+80$	$h+100$

注　h 为槽盒外壳高度。

6）支架全部制作完成后热镀锌防腐，位于湿热、盐雾以及有化学腐蚀地区时，应根据设计作特殊的防腐处理，镀锌后对变形的支架应进行校正，少数处于室内干燥场所的支架也可刷防腐漆处理。

（4）支架安装。

1）支架安装固定有焊接和膨胀螺栓两种方式。当有设计要求时，应按设计要求进行。支架安装前，在电缆沟壁内侧按设计高度、间距，弹出标高控制线、支架位置线，将支架按标高、位置对正，标出钻孔位置，用电锤钻孔，深度以膨胀螺栓长度确定。

2）将膨胀螺栓打入孔中，拧紧螺栓，去掉螺帽、垫片，将支架对正螺栓，加上垫片，拧紧螺帽，使支架紧贴沟壁。为保证在同一平面内，应在偏差大的部位加垫调整。

3）支架遇到沟壁预留洞口、转角处时，间距可做适当调整。

4）电缆支架应安装牢固，并做到横平竖直，各支架的同层应在同一水平上，其高度偏差应不大于5mm。支架沿走向左右偏差应不大于10mm。在有坡度的电缆沟内或建筑物上安装的电缆支架，应有与电缆沟或建筑物相同的坡度。

5）电缆支架最上层及最下层至沟顶、楼板或沟底、地面的距离，当设计无规定时，不宜小于表9-4的数值。

表9-4　　　　　电缆支架最上层及最下层至沟顶、楼板或沟底、地面的距离表

敷设方式	电缆隧道及夹层/mm	电缆沟/mm	吊架/mm	桥架/mm
最上层至沟顶或楼板	300～350	150～200	150～200	350～450
最下层至沟底或地面	100～150	50～100	—	100～150

6）电缆支架在电缆沟道、隧道内安装后，其通道净宽度最小允许值应参考表 9-5 选取。

表 9-5　　　　　　　　电缆沟道、隧道中通道净宽度最小允许值

名　称	电缆沟沟深/mm			电缆隧道 /mm
	≤600	600~1000	≥1000	
两侧支架间净通道	300	500	700	1000
单侧支架与壁间通道	300	450	600	900
高度				1900

7）组装后的钢结构竖井，其垂直偏差不应大于其长度的 2/1000；支架横撑的水平误差不应大于其宽度的 2/1000；竖井对角线的偏差不应大于其对角线长度的 5/1000。

（5）支架接地。普通支架安装完成后，其全长应进行良好的接地，以免电缆发生故障时，危及人身安全。接地一般采用 40mm×4mm 的热镀锌扁钢焊在全长的所有支架上。应三面满焊，焊接长度大于 2 倍的扁钢宽度，焊接处应进行防腐处理，油漆应均匀完整。

9.3.3　电缆桥架安装

（1）电缆桥架施工流程见图 9-16。

（2）进场检验。

1）桥架产品包装箱内应有装箱清单、产品合格证和出厂检验报告，并按清单清点桥架或附件的规格和数量。

2）检查桥架板材厚度应满足表 9-6 要求。

3）桥架外观检查。测量外形尺寸与标称型号规格应一致。热浸镀锌镀层表面应均匀、无毛刺、过烧、挂灰、伤痕、未镀锌等缺陷，螺纹镀层应光滑，桥架焊缝表面均匀，无漏焊、裂纹、夹渣、烧穿、弧坑等缺陷。玻璃钢制桥架色泽均匀，无破损碎裂；铝合金桥架涂层完整，无扭曲变形，表面不划伤。

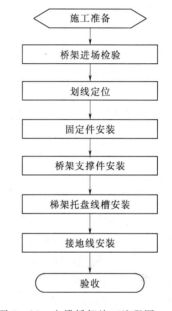

图 9-16　电缆桥架施工流程图

表 9-6　　　桥架板材最小厚度表

桥架宽度/mm	允许最小厚度/mm
<400	1.5
400~800	2.0
>800	2.5

（3）画线定位。根据设计图或施工方案，从电缆桥架始端至终端（先干线后支线）找好水平或垂直线（建筑物如有坡度，电缆桥架应随其坡度），确定并标出支撑物的具体位置。

（4）固定件安装。固定方式采用膨胀螺栓或预埋铁件焊接方式。

1）金属膨胀螺栓安装。适用于 C15 以上混凝土构件及实心砖墙上，不适用空心砖墙或陶粒混凝土砌块等轻型墙体。钻孔直径的误差不得超过 +0.5~-0.3mm；深度误差不

得超过＋3mm；钻孔后应将孔内碎屑清除干净。打孔的深度应以将套管全部埋入墙内或顶板内，表面平齐为宜。用木槌或垫上木块后用铁锤将膨胀螺栓敲入洞内，螺栓固定后，其头部偏斜值不应大于2mm。

2）土建施工时预埋铁件。预埋铁件尺寸不应小于120mm×60mm×6mm，在土建结构施工中进行预埋，预埋铁平面应紧贴模板面，并应固定牢固。

（5）桥架支撑件安装。

1）桥架焊接在预埋铁件上的安装方式，组织人员将预埋在抹面砂浆内预埋铁件清理出来，并用钢丝刷将表面清理干净。在遇到预埋铁件不在同一平面偏差较大时，可适当将立柱加垫找平。

2）槽钢立柱的安装。立柱不论高程如何变化均需垂直于隧道底板方向与预埋铁件焊接。施工时，根据铁板凳预埋情况及相邻桥架安装情况找准基准面，用尼龙线控制水平及前后的平直度，误差控制在±5mm内，对单根立柱用水平靠尺及吊线锤控制左右、前后垂直度误差控制在±5mm内。对局部位置可采用加垫铁的方法调整。焊接时应采用满焊，焊缝应平直光滑，焊接完毕清理完焊渣，先涂刷环氧富锌底漆防锈，再涂刷银粉漆。

（6）梯架、托盘、线槽安装。梯架、托盘、线槽安装同立柱，用螺栓连接。

1）梯架、托盘、线槽用连接板连接，用垫圈、弹垫、螺母紧固，螺母应位于梯架、托盘、线槽外侧。

2）桥架与电气柜、箱接茬时，进线和出线口处应用包脚连接，并用螺栓紧固，末端应加装封堵。

3）桥架经过建筑物的变形缝（伸缩缝、沉降缝）时，桥架本身应断开，槽内用内连接板搭接，一端需固定。

（7）桥架的接地。

1）桥架全长应为良好的电气通路。镀锌制品的桥架搭接处用螺母、平垫、弹簧垫紧固后可不做跨接地线。

2）桥架在建筑变形缝处要做跨接地线，跨接地线要留有余量，跨接地线截面不小于4mm^2。

3）当利用电缆桥架作为接地干线时，桥架全线的伸缩节和软连接处均应用编织铜线连接，铜线截面积不小于16mm^2。

（8）电缆桥架安装质量要求。

1）电缆桥架安装时，要做到安装牢固，横平竖直，沿电缆桥架水平走向的支吊架左右偏差不大于10mm，同层横担高低偏差不大于5mm。

2）金属电缆桥架及其支架和引入或引出的金属电缆导管必须接地可靠，且必须符合下列规定：

A. 金属电缆桥架及其支架全长不应少于2处与接地干线相连接。

B. 非镀锌电缆桥架间连接板的两端跨接铜心接地线，接地线最小允许截面积不小于4mm^2。

C. 镀锌电缆桥架间连接板的两端不跨接接地线，但连接板两端不少于2个有防松螺帽或防松垫圈的连接固定螺栓。

3）直线段钢制电缆桥架长度超过 30m、铝合金或玻璃钢制电桥架长度超过 15m 设伸缩节；电缆桥架跨越建筑物伸缩缝处设置补偿装置。

4）当设计无要求时，电缆桥架水平安装的支架间距为 1.5～3m；垂直安装的支架间距不大于 2m。

5）桥架与支架间螺栓、桥架连接板螺栓固定紧固无遗漏，螺母位于桥架外侧；当铝合金桥架与钢支架固定时，有相互间绝缘的防电化腐蚀措施。

6）缆桥架转弯处的弯曲半径，不小于桥架内电缆最小允许弯曲半径。

7）电缆桥架敷设在易燃易爆气体管道和热力管道的下方，当设计无要求时，与管道的最小净距，符合表 9-7 的规定。

表 9-7　　　　　　　　　　　与管道的最小净距表　　　　　　　　　　单位：mm

管道类别		平行净距	交叉净距
一般工艺管道		400	300
易燃易爆气体管道		500	500
热力管道	有保温层	500	300
	无保温层	1000	500

8）支架与预埋件焊接固定时，焊缝饱满；膨胀螺栓固定时，选用螺栓适配，连接紧固，防松零件齐全。

9.4　电缆运输与保管

（1）电缆及其附件的运输、保管，应符合产品标准的要求。电缆应避免强烈的振动、倾倒、受潮，确保不损坏箱体外表面以及箱内部件。

（2）在运输装卸过程中，不应使电缆及电缆盘受到损伤。电缆盘不应平放运输、平放贮存。

（3）运输或滚动电缆盘前，应保证电缆盘牢固，电缆绕紧。充油电缆至压力油箱间的油管应固定，不得损伤。压力油箱应牢固，压力指示应符合产品技术要求。滚动时应顺着电缆盘上的箭头指示或电缆的缠紧方向。

（4）电缆及其附件到达现场后，应按下列要求及时进行检查：

1）产品的技术文件应齐全。

2）电缆型号、电压、规格、长度和包装应符合订货合同要求。

3）电缆外观不应受损，电缆封端应严密。当外观检查有怀疑时，应进行受潮判断或试验。

4）附件部件应齐全，材质质量应符合产品技术要求。

5）充油电缆的压力油箱、油管、阀门和压力表应完好无损。

（5）电缆及其有关材料贮存应符合下列要求。

1）电缆应集中分类存放，并应标明型号、电压、规格、长度。电缆盘之间应有通道，地基应坚实。

2) 电缆终端瓷套在贮存时，应有防止受机械损伤的措施。

3) 电缆附件的绝缘材料的防潮包装应密封良好，并应根据材料性能和保管要求贮存和保管，保管期限应符合产品技术文件要求。

4) 防火隔板、涂料、包带、堵料等防火材料贮存和保管，应符合产品标准要求。

5) 电缆桥架应分类保管、防止变形。

(6) 电缆盘及包装应完好，标志应齐全，封端应严密。当有缺陷时，应及时处理。充油电缆应定期检查油压，并做好记录，油压不得降至最低值。当油压降至零或出现真空时，应及时处理。

9.5 电缆敷设

9.5.1 电缆敷设的方式

电缆敷设的常用方式，可分为直埋敷设、隧道（廊道）敷设、电缆沟敷设、电缆排管敷设、电缆竖井敷设、电缆吊架（桥架）敷设等。

(1) 直埋敷设。直埋敷设是将电缆线路直接埋设在地面下 0.7~1.5m 深井中，是一种较为经济的敷设方式，施工时间短；缺点是容易受到机械性外力损坏、更换电缆困难、容易受周围土壤化学或电化学腐蚀，一般在临时工程中使用。

(2) 隧道（廊道）敷设。隧道（廊道）敷设是将电缆敷设在地下隧道内，主要用于电缆线路较多和电缆线路较短的场所。具有方便施工、巡视、检修和方便更换电缆等优点；其缺点是投资大、隧道施工期长、且要求有严格防火、通风、照明等设施。

(3) 电缆沟敷设。电缆沟敷设是将电缆敷设在预先砌好或浇制好的电缆沟中的一种敷设方式。它适用于地面承重负荷较轻的电缆线路路径，如人行道、场区内的场地等。这种敷设具有投资省、占地少、走向灵活、能容纳较多条电缆等优点；其缺点是盖板承压强度较差，一般不使用在车行道上，且电缆沟离地面太近，降低了电缆的载流量，容易遭受腐蚀。

(4) 电缆排管敷设。电缆排管敷设是将电缆敷设在预先埋设于地下的管子中的一种敷设方式。通常用于交通频繁、工矿企业地下走廊较为拥挤的地段。优点是土建工程一次完成，其后在同一途径陆续敷设电缆，不必重复开挖道路，不易受到外力损坏。缺点是土建工程投资较大，工期较长，而且因散热不良，易降低电缆载流量，在电缆敷设、检修和更换时不方便。

(5) 电缆竖井敷设。电缆竖井敷设是将电缆敷设在竖井中的一种敷设方式，常用于地下水电站及高层室内变电所作为输电线路的竖井中，主变高压侧用电缆管经竖井送至地面出线场，厂内各层电缆经电缆井上下敷设。

(6) 电缆吊架（桥架）敷设。电缆吊架（桥架）敷设是将电缆敷设在专用的电缆桥架上的一种敷设方式。桥架定型生产，外观整齐美观；可密集敷设大量电缆，能够有效利用空间。

9.5.2 电缆敷设工艺流程

电缆敷设工艺流程见图 9-17。

9.5.3　电缆敷设机具

电缆敷设的方式有多种，常规用人工敷设方式。但高压电缆敷设有以下特点：一是输送距离较长，低压电缆一般不超过 500m，高压电缆的输送距离可能达到 15km；二是高压电缆导体截面积大，绝缘层较厚，外径大，重量重；三是在水电站竖井中的高落差敷设较为常见。基于以上特点，大截面、长距离的高压电缆敷设若采用人力敷设，不仅功效低，而且容易造成电缆的损伤，施工安全不易保证，因此采用机械进行敷设是优选方案。

高压电缆电缆敷设机械有电缆牵引机、履带式电缆输送机、电缆滑车、电缆放线架、电缆牵引头、牵引网套和防捻层、防捻器以及电缆拖车等。

（1）电缆牵引机。也称机动绞磨，是敷设电缆时做牵引用的设备，机动绞磨具有合理的减速机构，其速度恒定，一般为 6m/min，牵引力恒定，并可加装智能控制装置，实现定速度、定扭矩的数字控制。有电动机和柴油机两种动力源，具体施工时可以根据需要选择。电缆牵引机技术参数见表 9-8，电缆牵引机见图 9-18。

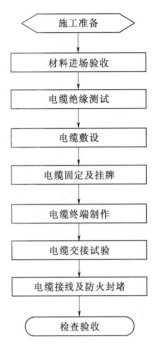

图 9-17　电缆敷设工艺流程图

施工准备 → 材料进场验收 → 电缆绝缘测试 → 电缆敷设 → 电缆固定及挂牌 → 电缆终端制作 → 电缆交接试验 → 电缆接线及防火封堵 → 检查验收

表 9-8　　　　　　　　　　　　　电缆牵引机技术参数表

规格型号	JQY-18	JQY-30	JQY-50
牵引力/kN	18	30	50
最大牵引力/kN	30	40	55
电机功率/kW	3	4	5.5
牵引速度/(m/min)	6	6	6
适用钢丝绳直径/mm	13	15	15
外形尺寸/(mm×mm×mm)	1310×520×480	1430×700×720	1430×700×720

（2）履带式电缆输送机（见图 9-19）。工作原理是通过驱动和制动将电缆压紧在输

图 9-18　电缆牵引机

图 9-19　履带式电缆输送机

送机的上下履带上，得以牵引或制动电缆，适用线径范围大，但单台输送机的牵引力较小，敷设的电缆较短，需要多台配合使用。早期的电缆输送机一般采用滚轮驱动结构。

履带式电缆输送机常见的型号有 JSD-3、JSD-5C、JSD-5B、JSD-8 等，其特点如下。

1）结构采用双立轴驱动，使输送力和重力分别作用在电缆的两个方向上，有利于保护电缆的绝缘层。

2）输送力通过复合履带传递，履带采用高强度耐磨橡胶，使电缆受力均匀，经久耐用，并配备高低可调节滚筒。

3）可按用户要求提供配套产品：JSD 电气控制系统（总控制箱、分控制箱）等，其中总控箱可以控制任意输送机。

履带式电缆输送机技术参数见表 9-9。

表 9-9　　　　　　　　　　　　履带式电缆输送机技术参数表

型号规格	JSD-3	JSD-5C	JSD-5B	JSD-8
输送电缆外径/mm	60～140	70～180	90～180	48～180
额定输送力/kN	3	5	5	8
输送速度/(m/min)	6	6	6	6
对电缆径向夹紧力/kN	可自行调整，最大夹紧力量不小于 2.7			
电机功率/kW	0.37×2	0.75×2	0.75×2	1.1×2
重量/kg	155	185	190	270
外形尺寸/(mm×mm×mm)	920×500×370	1015×585×425	970×485×385	1238×680×475

注　本表为某电缆附件厂的履带式输送机技术参数。

（3）电缆滑车。也称电缆托辊，采用铝合金制造，也有采用工程塑料制造的。在电缆牵引过程中，为了保证电缆悬空，不与地面发生直接摩擦，需要在两台输送机之间布置电缆滑车，抬起电缆。根据使用功能的区别，电缆滑车分为直线滑车、转弯滑车和环形滑车。

1）直线放缆滑车（见图 9-20）布置距离要综合考虑，一般为 3m 左右，以不使电缆同地面发生摩擦为原则。HCL-1、HCL-2 型直线滑车采用铝合金制造，具有强度高，重量轻等特点，适用于外径不大于 180mm 的电缆。

2）转弯放缆滑车（见图 9-21）在电缆转向时起到导向作用，转向滑车的间距根据具体情况布置，以降低对电缆的侧压力，当转角为 90°时，一般布置 4～6 个转向滑车。

图 9-20　直线放缆滑车

图 9-21　转弯放缆滑车

ZCL 型转弯滑车是电缆施工中必不可少的工具，与 HCL 型放缆滑车配套使用，可解决在电缆敷设施工中电缆转弯十分困难且极易损坏电缆绝缘的问题，适用于外径不大于180mm 的电缆。

3）环形放缆滑车（见图 9-22）用于建筑物、沟道、保护管的进出口，为保护电缆不受损伤。WX150 型环形滑车可随同 ZCL 型 转弯滑车和 HCL、HCS 放缆滑车与 JSD 系列电缆输送机配套使用，适用于外径为 50～150mm 的电缆。

（4）电缆放线架。电缆放线架（见图 9-23）是用来支撑大电缆盘，配合电缆滑车、牵引头等进行施工。电缆放线架利用液压千斤顶作为提升动力，机架上部装备自锁式螺纹机构，在电缆盘提升至要求高度后，旋紧手轮就可固定。

图 9-22　环形放缆滑车

图 9-23　电缆放线架

电缆放线架技术参数见表 9-10。

表 9-10　　　　　　　　　　　　电缆放线架技术参数表

规格型号	TJ-5	TJ-10B	TJ-20	备注
提升重量/t	5	10	20	
电缆盘直径/m	1.82～2.45	2.70～3.30	3.45～4.00	

（5）电缆牵引头。电缆牵引头是用于将钢丝绳连接到电缆导体的连接部件。分为单芯和三芯，型号有 JYT-1 和 JYT-2，JYT-1 型是楔锥胀紧式牵引头，只需将 3 根电缆线芯装入胀紧筒内用楔锥楔紧即可，必要时可在胀紧筒内灌铅，将进一步提高拉力；JYT-2 是压紧式牵引头，可直接将电缆线芯压接到牵引杆上即可进行牵引。JYT-1 和 JYT-2 均为防捻结构，可避免电缆和钢丝绳扭转。带环的一端连接电缆。电缆机械拉引的牵引头见图 9-24。

（a）单芯牵引头

（b）三芯牵引头

图 9-24　电缆机械拉引的牵引头

（6）牵引网套和防捻层。牵引网套俗称蛇皮套（见图9-25），用细钢丝编织而成，施工时套在电缆的外护套上，它能在电缆距离不太长，计算牵引力小于电缆护套牵引力时使用。也可用牵引钢丝绳头将钢丝拆股理直后，按图9-25的要求重新编织成网，套于电缆端头上，使用效果较好。

（7）防捻器（见图9-26）。防捻器是为了及时消除牵引钢丝和电缆的扭转应力，在钢丝绳和电缆之间设置一个连接器，连接器两端可以相对旋转。

图9-25 敷设电缆用的钢丝牵引网套　　　　图9-26 防捻器

图9-27 电缆拖车

（8）电缆拖车。俗称电缆炮车，电缆施工中装卸运输电缆线轴的简易型工具，由于电缆拖车的外形极像古代"炮车"，所以很多人称其为"炮车"（见图9-27）。电缆拖车主要用途是布放及运输大型电缆线轴，是一款操作方便、使用安全的电缆放线车。电缆拖车采用齿轮变速技术，使用轻便，操作简单，通过摇动液压机构装卸电缆线盘，大大节省了人力和时间，常用于轻型电缆敷设。受外形限制，主要用于道路两侧电缆沟内的电缆敷设，敷设效率极高。

电缆敷设时，用汽车慢速拖动电缆拖车，电缆沿道路敷设在路面上，然后人力转移到电缆沟内。

常用电缆拖车技术参数见表9-11。

表9-11　　　　　　　　　　常用电缆拖车技术参数表

规格型号	JD02-10T	JD02-8T	JD02-5T	JD02-3T
最大承受重力/t	10	8	5	3
线盘/(m×m)	$\phi3.5×2.1$	$\phi3.5×2$	$\phi2.8×1.45$	$\phi1.8×1.15$

（9）其他工具。主要包括：敷设电缆用的支架及轴、吊链、钢丝绳、大麻绳、绝缘摇表、皮尺、钢锯、手锤、扳手、电气焊工具、电工工具、无线电对讲机。

9.5.4　电缆敷设准备工作

（1）电缆敷设路径检查与准备。

1）敷设电缆前，电缆线路通过的构筑物，应施工完毕。应检查电缆沟及隧道等土建部分的转弯处，其转弯半径不应小于所敷设电缆的最小允许弯曲半径。

2）电缆通道应畅通，清除所有的杂物，排水良好。隧道内照明、通风应符合要求。

（2）电缆检查与准备。

1）核实电缆的型号、规格是否与设计相符合，并按设计和实际路径计算每根电缆的长度，合理安排每盘电缆，减少电缆接头。在度量电缆时，应考虑各种附加长度。电缆敷设的附加长度见表9-12。

表9-12　　　　　　　　　　　　　　　　　电缆敷设的附加长度表

序号	项目	预留长度（附加）	说明
1	电缆敷设弛度、波形弯度、交叉	2.5%	按电缆全长计算
2	电缆进入建筑物	2.0m	规范规定最小值
3	电缆进入沟内或吊架时引上（下）预留	1.5m	规范规定最小值
4	变电所进线、出线	1.5m	规范规定最小值
5	电力电缆终端头	1.5m	检修余量最小值
6	电缆中间接头盒	两端各留2.0m	检修余量最小值
7	电缆进控制、保护屏及模拟盘等	高+宽	按盘面尺寸
8	高压开关柜及低压配电盘、箱	2.0m	盘下进出线
9	电缆至电动机	0.5m	从电机接线盒起算
10	厂用变压器	3.0m	从地坪起算
11	电缆绕过梁柱等增加长度	按实计算	按被绕物的断面情况计算增加长度
12	电梯电缆与电缆架固定点	每处0.5m	规范最小值

2）检查电缆外表面应无损伤；测量电缆的绝缘电阻应良好。

3）三相四线制系统中应采用四芯电力电缆，不应采用三芯电缆另加一根单芯电缆或以导体、金属护套作中性线。

4）为了敷设方便，减少差错，宜在电缆支架、沟道、隧道、竖井的进出口、转弯处和适当部位挂上电缆敷设断面图。

5）冬季气温低，塑料电缆在低温下将变硬、变脆。因此在低温下敷设电缆时，电缆的塑料绝缘容易受到损伤。如果在冬季施工，电缆存放地点温度以及敷设现场的温度均应符合表9-13规定的数值。

表9-13　　　　　　　　　　　　　　　　　电缆最低允许敷设温度表

电缆类型	电缆结构	允许敷设最低温度/℃
橡皮绝缘电力电缆	橡皮或聚氯乙烯护套	-15
	裸铅套	-20
	铅护套钢带铠装	-7
塑料绝缘电力电缆		0
控制电缆	耐寒护套	-20
	橡皮绝缘聚氯乙烯护套	-15
	聚氯乙烯绝缘聚氯乙烯护套	-10

9.5.5　电缆敷设受力计算

（1）电缆允许牵引力。电缆在敷设时需要有较大的牵引力，但是当其超过电缆的允许值时，往往容易拉坏电缆。因此，在设计和敷设施工时，必须计算电缆的牵引力或牵引长度是否超过允许值。虽然电缆路径、牵引力和牵引条件等因素比较复杂，在计算时难于确定，但参照常用的数据，可以大致得出允许的牵引长度和合理的牵引方式、牵引设备布置的位置和牵引设备的容量。

电缆的允许牵引力，根据牵引方法的不同（即电缆结构中受牵引力作用部分的不同）而不同。通常取受力部分材料的抗拉强度的 1/4 左右作为敷设电缆允许的最大牵引强度。电缆最大允许牵引强度值见表 9-14。

表 9-14　　　　　　　　　　　电缆最大允许牵引强度值表　　　　　　　　单位：N/mm²

牵引方式	牵引头		钢丝网套		
受力部位	铜芯	铝芯	铅套	铝套	塑料护套
允许牵引强度	70	40	10	40	7

（2）电缆允许侧压力。有拐弯的电缆线路，在弯曲处的内侧，电缆受到牵引力的分力和反作用力的作用而受压，这种压力称为侧压力。侧压力为牵引力和弯曲半径之比，它与电缆的结构有很大关系。侧压力过大将会压扁电缆，一般 110kV 以上交联电缆在施工中最大侧压力为 3kN/m。

（3）牵引力和侧压力的计算。计算电缆牵引力时，通常将路径较复杂的电缆线路，分解为几种最简单的基本弯曲类型，分别加以计算，最后将各部分的牵引力相加后，即得整段电缆的牵引力。以下列出几条常用的牵引力计算式（9-1）～式（9-4）为

1）水平直线牵引 $T \xleftarrow{\quad} T$ ：

$$T = \mu W L \qquad (9-1)$$

2）倾斜直线牵引 ：

$$T = W L (\mu \cos\theta_1 + \sin\theta_1) \qquad (9-2)$$

3）水平弯曲牵引 ：

$$T_2 = T_1 \varepsilon^{\mu\theta} \qquad (9-3)$$

4）侧压力计算公式：

$$P = T/R \qquad (9-4)$$

以上各式中　　T——牵引力，kg；

　　　　　　　μ——摩擦系数；

　　　　　　　W——电缆每米重量，kg/m；

　　　　　　　L——电缆长度，m；

　　　　　　　θ——倾斜角或弯曲部分的圆心角，rad；

　　　　　　　T_1——弯曲前的牵引力；

　　　　　　　T_2——弯曲后的牵引力；

　　　　　　　R——电缆的弯曲半径，m；

　　　　　　　P——侧压力，kg/m。

各种牵引条件下的摩擦系数见表 9-15。

表 9－15 各种牵引条件下的摩擦系数表

牵引件	摩擦系数	牵引件	摩擦系数
钢管内	0.17～0.19	混凝土管，有水	0.2～0.4
塑料管内	0.4	滚轮上牵引	0.1～0.2
混凝土管，无润滑剂	0.5～0.7	砂中牵引	1.5～3.5
混凝土管，有润滑	0.3～0.4		

由上述牵引力及侧压力计算公式可以看出，牵引力的大小与电缆长度及弯曲半径有关。如要求电缆牵引力与侧压力在一定值范围以内，其长度亦受到限制。同时，在设计电缆线路时，必须对牵引力及侧压力事先加以核算，以免敷设过程中牵引力或侧压力超过允许值。

一般电缆均由电缆盘上进行施放，在牵引电缆时尚需克服电缆盘轴孔和轴间的摩擦力。在孔和轴配合较好的情况下，摩擦力可以折算成 15m 长的电缆重量。在核算总的牵引力时，还需要计入牵引钢丝绳的重量，一般可折算成相当于长 5m 的电缆重量。

（4）牵引力和侧压力计算实例。以三峡水利枢纽工程陈家冲变电所至坛子岭变电所的 35kV 电缆敷设为例，对电缆的牵引力和侧压力进行计算。

根据设计，需从陈家冲变电站接入 2 回 35kV 电源，作为坛子岭 35kV 变电站供电电源，采用 ZR－YJV－1×400 的 35kV 电缆，沿已形成的电缆廊道敷设。从坛子岭变电所至陈家冲变电所电缆廊道沿途需经过多处 90°拐弯，电缆全线分为 4 段，每段平均长度 1200m。

电缆敷设采用机械敷设，钢丝绳牵引头与电缆连接，电缆敷设的基本数据如下：①电缆侧压力为牵引力与弯曲半径之比，塑料护套电缆允许侧压力为 3kN/m。②由于沿线许多 90°拐弯，因而电缆弯曲半径小，按大于 15D，取弯曲半径为 2m，则电缆允许牵引力为 6kN。采用牵引头敷设的电缆允许牵引力为：70N/mm² × 400mm² ＝ 28000N，故电缆的允许牵引力取 6kN。③电缆的重量为 6kg/m。④电缆在电缆滑车上滚动，摩擦系数取 0.2。⑤坡度 θ_1 为现场逐点测量值，转角角度 θ 是根据现场地形，布置滑车的实际值。

1）第一段（D12～D10～A3 段）受力分析及机具布置。

A. 第一段（D12～D10～A3 段）平面见图 9－28。

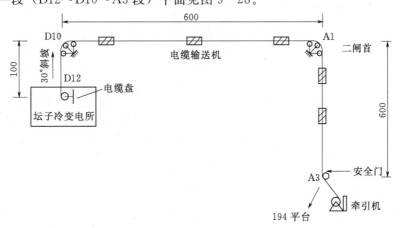

图 9－28 第一段平面图（单位：m）

B. 电缆盘的摩擦力 T 按 15m 长的电缆重量计算为

$$T_{D12} = T = 0.06 \times 15 = 0.9\text{kN}$$

C. D10 处的牵引力为

$$T_{D10} = WL(\mu\cos\theta_1 - \sin\theta_1) + 0.9 = 0.06 \times 100(0.3 \times \cos30° - \sin30°) + 0.9$$
$$= (0.26 - 0.5) \times 6 + 0.9 = -0.54\text{kN}$$

D12～D10 为起始段，不设滑车，摩擦系数取 0.3，为下坡敷设，坡度 θ_1 为 30°，根据计算结果，电缆盘需采取制动措施，抵消向下的电缆自重力。

D. A1 处的牵引力为

$$T_{A1.1} = \mu WL = 0.2 \times 0.06 \times 600 = 7.2\text{kN}$$

$$T_{A1.2} = T_{A1.1}\varepsilon^{\mu\theta} = 7.2 \times \varepsilon^{0.2 \times \frac{\pi}{3}} = 7.2 \times 1.24 = 8.93\text{kN}$$

A1 处的侧压力为

$$P_{A1} = T/R = 8.93/2 = 4.47\text{kN/m}$$

D10～A1 为水平敷设，A1 处转角 $\theta = 60°$。

E. A3 处的牵引力为

$$T_{A3} = T_{A1.2} + T = \mu WL + T_{A1.2}$$
$$= 0.2 \times 0.06 \times 600 + 8.93 = 7.2 + 8.93 = 16.13\text{kN}$$

根据受力分析，D10～A1 沿线需布置 3 台电缆输送机，A1～A2 沿线需布置 2 台电缆输送机，于 A3 处布置 1 台电缆牵引机即可满足要求。

2）第二段（A3～A7 段）受力分析及机具布置。

A. 第二段（A3～A7 段）平面见图 9-29。

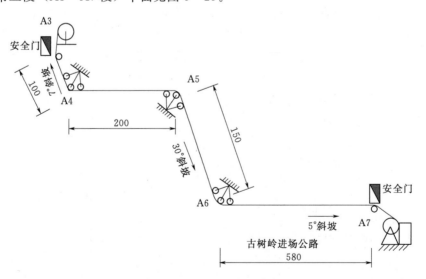

图 9-29　第二段平面图（单位：m）

B. A4 处的受力分析：

$$T_{A4.1} = WL(\mu\cos\theta_1 + \sin\theta_1) + 0.9 = 0.06 \times 100(0.2\cos7° + \sin7°) + 0.9$$
$$= 6 \times (0.2 \times 0.99 + 0.12) + 0.9 = 2.81\text{kN}$$

$$T_{A4.2} = T_{A4.1}\varepsilon^{\mu\theta} = 2.81 \times \varepsilon^{\mu\theta} = 2.81 \times \varepsilon^{0.2 \times \frac{\pi}{3}} = 2.81 \times 1.24 = 3.48\text{kN}$$

A4 处的侧压力为

$$P_{A4} = T/R = 3.48/2 = 1.74\text{kN/m}$$

A3～A4 为上坡段，坡度 $\theta_1 = 7°$，A4 转角 $\theta = 60°$。

C. A5 处的受力分析：

$$T_{A5.1} = T_{A4.2} + \mu WL = 3.48 + 0.2 \times 0.06 \times 200 = 5.88\text{kN}$$

$$T_{A5.2} = T_{A5.1}\varepsilon^{\mu\theta} = 5.88 \times \varepsilon^{0.2 \times \frac{\pi}{6}} = 5.88 \times 1.12 = 6.59\text{kN}$$

A5 处的侧压力为

$$P_{A5} = T/R = 6.59/2 = 3.3\text{kN/m}$$

A4～A5 为 200m 长的水平段，A5 转角 $\theta = 30°$。

D. A6 处的牵引力为

$$T_{A6.1} = T_{A5.2} + WL(\mu\cos\theta_1 - \sin\theta_1)$$
$$= 6.59 + 0.06 \times 150 \times (0.2 \times 0.866 - 0.5) = 6.59 - 2.94 = 3.65\text{kN}$$

$$T_{A6.2} = T_{A6.1}\varepsilon^{\mu\theta} = 3.65 \times \varepsilon^{0.2 \times \frac{\pi}{3}} = 3.65 \times 1.24 = 4.53\text{kN}$$

E. A6 处的侧压力为

$$P_{A6} = T/R = 4.53/2 = 2.27\text{kN/m}$$

A5～A6 为下坡段，坡度 $\theta_1 = 30°$，A6 处转角 $\theta = 60°$。

F. A7 处的牵引力为

$$T_{A7} = T_{A6.2} + WL(\mu\cos\theta_1 - \sin\theta_1)$$
$$= 4.53 + 0.06 \times 580 \times (0.2 \times \cos5° - \sin5°)$$
$$= 4.53 + 34.8 \times 0.11 = 8.36\text{kN}$$

A6～A7 为下坡段，坡度 $\theta_1 = 5°$。

根据以上受力分析可见，由于利用了斜坡，电缆牵引力大大减小。所以，可在 A4～A5 中间布置 1 台电缆输送机，A7 点布置 1 台牵引机即可满足牵引要求。

3）第三段（B3～B1～A7）受力分析及机具布置。

A. 第三段（B3～B1～A7）平面图见图 9-30。

B. B1 点受力分析：以 B2 附近的廊道人井作为电缆施放的始端，T_{B2} 为电缆的摩擦力，为 0.9kN。

B1 点所受牵引力为

$$T_{B1.1} = \mu WL + T_{B2} = 0.2 \times 0.06 \times 300 + 0.9 = 4.5\text{kN}$$

$$T_{B1.2} = T_{B1.1}\varepsilon^{\mu\theta} = 4.5 \times \varepsilon^{0.2 \times \frac{\pi}{3}} = 4.5 \times 1.24 = 5.58\text{kN}$$

B1 处的侧压力为

$$P_{B1} = T/R = 5.58/2 = 2.79\text{kN/m}$$

B2～B1 为水平段，B1 转角 $\theta = 60°$。

C. B 点所受牵引力为

$$T_{B1} = \mu WL + T_{B1.2} = 0.2 \times 0.06 \times 100 + 5.58 = 6.78\text{kN}$$

$$T_{B2} = T_{B1}\varepsilon^{\mu\frac{\pi}{2}} = 6.78 \times 1.37 = 9.29\text{kN}$$

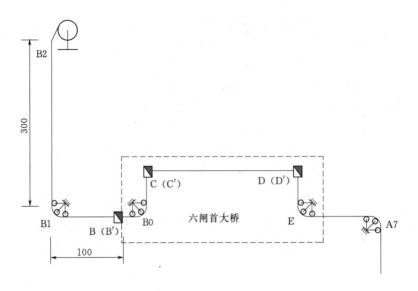

图 9 - 30　第三段平面图（单位：m）

注：B(B′)、C(C′)、D(D′) 垂直高度为3m。

B 处转角 $\theta = 90°$。

由于 B～B′～C～C′～D～D′～E～A7 的 7 段电缆路径短而复杂，工作面窄小，部分段如 B～B′无法布置电缆输送机，机械敷设难以成功，且电缆弯曲半径小，机械敷设很容易损伤电缆，人力敷设，并同机械敷设密切配合，才能完善本段电缆的敷设工作。B、B1各布置一台电缆输送机，于 D 点布置一台人工绞磨，D～E 段、E～A7 段布置人员，共同将电缆牵引到位。

4）第四段（B6～B3）受力分析及机具布置。

A. 第四段（B6～B3）平面图如图 9 - 31 所示。

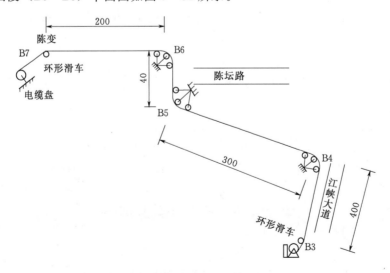

图 9 - 31　第四段平面图（单位：m）

B. B6 点受力分析：

$$T_{B7}=0.9\text{kN(电缆盘的摩擦力)}$$

$$T_{B6.1}=T_{B7}+\mu WL=0.9+0.2\times0.06\times200=3.3\text{kN}$$

$$T_{B6.2}=T_{B6.1}\varepsilon^{\mu\frac{\pi}{2}}=3.3\times1.37=4.52\text{kN}$$

B6 处的侧压力为

$$P_{B6}=T/R=4.52/2=2.26\text{kN/m}$$

B7～B6 为水平段，B6 转角 $\theta=90°$。

C. B5 点受力分析：

$$T_{B5.1}=T_{B6.2}+\mu WL=4.52+0.2\times0.06\times40=5\text{kN}$$

$$T_{B5.2}=T_{B5.1}\varepsilon^{\mu\frac{\pi}{3}}=5\times1.24=6.2\text{kN}$$

B5 处的侧压力为

$$P_{B5}=T/R=6.2/2=3.1\text{kN/m}$$

B6～B5 为水平段，B5 转角 $\theta=60°$。

D. B4 点受力分析：

$$T_{B4.1}=T_{B5.2}+\mu WL=6.2+0.2\times0.06\times300=9.8\text{kN}$$

$$T_{B4.2}=T_{B4.1}\varepsilon^{\mu\frac{\pi}{3}}=9.8\times1.24=12.15\text{kN}$$

B4 处的侧压力为

$$P_{B4}=T/R=12.15/2=6.07\text{kN/m}$$

B5～B4 为水平段，B7 转角 $\theta=60°$。

E. B3 点受力分析：

$$T_{B3.1}=T_{B4.2}+\mu WL=12.15+0.2\times0.06\times400=16.95\text{kN}$$

根据受力分析，于 B7～B6 间布置 1 台电缆输送机，B5～B4 间布置 2 台电缆输送机，B4～B3 间布置 1 台输送机，B3 布置 1 台牵引机，即可完成第 4 段电缆敷设。

9.5.6 电缆敷设方法

电缆敷设方法包括人工敷设和机械敷设两种，施工中应根据现场的实际情况合理选择敷设方法，一般情况采取人工和机械相结合的方法进行电缆敷设。

（1）人工敷设。人工敷设方法需要的施工人员较多，并且人员要定位，电缆从电缆盘上端引出，人工敷设电缆见图 9-32。电缆展放过程中，在电缆盘两侧须有滚动和刹制托盘的操作人员。为了避免电缆在展放中受到拖拉而损伤，电缆应放置在固定位置的滚轮上。

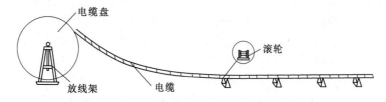

图 9-32 人工敷设电缆示意图

施工前先组织做好施工安全技术交底工作。施工人员的布局应合理，听从指挥者的命令指挥，拉引电缆速度要均匀，相互配合。

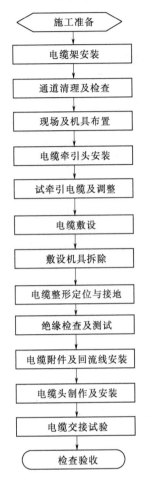

施工准备

↓

电缆架安装

↓

通道清理及检查

↓

现场及机具布置

↓

电缆牵引头安装

↓

试牵引电缆及调整

↓

电缆敷设

↓

敷设机具拆除

↓

电缆整形定位与接地

↓

绝缘检查及测试

↓

电缆附件及回流线安装

↓

电缆头制作及安装

↓

电缆交接试验

↓

检查验收

图 9-33　电缆敷设流程图

（2）机械敷设。当敷设大截面、重型电缆时，宜采用机械敷设方法。机械牵引敷设电缆，分履带式电缆输送机和绞磨机牵引两种方式。履带式电缆输送机是用凹型橡胶带板将电缆夹住进行敷设的一种机械，两侧履带板的压力实际上就是电缆所受的侧压力，同时使电缆受到牵引力的作用。用绞磨机牵引电缆，其牵引方法有直接牵引导电线芯、牵引网套（即牵引电缆护套）和把钢丝绳绑扎于电缆上进行牵引等几种。绞磨机牵引电缆，其方法简便易行，有成熟的经验，使用较为普遍。为了减小电缆的牵引力，对于较复杂的电缆线路，绞磨机可以与履带式输送机配合使用，这时履带式输送机可放置在线路弯曲段的起点，绞磨机布置在线路的终点，这样既降低了牵引力，又可起到降低侧压力的作用。某 220kV 及以上聚乙烯（XLPE）绝缘电缆敷设流程见图 9-33。

（3）电缆敷设原则。

1）通常由位置较高的一端向较低的一端敷设。这样可以减小牵引力，增加电缆敷设长度。

2）由场地较为宽敞，平坦，运输较为方便的一端向另一端敷设。

3）路径较复杂的"咽喉"段宜靠近敷设的终点。

4）按照计算牵引力与侧压力最小的方案选择起始点。

（4）机具布置。根据受力分析及敷设原则确定每段电缆的敷设路径后，即可开始布置机具。

1）所有转弯处布置转角滑车、环形滑车，转角滑车的布置应确保电缆的弯曲半径大于 15D，并且转弯半径应尽可能大；转角滑车采用槽钢、膨胀螺栓等与周围构筑物固定牢固。

2）在敷设起点布置电缆盘。应注意保证电缆盘支架稳固，电缆从电缆盘的上部引出。电缆盘在电缆架上就位后，开始安装电缆盘制动装置，经调试，确保制动效果良好。为确保电缆盘的稳定，采用地锚及拉线固定电缆架，防止倾覆。

3）从牵引机将钢丝绳拉至电缆盘，使钢丝绳受力绷直，观察钢丝绳是否会从各转角滑车处滑脱，否则应对转角滑车位置进行调整。在钢丝绳沿线每隔 3m 布置电缆直滑车，根据受力分析布置电缆输送机。以钢丝绳替代电缆对沿线机具的位置进行调整、固定。

4）机具布置的同时，应布置好牵引机、电缆输送机的各控制箱及控制电源，对控制回路进行接线，并带电调试，再进行整体联动调试。

5）各种机具布置（见图 9-34～图 9-37）。

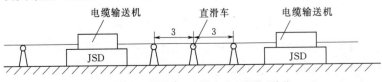

图 9-34　直线段输送机及滑车布置图（单位：m）

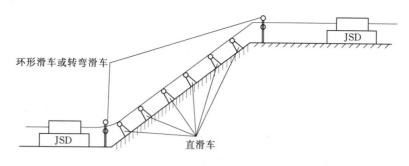

图 9 - 35　斜坡段输送机及滑车布置图

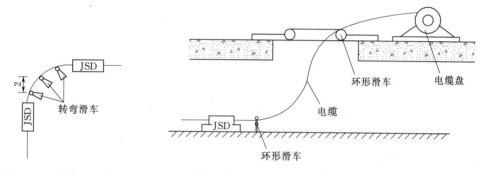

图 9 - 36　转弯段输送机及
滑车布置图（单位：m）

图 9 - 37　电缆廊道进出口输送机及滑车布置图

（5）电缆敷设。

1）根据施工组织，现场设 1 名总指挥，沿线监视分设小组，明确各小组相应的职责，各小组负责人配备手机及无线对讲机等通信工具。

2）各组沿线人员发现情况及时处理，需停机时，由小组负责人及时向总指挥报告，并停机检查。

3）电缆敷设到位后，即组织各组人员从起始点开始将电缆一段一段抬起放置于指定的桥架或支架内，并将电缆整理平直。

4）待电缆全部上桥架后，即安排人员根据设计要求整理和绑扎固定电缆，在起始点，转弯处等挂电缆标志牌，注明电缆型号、起始点、长度。

5）电缆两端及中间接头附近留下足够的备用长度，并仔细检查电缆两端头及外护层无破损，以防在电缆附件安装前潮气浸入。

9.5.7　高落差电缆敷设

由于交联聚乙烯绝缘电缆运用可靠性高，在布置上不受空间位置与高落差的限制，在水电站尤其是新建地下水电站均采用交联聚乙烯绝缘电缆。

（1）高落差电缆敷设的机械防护。高落差电缆敷设时，需解决的关键问题是防止电缆受自重产生过大的拉伸应力、侧压力及电缆扭转。为了适应高落差敷设的要求，电缆产品的绝缘和金属护套都要比普通交联聚乙烯绝缘电缆有所加厚，同时在外护层结构上要增加纵向铠装加强层，以便承受电缆的纵向拉伸应力。在有高落差的运行环境中，金属护套与绝缘半导电层之间的松配合结构会造成电缆绝缘与铝护套之间有较大的位移；因此有的电缆产品采用在金属护套与绝缘半导电层之间增加弹性衬垫的方法，以解决其存在的空隙问题，既不影响电缆的膨胀，电缆绝缘与金属护套之间也不会发生移动，适合于高落差竖井中的敷设。

无论采用何种方法敷设高落差电缆，都要采取相应的措施以保护电缆，不使电缆受到机械损伤。

1）电缆的扭转。电缆的导电线芯、径向加强铜带和轴向加强铜带（或铠装丝）在绕制过程中潜存着扭矩应力，这个应力是使电缆产生扭转（即退扭或松劲）的根源，并决定着电缆绕轴心自转的大小和方向，限制电缆扭转的措施如下。

A. 电缆结构的设计和制造应尽量使扭转应力最小，并采用相应的退扭装置，使电缆的自转角度相应减小。

B. 选择电缆路径时，要尽量减少弯道数，特别是减少与电缆绕制反方向的弯道数对防止扭转是有利的。

C. 在竖井中安装两根与电缆平行的钢丝绳滑道，在电缆上每隔一段距离依次绑扎与电缆垂直的交叉棒。此棒可以在钢丝绳上滑动，到达竖井底部后再依次解开，用以限制电缆的扭转。

D. 采用抗扭钢丝绳牵引电缆，可显著地减小电缆扭转角度。

2）降低电缆径向承受的机械压力。在竖井电缆敷设的过程中，电缆要承受转角处的侧压力，位于竖井口的电缆滑车即成为竖井电缆的悬挂点，当电缆高差较大时，此侧压力可能超过电缆允许值，导致电缆损伤。因此敷设高落差电缆时，需将电缆绑扎于钢丝绳上的敷设方法，从井口每下放 3m 左右即将电缆与钢丝绳捆绑一道，由钢丝绳来承担电缆的重量，这样才能解决电缆不受侧压力的影响。

钢丝绳同电缆的固定连接可有多种方法，如采用一种带钢丝绳夹头的特制抱箍，它可以紧紧抓住电缆而不致滑脱，亦不会卡坏电缆；用绳索将电缆绑扎于钢丝绳上也是一种连接方法，事先可进行绑扎后的拉力试验，以确定捆绑匝数及绳扣的间距等。经验表明，采用 $\phi13mm$ 的钢丝绳，用 $\phi5mm$ 的尼龙绳绑扎，效果很好。

（2）高落差电缆的敷设。高落差电缆敷设时，首先要进行计算，根据敷设电缆的单重计算出竖井中电缆的自重，电缆在竖井口的转弯半径，进而计算电缆牵引机的功率、电缆输送机的数量。

敷设的方法是在竖井的顶部布置电缆盘，布置电缆牵引机 1 台，用于向下恒速敷设电缆，同时布置电缆输送机若干，作用是当牵引机出现故障不能制动时，作为后备制动，防止电缆坠落。电缆输送机与电缆牵引机需同步。钢丝绳采用绳索绑扎在电缆上，使绑扎绳扣都均匀受力。

施工中为保证钢丝绳受力，一般采用电缆下落速度略快于钢丝绳下放的速度。

（3）电缆固定。高落差电缆固定分为挠性固定和刚性固定。挠性固定允许电缆在受热膨胀时产生一定的位移，是沿垂直部位的电缆线路成蛇形波（一般为正弦波形）敷设的形式，由于温度变化而引起电缆的伸缩可自行调节。刚性固定，即两个相邻夹具间的电缆在受到冷缩所产生的轴向力转变为内部压应力。

竖井内电缆的固定必须从竖井底部开始向上进行，布置方式应由制造厂决定。电缆卡应是非磁性材质，使电缆蛇行布置较为容易，因为当下部安装好后，借助上部牵引机调整好电缆长度和蛇形波后，即可安装向上的第二个电缆固定夹。这样操作比较安全、合理。

回流线敷设并固定，回流线换位次数和排列、接地按制造厂要求进行。

9.5.8 电缆敷设的质量要求

（1）一般要求。

1）电缆敷设过程不应损坏电缆沟、隧道、电缆井及人孔井的防水层。沟道、隧道内的排水应畅通。

2）电缆敷设时，电缆应从电缆盘的上端引出，以消除电缆的应力。电缆引出见图9-38。

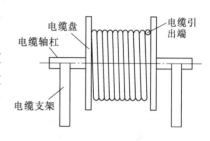

图 9-38 电缆引出示意图

3）用机械牵引敷设电缆时，应有专人指挥，使前后密切配合，行动一致，以防止电缆局部受力过大。机械敷设电缆的速度不超过15m/min，以免拉力过大超过允许强度。在较复杂的路径上敷设电缆时，其速度应适当放慢。机械敷设时电缆最大允许牵引强度不应大于表9-14的数值。

4）敷设时遇有中间接头、终端头以及弯道处应根据实际情况适当留有余量，以作为电缆故障后处理时备用。

5）在电缆线路转弯处敷设过程中，为防止弯曲过度而损坏，电缆的弯曲半径不应小于表9-16的规定或者按厂家规定执行。

表 9-16　　　　　　　　　　　　　电缆最小弯曲半径表

电缆形式		多芯	单芯
控制电缆	非铠装型、屏蔽型软电缆	6D	—
	铠装型、铜屏蔽型	12D	
	其他	10D	
橡皮绝缘电力电缆	无铅包、钢铠护套	10D	
	裸铅包护套	15D	
	钢铠护套	20D	
塑料绝缘电缆缆	无铠装	15D	20D
	有铠装	12D	15D
自容式充油（铅包）电缆		—	20D

注　D 为电缆外径。

6）在电缆中间接头和终端接头处，电缆的铠装、铅包和金属接头盒应有良好的电气连接，使其处于同一电位。

7）电缆支撑点。电缆各支持点间的距离应符合设计规定，当设计无规定时，各支持点间的距离不应大于表9-17中所列数值。

| 表 9 - 17 | 电缆各支持点间的距离表 | | 单位：mm |

电缆种类		敷设方式	
		水平	垂直
电力电缆	全塑型	400	1000
	除全塑型外的中、低压电缆	800	1500
	35kV 及以上高压电缆	1500	3000
控制电缆		800	1000

注 全塑型电力电缆水平敷设沿支架能把电缆固定时，支持点间的距离允许为800mm。

8）并联电缆敷设长度应一致。

9）并列敷设的电缆，有接头时应将接头错开。明敷设电缆的接头应用托板托置固定，直埋电缆的接头盒外面应有防止机械损伤的保护盒。

10）电缆敷设后，应及时整理，做到横平竖直，排列整齐，避免交叉重叠，并及时在电缆终端、中间接头、电缆拐弯处、夹层内、隧道及竖井的两端、井坑内等地方的电缆上挂装标志牌，标志牌上应注明电缆线路编号、电缆型号、规格与起讫地点。标志牌的字迹应清晰不易脱落，标志牌规格宜统一，应防腐，挂装应牢固。

（2）直埋电缆敷设。

1）电缆线路路径上有可能使电缆受到机械性损伤、化学作用、地下电流、振动、热影响、腐蚀物质、虫鼠等危害的地段，应采取保护措施。

2）电缆埋置深度应符合下列要求：电缆表面距地面的距离不应小于0.7m。穿越农田或在车行道下敷设时不应小于1m，在引入建筑物、与地下建筑物交叉及绕过地下建筑物处可浅埋，但应采取保护措施。电缆应埋设于冻土层以下，当受条件限制时，应采取防止电缆受到损坏的措施。

3）电缆之间、电缆与其他管道、道路、建筑物等之间平行和交叉时的最小净距，应符合表 9 - 18 的规定。严禁将电缆平行敷设于管道的上方或下方。

4）高电压等级的电缆宜敷设在低电压等级电缆的下面。

5）电缆与铁路、公路、城市街道、厂区道路交叉时，应敷设于坚固的保护管或隧道内。电缆管的两端宜伸出道路路基两边 0.5m 以上；伸出排水沟 0.5m；在城市街道应伸出车道路面。

6）直埋电缆上下部应铺不小于100mm 厚的软土砂层，并加盖保护板，其覆盖宽度应超过电缆两侧各50mm，保护板可采用混凝土盖板或砖块。软土或砂子中不应有石块或其他硬质杂物。

7）直埋电缆在直线段每隔 50～100m 处、电缆接头处、转弯处、进入建筑物等处，应设置明显的方位标志或标桩。

8）直埋电缆回填土前，应经隐蔽工程验收合格，回填料应分层夯实。

（3）管道内电缆敷设。

1）在下列地点，电缆应有一定机械强度的保护管或加装保护罩：电缆进入建筑物、隧道，穿过楼板及墙壁处；从沟道引至杆塔、设备、墙外表面或屋内行人容易接近处，距

表 9-18　　　　　　电缆之间、电缆与其他管道、道路、建筑物等之间
　　　　　　　　　平行和交叉时的最小净距表　　　　　　　　　单位：m

项　目		平行	交叉
电力电缆间及其与控制电缆间	10kV 及以下	0.10	0.50
	10kV 以上	0.25	0.50
控制电缆间		—	0.50
不同使用部门的电缆间		0.50	0.50
热管道（管沟）及热力设备		1.00	0.50
油管道（管沟）		1.00	0.50
可燃气体及易燃液体管道（沟）		1.00	0.50
其他管道（管沟）		0.50	0.50
铁路路轨		3.00	1.00
电气化铁路路轨	非直流电气化铁路路轨	3.00	1.00
	直流电气化铁路路轨	1.00	1.00
电缆与公路边		1.00	1.00
城市街道路面		1.50	0.70
电缆与 1kV 以下架空线电杆		1.00①	—
电缆与 1kV 以上架空线杆塔基础		4.00②	—
建筑物基础（边线）		0.60	—
排水沟		1.00	0.50

注　1. 当电缆穿管或者其他管道有保温层等防护设施时，表中净距应从管壁或防护设施的外壁算起。
　　2. 电缆穿管敷设时，与公路、街道路面、杆塔基础、建筑物基础、排水沟等的平行最小间距可按表中数据减半。
①　特殊情况时，减小值不得小于 50%。
②　电缆与公路平行的净距，当情况特殊时可酌减。

地面高度 2m 以下的部分；可能有载重设备移经电缆上面的区段；其他可能受到机械损伤的地方。

2）管道内部应无积水，且无杂物堵塞。穿电缆时，不得损伤护层，可采用无腐蚀性的润滑剂（粉）。

3）电缆导管在敷设电缆前，应进行疏通，清除杂物，并应在电缆敷设到位后做好固定和封堵。

4）穿入管中电缆的数量应符合设计要求；大功率交流单芯电缆不得单独穿入钢管内。

5）在 10% 以上的斜坡排管中，应在标高较高一端的工作井内设置防止电缆因热伸缩而滑落的构件。

6）工作井中电缆管口应做好防水措施，防水措施应符合设计要求。

7）电缆敷设完成后，应做好电缆保护措施。

（4）支架、桥架上电缆敷设。

1）在同一隧道或同一桥架上敷设电缆的根数较多时，为了做到有条不紊，敷设前应充分熟悉图纸，弄清每根电缆的型号、规格、编号、走向以及放在电缆架上的位置和大约长度等。施放时可先放截面大的电源干线，再敷设截面小的电缆，尽快将电缆标志牌挂好，这样有利于电缆在支架上合理布置与排列整齐，避免交叉混乱现象。

2）敷设裸铝护套的电缆时，先将电缆施放在靠近电缆支架的地上，待量好尺寸，截断后，再托上支架，以免电缆在支架上拉动时，使铝护套受到损伤。在普通支架上敷设大而长的其他种类电缆时，也应采用上述敷设方法。在桥架上敷设聚氯乙烯护套电缆时，可直接在桥架上拉放，这样既方便，工效又高。

3）多层支架上敷设电缆时，电缆在支架上的排列应符合下列要求：

A. 为了防止电力电缆干扰控制电缆而造成控制设备误动作，防止电力电缆发生火灾后波及控制电缆而使事故扩大，电力电缆与控制电缆不应敷设在同一层支架上。在两边都装有支架的电缆沟内，控制电缆尽可能敷设在无电力电缆的一侧。

B. 同侧多层支架上的电缆应按高低压电力电缆、强电控制电缆、弱电控制电缆顺序分层由上而下排列。但对于较大截面的电缆或高压电缆引入盘柜有困难时，为了满足弯曲半径的要求，也可将较大截面的电缆或高压电缆排列敷设在最下层。

C. 交流多芯电力电缆在普通支架上宜不超过一层，且电缆之间应有 1 倍电缆外径的净距；在桥架上宜不超过 2 层，电缆之间可以紧靠。

D. 同一回路的交流单芯电力电缆应敷设于同侧支架上，当其为紧贴的正三角形排列时，应每隔一定距离用绑带扎牢。

E. 控制电缆在普通支架上敷设时，不宜超过 1 层，桥架上宜不超过 3 层，电缆之间均可紧靠。

F. 对全厂公用性的重要回路厂用供电电缆，宜分开排列在通道两侧支架上。条件困难时，也可排列在不同层的支架上，以保证厂用电可靠。

4）明敷电缆不宜平行敷设于热力设备或热力管道的上面。电力电缆与热力管道、热力设备之间的距离，平行时应不小于 1m，交叉时应不小于 0.5m；控制电缆与热力管道、热力设备之间的距离，平行时应不小于 0.5m，交叉时应不小于 0.25m。当受条件限制不能满足上述要求时，应采取隔热措施。

5）在电缆隧道的交叉口或电缆从隧道的一侧转移到另一侧时，必须使其下部保持一定的净空通道；在电厂主控制楼电缆夹层通道的入口处，其高度应不低于 1.6m，以便运行人员通过。

6）明敷在室内、电缆沟、隧道竖井内带麻护层的电缆应剥除麻护层，对其铠装加以保护。

（5）电缆固定的部位及要求。

1）水平敷设电缆的固定部位是在电缆的首、末端和转弯处，接头的两端，当电缆之间有间距要求时，在电缆线路上每隔 5～10m 处。

2）垂直敷设或超过 45°倾斜敷设电缆的固定部位是在每个支架上、桥架上每隔

2m 处。

3）对水平敷设于跨距超过 0.4m 支架上的全塑电缆的固定部位是在每隔 2～3m 的挡距处。

4）交流系统的单芯电缆或分相铅套电缆分相后的固定夹具不应构成闭合磁路。

5）裸金属护套电缆固定处，应加软衬垫保护，以防金属护套受伤。护层有绝缘要求的单芯电缆，在固定处应加如橡胶或聚氯乙烯等类的绝缘衬垫。

6）电缆固定的方式除交流系统单芯电力电缆外，其他电力电缆可采用经防腐处理的扁钢等金属材料制作夹具进行固定；在易受腐蚀的环境，宜用尼龙绑扎带绑扎电缆固定；桥架上的电缆可采用桥架制造厂配套生产的电缆压板、电缆卡等进行固定。

9.5.9 电缆的防火封堵

电缆是发电厂、升压站设备重要组成部分。电缆在发电厂、升压站内的广布性、电缆的易燃性、电缆着火的串延性、电缆着火后果的严重性，使电缆的防火工作受到了高度重视。在电缆敷设设计时，为防止因电缆本体或由外界火源造成电缆引燃而使火灾事故扩大，应对电缆、电缆构筑物采取有效的防火封堵、分隔措施。

（1）防火封堵原则。

1）对电缆的中间接头和终端部位，电缆通过易燃、易爆、危险品仓库、油箱、油管道以及其他易引发电缆火灾的区域，应重点采取各种电缆防火阻燃措施，以保证电缆安全运行。

2）电缆防火阻燃措施，应按部位的重要性，根据电缆类型、数量和重要程度，区别不同情况和经济上的合理性采取相应的电缆防火阻燃措施，所有防火措施按设计要求施工。

3）中央控制室、主机室、配电装置室的电缆层、电缆通道进出口、布置有电缆的通风廊道等场所，应采取有效的防火分隔和封堵措施，限制火灾事故的扩大。

4）在采用阻燃电缆的工程中，除可免涂防火涂料外，仍应采取其他电缆防火阻燃措施。

5）电缆防火阻燃措施设计除应满足防火要求外，还应考虑工程检修方便，外形整洁、美观的要求。

（2）防火封堵部位。水电站中的以下部位应场区电缆防火阻燃措施。

1）水电厂内所有电缆贯穿的孔洞必须进行防火封堵。

2）在电缆隧（廊）道或斜井的进出口处；交叉、分支处；长距离每隔 60～100m 处，应进行防火分隔处理。隧（廊）道或斜井的防火分隔宜采用阻火墙的方法，阻火墙应符合下列规定。

A. 隧（廊）道出入口、电缆夹层的入口处，应设防火门及防火卷帘，其他部位阻火墙可不设防火门。

B. 电缆隧（廊）道的阻火墙宜用防火封堵材料、防火隔板、防火涂料等防火材料组合构筑。不设防火门的阻火墙应有防止火焰窜燃的措施。

C. 防止火焰窜燃的措施：可在阻火墙两侧不少于 1m 区段所有电缆涂刷防火涂料或缠绕阻燃包带或安装防火隔板。

3）在电缆沟的进出口处；交叉、分支处；长距离每隔约 200m 处，应进行防火分隔处理。电缆沟防火分隔宜采用阻火墙的方法。电缆沟阻火墙应符合下列规定。

A．电缆沟阻火墙宜用防火封堵材料组合构筑。

B．室外电缆沟或室内潮湿、有积水电缆沟的阻火墙应选用具有防水功能的防火材料构筑。

C．靠近带油设备的电缆沟盖板缝隙应密封处理。

4）在电缆夹层、电缆隧（廊）道或多层电缆架（桥架）上的动力电缆上下电缆层之间、动力电缆层与控制电缆层之间宜用防火隔板或防火槽盒作层间分隔。当隧（廊）道同侧敷设有 110kV 及以上电缆时，不同回路之间应用防火隔板进行分割。

5）敷设在电缆架（桥架）上的电缆在分支处和每隔 60～100m 处，应进行防火分隔处理。电缆架（桥架）上防火分隔宜采用阻火段的方法。阻火段若用长度不小于 2m 的防火槽盒构成时，槽盒两端头宜用防火包和有机防火堵料封堵严密，槽盒两端 1m 区段电缆宜涂刷防火涂料或缠绕阻燃包带。

6）电缆穿楼板孔洞应采用防火封堵材料、防火隔板等防火材料组合封堵，封堵厚度宜与楼板厚度齐平。

7）电缆穿墙孔洞应采用防火封堵材料组合封堵，封堵厚度宜与墙体相同。

8）电缆进入盘、柜、屏、台的孔洞应采用防火封堵材料、防火隔板和防火涂料等防火材料组合封堵，洞口一侧电缆宜涂刷防火涂料或缠绕阻燃包带，长度不小于 1m。

9）电缆夹层面积大于 300m² 应进行防火分隔处理，防火分隔宜采用设阻火段的方法。

10）电力电缆中间接头可安装在专用电缆接头保护盒内进行保护，在接头两侧相邻电缆各 3m 区段上涂刷防火涂料或缠绕阻燃包带。

11）对重要回路，电缆单独敷设在专门沟道中或封闭槽盒内。

12）电缆通过易燃、易爆及其有火灾危险的区域，电缆较密集时可敷设在防火槽盒或防火桥架内保护，对少量电缆可采用涂刷防火涂料或缠绕阻燃包带或穿金属管敷设保护。

13）地下厂房内的交通洞、兼有地下厂房通风功能洞室中敷设的电缆数量较多时，应采用有效防火分隔或敷设在防火槽盒内保护。

14）采取电缆防火阻燃措施时，宜先用有机防火堵料包裹在电缆周围，空余部位再用其他防火材料充填，如有必要可用有机防火堵料设置预留孔。

（3）防火封堵材料。防火封堵材料用于封堵各种贯穿物如电缆穿过墙壁、楼板时形成的各种开口以及电缆桥架的防火分隔，具有防火功能，便于更换的材料。按其组成成分和性能特点可分为：无机防火堵料、有机防火堵料和防火包以及其他一些种类。

1）无机防火堵料。以无机材料为主要成分的粉末状固体，无结块，无杂质，与某种外加剂调和使用，具有适当和易性。

2）有机防火堵料。以有机材料为主要成分，具有一定可塑性和柔韧性。

3）防火包。将防火阻燃材料包装制成的包状物体。适用于较大的孔洞的防火封堵或电缆桥架防火分隔（亦称耐火包或阻火包），湿水或受潮后不板结。

4）电缆防火涂料。无板结，搅拌均匀，涂覆于电缆表面，能形成具有防火阻燃保护层的涂料（简称防火涂料）。

5）电缆用阻燃包带缠绕在电缆表面。具有阻止电缆着火蔓延的带状材料（简称阻燃包带）。

6）防火槽盒。用于敷设电缆，能对电缆进行防火保护的槽（盒）形部件，由直线段、弯通及附件等组成，用难燃材料或不燃材料制成，可分为阻燃型槽盒和耐火型槽盒。

7）防火隔板由难燃或不燃材料制作具有难燃性或耐火性能的板材，可用作电缆层之间、通道或孔洞的防火分隔。

8）阻火墙用不燃材料或难燃材料构筑，能阻止电缆着火后延燃的一道墙体，可分为带防火门阻火墙和不带防火门阻火墙（亦称防火墙）。

（4）防火封堵施工。水电站中电缆防火封堵最常见的是电缆廊道的带门防火墙和电缆沟的防火墙（见图9-39）。

1）防火墙砌筑。防火墙砌筑工序：施工准备→砖块砌筑→抹灰→养护。

A. 施工准备包括砖块运抵防火墙施工部位，砂浆机及砂、水泥运抵临时拌和站，搅拌用水准备到位，砂浆配料单通过。

B. 砖块砌筑前浇水湿润，砌筑时表面湿润，但无滴水。砖砌体采用一顺一丁或梅花丁的砌筑形式（见图9-40）。

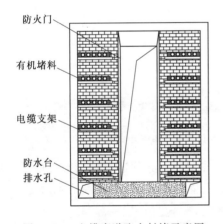

图9-39 电缆廊道防火封堵示意图

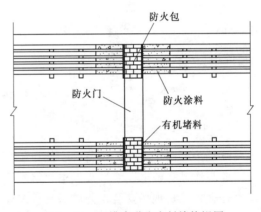

图9-40 电缆廊道防火封堵俯视图

C. 在砖砌体质量检验合格后，开始砌体抹灰施工，抹灰前，清除砖砌体表面的灰尘、污垢和油渍，并洒水润湿。抹灰按照分层赶平、修整、表面压光的工序进行。

D. 砌体完成后，砂浆终凝后派专人洒水养护，保持表面湿润，养护期不少于14d。

2）防火门安装。按照相应的消防规程规范以及制造厂的安装说明书进行。

3）防火封堵材料的安装。电缆敷设完成后，根据设计图的要求进行防火处理。

A. 阻火墙及防火堵料两侧，电缆终端头、中间接头两侧及附近范围3m以内的电缆，采用自黏性防火包带绕包或涂刷防火涂料，涂刷厚度大于1mm。

B. 阻火墙施工。根据设计施工图及厂家说明书进行阻火墙施工，采用阻火包、有机防火堵料构筑，填塞严密，不留缝隙。有电缆穿过阻火墙时，应首先采用有机堵料在电缆与电缆间填塞密实、平整，再用阻火包交叉错缝码放。

C. 孔洞封堵。根据设计文件要求及产品说明书，较大孔洞采用防火隔板作支撑，首先将穿过孔洞的电缆整理后，于其间及四周用有机堵料填密实，剩余空间灌注无机堵料，最后分别把有机、无机堵料处理平整。

9.6 低压电缆终端制作

低压电缆终端制作主要包括电缆终端头、电缆中间接头、电缆分支接头等（以下简称电缆终端），根据安装环境的不同，分为户内式和户外式。电缆敷设好后，为了使其成为一个连续的线路，各段必须连为一个整体，这些连接点称为电缆接头，电缆线路两末端的电缆接头称为电缆终端头（见图9-41），电缆线路中间部位的电缆接头称为电缆中间接头（见图9-42）。

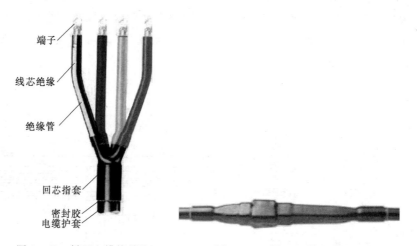

端子
线芯绝缘
绝缘管
回芯指套
密封胶
电缆护套

图9-41 低压电缆终端头   图9-42 低压电缆中间接头

电缆终端头不同于一般的设备，不能在工厂完成制作，必须通过现场敷设电缆之后，逐个在现地制作成完整电缆终端头。电缆终端头的质量是否可靠，由两个方面决定：一是设计是否合理；二是现场安装工艺应满足规范要求。

对电缆终端头的要求主要有四点：一是绝缘性能的要求，要求绝缘强度不低于电缆本体的绝缘；二是密封性的要求；三是机械强度的要求，要能承受短路时的电动应力；四是电气强度的要求，要能经受电气的耐压试验。

9.6.1 低压电缆终端种类及特点

按照不同的制造和安装工艺，低压电缆终端分为热缩式、冷缩式、预制式等电缆附件。

（1）热缩式电缆附件。热缩式电缆附件是目前国内最成熟的电缆附件，性能稳定，适用面广，安装方便。热收缩材料是以橡塑为基本材料，用辐射方法使聚合物的分子交联成网状结构，获得"弹性记忆效应"，经扩张至特定尺寸，使用时适当加热即可回缩至扩张前的尺寸。热缩式电缆附件有如下特性：

1）可用于严寒、湿热、沿海等环境恶劣地区，可安装于户内和户外环境，适用于橡塑绝缘电缆。

2）一套附件可适用几个规格截面的电缆。

3）安装简单，操作方便，效率高。

4）热缩式电缆附件因弹性较小，运行中因热胀冷缩可能产生气隙，为防止潮气入侵，需严格密封。

（2）冷缩式电缆附件。冷缩式电缆附件是电缆附件行业中的新产品，采用机械方法将具有弹性效应的橡塑制件预先扩张，套入塑料骨架支撑，安装时，将其套入芯线，再将骨架抽出，橡塑件迅速缩紧并紧箍于电缆上。冷缩式电缆附件有如下特性：

1）冷缩式电缆附件省去了热缩式电缆附件采用的加热工序，安装更加安全，适应于特殊危险环境安装。

2）安装方便，无需加热设备，只需抽取芯绳，接地采用恒力弹簧，无需焊接。

3）采用预扩张技术，每种规格可适用多种电缆线径。

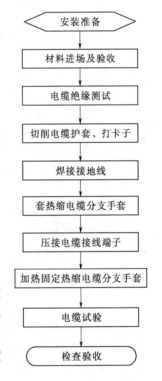

图 9-43 低压电缆热缩终端头制作工艺流程图

4）结构紧凑，多适用于聚乙烯电缆、交联聚乙烯电缆、乙丙橡胶电缆。

5）良好的疏水性，冷缩式电缆附件外绝缘采用硅橡胶，水滴会自动滚落，不会形成导电水膜。

（3）预制式电缆附件。预制式电缆附件又称预制装配式电缆附件，是 20 世纪 70 年代开始使用的新型电缆附件，现在使用比较普遍。

9.6.2 低压电缆热缩终端头制作

（1）施工流程图。低压电缆热缩终端头制作工艺流程见图 9-43。

（2）施工准备。

1）材料准备。

A. 主要材料。电缆终端分支套、热缩管、接线端子、镀锌螺栓、电力复合脂等材料，热缩管应分黄、绿、红、蓝、黑五色，所用材料要有出厂合格证。

B. 塑料带应分黄、绿、红、黑四色，各种连接件等应镀锌良好。

C. 地线采用镀锡铜编织带。

2）工器具准备。主要包括：钢锯、扳手、钢锉、螺丝刀、电工刀、电工钳、斜口钳、液压钳、钢卷尺、1000V 兆欧表、万用表、热风枪、电烙铁等。

3）作业条件。

A. 电气设备安装完毕，电缆头制作应由持有电缆工操作证的人员进行。

B. 现场应清洁、干燥。室外制作电缆头时，应在气候良好的条件下进行，并有防雨、防尘措施。

C. 电缆敷设并整理完毕，核对无误。

4）技术准备。施工方案编制完毕并经审批，已向操作工人进行安全、技术交底。

（3）施工工艺。

1）准备工作：准备材料和工具，核对电缆型号、规格，检查电缆是否受潮。

2）电缆绝缘摇测：用 500～1000V 兆欧表，对低压电缆进行绝缘摇测，绝缘电阻应大于 10MΩ，如不符合要求，检查电缆是否受损或受潮；绝缘摇测完毕后，应将芯线分别对地放电。

3）剥切铠装层、打卡子。

A. 芯线绝缘合格后，根据电缆与设备连接的具体尺寸，确定剥除护层长度，先打钢带卡子二道，剥除外护套。

B. 剥电缆铠装钢带，用钢锯在第一道卡子向上 3～5mm 处，锯一环形深痕，深度为钢带厚度的 2/3，不得锯透。

C. 用螺丝刀在锯痕尖角处将钢带挑起，用钳子将钢带撕掉，然后用钢锉将钢带毛刺去掉，使其光滑。

D. 将地线的焊接部位用钢锉处理，以备焊接。

E. 在打钢带卡子的同时，将接地线一端卡在卡子里。

F. 利用电缆本身钢带做卡子，采用咬口的方法将卡子打牢，防止钢带松开，两道卡子的间距为 15mm。电缆接地线安装见图 9-44。

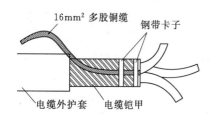

图 9-44 电缆接地线安装图

4）接地线焊接。接地线宜采用镀锡铜编织带，截面积应符合规定，长度根据实际需要而定。将接地线用锡焊焊接于钢带上，焊接应融合，不应有虚焊现象。

5）套电缆分支手套。用填充胶填堵线芯根部的间隙，然后选用与电缆规格、型号相适应的热缩分支手套，套入线芯根部，均匀加热手套使手套收缩。

6）压接接线端子。

A. 按相别留足电缆头至设备接线端子长度，再量取接线端子孔深加 5mm 作为剥切长度，剥去电缆芯线绝缘，将接线端子内壁和芯线表面擦拭干净，除去氧化层和油渍，并在芯线上涂上电力复合脂。

B. 将芯线插入接线端子内，调节接线端子孔的方向到合适位置，用压线钳压紧接线端子，压接应在两道以上。

7）固定热缩管。

A. 用填充胶填满接线端子根部裸露的间隙和压坑。

B. 将热缩管套入电缆各芯线与接线端子的连接部位，用热风枪沿轴向加热，使热缩管均匀收缩，包紧接头，加热收缩时不应产生褶皱和裂缝。1kV 热缩终端见图 9-45。

8）连接设备。将已制作好终端头的电缆，固定在预先做好的电缆头支架上，并将芯线分开。根据接线端子的型号选用螺栓，将电缆接线端子压接在设备上，注意应使螺栓由下向上或从内向外穿，平垫和弹簧垫应安装齐全。

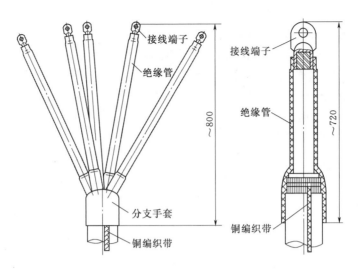

图 9 - 45　1kV 热缩终端示意图（单位：mm）

（4）质量要求。

1）电缆终端头的制作安装应符合规范规定，绝缘电阻合格，芯线对地及相间耐压合格。电缆终端头固定牢固，芯线与线鼻压接牢固，线鼻与设备螺栓连接紧密，相序正确，绝缘包扎严密。

2）电缆接线必须准确，并联运行电线或电缆的型号、规格、长度、相位应一致。

3）电缆终端头的支架安装应符合规范规定。支架的安装应平整、牢固，成排安装的支架高度应一致，偏差不应大于 5mm，间距均匀、排列整齐。

9.6.3　低压电缆热缩中间接头制作

低压电缆热缩中间接头制作与低压电缆终端头的制作有相同之处，如准备工作，电缆绝缘摇测、电缆护套切削等，以下对低压电缆热缩中间接头制作工艺进行说明。1kV 热缩中间接头见图 9 - 46。

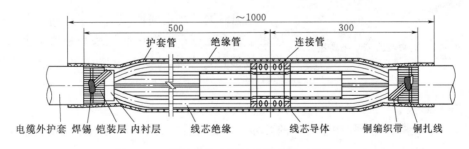

图 9 - 46　1kV 热缩中间接头示意图（单位：mm）

（1）电缆中间接头制作准备。校直两根电缆端头，确定电缆接头的中心位置并做好标记。

（2）按照说明书中的尺寸确定切削保护层的长度，削去外护套，在切口处保留 20mm 的钢带，用钢丝将保留的钢带绑扎两道，将其余钢带剥除，最后去除电缆内护套及填充物。

（3）削除电缆的绝缘层，套上电缆中间接头的绝缘热缩套管。

（4）连接导体。采用与导体相应规格的连接管，使两导线端处在压接管中，用压接的方法将两根电缆连接起来。注意相色应一致。

（5）将导线绝缘热缩套管移至接头中间，加热收缩绝缘管，用铜编织带连接好两根电缆的铠装层，使两端连通。

（6）将外护套管移至接头中间，加热收缩外护套管。

（7）施工要点。

1）低压电缆中间接头应使用与电缆线径、材质相对应的接续管。

2）按原相序进行对接，接续管与导体压接前应加导电膏，接续管中两导体之间应接触良好。

3）压接时应使用相对应电缆型号的压模，压口数量应符合厂家技术文件要求，每一个接续管一般不得少于 4 个压口。

4）接头应密封良好。

9.7　高压电缆终端制作

随着科学技术的进步，新材料、新工艺不断出现，目前水电站中广泛使用 YJV 交联聚乙烯绝缘高压电缆，已取代以往的油浸纸绝缘电力电缆，500kV 电压等级的交联聚乙烯绝缘高压电缆现在已经在很多水电站普遍使用。交联聚乙烯绝缘高压电缆线芯断面见图 9-47。

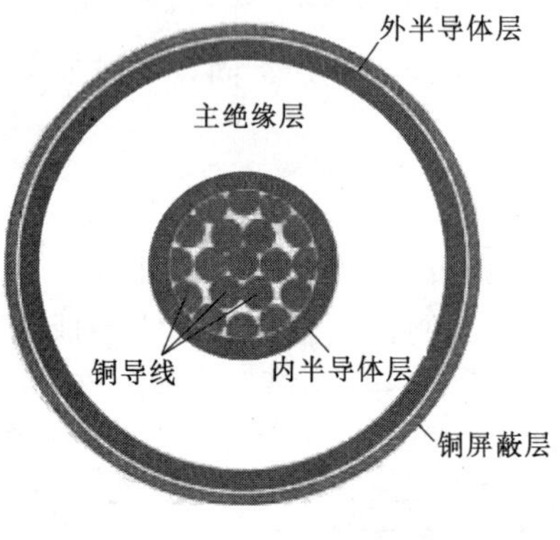

图 9-47　交联聚乙烯绝缘高压电缆线芯断面图

交联聚乙烯绝缘高压电缆头一般分为热缩式、预制式、冷缩式和套管式几种形式，套管式电缆头多用于 110kV 及以上高压电缆；按照安装部位可分为户内、户外以及终端头、中间接头。

电缆终端是将电缆两端头加绝缘密封件，使其能正常带电运行；电缆中间接头是将两根电缆连接起来的部件；电缆终端头与中间接头统称为电缆附件。

9.7.1　基本要求

电缆终端头是电缆线路中最薄弱的部分，其安装质量的好坏是电缆线路能否安全运行的关键。

（1）电缆头在安装时要做好防潮措施，不应在雨天、雾天、大风天做电缆头，在室外制作时应搭设临时帐篷，严格控制施工现场的温度、相对湿度、清洁度，平均气温低于 0℃时，电缆应预先加热。

（2）施工中要保证清洁。操作人员要带医用手套，工器具、材料应保持干净；电缆终端施工场地应进行清理，应配备必要的除尘、通风、照明、除湿、消防设备，提供充足的施工用电。

（3）所用电缆附件应预先试装，检查附件规格是否与电缆一致，各部件是否齐全；检查出厂日期，包装密封性。

（4）检查电缆外层和本体的绝缘，应符合有关规范要求。在电缆终端上找出色相标志，避免三芯电缆中间接头上芯线交叉。

（5）敷设完成的电缆头做好密封，防止受潮。

（6）电缆中间接头处，电缆要留有余量及存放余量电缆的部位。

（7）应仔细阅读附件厂家提供的工艺手册与施工图纸，做好工器具准备、附件材料开箱验收检查核对等工作。

9.7.2 高压电缆终端制作工艺流程

（1）35kV 及以下交联电缆终端头制作流程见图 9-48。

（2）35kV 及以下交联电缆中间接头制作流程见图 9-49。

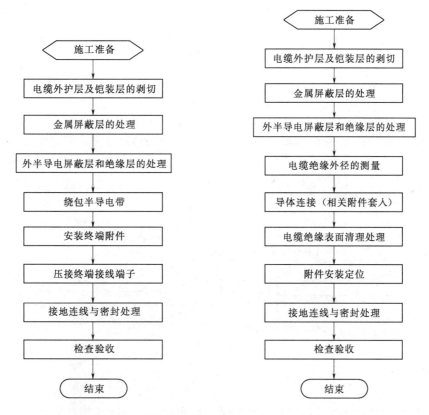

图 9-48　35kV 及以下交联电缆终端头制作
流程图

图 9-49　35kV 及以下交联电缆中间接头
制作流程图

（3）110kV 及以上交联电缆头制作流程见图 9-50。

9.7.3 热缩式高压电缆终端制作

适用于 35kV 及以下三芯交联高压电缆的热缩式电缆终端头制作。

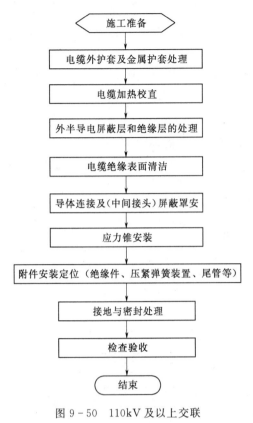

图 9-50 110kV 及以上交联
电缆头制作流程图

注：应力锥用于套管式终端头，对于预制绝缘件，
应力锥和绝缘件安装成一体。

（1）终端头。

1）剥外护套。为防止钢铠松散，应先在钢铠切断处线头端把外护层剥去一圈，做好卡子，用铜丝绑紧钢铠及接地线，并焊妥钢铠接地线，剥接线端外护套。

2）锯钢铠。上一步完成后，在卡子边缘（无卡子时为铜丝边缘）顺钢铠包紧方向锯一环形深痕（不能锯断第二层钢铠，否则会伤到电缆），用一字螺丝刀撬起（钢甲边断开），再用钳子拉下并转松钢铠，除去钢铠带，处理好锯断处的毛刺。

3）剥内护绝缘层。注意保护好相色标识线，保证铜屏蔽层与钢铠之间的绝缘。

4）焊接铜屏蔽层接地线。把内护层外侧的铜屏蔽层上的氧化物去掉，涂上焊锡。把附件的接地扁铜线（分成三股），在涂上焊锡的铜屏蔽层上绑紧，处理好绑线的头，再用焊锡与铜屏蔽层焊牢。

终端（中间）头接地线安装方法见图9-51，外护套防潮段表面一圈要用砂皮打毛，涂密封胶，以防止水渗进电缆头。屏蔽层与钢甲两接地线要求分开时，屏蔽层接地线要做好绝缘处理。

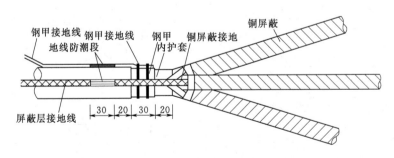

图 9-51 终端（中间）头接地线安装方法图（单位：mm）

5）铜屏蔽层处理。在电缆芯线分叉处做好色相标记，按电缆附件安装说明书，正确测量好铜屏蔽层切断位置，用焊锡焊牢（防止铜屏蔽层松开），在切断处内侧用铜丝扎紧，沿扎紧铜丝用刀划一浅痕（注意不能划破半导体层），慢慢将铜屏蔽带撕下，最后解掉扎紧铜丝。

6）剥半导电层。在离铜带断口10mm处为半导电层断口，断口内侧包一圈胶带作标记。

A. 可剥离型在预定的半导电层剥切处（胶带外侧），用刀划一环痕，从环痕向末端划两条竖痕，间距约 10mm。然后将此条形半导电层从末端向环形痕方向撕下（注意，不能拉起环痕内侧的半导电层！），用刀划痕时不应损伤绝缘层，半导电层断口应整齐。检查主绝缘层表面有无刀痕和残留的半导电材料，如有应清理干净。

B. 不可剥离型从芯线末端开始用玻璃刮掉半导电层（也可用专用刀具），在断口处刮一斜坡，断口要整齐，主绝缘层表面不应留半导电材料，且表面应光滑。

7）清洁主绝缘层表面。用不掉毛的浸有清洁剂的细布或纸擦净主绝缘表面的污物，清洁时只允许从绝缘端向半导体层，单向擦洗，不允许往返擦，以免将半导电物质带到主绝缘层表面。

8）半导电管安装见图 9-52。半导电管在 3 根芯线离分叉处的距离应尽量相等，一般要求离分支手套 50mm，半导电管要套进铜带不小于 20mm，外半导电层已留出 20mm，在半导电层断口两侧要涂应力疏散胶（外侧主绝缘层上长 15mm），主绝缘表面涂硅脂。半导电管热缩时注意：铜带不得松动，原锡焊要焊牢，绝缘表面要干净，半导电管内不能留有空气。

9）分支手套安装见图 9-53。在内绝缘层和钢铠这段用填料包平，在手指口和外护层防潮处涂上密封胶，将分支手套小心套入，（做好色相标记）热缩分支手套，电缆分支中间尽量少缩（此处最容易使分支手套破裂），涂密封胶的 4 个端口要缩紧。

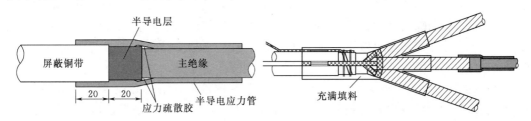

图 9-52　半导电管安装示意图（单位：mm）　　　图 9-53　分支手套安装示意图

有时先安装分支手套，后装半导电应力管的，也有半导电应力管被分支手套套住的，电缆（出线）太长时也可以。

10）安装绝缘套管和接线端子。量好电缆固定位置和各相引线端子间的长度，按各自长度锯掉多余的芯线。测量接线端子压接芯线的长度，按尺寸将线端主绝缘削成锥形，在压接芯线上涂导电膏，压接接线端子事先调整好接线孔的方向。处理掉压接处的毛刺，接线端子与主绝缘层之间用填料包平（压接痕也要包平），套绝缘热缩管（套住分支手套的手指），在接线端子上涂密封胶，最后一根绝缘热缩套管要套住接线端子（除导电接触面以外部分），绝缘套管要外层压过内层，最后套相色管（户外式套雨裙）。

（2）中间接头。中间接头制作方法在准备工作上同终端头是相同的，但钢铠接地线和屏蔽层接地线尾端向接头侧。

以 10kV 中间接头为例进行说明（35kV 电缆芯线尺寸按照厂家要求执行），中间接头各段长度见图 9-54。

考虑对接管压接调整需要，中间接头的电缆引线有长（895mm）短（565mm）之分，这长度包括 30mm 一端的钢铠接地线位置。

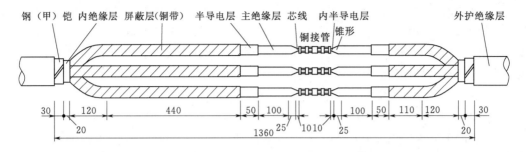

钢（甲）铠　内绝缘层　屏蔽层(铜带)　半导电层　主绝缘层　芯线　内半导电层　　　　　　　　　外护绝缘层

铜接管　锥形

30　120　440　50　100　100　50　110　120　30
20　　　　　　　　　25　10 10　25　　　　　　　　20
1360

图 9-54　中间接头各段长度示意图（单位：mm）

1）钢铠接地线制作。按照尺寸（895mm 和 565mm）处用刀割断外护层，往电缆头侧 30mm 处割断钢铠，去掉钢铠层，用砂纸打光钢铠（去掉油漆），上好焊锡（要放入中性助焊剂），用铜丝把接地铜线绑紧，再用焊锡把铜线和铜丝、钢铠焊牢（将铜线头和铜丝头要焊住），最好在铜丝外用钢铠打一卡子，在钢带断口往外 20mm 割断内护（绝缘）层，把内护层去掉，保护好相色细条，用有色胶带绑在引线上。

2）安装应力管。把引线分开弯曲好，在引线离头处用记号笔画一圈，沿记号线外包 2 层胶带，擦干净铜带表面，用锡焊焊接铜带，再在线上绑 2 圈铜丝，用刀在铜丝与胶带之间把铜带划出痕迹（不能划太深，不能划破半导电层），去掉胶带，顺铜带绑紧方向撕下铜带，铜屏蔽层断口不留毛刺。离铜带断口 50mm 处扎 2 圈胶带（胶带外沿在 50mm 处），在胶带外沿用刀把绝缘表面半导电层割一圈，同终端头一样把引线头部半导电层剥去，并处理干净主绝缘层表面，在半导电层断口处涂上应力疏散胶。把半导电应力控制管套住铜带 20mm，用热风枪热缩（注意把空气排出）。

3）压铜接管。离引线头 60～85mm 处将主绝缘削锥形（铅笔头），留出 5mm 内半导电层，剥出芯线，涂导电膏，把铜接管孔内处理干净，芯线穿进半个铜接管，压紧铜接管。把 2 只外护套管分别套到两电缆上（过分叉），把 2 只半导电管和 2 只绝缘管穿在一起套进电缆长引线上，检查 6 只应力控制管全部热缩到位后，14 只套管全部套好后，把芯线对好相位，穿入铜接管（到底），压紧铜接管（在压铜接管之前，必须把所有套管都套进电缆）。

4）缩护套管。处理掉铜接管上的毛刺，在锥形（铅笔头）用半导电带包平，外层包填充胶。按图 9-55 第 1 步缩内绝缘管；第 2 步缩外绝缘管；第 3 步缩外半导电管（2 只保证在铜屏蔽层上长度不小于 20mm），中间交叉。热缩时要从中间开始，防止套管内留空气。热缩时热量要尽可能均匀，注意防止火焰喷到另外两相引线上，铜带上要涂硅脂。

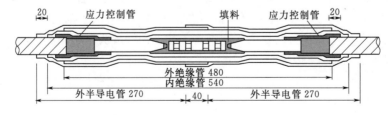

20　应力控制管　　　填料　　　应力控制管　20

外绝缘管 480
内绝缘管 540
外半导电管 270　40　外半导电管 270

图 9-55　套管安装示意图（单位：mm）

5）接好屏蔽层套管缩好后，把3根引线并在一起，在半导电管外包紧铜丝网。把两根铜屏蔽层的接地扁铜线绑紧铜丝网后对接，用焊锡焊住接头。

6）钢铠接地和外护套当钢铠接地与屏蔽层接地有分开要求时，要把钢铠接地的扁铜线做绝缘处理，然后对接，接头处绝缘要求更高些。外护套（2只）对接处不小于100mm，电缆外护层与外护套连接处要打毛，涂上密封胶，最后把外护套缩紧。

9.7.4 冷缩式高压电缆终端制作

本节适用于35kV及以下交联高压电缆的冷缩式电缆终端制作。

（1）终端头。

1）三芯电缆终端头。

A. 剥去外护套，长度根据厂家要求确定，适当预留一定裕度。留下30mm钢带，其余剥去。去除留下钢带表面的氧化层和油漆，留10mm内护套，其余剥去。用PVC带包扎每相端头铜屏蔽，剥去填充物，三相分开。电缆剥切见图9-56。

B. 铠装接地线制作见图9-57，擦去剥开处往下50mm长外护套表面的污垢，均匀绕一层密封胶带。用恒力弹簧将铜编织线（较细的一根）卡在钢带上，用PVC带包好恒力弹簧及钢带，再在PVC带外绕一层填充胶带。

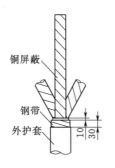

图9-56 电缆剥切
示意图（单位：mm）

图9-57 铠装接地线
制作示意图

C. 屏蔽接地及三叉根部处理见图9-58，将三棱锥塞入电缆三叉根部，然后将另一根铜编织线接到铜屏蔽层上（编织线末端翻卷2～3卷后插入三芯电缆分岔处并楔入分岔底部，绕包三相铜屏蔽一周后引出），用恒力弹簧卡紧编织线。

D. 三叉根部密封见图9-59，将两根编织线分别按在密封胶上，再在上面绕两层密封胶。注意两编织线间请勿短接。用填充胶带缠绕三叉根部、恒力弹簧和钢铠位置，尽量缠圆滑、饱满。

E. 三指套安装见图9-60，在填充胶外绕一层J20绝缘带，套入冷缩三指套，尽量往下，逆时针抽去支撑条收缩。然后套入冷缩绝缘管，绝缘管与指套指端搭接20～30mm，逆时针抽去支撑条收缩。大规格电缆需安装

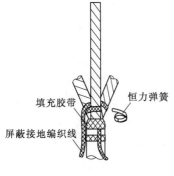

图9-58 屏蔽接地及三叉根部
处理示意图

第二根冷缩绝缘管时，采用相同办法安装，分别与前一根搭接25mm，注意抽支撑条时应用力均匀。

F. 绝缘层切除见图9-61，剥切多余的冷缩绝缘管，注意切除多余冷缩管时，请先用胶布固定然后环切，严禁轴向切割！剥切铜屏蔽层、半导电层，按照厂家的尺寸长度切除各相绝缘。

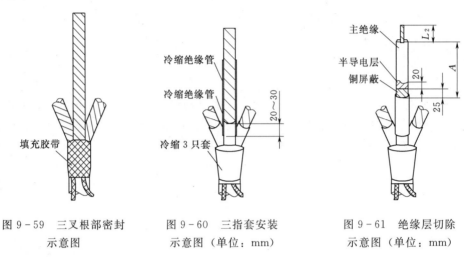

图9-59　三叉根部密封示意图

图9-60　三指套安装示意图（单位：mm）

图9-61　绝缘层切除示意图（单位：mm）

G. 半导体层处理见图9-62，在铜屏蔽带上绕厚约1～2mm的半导电带，并用少量半导电带将铜屏蔽带与外半导电层的台阶覆盖住。半导电层末端用刀具倒角，然后用细纱布打磨，使半导电层与绝缘层平滑过渡。

H. 绝缘层清理见图9-63，清理主绝缘层表面，将绝缘层表面清理干净。根据要求尺寸做好安装限位线。压接线端子，去除棱角和毛刺（若接线端子无法穿过冷缩终端的内孔，请先将冷缩终端套在电缆上再压接线端子）。

I. 终端附件安装见图9-64，在接线端子压接处绕密封胶，填平接线端子与电缆绝缘之间的空隙，并使之能平滑过渡。在密封胶外绕一层自熔合有机硅橡胶带。用分析纯酒精

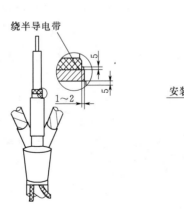

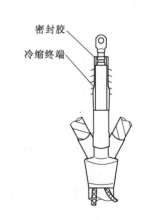

图9-62　半导体层处理示意图（单位：mm）

图9-63　绝缘层清理示意图

图9-64　终端附件安装示意图

或丙酮（清洁巾）将电缆绝缘表面清洗干净，待清洗剂挥发后，将硅脂均匀地涂在绝缘层表面。套上冷缩终端，对准安装限位线抽去支撑条。末端先用密封胶缠绕，再绕包自熔合有机硅橡胶带，加强密封，至此安装完毕。

2）单芯电缆终端头。

A. 电缆剥切见图 9-65，剥去 $A+L$ 长外护套（A、L 按厂家要求确定）。若电缆带有铠装则 A 增加 30mm，并留下 30mm 铠装。留下 80mm 铜屏蔽，其余剥去。留下 25mm 半导电层，根据 L 长度切除绝缘。

B. 接地线制作见图 9-66，擦去剥开处往下 20mm 长外护套表面的污垢，在距外护套口往下 5mm 处均匀绕一层密封胶。用恒力弹簧将铜编织线卡在铜屏蔽上，用 PVC 带包好恒力弹簧。

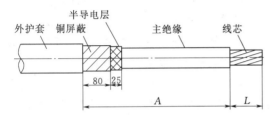

图 9-65　电缆剥切示意图（单位：mm）

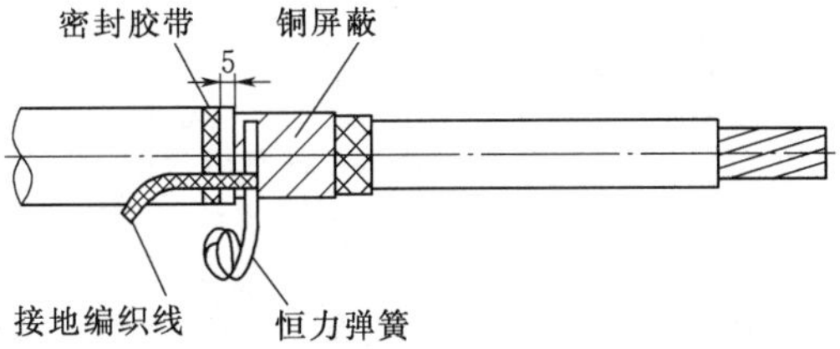

图 9-66　接地线制作示意图（单位：mm）

C. 根部密封处理见图 9-67，再绕一层密封胶带，并将接地铜编织线夹在中间。在密封胶外绕一层橡胶带。

D. 根部密封见图 9-68，在离铜屏蔽切口 20mm 处开始收缩冷缩绝缘管。

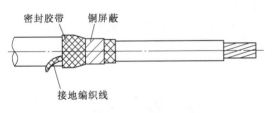

图 9-67　根部密封处理示意图

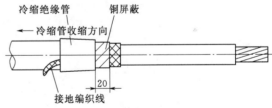

图 9-68　根部密封示意图（单位：mm）

E. 半导电层处理见图 9-69，在铜屏蔽带上绕约 1～2mm 厚的半导电带，并用少量半导电带将铜屏蔽带与外半导电层的台阶覆盖住。半导电层末端用刀具倒角，并用砂纸打磨平整，使半导电层与绝缘层平滑过渡。

F. 接线端子压接见图 9-70，清理绝缘层表面，除去绝缘层表面的划伤、凹坑或残留半导体层。根据图中 B 的尺寸做好安装限位线（B 值根据厂家要求确定）。压接线端子，去除棱角和毛刺（若接线端

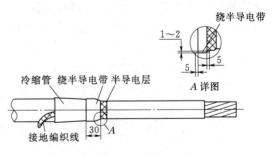

图 9-69　半导电层处理示意图（单位：mm）

子无法穿过冷缩终端的内孔，先将冷缩终端套在电缆上再压接线端子）。

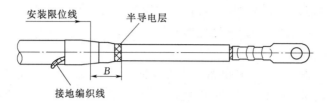

图 9-70 接线端子压接示意图

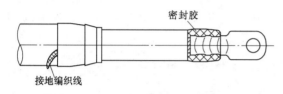

图 9-71 接线端子处理示意图

G. 接线端子处理见图 9-71，在接线端子压接处及线芯位置绕密封胶，填平接线端子与电缆绝缘之间的空隙，在密封胶外绕一层自熔合有机硅橡胶带。

H. 冷缩端头安装见图 9-72，用分析纯酒精或丙酮（清洁巾）将电缆绝缘表面清洗干净，待清洗剂挥发后，将硅脂均匀地涂在绝缘层表面。套上冷缩终端，对准安装限位线抽去支撑条。末端绕包自熔合有机硅橡胶带，加强密封。至此安装完毕。

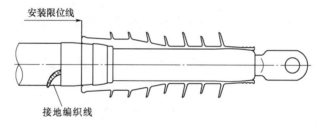

图 9-72 冷缩端头安装示意图

（2）中间接头。

1）三芯电缆中间接头。

A. 两根待接电缆两端校直、锯齐，三芯电缆中间接头见图 9-73 A（应严格按厂家的规定执行）将电缆剥开处理。将铜屏蔽切口处用半导电带缠绕两层，以做固定并避免运行时局部放电。锉光剩余铠装表面，清理外护套表面，并将剥切口以下 50～100mm 外护套及内护套打磨粗糙。

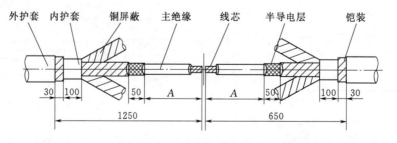

图 9-73 三芯电缆中间接头示意图（单位：mm）

B. 线芯主绝缘切削见图9-74，按$E=1/2$连接管长$+5\mathrm{mm}$切去绝缘层。半导电层末端用刀具倒角，使半导电层与绝缘层平滑过渡。清理绝缘层表面，以除去残留的半导电颗粒。在剥开较长的一端装入冷缩接头主体，拉线端方向。

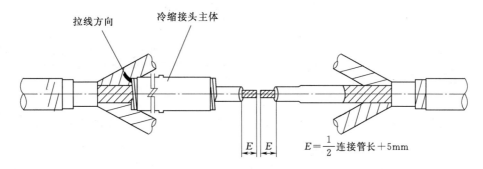

图9-74　线芯主绝缘切削示意图

C. 连接管压接见图9-75，装上连接管，先中间后两边进行压接，锉平连接管上的棱角、毛刺，清洗金属细粒。测量绝缘端口之间的尺寸L，然后根据L的一半，确定中心点B。从中心点B量长度C在一边的半导电上找点C并做一记号。用清洗巾清洗绝缘层表面，待清洗剂干燥后在绝缘层上均匀抹一层硅脂。

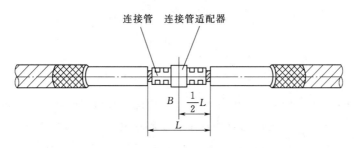

图9-75　连接管压接示意图

D. 内护套安装见图9-76，将冷缩管端头对准收缩定位点C，抽去支撑条使接头冷缩管收缩。

E. 铜网安装见图9-77，在装好的接头冷缩管外用半搭包方式缠绕上铜网，与两边铜屏蔽可靠接触。

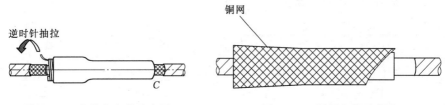

图9-76　内护套安装示意图　　　　图9-77　铜网安装示意图

F. 铜屏蔽安装见图9-78，把铜网和屏蔽接地铜编线一起用恒力弹簧在铜屏蔽上扎紧。并在恒力弹簧处绕PVC胶带。

G. 内护套防水胶带安装见图9-79，三相并拢整理，用白布带扎紧。恢复内衬物

（填充防爆胶泥，重点防护内护套三叉根部和中间接头位置，其余的填在三芯缝隙处）。从内护套一端以半叠绕式绕防水胶带至另一端内护套（防水胶带拉伸至原长的150%～180%，涂胶黏剂一面朝里）。

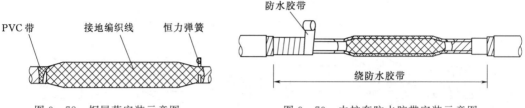

图9-78　铜屏蔽安装示意图　　　　图9-79　内护套防水胶带安装示意图

H. 外护套防水胶带安装见图9-80，用接地铜编织线和恒力弹簧连接两端的钢铠。在电缆外护套及恒力弹簧上绕密封胶，从外护套一端打磨位置以半搭包式绕防水胶带至另一端外护套（防水胶带拉伸至原长的150%～180%，涂胶黏剂一面朝里），与两端外护套分别搭接60mm。

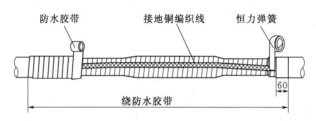

图9-80　外护套防水胶带安装示意图（单位：mm）

I. 绕装甲带见图9-81，从一侧外护套以半叠绕式绕装甲带，至另一侧折回，缠绕至最初位置，安装完毕（装甲带使用方法：带上塑料手套，打开装甲带的外包装，倒入清水直至淹没装甲带，轻压3～5下，并浸泡10～15s，倒出清水后绕在规定位置。放置20～30min后再移动电缆）。

2）单芯电缆中间接头。

A. 两根待接电缆两端校直、锯齐。单芯电缆中间接头见图9-82（图9-82中尺寸A应严格按厂家的规定执行）将电缆剥开处理。将铜屏蔽切口处用半导电带缠绕两层，以做固定并避免运行时局部放电。锉光剩余铠装表面，清理外护套表面，并将剥切口以下50～100mm外护套及内护套打磨粗糙。

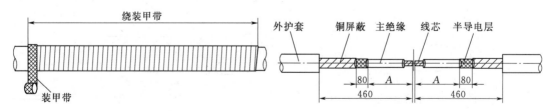

图9-81　绕装甲带示意图　　　图9-82　单芯电缆中间接头示意图（单位：mm）

B. 线芯主绝缘切削见图9-83，按$E=1/2$连接管长＋3mm切去绝缘层。半导电层末端用刀具倒角，使半导电层与绝缘层平滑过渡。清理绝缘层表面，以除去残留的半导电颗粒。在一端装入冷缩接头主体，拉线端方向。

C. 连接管压接见图 9-84，装上连接管，先中间后两边进行压接，锉平连接管上的棱角、毛刺，清洗掉金属细粒。测量绝缘端口之间的尺寸 L，然后根据 L 的一半，确定中心点 B。从中心点 B 量 400mm 在一边的铜屏蔽上找尺寸校验点 C。用清洗巾清洗绝缘层表面，待清洗剂干燥后在主绝缘上均匀抹一层硅脂。

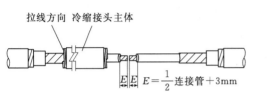

图 9-83　线芯主绝缘切削示意图　　　　图 9-84　连接管压接示意图（单位：mm）

D. 内护套安装见图 9-85，在半导电层上距半导电层末端 20mm 处做一记号为收缩定位点。将接头对准收缩定位点，抽去支撑条使接头收缩，在收缩管完全收缩后马上校正接头中心点到尺寸校验点 C 的距离。

E. 防水胶带安装见图 9-86，抹去多余的硅脂。在中间接头两端的半导电层用砂布打毛后绕防水胶带（防水胶带拉伸至原长的 150%～180%，涂胶黏剂一面朝里）。将铜网绕在中间接头外面。

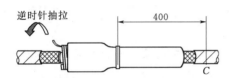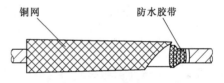

图 9-85　内护套安装示意图（单位：mm）　　图 9-86　防水胶带安装示意图

F. 铜屏蔽安装见图 9-87，加一根接地铜编织线，把接地铜编织线和铜网一起用恒力弹簧在铜屏蔽上扎紧，并在恒力弹簧处绕 PVC 胶带。

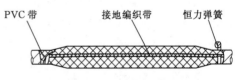

图 9-87　铜屏蔽安装示意图

G. 内护套防水胶带安装见图 9-88，在电缆护套上绕密封胶，从护套一端以半搭包式绕防水胶带至另一端内护套（防水胶带拉伸至原长的 150%～180%，涂胶黏剂一面朝里）。

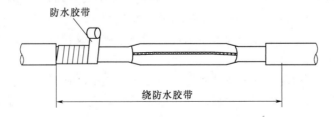

图 9-88　内护套防水胶带安装示意图

H. 绕装甲带见图 9-81，以半搭包式绕装甲带，安装完毕（装甲带使用方法：带上塑料手套，打开装甲带的外包装，倒入清水直至淹没装甲带，轻压 3~5 下，并浸泡 10~15s，倒出清水后绕在规定位置，放置 20~30min 后再移动电缆）。

预制式电缆头参照冷缩式工艺制作，注意不同之处在于绝缘附件安装。安装绝缘预制附件时，应先检查预制件是否完好及清洁，并在内壁上涂抹专用硅脂，套入时应边转边推，且应尽量用手压着顶端不漏气，使预制件受压后自动扩张，安装完毕后应检查预制件是否定位在要求位置上，要求预制件半导电部分不得涂抹硅脂。

9.7.5　110kV 及以上交联聚乙烯高压电缆终端制作

110kV 及以上交联聚乙烯电缆为单芯，多为铝波纹金属护套结构，内附着半导电层，用于保护外层护套绝缘性能。

（1）电缆外护套及金属护套的处理。

1）剥除电缆外护套。电缆外护套表面的半导体层，应按照工艺要求用玻璃片去掉一定长度，将外护套内的化合物清除干净。

2）金属护套处理。根据厂家技术文件，确定金属护套剥切点，铝护套从剥切点开始沿铝护套的圆周小心环切铝护套，并去掉切除的铝护套，要求不得切入电缆线芯，打磨金属护套口去除毛刺以防损伤绝缘。如不进行下道工序施工，应用塑料薄膜对电缆缠绕密实，防止受潮。

（2）电缆加热校直处理。调整电缆成直线，将电缆固定，将加热带包覆屏蔽层上至少 6h，温度最低保持在 70℃，在进行下步电缆剥离前，需将电缆冷却到与周围环境相同的温度。

电缆直度应满足工艺要求，220kV 及以下交联电缆终端要求一般小于 2~4mm/600mm。

（3）外半导电层和绝缘层剥切。

1）根据厂家图纸要求，确定外半导电屏蔽层剥切点，画线和铝护套口齐平，用剥离器或玻璃片尽可能剥去外半导电屏蔽层，调节剥离器或玻璃片确保只剥除屏蔽层而不要进入绝缘层太深。用玻璃片在交联聚乙烯绝缘和外半导电屏蔽层之间形成一定长度的光滑平缓的锥形过渡。

2）外半导电屏蔽层剥离不超过标记点。用外半导电屏蔽层剥离器剥离时不要试图一次就剥到规定直径范围。用玻璃片去掉绝缘表面的残留、刀痕、凹坑，尽可能使其光滑，过渡部分必须顺滑。

3）打磨电缆绝缘，按工艺要求的顺序（先粗打再细磨）用砂纸将电缆绝缘抛光，打磨时应从多个方向打磨。将粗砂纸的痕迹打光后再用更细的砂纸打磨，打磨完成后宜用平行光进行检查。220kV 及以下交联电缆绝缘至少应打到 400 号砂纸，500kV 交联电缆绝缘打到 1000 号砂纸。要求绝缘表面没有杂质、凹凸起皱以及伤痕，绝缘表面光滑、圆润，光洁度满足规范要求。

4）用游标卡尺（精度 0.01mm）测量打磨后绝缘外径，应符合厂家规定范围之内。

5）电缆线芯断面应平整，剥除线芯与绝缘层垂直，剥除后，在其端部用 PVC 带缠绕处理。

（4）电缆及绝缘表面清洁处理。

1）电缆绝缘表面清洁处理应使用无水酒精，从绝缘部分向半导电层方向擦清。无毛清洁纸不能来回擦，擦过半导电屏蔽层的清洁纸绝对不能再擦绝缘层，擦过的清洁纸不能重复使用。

2）其他部位均应擦拭干净，满足附件安装尺寸套入要求，每个部位的擦拭材料不得交叉使用，防止相互污染，影响制作质量。

（5）导体连接。

1）导体压接前应检查各零部件的数量、方向和顺序，同时检查导体尺寸。按工艺图纸要求，准备压接模具和压接钳。按工艺要求的顺序压接接线端子。压接完毕后对压接部分进行处理，测量压接延伸量。

2）要求压接前对电缆导体尺寸、压模尺寸和压力。检查各零部件有无缺漏，各零部件的安装顺序是否准确。要求压接部分不得存在尖锐和毛刺。要求压接完毕后检查压接延伸长度，检查电缆导体有无弯曲现象。

（6）附件安装。待电缆剥切、金属护套处理、外半导体层、绝缘表面、芯线处理及各部位清洁完成后，根据厂家图纸要求，依次将附件套入电缆中进行安装。中间接头附件一般包含导体屏蔽罩、应力预制绝缘件、接地套件、热缩封套等；干式柔性终端一般包含应力预制主绝缘体、出线杆、接地套件、热缩封套等；套管终端一般包含套管、应力锥、底座盘（含瓷座）、尾管、热缩封套等；插拔头终端一般包含应力预制主绝缘体、紧压弹簧装置、接地套件、热缩封套等；安装前应将各附件内外清洗干净，依照厂家图纸要求标示安装定位线。

图 9-89　应力锥安装

1）应力锥安装。套入应力锥前测量经过处理的电缆绝缘外径。将应力锥小心套入电缆，采取保护措施防止应力锥在套入过程中受损，要求应力锥不受损伤，电缆绝缘表面无伤痕、杂质和凹凸起皱，按照厂家要求对应力锥进行半导体绕包。应力锥安装见图9-89。

2）中间接头预制绝缘件安装。用专用工具将预制件扩张，将扩张后的预制件套入电缆本体上，预制件套入见图9-90。

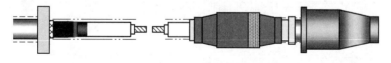

图 9-90　预制件套入示意图

要求仔细检查预制件，确保无杂质、裂纹存在。扩张时不得损伤预制件，控制预制件扩张时间不得过长，一般不宜超过4h。以屏蔽罩中心为基准确定预制件最终安装位置，做好标记。清洁电缆绝缘表面，用电吹风将绝缘表面吹干后在电缆绝缘表面均匀涂抹硅油，并将预制件拉到接头中间位置。

使用专用工具抽出已扩径的预制件，将预制件安装在正确位置。预制件定位应准确，定位完毕应擦去多余的硅油；预制件定位后宜停顿一段时间，一般等 20min 后再进行接地连接与密封处理等后续工序。

3）干式柔性终端绝缘主体（头）安装。

A. 安装导引装置见图 9-91。用无水酒精清洗导引装置及绝缘件内腔，在导引装置表面涂抹足量的硅脂，插入到本体内腔，在导引装置与绝缘伞群过渡区域绕包数层半导电带，并用喉箍锁紧确保导引装置不滑出，并拔出导引头。

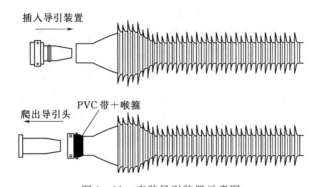

图 9-91　安装导引装置示意图

B. 电缆导引头安装见图 9-92。导体端部绕包 PVC 带，并将导引头装于导体上。

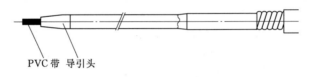

图 9-92　电缆导引头安装示意图

C. 绝缘伞群安装见图 9-93，用酒精清洗电缆绝缘表面，并在表面均匀涂抹足量硅脂，用镀锌细钢丝绳绑在电缆导体上，安装时将电缆拉直（在钢丝绳外套一根绝缘管，以防止绝缘伞群内部污染及损伤），拉钢丝绳将电缆捋直，后用力将绝缘伞群推至电缆芯线上。

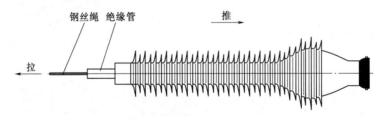

图 9-93　绝缘伞群安装示意图

D. 拆除扩张套、电缆导引头，并去除端头 PVC 带，用酒精清洗，调整绝缘伞群至最终位置，以伞群顶端与绝缘顶端齐平为准。

4）插拔头绝缘件及压紧弹簧装置安装见图 9-94。用酒精清洗电缆绝缘表面，并在表面均匀涂抹足量硅脂，安装电缆导引头，导体用 PVC 带缠绕，用力将绝缘体推至电缆芯线上。

根据工艺及图纸要求调节弹簧尺寸，检查弹簧变形长度，安装弹簧紧压装置，要求弹簧变形长度满足工艺及图纸要求，弹簧伸缩无障碍。

5）套管安装。绝缘表面应用电吹风吹干，检查套管内壁及外观，吊装套管至终端板上，要求套管内壁无伤痕、杂质、凹凸和污垢。固定完成后，从套管顶端注入硅油至规定刻度线，密封顶盖。

套管式户外交联聚乙烯电缆终端见图9-95。干式柔性户外终端见图9-96。电缆中间接头见图9-97。

图9-94 插拔头绝缘件及压紧弹簧装置安装

图9-95 套管式户外交联聚乙烯电缆终端

图9-96 干式柔性户外终端

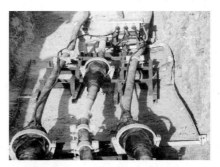

图9-97 电缆中间接头

9.7.6 220kV 及以上 SF₆ 交联聚乙烯绝缘高压电缆终端制作

（1）工艺流程。220kV SF₆ 绝缘电缆终端头制作工艺流程见图9-98。

（2）电缆终端头制作对环境条件的要求。电缆终端制作对环境的要求：当室温在10℃以上时，在室内施工时可不设专用作业棚，相对湿度不大于85%时可不设吸湿器。

（3）制作工艺。

1）电缆的校直加温。在电缆外包铜皮并缠电炉丝管直接加温，用热电偶测温，用保温套保温。

2）加热温度为75～85℃，持续4～10h，然后趁热放在型钢内校直。电缆端头切削成锥形，具体车削见图9-99。

3）用接地卡将接地线固定在铅包上，焊接时预先将该处铅包扩成喇叭口，在铅包与半导体屏蔽层间衬入聚四氟乙烯薄膜隔热，然后打拢铅包。

4）用旋转切削刀进行绝缘外屏蔽与主绝缘的车削，加工后的主绝缘外径应与应力锥内径匹配。

5）电缆终端的组装。以 220kV SF$_6$ 电缆终端为例，其终端结构见图 9 - 100。

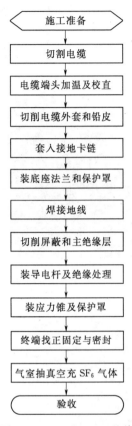

图 9 - 98 220kV SF$_6$ 绝缘
电缆终端头制作工艺流程图

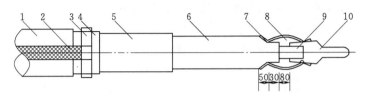

图 9 - 99 220kV SF$_6$ 绝缘电缆切割车削图（单位：mm）
1—外护套；2—接地线；3—接地卡；4—铅包；5—绝缘屏蔽；
6—主绝缘；7—热缩管；8—包绕防渗绝缘带；
9—芯线；10—导电杆

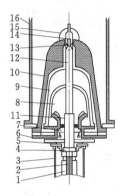

图 9 - 100 220kV SF$_6$ 电缆终端结构示意图
1—电缆外护套；2—接地线；3—尾管保护罩；4—电缆铅包；
5—密封垫；6—下支撑法兰；7—密封垫压圈；8—应力锥；
9—绝缘保护罩；10—瓷套；11—电缆绝缘外屏蔽；
12—电缆主绝缘；13—电缆芯线；14—连接器；
15—均压帽；16—SF$_6$ GIS 密封容器

（4）终端头制作的质量控制要点。

1）按照制作工艺规程进行终端头制作，充油电缆还应遵守油务及真空工艺的有关规定。

2）户外制作电缆终端头时，应搭设临时工棚，严格控制环境湿度，其空气相对湿度宜在 70% 及以下，温度保持在 10～30℃，严禁在雾或雨中施工。

3）终端头从剥切电缆开始应连续操作直至完成，尽量缩短绝缘暴露时间，剥切电缆不得损伤主绝缘和线芯和保留的绝缘层。

4）防渗绝缘带单面带胶，应逐层绑紧。将铜芯与外部封严，否则在 SF$_6$ 筒中，SF$_6$ 会从该处泄露。

5）电缆的金属护层必须良好接地，塑料电缆每相铜屏蔽和钢铠应锡焊接地线。

6）组合电缆终端头时，各部件间的配合和搭接处必须采取堵漏、防潮和密封措施。

7）终端上应设置明显的相色标志，且与系统的相位一致。

变压器插拔头见图 9 - 101，GIS 设备插拔头见图 9 - 102。

图 9-101　变压器插拔头　　　　　　　图 9-102　GIS 设备插拔头

9.8　在线监控系统

电缆隧道中及电缆线路上安装在线监控系统，通过智能化的手段获取电缆隧道及电缆线路运行及周边环境状态，满足电缆隧道及电缆线路生产管理、设备运维、状态检修、故障预警的需求，是智能电网建设的新趋势。电缆隧道及电缆在线监控系统包含供电系统、照明系统、通风系统、排水系统、消防系统、视频监控系统、环境监测系统、安防系统、局部放电监测系统、电缆金属护层接地电流监测系统、电缆运行温度监测系统等子系统，目前，国内对电缆隧道及电缆在线监控系统的安装没有统一要求，监控系统及其各单元应按照设计要求选装。

（1）电缆隧道及电缆在线监控系统的安装应符合设计和使用说明书要求，以及国家现行有关标准的规定。

（2）在线监控系统设备型号、规格、数量、技术指标、系统特性、装置特性应符合设计要求，出厂资料应齐全。安装前需检查出厂技术资料，包括产品说明书、产品合格证书、出厂试验报告、国家法定质检机构的型式试验报告等文件。

（3）在线监控系统的安装不得影响电缆运维检修工作。监控设备的安装应整齐、牢固，标识清晰，并有相应的防护措施。

（4）在线监控系统安装完毕后，应对监控系统的安装质量进行全数检查，并开展交接试验与系统调试，试验与调试合格后，方可投入运行。

（5）在线监控系统验收资料应包括：型式试验报告、出厂试验报告、特殊试验报告、现场调试报告和现场验收报告，且均符合系统的技术要求。

9.9　电缆交接试验

电缆交接试验按《电气装置安装工程　电气设备交接试验标准》（GB 50150）的规定进行，试验项目包括：测量绝缘电阻、直流耐压试验及泄漏电流测量、交流耐压试验、测量金属屏蔽层电阻和导体电阻比、检查电缆线路两端的相位、接地线的交叉互联系统试验。

10　二次回路系统设备安装

发电厂和变电所的电气设备分为一次设备和二次设备，其接线相应分为一次接线和二次接线。

一次设备（又称主设备）构成电力系统的主体，是直接生产、输送与分配电能的高电压、大电流设备，主要包括：发电机、电力变压器、断路器、隔离开关、母线、电力电缆及输电线路等；一次接线又称主接线，是将一次设备按照一定的功能要求，互相连接而成的电路。

二次设备是对一次设备及其系统进行控制、调节、保护和监测的低压设备，主要包括：测量仪表、控制及信号器具、继电保护、安全自动装置等；二次设备是通过电流互感器和电压互感器将一次设备的电压、电流信息准确地传递到二次侧相关设备；将一次系统的高电压、大电流变换为二次侧的低电压（标准值）、小电流（标准值），使测量、计量仪表和继电器等装置标准化、小型化，并降低了对二次设备的绝缘要求；将二次侧设备以及二次系统与一次系统高压设备在电气上很好地隔离，从而保证了二次设备和人身的安全。二次设备及其相互连接的回路称为二次回路。二次回路是电力系统安全生产、经济运行、可靠供电的重要保障，它是发电厂和变电站中不可缺少的重要组成部分。

10.1　二次回路

10.1.1　二次回路的组成、分类与识图

（1）二次回路的组成。二次回路是将二次设备按一定规则连接起来以实现某种技术要求的电气回路，是由相关的元器件和电气接线形成专用功能的总称。主要包括电气设备的控制操作回路、测量回路、信号回路、保护回路以及同期回路等。二次回路附属于对应的一次接线或一次设备，它是对一次设备进行控制操作、测量监察和保护的有效手段。二次回路接线与一次主接线组成设计要求的输配电系统。

用于监视测量、控制操作、继电保护和自动装置等所组成电气连接的回路均称为二次回路或称二次接线。在电气系统中由互感器的次级绕组、测量监视仪器、继电器、自动装置等通过控制电缆连成的电路，用以控制、保护、调节、测量和监视一次回路中各参数和各元件的工作状况。

（2）二次回路的分类。

1）按电源性质分为：交流电流回路、交流电压回路、直流回路。

A. 交流电流回路：由电流互感器（TA）二次侧供电给测量仪表及继电器的电流线圈等所有电流元件的全部回路。交流电流回路见图 10-1。

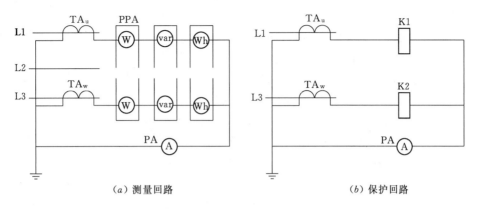

（a）测量回路　　　　　　　　　（b）保护回路

图 10-1　交流电流回路图

B. 交流电压回路：由电压互感器（TV）二次侧及三相五柱电压互感器开口三角经升压变压器转换为 220V 供电给测量仪表及继电器等所有电压线圈以及信号电源等。双母线电气元件的二次电压回路见图 10-2。

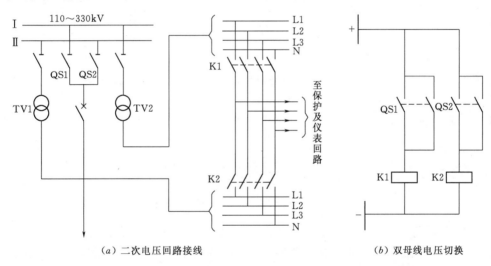

（a）二次电压回路接线　　　　　　　　（b）双母线电压切换

图 10-2　双母线电气元件的二次电压回路图

C. 直流回路：交流经变压、整流后的直流电源，投资省，占地面积小。蓄电池适用于大、中型水电站及开关站，投资成本高，占地面积大。直流系统回路见图 10-3。

2）按用途区分为：测量回路、继电保护回路、断路器的控制和信号回路、隔离开关的控制和闭锁回路、操作电源回路。

A. 测量回路。测量回路是发电厂和变电站的重要组成部分，电气测量是为了满足电力系统和电气设备安全运行的需要。在发电厂和变电站中，运行人员必须

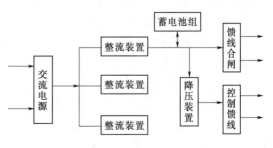

图 10-3　直流系统回路图

从测量仪表了解发电和送电的运行状态，监视设备的运行参数。

　　每种都有一定的接线回路，例如功率表的测量回路接线，为了保证功率表指针偏转方向正确，功率表的测量电路都采用发电机端的接线原则，即将电流线圈有"*"标志的端子接于电源侧；一端子接负载侧；电压线圈有"*"标志的端子与电流线圈接在有"*"标志的同一相电源的同一极上；另一端子接于负载的另一端。功率表的测量接线见图10-4。如果电流或电压线圈同时反接，此时指针虽不反偏转，但是由于电压支路的附加电阻Rad很大，外电压几乎全部加在Rad上，可能使表计的电压线圈与电流线圈之间的电位差增高，引起绝缘击穿。表计接在TV、TA二次时，情况更明显。

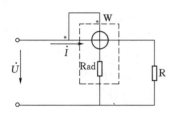

图10-4 功率表的测量接线图
R—负荷；Rad—附加电阻；W—功率表

　　B. 继电保护回路。继电保护装置在电力系统中对相关电气设备连续检查，及时反应电气设备发生的故障或不正常工作状态，并作用于跳闸或发出信号。它的基本任务是：当电力系统被保护设备发生故障时，继电保护装置能自动、迅速、有选择地将故障区域排除，确保机组安全和电力系统迅速恢复正常运行；当电力系统中被保护元件出现不正常工作状态时，继电保护装置能及时反应，并根据运行维护条件，动作于发出信号、减负荷或跳闸。此时一般不要求保护迅速运作，而是根据对电力系统及其元件的危害程度规定一定的延时，以免不必要的动作和由于干扰而引起的误动作。

　　继电保护装置原则上是由测量比较元件、逻辑判断元件和执行输出元件三部分组成，其组成方框见图10-5。

图10-5　继电保护装置的组成方框图

　　C. 断路器的控制和信号回路。断路器的控制回路的基本任务是：运行人员通过控制开关发出操作命令，要求断路器跳闸或合闸，然后经过中间环节将命令传送给断路器的操作机构，使断路器跳闸或合闸，断路器完成相应的操作后，由信号装置显示已完成操作。

　　断路器的控制回路一般由基本跳合闸回路、防跳跃回路、位置信号回路、事故跳闸信号音响回路等几部分构成。断路器基本跳合闸回路见图10-6。

　　D. 隔离开关的控制和闭锁回路。

　　a. 隔离开关的控制回路。隔离开关分就地控制和远方控制。110kV及以下的隔离开关一般采用就地控制；220kV及以上的隔离开关一般采用就地控制和远方控制两种方式。

　　隔离开关的操作机构有手动、电动、气动和液压传动等形式，其中手动机构只能就地操作，其他几种机构均具备就地控制和远方控制的条件。

　　同一回路隔离开关、断路器与接地刀闸控制原则如下：①断路器在合闸状态下，不能操作隔离开关。隔离开关没有灭弧装置，不能通断负荷电流和短路电流，因此控制回路必须受相应断路器的闭锁，确保断路器在合闸状态下不能操作隔离开关，防止带负荷拉合隔

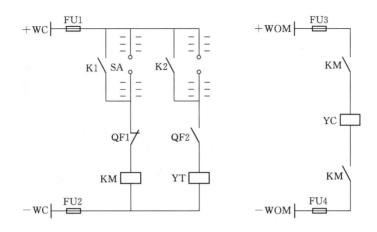

图 10-6　断路器基本跳合闸回路图（电磁操作机构）

±WC—直流控制电源小母线；±WOM—合闸电源小母线；YC—断路器的合闸线圈；
YT—断路器的跳闸线圈；KM—合闸接触器；FU1～FU4—熔断器；K1—自动合闸出
口继电器的动合触点；SA—断路器的控制开关；K2—继电保护跳闸出口继电器的
动合触点；QF1、QF2—断路器 QF 的动断、动合辅助触点

离开关；②为防止带接地线合闸，断路器和隔离开关必须受接地刀闸闭锁，确保接地刀闸
在合闸状态下不能操作隔离开关和断路器；③操作脉冲应是短时的，操作完成后应能自动
解除；④隔离开关应有所处状态的位置信号。

　　b. 隔离开关的闭锁回路。为了避免带负荷拉、合隔离开关，除了在隔离开关控制电
路中串入相应断路器的常闭辅助触点外，还需要装设专门的闭锁装置。

　　闭锁装置分机械闭锁和电气闭锁两种形式。6～10kV 开关柜一般采用机械闭锁装置。
35kV 及以上电压等级的配电装置，主要采用电气闭锁装置。

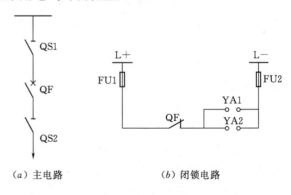

　　隔离开关的电气闭锁与主电路接线
方式有关，单母线隔离开关的闭锁电路
见图 10-7。图中 YA1、YA2 分别对应
于隔离开关的 QS1、QS2 的电磁锁的
插座。只有断路器在分闸位置，断路器
的辅助触点 QF 闭合，插座 YA1、YA2
才有电压，电钥匙插入插座后才能开启
电磁锁，操作隔离开关 QS1、QS2。

　　双母线系统，除了断开和投入馈线
系统外，还需要在馈线不停电的情况
下，进行切换母线的操作。双母线隔离

图 10-7　单母线隔离开关的闭锁电路图

开关的闭锁电路见图 10-8。图中 YA1～YA3 分别对应于隔离开关 QS1～QS3 的电磁锁
的插座，YAC1、YAC2 分别对应于隔离开关 QSC1、QSC2 电磁锁的插座，M880 为隔离
开关操作闭锁小母线。

　　隔离开关可操作的条件如下：①隔离开关 QS1（即 YA1 取得电压的条件）：馈线断路

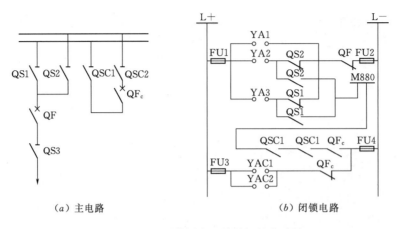

(a) 主电路　　　　　　　　　　　(b) 闭锁电路

图 10 - 8　双母线隔离开关的闭锁电路图

器 QF 和隔离开关 QS2 分闸，或隔离开关 QS2、QSC1、QSC2 和母联断路器 QF。均合闸（母线倒闸操作时出现）。②隔离开关 QS2（即 YA2 取得电压的条件）：馈线断路器 QF 和隔离开关 QS1 分闸，或隔离开关 QS1、QSC1、QSC2 和母联断路器 QF。均合闸（母线倒闸操作时出现）。③隔离开关 QS3（即 YA3 取得电压的条件）：馈线断路器 QF 分闸。④隔离开关 QSC1 和 QSC2（即 YAC1 和 YAC2 取得电压的条件）：母联断路器 QF。分闸。

E. 操作电源回路。为控制、信号、测量回路及继电保护装置、自动装置和断路器的操作，提供可靠的工作电源。

操作电源按其电源性质可分为交流操作电源和直流操作电源两种，在大、中型发电厂和变电站中一般采用直流操作电源，操作电源必须充分可靠。

a. 交流操作电源。交流操作电源直接使用交流电源，一般由电流互感器向断路器的跳闸回路供电，由厂用变压器向断路器的合闸回路供电，由电压互感器（或厂用变压器）向控制、信号回路供电。

这种操作电源接线简单，维护方便，投资少，它只适用于不重要的终端变电站，或用于小型发电厂。

b. 直流操作电源。

①蓄电池直流电源：蓄电池是一种可以重复使用的化学能电源，充电时，将电能转变为化学能储存起来，放电时，再将储存的化学能转变为电能送出。若干个蓄电池串连成的蓄电池组，常作为发电厂和变电站的直流操作电源。蓄电池组是一种独立可靠的直流电源，它不受外界交流电源的影响，即使全厂交流电源全部停电的情况下，仍能在一定时间内可靠供电。

②整流操作直流电源：整流操作直流电源是将交流电源降压整流后以直流电源的形式供给负载使用，是一种独立直流电源。能提供各种电压等级的操作电源，整流操作直流电源在发电厂和变电站通信系统中使用较多。为提高供电的可靠性，输入的交流电源可接多路，且自动切换。整流操作直流电源框图见图 10 - 9。

③交流不间断电源（UPS）：交流不间断电源（UPS）在正常、异常和外界供电中断

等情况下，均能向负载提供安全、可靠、稳定、不间断、不受倒闸操作影响的交流电源。目前，它已成为发电厂和变电站计算机、监控仪表、信息处理系统等重要负荷的供电装置。

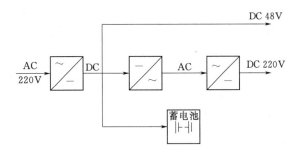

图 10-9　整流操作直流电源框图

UPS 由整流器、逆变器、隔离变压器、静态开关、手动旁路开关等设备组成，其系统原理接线见图 10-10。

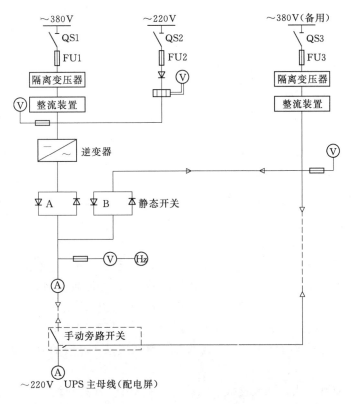

图 10-10　UPS 系统原理接线图

UPS 的工作原理是正常工作状态下，由厂用电源向其输入电流，经整流器整流、滤波为直流后再送入逆变器，变为稳频稳压的工频交流，经静态开关向负荷供电。当 UPS 的输入交流电源因故中断或整流器发生故障时，逆变器由蓄电池组供电，可做到不间断地向负荷提供优质可靠的交流电。如果逆变器发生故障，还可自动切换至旁路备用电源供电。当负载启动电流太大时，UPS 也可自动切换至备用电源供电，启动过程结束后，再自动恢复由 UPS 供电。

（3）二次回路的识图。表明二次回路的图称为二次回路图。二次回路图是以国家规定的图形符号和文字符号表示二次设备之间的相互连接关系。二次回路图中所有开关电器、继电器和接触器的触点都按照它们的起始状态位置画的。如按钮未按下、开关未合闸、继电器线圈未通电、触点未动作等，这种状态称为图的原始状态。但看图时不能完全按原始状态来分析。否则很难理解图样所表现的工作原理。

常用的二次回路图包括：二次回路读图、原理接线图、展开接线图、安装接线图。

1）二次回路读图。读图前先概略了解图的全部内容，例如图样的名称、设备明细表、设计说明等，然后大致看一遍图样的主要内容，弄懂该图所绘继电保护的功能及动作过程，图纸上所标符号的含义，然后按照先交流后直流，先上后下、先左后右的顺序读图。对交流部分，要先看电源，再看所接元件。对直流元件，要先看线圈，再查接点，每一个接点的作用都要查清。

在电路中同一设备的各个元件位于不同的回路的情况比较多，图中往往将各个元件画在不同的回路中，甚至不同的图纸上，看图时应从整体去了解各设备的作用，例如辅助开关的开合状态就应从主断路器开合状态去分析，继电器触点的开合状态就应从继电器线圈带电状态或从其他传感元件的工作状态去分析。继电器的触点是执行元件，因此应从触点看线圈的状态。

任何一个复杂的电路都是由若干基本电路、基本环节构成的，二次回路读图时要掌握以下原则：先看一次，后看二次；看完交流，看直流；交流看电源、直流找线圈；线圈对应查触头，触头连成一条线；上下左右顺序看，屏外设备接着连。

A.“先看一次，后看二次”。一次：断路器、隔离开关、电流、电压互感器、变压器等。了解这些设备的功能及常用的保护方式，如变压器一般需要装过电流保护、电流速断保护、过负荷保护等，掌握各种保护的基本原理；再查找一次、二次设备的转换、传递元件，一次变化对二次变化的影响等。看二次电路时，一般从上至下，先看交流电路，再看跳闸电路，然后再看信号电路。

B.“看完交流，看直流”。指先看二次接线图的交流回路，以及电气量变化的特点，再由交流量的“因”查找出直流回路的“果”。一般交流回路较简单。

C.“交流看电源、直流找线圈”。指交流回路一般从电源入手，包含交流电流、交流电压回路两部分；先找出由哪个电流互感器或哪一组电压互感器供电（电流源、电压源），变换的电流、电压量所起的作用，它们与直流回路的关系、相应的电气量由哪些继电器反映出来。

D.“线圈对应查触头，触头连成一条线”。指找出继电器的线圈后，再找其触头所在的回路，一般由触头再连成另一回路；此回路中又可能串接有其他的继电器线圈，该线圈所带触头接通另一回路，直至完成二次回路预先设置的逻辑功能。

E.“上下左右顺序看，屏外设备接着连”。主要针对展开图、端子排图及屏后设备安装图。原则是由上向下、由左向右看，同时结合屏外的设备一起看。

2）原理接线图。原理接线图是用来表示二次回路各元件（继电器、仪表、信号装置、自动装置及控制开关等设备）的电气联系及工作的二次回路图。对于与二次回路直接相连的一次接线部分绘成三线形式，而其余部分则以单线图表达。

A.原理图的继电器和仪表都是以图形符号表示的，但不画出其内部的电路图，只画出触点的连接。

B. 原理图是将二次部分的电流回路、电压回路、直流回路和一次回路图绘制在一起；特点是能使读图人对整个装置的构成有一个整体的概念，并可清楚地了解二次回路各设备间的电气联系和动作原理。缺点是对二次接线的某些细节表示不全面，没有元件的内部接线。端子排号码和回路编号、导线的表示仅一部分，并且只标出直流电源的极性等。

阅读原理接线图的顺序是从一次接线看电流的来源，从电流互感器的二次侧看短路电流出现后能使哪个电流继电器动作，该继电器的触点闭合（或断开）后，又使哪个继电器启动。依次看下去，直至看到使断路器跳闸及发出信号为止。6～35kV 线路过电流保护原理接线见图 10-11。

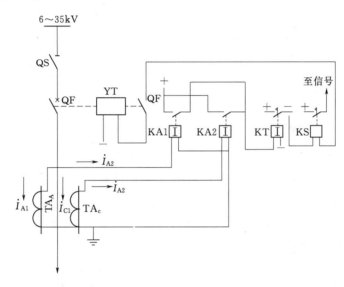

图 10-11　6～35kV 线路过电流保护原理接线图

3）展开接线图。展开图和原理图是同一接线的两种表示方式。展开接线图是将二次设备按线圈和触点回路展开分别画出，组成多个独立回路，作为制造、安装、运行的重要技术图纸，也是绘制安装接线图的主要依据。

展开接线图的特点：将二次回路的设备展开表示，分成交流电流回路、交流电压回路，直流回路，信号回路；将不同的设备按电路要求连接，形成各自独立的电路；同一设备（电器元件）的线圈、触点，采用相同的文字符号表示，同类设备较多时，采用数字序号；展开图的右侧以文字说明回路的用途；展开图中所有元器件的触点都以原始状态表示，即没有发生动作。

绘制和阅读展开接线图的基本原则是：

A. 展开图的绘制和阅读是从上到下、从左到右。

B. 各回路的排列顺序为先交流电流回路、交流电压回路、后直流操作、直流信号回路等。

C. 各回路的排列顺序为：交流回路按 A、B、C、N 相序排列，直流回路按动作顺序自上而下逐行排列。

D. 每一行中继电器的线圈、触点等设备按实际连接顺序绘制。6～35kV 线路过电流保护展开接线见图 10-12。

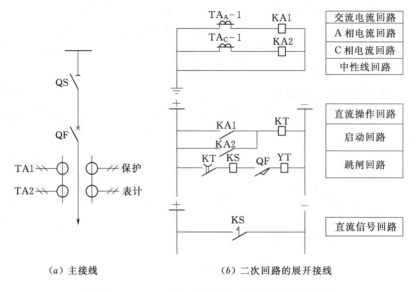

（a）主接线　　　　　（b）二次回路的展开接线

图 10-12　6～35kV 线路过电流保护展开接线图

4）安装接线图。安装接线图是用来表明二次回路的实际安装情况，是控制屏（箱）制造厂生产加工和现场安装施工用图，是根据展开接线图绘制的。在安装接线图中，各种仪表、电器、继电器及连接导线等，按照它们的实际图形、位置和连接关系绘制。安装接线图包括屏面布置图、屏后（内）接线图和端子排图。

A. 屏面展开图。屏面展开图是以屏的结构在安装接线图上展开为平面图来表示屏面上各设备的排列位置及相互间距离尺寸的图纸，要求按一定的比例尺绘制，并附有设备表，是正视图。

屏上设备布置的一般规定：最上为电流电压等交流继电器，中为中间继电器，时间继电器，下部为经常需要调试的继电器（方向、差动、重合闸等），最下面为信号继电器，连接片以及光字牌，信号灯，按钮，控制开关等。

保护和控制屏面图上的二次设备，均按照由左向右、自上而下的顺序编号，并标出文字符号；文字符号与展开图、原理图上的符号一致；在屏面图的旁边列出屏上的设备表（设备表中注明该设备的顺序编号、符号、名称、型号、技术参数、数量等）；如设备装在屏后（如电阻、熔断器等），在设备表的备注栏内注明。

光字牌和标签框内的标注，也在设计图纸列表中列出。

B. 屏后（内）接线图。屏后（内）接线图用来表明屏内各设备在屏背面引出端子间以及与端子排间的连接情况，应标明各设备的代号、安装单位和型号规格。屏后（内）接线图是制造厂生产屏柜中配线的依据，也是施工和运行的重要参考图纸。

绘制屏后接线图时不要求按比例绘制，但应保证各设备间的相对位置正确。各设备的引出端子应按实际排列顺序画出。

a. 屏后设备标志法见图 10-13，在图形符号内部标出接线用的设备端子号，所标端子号必须与设备厂家的编号一致。

在设备图形符号上画一个小圆，该圆分为上、下两个部分，上部分标出安装单位编号，用罗马字母Ⅰ、Ⅱ、Ⅲ等来表示；在安装单位右侧标出设备的顺序号，如①、②、③、…。小圆下部标出设备的文字符号，如 KA、KT、KS 等和同型设备的顺序号，如①、②、③、…。

b. 相对编号法。如果甲乙两个设备的接线端子需要连接起来，在甲设备的连接端子上标出乙设备的接线端子的编号。同时，在乙设备的连接端子上标出甲设备的接线端子的编号，即两个接线端子的编号相对应，这表示甲乙两设备的相应接线端子应该连起来，这种编号法称为相对编号法见图 10-14。电流继电器 KA 的编号为 4，时间继电器 KT 的编号为 8。KA 的 3 号接线端子与 KT 的 7 号接线端子相连，KA 的 3 号接线端子旁标上"8～7"，即与第 8 号元件的第 7 个端子相连。与之对应的在 KT 旁标上"4～3"。

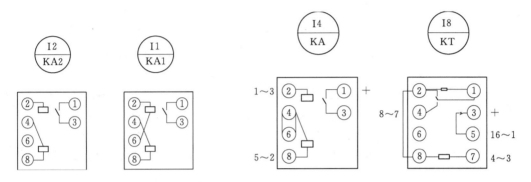

图 10-13　屏后设备标志法示意图

I1：Ⅰ—设备安装单位，1—设备顺序号；

KA1：KA—设备文字符号，1—同型设备顺序号；

①、②、③、④、⑥、⑧—接线端子号

图 10-14　相对编号法示意图

I4：Ⅰ—设备安装单位，4—设备顺序号；

KA—设备文字符号；KT—设备文字符号；

①～⑧—接线端子号（③、⑤之间连线有一个闭接点）

C. 端子排图。端子排图是用来表示屏上需要装设的端子数目、类型、排列次序以及端子与屏上设备及屏外连接情况的图纸。

接线端子是二次接线中不可缺少的配件。屏内设备与屏外设备之间的连接是通过端子和电缆来实现的。许多端子组合在一起构成端子排，安装在屏后两侧。接线端子分为：试验端子、连接试验端子、特殊端子。

a. 试验端子：用于需要接入试验仪器的电流回路时用，主要利用它可校验电流回路中的仪表和继电器，可保证电流互感器的二次侧在测试过程中不会开路且又不必松动原来的接线。

b. 连接试验端子：同时具备连接端子和试验端子的功能，常用于需要彼此连接的电流试验回路中。

c. 特殊端子：用于需要很方便地开断回路的场合。

每一安装单位应有独立的端子排，端子排垂直布置时，排列由上而下；水平布置时，排列由左而右。其顺序是交流二次电流回路、交流二次电压回路、控制回路、信号回路和其他回路。

每一安装单位的端子排应编有顺序号，在最后留 2～5 个端子作为备用。

正、负电源之间，经常带电的正电源与合闸、跳闸回路之间的端子应不相邻或用一个空端子隔开，以免在端子排上造成短路或断路器误动作。

一个端子的一端一般只接一根线，导线截面一般不超过 $6mm^2$。特殊情况下个别端子允许最多接 2 根导线。当一根电线同时接屏上两侧端子排时，一般不经过渡端子。

（4）二次回路的编号。

1）编号的作用。二次设备数量多，相互之间连接复杂，要将这些二次设备连接起来就需要大量的连线或电缆，通常用编号的方法将二次连接线的性质、用途和走向为每一根线按一定规律分配一个唯一的编号，即可将二次接线区分开来。

按线的性质、用途进行编号法称回路编号法；按线的走向按设备端子进行编号称为相对编号法。

2）回路编号法。

A. 回路编号法的原则。凡是各设备间要用控制电缆经端子排进行联系的，都要按回路编号法进行编号。即不在一起（一面屏或一个箱内）的二次设备之间的连接线就应使用回路编号法。

B. 回路编号的作用。在二次回路图里面，展开式原理图用得最多。在展开式原理图中的回路编号和安装接线图端子排上电缆芯的编号是一一对应的，这样看到端子排上的一个编号就可以在展开图上找到对应这一编号的回路；同样，看到展开图上的某一回路，可以根据这一编号找到其连接在端子排上的各个点，从而为二次回路的检修、维护提供方便。

C. 回路编号的基本方法。

a. 用 3 位或 3 位以下的数字组成，需要标明回路的相别或某些主要特征时，可在数字编号的前面或后面增注文字或字母符号。

b. 按等电位的原则进行标注，即在电气回路中，连于一点上的所有导线均标以相同的回路编号。

c. 当电气设备的触点、线圈、电阻、电容等元件所间隔的线段，即视为不同的线段，给予不同的编号；当两段线路经过常闭接点相连，虽然平时都是等电位，但一旦接点段开，就变为不等电位，所以经常闭触点相连的两段线路也要给予不同编号。对于在接线图中不经过端子而在屏内直接连接的回路，可不编号。

3）相对编号法。相对编号常用于安装接线图中，供制造、施工及运行维护人员使用。当甲、乙两个设备需要互相连接时，在甲设备的连接柱上写上乙设备的编号及具体连接柱的编号，而在乙设备的连接柱上写上甲设备的编号及连接柱的编号，这种相互对应的编号方法称为相对编号法（见图 10-14）。

相对编号的作用：回路编号可以将不同安装位置的二次设备通过编号连接起来，对于同一屏内或同一箱内的二次设备，相隔距离近，相互之间连线多，回路多，采用回路编号很难避免重号，而且不便查找和施工，这时就只有使用相对编号：先把本屏或本箱内的所有设备顺序编号，再对每一设备的每一个接线柱进行编号，然后在需要接线的接线柱旁写上对端接线柱编号，以此来表达每一根连线。

相对编号的组成：一个相对编号就代表一个接线桩头，一对相对编号就代表一根连接线，对于一面屏、一个箱子，接线柱数百个，每个接线柱都得编号，编号要不重复、好查找，就必须统一格式，常用的是"设备编号"－"接线桩头号"格式。

A. 设备编号。一种是以罗马数字和阿拉伯数字组合的编号，多用于屏（箱）内设备数量较多的安装图。罗马数字表示安装单位编号，阿拉伯数字表示设备顺序号，在该编号下边，通常还有该设备的文字符号。例如一面屏上安装有两条线路保护，把用于第一条线路保护的二次设备按从上到下顺序编为Ⅰ1、Ⅰ2、Ⅰ3、…，端子排编为Ⅰ；把用于第二条线路保护的二次设备按从上到下顺序编为Ⅱ1、Ⅱ2、…，端子排编为Ⅱ。为对应展开图，在设备编号下方标注有与展开图相一致的设备文字符号，有时还注明设备型号。这种编号方式便于查找设备，但缺点是不够直观。另一种是直接编设备文字符号（与展开图相一致的设备文字符号）。用于屏（箱）内设备数量较少的安装图，微机保护将大量的设备都集成在保护箱里了，整面微机保护屏上除保护箱外就只有空气开关、按钮、压板和端子排了，所以微机保护屏大都采用这种编号方式。

B. 设备接线柱编号。每个设备在出厂时对其接线柱都有编号，在绘制安装接线图时就应将这些编号按其排列关系、相对位置表达出来。对于端子排，通常按从左到右从上到下的顺序用阿拉伯数字顺序编号。

把设备编号和接线柱编号加在一起，每一个接线柱就有了唯一的相对编号。

4）编号形式。

二次回路的编号分为：直流回路、交流回路和小母线三种。

直流回路编号：

A. 对于不同用途的直流回路，使用不同的数字范围，如控制和保护用 001～099 及 100～599，励磁回路用 601～699。

B. 控制和保护回路使用的数字标号，按熔断器所属的回路进行分组，每 100 个数分为一组，例如 101～199、201～299、301～399、…其中每段里面先按正极性回路（编为奇数）由小到大，在编负极性回路（偶数）由大到小，如 100、101、103、133、…、142、140、…。

C. 信号回路的数字标号，按事故、位置、预告、指挥信号进行分组，按数字大小进行排列。

D. 开关设备、控制回路的数字标号组，应按开关设备的数字序号进行选取。例如有 3 个控制开关 1KK、2KK、3KK，则 1KK 对应的控制回路数字标号选 101～199，2KK 所对应的选 201～299，3KK 所对应的选 301～399。对分相操作的断路器，其不同相别的控制回路常用在数字组后加小写的英文字母来区别，例如 107a、335b 等。

E. 直流正极回路的线段按奇数标号，负极回路的线段按偶数编号；每经过回路的主要压降元（部）件（如线圈、电阻等）后，即改变了极性，其奇偶顺序即随之改变。对不能标明极性或其极性在工作中改变的线段，可任选奇数或偶数。

F. 对于某些特定的主要回路通常给予专用的标号组。例如正电源 101、201，负电源 102、202；合闸回路中的绿灯回路为 105、205、305、405。

交流回路编号：

A. 对于不同用途的交流回路，使用不同的数字组，在数字组前加大写的英文字母来区别其相别。例如电流二次回路用 400～599，电压二次回路用 600～799。电流二次回路的数字标号，一般以十个数字为一组，例如 A401～A409、B401～409、C401～409、…、A591～599、B591～B599。若不够亦可 20 个数为一组，供一套电流互感器之用。几组相互并联的电流互感器的并联回路，应先取数字组中最小的一组数字标号。不同相的电流互感器并联时，并联回路应选任何一组电流互感器的数字组进行标号。电压回路的数字标号，应以十位数字为一组。例如 A601～A609、B601～609、C601～609、A791～799、…以供一个单独互感器回路标号之用。

B. 电流互感器和电压互感器的回路，均需在分配给他们的数字标号范围内，自互感器引出端开始，按顺序编号，例如 TA 的回路标号用 411～419，2TV 的回路标号用 621～629 等。

C. 某些特定的交流回路给予专用的标号组。如用"A310"表示 110kV 母线电流差动保护 A 相电流公共回路；"B320Ⅰ"标示 220kV Ⅰ号母线电流差动保护 B 相电流公共回路；"C700"标示绝缘检查电压表的 C 相电压公共回路。

小母线编号：在保护屏顶，大都安装有一排小母线，为方便取用交流电压和直流电源，对这些小母线，用编号来识别。编号一般由英文字母表示，前面可加上表明母线性质的"＋""－""～"号，后面可以加上表征相别的英文字母。例如＋KM1 表示Ⅰ段直流控制母线正极，1YMa 表示Ⅰ段电压小母线 A 相，－XM 表示直流信号母线负极。

（5）二次回路连接导线截面的选择。二次回路中各连接导线的机械强度及电气性能应满足安全经济运行的要求。而机械强度及电气性能与其材料及截面有关。

1）按机械强度要求。若按导线的机械强度满足要求选择其截面，按端子排端子选。连接强电端子铜导线的截面，应不小于 1.5mm²，而接弱端子铜导线的截面，可不小于 0.5mm²。

2）按电气性能要求。在保护和测量仪表中，交流电流回路应采用铜导线，其截面应大于或等于 2.5mm²，此外，在保护装置中，电流回路的导线截面还应根据电流互感器 10%误差曲线进行校核。在差动保护装置中，如电缆芯数或导线线芯的截面太小，会因误差过大导致保护误动作。

在电压二次回路中，应按允许的电压降选择电缆线芯的截面，电压互感器至电能表的电压降不得超过电压互感器二次额定电压的 0.5%。对于电能计量表（电度表），运行时由电压互感器至表计输入的电压降不得超过电压互感器二次额定电压的 0.5%；对于其他测量仪表，在正常负荷下至测量仪表的电压降不能超过 3%，当全部保护装置动作和接入全部测量仪器（即电压互感器负荷最大）时，至保护和自动装置的电压降不得超过其额定电压的 3%。

在操作回路中，导线截面的选择，应满足正常最大负荷下由操作母线至各被操作设备端的导线压降不能超过额定母线电压 10%。

10.1.2　二次设备的选择

（1）控制和信号回路的设备选择。

1）控制开关的选择。控制开关应根据以下三个条件进行选择：

A. 回路接线需要的触点数量及触点开闭位置图。

B. 操作的频繁程度。

C. 回路的额定电压、额定电流。

2）跳、合闸回路中的中间继电器的选择。

A. 跳、合闸位置继电器的选择。要求在正常情况下，通过跳、合闸回路的电流应小于其最小动作电流及长期热稳定电流；当直流母线电压为85％额定电压时，加于继电器的电压不小于其额定电压的70％。

B. 跳闸或合闸继电器电流自保持线圈的额定电流，除因配电磁操作机构的断路器由于合闸电流大，合闸回路设有直流接触器，合闸继电器需按合闸接触器的额定电流选择外，其他跳、合闸继电器均按断路器的合闸或跳闸线圈的额定电流来选择，并保证动作的灵敏系数不小于1.5。

C. 自动重合闸继电器及其出口信号继电器的选择。自动重合闸继电器及其出口信号继电器额定电流的选择应与其起动元件动作电流相配合，保证动作的灵敏系数不小于1.5。

自动重合闸出口继电器及信号继电器的选择，当其出口直接接至合闸接触器或合闸线圈回路时，继电器的额定电流应按合闸接触器或断路器合闸线圈的额定电流来选择。

3）防跳跃继电器的选择。

A. 防跳跃继电器的选型。电流启动电压自保持的防跳继电器，其动作时间应不大于断路器的固有跳闸时间，DZK系列快速继电器的动作时间不大于15ms。

B. 防跳继电器的选择。

a. 电流启动电压自保持的防跳继电器，其电流线圈的额定电流的选择应与断路器跳闸线圈的额定电流相配合，并保证动作的灵敏系数不小于1.5，自保持电压线圈按直流电源的额定电压来选择。

b. 电流启动线圈动作电流的整定可以根据上述选用继电器线圈额定电流的80％整定。

c. 电压自保持线圈按80％额定电压整定为宜，在接线时应注意防跳跃继电器线圈的极性。

4）信号继电器和附加电阻的选择。

A. 信号继电器和附加电阻选择的原则：

a. 在额定直流电压下，信号继电器动作灵敏度不小于1.4。

b. 在0.8倍额定直流电压下，串接信号继电器的压降不大于额定电压的10％。

c. 应满足信号继电器的热稳定要求。有可能发生几个并联信号继电器同时动作的情况时，如果串联的中间继电器不能满足要求，应选择适当的附加电阻器并联在中间继电器上，电流型信号继电器允许长期通过的电流一般不大于3倍额定电流。

d. 选择中间继电器的并联电阻时，应使启动中间继电器回路的保护继电器触点断开容量不大于其允许值。

B. 重瓦斯保护回路并联信号继电器或附加电阻的选择：

a. 并联信号继电器应根据直流额定电压来选择。

b. 当用附加电阻器代替并联信号继电器时，附加电阻器的选择应满足上述原则的要求。

5）常用信号灯及附加电阻的选择。在灯光监视的断路器控制回路中，信号灯及附加电阻的选择：

A. 当灯头短路时，通过合闸回路的电流应小于其最小动作电流及长期热稳定电流。一般按不大于跳合闸线圈额定电流10％来考虑。

B. 当直流母线电压为95％的额定电压时，加在灯泡上的电压应为其额定电压的60％～70％，以保证信号灯必要的亮度。

（2）二次回路的保护设备。

1）二次回路的保护设备用于切除二次回路的故障，保护设备一般用熔断器、自动空气开关，可作为试验或检修时断开电源用。

2）控制回路熔断器配置原则如下：

A. 当一个安装单位内只有一台断路器时，一般用一组熔断器。

B. 当一个安装单位内有几台断路器时，应分别装设熔断器。

C. 同一个安装单位的控制、保护和自动装置共用一组熔断器。

D. 熔断器状态应加以监视，断路器控制回路装有音响或灯光监视信号，其他回路一般要装设电源监视继电器。

3）信号回路熔断器配置原则如下：

A. 每一个安装单位的信号回路，一般要用一组熔断器。

B. 公用信号回路（如中央信号），应装设单独的熔断器。

4）电压互感器二次侧熔断器配置原则：熔断器必须保证电压互感器二次发生短路时，熔件的熔断时间不小于保护动作时间，而在最大负荷时不熔断。自动调节励磁装置及强行励磁用的电压互感器二次回路不应装设熔断器。

5）熔断器电流的选择。

A. 控制回路熔断器熔件的额定电流，只按回路最大长期负荷电流来考虑。

B. 合闸回路的熔断器熔件额定电流应与合闸线圈热稳定电流相配合，一般选合闸冲击电流的1/3～1/4。

（3）小母线的布置。

1）直流电源小母线。直流电源小母线均由直流电源盘的主母线经开关、熔断器供电。由于连接在各直流电源小母线上的受电器具数量多，在大型发电厂及变电站中，通常按用途不同分为控制电源小母线和信号电源小母线。它们自成独立的供电网络，以保护供电的可靠性。

A. 控制电源小母线，一般布置在控制室内控制屏的顶部，直流屏双回路供电，各安装单位的断路器控制与继电器保护等回路均由控制电源小母线供电。

B. 信号电源小母线，通常布置在控制屏和信号屏上，以直流屏双回路供电，各安装单位的信号回路分别经小刀闸或熔断器接至此小母线。

控制与信号电源小母线，一般采用单母线方案。当装设两组蓄电池时，可采用双母线方案。大型水电站已用单独盘面装设多路切换开关供电，目标更清晰。

2）交流电压小母线。母线电压互感器的二次电压小母线，当采用重动继电器切换时，一般布置在控制室内控制屏或继电器屏上；当采用隔离开关辅助接点切换时一般布置在相应的配电室内，通常这些小母线的形式为：

A. 110kV 及以上电压级母线电压二次电压小母线，一般布置在控制屏顶部。该电压级各安装单位的交流电压回路，经重动电压继电器触点与小母线连接。

B. 户外 35kV 电压级二次电压小母线布置在控制屏上。经重动电压继电器切换至各安装单位。当采用屋内配电装置时，电压小母线布置在配电室内，经隔离开关辅助接点切换至各安装单位。

C. 6～10kV 电压级采用屋内配电装置时，电压小母线布置在配电室内，经隔离开关辅助接点切换各安装单位。

3) 辅助小母线。在发电厂及变电站中，根据控制、信号、继电保护、自动装置等的需要，可设备辅助小母线，如合闸脉冲小母线、闪光小母线、熔断器报警小母线、事故跳闸音响信号小母线、同期小母线等，这些小母线分别布置在控制室的屏上。

布置在控制室内的小母线，安装在屏的顶部，使用直径为 6～8mm 的铜棒或铜管。小母线的数量多时，可以双层排列，但总数一般不超过 28 根。控制室内的小母线，按屏组分段，段间以电缆经小刀闸连接。

10.1.3 二次设备的布置特点

（1）二次设备的特点。水电站二次设备是包括对一次设备进行控制、测量、保护以及对一次、二次设备的正常、异常或事故等工况提供信号显示或报警的设备。还可以对机组运行参数进行调节、控制和状态的监视。

二次设备一般是由独立的功能件或具有较强的完整功能的装置按预定的逻辑组装成功能屏柜，这些设备安装在不同的位置，按有关逻辑要求进行互联，能完成特定的功能，保障一次设备的安全可靠运行，减小电气设备故障损害。

（2）二次设备的布置的基本要求和原则。水电站在电气设备的布置方式、面积和相对位置时，应满足下列基本要求。

1) 在保证安全、可靠运行的前提下，布置力求紧凑、整齐和简单，便于维护和检修。

2) 要为运行和检修人员提供正常工作条件。

3) 要保持带电部分之间及带电部分与接地部分之间安全距离。

4) 要满足防火规范的要求。

5) 应考虑出入口和通道尺寸，以便在不影响运行的条件下可以搬运相关设备。

电气二次设备布置原则：

1) 二次设备的电气屏柜一般布置在主控制室内。需要由人经常监视、操作的屏柜，都布置在主环上（第一排）。

2) 控制屏按电压等级分别排列在一起，要做到模拟母线清晰连贯。

3) 其他保护屏、自动装置屏原则上按电压等级分别排列在主环后排，但应保证小母线的布置连贯。

4) 当后期工程有较多的预留屏位时，应考虑扩建时不影响施工及运行安全。

5) 机旁布置机组控制测量、发变保护、励磁屏及动力盘，升压站控制、保护、测量屏须另设专门房间。

（3）厂内二次设备布置。中低水头水电站由于地势较平坦，一般采用地面厂房。高水头电站地处峡谷，多采用地下厂房。地下厂房较地面厂房面积要小得多，故设备布置较紧凑。

设备布置应根据发电顺序、土建条件作总体考虑。第一台机组发电前，中控室、厂用电、厂内排水、消防设施、高低压压缩空气系统都应具备，故公用设备及中控室都应布置在厂房一端。

1）地下厂房二次设备布置。地下厂房可利用的空间和场地均较狭小，电气设备布置紧凑，机组用二次盘柜布置在主厂房发电机层或夹层内，主要有：发变保护屏、机组现地监控屏、励磁屏、故障录波、在线监测、机组测温屏、仪表屏及机组动力盘等。一般中控室分层较多，许多公用电气设备安装于各层房间内。发电机电压设备、厂用变压器和电压互感器柜布置在发电机至变压器的母线洞内。副厂房一般布置公用直流、厂用电设备及油气水系统的二次设备等。高压配电装置各盘、柜集中布置于同一房间内，有条件时尽量布置靠近中控室。但也有随 GIS 设备布置在地面 GIS 附属房间内。近期修建的大型地下水电站，其中控室多建于地面，以改善运行条件。为了水电站及早受益，常在装机过程中先在地下建简易中控室，满足初期运行需要。待条件成熟后，再建地面永久中控室，中间有一个过渡过程。

2）地面厂房二次设备布置。地面厂房一般均有上下游副厂房。上游副厂房布置机旁盘（自动、保护、量测、励磁盘），直流设备室等，中控室监控上位机及计算机室、厂用电、全厂公用设备、继电保护室，下游副厂房布置有技术供水、空压机控制屏，各辅助设备的控制保护屏均靠近设备布置。

10.2 盘、柜安装

10.2.1 盘、柜基础安装

（1）槽钢安装要求。盘、柜的安装，一般均用基础型钢做底座，二期混凝土埋设。基础槽钢安装的允许偏差见表 10-1。

表 10-1　　　　　　　　　　　基础槽钢安装的允许偏差表

项　目	允　许　偏　差	
	mm/m	mm/全长
不直度	<1	<5
水平度	<1	<5
位置误差及不平行度		<5

注　环形布置按设计要求。

二次盘、柜基础安装方法可分为预埋槽钢基础及后置式盘、柜基础两种安装方式。

（2）基础槽钢安装基本方式。

1）预埋槽钢基础。土建浇筑厂房一期混凝土时，在混凝土内预埋槽钢基础铁板或钢筋，安装盘、柜槽钢基础后再回填二期混凝土。槽钢可以有立放或平放两种方式。预埋槽钢基础见图 10-15。

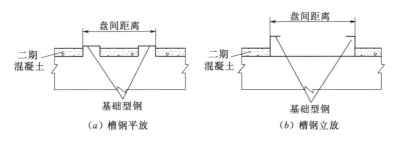

图 10-15 预埋槽钢基础示意图

2）后置式槽钢基础。后置式槽钢基础是在厂房混凝土浇筑完成后，在地面直接安装盘柜基础型钢，采用膨胀螺栓固定。金属框架均为镀锌件，由专业厂用钢板冲压成型，根据尺寸分段用标准连接件组装成型。后置式槽钢基础见图 10-16。

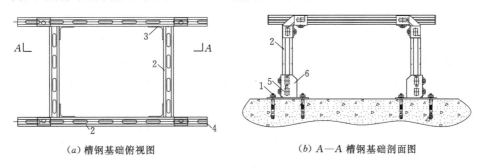

图 10-16 后置式槽钢基础示意图
1—锚栓；2—支架；3—弯头；4—封堵头；5—扣件；6—支座

（3）基础槽钢的安装方法。

1）整体制作、安装。基础制作：

A．将盘、柜基础按设计图纸下料、制作。

B．制作前，将型钢调平、调直，尺寸必须核对无误后方可下料。

C．在组装平台上，按图纸要求组装盘、柜基础（焊接），先点焊，用角尺靠角、测量对角线，尺寸必须符合设计图后再进行满焊。盘、柜基础制作应较盘、台的底面大10mm。基础搬运时，应防止变形。

D．基础制作完成后由质检员进行检测校验，最后除锈刷漆。

盘、柜基础安装：

A．施工现场清理完毕，埋件运到施工现场，摆放整齐。

B．基础安装前，将一期混凝土预埋的铁板、钢筋头等铁件找出来，清理找平。然后根据图纸确定盘、柜基础的安装位置和标高。

C．将基础槽钢就位，根据盘、柜中心线找正。用水平仪找平，盘、柜基础应高出永久地面10mm。合格后用电焊将槽钢和埋件焊牢。

D．基础安装完成后与接地扁铁连接并焊接牢固，涂刷防锈漆，接地点应有明显标识。

E．由施工人员负责自检并填写盘、柜基础安装记录，报监理单位进行验收。

F．二期混凝土填实。

2）分散制作、安装。

A. 槽钢基础下料调直。

B. 在安装现场对每根槽钢单独调整、焊接固定，连接接地线。

10.2.2 盘、柜安装流程

（1）施工准备。

1）熟悉设计图纸、出厂技术文件及安装说明书、有关规范编写安装技术措施，报监理工程师审查。

2）核对各设备的安装位置。

3）检查并校核基础尺寸、预留孔洞位置尺寸。

4）组织全体施工人员学习安装程序、相关规范标准，进行技术交底。

5）现场清理干净，疏通设备运输通道。

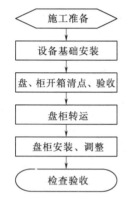

图 10-17 盘、柜安装流程图

6）在施工现场布置临时施工电源、照明和消防器材。

（2）施工流程。盘、柜安装流程见图 10-17。

（3）设备运输及开箱清点。

1）设备在运输中，要避免冲击和振动，按要求绑扎以防止设备的倾倒。

2）设备的吊装运输工作应该由熟练的起重工和汽车驾驶人员来完成，吊装运输过程中，采取防振、防冲击措施，以保证设备的安全，防止盘、柜油漆脱落。

3）将设备从仓库转运至安装现场，在监理单位组织下，进行现场开箱清点，开箱时，不要用力过猛，以免损伤设备。检查设备完好，内部元件完整，油漆无损，型号、规格符合设计要求，附件、备件、技术资料齐全，数量与装箱清单相符，暂时不装的部件或备品备件送保温仓库妥善保管。

4）盘、柜转运至安装间后，根据盘、柜安装位置，采用桥机吊装或人工转运方式将盘、柜转运至安装现场部位。

5）按设备要求的位置移放盘、柜；移动时，用钢管垫在盘底滚动前进。

（4）盘、柜安装允许偏差。

1）按顺序将盘、柜安放在基础槽钢上，调整控制盘、柜偏差，将盘、柜固定在槽钢上，并将盘、柜及构架可靠接地，其允许偏差见表 10-2。

表 10-2 盘、柜安装允许偏差表

项　目		允许偏差/mm
垂直度/(mm/m)		<1.5
水平偏差	相邻两盘顶部	<2
	成列盘顶部	<5
盘间偏差	相邻两盘边	<1
	成列盘面	<5
盘间接缝		<2

2）盘、柜安装在有振动场所，应按设计要求采取防振措施。

3）盘、柜及柜内设备与各构件间连接应牢固。主控制盘、继电保护盘和自动装置盘等不宜与基础型钢焊死。一般采用螺栓固定，根据盘、柜底座安装孔的尺寸，在盘、柜基础槽钢上钻孔，以便于将盘、柜与基础连接固定。或在基础槽钢上稍偏位置焊螺栓，用压板将盘、柜与基础压牢。

4）盘、柜采用不小于 25mm² 的接地线或铜编织线与基础槽钢可靠连接。

5）盘、柜、台、箱的接地应良好。装有可开启的门时，应以裸铜软线与接地的金属构架可靠地连接，铜线加胶管保护。

盘、柜采取防振措施按以下方法：

A. 立盘前在底座上铺设厚度为 10mm 的橡胶垫，其宽度与型钢宽度一致，然后用黏胶将其固定。

B. 立盘时，调整盘、柜方位（注意正面、反面），将盘、柜倾倒放置在液压叉车上，将位置调整好，使盘、柜立起时盘底框正好落在槽钢底座上，且方向正确，再适当调整，使盘底框和底座吻合。安装过程中要让橡皮垫不移位，如有偏移，可在盘、柜底部垫一块方木，用榔头敲击木块即可调整位置。

6）成排盘、柜安装时，将最靠边的盘、柜调垂直，即将吊线锤线绕在木棍上从盘、柜顶部放下，分别测量盘、柜顶部和底部至吊线的距离，如相等则盘、柜垂直。依次安装相邻盘，盘、柜之间前后应平齐。全部安装完毕后，检查盘间螺丝孔，应相互对正，如其位置不对或孔径太小，应用圆挫修整，或用电钻重新开孔，不得使用火焊割孔。然后用镀锌螺栓将全部盘、柜连接固定。

10.3　现地二次设备及自动化元件安装

10.3.1　现地二次设备安装

水电站二次盘柜布置通常可以分成两大部分：一是集中布置，如机旁盘、中控盘、高压配电装置保护盘和厂用动力电源盘等；二是分散布置的盘柜，如机组辅助设备控制部分及全厂公用系统的控制盘柜，一般布置在被控设备附近，其数量较少。

（1）现地柜、箱安装。

（2）电缆桥架安装、配管按《电气装置安装工程　电缆线路施工及验收规范》（GB 50168）的要求施工。

二次设备布置分散，遍布全厂，通过电缆按系统连接才能发挥其功能。安装电缆桥架或电缆埋管是保证电缆安全运行的重要手段。电厂设全厂电缆主通道，满足机组等与中控室的联系，各楼层间设竖井，机组上下游间在楼板下设电缆吊架，形成电缆通道。中控室、机旁盘、高压配电装置保护盘等地板下均设有电缆吊架。批量电缆架由专业工厂生产，用型钢和钢板冲制而成，外形美观，用料较省，全部经热镀锌。一般电缆桥架制造商会根据设计要求到现场做二次设计，选制成标准件到现场安装指导，满足电缆运行要求。盘、柜（箱）布置分散，根据现地设备电缆布置特点（如动力电缆的转弯半径、控制电缆的数量等）进行桥架现场制作，其安装流程见图 10 - 18。有些盘、柜（箱）电缆较少，

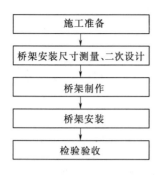

施工准备

↓

桥架安装尺寸测量、二次设计

↓

桥架制作

↓

桥架安装

↓

检验验收

图 10-18 现地桥架
安装流程图

根据现场具体情况可敷设电缆管。

（3）现地电缆敷设。电缆敷设见第 10.4.3 条。电缆敷设之前检查所有预埋管路是否漏埋、是否畅通，相关电缆桥架已安装完毕并已经监理工程师验收。通道、电缆沟道中电缆架完整，排水畅通，接地良好，对局部桥架如影响电缆敷设应及时处理。

10.3.2　自动化元件安装

随着水电站自动化水平的提高，水轮发电机组所需自动化元件种类及数量都愈来愈多，目前在水轮发电机上配置的监测设备有转子气隙监测、振动摆度监测、定子绕组局放监测等。另外还有油槽、轴瓦、定子铁芯及绕组测温元件，还有液位元件、压力元件、流量元件、油混水检测元件等。其他公用设备油气水系统、消防报警系统、暖通系统等均配备各自的自动控制元件，其检查安装方法根据设备说明书进行。

（1）设备到货清点验收。自动化元件到货后，在监理单位组织下，进行开箱清点，开箱后检查设备及部件完好，油漆无损，型号、规格符合设计要求，附件、备件、技术资料齐全，数量与装箱清单相符，暂时不装的部件或备品备件送到指定的地点妥善保管。

（2）机组自动化元件的安装。由于施工单位分工较细，自动化元件由主设备安装班组领出送检及安装，电气接线统一由专业班组完成。故先熟悉各自动化元件的安装部位及安装要求，提前做好施工准备（如检查元件固定件、固定螺栓孔是否与油槽及管路上的开孔配套，不配套产品立即联系处理）。

自动化元件到货后进行试验检测并做好检测记录，测温装置的绝缘电阻满足规程要求。

测温元件在测温柜上的编号，应与轴瓦号、冷却器号、线圈槽号一致。

轴承油槽密封前，检查各电阻温度计的阻值相互差不大于 1.5%，对地绝缘良好。信号温度计指示应符合当时轴瓦温度。测温引出线固定牢固。

其他各自动化元件按产品说明书和设计图纸进行安装，装设在管道系统内的带金属外壳的自动化元件应可靠接地。

10.4　控制电缆、光缆敷设和导线安装

10.4.1　施工准备

（1）全面了解全厂电缆桥架、电缆数量、电缆走向、电缆种类及相关规范标准等。准备好安装工器具、材料。

（2）熟悉电缆走向布置图，对电缆桥架及电缆架内敷设的电缆进行敷设设计，合理规划电缆的敷设顺序、敷设层次，确保不发生电缆交错的现象。

（3）检查电缆敷设通道畅通；金属电缆支（桥）架的防腐完整；通道上照明良好；检

查电缆（光缆）型号、规格等符合设计要求；检查电缆（光缆）外观无损伤、绝缘良好。

（4）按设计图纸实际路径计算每根电缆的长度，合理安排每盘电缆，控制电缆一般不允许有中间接头；长电缆敷设前，还应准备好通信工具（对讲机），确定联络方式；当电缆超长需出现中间接头时，应按制造厂规定工艺施工，并提前报告监理工程师。

（5）根据各电缆盘的尺寸、重量设计、制作电缆盘承重放线支架。

（6）搭设高空电缆敷设的工作平台，工作平台满足承载及安全施工要求。

10.4.2　施工流程

控制电缆、光缆敷设安装流程见图 10-19。

10.4.3　电缆敷设

（1）通道检查。电缆敷设之前检查所有预埋管路是否漏埋、是否畅通，相关电缆桥架已安装完毕并已经监理工程师验收。通道、电缆沟道中电缆架完整，排水畅通，接地良好，对局部桥架如影响电缆敷设及时处理。

（2）电缆准备。电缆敷设前，按设计路径算出每根电缆长度，合理安排每盘电缆。根据每天电缆敷设进度，吊运相应电缆至工地，暂时不用的电缆及时退场，做好文明生产。仔细校对电缆型号、规格，用兆欧表（500V 挡）测量电缆芯线绝缘符合要求。

（3）电缆牌准备。准备好统一规格的电缆

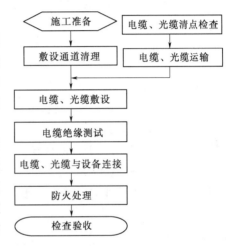

图 10-19　控制电缆、光缆敷设安装流程图

牌，牌上标明电缆型号、总芯数及起止地点，字迹要清楚、耐久，采用专用电缆牌打号机打印。

统计电缆敷设路径中每根电缆的电缆牌数量，提前准备打印好的电缆牌。

（4）电缆的搬运及支架架设。

1）电缆短距离搬运，一般采用滚动电缆盘的方法。滚动时应按电缆盘上箭头指示方向滚动。如无箭头时，可按电缆缠绕方向滚动，切不可反缠绕方向滚动，以免电缆松弛。

2）运输中电缆盘应与车厢捆绑牢固，不得自由滚动。电缆头与电缆盘绑扎牢固，防止电缆在装卸及运输中损伤。

3）电缆支架架设地点的选择，以敷设方便为原则，一般应在电缆起止点附近为宜。架设时，应注意电缆盘的转动方向，电缆引出端应在电缆盘的上方，施放过程不能与地面有摩擦，外皮不得有机械损伤。

（5）电缆敷设方法。

1）控制电缆、光缆主要采用在电缆桥（支）架上敷设和穿电缆管暗敷两种，对于少数用明敷的电缆必须穿可挠金属软管护套，并用电缆管卡和膨胀螺栓固定，要求排列整齐美观。

2）敷设电缆光缆的起止点、型号规格、数量符合设计要求。

3）电缆按设计要求在电缆架分层布置，电缆光缆的弯曲半径应符合规范要求。电缆敷设排列整齐、美观。

电缆的分层布置要求：

A. 一般动力电缆在电缆架上层，中间层为控制电缆，最下层为信号电缆。

B. 电力电缆和控制电缆不宜敷设在同一层支架上。

C. 高低压电力电缆，强电、弱电控制电缆应按顺序分层配置。

D. 控制电缆在普通支架上，不宜超过1层；桥架上不宜超过3层。

E. 交流三芯电力电缆，在普通支吊架上不宜超过1层；桥架上不宜超过2层，应排列整齐。电缆的弯曲半径应符合要求或大于其外径的20倍。

F. 在竖井进出口，地板下等处电缆不交叉、堆积。

4）电缆穿管敷设时，不得损伤绝缘。穿管敷设完后，管口要封堵严密，交流单芯电力电缆不得单独穿入钢管内。

5）水平、垂直部分电缆敷设方法如下。

A. 水平电缆敷设。

a. 敷设方法可用人力或机械牵引。

b. 电缆沿桥架或线槽敷设时，应逐层敷设，排列整齐，不得有交叉。拐弯处应以最大截面电缆允许弯曲半径为准。电缆严禁绞拧、护层断裂和表面严重划伤。

c. 不同等级电压的电缆应分层敷设，截面积大的电缆放在下层，电缆跨越建筑物变形缝处，应留有余量。

d. 电缆转弯和分叉改道应有序施放，排列整齐。

B. 垂直电缆敷设。

a. 垂直敷设，最好由上而下敷设。利用土建吊车将电缆吊至楼层顶部。敷设时，同截面电缆应先敷设在底层，后敷设上层，应特别注意，在电缆盘附近和部分楼层应采取防溜措施。

b. 自下而上敷设时，小截面电缆可用滑轮大绳用人力牵引敷设。

c. 沿桥架或线槽敷设时，每层至少加装两道卡固，应敷设一根立即整理卡固一根。

d. 电缆穿过楼板时，应装套管，敷设完后应将套管与楼板之间缝隙用防火材料封堵。

6）光缆敷设。

A. 施工前对光缆规格进行确认和检查合格。

B. 光缆必须由光缆盘上部放出并保持松弛弧形，不要在地上拖拉；布放过程中光缆应无扭转，严禁打小圈、浪涌等现象发生，敷设后的光缆应平直、无刮痕和损伤。

C. 光缆接头护套（盒、箱）及其附件的规格均应符合设计要求。

D. 光缆的弯曲半径不小于光缆外径的15倍，在施工过程中应不小于20倍，光缆绕"8"字摆放时其内径不小于2m。

E. 同沟敷设的光缆，不得交叉、重叠。

F. 架空光缆弛度一定要符合设计要求，光缆挂钩间距为500mm，允许偏差±30mm，电杆两侧的第一只挂钩距电杆为250mm，允许偏差±20mm。挂钩在吊线上的搭扣方向应一致，挂钩托板齐全。

G. 架空光缆每隔 5 杆挡作一处杆弯预留，预留在电杆两侧的挂钩下垂约 250mm，并套塑料管保护。

H. 架空光缆防强电、防雷措施应符合设计规定。架空光缆与电力线交越时，应采用胶管将钢绞线作绝缘处理，光缆与树木接触部位应用胶管或蛇形管保护。

I. 光缆敷设后应预留足够长度，以保证接头需要，核对光纤、铜芯线并编号做永久标记，并不得让光缆受潮。

J. 光纤接头制作完成后，进行光纤连接损耗检查，光纤连接损耗小于 1.0dB。接头做防潮处理。

7）电缆整理、固定、挂标示牌。

A. 电缆整理、固定：

a. 一根电缆敷设完后及时进行整理、固定，动力电缆的固定件不能构成闭合磁路。

b. 电缆采用绑线绑扎，间距均匀。在下列部位应将电缆固定。

倾斜 45°敷设的电缆在每个支架上；水平敷设的电缆，在电缆首末两端及转弯、电缆接头的两端处，电缆间距 5～10m 处。采用绑扎线绑扎，方向一致，固定牢固；水平敷设电缆在拐弯处每 200～300mm 固定绑扎一道，在控制盘前 300～400mm 绑扎一道，在接线盒前 150～300mm 绑扎一道。

B. 挂标志牌：制作标志牌规格应统一，采用白色 PVC 材料，应注明电缆的编号、型号、规格和起止点。标志牌上文字应打印。电缆标志牌见图 10-20。

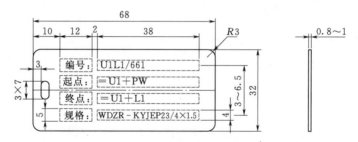

图 10-20　电缆标志牌（单位：mm）

a. 每根电缆和光缆必须挂标志牌，电缆标志牌必须有标注，电缆牌要经久耐用。

b. 在下列部位应装设标志牌：电缆终端及电缆接头处；电缆管两端，竖井处；转弯处，电缆分叉改道处，直线段每隔 50～100m 处。

10.4.4　控制电缆终端制作及配线

（1）施工准备。

1）电缆接入的盘、柜、箱等已验收。

2）所敷设的电缆确认无误，整理固定完毕。

3）二次接线图纸准确无误。

4）电缆芯线绝缘合格。

5）电缆头的制作方法及二次接线工艺已进行了培训。

（2）二次接线前应熟悉的图纸。二次接线前应熟悉图纸包括：原理图、展开接线图、端子排图、安装接线图、电缆清册等。

（3）安装程序。

1）控制电缆终端制作及二次接线流程见图 10-21。

2）控制电缆中间接头制作流程见图 10-22。

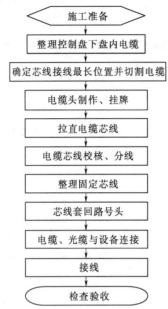

图 10-21 控制电缆终端制作及
二次接线流程图

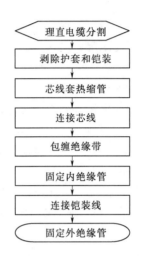

图 10-22 控制电缆中间
接头制作流程图

（4）施工步骤。

1）控制终端制作步骤。

A. 根据安装接线图把电缆按盘前、盘后、盘左、盘右分部位整理，并固定在盘内的角铁上。

B. 按电缆实际需要的接线位置并留适当裕度切割电缆。

C. 确定电缆作头位置，剥除电缆护套及铠装；剥除电缆护套时注意不要损伤电缆芯线绝缘及铜芯线，端部剥除护套处用同色绝缘包带扎紧，铠装电缆应切断钢带并接地，屏蔽电缆的屏蔽层也应按设计要求可靠接地。

D. 控制电缆终端制作采用干包方式或用外径大小与电缆护套相近的热塑管进行热塑后作为电缆的防潮措施；干包时要求包缠长度为 50mm，包带要求平整无皱折。

E. 每块盘内的电缆头应统筹规划，合理安排，保持盘、柜内整齐清洁。

2）中间接头制作。控制电缆一般不允许安装中间接头，除非由于超长长度或其他原因需要，应经监理工程师批准。控制电缆中间接头施工步骤为：

A. 将电缆理直并确定分割位置。

B. 剥除电缆护套及铠装，套入外护套、线芯热收缩管。

C. 剪断芯线，在剪断芯线时要注意将线芯接头位置错开，同时要特别注意线芯号要对应。

D. 线芯连接，当线芯为多股绞线时，采用压接管压接；当线芯为单股时，可用压接管压接或采用绞接后搪锡，线芯绞接重叠部分不得少于15mm，并保证接触良好、牢固。

E. 线芯连接好后，线芯裸露部分应叠绕包缠两层绝缘带，套上热缩管用喷灯（热风枪）加热热缩管，使其收缩成形。

F. 将电缆两端铠装层用多股铜导线连接好，将外热缩管移至中部，最后用喷灯（或热风枪）加热外收缩管，使之收缩成型。

（5）导线安装。

1）二次配线按照制造厂家安装说明书和《电气装置安装工程　电缆线路施工及验收规范》（GB 50168）、《电信网光纤数字传输、系统工程施工及验收暂行技术规定》（YDJ 44）的要求进行，电缆芯线鼻子的制作应采用高性能冷压钳压制，检查连接可靠度，不得松动。电缆在配线前对所有芯线（包括芯对芯，芯对地）进行绝缘检查合格，并记录检查结果。

2）按图配线，接线正确，导线与端子排连接牢固可靠。

3）电缆芯线端部均应有标明其回路编号字迹清晰且不易脱色的号头。

4）盘、柜内导线应无接头，设备间无"T"接，导线芯线无损伤，备用芯线长度留有余量，每一根备用芯线上必须挂上号头，号头上打印其所属电缆编号。

5）配线整齐、美观；盘、柜内的电缆芯线，均按垂直或水平有规律地配置，无任意歪斜交叉连接。

6）每个接线端子的每侧接线不得超过2根，对于插接式端子，不同截面的两根导线不得接在同一端子上，对于螺栓连接端子，当接两根导线时，中间应加平垫片；多股软导线连接时端部均加装与线型配套的接线端子，无松散、断股。

7）引入盘、柜的电缆排列整齐，编号清晰，避免交叉，固定牢固，所接端子排不受机械应力。

8）强、弱电回路分别成束分开排列，禁止小端子配接大截面导线。

9）铠装控制电缆进入盘、柜后，将钢带切断，按要求安装接地铜线并可靠接地。

10）二次回路接地设专用接地铜排。

11）配线施工完后进行盘、柜内电缆孔洞封堵。对盘内厂家接线端子进行紧固检查。

（6）控制电缆接地。控制电缆的屏蔽接地是为防止电气控制保护装置受电磁干扰，而影响其正常工作。控制电缆的屏蔽层在升压站和控制室两端要求同时接地。电缆的屏蔽层施工具体要求为：

1）计算机监控系统的模拟信号回路控制电缆屏蔽层，宜用一点接地。

2）当电磁干扰较大时，宜采用两点接地；静电感应的干扰较大，可用一点接地。双重屏蔽宜对内、外屏蔽分别用一点、两点接地。

3）两点接地时，要考虑在暂态电流作用下屏蔽层不致被烧熔。

屏蔽电缆接地的具体施工工艺为：剥去电缆的一段绝缘层，用尖锥挑散屏蔽网，拧成一股，压、焊接头鼻子，接到专用接地铜排上，屏蔽层接地方式应经监理工程师验收。

10.5 弱电回路的抗干扰措施

随着科学技术的发展，电子技术、计算机通信技术大量应用，各类干扰信号不断增多，使得电磁环境恶化，电磁干扰日益严重，直接影响弱电系统长期稳定运行。

10.5.1 干扰类型

所谓干扰，就是出现在传输线上各种影响正常工作的非信号电量。其基本类型分为：静电耦合干扰、静电感应干扰、电波干扰、接触不良干扰、电源线传导干扰、接地干扰等。各类干扰通过不同途径与二次电路耦合，以致使信号发生畸变，造成误差，影响二次回路的正常工作。

干扰源产生的干扰可以是磁的、电的或电磁的，它们通过供电线、信号输入输出线和外壳，以电感耦合、电容耦合、电磁辐射等形式串入干扰电压或因本地和远方的地（零）电位不同而直接导入。

10.5.2 抗干扰措施

首先要了解干扰的来源、性质、传播途径和电路接收干扰的敏感性。归纳起来，形成干扰的因素主要有干扰源、干扰途径和干扰对象三方面的因素。为消除干扰，就要从这三项因素着手，即消除或抑制干扰源；破坏干扰引入的途径；削弱干扰接收对象的敏感性。抗干扰的具体措施很多，比较有效的办法有以下几种。

（1）隔离。系统中通常有弱电控制部分和强电控制部分，两者之间既有信号上的联系，又有隔绝电气的要求。因此，隔离目的既为了抑制信号之间的干扰、电源之间的干扰，又为了保证设备和操作人员的安全。具体的隔离方式有光电隔离、继电器隔离、变压器隔离和布线隔离。

在现场环境中，弱电或低电平的测量信号回路常常会串入或感应产生较强电压。如用热电偶测量温度，信号是"毫伏"级，而周围环境存在 400V 交流电压，它们可能感应或直接串入测量回路，产生数十伏、数百伏的感应电压，如不隔离，这些强电进入测量回路势必会损（烧）坏芯片、卡件。

（2）屏蔽。利用铜或铝等低电阻材料制成的容器，将需要防护的部分包起来或者利用导磁性良好的铁磁材料制成的容器将需要防护的部分包起来，此种防止静电或电磁感应所采用的技术措施称为屏蔽。屏蔽分为磁场屏蔽和电场屏蔽两种措施，屏蔽的目的就是隔断电场和磁场的耦合通道。

磁场屏蔽用高导磁率的材料制造，它能使干扰磁通旁路，从而避免和被保护的电路交连，而且交变的干扰磁通常会在导电屏蔽层内形成涡流，涡流效应又会削弱外界磁场的强度。在电源变压器附近的弱信号电路应避免磁场干扰，可用铁或铍莫合金板遮挡起来。静电屏蔽就是利用了与大地相连接的导电性良好的金属容器，使其内部的电力线不外传，同时外部的电场也不影响其内部。使用静电屏蔽技术时，应注意屏蔽体必须接地。

（3）接地。在二次回路中，良好接地可消除各电路电流经公共地线阻抗时产生的感应电压，避免磁场及电位差的影响，使其形不成环路。接地是抑制干扰、使系统可靠运行的重要方法。

在低频电路中，布线和元件间的电感并不是大问题，而接地形成的环路干扰影响却很大，因此通常采用单点接地的方式。为防止不同类型地线之间的干扰，应将系统中的数字接地、模拟接地、屏蔽接地分别相连，然后汇集到总的接地点，接入单独接地网。接地点可以共用而接地线不能共用。

（4）电缆选择与敷设。信号传输线之间的相互干扰主要来自导线间分布电容、电感引起的电磁耦合。防止干扰的有效方法是注意电缆的选择，应选用金属铠装屏蔽型的控制、信号电缆。电缆的敷设也是一项重要的工作，敷设时应注意将动力电缆和控制电缆分开，控制电缆中将强电电缆和弱电电缆分开。还要把模拟量信号线、开关量信号线、直流信号线和交流信号线分开排列，以减少不同类型信号间的干扰。

信号导线长度大，最容易受电场干扰和磁场干扰，如果附近有低电压大电流的动力线（例如电焊、电镀、电加热设备的电源线）平行敷设时，主要干扰是磁场干扰。弱电压电流控制电缆不要接近易产生电弧的断路器和接触器。

有屏蔽层的导线对于磁场干扰来说并无减弱作用，这是因为一般屏蔽层为铜丝编织而成，对磁场干扰的防止全然无效。对于磁场干扰必须用铁管屏蔽。穿在铁管中的导线，由于铁管的接地已兼有电场屏蔽的作用，故管内无需再用屏蔽导线。金属管只有接地后，才有电场屏蔽作用，只有铁管才能屏蔽磁场干扰。双绞线由于两线形成的线环极小，又正反方向交替，对防止电场干扰和磁场干扰都有好处。至于同轴电缆的抗干扰能力，特别是对高频信号的传递，是其他导线无法比拟的。

（5）接触不良抗干扰。对二次回路中的继电器触点等，采用并联触点或镀金触点继电器或选用密封式继电器，并对电缆连接点应定期做拧紧加固处理。

10.6　二次回路、测量回路检查

10.6.1　二次回路的检查

（1）检查盘、柜端子箱、操作箱、电缆标号正确导通良好，端子接线符合图纸要求。

（2）所有接线螺丝压接紧固，无松动；二次回路的切换片和压板操作良好，无螺纹乱丝现象；电源回路接线正确，熔断器、快速开关容量符合设计；二次回路对地绝缘良好，按要求进行了回路对地耐压合格。

（3）电流互感器二次回路检查。电流互感器二次接线端子到保护装置的回路接线正确，电流互感器的极性、相别符合图纸要求。需将电流互感器二次绕组的接线端子处拆开，要逐根芯线查对，确认接线的正确性。端子排引线螺钉与端子压接可靠。从电流互感器二次绕组的端子处测三相绕组直流电阻应平衡。三相电流互感器中性点一般要在盘内端子排上接地。

（4）电压互感器二次回路检查。电压互感器中性点接地及接地状况良好，不接地的电压互感器中性点的连接应使用高压电缆。

电压互感器回路的熔断器（或空气开关）完整，保险器与插座接触良好；电压互感器的二次回路通电试验时，为防止由二次侧向一次侧反充电，除应将二次绕组断开外，还应取下一次侧熔断器或断开其隔离开关。

绕组抽头变比及绕组保护、测量引出线无误，开口三角相间连线符合设计图纸要求。

二次引出接线正确及端子排压线螺钉与端子压接可靠。

（5）断路器、隔离开关二次回路检查。检查自屏柜引至断路器、隔离开关二次回路端子排处有关电缆连接的正确性及螺钉压接的可靠性；辅助触点的开、闭情况；二次操作回路的工作方式；检查跳、合闸线圈和合闸接触器线圈的安装质量良好。

10.6.2 二次回路的通电试验

二次回路在通电试验前，应保证各个电气元件的性能合格、可靠，方可进行整组试验，以检查其回路连接是否正确，元件动作是否符合要求。

交流、直流控制回路、信号回路通过正式电源系统送电进行检查试验。可用施工电源供交流控制、信号回路，以硅整流装置暂代蓄电池供直流电源等。

交流电流、电压回路的通电试验可采用通入二次电流、二次电压的方式进行。当电压互感器通二次电压时，应采取措施防止反送至一次侧，而造成危险。

机组开始启动试运行时，可利用一次负荷电流与一次系统工作电压，测量电压、电流的相位关系，测量电流差动保护中各组电流互感器的相位关系，以及差动回路中的差电流或差电压和变比。

10.6.3 测量仪表和继电器的检查

（1）测量仪表检查。主要测量的有电流、电压、压力、温度、物位、流量以及与他们有关的一些量，如压差、温差等。

电流、电压表首先外观接线及指针归零检查；测量仪表的电压等级、电压类型及极性，以免发生指针反偏，损坏仪表。

压力类仪表、流量类仪表、温度类仪表、物位类仪表应检查电源与节点信号正确线路接线牢固。

（2）继电器检查。

1）外部检查。继电器外壳应清洁无灰尘；外壳、玻璃应完整，嵌接良好；外壳与底座接合紧密牢固，防尘密封良好；继电器端子接线牢固可靠。

2）内部和机械部分检查。继电器内部应清洁无灰尘和油污；继电器的可动部分动作灵活，转轴的横向和纵向活动范围适当；各部件的安装完好，螺丝拧紧，焊接头应牢固可靠；整定把手能可靠地固定在整定位置，整定螺丝插头与整定孔的接触良好；触点的固定牢固并无折伤和烧损。对具有多对触点的继电器，检查各对触点的接触时间符合要求；继电器底座端子板上的接线螺钉的压接紧固可靠。

3）内部辅助电气元件检查。新安装和定期检验时，对继电器内部的辅助电气元件如电容器、电阻、半导体元件等，只有在发现电气特性不能满足要求而又需要对上述元件进行检查时，才核对其铭牌标称值或者通电实测。

4）触点工作可靠性检验。继电器检查时，应仔细观察继电器触点的动作情况，除了发现有抖动、接触不良等现象要及时处理外，还应该结合保护装置整组试验，使继电器触点带上实际负荷，仔细观察继电器的触点应无抖动、粘连或出现火花等异常现象。

5）绝缘电阻检查。继电器检查时，对全部保护接线回路应用 1000V 兆欧表（额定电压不小于 100V）或 500V 兆欧表（额定电压小于 100V）测定绝缘电阻，其值应不小于 1MΩ；全部端子对底座和磁导体的绝缘电阻应不小于 50MΩ；各线圈对触点及各触点间的绝缘电阻应不小于 50MΩ；各线圈间的绝缘电阻应不小于 10MΩ；具有几个线圈的中间、电码继电器在定期检验时应测各线圈间的绝缘电阻。

10.7 二次回路投入

10.7.1 电动机的控制回路投入

检验电动机控制回路以前，应检查被控开关设备的机构正常，进行就地电动操作正常，一次回路未带电，开关柜的断路器置于"试验"位置。当断路器无试验位置时，应把它电源侧的刀开关或熔断器打开或取下，必要时可临时断开被控设备的电力电缆。

测量控制回路的绝缘电阻，合格后，送上控制回路和信号回路的直流电源。

电动机连锁回路投入前，应检查有关电动机的开关设备是否都在"试验"位置。无"试验"位置的开关，应设法断开它引至电动机的动力回路（如拆开电力电缆头等）。做好防止误把断路器推入"工作"位置的安全措施。检验各电动机的控制回路和保护回路，其动作正确可靠。然后，将连锁开关投入到"连锁"位置。对于逐级停运连锁的系统，应按连锁程序，先断开第一台电动机的断路器，则其他电动机的断路器应按程序先后联动跳闸。然后，全部合上这些电动机的断路器，跳开第二台电动机断路器，则除第一台不跳外，其他电动机的断路器应按程序先后联动跳闸。对于互为备用的电动机，则用事故按钮或通过保护回路出口继电器触点，跳开工作电动机断路器，此时，备用电动机断路器应自动合上，反之检验动作正确性。

10.7.2 供电设备二次回路投入

（1）电源自动投入控制回路。对于具有备用电源自动投入的控制回路，应在其所有回路全部动作可靠后进行检验。例如具有备用变压器的工作变压器的控制回路应在工作变压器和备用变压器高低压侧断路前，操作正常，以及它们的继电器相互动作都可靠时，才能检验备用电源自动投入回路。检验前，应检查蓄电池组电压不应低于额定电压的 80%，以保证备用电源自动投入的各断路器能同时投入。检验时，先做模拟试验，然后将所需各有关断路器推入"工作"位置。在检查各相电压正常后，合上工作变压器高低压侧的断路器。检查低压侧母线电压正常；将备用电源自动投入连锁开关置"投入"位置；手动跳开工作变压器高压侧断路器；此时工作变压器低压侧断路器应联动跳闸，备用变压器高低压侧断路器应自动投入。再将运行方式倒成由工作变压器送电，将工作变压器低压侧断路器跳开，亦应自动投入备用变压器高低压侧断路器。接着进行工作变压器的低电压保护联动试验。此时，接通工作电源低电压保护继电器触点，经过整定时限后，工作变压器低压侧断路器将跳闸，相应的备用变压器高低压侧断路器将自动投入。当有数段电源时，应先分段进行，最后再全部进行一次动作检验。

（2）电流、电压互感器回路。对电流互感器回路做仔细检查，确保电流互感器二次绕组的接线端子到保护装置的所有回路正确。主要包括：接入保护装置的电流互感器的极性、相别和伏安特性应符合要求；电流互感器二次回路的直流电阻；电流互感器的二次回路应有一个接地点，并在配电装置盘内经端子排接地。

电压互感器的二次回路通电检查时，为防止由二次侧向一次侧反充电，除应将二次回路断开外，还应取下一次熔断器或断开其隔离开关。当电压互感器二次回路断线或其他故障使保护误动作时，应装设断线闭锁或采取其他措施，将保护装置解除工作并发出信号。当保护不至于误动作时，应装设有电压回路断线信号。

（3）继电保护回路。保护回路投入前，应将保护定值或临时定值输入到保护装置中进行整定。

保护回路的动作检验，应在控制回路动作正确的基础上进行。对于简单的保护回路（如只有一个继电器的电动机保护），可将断路器置于"试验"位置后合闸，然后在端子排加入故障量，断路器应可靠地跳闸。对于较复杂的保护回路，先将保护功能压板和出口压板断开；在保护屏上逐个加各种模拟故障，测量出口压板对地电位应为 0V。然后，分别依次投入各保护装置功能压板，当投入一种保护功能压板时，其他保护装置功能压板都应在断开位置。逐个进行保护装置试验后，投入所有保护装置的压板，合上断路器，加各种模拟故障量，断路器都应动作。

10.7.3　发电机二次回路投入

（1）发电机二次回路投入具备的条件：设备安装完毕，电缆敷设、接线完毕；测量仪表、继电器、保护自动装置等检验、整定完毕；控制开关、信号灯、直流空气断路器、交流空气断路器、电阻器等经检查工作正常；互感器已经试验并合格，其二次连线正确；断路器等开关设备安装、调整、试验完毕，就地电动操作情况正常，有关辅助触点已调整合适；经检查回路连接正确，原理图、展开图、安装图核对无误；并与实际设备、实际接线相符，接线螺丝接触可靠；盘、台前后的控制开关、信号灯、直流空气断路器、交流空气断路器等各元件的标签、标志齐全且清晰正确；端子排和设备上的电缆芯线和绝缘导线有标志。弱电和强电回路严禁合用一根电缆，并采取抗干扰措施。

（2）注意事项。工作人员熟悉图纸与检验规程等有关资料。工作负责人应认真核对运行人员所做的安全措施符合实际要求；应将所投入的回路与暂时不投入的回路或已投入运行的回路分开（解除连线或断开压板），以防误动作或发生危险；待投入回路与已运行的盘、台应采取隔离措施，如挂警告牌等；以免误操作；所有试验仪表、测试仪器必须按使用说明书的要求做好相应的接地后，才能接通电源。注意与引入被测电流、电压的接地关系，避免将输入的被测电流或电压短路；远距离操作设备时，应在设备附近设专人监视，并装设电话，保持联系；断路器的位置应与控制开关上操作把手的位置相对应，一般应在断开位置。熔断器的容量或空气断路器选择合适；不需要电源的回路，不应将熔断器合上，以免误操作或造成危险；送电前，应再次检查回路绝缘电阻，全部保护接线二次回路用 1000V 兆欧表测量对地绝缘电阻，其绝缘电阻均应大于 1MΩ；二次回路投入必须在熟悉图纸与了解设备性能的基础上进行，要确保人身安全。

10.7.4　二次回路的电源投入

二次回路按电源性质分为：交流电流回路、交流电压回路、直流回路。

二次回路在电源投入前，应保证各个电气元件的性能合格、可靠，其回路连接正确，元件动作符合要求。

直流电源回路电源投入前，应再次检查回路绝缘情况，确认无短路和接地现象后方可投入。

二次回路投入时，应断开所有开关及熔断器，进行分级分支路电源投入。在一个支路投入后，经测量确认正常后，再投入第二个支路，按此方式逐级投入。逐级投入利于查找回路故障。二次回路的电源电压允许波动（$\pm 5\% \sim 10\%$）U_H。

待电源投运正常后，首先应将信号回路投入，以便控制、保护回路参加回路检查，最后完整地完成这个回路的电源投入工作。

参 考 文 献

[1] 何永华. 发电厂及变电站的二次回路. 北京：中国电力出版社，2007.
[2] 沈诗. 佳电力系统继电保护及二次回路. 北京：中国电力出版社，2007.
[3] 文锋. 发电厂及变电站的二次接线及实例分析. 北京：机械工业出版社，2008.

11 继电保护设备及安全自动装置安装

11.1 水电站继电保护配置

水电站继电保护及安全自动装置是保障电站及系统安全、稳定运行不可缺少的重要设备。随着电力系统朝着"大机组、超高压、大电网"的方向发展，机组的损坏或运行中突然跳闸，将造成很大的经济损失，特别是大容量机组对电力系统造成的冲击也很大。因此，为确保机组的安全经济运行，对其配置安全完整、性能良好、动作可靠、构成合理的继电保护装置显得尤为必要。

确定水电站主接线及运行方式时，必须与继电保护及安全自动装置的配置统筹考虑、合理安排。同时，继电保护及安全自动装置的配置满足电网结构和水电站主接线的要求，并考虑电网和厂站运行方式的灵活性。合理的继电保护配置是在对下列几方面进行技术经济评价后的结果：

（1）电力设备和电网的结构特点和运行特点。

（2）故障出现的概率和可能造成的后果。

（3）电力系统的近期发展规划。

（4）相关专业的技术发展状况。

（5）经济上的合理性。

（6）国内外的经验。

（7）满足保护可靠性、选择性、灵敏性和速动性的要求。

（8）具体情况（如电站的规模、电站在电网中的地位等）。

继电保护的配置应符合《继电保护和安全自动装置技术规程》（GB/T 14285）及国家、行业技术标准的要求。GB/T 14285 只针对 500kV 及以下电压等级的电力设备和线路，对于 750kV 电压等级的电力设备和线路，依据《750kV 电力系统继电保护》（DL/Z 886）。原国家电力公司《"防止电力生产重大事故的二十五项重点要求"继电保护实施细则》（以下简称《实施细则》）及依据《国家电网公司十八项电网重大反事故措施》制定的《继电保护专业重点实施要求》（以下简称《重点要求》），汇总了近年来继电保护安全方面的经验，强调了电力生产防止重大事故的实施细则及电网重大反事故措施的原则和重点要求，明确继电保护和安全自动装置的配置方案时，应优先选用具有成熟运行经验的数字式装置，不符合国家和电力行业相关标准的以及未经技术鉴定和未取得成功运行经验的继电保护产品不允许入网运行；尽量避免在复杂、多重故障的情况下继电保护不正确动作，同时还应考虑系统运行方式变化对继电保护带来的不利影响。

11.1.1 继电保护配置原则

（1）继电保护配置的一般要求。一般来说，继电保护的配置应满足下列要求。

1）当系统异常时，保护装置应能发出报警指示。

2）最大限度地保证设备安全和最大限度地缩小故障破坏范围，尽可能将损害限制在故障设备上。

3）最大限度地降低火灾或爆炸及人身伤害的可能性。

4）单个继电器或多功能保护继电器的灵敏性和动作时间应相互配合（完全的配合有时可能无法实现，可允许保护装置无选择性动作或人工干预，但这种情况应尽可能避免）。

（2）继电保护配置的原则要求。

1）应根据电网结构、主接线方式，以及运行、检修和管理的实际效果，遵循"强化主保护，简化后备保护和二次回路"的原则进行保护配置、选型与整定。

2）保护双重化配置应满足以下要求：

A. 每套完整、独立的保护装置应能处理可能发生的所有类型的故障。两套保护之间不应有任何电气联系，当一套保护退出时不应影响另一套保护的运行。

B. 两套主保护的电压回路宜分别接入电压互感器的不同二次绕组。电流回路应分别取自电流互感器互相独立的绕组，并合理分配电流互感器二次绕组，避免可能出现的保护死区。分配接入保护的互感器二次绕组时，还应特别注意避免运行中一套保护退出时可能出现的电流互感器内部故障死区问题。

C. 双重化配置保护装置的直流电源应取自不同蓄电池组供电的直流母线段。

D. 两套保护的跳闸回路应与断路器的两个跳闸线圈分别相连。

E. 双重化的线路保护应配置两套独立的通信设备（含复用光纤通道、独立光芯、微波、载波等通道及加工设备等），两套通信设备应分别使用独立的电源。

F. 双重化配置保护与其他保护、设备配合的回路应遵循相互独立的原则。

G. 双重化配置的线路、变压器和单元制接线方式的发变组应使用主、后一体化的保护装置；对非单元制接线或特殊接线方式的发变组则应根据主设备的一次接线方式，按双重化的要求进行保护配置。

（3）对两种故障同时出现的稀有情况可保证切除故障。

（4）应重视和完善与电网运行关系密切的保护配置，在保证主设备安全的情况下，还必须满足电网安全运行的要求。鉴于发电机和主变压器的重要性，在国外，其保护配置是比较复杂的，主要基于确保发电机和变压器的万无一失。在电力系统结构合理、备用容量充足、稳定性优良的电力系统中，把防保护拒动作为优先级考虑，而把防保护误动作为次级考虑是较合理的。我国电力系统由于在结构配置、运行稳定性和容量储备等方面还存在差距，通常把保护的拒动和误动视为同等重要。

11.1.2 水电站继电保护配置

水电站继电保护设备主要有：发电机（发电电动机）、变压器（包括主变压器及厂用变压器）、母线及高压配电装置（包括断路器、母线、并联电抗器等）、线路保护、安全自动及故障录波装置等。电站继电保护应能尽快地切除短路故障，降低短路故障危害，并能动作于其他异常运行情况，以及发出报警信号、指示故障类型和故障点等。为此，在继电保护配置时，首先选用技术成熟、具有高可靠性的高质量继电保护装置，以简化保护配置。采用低劣设备、冗余配置的系统，并不能获得预期的可靠性。其次是主保护装置采用双重化配置，适当简化后备保护的配置，特别是相互重复的保护功能和某些功能比较弱的保护，以简化接线，提高运行可靠性。某水电站继电保护及测量装置典型配置见图11-1。

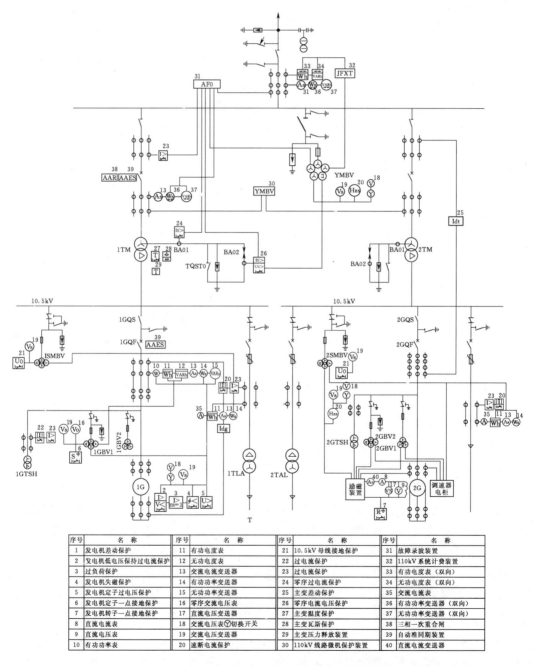

图 11-1　某水电站继电保护及测量装置典型配置图

序号	名　称	序号	名　称	序号	名　称	序号	名　称
1	发电机差动保护	11	有功电度表	21	10.5kV母线接地保护	31	故障录波装置
2	发电机低电压保持过电流保护	12	无功电度表	22	过电流保护	32	110kV系统计费装置
3	过负荷保护	13	交流电流变送器	23	过电流保护	33	有功电度表（双向）
4	发电机失磁保护	14	有功功率变送器	24	零序过电流保护	34	无功电度表（双向）
5	发电机定子过电压保护	15	无功功率变送器	25	主变差动保护	35	交流电流表
6	发电机定子一点接地保护	16	零序交流电压表	26	零序电流电压保护	36	有功功率变送器（双向）
7	发电机转子一点接地保护	17	直流电压变送器	27	主变温度保护	37	无功功率变送器（双向）
8	直流电流表	18	交流电压表①切换开关	28	主变瓦斯保护	38	三相一次重合闸
9	直流电压表	19	交流电压变送器	29	主变压力释放装置	39	自动准同期装置
10	有功功率表	20	速断电流保护	30	110kV线路微机保护装置	40	直流电流变送器

11.2 发电机保护/发电电动机保护配置

11.2.1 保护范围

电压在 3kV 及以上、容量在 600MW 级及以下发电机对下列故障及异常运行状态装设相应的保护，容量在 600MW 级以上的发电机可参照执行：

（1）定子绕组相间短路。

（2）定子绕组接地。

（3）定子绕组匝间短路。

（4）发电机外部相间短路。

（5）定子绕组过电压。

（6）定子绕组过负荷。

（7）转子表层（负序）过负荷。

（8）励磁绕组过负荷。

（9）励磁回路接地。

（10）励磁电流异常下降或消失。

（11）定子铁芯过励磁。

（12）发电机逆功率。

（13）频率异常。

（14）失步。

（15）发电机突然加电压。

（16）发电机起停保护。

（17）其他故障和异常运行。

11.2.2 发电机主保护

发电机主保护是当机组发生定子绕组及引出线相间短路、定子绕组匝间短路或分支断线、开焊等故障时，为确保发电机安全及电网稳定运行，而快速地、有选择地切除故障的保护。发电机主保护的配置与发电机相间短路和匝间短路的故障总数以及每种短路的短路匝数（短路匝比）及其空间位置等，是密切相关的。而相间短路和匝间短路的故障总数及每种短路的短路匝数（短路匝比）及其空间位置又与发电机定子绕组构成方式息息相关。一般来说，不同容量的发电机有不同的定子绕组构成方式——叠绕组或波绕组、整数槽或分数槽、双层或单层、定子槽数、每相并联分支数、每分支匝数等，即使容量相同的发电机，它们的定子绕组构成特点也大相径庭。

《继电保护和安全自动装置技术规程》（GB/T 14285）按照不同容量、不同运行方式及中性点是否有引出线，对发电机的主保护配置进行了规定，且主保护均应动作于停机。为强化主保护，还规定："对 100MW 及以上发电机变压器组，应装设双重主保护，每一套主保护宜具有发电机纵差保护和变压器纵差保护"。

（1）纵差保护。纵差保护一般作为容量 1MW 以上发电机的主保护，其交流接入回路

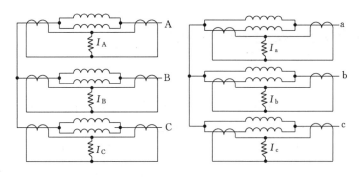

图 11-2　发电机纵差保护的交流接入回路图

见图 11-2。

纵差保护分为完全纵差保护和不完全纵差保护。对于相间短路，完全纵差保护灵敏度最高，但对定子绕组匝间短路及定子绕组分支断线和开焊等故障，不完全纵差保护均有一定灵敏度。大型发电机要求主保护双重化配置（任一内部短路均有两种及以上的主保护灵敏动作），完全纵差与不完全纵差或横差保护组合，可以对发电机构成非常完善的主保护。

（2）零序电流型横差保护和裂相横差保护。零序电流型横差保护和裂相横差保护对发电机定子绕组匝间短路均有灵敏的保护作用。前者是将三相定子绕组一分为二或三部分，检测各部分之间的零序环流构成单元件或双元件的零序横差保护；后者是将每相定子绕组一分为二或三部分，检测每相两部分之间的环流，即完全或不完全裂相横差保护。由于零序电流型横差保护装置简单、发电机正常运行时两中性点之间不平衡电流一般较小，其所用互感器的变比可大幅度减小、保护动作整定电流也较低，在很多情况下将优先采用零序电流型横差保护。

裂相横差保护根据绕组分支结构不同可分为完全裂相横差保护与不完全裂相横差保护。

（3）小容量发电机的主保护。按 GB/T 14285 的规定：①1MW 及以下单独运行的发电机，如中性点侧有引出线，则在中性点侧装设过电流保护，如中性点侧无引出线，则在发电机端装设低电压保护。②1MW 及以下与其他发电机或与电力系统并列运行的发电机，应在发电机端装设电流速断保护。如果电流速断灵敏系数不符合要求，可装设纵联差动保护；对中性点侧没有引出线的发电机，可装设低压过流保护。

11.2.3　定子绕组单相接地保护

定子绕组单相接地一般是由于发电机振动造成定子绝缘损伤，或水内冷发电机漏水而引起定子接地，接地电流产生的电弧可能烧伤铁芯，进一步可能造成定子匝间短路或相间短路故障。为此，按 GB/T 14285 的规定：①对与母线直接连接的发电机，当发电机的接地电流大于表 11-1 的允许值时，不论中性点是否装有消弧线圈，均应装设动作于停机的接地保护；当接地电流小于允许值时，则装设动作于信号的接地保护。②对于发电机变压器组，100MW 以下发电机，应装设保护区不小于 90% 的定子接地保护；100MW 及以上的发电机，应装设保护区为 100% 的定子接地保护。保护带时限动作于信号，必要时也可以动作于停机。③接地保护装置应能监视发电机端零序电压值。

表 11-1   水轮发电机定子绕组单相接地故障电流允许值

发电机额定电压/kV	发电机额定容量/MW	接地电流允许值/A
6.3	≤50	4
10.5	10~100	3
13.8~15.75	40~225	2
18~20	300~600	1

为实现保护区达到100%，目前发电机定子绕组单相接地保护采用的方案有两种：

方案一：基波零序电压保护＋三次谐波电压保护。基波零序电压保护定子绕组（从机端起）的85%～95%；三次谐波电压（比较发电机中性点和机端三次谐波电压）保护发电机中性点附近的15%～20%定子绕组。《实施细则》规定200MW及以上的发电机，必须将基波零序电压保护和三次谐波电压保护的出口分开，基波零序电压保护动作于跳闸，三次谐波电压保护动作于信号。

方案二：外加电源式保护。一般通过发电机中性点接地变压器的二次侧向定子注入一个低频交流电压，并附加谐波电压频率发生器。当发生单相接地，部分电容被短接，引起次谐波电流增加，保护动作。外加电源式保护还有一个很好的作用，就是能监视发电机在停机状态时的接地故障的缺点。

11.2.4 发电机后备保护

当发电机或发电机相邻元件出现短路故障时，若主保护或对应的断路器因故拒动，后备保护就应动作，它具有严格的选择性配合要求。

按GB/T 14285的规定，发电机后备保护如下。各后备保护装置宜带二段时限，以较短的时限动作于缩小故障影响的范围或动作于解列，以较长的时限动作于停机。

（1）过流保护。适用于1MW及以下与其他发电机或与电力系统并列运行的发电机，电流互感器装设在发电机中性点侧。

（2）复合电压（包括负序电压及线电压）启动的过流保护。适用于1MW以上的发电机。灵敏度不满足要求时可增设负序过电流保护。

（3）负序过流保护和单元件低压启动过流保护。适用于50MW及以上的发电机，负序过流保护作为不对称短路的后备保护；单元件低压启动过流保护则为对称短路的后备保护。

（4）带电流记忆（保持）的低压过电流保护。适用于自并励（无串联变压器）的发电机。

11.2.5 转子一点接地保护

当转子绕组绝缘严重下降或损坏时，会引起接地故障，最常见的是转子一点接地故障。发生转子一点接地故障时，由于没有形成接地电流回路，所以对发电机的运行没有直接影响，若在某些条件下造成第二点接地，则将严重影响发电机的安全。因此，应装设转子一点接地保护。

按GB/T 14285的规定：1MW及以下的发电机转子一点接地故障可装设定期检测装置；

1MW 以上的发电机应装设专用的转子一点接地保护装置延时动作于信号，宜减负荷平稳停机，有条件时可动作于程序跳闸。对于双重化配置的两套发电机转子一点接地保护，在正常运行时，应只投入其中一套保护。

转子一点接地保护普遍采用切换采样原理或注入式原理构成。国内针对转子接地故障，采用较多的为切换采样原理（乒乓式），因为没有注入源，只有在转子升压后才能反应接地故障，但转子绝缘下降往往发生在长期停机的时候。而国外较多采用的为外加电源注入式保护，保护能反映发电机在停机状态和启动过程中的转子接地故障，而且受转子接地电容的影响小，灵敏度也比较高。但外加电源注入式保护对外加电源要求很高，而且外加电源式保护方案比较复杂，价格高。

11.2.6 失磁保护

发电机失磁是指发电机励磁电流异常下降超过了静态稳定极限所允许的程度或完全消失，此时，发电机将从系统吸收大量无功功率，导致系统电压下降，严重的话，发电机还会失步。引起失磁的主要原因有：转子绕组故障、励磁机故障、自动灭磁开关误跳、励磁整流回路某些元件故障、误操作等。

失磁保护通常由机端阻抗元件、系统低电压元件、励磁回路低电压元件等组合构成，保护带时限动作于解列。对于发电机变压器组，《重点要求》规定：①发电机的失磁保护应使用能正确区分短路故障和失磁故障的、具备复合判据的二段式方案。②优先采用定子阻抗判据与机端低电压的复合判据，若与系统联系较紧密的机组宜将定子阻抗判据整定为异步阻抗圆，经第一时限动作出口；为确保各种失磁故障均能够切除，宜使用不经低电压闭锁的、稍长延时的定子阻抗判据经第二时限出口。③发电机在进相运行前，应仔细检查和校核发电机失磁保护的测量原理、整定范围和动作特性，防止发电机进相运行时发生误动行为。《实施细则》还规定发电机失磁保护同时应配置振荡闭锁元件，防止系统振荡时发电机失磁保护不正确动作。

11.2.7 失步保护

当电力系统发生诸如负荷突变、短路等破坏平衡的事故时，往往会引起不稳定震荡，可能使一台或多台发电机失去同步，进而使电网中两个或更多的部分不再运行于同步状态，这种情况称为失步。失步时，发电机励磁仍然维持，但已处于非同步状态，表现为有功功率和无功功率的强烈摆动，振荡电流的幅值可以和机端三相短路电流相比，且振荡电流在较长时间反复出现。一般来说，发电机具有一定抗失步振荡的能力。

近年来发电机的容量越来越大，由于其标幺电抗值增加，惯性常数相对减小，在产生电力系统平衡破坏的事故时，易引发发电机振荡及失步，且振荡中心常位于发电机附近，对发电机及厂用电产生严重影响。因此，《重点要求》规定 200MW 及以上的发电机应装设失步保护（要求比 GB/T 14285 严格，GB/T 14285 规定对 300MW 及以上的发电机宜装设失步保护）。

对于失步保护的出口，《重点要求》还规定：①失步保护应能区分振荡中心所处的位置，在机组进入失步工况时发出失步启动信号。②当振荡中心在发电机变压器组外部时，经一定延时解列发电机，并将厂用电源切换到安全、稳定的备用电源。③当发电机振荡电流超过允许的耐受能力时，应解列发电机，并保证发电机出口断路器断开时的电流不超过其允许开断电流。④当失步振荡中心在发电机变压器组内部，失步运行时间超过整定值或电流振荡次数超过规定值时，保护动作于解列，多台并列运行的发变组可采用不同延时的解列方式。

11.2.8 转子表层（负序）过负荷保护

当电力系统中发生不对称短路、非全相运行及三相负荷不对称时，将有负序电流流过发电机定子绕组，并在发电机中产生对转子两倍同步转速的磁场，从而在转子中产生倍频电流。由于集肤效应的作用，倍频电流主要在转子表面流通，导致转子过热。此外，负序电流流过定子绕组产生的倍频交变电磁力矩，还会引起发电机的倍频振动。

因此，为防止转子遭受负序电流的损伤，根据转子表层承受负序电流的能力（用常数 A 表示，由发电机制造商提供），配置转子表层过负荷保护（也称定子负序过负荷保护）。

由于大型发电机承受负序过负荷的能力降低，对负序保护的性能提出了较高的要求。按 GB/T 14285 的规定：①50MW 及以上 A 值大于 10 的发电机，应装设定时限过负荷保护，保护带时限动作于信号。②100MW 及以上 A 值小于 10 的发电机，应装设定时限和反时限两部分组成的转子表层过负荷保护，定时限部分动作于信号，反时限部分动作于停机。

11.2.9 过励磁保护

过励磁也称为过激磁，当发电机的电压过高或频率过低时，定子铁芯磁密急剧增加，励磁电流也急剧增大，将引起铁芯饱和后谐波磁密增强及铁芯背部漏磁场增强，导致局部过热，加速绝缘老化。为此，按 GB/T 14285 的规定，300MW 及以上发电机应装设过励磁保护。

过励磁保护是通过检测电压频率比（v/f）来实现的，可以是由低定值和高定值两部分组成的定时限过励磁保护，也可为反时限过励磁保护（由上定时限、反时限、下定时限三部分组成）。定时限过励磁保护的低定值部分带时限动作于信号和降低励磁电流；高定值部分动作于解列灭磁。反时限过励磁保护的上定时限和反时限部分动作于解列灭磁；下定时限部分动作于信号。

由于定时限过励磁保护的动作特性曲线与发电机的过励磁倍数曲线配合很差（或保护动作太提前，或保护不动作），大型发电机一般优先装设反时限过励磁保护。对于与变压器直接连接的发电机，可与变压器共用一套过励磁保护装置。基于发电机与变压器过励磁能力的不同，发电机与变压器通过断路器连接时，应分别装设发电机和变压器的过励磁保护。

11.2.10 定子绕组过电压保护

机组在甩负荷时，如果为限制转速上升而导叶关闭过快，由于水锤效应，压力钢管和蜗壳的压力急剧上升，将可能造成严重的破坏性事故。因此，为使转速和水压限制在安全范围内，允许转速上升到一定程度，这势必导致定子绕组异常过电压，故应装设定子绕组过电压保护，其整定电压根据定子绕组的绝缘状况决定，保护动作于解列灭磁。

11.2.11 定子绕组过负荷保护

发电机在正常运行时，是允许短时过负荷的，定子绕组允许过电流倍数与时间的关系见表 11-2，但平均每年不允许超过 2 次，过负荷程度越高，允许持续运行时间越短。如果过负荷持续运行的时间超过发电机的承受能力，会造成定子绕组温升过高，加速定子绝缘老化，因此应装设定子绕组过负荷保护。

表 11 - 2　　　　　　　　　　　　定子绕组允许过电流倍数与时间的关系表

定子过电流倍数 （定子电流/定子额定电流）	允许持续时间/min	
	空气冷却定子绕组	水直接冷却定子绕组
1.10	60	
1.15	15	
1.20	6	
1.25	5	
1.30	4	
1.40	3	2
1.50	2	1

对于中小型发电机的定子绕组，普遍采用定时限过负荷保护；大型发电机，由于其过负荷能力较低，且定时限过负荷保护不能很好地与发电机的允许过负荷特性相配合，一般还另装设反时限过负荷保护，其动作特性与发电机的允许过负荷特性相配合，既能充分利用发电机的过负荷能力，又能及时检测出危险的过负荷。定时限部分带时限动作于信号和降低励磁电流，反时限部分动作于解列灭磁。

11.2.12　突然加电压保护

突然加电压保护也称误上电保护，是指发电机在盘车状态下，主断路器误合闸，系统工频三相电压突然加在机端，使同步发电机处于异步启动工况，可能烧伤转子、损坏轴瓦，严重的可能在几秒钟即可使发电机损坏。由此可见，发电机在盘车状态下的误上电是一种破坏性极大的故障，按 GB/T 14285 的规定，300MW 及以上发电机应装设突然加电压保护。

突然加电压保护动作于跳主断路器，若主断路器拒动，启动失灵保护。发电机在停机态，应保持突然加电压保护在工作状态。

目前，大型发电机多接于 500kV 电网，而 500kV 系统主接线大多采用 3/2 接线方式，这增加了误上电的可能性。曾有电厂在同期回路调试时误合发电机断路器，使转子严重损坏。

11.2.13　发电机启停保护

正常情况，当发电机在开机过程中，且转速与额定转速有较大的偏差时，没有励磁投入，此时若发生发电机内部故障，而许多保护装置在低频下拒动，由于发电机三相电压几乎为零，没有必要配置发电机启停保护。但在一些特殊情况下，如开机过程中误投励磁等，此时发电机电压频率很低，若在此期间发生定子接地或相间短路等故障，由于保护装置的低频拒动，将产生严重的后果。因此，按规定 200MW 及以上容量的发电机必须装设发电机启停保护。

发电机启停保护只在启、停机的低频过程中才投入运行，在正常运行的工频条件下应退出，所以一般将发电机断路器的位置接点作为闭锁保护的条件。

11.2.14 励磁绕组过负荷保护

励磁绕组在正常运行时，是允许短时过负荷的，《同步电机励磁系统大、中型同步发电机励磁系统技术要求》（GB/T 7409.3）规定同步发电机的励磁电流不超过额定值的1.1倍时，励磁绕组应能保持长期连续运行。当励磁系统故障、或强励时间过长，都会使励磁绕组过负荷（过电流），从而导致励磁绕组过热，损伤励磁绕组。按规定100MW及以上采用半导体励磁的发电机应装设励磁绕组过负荷保护。

对于300MW以下采用半导体励磁的发电机，普遍装设定时限励磁绕组过负荷保护，保护带时限动作于信号和降低励磁电流；300MW及以上的发电机，由于其励磁绕组过负荷能力较低，且定时限过负荷保护不能很好地与励磁绕组允许过负荷特性相配合，一般还另装设反时限过负荷保护，其动作特性与励磁绕组允许过负荷特性相配合，既能充分利用励磁绕组的过负荷能力，又能及时检测出危险的过负荷。定时限部分带时限动作于信号和降低励磁电流，反时限部分动作于解列灭磁。

11.2.15 逆功率保护

在正常运行情况下，发电机向电网输送有功功率，若发电机吸收有功功率，则发电机转为电动机运行，即逆功率运行异常工况。灯泡式和斜流式等低水头水轮机在逆功率工况下运行，低水流量的微观水击作用会产生气蚀现象，最后导致导水叶损伤；抽水蓄能机组在发电工况下转为逆功率运行，将导致出现深度反水泵运行状态并向电网吸收有功功率，因此，灯泡式和斜流式等低水头水轮发电机及抽水蓄能机组宜装设逆功率保护。

11.2.16 高频率保护

在水电站比重较大的地区电网，通常远距离向主电网送电。当发生事故致使与主电网的联系中断时，地区电网将高频率运行，从而对该地区电网上用电设备的工作产生不良影响；使连接该地区电网的汽轮发电机产生振动，甚至损坏；也将导致该电网的弱联络线过负荷；还会使水轮发电机温升较快而影响绝缘，故必须对该地区电网上的大容量水轮发电机装设高频率保护，保护延时动作于解列灭磁或程序跳闸。

为了防止误动，高频率保护应加装频率上升速率闭锁和过电压闭锁。同时，为区分是出线故障还是对侧变电所与电网失去联络，在保护出口回路中装设负荷电流鉴别元件。

11.2.17 发电机其他故障和异常运行保护

（1）解列保护。对调相运行的发电机，针对发电机在调相运行期间有可能失去电源，应装设解列保护，保护带时限动作于停机。

（2）断路器失灵保护。为避免由于断路器的拒动危害发电机，300MW及以上发电机出口断路器，应装设断路器失灵保护。保护动作后重跳本断路器，再延时跳相邻断路器。

（3）三相不一致保护。由于机械或电气的原因，可能使发电机变压器组断路器三相不能同时合闸或分闸，由此产生的负序电流和零序电流会对发电机和系统造成危害，故须装设三相不一致保护。保护动作于启动独立的跳闸回路重跳本断路器一次，并发信。若断路器故障依然存在，以第二时限去解除断路器保护的复合电压闭锁，并发信；以第三时限启动断路器失灵保护并发信。

（4）断路器断口闪络保护。对于高压侧为220kV及以上的发电机变压器组，当在高压侧并网过程中高压断路器合闸前、或解列时高压断路器分闸前，断路器断口之间可能承受两侧电动势之和（当$\delta=180°$时），约为2倍额定电压，此时可能在断口引起闪络事故。断路器闪络不仅损坏断路器，其产生的负序电流和冲击转矩等还会影响发电机和系统的安全。故高压断路器须装设断路器断口闪络保护，保护动作于灭磁，如闪络不停止，再启动断路器失灵保护。

（5）非电气量保护。对于轴电流、发电机断水（水内冷发电机）、发电机各部温度高（过高）、发电机火灾、励磁系统故障及水力机械保护等，应根据具体情况装设非电气量保护，保护动作于信号、解列、程序跳闸或停机。按GB/T 14285的规定，对于600MW级及以上发电机组的非电气量保护，根据主设备配套情况，有条件的也可进行双重化配置。

11.2.18 抽水蓄能机组发电电动机保护

抽水蓄能机组由于存在发电方向和水泵方向两种运行方式，根据机组容量和接线方式，可将其发电电动机保护划分为两部分：一是根据机组容量和接线方式装设的与常规水电机组发电机相类似的保护；二是发电电动机增设的保护。

（1）与常规水电机组发电机相类似的保护。这些保护主要有发电电动机主保护、后备保护、定子单相接地保护、转子一点接地保护、失磁保护、失步保护、转子表层（负序）过负荷保护、过励磁保护、定子绕组过电压保护、定子绕组过负荷保护、突然加电压保护、起停机保护、励磁绕组过负荷保护、逆功率保护、高频率保护、轴电流保护以及其他故障和异常运行保护等等。

发电电动机虽然装设了与常规水轮发电机相当的保护，但由于水泵方向运行方式的存在，其保护有自己的特点：

1）为避免相序转换对某些保护的影响，将一切与相序有关的保护均在其微机保护内加设软件，进行电压和电流的相序转换。通常，30°和90°接线的阻抗元件、30°和90°接线的功率方向元件、负序电流（电压）元件、负序功率方向元件等，在相序转换时，必须对电流（电压）作换相连锁切换。换相开关一般不属于发电机纵差保护区（属于主变压器纵差保护区），只会影响主变压器纵差保护。

2）由于水泵方向启动和电制动是一个较长时间的低频过程，而一些保护存在低频拒动或误动，故须对这些保护采取频率闭锁。低频对保护的影响，主要有：①低频可能导致电流互感器的传变特性严重畸变；②保护装置通常有感性或/和容性元件，低频直接改变感抗和容抗的数值，势必影响保护装置的稳态和暂态工作特性。需要低频闭锁的保护有：负序过流和负序过负荷保护、负序电压保护、低阻抗保护、失磁保护、失步保护、逆功率保护、高频率保护等。另外，有的水电站将纵差保护也采取低频闭锁。

3）有的保护只能用于某一个运行方式。

A. 逆功率保护。发电方向和水泵方向运行都可能发生逆功率故障，水泵方向的低功率保护与逆功率保护有相近的功能，且先于逆功率保护动作，故一般将逆功率保护仅用于发电方向，在切换到水泵方向运行时自动退出。

B. 负序过电流保护。通常分别设置发电方向负序过电流保护和水泵方向负序过电流保护，当运行方式切换时，投入相应的负序过电流保护，闭锁反方向保护。

4）其他特点。

A. 轴电流保护。抽水蓄能机组一般转速比较高，轴线长，在正常运行时抽水蓄能机组在大轴两端感应的轴电压较常规水电机组高，此时在较高轴电压下将会产生较大的轴电流。为此，轴电流保护在抽水蓄能机组的保护中显得尤为重要。常规水电机组一般只在大型机组才装设轴电流保护。

B. 发电机的起停机保护只是保护在低频误投励磁时的定子接地或相间短路等故障，而发电电动机的启停机保护不仅有发电机的起停机保护的功能，还保护水泵方向启动过程。

C. 发电电动机的失步保护在水泵工况直接动作于停机。

（2）发电电动机增设的保护。一般而言，对按同步启动（含 SFC 变频启动）的抽水蓄能机组，应增设的保护有以下几个方面。

1）低频率保护。为防止发电电动机作发电调相运行失去电源，并作为水泵工况低功率保护的后备保护，发电电动机应装设低频保护。它宜按系统要求与低频减载相配合，在低频减载不成功时，可将发电调相运行转换为发电运行；对水泵方向运行的机组则应动作于解列灭磁。保护在发电、水泵工况下投入，在同步启动过程中退出。

2）低功率保护。为防止在水泵工况下，输入功率过低或失去电源，发电电动机应装设低功率保护，保护动作于停机。保护在水泵工况时投入，发电工况及同步启动过程保护应闭锁。

3）次同步保护。当同步启动过程中定子绕组及其连接母线设备发生短路故障时，应装设次同步保护。对相间短路应装设次同步过电流保护，保护可设速动和延时两段，动作于停机，保护在启动过程中背靠背启动 5s 后投入，并网后退出，发电方向运行保护闭锁；对中性点经高电阻接地的发电电动机单相接地故障应装设次同步接地故障保护，保护动作于停机，在启动过程中和正常运行时均投入。

4）电压相序保护。为了防止换相开关因故障或误操作，造成发电电动机组电压相序与旋转方向不一致，可装设电压相序保护，保护在启动时检测启动过程中的相序，动作于闭锁自动操作回路和解列机组并灭磁。电压相序保护包括发电方向电压相序保护元件和水泵方向电压相序保护元件，分别检测发点方向和水泵反方向运行的相序，并装有频率闭锁，当发电电动机的频率小于 90% 额定频率时，保护闭锁，频率增大到 90% 额定值后，按运行工况要求投入相应方向的低电压相序保护元件。

5）换相开关保护。换相开关一般划入主变压器纵差保护区内。

6）溅水功率保护。在水泵工况启动过程中，为将机组拖至额定转速，首先必须压水，使机组先到调相状态。在由调相状态转到水泵时，存在一充水排气过程，为保证导叶打开时水泵不抽空而损坏机组密封和导水机构，设置溅水功率保护。保护动作于自动启动程序装置，相当于自动化元件，在发电及发电调相工况运行时闭锁。

对直接（异步）启动的发电电动机，除应增设上述第①～⑤种保护外，还应增设转子锁滞保护：为防止发电电动机在异步启动时，阻尼绕组严重过热，应装设转子锁滞保护，保护动作于停机。

11.3 变压器保护配置

水电站内变压器主要有主变压器、厂用变压器和励磁变压器。抽水蓄能机组变频启动还有输入/输出变压器。变压器是水电站不可缺少的重要电气设备，它的故障将对供电可靠性和系统安全性带来严重影响，同时大容量的变压器也非常昂贵，因此，根据变压器容量、电压等级及其重要性，装设性能良好、动作可靠、完备的继电保护是非常必要的。

某水电站主变压器保护及测量仪表配置见图11-3。

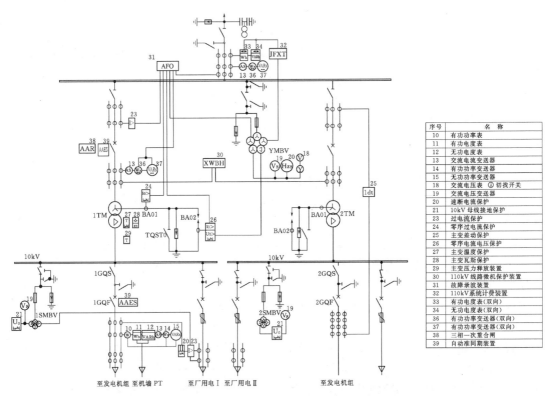

序号	名　称
10	有功功率表
11	有功电度表
12	无功电度表
13	交流电流变送器
14	有功功率变送器
15	无功功率变送器
18	交流电压表 ① 切换开关
19	交流电压变送器
20	速断电流保护
21	10kV母线接地保护
23	过电流保护
24	零序过电流保护
25	主变差动保护
26	零序电流电压保护
27	主变温度保护
28	主变瓦斯保护
29	主变压力释放装置
30	110kV线路微机保护装置
31	故障录波装置
32	110kV系统计费装置
33	有功电度表（双向）
34	无功电度表（双向）
36	有功功率变送器（双向）
37	有功功率变送器（双向）
38	三相一次重合闸
39	自动准同期装置

图11-3　某水电站主变压器保护及测量仪表配置图

主变压器保护一般分为内部故障主保护、短路故障的后备保护及异常运行保护。220kV及以上电压等级的主变压器微机保护应采用双重化配置（非电气量保护除外），同时还强调：应采用两套完整、独立并且是安装在各自柜内的保护装置，每套保护均应配置完整的主、后备保护。

厂用变压器保护、励磁变压器保护和输入/输出变压器，由于变压器容量较小、电压等级较低，其保护配置比主变压器保护配置要简单些。

11.3.1 保护范围

按GB/T 14285的规定：对升压、降压、联络变压器的下列故障及异常运行状态，应按下列规定装设相应的保护装置。

（1）绕组及其引出线的相间短路和中性点直接接地或经小电阻接地侧的接地短路。

（2）绕组的匝间短路。

（3）外部相间短路引起的过电流。

（4）中性点直接接地或经小电阻接地电网中外部接地短路引起的过电流及中性点过电压。

（5）过负荷。

（6）过励磁。

（7）中性点非有效接地侧的单相接地故障。

（8）油面降低。

（9）变压器油温、绕组温度过高及油箱压力过高和冷却系统故障。

11.3.2 主变压器内部故障的主保护

变压器内部故障的主保护是针对变压器的内部、套管及引出线的短路故障。保护瞬时动作于断开变压器的各侧断路器。

（1）差动保护。电压在 10kV 以上、容量在 10MVA 及以上的变压器，一般采用纵差保护作为其内部、套管及引出线故障的保护。

根据变压器的类型、容量、电压等级及其他特点，除可装设纵差保护外，还可装设分侧差动保护及零序差动保护，它们不受励磁涌流和过励磁工况的影响。分侧差动保护是将变压器的各侧绕组分别进行差动保护，一般用于超高压大型变压器的高压侧。由于大型变压器普遍采用单相式，其内部短路故障大多是单相接地短路，相间短路的可能性极小，故保护变压器大电流系统侧单相接地故障的零序差动保护也得到应用。

还有的变压器装设了双变纵差保护。拉西瓦水电站 750kV 主变压器除配置了单变纵差保护、零序差动保护和分侧差动保护外，还将发变组联合单元的两台主变压器作为一个保护元件，设置了双变纵差保护，由联合单元的高压侧电流互感器与两台主变压器低压侧的电流互感器共同构成。保护范围包括两台主变压器及主变压器引出线至 750kV GIS 断路器之间的部分。

对于抽水蓄能机组，由于换相开关属于其主变压器第二套纵差保护区，为避免相序转换对纵差保护的影响，在纵差微机保护内加设软件，在相序转换时，通过加设的软件进行电流的相序换相连锁切换。

（2）瓦斯保护。瓦斯保护用于保护变压器内部故障（产生瓦斯）或油面下降等故障。变压器油箱内部故障时，在故障点产生伴随有电弧的短路电流，造成油箱内局部过热并使变压器油分解产生气体，进而造成喷油。瓦斯保护分为轻瓦斯保护和重瓦斯保护：当油箱内部发生轻微故障，只产生少量的气体和较低的油流速度，或油面下降时，发出轻瓦斯保护动作信号；而当油箱内部发生严重故障时，产生大量的气体和较高的油流速度，重瓦斯保护动作于跳开变压器各侧断路器。

瓦斯保护是变压器油箱内部故障的一种主要保护，特别是铁芯故障。无论差动保护或其他内部短路保护如何改进提高性能，都不能代替瓦斯保护。

容量为 0.8MVA 及以上的油浸式变压器应设装瓦斯保护。

（3）电流速断保护。电压在 10kV 及以下、容量在 10MVA 及以下的变压器，当其过电流保护的动作时限大于 0.5s 时，应在电源侧装设电流速断保护。它与瓦斯保护配合，反映变压器绕组和变压器引出线和套管的各种故障，它不能保护整个变压器。

对于电压为 10kV 的重要变压器，当电流速断保护灵敏度不符合要求时也可采用纵差保护。

11.3.3 主变压器短路故障的后备保护

变压器短路故障的后备保护包括相间短路和接地短路两部分保护。

（1）相间短路后备保护。相间短路后备保护配置原则：相间短路后备保护宜装于变压器各侧，除主电源侧外，其他各侧保护只作相邻元件的后备保护，而不作为变压器本身的后备保护；低压侧有分支，且接至分开运行母线段的降压变压器，除在电源侧装设保护外，还应在每个分支装设保护；如变压器低压侧无专用母线保护，且高压侧相间短路后备保护对低压侧母线相间短路灵敏度不够时，可在变压器低压侧配置两套相间短路后备保护；发电机变压器组的变压器低压侧不另设相间短路后备保护。

1）过流保护。过流保护一般用于 35～66kV 及以下的中小容量变压器。

2）复合电压启动的过电流保护和复合电流保护。110kV 及以上的变压器，过电流保护不能满足灵敏性要求时，宜采用复合电压（负序电压和线电压）启动的过电流保护或复合电流保护（负序电流和单相式电压启动的过电流保护），作为相间短路后备保护。

复合电流保护由反映不对称短路故障的负序电流元件和反映对称短路故障的单相式电压启动过电流保护组成。对于大容量的变压器和发电机组，由于额定电流很大，而在相邻元件末端两相短路时的短路电流可能较小，此时采用复合电压启动的过电流保护往往不能满足灵敏性的要求。在这种情况下，应采用复合电流保护，以提高不对称短路的灵敏性。

3）阻抗保护。对于变压器相间短路故障的后备保护，若对电流、电压不能满足灵敏性和选择性要求，或为满足与电网保护配合的要求，可采用阻抗保护，方向指向系统。为防止系统振荡时保护误动，通常采用电流突变量启动阻抗保护，并延时出口。

阻抗保护通常用于 330kV 及以上大型升压/降压变压器，只能作为变压器引出线、母线、相邻线路相间短路故障的后备保护，不能胜任变压器绕组短路故障的后备保护作用。

（2）接地短路后备保护。

1）与 110kV 及以上中性点直接接地电网连接的、中性点直接接地运行的变压器。对普通变压器，应装设零序过电流保护，引至变压器中性点引出线的电流互感器。为满足选择性要求，可增加方向元件。

对自耦变压器和高、中压侧均直接接地的三绕组变压器，为满足选择性要求，可装设接到高、中压侧三相电流互感器零序回路的零序方向过流保护。

对自耦变压器，为提高切除外部单相接地故障的可靠性，可在变压器中性点回路增设零序过流保护；为提高切除内部单相接地故障的可靠性，可增设只接入高、中压侧和公共绕组回路电流互感器的星形接线电流分相差动保护或零序差动保护。

2）接在 110kV、220kV 中性点直接接地电网中，当低压侧有电源的变压器中性点可能接地运行或不接地运行时。对全绝缘变压器，应装设零序过电流保护和零序过电压保护，零序过电压保护延时动作断开变压器各侧断路器。

对分级绝缘变压器，当中性点直接接地运行时，应装设零序过电流保护；当中性点不接地运行时，在装设零序过电压保护的同时，还应装设用于中性点直接接地和经放电间隙接地的两套零序过电流保护。

3）在 110kV 以下中性点不直接接地的电网中，如变压器中性点不直接接地运行，应装设零序过电压保护。

11.3.4　主变压器异常运行保护

（1）过负荷保护。

1）普通变压器的过负荷保护：容量 0.4MVA 及以上数台并列运行的变压器和作为其他负荷备用电源的单台运行变压器，应装设过负荷保护。过负荷保护可为单相式，具有定时限或反时限的动作特性。有人值班时带时限动作于信号，无人值班时动作于跳闸或切除部分负荷，中小容量变压器采用定时限动作特性。

对于升压变压器，过负荷保护装设在主电源侧（低压侧）；对于三绕组升压变压器，过负荷保护装设在发电机侧和无电源侧；如三侧均有电源，则三侧均应装设过负荷保护。

对于降压变压器，双绕组变压器的过负荷保护装设在高压侧；单侧电源的三绕组降压变压器，过负荷保护装设在电源侧和绕组容量较小的一侧；若三侧容量相同，则仅在电源侧装设；两侧电源的三绕组降压变压器或联络变压器，三侧均应装设过负荷保护。

2）自耦变压器的过负荷保护。对于降压自耦变压器，仅高压侧有电源的降压三绕组自耦变压器，一般在高压侧和低压侧装设过负荷保护；高、中压侧均有电源的降压自耦变压器，一般在高压侧、低压侧和公共绕组侧装设过负荷保护。

对于升压自耦变压器，升压三绕组自耦变压器一般在高压侧、低压侧和公共绕组侧装设过负荷保护；当升压自耦变压器低压绕组位于高、中压绕组之间时，应增设监视低压绕组电流的专用过负荷保护。

（2）过励磁保护。过励磁也称为过激磁，当变压器的电压过高和/或频率过低时，铁芯磁密急剧增加，励磁电流也急剧增大，将引起铁芯饱和后谐波磁密增强及铁芯背部漏磁场增强，导致靠近铁芯的绕组、油箱壁及其他金属结构件等发热，引起高温，加速绕组绝缘和铁芯主绝缘老化，甚至损坏。为此，规定 330kV 及以上变压器应装设过励磁保护。

过励磁保护是通过检测电压频率比（v/f）来实现的，可以是由低定值和高定值两部分组成的定时限过励磁保护，也可为反时限过励磁保护（由上定时限、反时限、下定时限三部分组成）。定时限过励磁保护的低定值部分带时限动作于信号和降低励磁电流；高定值部分动作于解列灭磁。反时限过励磁保护的上定时限和反时限部分动作于解列灭磁；下定时限部分动作于信号。

由于定时限过励磁保护的动作特性曲线与变压器的过励磁倍数曲线配合很差（或保护动作太提前，或保护不动作），大型变压器一般优先装设反时限过励磁保护。对于与发电机直接连接的变压器，可与发电机共用一套过励磁保护装置。基于变压器与发电机过励磁能力的不同，变压器与发电机通过断路器连接时，应分别装设变压器和发电机的过励磁保护。

（3）非电气量保护。非电气量保护主要保护变压器温度升高、冷却系统全停、压力爆破膜破坏等故障，非电气量保护不应启动失灵保护。

1）变压器过热保护。反映变压器运行温度升高，应装设变压器过热保护。与变压器油箱结合的高压电缆终端盒（箱），应单独装设反映油温的温度继电器，以反映终端盒（箱）的油温过热。过热保护均瞬时动作于信号。

2）压力爆破膜破坏保护。额定容量不小于 800kVA 的变压器，对于变压器油箱内压力升高，装设压力爆破膜破坏保护，保护瞬时动作于信号，必要时，动作于跳开变压器各侧断路器。

3）冷却系统故障保护。强迫油冷却的变压器，在冷却系统发生故障全停之后，不允许带额定负载持续运行的变压器，应装设冷却系统故障保护。当冷却系统全停后，保护瞬时动作于信号，必要时，可动作于自动减负荷；超过变压器冷却系统全停后允许的运行时间，动作于跳开变压器各侧断路器。

11.3.5 厂用变压器保护

（1）高压厂用变压器保护。

1）纵差保护。容量为 6.3MVA 及以上的高压厂用变压器，应装设纵差保护，作为变压器内部故障和引出线相间短路故障的主保护，保护瞬时动作于跳开变压器各侧断路器。

容量为 2.0MVA 及以上的高压厂用变压器，如电流速断保护的灵敏度不满足要求，也应装设纵差保护。

2）电流速断保护。容量为 6.3MVA 以下的高压厂用变压器，应装设电流速断保护，作为变压器高压侧部分绕组和引出线相间短路故障的保护。保护装在电源侧瞬时动作于跳开变压器各侧断路器。

3）瓦斯保护（包括有载调压变压器分接开关箱的瓦斯保护）。瓦斯保护用于保护油浸式变压器内部故障及油面降低。当油箱内部发生轻微故障，只产生少量的气体和较低的油流速度，或油面下降时，发出轻瓦斯保护动作信号；而当油箱内部发生严重故障时，产生大量的气体和较高的油流速度，重瓦斯保护动作于跳开变压器各侧断路器。

4）过电流保护。过电流保护用于保护变压器及其相邻元件的相间短路故障。保护装在电源侧，设两段延时，第一延时与相邻元件的主保护配合，动作于跳开变压器低压侧母线分段断路器；第二延时与第一延时配合，动作于跳开变压器各侧断路器。

当变压器供电给两个分支时，还应在各个分支分别装设过电流保护。保护带时限跳开相应的分支断路器。

5）过负荷保护。根据可能过负荷情况，可装设对称过负荷保护。保护装在高压侧，带时限动作于信号。

6）单相接地保护。对不接地（或经消弧线圈补偿接地）系统，一般采用接地指示装置（绝缘检查装置）用于反映系统单相接地故障，电源侧保护共用引接母线的单相接地保护，不另设单相接地保护。对高电阻接地系统，电源侧保护亦共用引接母线的单相接地保护，不另设单相接地保护。对低压侧，当仍为不接地系统时，则应装设接地指示装置（绝缘检查与监察）用于反映低压绕组和母线的单相接地故障，保护带时限动作于信号。

7）零序过电流保护。当变压器与 110kV 及以上中性点直接接地电网相连时，则应装设零序过电流保护。保护引至高压侧中性点电流互感器，带时限动作于跳开变压器各侧断路器。

8）非电气量保护。高压厂用变压器非电气量保护主要有：反映变压器运行温度升高的过热保护，保护均瞬时动作于信号；反映变压器冷却系统发生故障全停的冷却系统故障保护，保护瞬时动作于信号，必要时，可动作于自动减负荷，超过变压器冷却系统全停后允许的运行时间，动作于跳开变压器各侧断路器；反映额定容量不小于 800kVA 的变压器油箱内压力升高的压力爆破膜破坏保护，保护瞬时动作于信号，必要时，动作于跳开变压器各侧断路器。

（2）低压厂用变压器保护。

1）纵差保护。容量为 2.0MVA 及以上的低压厂用变压器，在电流速断保护的灵敏度不满足要求时，应装设纵差保护，作为变压器内部故障和引出线相间短路故障的保护，保护瞬时动作于跳开变压器各侧断路器。

2）电流速断保护。电流速断保护作为变压器内部故障和引出线（高压侧）上相间短路故障的保护。保护装在电源侧瞬时动作于跳开变压器各侧断路器。

3）瓦斯保护及油面降低保护。0.8MVA 及以上油浸式变压器内部故障及油面降低的保护，应采用瓦斯保护。当油箱内部发生轻微故障，只产生少量的气体和较低的油流速度，或油面下降时，发出轻瓦斯保护动作信号；而当油箱内部发生严重故障时，产生大量的气体和较高的油流速度，重瓦斯保护动作于跳开变压器各侧断路器。

4）过电流保护。过电流保护用于保护变压器及其相邻元件的相间短路故障。保护装在电源侧，设两段延时，第一延时与相邻元件的主保护配合，动作于跳开变压器低压侧母线分段断路器；第二延时与第一延时配合，动作于跳开变压器各侧断路器。

5）零序过电流保护。当变压器低压侧中性点直接接地时，零序过电流保护用于保护变压器低压侧单相接地短路故障。保护接于变压器低压侧中性点电流互感器，设两段延时，第一延时与相邻元件的主保护配合，动作于跳开变压器低压侧母线分段断路器；第二延时与第一延时配合，动作于跳开变压器各侧断路器。

6）单相接地保护。同高压厂用变压器的单相接地保护。

7）非电气量保护。低压厂用变压器非电气量保护主要有：反映变压器运行温度升高的过热保护，保护均瞬时动作于信号；反映变压器冷却系统发生故障全停的冷却系统故障保护，保护瞬时动作于信号，必要时，可动作于自动减负荷，超过变压器冷却系统全停后允许的运行时间，动作于跳开变压器各侧断路器；反映额定容量不小于 800kVA 的变压器油箱内压力升高的压力爆破膜破坏保护，保护瞬时动作于信号，必要时，动作于跳开变压器各侧断路器。

11.3.6 励磁变压器保护

（1）电流速断保护。用于保护励磁变压器绕组及高低压侧相间短路故障，保护短延时动作于停机。

（2）过电流保护。用于保护励磁变压器绕组及其引出线、相邻元件的相间短路故障，保护带时限动作于停机。

（3）瓦斯保护。用于保护油浸式励磁变压器内部相间和匝间短路故障，及变压器内部油面下降。轻瓦斯动作于信号，重瓦斯动作于停机。

（4）非电气量保护。励磁变压器非电气量保护主要有：反映变压器运行温度升高的过热保护，保护均瞬时动作于信号；反映变压器冷却系统发生故障全停的冷却系统故障保护，保护瞬时动作于信号，必要时，可动作于自动减负荷，超过变压器冷却系统全停后允许的运行时间，动作于跳开变压器各侧断路器；反映额定容量不小于800kVA的变压器油箱内压力升高的压力爆破膜破坏保护，保护瞬时动作于信号，必要时，动作于跳开变压器各侧断路器。

按GB/T 14285的规定：① 自并励发电机的励磁变压器宜采用电流速断保护作为主保护，过电流保护作为后备保护；② 对交流励磁发电机的主励磁机的短路故障宜在中性点侧的TA回路装设电流速断保护作为主保护，过电流保护作为后备保护。

励磁变压器达到规定装设差动保护的容量时，应装设差动保护。

11.3.7 变频启动输入/输出变压器保护

变频启动输入/输出变压器作为抽水蓄能机组变频启动的主设备，分别是三绕组的降压变压器和三绕组的升压变压器，其保护配置同高压厂用变压器的保护配置。

11.4 高中压配电装置保护配置

11.4.1 母线保护

母线是集中和分配电能的重要枢纽，母线发生故障，将可能造成大面积的停电事故，并可能破坏系统的稳定性。因此，设置动作可靠、性能良好的母线保护，使之能迅速检测出母线故障点并及时且有选择性地切除故障，是非常必要的。运行经验表明，母线故障绝大多数是单相接地短路和由其引起的相间短路：母线故障开始阶段大多表现为单相接地故障，随着短路电弧的移动，故障往往发展为两相或三相接地短路。对于高压重要的母线，应该装设专门的快速母线保护。

大型水电站的成套母线保护装置中，一般配置有母线差动保护、母联充电保护、母联失灵保护、母联死区保护、母联过流保护、母联非全相运行保护及其他断路器失灵保护等。在母线保护中，最主要的是母线差动保护。某水电站500kV母线保护配置见图11-4。

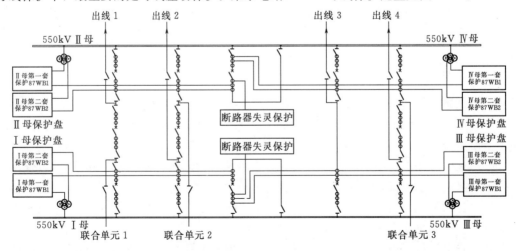

图11-4 某水电站500kV母线保护配置图

（1）母线差动保护的分类。

1）按保护原理分。

A. 相邻元件（发电机、变压器或有电源的线路等）的后备保护实现的母线保护。对于低压母线大多采用单母线或分段母线，由于与电网的电气距离较远，母线故障不致对电网的稳定和供电可靠性带来影响，所以通常可不设专用的母线保护，而是利用相邻元件（发电机、变压器或有电源的线路等）的后备保护来切除母线故障。

B. 基于电流差动原理的母线保护。对于单母线，其电流差动保护按保护范围分为完全电流差动保护和不完全电流差动保护。

对于双母线，如果连接于母线的所有回路固定分配于两个母线时，采用固定连接式母线差动保护。当固定连接方式被破坏时，这种母线保护将失去选择性。

C. 基于母联电流相位比较原理的母线保护。分别比较两组母线的总故障电流与母联电流互感器电流的相位，基本上不受电流互感器饱和的影响，相位接近一致的母线组为故障母线组，相位接近 180° 的母线组为非故障母线组。适用于长期并联运行的双母线接线方式；单母线运行时，母联断路器断开，此保护应退出。

D. 基于电流相位比较式原理的母线保护。外部故障时，故障回路电流与其他各回路电流之和的相位差接近 180°，将电流波形变成方波比相时，各电流波形之间基本上无间隙。而在内部故障时，各回路电流相位接近相同，各电流波形之间有很大的间隙，该保护也基本上不受电流互感器饱和的影响。

但电流相位比较式母线保护不适用于母线上故障而各回路电流相位差较大或有电流流出的情况，如 3/2 接线方式的母线保护。

2）按差动回路中串入的电阻大小分。可分为低阻抗型母线差动保护、中阻抗型母线差动保护和高阻抗型母线差动保护。

低阻抗型母线差动保护：利用电流互感器饱和需要一定时间的原理，在发生故障瞬间即能判断故障是在内部还是外部，相应切换保护的工作方式，因而加快了内部故障电流互感器饱和时保护的动作速度，使保护的动作时间减小到半个周波以下。传统的差动保护都是低阻抗型，即差动回路的阻抗很小，只有数欧姆，适用于单母线或经常只有一组母线运行的双母线，这种保护在我国有长期良好的运行经验。

高阻抗型母线差动保护（也称电压型母差保护）：是在差动回路中串入一高阻抗，其值在数千欧姆以上。其优点是不需要采取特殊制动措施防止外部故障时电流互感器饱和而使保护误动作，动作速度极快。其缺点是要求 TA 的型号、变比、特性完全相同；内部故障时，在差动回路中将产生很高的电压，此高电压直接进入控制室和保护屏，对设备和人身安全可能造成威胁。这种保护也有一定运行经验，在国外得到了应用。

中阻抗型母线差动保护：是上述两种差动保护的折中方案，在差动回路中串入一定的阻抗，其值约为 200Ω，是一种特殊的具有比率制动特性的母线差动保护。可有效地防止外部故障时电流互感器饱和引起的保护误动作。内部故障时保护动作速度极快，可在半个周期内动作；减小了正常情况和外部故障时的不平衡电流；不会在差流回路引起很大的过电压。缺点是必须应用辅助电流互感器，保护整定计算复杂。由于其巨大优越性，在我国得到了广泛应用。

（2）其他母线保护。

1）母联过流及充电保护。母联过流保护是临时性保护，当母线带电时投入运行。当流过母联断路器三相电流中的任一相或零序电流大于整定值时动作，经延时跳开母联断路器。该保护不经复合电压闭锁元件闭锁。

母线充电保护也是临时性保护，在母线安装后或母线检修后投运之前，利用母联断路器对母线充电时投入充电保护，保护动作后跳母联断路器。

2）母联断路器失灵保护及死区保护。母线保护或其他有关保护动作，母联断路器的出口继电器触点闭合，但母联电流互感器二次侧仍有电流，即判为母联断路器失灵，去启动母联断路器失灵保护，保护动作后，经短延时切除两段母线。

当故障发生在母联断路器及母联电流互感器之间时，某一段母线的母差保护动作，母联断路器跳开，但母联电流互感器二次侧仍有电流，即在母联断路器及母联电流互感器之间的区域是母差保护的死区，这时死区保护动作，经短延时去跳另一母线上连接的各个断路器。

3）母联断路器非全相运行保护。非全相运行保护是根据断路器非全相运行的特点（三相断路器位置不一致及产生负序电流和零序电流），保护动作后，经延时切除非全相运行断路器，有时还去启动失灵保护。

4）短引线保护。对各类双断路器接线方式，当双断路器所连接的线路或元件退出运行而双断路器之间仍连接运行时，应装设短引线保护，以保护双断路器之间的连接线故障。短引线保护可兼作线路的充电保护。

按照近后备方式，短引线保护应为互相独立的双重化配置。

5）母线接地信号保护。在中性点非直接接地系统中，母线接地故障时，只有不大的电容电流。因此，用母线电压互感器的开口电压构成零序过电压保护，动作于信号。

（3）专用母线保护的配置。由于利用相邻元件的后备保护简单、经济，但切除故障时间较长，且不能有选择性地切除故障母线（如双母线），特别是对高压电网不能满足系统稳定和运行上的要求。为此，对于高压重要的母线，应设专用母线保护。专用母线保护应突出选择性、速动性和安全性，保护动作后应跳开三相断路器，一般不启动重合闸，只有采用母线重合闸时才允许对某些断路器实现自动重合。

目前我国的专用母线保护多采用基于完全电流差动保护、不完全电流差动保护和电流相位比较式母线差动保护原理的微机母线保护。

1）750kV系统母线保护的配置。750kV系统母线常为一倍半断路器接线方式，每组母线必须配置两套母线保护，保护应能正确反应母线保护区内的各种类型故障，并动作于跳闸。

2）220～500kV系统母线保护的配置。①对一倍半断路器接线方式，每组母线应配置两套母线保护；②对双母线、双母线分段等接线方式，为防止母线保护因检修退出失去保护，母线发生故障时危及电网稳定和使事故扩大，宜装设两套母线保护。

3）35～110kV系统母线保护的配置。

对下列情况应装设专用的母线保护：①110kV双母线；②110kV单母线、重要发电厂的35～66kV母线，需要快速切除母线上的故障时。

4）3～10kV 系统母线保护的配置。对 3～10kV 分段母线及并列运行的双母线，一般可由发电机和变压器的后备保护来实现对母线的保护。在下列情况下，应装设专用的母线保护：①须快速且有选择地切除一段或一组母线上的故障，以保证水电站及电网安全运行和重要负荷的可靠供电时；②当线路断路器不允许切除线路电抗器前的短路时。

11.4.2 断路器失灵保护

（1）断路器失灵。断路器失灵是指当保护动作并发出跳闸指令，但故障设备的断路器拒绝动作的情况。依据运行实践经验，断路器失灵的原因主要有：跳闸线圈断线、气压或液压降低、直流电源故障、操作机构故障及操作回路故障等。其中出现较多的是气压或液压降低、直流电源故障和操作回路故障。

在某些电网中，发生故障之后如果断路器失灵且没采取其他措施，将会造成严重的后果，诸如损坏主设备、扩大停电范围以及可能造成系统解列等。因此，在重要的电网中，装设断路器失灵保护是必要的。

（2）断路器失灵保护的配置。在 220～500kV 及 750kV 电网中，以及 110kV 电网的个别重要部分，应按下列原则装设一套断路器失灵保护：

1）线路或电力设备的后备保护采用近后备方式。

2）如断路器与电流互感器之间发生故障不能由该回路主保护切除形成保护死区，而其他线路或变压器后备保护切除又扩大停电范围，并引起严重后果时（必要时，可为该保护死区增设保护，以快速切除该故障）。

3）对 220～500kV 分相操作的断路器，可仅考虑断路器单相拒动的情况。

（3）断路器失灵保护的构成原则。在 GB/T 14285 中，对断路器失灵保护的判别、启动条件、动作时间整定、闭锁元件的装设及动作跳闸原则等作了相应的规定。

断路器失灵保护动作后将跳开母线上的各断路器，影响面很大，故应注意：

1）断路器失灵保护应由保护启动，手动跳断路器时不能启动失灵保护。

2）正常运行工况下，失灵保护回路中任一对触点闭合，失灵保护不应误启动。

3）失灵保护回路中不能存在非电量保护出口触点。

4）主变压器配置的双重微机保护一般只装设一套失灵保护，当旁路代替主变压器断路器运行时，可退出启动断路器失灵保护功能。

11.4.3 远方跳闸保护

远方跳闸保护就是当超高压电网发生过电压或线路故障时，在本侧保护动作跳闸的同时，还启动本侧保护的远方跳闸保护通过高频等通道发信号给对侧，使对侧的断路器跳闸，并闭锁其重合闸。

远方跳闸保护，与线路的过电压保护配合，以迅速切除线路的过电压故障；与线路的断路器失灵保护配合，以迅速切除对侧送来的故障电流；与线路的并联电抗器的保护配合，当本侧电抗器故障时用以迅速切除对侧送来的故障电流。

（1）远方跳闸保护的配置。一般情况下，220～500kV 及 750kV 线路，下列故障应传送跳闸命令，使相关线路对侧断路器跳闸切除故障：

1）一倍半断路器接线的断路器失灵保护动作。

2）高压侧无断路器的线路并联电抗器保护动作。

3）线路过电压保护动作。

4）线路变压器组的变压器保护动作。

对采用近后备方式的，远方跳闸方式应双重化。

（2）远方跳闸保护的构成原则。在 GB/T 14285 中，对远方跳闸保护的跳闸命令传输通道、故障判别、跳闸出口等作了相应的规定。

目前，国内对于 220～500kV 线路，一般复用线路保护的通道来传送跳闸命令。但对于 750kV 线路，为提高传送跳闸命令的可靠性，常设有独立的远方跳闸装置和独立的命令传输通道。

11.4.4　并联电抗器保护

并联电抗器在系统中的主要作用有：对于远距离的超高压输电线路，吸收容性无功功率、限制系统的工频过电压、操作过电压、降低有功功率损耗；对于发电机带空载长线路运行，补偿线路容性无功功率、有效消除发电机产生自励磁的条件和现象；带中性点小电抗的并联电抗器能补偿单相对地短路产生的潜供电流，加速潜供电弧熄灭，提高单相重合闸的成功率。

由于并联电抗器自身结构和运行方式的特殊性、设计缺陷、运输和安装使用、运行维护等等方面的原因，电抗器在运行过程中比相同电压等级的其他设备更易发生电抗器内部和引线的各种故障，因此并联电抗器应有完善的快速保护。

（1）并联电抗器保护的保护范围：

1）线圈的单相接地和匝间短路及其引出线的相间短路和单相接地短路。

2）油面降低。

3）油温度升高和冷却系统故障。

4）过负荷。

（2）并联电抗器保护的分类。

1）主保护。

主电抗器差动保护：具有差动速断功能，能防止区外故障和 CT 饱和引起保护误动。

主电抗器零序差动保护：能灵敏地反映电抗器内部接地故障。

主电抗器匝间保护：能灵敏地反映电抗器内部匝间故障。

2）主电抗器后备保护。

主电抗器过电流保护：反映电抗器内部相间故障。

主电抗器零序过流保护：反映电抗器内部接地故障。

主电抗器过负荷保护：反映电压升高导致的电抗器过负荷，延时作用于信号。

3）中性点电抗器后备保护。

中性点电抗器过电流保护：反映三相不对称等原因引起的中性点电抗器过流。

中性点电抗器过负荷保护：监视三相不平衡状态，延时作用于信号。

（3）并联电抗器保护的配置要求。电抗器保护的配置，在 GB/T 14285 中有相应的规定。目前国内采用微机电抗器保护，将被保护电抗器的主保护和后备保护综合在一套装置内。

1）油浸式并联电抗器内部及其引出线的相间和单相接地短路保护，按下列规定装设：

66kV 及以下并联电抗器，应装设电流速断保护，瞬时动作于跳闸；

220～500kV 及 750kV 并联电抗器保护，除非电气量保护外，应双重化配置；

纵差保护应瞬时动作于跳闸；

作为速断保护和差动保护的后备，应装设过电流保护，保护带时限动作于跳闸；

220～500kV 及 750kV 并联电抗器，应装设匝间短路保护，保护应不带时限动作于跳闸。

2）对 220～500kV 及 750kV 并联电抗器，当电源电压升高并引起并联电抗器过负荷时，应装设过负荷保护，保护带时限动作于跳闸。

3）瓦斯保护。用于保护油浸式并联电抗器内部故障及油面降低。当油箱内部发生轻微故障，只产生少量的气体和较低的油流速度，或油面下降时，发出轻瓦斯保护动作信号；而当油箱内部发生严重故障时，产生大量的气体和较高的油流速度，重瓦斯保护动作于跳开电抗器各侧断路器。

4）对于并联电抗器油温度升高和冷却系统故障等非电气量故障，应装设动作于信号或带时限动作于跳闸的保护装置。

5）对 330～500kV 及 750kV 并联电抗器，其保护在无专用断路器时，动作除断开线路的本侧断路器外还应启动远方跳闸装置，断开线路对侧断路器。

6）接于并联电抗器中性点的接地电抗器，应装设瓦斯保护。当产生大量瓦斯时动作于跳闸；当产生轻微瓦斯或油面下降时动作于信号。

对三相不对称等原因引起的接地电抗器过负荷，宜装设过负荷保护，保护带时限动作于信号。

7）66kV 及以下干式并联电抗器，应装设电流速断保护作为电抗器绕组及其引出线相间短路的主保护；过电流保护作为相间短路的后备保护；零序过电压保护作为单相接地保护，动作于信号。

11.4.5　厂用电保护

厂用电系统包括中、低压变配电设备及电动机、直流系统等，种类繁多、涉及范围广，随着大容量机组及计算机实时控制的采用，对厂用电的可靠性提出了更高的要求。为此，要考虑厂用供电来源及工作方式，配备完善的继电保护与自动装置。通过合理配置变配电设备及负荷类型、容量，在运行中进行正确维护和科学管理，确保厂用电系统的安全可靠性。

（1）电流速断保护。回路电流达到速断保护整定值时，瞬时动作于本侧断路器跳闸，以防御多相和单相短路或接地故障。

（2）过电流保护。作为纵联差动保护（或电流速断保护）的后备保护，带时限动作于本侧断路器跳闸。当采用低电压启动的过电流保护时，其低电压继电器可分别由两段厂用母线的电压互感器引接。

（3）单相接地保护。可采集零序电压或零序电流量作为判据。

（4）低压或过压保护。监测厂用电源低压或过压状况，保护动作于信号，达到设定值时动作于跳闸。

（5）电动机保护。高压厂用电动机应装设下列保护：

1）纵联差动保护。当电动机容量为 2000kW 及以上时皆应装设纵联差动保护，容量在 2000kW 以下具有六个引出线的重要电动机，必要时亦可装设，以防御电动机内部及引出线多相故障。

2）电流速断保护。防御电动机多相短路。

3）单相接地保护。电动机正常或备用电源投入时，若单相接地电容电流大于 10A，装设单相接地保护。当主母线的引出馈电线路装设有接地保护，且厂用母线与主母线有电的联系时，则厂用电动机上亦装设接地保护。

4）过负荷保护。对由于生产过程原因易发生过负荷的电动机应装设过负荷保护。

5）低电压保护。保护带时限动作于跳闸。

（6）直流系统保护。直流系统应具有两套独立的保护，分别使用不同的测量元件、通道、电源及出口，两套互为备用。直流系统通常装设有过电流、过压/欠压保护、绝缘能力降低及接地保护等。保护应能适用于整流运行，也能适用于逆变运行工况。

11.5　线路保护配置

11.5.1　线路保护简述

根据故障产生的类型，线路保护一般分为相间短路保护和接地短路保护。按照电网电压等级、复杂程度及其重要性，相间短路保护采用的保护类型有简单的电流电压保护、距离保护和全线速动保护；接地短路有零序电流保护和接地距离保护；横联差动保护，可作为双回线路主保护的后备保护。

（1）简单的电流电压保护有阶段式电流保护和方向性电流保护。

1）阶段式电流保护由无时限电流速断保护、限时电流速断保护和过电流保护构成。无时限电流速断保护虽能无延时动作，但不能保护本线路全长；限时电流速断保护虽能保护本线路全长，但不能作为相邻线路的后备保护；定时限过电流保护则可作为本线路及相邻线路的后备保护，但动作时间较长。为保证迅速、可靠且有选择性地切除故障，根据需要，将这三种电流保护组合在一起构成一整套保护，称为阶段式电流保护。

使用Ⅰ段、Ⅱ段或Ⅲ段而组成的阶段式电流保护，其最主要的优点就是简单、可靠，并能在一般情况下满足快速切除故障的要求。因此，在电网特别是在 35kV 及以下的单侧电源辐射形电网中得到广泛应用。其缺点是：受电网接线方式和系统运行方式的影响，灵敏性和保护范围不能满足要求；在多电源网络或单侧电源环网中，虽然在某些特殊情况下也使用，但是大多数情况下很难满足选择性要求；过电流保护动作时限较长。

2）方向性电流保护是为满足多侧电源辐射形电网和单侧电源环网的需要，在单侧电源辐射形电网的电流保护的基础上增设功率方向元件而构成，能够保证各保护之间动作的选择性，这是方向性电流保护的主要优点。但是其接线复杂、投资增加；同时在保护安装处附近正方向发生三相短路时，存在电压死区，导致保护拒动；当电压互感器二次侧开路时，方向元件可能误动；并且当系统运行方式变化时，会影响保护的技术性能，这是方向性电流保护的缺点。

（2）距离保护是针对目前容量大、电压高、距离长、负荷重和结构复杂的电网特点及方向性电流保护存在缺陷，性能更加完善的保护之一。阶段式距离保护一般也是三段式：距离Ⅰ段为无时限的速动段，一般保护本线路全长的 $80\% \sim 85\%$；距离Ⅱ段为带延时的速动段，时限与相邻下一线路的Ⅰ段配合，保护范围延伸到下一线路的一部分，与Ⅰ段配合作为本线路全长的主保护；距离Ⅲ段可作为本线路距离Ⅰ段、Ⅱ段的近后备保护以及相邻线路的远后备保护。其缺点是不能线路全长无时限切除任一点的短路；受各种因素的影响，其可靠性较电流保护低。故距离保护一般作为 110kV 以下线路相间短路的主保护；在 110kV 以上系统中，距离保护主要作为全线速动主保护的相间短路和接地短路的后备保护；对于不要求全线速动的线路，距离保护可作为主保护。

（3）全线速动保护。电流电压保护和距离保护都是瞬时切除的故障范围只能是被保护线路的一部分，其余部分则需延时才能切除。这对于重要高压线路是不允许的，为此产生了基于纵联差动保护原理的纵联保护，它能无延时切除被保护线路上任意点故障。

纵联保护也称全线速动保护，按照线路两侧电气量信息交换通道的不同，分为以下四种类型。

1）导引线纵联保护（简称导引线保护）。导引线保护适合于短线路的主保护。为提高保护可靠性和经济性，长距离线路主保护一般采用 2）～4）三种之一。

2）电力线载波纵联保护（简称高频保护）。目前，广泛用于高压或超高压线路的高频保护有高频闭锁方向保护、高频闭锁距离保护和相差高频保护。

高频闭锁方向保护在区外故障时，发送高频信号，闭锁保护；区内故障时则不发送高频信号，保护启动元件不被闭锁，瞬时跳开两侧断路器。

高频闭锁距离保护在区内故障时，可瞬时切除；区外故障时，作为后备保护，延时动作。其主要缺点：主保护（高频保护）和后备保护（距离保护）的接线互相连在一起，不便于运行和检修，且在非全相运行时可能误动作。

相差高频保护在区内故障时，可瞬时切除；区外故障时，闭锁保护。其主要优点：不反应系统振荡；非全相运行时不误动作；不受线路串补电容的影响；不受电压回路断线影响。主要缺点：动作速度受原理限制，不是很快；受负荷电流的影响，线路重负荷不能保证保护正确动作；为降低线路分布电容的影响，线路长度受限制；占用频带较宽。

3）微波纵联保护（简称微波保护）。微波保护通信容量大、可靠性高、运行检修独立，但技术复杂、投资大，对于长距离还需设中继站。

4）光纤纵联保护（简称光纤保护）。光纤保护的光电转换部分是将频率较高的信号转换成频率更高的光波信号，以便于光纤传送。光纤保护通信容量更大、抗干扰能力强、架设方便。光纤保护一般租用通信光纤的一个信道，随着光纤通信在电力系统中的普及，光纤保护作为高压线路的主保护，将逐步取代高频保护。

（4）零序电流保护。

1）中性点非有效接地系统的零序电流保护。中性点非有效接地电网的线路发生单相接地故障时，故障电流很小，三相电压仍对称，一般允许再继续运行一段时间。但此时，非故障相的对地电压升高 $\sqrt{3}$ 倍，为防止故障进一步扩大造成两相或三相短路，应及时发出信号，以便运行人员尽快消除故障。当关系人身和设备安全时，应装设动作于跳闸的单相接地保护。保护类型主要有绝缘监视装置、零序电流保护和零序电流方向保护或零序功率方向保护。

2）中性点直接接地系统的零序电流保护。零序电流保护分为三段式，零序电流Ⅰ段为瞬时零序电流速断，只保护线路的一部分；零序电流Ⅱ段为限时零序电流速断，可保护本线路全长，并可与相邻线路速断保护相配合，它与零序电流Ⅰ段共同构成本线路接地故障的主保护；零序电流Ⅲ段为零序过电流保护，动作时限按阶梯原则整定，作为本线路及相邻线路单相接地故障的后备保护。

在双侧或多侧电源的网络中，为满足选择性的要求，单相接地故障需采用零序方向电流保护。零序方向电流保护也分为三段式：零序方向电流速断保护、限时零序方向电流速断保护和零序方向过电流保护。

高频闭锁零序电流保护是在零序电流保护的基础上配上收发信机而构成，专门用来切除高压或超高压线路接地故障。同一条线路同一侧的高频闭锁零序电流保护和高频闭锁距离保护一般公用一套高频收发信机。

当采用零序电流保护不能满足要求时，一般考虑采用接地距离保护。因距离保护受系统运行方式改变的影响小，其选择性、快速性、灵敏性和可靠性好，而被广泛地应用于电力系统继电保护中。接地距离保护一般也是三段式，类似于零序电流保护。接地距离保护比较复杂，一般只宜用于担任确有需要的接地保护Ⅰ段、Ⅱ段，并配以简单的多段零序电流保护，一般接地距离保护作为了主保护，零序电流保护都是作为后备保护。

（5）横联差动保护。双回线路保护的配置，除了与单回线路相同外，根据双回线路的结构特点，还可采用横联差动保护做为主保护的补充。横联差动保护有两种形式：一种是电流平衡保护，它必须用于双回线路的电源侧，而不能用于单电源双回线路的负荷端；另一种是横联差动电流方向保护，它可用于双回线路的电源端和非电源端。按保护的功能不同，还可分为相间的和零序的横联差动保护，它们分别作为相间短路和接地短路故障时的保护。

横联差动保护的缺点：有一回线路停止运行，保护要退出工作；由于其差电流元件有相继动作区，使切除故障时间加长；横联差动电流方向保护，其方向元件还有电流死区和电压死区；双回线路同时发生同名相接地短路时，横联差动方向保护可能拒动；而双回线路如同时发生不同名相的接地短路时，横联差动方向保护也难以正确选相。

11.5.2　3～10kV 线路保护

3～10kV 线路通常接于中性点非有效接地的电网。

（1）相间短路保护。相间短路保护常采用电流电压保护，后备保护采用远后备保护方式。

1）单侧电源线路。单侧电源线路可装设两段过电流保护，第一段为不带时限的电流速断保护，作为本线路的主保护，当不能保护本线路全长；第二段为带时限的过电流保护，不仅能保护本线路全长，作为本线路的近后备保护，而且还能保护相邻线路的全长，作为相邻线路的远后备保护。

2）双侧电源线路。双侧电源线路可装设带方向或不带方向的电流速断保护和过电流保护，前一个为主保护，后一个为后备保护。带方向或不带方向的选择，一般来说，接于同一母线上的双侧电源线路电流保护，通过比较保护整定值和动作时限的大小来决定，有利于简化保护，提高动作的可靠性。

3）环形网络的线路。3～10kV线路不宜出现环形网络的运行方式，应开环运行。当必须以环形方式运行时，可参照双侧电源线路保护配置。

4）厂用电源线。厂用电源（包括带电抗器的电源线），宜装设纵联差动保护和过电流保护，分别作为主、后备保护。

（2）单相接地短路保护。

1）在厂用电的母线上，应装设无选择性的绝缘监视装置，保护反应零序电压，动作于信号。

2）当线路的单相接地电流能满足保护的选择性和灵敏性要求时，应装设动作于信号的零序电流保护，保护接于零序电流互感器，也可接于三相电流互感器构成的零序回路中。

3）出线回路不多，非故障线路零序电流与故障线路零序电流差别可能不大，采用零序电流保护的灵敏地很难满足要求，则可采用零序电流方向保护或零序功率方向保护。可利用如下电流构成有选择性的电流保护或功率方向保护：网络的自然电容电流、消弧线圈补偿后的残余电流、人工接地电流（限制在10～20A以内）、单相接地故障的暂态电流。

4）在出线回路不多，或难以装设有选择性的单相接地保护时，可依次断开线路来查出故障线路。

5）对经低电阻接地单侧电源单回线路，应装设两段零序电流保护：Ⅰ段为零序电流速断保护，时限宜与相间速断保护相同；Ⅱ段为零序过电流保护，时限宜与相间过电流保护相同。若零序时限速断保护不能保证选择性要求时，也可配置两套零序过电流保护。保护接于零序电流互感器，也可接于三相电流互感器构成的零序回路中。

（3）过负荷保护。对可能出现过负荷的电缆线路，应装设过负荷保护。保护带时限动作于信号，必要时可动作于跳闸。

11.5.3 35～66kV线路保护

35～66kV线路也通常接于中性点非有效接地的电网。

（1）相间短路保护。相间短路保护一般也采用电流电压保护，后备保护采用远后备保护方式。

1）单侧电源线路。可装设一段或两段式电流速断保护和过电流保护，分别作为主、后备保护。必要时可增设复合电压闭锁元件。

由几段线路串联的单侧电源线路及分支线路，如上述保护不能满足选择性、灵敏性和速动性的要求时，速断保护可无选择地动作，但应以自动重合闸来补救。

2）复杂网络的单回线路。可装设一段或两段式电流速断保护和过电流保护，分别作为主、后备保护，必要时可增设复合电压闭锁元件和方向元件。如不能满足选择性、灵敏性和速动性的要求或保护构成过于复杂时，宜采用距离保护。

电缆及架空短线路，如电流电压保护不能满足选择性、灵敏性和速动性的要求时，宜采用光纤电流差动保护作为主保护，带方向或不带方向的电流电压保护作为后备保护。

环形网络宜开环运行，并辅以重合闸和备用电源自动投入装置来增加供电可靠性。当必须以环形方式运行时，为简化保护，可采用故障时先将网络自动解列而后恢复的方法。

3）平行线路。平行线路宜分列运行，如必须并列运行时，可根据其电压等级、重要程度和具体情况按下列方式之一装设保护：装设全线速动保护作为主保护，以阶段式距离保护作为后备保护；装设有相继动作功能的阶段式距离保护作为主保护和后备保护。

（2）单相接地短路保护。对中性点不接地或经消弧线圈接地线路，单相接地故障的保护配置参照 3～10kV 线路单相接地保护配置。

对经低电阻接地单侧电源线路，装设一段或两段三相式电流保护，作为相间故障的主保护和后备保护；装设一段或两段零序电流保护，作为接地故障的主保护和后备保护。串联供电的几段线路，在线路故障时，几段线路可采用前加速的方式同时跳闸，并用顺序重合闸和备用电源自动投入装置来增加供电可靠性。

（3）过负荷保护。可能出现过负荷的电缆线路或电缆与架空线混合线路，应装设过负荷保护，保护宜带时限动作于信号，必要时可动作于跳闸。

11.5.4 110～220kV 线路保护

110～220kV 线路一般接于中性点直接接地的电网。

（1）110kV 线路保护配置原则。

1）双侧电源线路满足以下条件之一，装设一套全线速动保护：根据系统稳定要求有必要时；线路发生三相短路，如使厂用母线电压低于允许值，且其他保护不能无时限和有选择地切除短路时；如电网的某些线路采用全线速动保护后，不仅改善本线路保护性能，而且能够改善整个电网的保护性能。

2）对多级串联或采用电缆的单侧电源线路，为满足快速性和选择性的要求，可装设全线速动保护作为主保护。

3）110kV 线路的后备保护宜采用远后备保护方式。

4）单侧电源线路，可装设阶段式相电流和零序电流保护，作为相间和接地故障的保护，如不能满足要求，则装设阶段式相间和接地距离保护，并辅之用于切除经电阻接地故障的一段零序电流保护。

5）双侧电源线路，可装设阶段式相间和接地距离保护，并辅之用于切除经电阻接地故障的一段零序电流保护。

（2）220kV 线路保护配置原则。

1）220kV 线路一般应装设两套全线速动保护。在旁路断路器代线路运行时，至少应保留一套全线速动保护运行。能够快速有选择性地切除线路故障的全线速动保护以及不带时限的线路 I 段保护都是线路的主保护，两套全线速动保护可以互为近后备保护。

2）对于要求实现单相重合闸的线路，每套全线速动保护应具有选相功能。当线路在正常运行中发生不大于 100Ω 电阻的单相接地故障时，全线速动保护应有尽可能强的选相能力，并能正确动作于跳闸。

3）在每一套全线速动保护的功能完整的条件下，带延时的相间和接地 II 段、III 段后备保护（包括相间和接地距离保护、零序电流保护），允许与相邻线路和变压器的主保护配合。如双重化配置的主保护均有完善的距离后备保护，则可以不使用零序电流 I 段、II 段保护，仅保留用于切除经不大于 100Ω 电阻接地故障的一段定时限和/或反时限零序电流保护。

4）线路 II 段保护是全线速动保护的近后备保护。在特殊情况下，当两套全线速动保护均拒动时，如果可能，则由线路Ⅱ段保护切除故障，此时，允许相邻线路Ⅱ段保护失去选择性。线路Ⅲ段保护是本线路的延时近后备保护，同时尽可能作为相邻线路的远后备保护。

5）后备保护宜采用近后备保护方式。但如某些线路能实现远后备，则宜采用远后备保护，或同时采用远、近结合的后备保护方式。

6）对接地短路，当接地电阻不大于100Ω时，后备保护应能可靠切除故障。应按下列规定之一装设后备保护：宜装设阶段式接地距离保护并辅之用于切除经电阻接地故障的一段定时限和/或反时限零序电流保护；可装设阶段式接地距离保护、阶段式零序电流保护或反时限零序电流保护，根据具体情况使用；为快速切除中长线路出口短路故障，在保护配置中宜有专门反映近端接地故障的辅助保护功能。

7）对相间短路，应按下列规定装设后备保护：宜装设阶段式相间距离保护；为快速切除中长线路出口短路故障，在保护配置中宜有专门反映近端相间故障的辅助保护功能。

（3）对需要装设全线速动保护的电缆线路及架空短线路，宜采用光纤电流差动保护作为全线速动主保护。对中长线路，有条件时也宜光纤电流差动保护作为全线速动主保护。

（4）并列运行的平行线，宜装设与一般双侧电源线路相同的保护。对电网稳定影响较大的同杆双回线路，宜配置分相电流差动或其他具有跨线故障选相功能的全线速动保护，以减少同杆双回线路同时跳闸的可能性。

（5）对带分支的线路，可装设与不带分支时相同的保护，同时要考虑以下几点：

1）当线路有分支时，线路侧保护对分支上的故障，应首先满足速动性，对分支变压器故障，允许跳线路侧断路器。

2）如分支变压器低压侧有电源，还应对高压侧线路故障装设保护装置，有解列点的小电源侧按无电源处理，可不装设保护。

3）对于分支线路上当采用高频保护时：不论分支侧有无电源，当高频保护能躲开分支变压器的低压侧故障，并对线路及其分支上故障有足够灵敏度时，可不在分支侧另设高频保护，但应装设高频阻波器；否则，在分支侧可装设变压器低压侧故障启动的高频闭锁发信装置；分支侧变压器低压侧有电源且须在分支侧快速切除故障时，宜在分支侧也装设高频保护；母线差动保护和断路器位置触点，不应停发高频闭锁信号，以免线路对侧跳闸，使分支与系统解列。

4）对并列运行的平行线上的平行分支，如有两台变压器，宜将变压器分别接于每一分支上，且高、低压侧都不允许并列运行。

（6）对各类双断路器接线方式的线路，其保护应按线路为单元装设，重合闸装置及失灵保护等应按断路器为单元装设。

（7）电缆线路或电缆架空混合线路，应装设过负荷保护。保护宜动作于信号，必要时可动作于跳闸。

11.5.5　330～550kV 线路保护

330～550kV 线路一般也接于中性点直接接地的电网。

（1）330～550kV 线路一般也应装设两套全线速动保护。在旁路断路器代线路运行时，至少应保留一套全线速动保护运行。能够快速有选择性地切除线路故障的全线速动保护以及不带时限的线路Ⅰ段保护都是线路的主保护，两套全线速动保护可以互为近后备保护。

（2）对于要求实现单相重合闸的线路，每套全线速动保护应具有选相功能。当线路在正常运行中发生330kV线路接地电阻不大于150Ω、500kV线路接地电阻不大于300Ω电阻的单相接地故障时，全线速动保护应有尽可能强的选相能力，并能正确动作于跳闸。

（3）在每一套全线速动保护的功能完整的条件下，带延时的相间和接地Ⅱ段、Ⅲ段后备保护（包括相间和接地距离保护、零序电流保护），允许与相邻线路和变压器的主保护配合。如双重化配置的主保护均有完善的距离后备保护，则可以不使用零序电流Ⅰ段、Ⅱ段保护，仅保留用于切除经330kV线路不大于150Ω、500kV线路不大于300Ω电阻接地故障的一段定时限和/或反时限零序电流保护。

（4）线路Ⅱ段保护是全线速动保护的近后备保护。在特殊情况下，当两套全线速动保护均拒动时，如果可能，则由线路Ⅱ段保护切除故障，此时，允许相邻线路Ⅱ段保护失去选择性。线路Ⅲ段保护是本线路的延时近后备保护，同时尽可能作为相邻线路的远后备保护。

（5）后备保护采用近后备保护方式。

1）对接地短路，当330kV线路接地电阻不大于150Ω、500kV线路接地电阻不大于300Ω时，后备保护有尽可能强的选相能力，并能正确动作于跳闸。应按下列规定之一装设后备保护：宜装设阶段式接地距离保护并辅之用于切除经电阻接地故障的一段定时限和/或反时限零序电流保护；可装设阶段式接地距离保护，阶段式零序电流保护或反时限零序电流保护，根据具体情况使用；为快速切除中长线路出口短路故障，在保护配置中宜有专门反映近端接地故障的辅助保护功能。

2）对相间短路，应按下列规定装设后备保护：宜装设阶段式相间距离保护；为快速切除中长线路出口短路故障，在保护配置中宜有专门反映近端相间故障的辅助保护功能。

（6）对需要装设全线速动保护的电缆线路及架空短线路，宜采用光纤电流差动保护作为全线速动主保护。对中长线路，有条件时也宜光纤电流差动保护作为全线速动主保护。

（7）当双重化的每套主保护都具有完善的后备保护时，可不再另设后备保护。只要其中一套主保护装置不具有后备保护时，则必须再设一套完整、独立的后备保护。

（8）同杆并架线路发生跨线故障时，根据电网的具体情况：当发生跨线异名相瞬时故障允许双回线同时跳闸时，可装设与一般双侧电源线路相同的保护；对电网稳定影响较大的同杆并架线路，宜配置分相电流差动或其他具有跨线故障选相功能的全线速动保护，以减少同杆双回线路同时跳闸的可能性。

（9）根据一次系统过电压要求装设过电压保护。过电压保护应测量保护安装处的电压，并作用于跳闸。当本侧断路器已断开而线路仍然过电压时，应通过发送远方跳闸信号跳线路对侧断路器。

11.5.6 750kV 线路保护

750kV线路一般也接于中性点直接接地的电网。

（1）750kV线路也应装设两套全线速动保护。在旁路断路器代线路运行时，至少应保留一套全线速动保护运行。能够快速有选择性地切除线路故障的全线速动保护以及不带时限的线路Ⅰ段保护都是线路的主保护，两套全线速动保护可以互为近后备保护。

（2）每套全线速动保护应具有选相功能，线路故障时能正确地选相实现分相跳闸或三相跳闸；对于要求实现单相重合闸的线路，当线路在正常运行中发生经 400Ω 接地电阻接地的单相接地故障时，保护应能正确选相跳闸。

（3）在每一套全线速动保护的功能完整的条件下，带延时的相间和接地Ⅱ段、Ⅲ段后备保护（包括相间和接地距离保护、零序方向电流保护），允许与相邻线路和变压器的主保护配合。如双重化配置的主保护均有完善的距离后备保护，则可以不使用零序电流Ⅰ段、Ⅱ段保护，仅保留用于切除经不大于 400Ω 电阻接地故障的一段定时限和/或反时限零序方向电流保护。

（4）线路Ⅱ段保护是全线速动保护的近后备保护。在特殊情况下，当两套全线速动保护均拒动时，如果可能，则由线路Ⅱ段保护切除故障，此时，允许相邻线路Ⅱ段保护失去选择性。线路Ⅲ段保护是本线路的延时近后备保护，同时尽可能作为相邻线路的远后备保护。

（5）后备保护采用近后备方式。

1）对接地短路，当接地电阻不大于 400Ω 时，后备保护有尽可能强的选相能力，并能正确动作于跳闸。应按下列规定之一装设后备保护：宜装设阶段式接地距离保护并辅之用于切除经电阻接地故障的一段定时限和/或反时限零序电流保护；可装设阶段式接地距离保护，阶段式零序电流保护或反时限零序电流保护，根据具体情况使用；为快速切除中长线路出口短路故障，在保护配置中宜有专门反映近端接地故障的辅助保护功能。

2）对相间短路，应按下列规定装设后备保护：宜装设阶段式相间距离保护；为快速切除中长线路出口短路故障，在保护配置中宜有专门反映近端相间故障的辅助保护功能。

（6）对需要装设全线速动保护的电缆线路及架空短线路，宜采用光纤电流差动保护作为全线速动主保护。对中长线路，有条件时也宜光纤电流差动保护作为全线速动主保护。

（7）当双重化的每套主保护都具有完善的后备保护时，可不再另设后备保护。只要其中一套主保护装置不具有后备保护时，则必须再设一套完整、独立的后备保护。

（8）同杆并架线路发生跨线故障时，根据电网的具体情况：当发生跨线异名相瞬时故障允许双回线同时跳闸时，可装设与一般双侧电源线路相同的保护；对电网稳定影响较大的同杆并架线路，宜配置分相电流差动或其他具有跨线故障选相功能的全线速动保护，以避免跨线故障误跳双回线路。

（9）根据一次系统过电压要求装设过电压保护。过电压保护应测量保护安装处的电压，并作用于跳闸。当本侧断路器已断开而线路仍然过电压时，应通过发送远方跳闸信号跳线路对侧断路器。

11.6 安全自动装置

电力系统安全自动装置，是指在电网中发生故障或出现异常运行时，为确保电网安全与稳定运行，起控制作用的自动装置。如自动重合闸、备用电源或备用设备自动投入、自动切负荷、低频和低压自动减载、电站事故减出力、切机、电气制动、水轮发电机自启动和调相转发电、抽水蓄能机组由抽水转发电、自动解列、失步解列及自动调节励磁等。某水电站安全自动装置配置见图 11-5。

序号	装置代号	名 称
9	87L－A	500kV 线路小区保护 A
10	87L－B	500kV 线路小区保护 B
11	WXP1	500kV 线路保护 A
12	WXP2	500kV 线路保护 B
13	50BF	断路器失灵保护及非全相运行保护
14	79	综合自动重合闸装置
15	25	自动准同期装置
16	AFR－S	开关站故障录波装置
18	3A,3V,Hz,W,Var	多功能电能采集监视装置
19	Wh,Varh	多功能电度表
22		电能量计费装置
23		安控装置

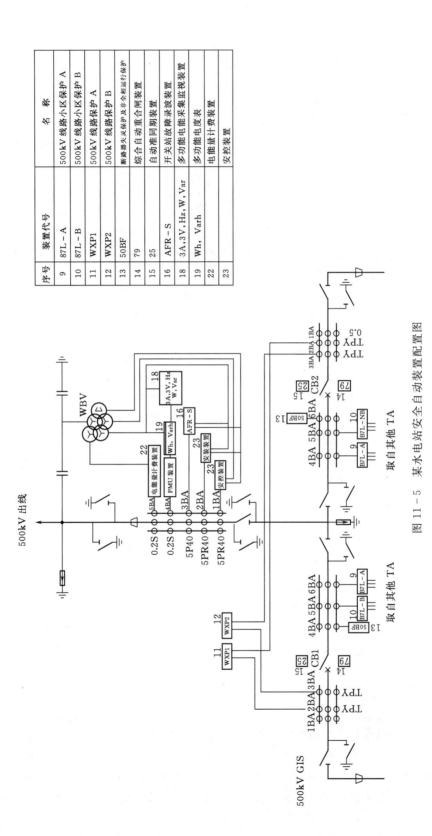

图 11－5 某水电站安全自动装置配置图

在《电力系统安全自动装置设计技术规定》（DL/T 5147）中，对安全自动装置的构成和主要控制作用方式、配置及其原则等作了详细的规定，下面仅就安全自动装置的配置进行描述。

11.6.1 在配置安全自动装置时的注意事项

电力系统安全自动装置配置以安全稳定计算结论为基础，依据电网结构、运行特点、通信通道情况等条件，着重考虑由于电力系统安全自动装置的正确作用提高电力系统稳定极限，使输电能力增强及保证向用户不间断供电所创造的经济效益和社会效益。因此，在配置安全自动装置时应注意以下几点。

（1）配置的基本原则为简单、可靠、实用。

（2）确定较适当水平的选择性是安全自动装置配置时首先面对的问题。其选择性的好坏直接影响能否实现最优控制的目的。并不是选择性越高越好，盲目追求选择性，会导致装置复杂化，反而降低其可靠性。选择对电力系统安全稳定控制有效性高的控制对象，如当快速减出力控制对象有几台机组或电厂时，应寻求最有效果的机组或电厂加以控制。

（3）可靠性是安全自动装置配置的前提。安全自动装置拒动或误动，都将会引起一定的经济损失。

（4）不要片面追求安全自动装置的适应性。安全自动装置的适应性包括两方面：一是适应不同系统及其发展和控制要求；二是适应特定系统的特定状况在不同的运行方式下的控制措施。过分强调安全自动装置的适应性，也将降低其可靠性。

11.6.2 水电站安全自动装置的主要配置

（1）稳定控制装置。为保证电力系统在发生故障情况下的稳定运行，在系统中根据电网结构、运行特点及实际条件，配置防止暂态稳定破坏的稳定控制装置。电力系统稳定控制系统和重要电网的电力系统稳定控制装置应双重化配置，低电压等级系统（110kV及以下）应根据电网的具体情况考虑电力系统稳定控制装置的双重化配置问题。

在电力系统失稳的情况下，为防止电力系统稳定破坏，通常采用：对于功率过剩地区，通常采用如快速减出力或切机等措施；对于功率短缺地区，通常采用如将抽水运行的蓄能机组切除或由抽水转发电等措施。

（2）失步振荡解列装置。根据电网结构，对可能异步运行的断面，配置相应的自动解列装置，将系统解列为各自保持同步的区域。在较重要的断面，应双重配置电力系统自动解列装置。

为实现再同期和保证解列后各自系统安全稳定运行，对功率过剩地区应采取如切除发电机等措施；对功率不足的电力系统，应采取如抽水运行的蓄能机组切除或由抽水转发电等措施。

（3）高频切机装置。在水电站占比较大的地区电网，以远距离向主电网送电。遇有事故和主电网联系中断时，有功突然出现较多剩余，地区系统将出现高频率运行，并使系统的弱联络线产生过负荷，故在水电站大容量机组上一般装设高频切机装置，快速切除一定容量的发电机以限制频率升高，保证系统的正常运行。

（4）低电压控制装置。局部系统因无功功率欠缺或不平衡，而导致电压降低至允许值以下，甚至可能出现电压崩溃，扩大系统事故范围，应设置低电压控制装置。

常用的措施有增发无功功率或减少无功功率需求，如发电机或调相机的强励、抽水运行的蓄能机组切除或由抽水转发电等。

（5）低频低压减载装置。当系统出现扰动后，因失去部分电源（如切除发电机、系统解列等），在有功功率缺乏时，表现为频率下降；当无功功率缺乏时，将造成电压下降，可能导致局部区域系统崩溃。因此，在与大系统并网运行的受电小系统侧装设低频低压解列装置，使频率或电压在允许时间内恢复，以保证小电源的安全运行。

水电站中一般只有抽水蓄能电站安装低频低压减载装置。根据事先计算的整定值，可快速切除抽水运行的蓄能机组，以限制系统频率或电压的快速降低。

（6）自动调节励磁装置。作为稳定系统电压的调节措施，发电机均应配置自动励磁调节装置。当系统内发生较小扰动时，通过调节发电机的励磁系统，保持发电机机端电压的稳定。同时，还能限制由于转速升高引起的过电压。

自动调节励磁装置应具有强励、过励限制、低励限制、励磁反时限过电流和 v/f 限制等功能。并根据电力系统稳定要求加装电力系统稳定器（PSS）或其他有利于系统稳定的辅助控制。

（7）自动灭磁装置。发电机均应配置自动灭磁装置。在最严重的状态下灭磁时，转子过电压不应超过转子额定励磁电压的 $3\sim5$ 倍。

同步电动机自动灭磁装置的规定与同类型发电机的相同。

（8）备用电源自动投入装置。水电站厂用电系统故障后果严重，必须加强厂用电的供电可靠性。对于辐射型供电的厂用电，为了提高其供电的可靠性，往往采用备用电源自动投入装置。

当正常供电通道发生故障跳闸时，如没有闭锁信号，装置自动将备用电源投入相应的供电母线，且只动作一次，以保证电力系统供电的连续性。除厂用电备用电源快速切换外，应在工作电源断开后备用电源自动投入装置才动作。

（9）自动重合闸装置。自动重合闸的采用，是电力系统运行的实际需要。电力系统采用自动重合闸装置有两个目的：一是输电线路的故障大多数为瞬时性的，因此在线路被断开后，再进行一次重合闸，就可能恢复供电；二是保证系统稳定，根据系统实际情况，通过稳定计算，选择合适的重合闸方式，收到了良好的效果。

自动重合闸的配置原则根据电力系统的结构形状、电压等级、系统稳定要求、负荷状况、断路器性能，以及其他技术经济等因素决定，其基本原则如下。

1）装设自动重合闸的一般规定。

A. 3kV 及以上具有断路器的架空线路及电缆与架空混合线路，在具有断路器的条件下，如用电设备允许且无备用电源自动投入时，应配置自动重合闸装置。

B. 旁路断路器与兼作旁路的母联断路器，应配置自动重合闸装置。

C. 必要时母线故障也可采用自动重合闸装置。

D. 重合闸按断路器配置，应有措施保证防止发电厂出口线路重合于永久性故障，且当一组断路器设有两套重合闸装置且同时投运时，保证线路故障后仍仅实现一次重合闸。

2）单侧电源线路。主要包括：辐射状单回线、平行线或环状线路，其特点是仅有一个电源，不存在非同期重合问题，一般采用三相一次重合闸方式，装于水电站侧。当断路器断流容量允许时，无人值班的无遥控的单回线及给重要负荷供电且无备用电源的单回线，可采用两次重合闸方式。

220kV单侧电源线路，采用不检查同步的三相重合闸方式。

3）双侧电源线路，分以下几种情况。

A. 并列运行的水电站，具有四条以上联系的线路或三条紧密联系的220kV及以下线路：可采用不检查同步的三相自动重合闸方式。

B. 并列运行的水电站，具有两条联系的线路或三条联系不紧密的线路：对于110kV及以下，可采用同步检定和无电压检定三相重合闸方式；对于220kV线路，且电力系统稳定要求满足时，可采用检查同步的三相自动重合闸方式。

C. 对除上述两个条件以外的220kV线路和330kV及以上线路，一般情况下应采用单相重合闸方式。

D. 对可能发生跨线故障的同杆并架的双回330kV及以上线路，如输送容量较大，且为了提高安全稳定运行水平，可考虑采用按相自动重合闸方式。

E. 在双侧电源单回线上，当不能采用非同期重合闸时，可根据具体情况，采用下列重合闸形式：对水电厂可采用自同期重合闸，即系统侧装有无电压检查重合闸，待重合成功后，水轮发电机以自同步方式自动与系统并列；当线路装有全线速动保护和快速的断路器时，在两侧电势实际摆开角度的允许冲击电流范围内，可采用三相快速重合闸；在超高压电网中，由于传送功率大、稳定问题突出，若具有分相操作机构的断路器时，更适合采用单相重合闸及综合重合闸。

4）当装设有同步调相机和大型同步电动机时，线路重合闸方式，按双侧电源线路的规定执行。

（10）黑启动的自动恢复功能。黑启动自动恢复功能是指在整个电网发生垮网事故，又无法依靠其他电网送电恢复系统运行的条件下，通过本电网内具有自启动能力的机组给自身及其他无自启动能力的机组提供厂用电，使该电网内各机组恢复正常运行，最终恢复该电网。

目前国内抽水蓄能电站一般具有黑启动自动恢复功能，黑启动完成对电网的恢复可分两个阶段：第一阶段是通过抽水蓄能电站的柴油发电机提供本电站厂用电，进而恢复本电站的运行；第二阶段则在第一步完成的前提下由抽水蓄能电站向区域电网内其他水电站（或火电厂）提供厂用电，恢复该区域电网正常运行。

若电厂在设计上已采取措施，也具备黑启动条件，在工程交接前应完成黑启动试验。

黑启动自动恢复过程应注意的两点：一是系统的低频振荡；二是频率及电压控制。

11.7 故障录波及故障信息管理

为了分析电力系统事故和安全自动装置在事故过程中的动作情况，以及为迅速判定线路故障点的位置，在主要水电站、单机容量为200MW及以上的发电机或发电机变压器组应装设专用故障记录装置，从而为分析事故提供科学依据。

（1）故障记录装置。故障记录装置的构成，可以是集中式的，也可是分散式，其故障录波功能由故障录波器实现的。故障录波图既可作为查巡线路故障点位置的依据，也可利用故障录波图中的录波量计算线路故障点的位置。

故障录波器目前已有三代产品：第一代是机械—油墨式故障录波器，已被淘汰；第二代是机械—光学式故障录波器，目前仍有运行使用；第三代是微机—数字式故障录波器，是换代最新产品。机械—光学式故障录波器由录波系统（包括光学及摄影部分）、启动系统、信号延迟（记忆元件）及逻辑控制系统等构成；微机—数字式故障录波器由硬件部分、软件部分和远传部分等组成。

故障录波器的整定计算与继电保护整定计算不同，前者没有配合关系，仅有录波量设置、幅值限额计算及启动元件整定计算等问题。

（2）继电保护及故障信息管理系统。

1）继电保护及故障信息管理系统功能要求：

A. 系统能自动直接接收直调厂的故障录波信息和继电保护运行信息。

B. 能对直调厂的保护装置、故障录波装置进行分类查询、管理和报告提取等操作。

C. 能够进行波形分析、相序相量分析、谐波分析、测距、参数修改等。

D. 利用双端测距软件准确判断故障点，给出巡线范围。

E. 利用录波信息分析电网运行状态及继电保护装置动作行为，提出分析报告。

F. 子站端系统主要是完成数据收集和分类检出等工作，以提供调度端对数据分析的原始数据和事件记录量。

2）故障信息传送原则要求：①全网的故障信息，必须在时间上同步。在每一事件报告中应标定事件发生的时间；②传送的所有信息，均应采用标准规约。

11.8 继电保护和安全自动装置对二次回路及设备的要求

与继电保护和安全自动装置有关的二次回路包括交流电流回路、交流电压回路及控制回路，有关的设备主要有互感器、直流电源设备、断路器及隔离开关、继电保护和安全自动装置的通道设备等等。

在 GB/T 14285 中，对二次回路及设备的要求作了原则性的规定。

11.8.1 二次回路与抗干扰

（1）对接地的要求。

1）等电位接地网。

A. 应在主控室、保护室、敷设二次电缆的沟道、开关站的就地端子箱及保护用结合滤波器等处，使用截面不小于 100mm^2 的裸铜排（缆）敷设与主接地网紧密连接的等电位接地网。

B. 在主控室、保护室柜屏下层的电缆室内，按柜屏布置的方向敷设 100mm^2 的专用铜排（缆），首末端连接，形成保护室内的等电位接地网。保护室内的等电位接地网必须用至少 4 根以上、截面不小于 $50mm^2$ 的铜排（缆）与水电站的主接地网在电缆竖井处可靠连接。

C. 沿二次电缆的沟道敷设截面不少于 $100mm^2$ 的裸铜排（缆），构建室外的等电位接地网。

2）设备的接地。

A. 静态保护和控制装置的屏柜下部应设有截面不小于 $100mm^2$ 的接地铜排。屏柜上装置的接地端子应用截面不小于 $4mm^2$ 的多股铜线和接地铜排相连，接地铜排应用截面不小于 $50mm^2$ 的铜缆与保护室内的等电位接地网相连。

B. 分散布置的保护就地站、通信室与集控室之间，应使用截面不少于 $100mm^2$ 的、紧密与水电站主接地网相连接的铜排（缆）将保护就地站与集控室的等电位接地网可靠连接。

C. 开关站的就地端子箱内应设置截面不少于 $100mm^2$ 的裸铜排，并使用截面不少于 $100mm^2$ 的铜缆与电缆沟道内的等电位接地网连接。

D. 现地金属电缆管的上端与现地设备的底座和金属外壳良好焊接，下端就近与主接地网良好焊接。在现地端子箱处将这些二次电缆的屏蔽层使用截面不小于 $4mm^2$ 多股铜质软导线可靠单端连接至等电位接地网的铜排上。

E. 保护及相关二次回路和高频收发信机的电缆屏蔽层应使用截面不小于 $4mm^2$ 多股铜质软导线可靠连接到等电位接地网的铜排上。

F. 公用电压互感器的二次回路只允许在控制室内有一点接地，为保证接地可靠，各电压互感器的中性线不得接有可能断开的开关或熔断器等。

G. 公用电流互感器二次绕组二次回路只允许，且必须在相关保护柜屏内一点接地。独立的、与其他电压互感器和电流互感器的二次回路没有电气联系的二次回路应在开关场一点接地。

H. 微机型继电保护装置柜屏内的交流供电电源（照明、打印机和调制解调器）的中性线（零线）不应接入等电位接地网。

（2）对电缆的要求。

1）合理规划二次电缆的敷设路径，尽可能离开高压母线、避雷器和避雷针的接地点、并联电容器、电容式电压互感器、结合电容及电容式套管等设备，避免和减少迂回，缩短二次电缆的长度。

2）交流电流和交流电压回路、交流和直流回路、强电和弱电回路，以及来自开关场电压互感器二次的四根引入线和电压互感器开口三角绕组的两根引入线均应使用各自独立的电缆。

3）双重化配置的保护装置、母差和断路器失灵等重要保护的启动和跳闸回路均应使用各自独立的电缆。双重化保护的电流回路、电压回路、直流电源回路、双跳闸线圈的控制回路等，两套系统不应合用一根多芯电缆。

4）保护和控制设备的直流电源、交流电流、电压及信号引入回路应采用屏蔽电缆。

（3）抗干扰措施。

1）保护装置的抗干扰措施：①输入、输出回路应使用空触点、光耦或隔离变压器隔离；②消除电子回路内部干扰源（如在继电器线圈上并联二极管或电阻）；③强弱电回路的布线须分开；④直流电源不宜直接与电子回路相连（如经过逆变换器）；⑤装置与其他设备相连，应采取屏蔽措施。

2）控制电缆应具有必要的屏蔽措施并妥善接地：①屏蔽电缆的屏蔽层应在开关站和控制室内两端接地；②传送音频信号应采用屏蔽双绞线，其屏蔽层应在两端接地；③对于低频、低低电平模拟信号的电源，如热电偶用电缆，屏蔽层必须在最不平衡端或电路本身接地处一点接地；④对于双层屏蔽电缆，内屏蔽应一端接地，外屏蔽应两端接地；⑤传送数字信号的保护与通信设备间的距离大于 50m 时，应采用光缆。

11.8.2　互感器

（1）电流互感器。

1）电流互感器的选型。

A.330kV 及以上系统保护、高压侧为 330kV 及以上的变压器和 300MW 及以上的发电机变压器组差动保护用电流互感器宜采用 TPY 电流互感器。

B.220kV 及以上系统保护、高压侧为 330kV 及以上的变压器和 100MW 级至 200MW 级的发电机变压器组差动保护用电流互感器可采用 P 类、PR 类或 PX 类电流互感器。

C.110kV 及以下系统保护用电流互感器可采用 P 类电流互感器。

2）在各类差动保护中应使用相同类型的电流互感器。

3）电流互感器的二次回路不宜进行切换。当需要切换时，应采取防止开路的措施。

（2）电压互感器。

1）双断路器接线按近后备原则配备的两套主保护，应分别接入电压互感器的不同二次绕组；对双母线接线按近后备原则配备的两套主保护，可以合用电压互感器的同一次、二次绕组。

2）电压互感器的一次侧隔离开关断开后，其二次回路应有防止电压反馈的措施。对电压及功率调节装置的交流电压回路，应采取措施，防止电压互感器一次或二次侧断线时，发生误强励或误调节。

3）在电压互感器二次回路中，除开口三角线圈和另有规定者（例如自动调节励磁装置）外，应装设自动开关或熔断器。接有距离保护时，宜装设自动开关。

（3）互感器的安全接地。

1）电流互感器的二次回路必须有且只能有一点接地，一般在端子箱经端子排接地。但对于有几组电流互感器连接在一起的保护装置，如母差保护、各种双断路器主接线的保护等，则应在保护屏上经端子排接地。

2）电压互感器的二次回路只允许有一点接地，接地点宜设在控制室内。独立的与其他互感器无电联系的电压互感器也可在开关站实现一点接地。为保证接地可靠，各电压互感器的中性线不得接有可能断开的开关或熔断器等。

3）已在控制室一点接地的电压互感器二次线圈，必要时，可在开关站将二次线圈中性点经放电间隙或氧化锌阀片接地，应经常维护检查防治出现两点接地的情况。

4）来自电压互感器二次的四根开关站引出线中的零线和电压互感器三次的两根开关站引出线中的 N 线必须分开，不得共用。

11.8.3 直流电源系统

（1）直流熔断器或自动开关的选用。

1）采用近后备原则，装置双重化配置时，两套装置应有不同的电源供电，并分别设有专用的直流熔断器或自动开关。

2）采用远后备原则配置保护时，其所有保护装置以及断路器操作回路等，可仅由一组直流熔断器或自动开关供电。

3）有两组跳闸线圈的断路器，其每一跳闸回路应分别由专用的直流熔断器或自动开关供电。

4）由一套装置控制多组断路器（例如母线保护、变压器差动保护、发电机差动保护、各种双断路器接线方式的线路保护等）时，保护装置与每一断路器的操作回路应分别由专用的直流熔断器或自动开关供电。

5）单断路器接线的线路保护装置可与断路器操作回路合用直流熔断器或自动开关，也可分别使用独立的直流熔断器或自动开关。

6）信号回路应由专用的直流熔断器或自动开关供电，不得与其他回路共用。

7）上、下级直流熔断器或自动开关之间应有选择性。

（2）接到同一熔断器或自动开关的装置的直流回路的接线原则。

1）每一套独立保护装置均应有专用的直接接至熔断器或自动开关的端子，且其所有直流回路的正负电源都应且仅能取自这组专用的端子。

2）如果一套独立保护装置的直流回路分布在不同的屏柜，也仅能取自这组专用的端子。

3）由不同熔断器或自动开关供电的两套保护装置的直流逻辑回路间不允许有任何电的联系，如有需要，必须经空节点输出，以消除回路之间的寄生。

（3）每一套独立的保护装置应设有直流电源消失的报警回路。

（4）保护装置24V开入电源不出保护室，以免引进干扰。

（5）直流回路禁止与交流回路共用同一根电缆。

11.9 继电保护设备调整试验

随着电力工业的发展，为确保电力主设备的安全稳定运行，继电保护也向适应于更高电压等级、更大设备容量的方向发展。数字式互感器的诞生、计算机监控技术和信息技术的快速发展，使微机型继电保护装置得到长足进步，其设计理念、保护原理、人性化界面设计、故障预警与切除、专家故障分析和远程诊断系统、系统接入等诸方面均代表了计算机实时控制技术的高水平，具有了更高的可靠性和更强的信息处理能力，使电力系统智能化、信息化管控成为现实。

为使继电保护动作可靠，首先要求继电保护装置无缺陷、配置完善、性能良好及逻辑回路正确。为此，从设计、制造、装配、校验、维护等多个环节，在出厂前、现场安装后及投运之前，对设备进行全面而认真的调整试验，以查出存在的问题并予以消除是必不可少的重要环节。

另外，继电保护是继电保护装置及其二次回路的总称，要确保继电保护的动作可靠性，除要求保护装置良好之外，继电保护的二次回路必须良好、正确无误。这需要进行联动试验、模拟升流升压试验并结合设备的启动试验对继电保护二次回路的正确性、完整性进行复测与确认；此外，还要在启动试验时进一步校核某些保护的性能及整定值。

11.9.1 试验的种类及调试项目

继电保护试验的种类，除出厂验收检验之外，还包括新安装保护装置的调整试验、运行装置的定期校验及运行中装置的补充检验。

对于微机型主设备保护装置（特别是大型发电机变压器组的微机保护装置），由于其构成及二次回路复杂，所提供的保护种类多，为确保装置稳定、可靠，出厂前，首先应加强元件与成套装置的研究性试验（包括物理与数字模拟试验），用以验证理论分析结果的正确性和完整性；在此基础上，结合工程实际完成装置的生产配置，并对其进行出厂检定与验收，使装置所提供的保护功能及其技术指标满足用户设计要求。

新安装保护装置的调整试验更是必不可少，在设备运输、保管、现场安装及接线的多个环节，都有可能对保护装置的性能及安全投产造成影响，在保护装置安装后及投产前进行严格的调试就能及时发现隐患，也是对保护装置性能的再次验证与检查。

另外，运行实践证明，保护装置中的一些元器件经长时间运行，其性能可能发生变化，甚至某些元器件损坏，这将影响整套保护装置动作的可靠性。因此，结合一次设备的检修，对保护装置进行定期校验、临修试验或事故后的鉴定检验也是非常重要的。

（1）出厂验收的检查及试验项目。对于预出厂的微机保护装置，要求硬件系统良好、逻辑回路正确、保护功能齐全及动作特性良好、通信管理系统满足要求及输出回路与设计图纸相符等。此外，还应保证保护装置柜上所有组件完全、良好及美观。因此，应按照要求进行认真的检查及试验。

检查及试验项目有如下内容：

1）外观检查。

2）绝缘检查。

3）稳压电源性能的试验与检查。

4）人机界面及各操作系统的试验检查。

5）出口、压板及信号回路的检查。

6）通道线性度试验。

7）各通道采样值的打印及正确性分析。

8）保护动作特性及逻辑回路正确性的试验检查。

9）开关量保护动作正确性检查。

（2）安装后现场的调整试验。在保护安装完成及接入外回路后，应进行的检查、试验项目有以下内容：

1）外观检查。

2）绝缘检查。

3）人机界面及各操作系统的试验检查。

4）稳压电源性能的试验与检查。

5）打印系统的试验检查。

6）通道线性度试验及采样值打印、正确性分析。

7）保护动作特性、定值及动作逻辑的试验检查。

8）出口、压板及信号回路的试验。

9）远方通流及加压试验。

10）传动试验。

（3）定期校验。结合一次设备大修或中修，对发电机及变压器（或电抗器）保护进行试验检查，是确保保护装置正确动作的有效措施。定期校验项目主要有如下内容：

1）稳压电源稳压性能检查。

2）键盘、按钮、人机界面的检查。

3）通道测量检查。

4）三相采样值的打印。

5）各保护动作特性、定值及动作逻辑的试验检查。

6）出口及信号回路的试验检查。

7）远方通流及加压试验（主设备大修后进行）。

8）传动试验。

（4）临修试验。在电力主设备临时检修（或小修）时，对其微机保护进行必要的试验和检查，对于确保其动作可靠性是有益的。此时，试验项目有如下内容：

1）稳压电源的稳压性能检查。

2）保护的动作特性、定值试验检查。

3）保护装置本身的传动试验。

（5）补充试验。

1）装置升级、改造后的试验。

2）运行中发现异常后的检验。

3）检修或更换相关一次设备后的试验。

4）非预定性的动作或不动作事故后的鉴定检验。

11.9.2　试验设备与试验接线

为保证检验质量，提高工作效率及确保试验过程中的安全，试验设备及试验接线应满足基本要求。在试验过程中，应特别注意安全。

（1）对试验设备的要求。为保证检验质量及加快试验进度，对试验设备的质量、性能及精度提出了较高的要求。主设备微机保护装置的试验设备应满足以下要求：

1）试验仪表及试验装置应经有关部门检验合格，处在有效期，其精度不低于0.5级。

2）试验设备（主要指电源、调节装置等）的容量应足够大，在试验过程中应确保不发生由于试验设备的容量不足而烧坏试验设备，或使输出特性（包括电流、电压的波形）变坏、测量不精确的情况。

3）试验电源装置的功能应满足对所校保护装置进行各种特性试验的要求（比如具备模拟故障发生与切除的逻辑控制回路或状态序列设置功能等）。

4）使用的电子设备应无漏电现象。

实践证明使用专用的微机保护试验装置是适宜的。但是，微机保护试验装置一定要经有关部门检验合格。

（2）对试验接线的要求。

1）保证加入保护装置的电气量与实际工作情况相符，比如对过电流元件采用突加电流的方法进行检验；而对正常接入电压的阻抗元件，应采用正常电压突降，电流由零突升的方法或自负荷电流变为短路电流的方法进行检验。

2）接线简单明了，接入位置正确、紧固，并有防护措施。

3）做好隔离措施，防止反送电，确保设备和人身安全。

11.9.3　试验的准备及注意事项

（1）试验的准备。

1）检查装置的完整性及可用性，需要现场装配的插件、附件及内外接口连线已完成并检查合格。

2）检查各路电源的独立性，检查电源开关容量，检查接线完成，绝缘良好并应具备送电条件。

3）外部电缆的敷设与接线已完成，检查正确。

4）盘、柜本体及专用接地已安装完成并验收合格。

5）盘、柜及内部元器件已清扫，整洁干净。

6）编制保护调试大纲及完整的试验记录表格。

（2）试验注意事项。

1）试验之前，应断开以下盘外接线：①所有交流电压及直流电压电源的外部进线；②交流电流通道可通过专用电流端子连接片断开；③断开跳闸出口回路的外部连线；④断开开关量输入回路的外部连线；⑤断开所有信号输出回路的外部连线；⑥断开的端子应作记录，以便试验结束后正确恢复。

2）使用交流电源的电子仪器（微机试验仪、示波器、电子毫秒表等）进行检验时，仪器外壳应与保护柜（或屏）可靠接地。

3）严禁带直流电源插、拔直流模件。只有在断开直流电源的快速小开关后，才允许插、拔直流模件。

4）检查插件芯片时应做好防人身静电措施，以免损坏集成电路芯片。绝缘电阻测量时，应拔出带有集成电路芯片的插件。

5）应严格控制大电流试验时的通流时间，以防损伤试验设备及保护装置。

6）关注装置的性能参数、技术说明书、使用说明书及出厂报告。

7）试验结束后，拆除试验临时接线，做好外部接线的恢复、紧固及暂不接入回路的临时保护措施。

11.9.4　试验的依据及参考标准

试验的依据及参考标准包括：

（1）厂家原理图及技术说明书。

（2）设计图纸及合同技术要求。

(3)《电气装置安装工程　电气设备交接试验标准》(GB 50150)。

(4)《继电保护和安全自动装置技术规程》(GB 14285)。

(5)《发电机变压器组保护装置通用技术条件》(DL/T 671)。

(6)《电力系统微机继电保护技术导则》(DL/T 769)。

(7)其他有关电力行业标准、规范、反事故措施规定及其实施细则等。

11.9.5　试验目标

(1)硬件调试目标。

1)每一块保护硬插件工作正常,性能良好,软件自检,每一块硬插件自检全部打"√",无"装置故障"信号。

2)每一通道按要求外加电流或电压,监视量与输入量相等,精度满足有关技术要求。

3)每一有相位要求的通道(如差动通道、要求产生负序电流、电压的各通道、要求计算功率、阻抗的各通道等),相位要满足有关技术要求。

4)用装置保护出口联动、出口传动及通道传动功能,检查全部的出口和信号节点,应完全满足设计要求。

5)装置故障灯有效性检查,电源消失报警信号的有效性检查。

6)检查所有的开入量,开入量的状态信息应与当前开入量状态一致。

7)打印机正常打印并能自动上电和关电,打印正确无乱码,不丢任何字符。

8)时钟走时准确,回路掉电时时钟不丢失。

9)面板上各开关操作有效、灵活,如复位按钮、电源按钮等。

10)满足本装置的技术条件有关硬件的各项技术要求。

11)正确连接装置安全接地线、屏蔽线等。

12)装置外观、尺寸、颜色满足设计要求。

13)检查其他附件和备品插件(机箱)的完整性和可用性。

(2)性能调试验收目标。

1)满足本装置的技术说明书有关技术要求。

2)满足和用户签订的技术协议各项条款。

3)装置的单一保护功能正确。

4)装置的整体功能正确。

5)保护的每一整定功能正确,每一监视量功能正确,并和设计一致。

6)保护出口发信、跳闸逻辑和最终技术协议一致。

7)保护的各项打印功能正确。

11.9.6　试验项目的检查步骤与方法

(1)保护装置硬件的试验检查。所有的微机型保护装置(包括线路的微机保护装置)尽管在结构上、构成保护的算法上、操作键盘及操作管理系统方面有所不同,但硬件平台的组成却大同小异。例如,所有的保护装置均有交流模件、直流稳压电源模件、滤波回路、A/D变换、采样保护及出口信号回路。此外,还具有人机界面、键盘系统、接线端子排及各种按钮等。

1) 外观及柜内接线检查。

A. 机械部分检查。检查保护柜（盘）装置面板无划痕，外壳及保护机箱应无明显变形、损伤。各标准插件的插拔应灵活，接头的接触应可靠。具有分流片的交流电流插件，当插件插入机箱后分流片应能可靠断开，插件拔出后分流片应可靠闭合。当有附加抗干扰装置时，其抗干扰电容、直流抗干扰盒等处应无短路隐患。各接地线及接地铜排应固定良好。

B. 对各分插件的检查。对具有插入式芯片的各插件，应检查插入式芯片的插入是否良好，插腿有无错位及管足弯曲现象；各印刷电路线是否良好；各焊点应圆滑而整洁，没有虚焊及漏焊点；各元件良好，没断腿及各腿之间互相短路现象；各插件的接地印刷线应与金属边框可靠连接，拧紧各固定螺丝。

对于背差式交流模件（特别是交流电流模件）应在插件内拧紧电流引入线的固定螺钉（该螺钉上应有弹簧垫或其他防振片），以确保 TA 二次不会在插件内打火或开路，拧紧各插件的背后接线端子上的螺钉。

C. 柜后端子排及机箱背板端子的检查。用相应的螺丝刀，拧紧柜（盘）后端子排上的接线端子及短接连片的固定螺钉。一定要拧紧接 TA 二次电流的连接端子及交流模件背后的端子上的螺钉，严防 TA 二次回路开路或接触不良。端子排及其他元器件内部接线紧固，标号清晰，符合图纸要求。

此外，对于没被利用的输入通道（指 A/D 变换器及滤波回路），应在插件内部或插件输入端子上将其短路并接地，以防运行时对其他通道进行干扰。

D. 复归及试验按钮、压板及试验部件的检查。各复归及试验按钮（包括固化定值按钮）、插件上的小开关或拨轮开关，应操作灵活，无卡阻及损伤现象，拧紧各按钮及试验部件上的固定螺钉。上述元件上的连线应固定牢靠及接触可靠。另外，各操作键盘的按键及指示灯无损坏，应操作灵活，无卡阻及不复归现象。

2) 装置各回路绝缘电阻的测量。

A. 测量条件。在柜内的抗干扰铜排上，拆除各回路的接地线，断开外加所有电源。用专用短接线端子或测试盒，将各层机箱内直流稳压电源的 5V、±15V（或±12V）及其 0V 输出端子可靠短接起来；将电源的 24V 正极和负极可靠短接起来；将机箱内所有插件插入机箱。

B. 测量项目及要求。用 1000V 兆欧表测量以下各回路对地及各回路之间的绝缘电阻：

a. 交流电流回路对地，交流电压回路对地，直流回路对地及信号回路对地。

b. 装置 5V、15V 系统对地，24V 系统对地，5V、15V 系统对 24V 系统。

c. 交流电流回路及交流电压回路分别对直流回路、信号回路。

d. 5V、15V 系统分别对交流电压回路、交流电流回路。

e. 各出口跳闸继电器的各对输出接点之间。

要求：测得的绝缘电阻应满足有关标准或规程的规定。若无标准或规程可依时，建议按下述指标要求：各强电回路（交流电流、交流电压、直流回路、信号回路）对地的绝缘电阻应大于 10MΩ；出口继电器各对接点之间的绝缘电阻大于 20MΩ；5V、15V 系统及

24V 系统对地的绝缘电阻大于 5MΩ；5V、15V 系统对 24V 系统之间的绝缘电阻应大于 2MΩ；各强电回路对弱电回路之间的绝缘电阻大于 10MΩ。

要说明的是，当装置的 5V、15V 及 24V 系统无输出端子或无法进行在上述测量条件中所说的短接时，若用 1000V 兆欧表测量各绝缘，应首先将各弱电插件（主要指 CPU 插件）拔出机箱。当测量完毕且恢复各接地点并插入各弱电插件后，可用数字万用表的高兆欧档，测量电源的 24V、15V 系统对地，以及 24V 系统与 15V 系统之间的绝缘电阻，各绝缘电阻的数值应大于 50MΩ。

此外，在现场测量时，可不用兆欧表而只用数字万用表测量 5V、15V 系统对地，24V 系统对地，以及两者之间的绝缘。

应注意的是：

a. 当装置有抗干扰电容时，在每次测绝缘之后应放电 1 次。

b. 如发现装置的 5V、15V、24V 系统对地，或者两者之间的绝缘电阻很低，应立即查明原因并及时消除。检查时可用分别拔出各插件的方法对接地点定位。可能造成弱电系统接地或 5、15V 系统对 24V 系统无绝缘的情况有：CPU 插件内接地；交流模件 TV 或 TA 二次出线与屏蔽层连接，或屏蔽线接到弱电回路（5V、15V 或 24V）等。

另外，对盘外输入线（TA 及 TV 来线），也应测各相对地各相之间的绝缘，其绝缘电阻应大于 10MΩ。

3）装置上电检查。

A. 注意本工程所用电源电压，检查空开状态及接线极性，确认各电源回路无短路和开路现象后，依次合上各个电源，若有异常，应立即关闭电源进行检查。

B. 检查电源输出正确，电源插件处各测试电压（5V、15V、24V）正常。

C. 交直流隔离变换器完好，极性正确，其负载合理。

D. 状态指示正常；电源指示灯正常，无装置故障指示灯亮；保护出口投运灯工作正常。

4）装置型号及版本检查。对现场的装置型号进行检查与确认，应与设计相符合。

系统及软件的升级也要与现场的关联设备配套，因此，版本的检查或升级也是必要的。

5）操作键及界面显示系统正确性检查。不同的保护装置，所采用的操作系统和界面显示系统有所不同。有的采用多键的键盘和数码管屏幕显示系统、无按键的触摸屏式液晶显示系统、功能加方向键盘操作及界面显示系统，也有采用工控机作为操作系统及界面显示系统的保护装置。

按照厂家说明书，对每个功能操作键进行操作检查。在检查时，应同时观察界面显示的各菜单的正确性、顺序性及操作过程与操作键相对应的功能与显示顺序的对应性。要求各按键操作灵活，功能正确，屏幕显示清晰、稳定，操作过程与对应功能及显示顺序应与厂家说明书完全相同。

A. 检查条件。将保护装置机箱中的所有插件插入机箱，合上各直流电源开关及直流稳压电源开关。此时，如果装置运行灯亮或自检灯闪光，且无故障及装置异常信号，则可通过实际操作，检查各功能键及界面显示的正确性，并验证方式开关（即"调试/运行"

方式选择开关）位置的正确性。

B. 试验检查。

a. 启动人机界面，界面显示正常；检查人机界面显示清晰稳定，操作性能正常。

b. 串行通信线连接上位机和保护机箱，通信连接正常，下载通用数据库，下载定义正常，下载界面定义正常。

c. 全投保护，保护投退正常。

d. 检查采样值，各个通道零位正常。

e. 检查时间整定功能正常；时钟走时准确，掉电时时钟不丢失。

f. 检查定值整定功能正常。

g. 检查通信及对时系统工作正常。

6）打印系统的检查试验。

A. 外部检查。将各 CPU 系统的通信接口（一般采用 RS485 串口）与打印机系统接口连接起来，拧紧接口处的螺钉，打印机电源线的接地屏蔽线应可靠接地。

B. 打印报告。通过界面键盘或触摸屏操作，启动打印机系统分别打印出定值清单、采样报告及其他事件报告。要求打印正确、字体清晰、无卡纸或串行现象。

7）开入回路正确性检查。

A. 逐个短接开入接点，状态监视各个开入状态闭合和打开正确，并通过管理机浏览菜单，看相应位置是否置 1 或 0。

B. 投入或退出相关保护功能压板，保护获取的开入功能正常，并通过管理机浏览菜单，看相应位置是否置 1 或 0。

C. 同步检查装置报文是否同开入压板名称及状态一致。

8）开出回路正确性检查。

A. 检查条件。对于有调试/运行方式切换的保护装置，若方式的切换通过键盘操作，则应操作键盘，将开关切至调试位置。

对于已经投运或准备投运的保护装置，应在盘后端子排外侧，打开跳断路器（特别是去跳母联或分段断路器）的回路、启动断路器失灵回路、启动零序公用中间回路、与其他保护装置有联系的回路，合上直流电源开关。

不同型号的保护装置，检查的方法各有不同。加电气量使其出口动作并逐一检查之外，也可利用装置的传动输出功能或进行软件整定强制模件输出，达到检查的目的。

B. 出口回路检查。用万用表或通灯检查。量取时观察继电器动作前后接点的状态变化，当出口继电器不动作时，常开接点应可靠断开；而当动作时，常开接点应可靠闭合并保持，对协议要求的瞬动接点，动作时接点闭合动作后接点应是断开状态。

另外，当出口回路有电流自保持线圈时（无操作箱），该线圈的极性应与动作电压线圈的极性相一致，自保持电流应不大于跳闸回路接通时流过电流的一半。

在保护装置安装调试时，应对装置的出口回路进行认真的检查。

9）常开接点之间的绝缘电阻测量。

A. 装置的保护不动作时，用 1000V 兆欧表在保护柜后端子排上测量出口继电器常开接点之间的绝缘电阻，该电阻应大于 $10M\Omega$。

B. 动作接点之间直流电阻的测量。操作传动出口，使出口继电器动作。在柜后端子排上测量出口继电器接点回路（含压板回路）的直流电阻。测得的电阻值应满足以下要求：当无电流自保护线圈时，其值应不大于 0.1Ω（用数字万用表测量）；当有自保护线圈时，其值应等于自保护线圈的直流电阻。

C. 动作自保持电流的测量。试验接线：在电流自保持线圈的出口继电器接点两端串入可调直流电源、额定电流大于 3A 的滑线电阻及 0～5A 直流电流表。

测量步骤如下：操作键盘，传动出口继电器使其动作。调节直流电源电压及滑线电阻，使直流电流表的指示等于 1/3 的跳闸回路额定电流值并保持不变。

操作键盘，使出口继电器的动作返回，观察直流电流表的指示，若电流不变，说明继电器动作已保持；若电流消失，说明继电器动作未被保持。当出口继电器动作不能自保持的情况下，重复上述试验操作，在出口继电器动作时，增大直流电流表的电流，观察继电器动作是否被保持。出口继电器的自保持电流应不大于断路器额定跳闸电流的 1/2；若继电器的自保持电流过大，应查明原因，更换不能满足要求的继电器。若继电器的动作不能自保持，可能有以下原因：根本无自保持线圈，或自保持线圈的极性有误。

在试验过程中，若发现继电器动作抖动，说明自保持线圈的极性接反，应停止试验进行检查，以防烧坏继电器接点或损坏插件。

另外，在试验过程中，应避免继电器接点多次切断电流而烧损接点。

10）机箱操作回路正确性检查。主要包括：①手合回路检查；②手跳回路及三相跳闸回路检查；③外部接入回路检查。

（2）微机保护输入通道线性度及对称性的检查。微机型保护装置的输入通道有交流电压通道、交流电流通道、直流电压通道及电阻通道等。所有微机保护的输入通道，是指从保护柜后端子排上电流、电压输入端到保护采样输出之间的各环节的总称，其作用是将外部的输入电流或电压强信号，经隔离变换及 A/D 变换，而变成与输入量成正比的数字式电流或电压信号。

试验检查输入通道的目的是验证装置 A/D 模件的输出值是否能精确地反映输入量的大小及相位关系。从端子排分别加入电流和电压，检查各个通道的显示值是否与测试仪输出值一致，否则需要通过上位机的调试软件进行通道调整。另外，要检查装置中的小TV、TA 二次并联电阻值及滤波回路是否满足要求及良好，柜内接线是否正确。

对于差动保护的各侧电流，在差动保护两侧同相串接反向电流，查看通道显示，是否与测试仪输出值一致，否则需要通过上位机的调试软件进行通道调整。亦可进一步核查差流平衡，在差动保护基准侧加额定电流，在另一侧加反向电流，慢慢增加，观察相应的差动保护监视界面，当差流显示量接近于零时，核算此时的平衡系数是否等于理论计算值。

对于需要构成负序量（零序量）的三相电流（电压）的通道，应检查三相的对称性。

对于方向保护及阻抗保护等用到电压和电流相位关系的保护，应校核电压和电流的相位关系。

1）检查条件。现场调试时，装置柜外连线已接好情况下，应先将引至电流互感器、电压互感器进线，从保护柜端子排上拆下来，并用胶布（或塑料管）将拆下线的裸露部分包（或套）起来，也可以断开保护柜上的端子连片将试验输入电量与外部回路及设备可靠隔离。在端子排上打开引至发电机转子回路的连线，打开各保护的出口跳闸压板。

对于与运行设备有联系的回路（如启动开关失灵回路、至母差保护回路及启动零序公用中间回路等），应确认已可靠断开。

2）交流电流通道零位检查、线性度测量、对称性及接线正确性检查。操作界面键盘（或触摸屏），调出通道有效值测试菜单，先进行零位检查并校验合格后（零漂值在 0.05A 以内），在保护装置柜后竖端子排 TA 二次电流的接入端子上分组、分相逐步加电流，观察并记录界面上显示的输入电流值。

操作试验仪，使输出电流分别为 0.5A、5A、25A（TA 二次标称额定电流为 5A；若 TA 二次标称额定电流为 1A 时，应分别加 0.1A、0.5A、1A、10A 的电流），观察并记录电流通道显示的各电流值。

要求：各通道电流显示值应清晰稳定，且与外加电流值相等，最大误差应小于 5%。

若电流的显示值不清晰稳定，可能是滤波回路有问题，应着重检查。

若通道显示的电流值与外加电流相差过大，应检查原因，并对通道进行重新调整。

若在小电流时通道误差很小，而在大电流时误差很大，应着重检查小 TA 二次并联电阻是否有问题，或者检查小 TA 的规范是否满足要求。此外，还应检查 A/D 模块是否有问题。

在试验时，外加电流的频率应与主设备电流的频率完全相同，即为工频电流，某些交流励磁的电流为二次谐波电流。

对于具有二次谐波制动的变压器差动保护用各侧 TA 还应通入二次谐波电流检查。外加二次谐波电流时，若通道显示值变化较大（即显示值不稳定）时，可观察二次谐波电流的计算值。外加电流应等于二次谐波通道显示的计算电流，且显示清晰、稳定。

另外，应进行三相电流采样值的对称性检查。操作试验仪，使三相输出电流为三相标称额定正序对称电流，检查装置采样，比较三相电流的幅值与相位应与输入的三相电流一致。

根据三相电流的采样值，可以判定从柜后竖端子排电流端子直到 A/D 输出这部分的回路是否正确，三相通道的调整是否精确，各硬件是否良好，通信软件及打印系统等是否正确。

3）交流电压通道零位检查、线性度的测量、对称性及接线正确性的检查。操作界面键盘，调出通道有效值显示菜单中的电压通道显示值，先进行零位检查并校验合格后（零漂值在 0.05V 以内），操作试验仪，使输出电压为三相对称电压，UA 超前 UB120°，UA 超前 UC240°，三相电压（相电压）值均相等。使三相电压输出分别为 5V、57.7V、70V、80V 时，观察并记录屏幕显示的电压值。

当对用大电流系统中的电压通道进行测量时，应将试验仪的 UN 与端子排上 Un 端子连接起来。此时，测量的电压通道应为各相电压的通道。

要求：通道显示值清晰、稳定，各显示值应等于参考电压值，最大误差应小于 5%。

4）特殊通道线性度的测量。在主设备微机型保护装置中，所指的特殊通道有：双频式定子接地保护的三次谐波电压通道（U3 通道）及零序电压通道（3Uo 通道），纵向零序电压式匝间保护的纵向零序电压（纵向 3Uo 通道），小型发动机零序电流式定子接地保护的 3Io 通道，变压器间隙保护的 3Uo 电压通道及失磁保护用转子直流电压通道等。此外，还有转子一点接地保护接地电阻测量计算通道。

A. 定子接地保护的三次谐波电压（U3）通道的测试。加压端子为机端 TV 开口三角形电压的接入端子和发电机中性点 TV（或配电变压器或消弧线圈）二次电压的接入端子。

操作界面键盘，调出三次谐波电压值显示通道。

操作试验仪，当外加电压的频率等于 150Hz 时，屏幕上显示的电压应等于外加电压，其最大误差应小于 5%。而当外加电压的频率为 50Hz 时，屏幕显示电压值应很小（外加电压 50V 时，显示电压小于 0.05V；而外加电压 100V，显示电压应不大于 0.2V）。

B. 定子接地保护的基波电压（3Uo）通道。操作界面键盘或拨轮开关（或触摸屏），调出 3Uo 定子接地保护电压通道显示值。

操作试验仪，使输出电压的频率为 50Hz，其电压值分别为 5V、10V、50V、110V，观察并记录屏幕电压显示值。

要求：屏幕电压显示清晰稳定，且显示值等于外加值，其最大误差应小于 5%。

说明：当试验仪每相电压输出达不到 100V 及以上时，应将试验仪输出 UN 端子上的线改接在 UB 端子上，并使 UA 与 UB 相位相差 180°，然后加压。

C. 纵向零序电压匝间保护电压通道的测量。在正常运行时，匝间保护用 TV 开口三角形的电压，大部分为发电机的三次谐波电动势。测量表明，大型发电机的三次谐波电动势，通常为额定电压的 5% 左右。也就是说，正常运行时，匝间保护零序电压元件输入通道的电压，基波电压分量很小（小于 0.1V），而三次谐波电压可能大于 5V。

为确保纵向零序电压式匝间保护动作可靠，应保证作用于电压元件的电压为纯基波电压。另外在装置中，除了有基波零序电压外，大多还设置有专用的三次谐波电压通道，利用三次谐波电压的变化量作为制动量。

操作界面键盘或拨轮开关，调出匝间保护的基波通道和三次谐波电压通道的电压显示值。

操作试验仪，使其输出电压的频率为 50Hz，电压分别为 1V、3V、10V、30V。观察并记录各通道的电压显示值。

要求：界面显示的通道电压值清晰、稳定。当外加电压为基波时，表中基波电压通道的显示电压应与外加电压值相等，最大误差应小于 5%，而三次谐波电压通道的显示电压近似为零；当外加电压为三次谐波电压时，三次谐波通道显示电压值应等于外加电压，最大误差小于 5%，而基波电压通道的显示值及计算值应不大于 0.1V。

D. 间隙保护电压通道的测量。试验同上，不同的是试验仪在端子排上加电压的端子应为发电厂（或变电所）高压母线 TV 开口三角形电压的接入端子。

E. 零序电流式定子接地保护 3Io 通道的测量。

电流输入端子为机端零序 TA 二次接入端子。

操作界面键盘（或拨轮开关）调出零序电流通道。

操作试验仪，使其输出电流的频率为 50Hz 电流值分别为 10mA、50mA、100mA、300mA，观察并记录屏幕上显示的电流值。

要求：显示电流清晰、稳定，并等于外加电流值，最大误差小于5％。

5）直流电压通道的测量。在发电机保护装置中，直流电压通道是指失磁保护用转子电压通道。

测量直流电压通道用外加直流电源，可以采用微机试验仪输出的直流电压，也可以采用厂站蓄电池电源或其他直流电源。

测量步骤：操作界面键盘（或拨轮开关），调出显示转子电压的通道。

要求：显示电压清晰、稳定。显示电压值应等于外加电压值，最大误差小于5％。

（3）整组保护功能（整定值、保护逻辑及动作特性校核）试验。首先对保护的各个定值进行输入及整定，根据保护的动作原理及整定值，在装置柜端子排的对应端子上加相应的电压、电流值。对于有开关量闭锁或启动的保护应测试开关量的开放及闭锁功能，同时检查保护出口方式是否正确、保护信号方式是否正确。

非电量保护直接短接接线端子，检查保护出口方式是否正确、保护信号方式是否正确。

测试保护功能时应连接打印机，核对打印动作报告无误。

考虑到工程实际，若保护正式定值未能签发，可采用厂家提供的临时定值校验保护装置，记录试验数据并提交试验记录。

保护定值正式下发后，须及时修改定值和跳闸逻辑，检查软硬压板的投退，并将实际整定值及不符合项及时回执，确保最终整定值符合调度要求。

（4）联动试验。

1）与监控系统及故障录波系统的联动试验。保护动作后，逐一检查监控系统及故障录波系统收到的信号是否正确、确认各动作信号接点、动作出口接点、保护通信输出接点以及外回路的准确性。

2）带开关的联动试验。保护动作后，逐一检查各出口跳闸回路，确认操作箱及开关本体动作正常，检查出口压板的唯一性与正确性。

（5）远方通流、加压模拟试验。

1）二次回路（不含互感器本体）通流、加压。为防止反充电，试验前须提前做好隔离措施，确保通流点（或加压点）已与TA（或TV）二次可靠断开，然后运用隔离变或微机试验仪在TA或TV端子箱的端子排上进行加量检查，在保护柜一侧同步检查通道幅值大小（包括中性线电流幅值），借以确定回路的正确性并能判别回路有无短路、多点接地及电缆芯线的绝缘状况等。

2）一次回路通流、加压。运用大电流发生器或交流焊机的输出电流在需要检测的TA一次回路中通以电流，在保护柜电流通道中检测二次回路电流幅值、相位及差流。

加压通常采用三相，考虑到设备容量和已有的一次设备，可以借用工程上具备操作和带电条件的主变压器（或高压厂用变压器）及相关一次设备进行反送电，在保护柜电压通道中同步检测二次回路电压幅值及相位（包括三次电压回路或开口三角电压回路的电压幅值）。

在工程中，运用较多的还是一次设备（互感器）连同二次回路的极性检查，运用较大容量的一组干电池，选择好一次电流路径，按照约定好的极性端，分相点动加压，用直流指针式电压表同步观测其偏转方向及偏转幅度，看是否与预想的相一致，这样也能完成回路的正确性和完整性的检查。需要指出的是，由于是模拟检查，回路的对线及绝缘电阻检查、回路直流电阻检查及回路接地点的专项清理是必需的。

3）故障模拟试验。双 CPU 并行处理出口模式正常；某个 CPU 退出，发装置故障告警信号，同时转为非故障 CPU 独立运行；装置故障信号的有效性检查；两个独立的保护CPU 系统之间以及管理 CPU 与保护 CPU 之间还有互检功能。电源消失报警信号的有效性检查，直流电源的拉合试验，所有保护全投，突拉、突合直流电源及失压后的短时接通、断续接通状况下，本层保护无异常；不误发保护动作信号及元件故障信号，出口信号灯不闪烁。

直流电压的变化试验，所有保护全投，使电压缓慢地、大幅度地升降，不误动不误发保护信号。

4）连续通电试验。按要求，持续通电拷机时间不得少于 100h，无异常。

5）打印回路及功能正确性检查。现场定值调试结束后及启动试运行期间每次定值修改后，打印一份整定值清单，以备校核及留存。

故障录波的分析：保护动作后通过上位机读取录波数据，并调出故障量波形。

11.9.7 新投产保护装置的交流动态试验

继电保护是继电保护装置及其二次回路的总称。经过装置的静态检测之外，保护系统基本可以投入试运行，但在真正运行前还需要进行保护装置连同二次回路的交流动态试验。

每组电流互感器及电压互感器的接线是否正确、回路连接是否牢靠、使用变比是否符合定值单要求、电压互感器与电流互感器的幅值是否正常、相互相位是否正确、相别是否正确；以及发电机纵向差动保护、发电机横差保护、发电机复压过流保护、发电机定子接地保护、发电机逆功率保护、变压器差动保护、变压器接地保护、母线差动保护、短线差动保护、线路纵联保护、方向性电流保护、距离保护的相对极性关系、变比及保护方向是否正确等，只有通过交流动态试验，利用零起短路升流试验、单相接地试验、零起升压试验直至最终并网带负荷试验（或线路、开关站及主变压器倒送电试验）的方式，进行正常工作电压及负荷电流工况下的向量检查，使继电保护二次电流及电压回路的正确性、完整性得以验证与确认，并对保护的整定值和保护性能作进一步的校验和判定。

带负荷向量检查包括由保护屏端子排处进行向量检查（这只能保证二次交流回路的正确性）及由保护装置内部查看电压、电流的向量。对于微机保护则比较简单，直接查看装置内部菜单电压、电流的向量，并与外部端子排测试结果比较应一致。

保护的校验可通过暂停保护的跳闸出口，临时修改定值，在逐步升流、升压及带小负荷下分步实施，专项检测。常规差动保护装置向量检查时检测装置差压或差流；对于常规距离、纵联、方向保护可将保护出口压板退出后，临时修改加大定值，切换通入的电流，观察装置在负荷电流作用下的动作行为应与事先根据负荷状态拟定的动作情况相符。

11.9.8 设备调试与安装质量的控制

继电保护装置及二次回路的元器件多、接线复杂，易于留存隐患，以下列举几种情形并采取相应措施予以控制。

（1）保护装置未严格按校验规程校验。

1）存在漏项和漏试设备及元件，应在试验项目、顺序、技术细节做好精心安排。

2）试验过程中存在方式错误和测试误差，应选派专业技术人员和选用检定合格的试验设备。

3）措施不到位，危及设备及人身安全，应严防电流回路开路和电压回路短路，防止被试设备和测试设备过载损坏，更要严防一次设备的反送电。

（2）装置的硬件质量及软件性能不稳定。例如电源的稳压性能、通道采样与计算处理、整组动作特性（动作逻辑、出口矩阵、整组联动）、保护对外的通讯量输出等，应选用成熟的、保护性能评估较好并经专业整定的设备，其抗干扰能力的出厂检测及装置的通用性不容忽视。

（3）不正确的整定计算、定值的配合不合理造成装置误动与拒动。

（4）二次回路接线错误。

1）互感器的级次、变比未作区分与确认，导致误接线。

2）互感器安装方向错误、安装相序不一致，导致二次回路接线错误，甚至不得不更改原本正确的设计接线和回路编号。

3）互感器极性标示错误，导致二次回路接线错误。因此，互感器本体极性检查及连同二次回路的极性整体检查是极其重要的。

4）防止寄生回路，没有用的线一定要拆除。

（5）二次接线端子及端子连片松动，接触不良导致事故，因此，在设备投入运行前，端子及连接片检查与紧固也是必不可少的重要一环。

（6）电缆与连线受潮、热老化导致的绝缘强度下降，也将导致保护误动，因此，大修后及投产前，应认真检查二次回路各相之间及各相对地的绝缘。

（7）装置的元件老化失效、元件磨损、电腐蚀造成连线和触点开路、各插件接触不良等。

（8）保护配置中设备安装地点的选择错误，将影响保护动作的可靠性和选择性。例如发电机变压器组的低阻抗保护用 TA 及发电机负序功率方向元件用 TA 应装于出口端侧，而不应装在中性点；而对于发电机对称/不对称过负荷及过电流保护、复合电压闭锁过流保护，用 TA 均应装在发电机中性点。

（9）装置本体及外部关联设备运行环境差，特别是温度的变化及电磁干扰造成设备本体的性能变化也是需要特别观察和关注的。

（10）继电保护的二次回路必须满足反措要求。

1）控制电缆屏蔽线必须两端同时接地；电缆的芯线不允许出现两端接地。

2）保护用电缆应与动力电缆不同层敷设并应远离高压、高频电气设备。

3）强电和弱电回路不得使用同一根电缆。

4）互感器接地除安全要求外，用于保护回路。

A. 各单个电流及并联电流回路必须也只能在保护柜一侧一点可靠接地，以防接地网上不同点间的地电位差窜入继电保护检测回路，也可防止继电器线圈电流的异常变化（一则多点接地或回路绝缘损坏将导致电流回路的分流；再则是电位差的存在将在故障发生时产生较大的额外工频电流，进而影响电流回路的故障电流）。

B. 各电压互感器中性线的引出回路接至公用零相小母线再引至各保护柜的中性线，只能在零相小母线侧一点接地；电压互感器的二次回路与三次回路的接地应分开单独引出，以防零序保护正方向拒动而反方向误动，对微机保护由于采用自产零序电压，可以取消外部三次回路。

5）引至仪表或巡回检测装置的各电流、电压回路应经过电的隔离后接入，避免二次回路多点接地。

6）零序电流和零序电压绕组的极性端应统一。

7）应在交流电流、交流电压和直流电源回路的入口处，采取抗干扰措施。

8）保护装置及收发讯机设置专用接地铜排并与控制室接地网可靠连接。

（11）应严格履行工作票制度和保护工作安全措施票制度，加强监护、隔离和标识警示等。以防调试人员误接线、误碰、误整定保护设备。

（12）检修、运行人员对设备维护不到位等。

现场安装调试及后续运行管理维护各方面，严格遵守和执行相关规程、规范要求，及早发现和消除设备隐患，确保继电保护装置工作可靠、有效。

参 考 文 献

[1] 贺家李，宋从矩. 电力系统继电保护原理. 北京：中国电力出版社，1994.
[2] 王维俭. 发电机变压器继电保护应用. 北京：中国电力出版社，1998.

12 计算机监控设备安装

从 20 世纪 60 年代后期，随着国外开展水电站计算机监控系统的研制和应用，我国也开始在水电站自动化方面应用计算机技术。特别是在 1978 年以后，计算机技术和微处理单片机的应用和推广，我国不仅引进国外先进的水电站计算机监控系统，而且还自行研制水电站计算机监控系统，使水电站自动化水平有了很大的提高。从 80 年代的封闭式、集中式系统向分层开放式、集成式系统发展，不仅在计算机软硬件上得到更新换代，而且在监控功能方面进行扩展。其总的发展趋势：智能化、人性化、可选择性、用户可二次开发。

计算机监控系统作为水电站的重要组成部分之一，是集通信技术、控制技术及计算机技术为一体的综合自动化系统，全面控制、测量、监视和保护水电站主要机电设备，并随时将水电站的运行参数，以遥信方式送往电网调度中心，并同时接收电网调度中心的调度管理信息。

为了提高地方水电站和电网调度的自动化水平，充分利用水力资源，提高区域电力系统运行的可靠性和经济效益，各流域，特别是大江大河的梯级水电站一般通过梯级调度控制中心（简称梯调中心）实施梯级联合调度监控。梯级各水电站既可通过梯调中心的计算机系统实现整个梯级的集中远方监控，现地无人值班，也可由各水电站的厂站级监控系统独立完成本站的闭环自动控制功能。梯级各水电站与电网调度中心的主要信息均经梯调中心转发。

水电站计算机监控系统在稳定生产过程、经济合理地安排生产、提高劳动生产率、改善生产环境等方面，均能发挥显著的经济效益和社会效益。梯级调度控制中心计算机监控系统还承担梯级水电站联合调度和经济运行的任务。

12.1 系统的结构与模式

水电站计算机监控系统结构与模式的选择基于安全适用、技术先进、经济合理等原则，与水电站的规模及其在电网中的地位和当前计算机监控系统的发展水平相适应。

12.1.1 系统的类型及其结构演变

（1）系统类型。根据计算机在水电站监控系统中的作用及其与常规控制设备的关系，水电站监控系统一般采用的类型有：

1）以常规控制设备为主、计算机为辅的监控系统（CASC）。水电站的直接控制功能由常规控制装置来完成，对计算机可靠性的要求不是很高，即使计算机部分发生故障，水电站的正常运行仍能维持，只是性能方面有所降低。

2）计算机和常规控制设备双重控制的监控系统（CCSC）。水电站配置两套完整的控制系统：一套是以常规控制装置构成的系统；另一套是以计算机构成的系统。两套系统之间基本上是独立的，但可以相互切换，互为备用，保证了控制的可靠性。

3）以计算机为主、常规控制设备为辅的监控系统（CBSC）。水电站主要监控功能全部由计算机系统完成，与安全运行密切相关的设备采用冗余配置，中控室设置简化的模拟屏（信号直接来自现地设备）。

4）取消常规设备的计算机监控系统，即全计算机监控系统。取消了中控室常规的集中控制设备和机旁自动操作盘，中控室保留了模拟屏（信号取自计算机系统），对计算机的可靠性和冗余度要求很高。

（2）系统结构演变。自计算机应用于水电站监控系统以来，监控系统结构的演变主要经历了三种方式：

1）集中监控系统。系统设置一台主控计算机（或增加一台计算机备用），进行集中监控，系统不分层（不设采用计算机的现地控制设备）。

2）功能分散式监控系统。由计算机实现的各项功能不再由一台计算机来完成，而由多台计算机分别完成，各台计算机只负责一项或多项任务，系统是由一系列完成专项功能的计算机组成。

3）分层分布式监控系统。系统一般分为两层，即水电站控制层及现地控制层，水电站控制层设有一台或两台计算机，配备完善的人机接口设备，实现对水电站的监控，现地控制层直接监控水电站各机电设备，具有较强独立工作能力。

4）开放式分层全分布式监控系统。在此系统中，网络上各节点具有一定的功能，而且在各节点上分布着与该节点功能相关的数据库，在网络上各节点之间可进行所需信息的交换，而不再依赖于站级计算机。整个系统中各设备都遵循 IEEE、ISO、IEC 等有关标准接入一个全开放式总线网络。

总之，计算机监控系统的结构形式多种多样，但最主要的和最基本的形式是：集中式监控系统和分层分布式监控系统。功能分散式监控系统只是在功能上由原来的一台计算机集中承担，演变为两台或多台计算机共同承担，从形式上仍然属于集中式计算机监控系统。开放式分层全分布系统是分层分布式计算机监控系统的发展，其形式特点仍然归属于分层分布式计算机监控系统。

随着计算机技术及其可靠性的提高，以及基础自动化元件的智能化发展，以分层分布式为系统结构的全计算机监控系统已成为水电站计算机监控系统的主流。

12.1.2　分层分布式系统结构

目前，水电站计算机监控系统多采用分层分布式系统结构，系统各层之间通过网络连接并进行监控数据交换。小型水电站由于其技术、经济及在电网中的作用，其计算机监控系统一般采用相对简单的分层分布式系统结构。随着水电站的装机容量越来越大，要实现的功能越来越多，计算机系统的规模也就越来越大，开放式分层全分布系统业已成为大中型水电站计算机监控系统的主要模式。水电站计算机监控系统结构见图 12-1。

（1）水电站控制层。水电站控制层一般是水电站控制系统中的最高层，用于控制整个

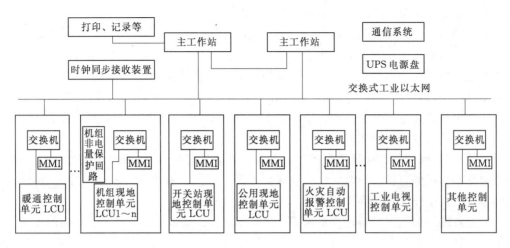

图 12-1　水电站计算机监控系统结构图

水电站的运行。水电站控制层也称为上位机，它主要担负全厂设备的监控、自动发电控制（AGC）、自动电压控制（AVC）、事故分析处理、趋势分析处理、数据综合处理、各种报表的召唤和定时打印记录以及与各现地 LCU 的通信、人机接口等功能。对外还与电网调度层、水情测报系统、水工建筑物监测系统和泄洪闸门控制系统等有通信联系。

水电站控制层根据水电站的装机容量及其在系统中的重要性等综合因素设置以下设备的全部或其中一部分：① 主计算机（数据服务器）；② 操作员工作站；③ 工程师工作站；④ 网络通信设备和通信介质；⑤ 培训工作站；⑥ 历史数据存储器；⑦ 语音报警工作站；⑧ GPS 接收和授时装置；⑨ 模拟屏或大屏幕显示器；⑩ 不间断电源装置。

一般来说，大型水电站的主计算机一般采用 UNIX 服务器；中型水电站的主计算机采用工作站或服务器；操作员工作站和电站控制层其他计算机采用微机；接入调度系统的通信工作站按照上级调度部门的要求配置。

（2）现地控制层。分层结构中的现地控制层，也称下位机，为计算机监控系统的一个重要组成部分，由多个现地控制单元（简称 LCU）组成。LCU 是实现监控系统与水电站设备的接口，完成监控系统对水电站设备运行过程的监控。主要负责机组开/停机流程、数据采集与处理、开关站和公用设备的控制、安全运行监视、事件顺序检测和发送、现地操作与监视、机组的自动准同期并网、与上位机的通信等，还担负将采集到的数据及时准确地传送到上位机中，同时接收上位机发来的控制命令，并将执行过程和结果及时回送上位机。

LCU 既可作为分布系统中的现地智能终端，又可作为独立装置单独运行，当 LCU 与电站级控制层失去联系时，由它独立完成对所属设备的监控，包括在现地由操作人员实行的监控以及由 LCU 对设备的自动监控。其基本组成形式有：①通用可编程控制器；②专用控制器；③通用可编程控制器加工业微机；④专用控制器加工业微机。一般还配置有：作为人机接口的液晶显示器；少量的仪表、指示灯、控制开关和按钮；适当的串行通信接口和/或网络接口（实现与被监控设备的数据通信及便于与调试设备连接）。LCU 与被监控设备之间采用串行通信、现场总线、分布式 I/O 及其他数字通信技术传送设备的状态和报警的详细信息。

LCU 一般按照监控对象设置：每台机组各设置一个 LCU；中控室和计算机室（如远离主副厂房和开关站）可在其中设置一个 LCU 或分布式 I/O；厂内公用设备设置一个 LCU；开关站设置一个或两个 LCU；坝区设备设置一个 LCU。抽水蓄能电站的机组变频启动器和背靠背启动可与开关站或公用设备合用一个 LCU，或单独设置一个 LCU，其上水库和下水库设备分别设置一个 LCU。

单机容量为 100MW 及以上的机组的 LCU、负责变频启动器和背靠背启动的 LCU 及电压等级为 220kV 及以上的开关站的 LCU，其 CPU 多采用双重冗余配置。机组 LCU 柜中还配置用于水力机械事故保护的简化的独立继电器接线或可编程控制器。水力机械事故停机的独立继电器接线或可编程控制器的电源和输入信号与 LCU 都相独立，仅在发生重要的水机事故或 LCU 冗余系统全部故障或工作电源全部失去时才启动，并执行完整的停机过程控制。

（3）网络通信层。网络通信层主要由网络设备和网络接口设备组成，完成水电站控制层和现地控制层之间的链接，它是水电站控制层和现地控制层进行数据交换的通道。

大、中型水电站数据交换网络普遍采用冗余网络，其选择方案有：①按物理拓扑结构分类，可选择星形网、环形网或总线形网；②按访问控制协议分类，可选择令牌网或以太网；③按使用的介质分类，可选择双绞线网或光纤网；④按传输速率分类，可选择 10Mb/s、100Mb/s（快速以太网）或 1000Mb/s 以太网（千兆位以太网）；⑤按端口间数据传送的方式分类，可选择共享式以太网或交换式以太网，大型水电站采用交换式以太网。

连接中控室和计算机室设备的介质采用双绞线，从现地控制层连接到水电站控制层的介质采用光纤。选择网络交换机时应考虑可扩展性、可靠性、实时性、可管理性及安全性。

（4）梯级监控系统结构。梯级水电站计算机监控系统则分成三层控制，即梯级调度控制层、水电站控制层及现地控制层。梯级调度控制层主要功能是对梯级各水电站数据采集、梯级集中监控、梯级联合调度和经济运行以及数据通信等。梯级调度控制层还与电网调度层进行通信联系，向上发送有关的水电站信息，并接收电网调度层下达的各项控制命令。梯级各水电站的上位机不直接与电网调度层通信，而是通过梯级调度控制层交换信息。

梯级调度控制层主要的功能节点和网络设备一般冗余设置，主要设备的配置有：①梯级计算机；②值班员工作站；③工程师工作站；④通信管理机；⑤打印机；⑥模拟屏及其驱动器；⑦主干网络设备；⑧GPS 时钟系统；⑨培训工作站；⑩不间断电源 UPS。

梯级调度中心计算机监控系统主干网络的拓扑结构主要有：①星形网络；②环形网络；③总线网络；④混合组网。网络结构采用交换式以太网或其他成熟的网络结构型式。

在实施梯级监控的情况下，水电站控制层的配置标准可适当降低。

12.2 系统的基本要求和主要性能指标

水电站计算机监控系统在设计时，一般遵循以下原则：①提高水电站的安全生产水平；②保证供电质量；③提高水电站的经济效益和管理水平；④提高水电站的自动化水平，为实现无人值班（少人值守）提供保证。因此，对计算机监控系统的使用条件、系统功能和操作要求、硬件和软件、系统特性等方面提出的要求，要结合水电站的实际和计算机技术发展水平进行技术经济评价后确定。

12.2.1 使用条件

计算机监控系统的使用条件主要指环境温湿度、尘埃、海拔、振动与冲击、地震等。

随着电子产品的高速发展，其对环境的要求越来越高。如在水电站施工初期要考虑防尘；在设计阶段考虑防凝露；在地下厂房运行时考虑减震措施；在地震多发地区需从结构上作特殊考虑等。

12.2.2 系统功能和操作要求

（1）数据采集和处理。数据采集是实时采集各类输入数据，并接收各种命令和数据信息；数据处理是根据已定义的每一设备和每种数据类型的数据处理能力和方式，支持系统完成监测、控制和记录功能。

（2）报警处理。当设备出现了事故和故障状态时，立即发出报警音响、语音报警和显示信息；报警显示信息应在当前画面上显示报警报文；对于确认的误报警，运行人员可以禁止该点产生报警音响和显示信息；对事故信号进行预定义，在事故发生时自动推出事故画面，并提供画面软拷贝手段。

（3）控制与调节。对主要机电设备和油、气、水、厂用电等辅助系统的各种设备进行控制和操作；机组发生事故或故障时应能自动跳闸和紧急停机，系统出现不稳定时能迅速采取校正措施和提高稳定措施；通过自动发电控制和自动电压控制，实现水电站的经济运行。

（4）人机接口及操作。通过必要的人机接口设备完成画面显示、打印制表、参数设置以及对各种设备进行控制和操作等。

（5）工程师站基本功能。系统生成和启动、故障诊断、系统管理维护、应用软件的开发和修改以及数据库修改、画面编制和报告格式的生成。

（6）设备运行管理及指导。历史数据的存储；自动统计机组工况转换次数及运行、备用、检修时间的累计；被控设备操作、动作次数累计以及事故动作次数累计；峰谷负荷时的发电量分时累计等。

（7）系统通信。系统与外部的通信包括网调、梯调、水情测报系统、溢洪闸门控制系统、大坝安全监测系统、厂内管理系统等；系统内部通信包括水电站控制层与现地控制层之间、LCU之间、LCU与所监控设备之间等。

（8）系统自诊断及自恢复。及时发现自身故障，并指出故障部位；当系统出现程序死机或失控时，能自动回复到原来运行状态。

（9）远程诊断及维护。维护工程师可通过拨号方式连接至计算机监控系统；远程维护能够实现用户级的维护。

（10）培训仿真。通过培训仿真台，仿真水电站各种运行工况，对运行操作人员进行各种操作及维护的培训。

（11）试验与维护操作。指计算机监控系统具有方便地进行试验与维护操作的手段。随着电厂计算机监控系统的不断发展和深入研究，水电站对计算机监控系统的功能提出了更高的要求：① 高级应用软件的进一步完善和实用化；② 充分考虑自动化近期的发展方向，包括水电站综合自动化、水电站无人值守、发电控制与生产管理系统紧密结合。

12.2.3 硬件要求

对计算机监控系统的硬件要求，主要有以下几方面。

（1）系统基本结构和主要设备。计算机监控系统结构为分层分布式，按控制层次和对象设置水电站控制层和现地控制层。水电站控制层和现地控制层及其之间网络结构的配置及其技术性能符合相关规范的要求。

（2）通信接口。通信接口是指本计算机监控系统与调度系统的通信接口、水电站控制层与现地控制层或各控制层多机间的通信接口与其他系统之间的通信接口等。通信接口采用光电隔离或变压器隔离，其隔离电压等级大于器件上可能出现的最大地电位差和电磁兼容性极限值。

（3）一般电气特性。主要针对回路绝缘电阻、介电强度、电磁兼容性（EMC）、噪声限制、防雷保护等方面提出的要求。

（4）接地。计算机监控系统接地使用水电站公用接地网接地。设备的外壳、交流电源、逻辑回路、信号回路和电缆屏蔽层等必须按规范的要求接地。对于高土壤电阻率地区的接地网，在接地电阻难以满足要求时，应有完善的均压及隔离措施，方可投入运行。由于计算机监控系统与水电站其他几乎所有的系统都有联系，在高土壤电阻率地区的水电站，它们之间的连接电缆或光缆的保护接地或工作接地注意考虑隔离措施。

12.2.4 软件要求

计算机监控系统配备能够完成全部功能的软件系统，包括操作系统、支持程序和实用程序、数据库、数据采集和处理软件、人机接口软件、通信软件、诊断软件、应用软件。其技术性能应满足：系统软件和支持软件应成熟可靠；操作系统应采用实时多任务系统、分时操作系统、多用户多线程系统；数据库应响应快，可扩性好，使用方便；应配备高级语言编译程序和自诊断、自恢复程序；支持软件应支持汉字打印和显示功能；应用软件应采用模块化结构，便于扩充功能和修改参数、画面和操作流程。

为提升水电站运行管理水平，在计算机监控系统的技术发展中曾出现过多追求复杂而实用性不大的高级功能趋势，导致系统复杂及操作烦琐。随着无人值班（少人值守）主体设计思想的推广，系统软件应具有可靠性、兼容性、可移植性、可扩性，采用模块式结构，便于修改和维护。

12.2.5 系统特性要求

（1）实时性。电站控制层的响应能力应该满足系统数据采集、人机接口、控制功能和系统通信的时间要求，对电网调度数据采集和控制的响应时间应满足调度的要求。现地控制层的响应能力应满足对于数据采集时间或控制命令执行时间的要求，供事件顺序记录使用的时钟同步精度应高于所要求的事件分辨率。

1）数据采集时间：状态和报警点采集周期不大于 1s；模拟点采集周期，电量不大于

2s，非电量为 1～20s；SOE 点分辨率不超过 2～10ms。

2）LCU 接受控制命令到开始执行的时间应小于 1s。

3）水电站控制层数据采集时间包括 LCU 数据采集时间和相应数据再传入水电站级控制层数据库的时间，后者应不超过 1～2s。

4）人机接口响应时间为 1～2s。

5）AGC 执行周期为 3～15s；AVC 执行周期为 6s～3min；自动经济运行功能处理周期为 5～15min。

6）双机切换时间：热备用时，保证实时任务不中断；温备用时，不大于 30s；冷备用时，不大于 5min。

（2）可靠性。可靠性对电力系统是至关重要的，系统中任何设备的单个元件故障不应造成关键性故障（或使外部设备误动作）；尽可能防止设备或组件中的多个元件或串联元件同时发生故障。表明系统可靠性的指标主要有事故平均间隔时间（MTBF）：① 主控计算机（含磁盘）的 MTBF 应大于 8000h；② LCU 的 MTBF 应大于 16000h。

（3）可维修性。可维修性的参数——平均检修时间（MTTR）由制造单位提供，当不包括管理辅助时间和运送时间时，一般可取 0.5～1h。可维修性的基本要求：系统应具有自诊断和故障定位程序；有便于试验和隔离故障的断开点；应配置合适的专用安装拆卸工具；互换件或不可互换件应有措施保证识别；预防性维修应使磨损性故障尽量减少；应提高硬件的代换能力。

（4）可用性（或可利用率）。可用性是计算机监控系统的一个重要指标，是表征系统在任何需要时间内能够正常工作的指标，它与可靠性紧密相关。为了提高整个系统的可用性，不仅要组成系统的各组件有很高的可用性，而且要求一旦发生故障时能迅速检修或更换。

计算机监控系统在水电站验收的可用性指标分为 99.9%、99.7% 和 99.5% 三档。关于机组控制单元的可用性，国内标准没有规定。国外有的采用以下指标：机组控制单元不可利用率应比机组本身的不可利用率低一个数量级；机组不可利用率通常取 8%，则机组控制单元的不可利用率应小于 0.8%。

（5）系统安全。系统安全主要是指操作安全性、通信安全性、硬件和软件设计安全的基本要求。

在操作安全性方面，对每一功能和操作提供校核；自动或手动操作可做存贮记录或指导提示；误操作被禁止并报警；设置操作员控制权口令及按控制层次实现操作闭锁的优先权。

在通信安全性方面，任一信息量的错误不会导致系统关键性故障；远程通信的信息出错控制与通信规约一致；接收控制信息时，对信息的合理性进行校核，防止执行错误命令；能定期校核通道；内部通信的信息错误码检测能力及编码效率有较高的指标。

在硬件和软件设计安全性方面，有电源故障保护和自动重新启动；能预置初始状态和重新预置；能自检并进行故障自动切除或切换且报警；任何单个元件的故障不造成设备误动；软硬件中相关的标号（如地址）必须统一；CPU 负载留有适当的裕度，最大负载率不超过 70%；控制网络负载率不超过 50%；磁盘的使用时间应尽可能低，在任一个 5min

周期内的平均使用率低于50％；系统设计或系统性能应考虑到重载和紧急临界情况。

（6）可扩性。水电站要实现的控制功能和监控系统的规模可能随时间而变化。为了确定和实现系统的扩充，制造单位应给出系统可扩充性的限制（包括各种类型 I/O 点及总 I/O 点通道容量最大值和存储器容量的极限、数据速率极限、增添部件时接口修改或部件重新定位等设计和运行的限制以及使用有关例行程序、地址、标志或缓冲器的极限）。为了便于扩展，系统设计时要留有一定的裕度，如水电站级控制层计算机存储器容量应有40％以上的裕度、通道的利用率宜小于50％、有用于扩充的接口以及预留一定数量的备用点、布线点和空位点设备等。

（7）可变性。对水电站控制层和现地控制层中点设备的参数或结构配置应容易实现改变，包括点说明的改变、模拟点工程单位标度改变、模拟点限值改变、模拟点限制值死区改变、控制点时间参数改变。

12.3　数据采集与处理

水电站计算机监控系统的分层分布结构，实现了数据库分布和功能分布，数据采集也相应地按分布结构进行处理：首先是对设备控制信息就地采集处理，供各 LCU 使用；而水电站控制层则从现地控制层中采集或调用数据，并按分层分布数据库复制传送。

12.3.1　采集的数据类型

数据采集所含数据大致包含有如下类型：

（1）模拟输入量。它是指将现地各电气量和非电气量直接或经过变换后输入到计算机监控系统的接口设备的模拟量。适合计算机监控系统的模拟输入量参数范围包括：$\pm 5\text{V}$、$0\sim 5\text{V}$、$0\sim 10\text{V}$、$4\sim 20\text{mA}$、100（57.7）V、1A 或 5A、100Ω（Pt100 型）等几种。

（2）模拟输出量。它是计算机监控系统接口设备输出的模拟量，水电站中适用的典型参数为 $4\sim 20\text{mA}$ 或 $0\sim 10\text{V}$。

（3）数字输入状态量。它是指设备的状态或位置的指示信号输入到计算机监控系统接口设备的数字量（开关量），此类数字输入量一般使用 0 或 1 表示两个状态。在电力系统中为了安全可靠，也采用 00 或 01 表示两个状态。

（4）数字输入累加量。它是指事件的脉冲信息输入到计算机监控系统接口设备，由计算机监控系统进行脉冲累加的一个数字量，但其处理和传输又属于模拟量类型。

（5）数字输入编码（如 BCD 码）。它是指编码制数字型的模拟输入量输入到计算机监控系统接口设备。

（6）数字输入事件顺序记录（SOE）量。它是指将数字输入状态量定义为事件信息量，要求计算机监控系统接口设备记录输入量的状态变化及其变化发生的精确时间，一般应能满足 5ms 的分辨率要求。

（7）数字输出量。它是指计算机监控系统接口设备输出的监视或控制的数字量，数字输出量一般是经过继电器隔离的。

12.3.2　数据采集

数据采集给计算机监控系统提供了大量的事件信息，它是计算机监控系统的最基本功能，数据采集功能的好坏直接影响了整个系统的品质。

为了实现计算机监控任务，数据采集应满足下列几方面的要求。

（1）实时性。①对电气模拟量，电量有效值的采样周期不应大于 1s，最好能提高到 0.2s，电量瞬时值或波形的采样周期一般不超过 2ms；②采集非电气模拟量，对那些需要作出快速反应的，如轴承温度、振动和摆度、流量等的采样周期应不大于 1s 或更快些，其他非电气模拟量的采样周期可以大于 1s 但不应超过 30s；③对数字状态点、数字报警点、脉冲累加点和 BCD 码的采样周期一般要求不大于 1s，对 SOE 点的采集应有很快的响应，一般采用中断方式，如采用周期方式，则其采用周期满足事件顺序分辨率的要求。

（2）可靠性。数据采集时往往会出现各种干扰信号，它不仅使数据失真，严重时会损坏系统。这就要求对数据通道、接口设备和接地等硬件设备采取有效的措施，可靠地防止干扰，同时在软件上采取防错纠错的手段。以下是相关标准规定的相应最低限度值。

1）对模拟输入通道的可靠性要求。共模电压大于 200VDC 或 AC 峰值；共模抑制比（CMRR）大于 90dB（直流到交流 50Hz）；常模一致（NMRR）大于 60dB（直流到交流 50Hz）；抗静电干扰大于 2kV。

2）对数字输入通道的可靠性要求。浪涌抑制能力（SMC）大于 1kV；抗静电干扰大于 2kV；防止输入接点抖动应采用硬件和软件滤波，防抖时间约 25ms；防止硬件设备受电磁干扰的影响。

（3）准确性。对模拟量而言，准确性就是测量精度，包括两个方面：一是模数转换精度；二是模拟量变换器的精度。其综合精度应满足监控的准确性要求。

就数字量来说，除状态输入变化稳定可靠外，对数字 SOE 点还需要有状态变化的精确时间标记，其基准时钟应该满足精度要求。

（4）简易性。为实现数据采集功能而配置的软硬件设备，应具有简易性，包括模件类型或容量的增减方便以及维护测试方便。

（5）灵活性。根据计算机监控系统的总体要求，针对数据采集功能和性能可能有不同的要求或有修改的要求，如修改采样周期、采样方式、警报级别、限制值、死区值等，数据采集系统应能灵活设置满足上述要求。

12.3.3 数据处理

为了实现监控系统的监测、控制和记录功能，在数据采集系统中，必须将采集的数据进行相应的处理。下面按计算机监控系统的要求，提出数据处理的要求。

（1）状态数据处理。主要包括：地址/标记名处理、扫查允许/禁止处理、状态变位处理、防接点抖动处理、报警处理、数据质量码处理等。

（2）模拟量数据处理。一般应包括：地址/标记名处理、扫查允许/禁止处理、工程量变换处理、测量零值处理、测量死区处理、测量上下限值处理、测量合理性处理、测量上下限值死区处理、越限及梯级越限报警处理、数据质量码处理等。

（3）事件顺序记录数据处理。主要包括：地址/标记名处理、扫查允许/禁止处理、状态变位处理、防接点抖动处理、时间标记处理、报警处理、数据质量码处理等。

（4）数据计算。主要包括：功率总加、机组温度综合分析计算、电能量和/或分时电能量累计、主辅设备动作次和运行时间及运行间隔时间等维护管理统计、频率和母线电压考核计算、厂用电率计算、功率不平衡度计算以及用于通用目的的状态逻辑计算、模拟量计算和多源点计算功率等。

（5）主要参数趋势分析处理。某些模拟输入量的变化趋势处理有利于监控系统的运行和管理，如机组出力、轴承温度、轴承油温、定子绕组温度、主变压器油温、油罐油位等。可以按不同的间隔时间（采样时间）进行记录，形成趋势显示曲线。对一个趋势记录还可以考虑做最大值、最小值或最大变化率的处理。

（6）事故追忆处理。事故追忆处理是对一些事故相关量进行短时段的记录，一旦遇到事故发生就将此记录保存下来。一个完整的追忆记录一般可以分为事故前和事故后两个阶段，根据需要，这两个时段长短和采样间隔时间可以不同。通常追忆记录采样速率为1次/s，记录时间长度不少于180s（事故前60s，事故后120s）。

（7）历史数据处理。为了便于生产管理，需要对实时数据进行统计分析和计算处理，形成历史数据记录，并提供历史数据检索和查询手段。一般要求建立的历史数据按如下分类定义：趋势类、累加值、平均值类、最大/最小值类。

12.4　系统的传感器、变送器

传感器是能将被测的非电物理量按一定的规律转换成与之对应的易于精确处理的电量或电参量输出的一种测量装置。变送器则是将被测量转换为与之有一定连续关系的规定的标准信号的装置。传感器和变送器一同完成自动控制的监测信号的采集，不同的物理量需要不同的传感器和相应的变送器。

计算机监控系统对于非电量的采集，是在系统接口设备和非电量测点之间加入传感器或变送器，其非电量传感器或变送器的输出应与接口设备相匹配。对于交流电量的采集，有的LCU具有直接连接TA和TV的模件，大多是通过组合式变送器间接实现的。

目前水电站使用的变送器和传感器主要有以下类型。

（1）温度传感器和温度变送器。水电站温度模拟量的采集广泛采用电阻温度传感器（电阻温度传感器是基于电阻值的变化反应温度的变化）。采集的途径一般有两种：一种是将由电阻温度传感器采集的电阻值经温度变送器转换成电气模拟量，然后再送进计算机监控系统接口设备；另一种是采用专门的温度量接口设备（如温度巡检仪）直接与温度传感器连接，再以串行通信的方式将温度值送入计算机监控系统。

电阻温度传感器多采用铂电阻元件，所选的参数为：铂电阻温度测量范围为$-50\sim+150$℃或$-190\sim+280$℃，0℃时的电阻值是100Ω，温度电阻变化系数为$0.385\Omega/$℃。铂电阻传感器的接线方式有两线制、三线制和四线制。三线制和四线制接线都有利于补偿长距离引接线电阻的影响，四线制虽然测量精度高，但由于四线制对于恒流源要求很高，普遍采用三线制。

在非电量中温度量占了很大比例，而有些部位的温度，运行人员只关心其是否越限，具体的温度值并不很重要，故一般将这部分测温点采用开关量方式采集。采集温度开关量一般采用膨胀式温度传感器，如主变压器的油温指示。

（2）压力传感器和压力变送器。油、气、水系统的压力监测需要采用压力传感器或压力变送器。常用的类型包括压阻式、电感式、电容式和陶瓷式等，其选型应考虑的技术条件包括物理介质、量程范围、安装条件、工作电源、输出要求、精度、与计算机监控系统的接口等。

（3）液位传感器和液位变送器。水电站上下游水位、调压井水位、集水井水位和油槽（罐）液位等非电量的数据采集常采用液位传感器或液位变送器。根据量程范围、精度要求和安装维护条件可选用不同类型的传感器或变送器，常用的类型有浮球式、浮筒式、压力式、电容式、超声波式等。

（4）流量传感器和流量变送器。流量监测分为两大方面：一是水轮机（水泵水轮机）过机流量，目的在于计算耗水率和机组效率；二是辅机系统管路中的介质流量，目的在于掌握技术供水、冷却油等辅机系统的状况。过机流量有三种方法：一是超声波法；二是热力学法；三是蜗壳差压法。前两种方法国外应用较多，是比较成熟的监测方法，国内主要采用超声波流量计。蜗壳差压流量计，由于精度较低，只做一般监视用。

管道的介质流量监测有多种，如机械挡板式、电磁式、涡流式、涡轮式及热导式等，可根据不同的介质、压力选用合适的流量计，是一种利用热扩散原理制造的流量开关，没有活动部件因而具有反应灵敏、动作可靠、使用寿命长等特点，已得到广泛的应用。

（5）转速信号器。转速测量是机组最重要的参量之一，它与调速、励磁、同期及控制系统等直接关联。如果转速测量系统发生故障，将会直接影响整个系统，甚至危及设备安全，这一点对于无人值班（少人值守）水电站就显得更为重要。

目前，国内外转速测量通常有两种方式：一种是齿盘测速；另一种是发电机残压测频。一台机组安装两套独立的测速装置，其中一套齿盘测速；另一套用残压测速，两套装置互为备用，就可以很好地满足机组转速测量的目的。一般都是按不同的转速值取触点数字信号供机组的自动控制和保护使用，同时还能实现转速模拟信号的输出。

（6）振动、摆度传感器。用作振动和摆度监测的传感器，低频性能好，传感器和前置器一体化，系统构成灵活，用户可根据测点多少选择单元数量。其类型有电涡流传感器、加速度传感器和振动传感器等。

机组各部位振动和主轴摆度的监测正逐步发展成为在线监测系统，并将振动和摆度的报警信息引入了数据采集和机组控制系统。

（7）位移传感器。位移传感器用于导叶开度、桨叶开度和接力器行程等的模拟量信号采集。位移传感器类型有电涡流传感器、伺服电机、耐磨电位器等。

（8）组合式变送器。以目前的自动化水平，水电站采集的电量都较多，电量一般采用交流采样，交流采样大多采用组合式变送器。如采集三相电流/线电压、有功功率、无功功率等电量的组合式变送器。这样就隔离了高压和大电流信号，且便于与系统接口设备匹配。

12.5 数据采集的实现

计算机监控系统的数据采集主要通过各 LCU 实现的，LCU 的数据采集由硬件和处理软件共同完成的。数据采集的硬件是指数据的输入和输出通道（即 I/O 通道），实现数据采集的软件一般模块化，为完成输入输出处理的各输入、输出模块和控制算法模块。

12.5.1 数据输入和输出通道

LCU 输入的数据既有模拟量，也有开关量，输出的数据也是如此。而计算机只识别数字信号，也就是说，计算机的输入和输出都是数字信号，因而输入和输出通道的主要功能是实现模拟量和数字量的转换。

（1）模拟量输入通道（AI）。模拟量输入通道的任务是把模拟量输入信号转换成计算机可以接收的数字量信号。模拟量输入通道一般由多路模拟开关、前置放大器、采样保持器、模/数转换器、接口和控制电路组成。其核心是模/数转换器（简称 A/D 或 ADC），通常也把模拟量输入通道简称为 A/D 通道。A/D 转换器的主要性能指标有：

1）分辨率。分辨率是指能对转换结果发生影响的最小输入量，即 A/D 转换器的分辨率为满刻度（输入）电压与其转换的二进制数值之比值。通常只是用转换的二进制数值表示分辨率。

2）转换时间。转换时间是指完成一次转换所需要的时间。

3）绝对精度。绝对精度是指满量程输入时，A/D 转换器实际输出值与理论值之间的偏差。

4）相对精度。相对精度是指在满量程校准情况下，对应于任一输入值的实际输入数码值与理论值之间的偏差。

5）线性误差。线性误差是指在满量程范围内，偏离理想转换特性的最大误差。

A/D 通道的输入往往直接与被监控设备相连，容易通过公共地线引入干扰。为了抗干扰，普遍采用光耦合器进行隔离：一方面是对多路模拟开关的控制信号和地址信号进行光电隔离；另一方面是采用光隔离放大器将 A/D 转换器隔离。

（2）模拟量输出通道（AO）。模拟量输出通道的任务是把计算机输出的数字量转换成模拟电压或电流信号，便于相应的设备识别，从而达到控制的目的。模拟量输出通道一般由接口电路、数/模转换器和电压/电流变换器构成。其核心是数/模转换器（简称 D/A 或 DAC），通常也把模拟量输出通道简称 D/A 通道。D/A 转换器的主要性能指标有：

1）分辨率。D/A 转换器的分辨率定义为基准电压与 $2n$ 之比值。其中 n 为 D/A 转换器的位数，它是与输入二进制数最低有效位（LSB）相当的输出模拟电压，简称 1LSB。

2）稳定时间。输入二进制数变化量是满量程时，输出达到离终值 $\pm(1/2)$LSB 时所需的时间。

3）绝对精度。绝对精度是指输入满量程数字量时，D/A 转换器实际输出值与理论值之间的偏差。该偏差用最低有效位 LSB 的分数表示。

4）相对精度。相对精度是指在满量程校准情况下，对应于任一输入值的实际输出值与理论值之间的偏差。该偏差也用最低有效位 LSB 的分数表示。

5）线性误差。理想的 D/A 转换器的输入、输出特性是线性的。在满量程范围内，偏离理想转换特性的最大误差称线性误差。该误差也用最低有效位 LSB 的分数表示。

D/A 通道的输出也直接与被监控设备相连，容易通过公共地线引入干扰。为了抗干扰，通常采用光耦合器进行隔离，使两者之间只有光的联系。

（3）数字量输入通道（DI）。数字量输入通道的任务是把被监控设备的状态信号（数字信号）传给计算机，简称 DI 通道。为了防止干扰，也普遍采用光电隔离技术。

（4）数字输出通道（DO）。数字输出通道的任务是把计算机输出的数字信号传送给被监控设备，控制它们的通和断或亮和灭，简称 DO 通道。为了防止干扰和扩大输出容量，采用光电隔离和继电器隔离技术。

12.5.2　数据采集软件

（1）输入、输出的处理方式。LCU 所处理的输入输出一般按以下方式进行：

1）按数据结构所设定的周期而周期性地巡回输入和输出，周期的确定一般由硬件时钟定时激活。

2）对于事件顺序记录的输入量，主要采用中断方式。

3）为了提高实时性，控制算法可以直接调用输入、输出处理模块，从相应的 I/O 通道实时地输入该控制算法所需要的输入数据，经过算法进行运算，然后调用输出模块将运算结果直接送往输出通道。

（2）输入、输出处理模块。输入处理软件主要包括数字量输入处理模块、模拟量输入处理模块、脉冲量输入处理模块、串行接口的数据输入输出处理模块等。周期性的数据输入处理过程有两种实现方式：一种是依次先将各物理通道的数据输入值存进中间缓冲区，然后再逐个地进行信号处理、转换报警检测等；另一种是根据数据库中各数据点的顺序，对每一个点进行输入处理，将结果存入数据库，然后处理下一点。

输出处理软件包括数字量输出处理模块和模拟量输出处理模块。数字量输出处理过程相对较为简单，模拟量输出处理过程是输出的线性转换运算过程。

1）数字量输入处理模块。数字量的输入一般是分组进行的，即一次输入操作可输入 8 位或 16 位开关状态，然后分别写入这些位所对应的实时数据，并进行防抖、报警检测等处理。

2）模拟量输入处理模块。模拟量输入处理比较复杂。首先是送出通道地址，选中所输入的通道，接着启动 A/D 转换，延时，读入 A/D 转换结果，然后进行数据处理（如数字滤波、工程单位值的转换、报警检测、写回数据库等）。

3）数字量输出处理模块。数字量的输出处理极为简单，只要选择通道，取出该位的值，和其他各输出位一同输出即可。

4）模拟量输出处理模块。模拟量输出模块多为线性模块，模拟量输出一般为 4～20mA 的电流信号或 0～10V 的电压信号，输出转换是输入线性转换的逆运算。

（3）控制算法模块。控制算法模块就是将各种控制和算法以模块的形式编程而来的。各 LCU 内有一个控制算法模块库，控制算法模块库完成相关输入数据的运算，通过输出模块实现数据的输出。

12.6　系统设备安装

计算机监控系统设备包括水电站控制层设备、网络设备、现地控制层设备等，如果是梯级水电站，还包括梯级调度控制层设备。按照安装先后顺序划分，监控系统安装可分为系统设备安装和系统调试。计算机监控系统安装调试流程见图 12-2。

系统设备的安装，一般分为施工准备、设备的现场安装、设备与其他系统之间连接、系统通电及功能测试、点对点的校核、通信调试、同期试验等。

12.6.1　施工准备

施工准备主要包括：施工技术准备、设备和物资准备、施工人员准备及施工场地准备。阅读理解施工图纸和设备生产厂家技术资料，踏勘现场后，编制施工方案，对所有参与施工的人员进行技术安全交底；根据工程进展情况，按已报批的设备计划，调配设备进场，开箱清点和检查，开箱后设备的保护；按已报批的材料计划，采购材料及制作工装；配合监理对安装设备的部位进行验收，验收合格后按施工现场实际情况进行施工布置。

12.6.2　设备的现场安装

（1）屏台的安装。屏台安装主要包括屏台基础的制作安装及屏台的安装。屏台安装应满足《电气装置安装工程　盘、柜及二次回路接线施工及验收规范》（GB 50171）及设备技术要求的规定。

1）基础型钢的安装。水平度和不直度小于1mm/m 且小于 5mm/全长；位置误差及不平行度小于 5mm/全长，应有明显的可靠接地。

2）屏台的安装允许偏差。垂直度小于1.5mm/m；相邻两盘顶部水平偏差小于 2mm；成列盘顶部水平偏差小于 5mm；相邻两盘边盘

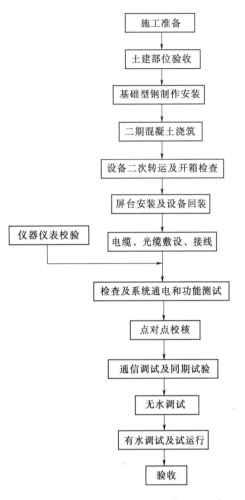

图 12-2　计算机监控系统安装调试流程图

间偏差小于 1mm；成列盘面盘间偏差小于 5mm；盘间接缝偏差小于 2mm。

3）屏台不宜与基础型钢焊死。安装在振动场所时，注意防振措施，目前大多数水电站都是地下厂房，尤其注意防振或减振措施。

4）接地。在盘、柜外，沿着盘、柜布置方向敷设截面 100mm² 的专用铜排，将该铜排首尾相连成环，形成等电位接地网；等电位接地网应经由至少 4 根截面不小于 50mm² 的多股铜导线接入水电站的主接地网；各盘、柜内的接地铜排应经由截面不小于 50mm² 的铜排分别引至等电位接地网；各盘、柜的保护地应与水电站的主接地网可靠连接，盘、柜下明敷二次等电位接地铜排安装见图 12-3；如果监控系统盘、柜邻近继电保护盘、柜，则两者可共用等电位接地网，且公共接地铜排可以合用。监控系统的逻辑地和模拟地采用共地方式还是浮空方式，应按照设备的技术要求确定，施工接地要求见第 3 章"接地与防雷系统设备安装"。

安装时应保证设备装设处的环境条件符合技术要求，加强设备保管，计算机室和中控

图 12-3 二次等电位接地铜排安装

室的静电地板应加以保护。

（2）设备的现场安装。设备按图回装，在回装前核实有关设备型号和数量是否正确、外观是否有损坏情况。

1）冗余电源系统安装。冗余电源系统一般包括 UPS 主机、电池箱、配电柜、供电设备电源插座等。

2）网络设备回装。回装的网络设备主要包括：交换机、光纤固定盒、光纤收发器等。

3）上位机设备回装及检查。上位机设备主要有工作站、服务器、打印机等。

4）LCU 设备回装及检查。LCU 各设备主要包括：PLC 或工控机、人机接口设备、通信设备、电源装置及其他设备等，将这些设备回装后完成内部连接线的恢复。电源装置回装时其开关应在断开位置。

设备回装完毕后，检查盘、柜内的各元器件不应有松动现象；螺丝、端子接线、端子短接线等应连接牢固。

12.6.3　与其他系统之间的连接

计算机监控系统作为水电站的中枢神经系统，不仅系统内部有联系，且与水电站其他系统和上级调度控制层都存在联系。所有这些联系都是通过电缆、光缆等来完成的。模拟屏、LCU 等发送和接收的重要信号（如停机命令、断路器分合命令、断路器位置信号等）一般采用硬布线连接。

（1）按图施工，接线正确、牢固可靠。配线应整齐、清晰、美观，芯线不能有损伤；且不得使所接端子受到机械应力；芯线标明其回路编号，编号应正确，字迹清晰且不易脱色。

（2）每个接线端子的每侧接线宜为一根，不得超过 2 根。对于插接式端子，不同截面的两根导线不得接在同一端子上；对于螺栓连接端子，当接两根导线时，中间应加平垫片。

（3）光纤的铺设、熔接后，检查光纤的损耗值是否达标。

（4）二次回路接地应设专用螺栓。铠装电缆在进入盘、柜后，应将钢带切断，切断处的端部应扎紧，并应将钢带接地。

（5）控制电缆金属屏蔽的接地方式。模拟信号回路控制电缆屏蔽层不得构成两点或多点接地，应集中式一点接地；集成电路、微机保护的电流、电压和信号的电缆屏蔽层，应在开关安置场所与控制室同时接地；传送开关量、模拟量及用于通信的电缆的屏蔽层应在 LCU 侧一点接地。除上述情况外的控制电缆屏蔽层，当电磁感应的干扰较大时，宜采用两点接地；静电感应的干扰较大时，可采用一点接地；双重屏蔽或复合式总屏蔽，宜对内、外屏蔽分别采用一点、两点接地。

12.6.4　系统通电及测试

系统通电前，系统设备的安装工作已经完工并经过检查验收，永久电源已经到位。

（1）通电前的检查。在系统通电前，需进行下列检查：

1）检查内部元器件的安装及内部接线应正确、牢固无松动；键盘、开关、按钮和其他控制部件的操作应灵活可靠；接线端子的布置及内部布线应合理、美观、标志清晰。

2）变送器、传感器等的校验。应按设备采购合同中的技术规范条款和指定的校验规程进行；在无上述标准时，应按厂家说明书中的性能保证值进行校验。在校验过程中，应结合元件所在的原理图和实际接线的电气距离，校核动作的正确性、准确级及可靠性是否符合技术规范要求。

3）检查与其他系统之间接线的正确性。

4）接地点应可靠接地。

5）绝缘检查。对装置不直接接地的带电部分和非带电金属部分及外壳之间以及电气上无联系的各电路之间的绝缘电阻进行测试；对直接接地的带电回路，还应在断开接地或拔出有关模件的情况下，进行上述测试。测得的绝缘电阻满足相关规范或产品的技术条件的规定，测试用的兆欧表的电压值应符合规定。

以上检查及设备初次带电，宜与设备制造厂代表共同进行。

（2）系统通电及功能测试。在上述各项检查完成后，按照设备技术文件进行通电、测试。

1）冗余电源系统通电试验。检查各个供电点的电源是否符合要求，并进行双机切换、交流电源消失等试验。

2）网络设备通电试验。网络设备一般冗余配置，通电后进行双机切换、交流电源消失等试验。

3）上位机通电及功能测试。上位机设备上电后，检查网络连接情况，应连接良好；启动监控系统软件，检查软件工作情况（监控测点、画面、运行报表、历史记录、事件记录、操作记录、打印、时钟同步、控制流程、语音报警、操作票功能、数据库定义、AGC 和 AVC 控制参数和边界条件、对外通信数据）；对于具有与上级调度控制层（梯级调度、电网调度）通信的功能，检查有关通道连接情况及有关应用程序运行情况。

4）LCU 通电及功能测试。

A. 将 LCU 各装置逐项、分级通电和启动，分级检查电源是否与设计的电源属性（交流 AC 或直流 DC）及其数值是否相符（一般 AC220V±10%、DC220V±10%、DC24V±10%）；检查各装置工作情况及其之间的通信是否正常；确认各现地级计算机的 I/O 定义、顺控及自动转换流程、各项操作流程及防误闭锁条件等应用程序是否满足水电站的设计和实际需求。

B. 输入输出通道测试。数字量输入输出通道测试：根据测点定义，依次在每一数字输入点电缆对侧（设备侧）以短接/开路的方式模拟实际输入信号产生信号变位，观察 LCU、触摸屏及上位机的显示与登录等应正确。监控系统发出命令，各数字输出量应有可靠信号输出，对应的接口应有正确的信号变位或对应继电器应正确动作；信号定义、信号名称、信号地址应正确；事件顺序记录应准确，并有正确的时间定标。

模拟量输入通道测试：对所有模拟量输入点，按要求在相应变送器的输入端加模拟信号，从最小到最大量程之间取不同的几点进行测试，测量误差应符合规程及产品的技术要求，检查 LCU、触摸屏及上位机的显示与登录等应正确。

模拟量输出通道测试：模拟量的输出一般是提供给调速器和励磁装置的控制调节和反馈监视用，有些调速器和励磁装置没有设置模拟量的输入控制。因此，监控系统模拟量的输出检查测试根据系统的配置进行。从监控系统发出相应的模出命令，根据信号的形式采用相应的检测设备如示波器进行检测。

温度量输入通道测试：在温度量输入电缆的测温元件端加入模拟温度信号，检查 LCU、触摸屏及上位机的显示与登录等应正确，注意三线制电阻的电缆芯线接入次序。

脉冲量输入通道测试：脉冲量一般用于电度的量度，按要求以短路/开路的方式产生模拟的电度脉冲信号，检查监控系统的接收情况，即在 LCU、触摸屏及上位机上脉冲电度量计数应当正确。根据电度表的技术参数整定计算公式，测量误差应符合规程及产品的技术要求。

12.6.5 点对点的校核

点对点的校核在调试过程中工作量非常大，牵涉的外部因素较多，抽水蓄能电站的数据量较常规水电站要大得多。都必须认真仔细地做好每一输入输出数据的校核，并通过反复进行来确认。

（1）各 LCU 监控的范围。机组 LCU：机组的辅助设备控制 [如机组润滑油系统、高压油顶起系统、调速器系统、机组冷却水系统、机组制动系统、进水球（蝶）阀或圆筒阀、发电机断路器、抽水蓄能机组的换相开关和充气压水系统等]、机组的各种信号（如机组的电流、电压、频率、温度、油流量、设备动作位置等）、机组保护系统、主变压器自动化系统等。

公用设备 LCU：直流系统、厂用电系统、渗漏排水系统、检修排水系统、高低压气系统、消防系统、通风空调系统等。抽水蓄能机组还有变频启动系统、背靠背启动系统、上水库充水系统、尾闸事故闸门控制系统。

升压站 LCU：开关站内所有断路器、隔离刀、接地刀、CT 信号、PT 信号、高压配电装置、线路保护系统、事故录波等。

进出水口 LCU：闸门控制系统、拦污栅差压及上下游水位系统等。

（2）点对点校核的方式。现地设备、LCU、LCU 的人机接口设备及上位机四者之间的对点方式有三种：①先核对现地设备与 LCU，再分别核对 LCU 与 LCU 的人机接口设备和上位机；②现地设备、LCU、LCU 的人机接口设备及上位机一次性核对；③LCU、LCU 的人机接口设备及上位机分别与现地设备进行核对。

为确保各点的完全正确性，建议采用第三种对点方式。先完成水电站内部各层间点对点校核，再进行上位机与上级调度控制层的点对点校核。

（3）点对点校核。

1）模拟量输入点校核。首先核对 LCU、LCU 的人机接口设备及上位机上模拟量的参数设置应一致。

对于温度、压力、液位、流量等模拟量的校核，只要相应系统能正常启动，就分别在该系统正常启动和冷态下，分别在 LCU、LCU 的人机接口设备及上位机直接读取实测值，若实测值在测量误差允许范围内，则认为合格；否则，进一步对测点及其通道和参数设置进行检查和处理。

对于机组温度量，在机组冷态下，分别在 LCU、LCU 的人机接口设备及上位机直接读取机组各部实测值，采用同组测值一致性对比的方式进行检查，若同组测值的离散值在测量精度允许范围内，则认为合格；否则，进一步对有问题的测点及其通道和参数设置进行检查和处理。

有些模拟量在机组冷状态下测不到信号，可以采取在信号源侧加模拟量信号进行回路检查。在实际开机及运行过程中，注意观察数据是否正确。

2）模拟量输出点校核。先检查模拟量输出的参数设置是否与该模拟量显示终端上的是否一致，然后分别在 LCU、LCU 的人机接口设备及上位机改变模拟量输出的设置值，在相应系统的模拟量显示终端上的数据是否一致。

3）数字量输入点校核。对于输入的数字量，应该让被监控设备实际动作，分别在 LCU、LCU 的人机接口设备及上位机上检查它的实际状态变化。如果个别数字量不具备被监控设备实际动作条件，可采用设备侧短接端子的方法，但要了解其定义，并且记住在实际开机过程中检查定义是否正确。

数字量的定义，输出接点分常开、常闭，如果接反了，意义正好相反。

4）数字量输出点校核。分别在 LCU、LCU 的人机接口设备及上位机上发出指令与被监控设备联动，检查相应的设备的动作情况及反馈状态量的正确性，确认每一个命令的闭锁条件及链接、设备号、控制地址等参数是正确的。

12.6.6　通信调试

（1）计算机监控系统内部通信。其中包括水电站控制层和现地控制层及现地控制单元之间的数据通信，主要内容有：数据采集、传送操作控制命令及通信诊断。其要求是速度快、数据处理能力强、安全可靠性高。

（2）与水电站上级调度控制层的通信。满足上级调度自动化系统对电站的四遥功能，将水电站的有关数据和信息送往上级调度，同时接受上级调度下达的各种命令，并反馈命令执行情况。与上级调度控制层交换的数据一般只是上位机数据的一部分。

（3）与水电站其他计算机系统的通信。主要是与调速机系统、励磁系统、继电保护系统、辅机系统、闸门系统、直流系统、模拟屏、计量系统、五防系统等的通信。

12.6.7　同期模拟试验

准备可调交流电压（40～120V）、频率（49～51Hz）、相位（－30～＋30）的仪器或专用同期试验装置。调试时使用配置的仪器或装置分别产生两路 100V 工频信号接入同期装置，模拟机组侧 TV 电压和系统侧 TV 电压。合闸脉冲导前时间初步按同期断路器的合闸时间及同期装置到同期断路器回路上所有继电器动作时间之和设定。

检查安全措施，启动同期装置，调节工频信号发生器输出信号的幅值和频率，观察同期装置的各项输出应正确；检查调速器与励磁装置的动作和反馈信号；确定同期 TV 的极性应正确。根据实际同期录波波形，对同期参数进行修改。如通过调整均压系数、均频系数的大小来调整调速器及励磁装置调节转速、电压的速率，通过调整导前时间，来调整同期装置合闸时间等等。这个工作可能进行几次，直到同期装置应能准确判断和测量系统侧电压、机组侧电压，准确捕捉同期点。

抽水蓄能电站机组有抽水和发电两种运行工况，发电运行时同期并网与常规水电机组相同，抽水运行时由于机组侧 TV 相序与发电运行时不同，存在换相问题。故机组 LCU 同期回路接入同期装置的 TV 须进行换相，并将发电工况与抽水工况作为两个不同的并网对象，设置不同的机组同期电压以适应两种工况的需要。同期装置在检测到频率偏差信息后，随即输出信号给变频器（在背靠背启动时为背靠背发电启动机组），调节变频器或背靠背发电启动机组的输出频率，以此改变机组的频率，同时通过励磁装置改变机端电压，一旦频率差和电压差均满足同期条件，电压相角差在允许范围，同期装置发出同期合闸命令。一般情况是机组频率接近系统频率时同期并列，但也可在机组频率比系统频率高时发出同期合闸命令。因为，此刻机组处于无动力驱动状态，机组转速在下降过程中同期。

12.7 计算机监控流程的检验及系统调试

计算机监控流程是实现计算机监控的基础，其任务是按照给定的运行命令自动地按规定的顺序控制指定的设备，实现计算机监控的功能。通过反复调试，完善监控系统流程，是水电站安全、稳定、可靠运行的关键所在。

机组调试分为无水调试（也称静态调试）和有水调试（也称动态调试）两个阶段。在静态调试阶段，主要是通过模拟机组运行工况，检验监控流程及其参数设置的正确性以及各被监控系统设备动作和信号返回的正确性；动态调试阶段主要是通过在机组实际运行状态下的各被监控系统实际动作及其相互之间的配合，完成对监控流程及其参数设置的最终检验，确保其满足机组安全稳定运行的要求。

12.7.1 计算机监控流程

水电站 LCU 一般包括开关站 LCU、公用设备 LCU、进出水口 LCU、机组 LCU 等。开关站 LCU 主要流程是断路器、接地刀闸、隔离刀闸的闭锁操作程序；公用设备 LCU 调试有公用设备油气水系统的自动运行、厂用电备用自投、变频启动和背靠背启动等；进出水口 LCU 控制各闸门的自动开启和关闭等；机组 LCU 是计算机监控的核心，由它来控制机组的调速器系统、励磁系统及机组的自动化系统等，实现机组各种运行工况及工况的转换。

机组 LCU 流程的检验涉及开关站、进出水口及公用设备等，下面重点叙述机组 LCU 流程。

（1）机组运行状态及其判断。常规水电机组运行工况通常包括停机、空转、空载、发电、发电调相等。抽水蓄能机组除了包含上述前 5 种状态外，一般还包括抽水和抽水调相两种运行工况。

机组各种运行工况的判断有以下几个方面。

1）开机准备。机组无事故、制动闸在落下位置、发电机出口断路器在分闸位置、接力器锁锭在拔出位置、灭磁开关在合闸位置、各系统操作动力电源正常等。

2）停机备用。发电机出口断路器在分闸位置、导叶接力器在全关位置、机组转速小于 5%N_e、发电机机端电压小于 10%U_e。

3）空转。发电机出口断路器在分闸位置、导叶接力器在空载及以上位置、机组转速大于 95%N_e、发电机机端电压小于 10%U_e。

4）空载。发电机出口断路器在分闸位置、导叶接力器在空载及以上位置、机组转速大于 95%N_e、发电机机端电压大于 90%U_e。

5）发电。发电机出口断路器在合闸位置、导叶接力器在空载及以上位置、机组转速大于 95%N_e、发电机机端电压大于 90%U_e。

6）发电调相。发电机出口断路器在合闸位置、导叶接力器在全关位置、机组转速大于 95%N_e、发电机机端电压大于 90%U_e。

7）抽水。发电电动机出口断路器在合闸位置、导叶接力器在空载及以上位置、换相开关在抽水位置、机组转速大于 95%N_e、发电机机端电压大于 90%U_e。

8）抽水调相。发电电动机出口断路器在合闸位置、导叶接力器在全关位置、换相开关在抽水位置、机组转速大于 95%N_e、发电机机端电压大于 90%U_e，机组尾水管充气压水状态。

（2）机组 LCU 流程。

1）常见流程。机组 LCU 流程是由机组运行工况及其相互转换决定的，主要包括：各种工况的自动开、停机流程和运行工况转换流程。常规机组的自动开、停机流程有：①停机与空转相互转换流程；②停机与空载相互转换流程；③停机与发电相互转换流程；④停机与发电调相相互转换流程。常规机组的工况转换流程常用的有：①空转与空载相互转换流程；②空载与发电相互转换流程；③发电与发电调相相互转换流程。

抽水蓄能机组 LCU 除包括常规机组的 LCU 流程外，还有：①SFC 启动流程和背靠背启动流程；②停机与抽水相互转换流程；③停机与抽水调相相互转换流程；④抽水与抽水调相相互转换流程；⑤抽水与发电相互转换流程；⑥满载抽水至满载发电的紧急工况转换流程；⑦黑启动流程（常规水电机组也可作为黑启动电源）。

机组在运行工况或工况转换过程中，出现紧急情况或事故情况，还要分别执行紧急停机流程或事故停机流程。

2）流程执行过程中遵循的原则。为保证机组运行的安全性和可用性，机组监控流程一般遵循如下原则。

A. 在操作人员发出机组操作命令后，监控系统可以自动按预先设定的流程完成全部的操作，也可以在操作人员的干预下进行单步操作。

B. 停机命令优先于发电/发电调相及抽水/抽水调相，并在开机过程中、发电/发电调相状态及抽水/抽水调相状态均可以执行停机命令。一旦发出停机命令被选中，其他操作均立即被禁止。

C. 操作过程中的每一步操作，均设置启动条件或以上一步操作成功为条件，仅当启动条件具备后，才解除对下一步操作的闭锁，允许下一步操作。若操作条件不具备，根据操作要求，中断操作过程使程序退出或发出故障信号后继续执行。

D. 对每一操作命令，均检查其执行情况。当某一步操作失败使设备处于不允许的运行状态，程序设置相应的控制，使设备进入某一稳定运行状态。

E. 操作过程中（除停机过程），若机组设备发生事故，或运行状态发生变化，不允许操作继续进行时，应自动中断操作过程并使程序退出。

12.7.2 静态调试阶段计算机监控系统试验

完成点对点试验后即可进入静态调试阶段，可开始监控流程初步检验。分别从上位机及 LCU 人机接口启动各控制流程。对每一段流程都必须与相应的被监控系统做完整的流程试验，发现不能满足运行的流程或参数，应及时与相关单位沟通和修改。

试验时需要模拟机组转速、定子电流和电压、系统电压及事故停机的事故信号，被监控系统的动作基本等同于机组动态调试时的状态。如果某一被监控系统不具备联动调试条件，在 LCU 上将该系统送至 LCU 的信号进行强制短接，满足流程执行需要，待其具备条件后再单独试验。

试验阶段进水闸门和尾水闸门关闭、机组在静态，按流程需要用信号发生器模拟机组转速、机组电压及有关输入信号等反馈信息，以检查流程执行情况。检查顺控流程、各种时限等整定值及报警、登录的正确性，若有错误则予以改正。试验还应包括各种控制失败时的流程退出、报警、登录正确性的检查。

12.7.3 动态调试阶段计算机监控系统试验

机组动态调试与计算机监控系统关系十分密切，动态调试阶段将完成对计算机监控系统的最终检验。机组动态调试前，计算机监控系统应完成点对点试验、静态顺控流程试验，即静态调试完毕且满足要求；机组具备开机条件。机组动态调试主要包括：充水试验、首次开停机试验、机组过速试验、自动开停机试验、升流（升压）试验、机组并网试验、负荷试验、自动发电控制试验、自动电压控制试验及其他试验项目。

（1）充水试验。监视并调整各水位反馈信号，各水位、压力测量值符合技术要求。

（2）首次开停机试验。首次开停机试验为手动操作，监控系统应密切注意机组的轴瓦温度、润滑油温度、振动摆度等。

（3）机组过速试验。监控系统置检修状态，监控系统应密切注意过速记录、振动摆度、各部瓦温、油温等。试验完成后应及时打印过速接点动作的时间记录。

（4）自动开停机试验。自动开停机试验主要检查监控系统开停机流程的正确性与可靠性，检查监控系统设备及自动化元件的工作性能。自动开停机分别在下位机和上位机进行，并进行紧急停机、事故停机试验。试验时记录流程开始到完成的时间。

（5）升流（升压）试验。配合发电机的升流（升压）试验期间，检查各 TA、TV 二次电流的极性、电压向量，检查同期回路接线的准确性，检查中控室模拟屏指示仪表等。

（6）机组并网试验。包括假同期和真同期试验。假同期试验，即将同期断路器前隔离刀闸拉开，同期用两侧电压人为引入装置，接好录波设备，机组空载运行，投入同期装置，适当调整机组转速和电压，检查同期装置发出的调频调压脉冲信号的正确性和脉冲的宽度应符合要求。进行同期操作，合同期断路器。仔细分析所录波形，调整同期装置的导前时间参数使同期点在最佳合闸位置。试验结束后恢复永久接线，投相关隔离刀闸，系统同意并网后，进行机组真同期试验，并录制同期波形。

（7）负荷试验。做带负荷、甩负荷试验、负荷调节试验时监控系统应配合打印各部振动与摆度、各部轴瓦温度、机组转速等数据。在负荷调整参数设置检验时，要注意，负荷调整的速率一定要从低到高逐步进行，并尽量避免在机组振动区停留。

（8）自动发电控制（AGC）试验、自动电压控制（AVC）试验。

AGC 试验：首先在 AGC 为"厂站""开环"工作方式时，在不同控制方式下检查 AGC 的功能的正确性；在 AGC 为"厂站""闭环"工作方式时，在不同控制方式下检查 AGC 各项功能的执行效果。再在 AGC 为"调度""开环"工作方式时，检查远方 AGC 的功能的正确性；在 AGC 为"调度""闭环"工作方式时，在不同控制方式下检查远方 AGC 各项功能的执行效果。

AVC 试验：按照与 AGC 试验程序相同的模式进行。

（9）其他试验项目。

1）调相压水试验。检查监控系统调相压水流程的正确性，记录压水及补气时间。

2）调相试验。进行发电与发电调相的工况转换，检验控制流程的正确性，记录发出指令至工况转换完成的时间，监控系统应密切注意发电调相工况稳定运行时的振动摆度、各部瓦温、油温等。

3）与 MIS 系统联网及 Web 调试。如需与 MIS 系统联网，应考虑水电站运行的安全性，并根据技术要求进行调试，确定防火墙、路由器、物理隔离装置等网络设备的设置，数据的传输等。

4）安全监视及事故报警处理。在机组进行事故试验时，检查追忆记录等信息（如机组的电流、电压、功率，转子的电流、电压，温度，压力等）是否完整。

5）计算机系统安全管理。机组在带负荷运行工况下，进行用户权限的管理、主控制站的管理（离线/在线）、双机系统管理（主备用的自动转换）、双网自动切换等试验，受控机组的运行参数变化不超过±5%，且能尽快稳定。

6）其他功能检查。机组在带负荷运行工况下，进行诸如综合参数统计及计算与分析、参数修改、打印制表等功能的检查。

（10）抽水蓄能机组独有的流程试验。

1）变频启动试验。确认变频启动流程及其参数设置的正确性，检查机组转向、振动与摆度，完成抽水工况下假同期和真同期试验。

2）背靠背启动试验。检查两台机组之间的背靠背启动流程设计的正确性，验证拖动过程机组保护整定的正确性。

3）抽水工况下的自动开、停机试验。检验停机分别与抽水和抽水调相相互转换流程的正确性。并进行抽水工况下的紧急停机、事故停机试验，试验时记录流程开始到完成的时间。

4）抽水工况断电试验。检查水泵运行中断电停机流程及其参数设置的正确性，监视流道在抽水断电情况下的压力变化。

5）工况转换试验。检验抽水与抽水调相相互转换、正常抽水与发电相互转换、满载抽水至满载发电的紧急工况转换等功能，确认各流程的正确性，记录工况转换开始到完成的时间及工况转换过程中流道压力的变化。

6）黑启动试验。检验在失去厂用电的情况下机组黑启动至恢复发电流程的正确性。

黑启动要求同期装置具备检无压同期的功能。

（11）机组可靠性试运行及考机试验。常规水电机组用72h满负荷试验考验机组、引水系统、有关水工建筑、电气设备的安全性与可靠性，考验水电站土建、设备的制造与安装质量。计算机监控系统作为机组的监测、控制中心，试运行期间应经常检查上位机和LCU的显示、报警、登录、打印、统计等功能正常与否。对非正常信号，尽可能的及时处理。

抽水蓄能电站因为只有几小时发电的库容，没有进行连续发电运行72h的条件，故执行15d的可靠性试运行规定，期间进行发电与抽水工况的倒换运行，考核机组在15d内的运转情况。

计算机监控系统全面考机试验，根据系统的技术协议要求确定考验机组时间。常规水电站一般为72h连续不间断，通常这个试验安排在系统其他调试完成后与机组72h试运行相结合，更能考验计算机监控系统各项功能。

12.7.4　调试过程中应注意的事项

（1）安全措施。每项试验前，按照试验方案检查计算机监控系统与正在安装或正在运行或正在检修系统的电气隔离措施是否已经执行；在调试过程中要严格执行运行检修规程，确保调试不影响其他正常运行、或正在安装、或正在检修的设备及人身的安全。

（2）部分辅助系统设计事故停机信号都采用0为动作信号，这样在信号断线、停电等原因都可能造成机组停机。因此，必须将事故信号采用1为动作信号。

（3）调试过程中，数据库、画面及程序的修改是不可避免的，临时修改应有记录。

（4）有些国外进口设备如调速器和励磁装置本身自带有自动同期跟踪功能，为避免混乱，应闭锁同期装置的调节功能。

（5）基础自动化元件的可靠性不高是目前国内水电站普遍存在的问题，对于暂时无法整改的，可对流程增加闭锁条件，充分利用监控系统的功能来弥补现场控制设备与自动化元件的不足。

（6）制造厂商对抽水蓄能机组工况的转换时间有一定要求，现场调试应参照执行，若现场调试工况转换时间与设计值差距过大，应找出原因予以解决。

（7）水电站自动化控制的可靠性是立足于基础元件及装置自动化可靠的前提下，因此对基础自动化的元件、装置及接线要认真检查调试，消除寄生回路，做好各电气元件和装置金属外壳的接地工作。

13 弱电系统设备安装

自动控制系统按控制电压的高低分强电和弱电，一般 220V 电压交流或直流称强电，48V 及以下称弱电。建筑及建筑群用电一般指交流 220V、50Hz 及以上的强电，主要向人们提供电力能源，例如空调用电、照明用电、动力用电等。弱电主要有两类：一类是国家规定的安全电压（低电压）电能，有交流与直流之分，交流 36V 以下，直流 24V 以下，如 24V 直流控制电源，或应急照明灯备用电源。还有一类是载有语音、图像、数据等信息的信息源，如电话、电视、计算机的信息。一般情况下，弱电系统工程指第二类应用。

弱电系统其对象主要是信息，即信息的传送和控制，其特点是电压低、电流小、功率小、频率高。弱电系统包括通信网络、电视、消防、保安、影像等和为上述工程服务的综合布线工程。常见的弱电系统工作电压包括 24V AC、16.5V AC、12V DC。

13.1 火灾自动报警及消防灭火设备安装

大型水电站由于报警监视设备多，为方便管理，把水电站分为多个区域，总区域的报警系统集中传输至中控室或厂部消防指挥中心，电厂，船闸办公楼及其他建筑的报警系统又传输给地区消防中心。

管控系统分三级，一般火灾由各消防指挥中心人员负责灭火，影响面大的特殊火灾地区消防指挥中心介入，必要时可调集地区消防设施共同灭火。

常用的火灾自动报警及消防灭火系统包括：火灾自动报警系统、自动喷水灭火系统、消火栓系统、气体灭火系统、泡沫灭火系统、干粉灭火系统、防烟排烟系统、安全疏散系统等。

13.1.1 系统的组成及基本形式

（1）系统的组成。火灾自动报警系统是由触发元件、火灾报警装置以及具有其他辅助功能的装置组成的火灾报警器。它能够在火灾初期，将燃烧产生的烟雾、热量和光辐射等物理量，通过感温、感烟和感光等火灾探测器变成电信号，传输到火灾报警控制器，并同时显示出火灾发生的部位，记录火灾发生的时间。一般火灾自动报警系统和自动喷水灭火系统、室内消火栓系统、防排烟系统、通风系统、空调系统、防火门、防火卷帘、挡烟垂壁等相关设备联动，自动或手动发出指令，启动相应的防火灭火装置。

1）触发元件。触发元件是指在火灾自动报警系统中，自动或手动产生火灾报警信号的器件称为触发器件，主要包括火灾探测器和手动报警按钮。

火灾探测器是能对火灾参数（如烟、温、光、火焰辐射、气体浓度等）响应，并自动产生火灾报警信号的器件，按照响应火灾参数的不同，火灾探测器分成感温火灾探测器、感烟火灾探测器、感光火灾探测器、可燃气体探测器和复合火灾探测器五种基本类型。不同类型的火灾探测器适用于不同类型的火灾和不同的场所。

手动火灾报警按钮是手动方式产生火灾报警信号、启动火灾自动报警系统的器件，也是火灾自动报警系统中不可缺少的组成部分之一。

2）火灾报警装置。火灾报警装置是指在火灾自动报警系统中，用以接收、显示和传递火灾报警信号的装置。

火灾报警控制器担负着为火灾探测器提供稳定的工作电源；监视探测器及系统自身的工作状态；接受、转换、处理火灾探测器输出的报警信号；进行声光报警；指示报警的具体部位及时间；同时执行相应辅助控制等任务，是火灾报警系统中的核心组成部分。

A. 火灾报警控制器按其用途不同，可分为区域火灾报警控制器、集中火灾报警控制器和通用火灾报警控制器三种基本类型。

B. 火灾报警控制器按其信号处理方式，可分为有阈值火灾报警器和无阈值模拟量火灾报警控制器。

C. 火灾报警控制器按其系统连接方式，可分为多线式火灾报警控制器和总线式火灾报警控制器。

3）火灾警报器。在火灾自动报警系统中，用以发出区别于环境声、光的火灾警报信号的装置称为火灾警报装置，火灾警报器是一种最基本的火灾警报装置，通常与火灾报警控制器组合在一起，它以声、光音响方式向报警区域发出火灾警报信号，以警示人们采取安全疏散、灭火救灾措施。警铃是一种火灾警报装置，用于将火灾报警信号进行声音中继的一种电气设备，警铃大部分安装于建筑物的公共空间部分，如走廊、大厅等。

4）消防控制设备。在火灾自动报警系统中，当接收到来自触发器件的火灾报警信号后，能自动或手动启动相关消防设备并显示其状态的设备，称为消防控制设备。主要包括：火灾报警控制器，自动灭火系统的控制装置，室内消火栓系统的控制装置，防烟排烟系统及空调通风系统的控制装置，常开防火门、防火卷帘的控制装置，电梯回降控制装置，以及火灾应急广播、火灾警报装置、消防通信设备、火灾应急照明与疏散指示标志的控制装置等十类控制装置中的部分或全部。消防控制设备一般设置在消防控制中心，以便于实行集中统一控制，也有的消防控制设备设置在被控消防设备所在现场（如消防电梯控制按钮），但其动作信号则必须返回消防控制室，实行集中与分散相结合的控制方式。

5）电源。火灾自动报警系统属于消防用电设备，其主电源应当采用消防电源，供电电缆为专用防火型，备用电源采用蓄电池。系统电源除为火灾报警控制器供电外，还为与系统相关的消防控制设备等供电。

（2）火灾自动报警系统的基本形式。

1）火灾自动报警系统基本形式有三种，即区域报警系统、集中报警系统和控制中心报警系统。

区域报警系统指由区域火灾报警控制器和火灾探测器等组成，或由火灾报警控制器和火灾探测器组成，适用于较小范围的保护。

集中报警系统指由集中火灾报警控制器、区域火灾报警控制器组成，或由火灾报警控制器、区域显示器和火灾探测器等组成，功能较复杂的火灾自动报警系统，适用于较大范围内多个区域的保护。

控制中心报警系统指由消防控制室的消防控制设备、集中火灾报警控制器、区域火灾报警控制器和火灾探测器等组成；或由消防控制室的消防控制设备、火灾报警控制器、区域显示器和火灾探测器等组成，功能复杂的火灾自动报警系统。系统的容量较大，消防设施控制功能较全，适用于大型建筑的保护。

2）报警区域与探测区域。

报警区域是指人们在设计中将火灾自动报警系统的警戒范围按防火分区或楼层划分的部分空间，是设置区域火灾报警控制器的基本单元。一个报警区域可以由一个防火分区或同楼层相邻几个防火分区组成；但同一个防火分区不能在两个不同的报警区域内；同一报警区域也不能保护不同楼层的几个不同的防火分区。

探测区域就是将报警区域按照探测火灾的部位划分的单元，是火灾探测部位编号的基本单元，一般一个探测区域对应系统中一个独立的部位编号。

13.1.2 施工准备

（1）熟悉设计图纸、出厂技术文件及安装说明书，根据设计图纸、设备技术文件、资料、有关规范编制安装技术措施和调试程序，报监理工程师审查批准。

（2）根据设计图纸，核对各设备的安装位置。

（3）检查并校核安装现场的高程、桩号样点及土建埋件、预留孔洞位置尺寸。

（4）组织全体施工人员学习并熟悉安装程序、相关规范标准，进行技术交底。

（5）现场清理干净，疏通设备运输通道。

（6）在施工现场布置临时施工电源、照明和消防器材。

（7）火灾自动报警系统工程的施工单位必须是有资质证明，为当地公安消防监督机构认可的单位，并受其监督。

（8）设备开箱检查。设备到货后运输至现场进行开箱检查，清点设备及其器材的规格型号应符合设计要求。

产品的技术文件齐全，具有合格证及铭牌。

设备外壳、漆层及内部仪表、线路、绝缘应完好，附件、配件齐全。

13.1.3 安装流程

火灾自动报警及联动控制系统安装调试流程见图 13-1。消防水系统安装调试流程见图 13-2。气体灭火系统安装调试流程见图 13-3。

13.1.4 火灾自动报警系统安装施工工艺

（1）火灾报警控制器的安装。

1）火灾报警控制器（以下简称控制器）接收火灾探测器和火火报警按钮的火灾信号及其他报警信号，发出声、光报警，指示火灾发生的部位，按照预先编制的逻辑，发出控制信号，联动各种灭火控制设备，迅速有效扑灭火灾。为保证设备的功能必须做到精心施工，确保安装质量。火灾报警器一般应设置在消防中心、消防值班室、警卫室及其他规定有人值班的房间或场所。控制器的显示操作面板应避开阳光直射，房间内无高温、高湿、尘土、腐蚀性气体；不受振动、冲击等影响。

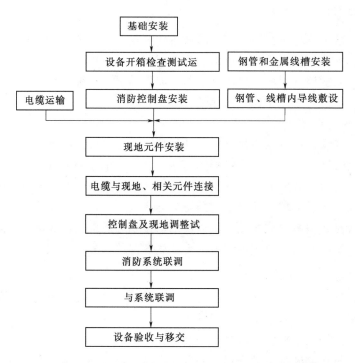

图 13-1 火灾自动报警及联动控制系统安装调试流程图

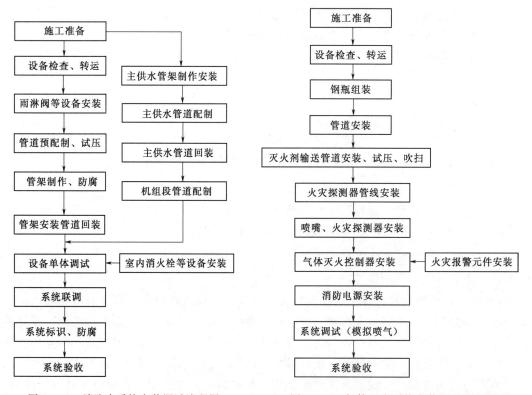

图 13-2 消防水系统安装调试流程图　　图 13-3 气体灭火系统安装调试流程图

2）设备安装前土建工作应具备下列条件：屋顶、楼板施工已完毕，不得有渗漏；结束室内地面、门窗、吊顶等安装；有损设备安装的装饰工作全部结束。

3）区域报警控制器在墙上安装时；其底边距地面高度不应小于1.5m，可用金属膨胀螺栓或埋注螺栓进行安装，固定要牢固、端正，安装在轻质墙上时应采取加固措施。靠近门轴的侧面距离不应小于0.5m，正面操作距离不应小于1.2m。

4）集中报警控制室或消防控制中心设备安装应符合下列要求：

A.落地安装时，其底宜高出永久地面0.05～0.2m，一般用槽钢或打水台作为基础，如有活动地板时使用的槽钢基础应在水泥地面生根固定牢固。槽钢要先调直除锈，并刷防锈漆，安装时用水平尺、小线找好平直度，然后用螺栓固定牢固。

B.控制柜按设计要求进行排列，根据柜的固定孔距在基础槽钢上钻孔，安装时从一端开始逐台就位。用螺丝固定、用小线找平找直后再将各螺栓紧固。

C.控制设备前操作距离，单列布置时不应小于1.5m，双列布置时不应小于2m，在有人值班经常工作的一面，控制盘到墙的距离不应小于3m，盘后维修距离不应小于1m，控制盘排列长度大于4m时，控制盘两端应设置宽度不小于1m的通道。

D.区域控制室安装落地控制盘时，参照上述的有关要求安装施工。

5）引入火灾报警控制器的电缆、导线接地等应符合下列要求：

A.对引入的电缆或导线，首先应用对线器进行校线。按图纸要求编号，然后摇测相间、对地绝缘电阻，不应小于20MΩ，全部合格后按不同电压等级、用途、电流类别分别绑扎成束引到端子板，按接线图进行压线，注意每个接线端子接线不应超过二根，盘圈应按顺时针方向。多股线应涮锡，导线应有适当余量，标志编号应正确且与图纸一致，字迹清晰，不易褪色、配线应整齐，避免交叉，固定牢固。

B.导线引入线完成后，在进线管处应封堵，控制器主电源引入线应直接与消防电源连接，严禁使用接头连接，主电源应有明显标志。

C.凡引入有交流供电的消防控制设备，外壳及基础应可靠接地，一般应压接在电源线的Pe线上。

D.消防控制室一般应根据设计要求设置专用接地装置作为工作接地（是指消防控制设备信号逻辑地）。当采用独立工作接地时地网电阻应小于4Ω，当采用联合接地时，接地电阻应小于1Ω，控制室引至接地体的接地干线应采用一根不小于16mm²绝缘铜线或独芯电缆，穿入保护管后，两端分别压接在控制设备工作接地板和室外接地干线上。消防控制室的工作接地板引至各消防设备和火灾报警控制器的工作接地线应采用不小于4mm²铜芯绝缘线穿入保护管构成一个零电位的接地网，以保证火灾报警设备的工作稳定可靠。在接地装置施工过程中，分不同阶段做电气接地装置隐检，接地电阻检测，平面示意图等质量检查记录。

6）其他火灾报警设备和联动设备安装，按相关规范和产品安装说明要求进行安装接线。

（2）消防控制盘、柜安装。消防控制设备在安装前，应进行功能检查。

消防控制设备的外接导线，当采用金属软管作套管时，其长度不宜大于2m，且应采用管卡固定，其固定点间距不应大于0.5m。金属软管与消防控制设备的接线盒（箱），应采用锁母固定，并应将金属管接地。

消防控制设备外接导线的端头，应有明显标志。

消防控制设备盘、柜内不同电压等级、不同电流类别的端子，应分开，并有明显标志。

（3）钢管和金属线槽安装。

1）进场管材、型材、金属线槽及其附件应检查质量、数量、规格型号与要求相符合，填写检查记录。钢管要求壁厚均匀，焊缝均匀，无劈裂和砂眼棱刺，无凹扁现象，镀锌层内外均匀完整无损。金属线槽及其附件，应采用镀锌定型产品。线槽内外应光滑平整，无棱刺，不应有扭曲翘边等变形现象。

2）应根据设计、厂家提供的各种探测器、手动报警器、广播喇叭等设备的型号、规格，选定接线盒及走线管管径。

3）电线保护管遇到下列情况之一时，在便于穿线的位置增设接线盒：管路长度超过30m，无弯曲时；管路长度超过20m，有一个弯曲时；管路长度超过15m，有两个弯曲时；管路长度超过8m，有三个弯曲时。

4）电线保护管的弯曲处不应有折皱、凹陷裂缝，且弯扁程度不应大于管外径的10%；明配管时弯曲半径不宜小于管外径的6倍，暗配管时弯曲半径不应小于管外径的6倍，当埋于地下或混凝土内时，其弯曲半径不应小于管外径的10倍。

5）水平或垂直敷设的明配电线保护管安装允许偏差1.5/1000，全长偏差不应大于管内径的1/2。

6）敷设在多尘或潮湿场所的电线保护管，管口及其各连接处均应密封处理。管路敷设经过建筑物的变形缝（包括沉降缝、伸缩缝、抗震缝等）时应采取补偿措施。

7）明配钢管应排列整齐，固定点间距应均匀，钢管管卡间的最大距离见表13-1，管卡与终端、弯头中点、电气器具或盒（箱）边缘的距离宜为0.15～0.5m。

表13-1　　　　　　　　　钢管管卡间的最大距离表　　　　　　　　单位：m

敷设方式	钢管种类	钢管直径/mm			
		15～20	25～32	40～50	65以上
吊架、支架或沿墙敷设	厚壁钢管	1.5	2.0	2.5	3.5
	薄壁钢管	1.0	1.5	2.0	—

吊顶内敷设的管路宜采用单独的卡具吊装或支撑物固定，经装修单位允许，直径20mm及以下钢管可固定在吊杆或主龙骨上。

8）明配管使用的接线盒和安装消防设备盒应采用明装式盒。

9）钢管安装敷设进入箱、盒，内外均应有螺母锁紧固定，内侧安装护口。钢管进箱盒的长度以带满护口贴近根母为准。

10）箱、线槽和管使用的支持件宜使用预埋螺栓、膨胀螺栓、胀管螺钉、预埋铁件、焊接等方法固定，严禁使用木塞等。使用胀管螺钉、膨胀螺栓固定时，钻孔规格应与胀管相配套。

11）钢管螺纹连接时管端螺纹长度不应小于管接头长度的1/2，连接后螺纹宜外露

2～3扣，螺纹表面应光滑无缺损。

12）镀锌钢管应采用螺纹连接或套管紧固螺钉连接，不应采用熔焊连接，以免破坏镀锌层。

13）不同系统、不同电压、不同电流类别的线路，不应穿于同一根管内或线槽同槽。

14）配管和线槽安装时应考虑横向敷设的报警系统的传输线路，如采用穿管布线时，不同防火分区的线路不应穿入同一根管内，但探测器报警线路采用总线制时不受此限制。

15）弱电线路的电缆竖井应与强电线路的竖井分别设置，如果条件限制合用同一竖井时，应分别布置在竖井的两侧。

16）在建筑物的顶棚内必须采用金属管、金属线槽布线。

17）钢管敷设与热水管、蒸汽管同侧敷设时应敷设在热水管、蒸汽管的下面。有困难时可敷设在其上面，相互间净距离不应小于下列数值：当管路敷设在热水管下面时为0.2m，上面时为0.3m，当管路敷设在蒸汽管下面时为0.5m，上面时为1m；当不能满足上述要求时应采用隔热措施。对有保温措施的蒸汽管上、下净距可减至0.2m。

18）钢管与水管平行或交叉时，净距不应小于0.10m。当与水管同侧敷设时宜敷设在水管上面（不包括可燃气体及易燃液体管道）。

19）线槽应敷设在干燥和不易受机械损伤的场所。

20）线槽敷设宜采用单独卡具吊装或支撑物固定，吊杆的直径不应小于6mm，固定支架间距一般不应大于1～1.5m，在进出接线盒、箱、柜、转角、转弯和骑缝两端及丁字接头的三端0.5m以内，应设置固定支撑点。

21）线槽接口应平直、严密，槽盖应齐全、平整、无翘角。

22）固定或连接线槽的螺钉或其他紧固件紧固后其端部应与线槽内表面光滑相接，即螺母放在线槽壁的外侧，紧固时配齐平垫和弹簧垫。

23）线槽的出线口和转角、转弯处应位置正确、光滑、无毛刺。

24）线槽敷设应平直整齐，水平和垂直允许偏差为其长度的2/1000，且全长允许偏差为20mm，并列安装时槽盖应便于开启。

25）金属线槽的连接处不应在穿过楼板或墙壁等处进行。

26）金属管或金属线槽与消防设备采用金属软管和可挠性金属管做跨接时，其长度不宜大于2m，且应采用卡具固定，其固定电间距不应大于0.5m，切断头用锁母或卡箍固定，并按规定接地。

27）为满足导线和电缆的机械强度要求，穿管敷设的绝缘导线，线芯截面最小不应小于$1mm^2$；线槽内敷设的绝缘导线最小截面不应小于$0.75mm^2$；多芯电缆线芯最小截面不应小于$0.5mm^2$。

28）穿管绝缘导线或电缆的总面积不应超过管内截面积的40%，敷设于封闭式线槽内的绝缘导线或电缆的总面积不应大于线槽的净截面积的50%。

29）导线在管内或线槽内，不应有接头或扭结。导线的接头应在接线盒内焊接或压接。

30）火灾报警器的传输线路应选择不同颜色的绝缘导线，探测器的"＋"线为红色，"－"线应为蓝色，其余线应根据不同用途采用其他颜色区分。但同一工程中相同用途的导线颜色应一致，接线端子应有标号。

31）导线或电缆在接线盒、伸缩缝、消防设备等处应留有足够的余量。

32）在管内或线槽内穿线应在建筑物抹灰及地面工程结束后进行。在穿线前应将管内或线槽内的积水及杂物清除干净，管口带上护口。

33）敷设于垂直管路中的导线，截面积为 $50mm^2$ 以下时，长度每超过 30m 应在接线盒处进行固定。

34）多股铜芯软线用螺丝压接时，应将软线芯扭紧做成眼圈状，或采用小铜鼻子压接，涮锡涂净后将其压平再用螺丝加垫紧牢固。

电缆头包扎：用橡胶（或塑料）绝缘带将电缆头的完好绝缘层开始，缠绕 1~2 个绝缘带幅宽度，再以半叠绕缠绕。尽可能的收紧绝缘带。

（4）元件安装。探测器至墙壁、梁边的水平距离，不应小于 0.5m。探测器周围 0.5m 内不应有遮挡物。

探测器至空调送风口边的水平距离，不应小平 1.5m。至多孔送风顶棚孔口的水平距离，不应小于 0.5m（是指在距离探测器中心半径为 0.5m 范围内的孔洞用阻燃材料填实，或采取类似的挡风措施）。

感温探测器的安装间距不应超过 10m；感烟探测器的安装间距不应超过 15m。探测器距墙的距离，不应大于探测器安装间距的一半。

探测器宜水平安装，如必须倾斜安装时，倾斜角不应大于 45°。

在宽度小于 3m 的走道顶上设置探测器时，宜居中布置。

线型火灾探测器和可燃气体探测器等有特殊安装要求的探测器，应符合现行国家标准的规定。

探测器的底座应固定牢靠，其导线连接必须可靠压接或焊接。当采用焊接时，不得使用带腐蚀性的助焊剂。探测器的外接导线，应留有不小于 15cm 的余量，进入端应有明显标志。

探测器的确认灯，应面向便于人员观察到的主要方向。

探测器的头在即将调试前方可安装，保管期应防尘、防潮、防腐蚀。

探测器应按设计和厂家要求接线，"＋"线应为红色，"－"线应为蓝色，其余线根据不同用途采用其他颜色区分，但同一工程中相同功能的导线颜色应一致。

手动报警按钮安装在墙上距地（楼）面高度 1.5m 处，应安装牢固，并不得倾斜。手动报警按钮的外接导线，应留有不小于 10cm 的余量，且在其端部应有明显标志。

（5）端子箱和模块箱安装。

1）端子箱和模块箱应根据设计要求的高度用金属膨胀螺栓固定在墙壁上明装，且安装应端正牢固。

2）用对线器进行对线编号，然后将导线留有一定的余量，把控制中心来的干线和火灾报警器及其他的控制线路分别绑扎成束。分别设在端子板两侧，左边为控制中心引来的干线，右侧为火灾报警探测器和其他设备来的控制线路。

3）压线前应对导线的绝缘进行摇测，合格后再按设计压线。

4）模块箱内的模块按厂家和设计要求安装配线，合理布置，并有用途标志和线号。

（6）感温电缆敷设。感温电缆敷设时一个保护区内一般不允许有中间接头，如有接头，则用端子相连，并作好绝缘处理，在接线处应做接线盒，并做好标记。

感温电缆敷设时不宜弯死弯，不要踩踏及用重物压、砸，电缆敷设前后不应在附近使用电焊或进行产生高温的施工，以免造成电缆的损坏及报废。

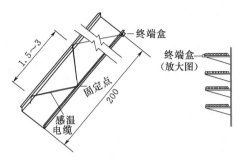

图 13-4　电缆桥架内电缆敷设安装示意图
（单位：m）

电缆竖井内感温电缆均由相邻电缆桥架的感温电缆延伸至竖井内，单根感温电缆长度以不超过 200m 为准。

在桥架上敷设感温电缆，敷设在电缆的最上面，按近似正弦曲线布置，电缆输入模块的末端连接一个感温电缆终端盒。电缆桥架内电缆敷设安装见图 13-4。

以正弦波方式安装的线型探测器敷设长度按以下公式计算：

探测器长度（L）＝托架长度（或支架长）×倍率系数×1.1，其中线型探测器正弦波敷设倍率系数按表 13-2 选定。

表 13-2　　　　线型探测器正弦波敷设倍率系数表

序号	托架或支架宽/m	倍率系数	序号	托架或支架宽/m	倍率系数
1	1.2	1.8	4	0.5	1.2
2	0.9	1.6	5	0.4	1.1
3	0.6	1.3			

不论桥架上电缆是否敷满，感温电缆都必须敷设。

感温电缆绝缘电阻技术要求：连接电缆对地绝缘电阻应大于 20MΩ；感温电缆对地绝缘电阻应大于 20MΩ。

13.1.5　消防灭火水系统设备安装

（1）管路安装。

1）管道预制。

A. 管材、管件的检验。管材、管件在使用前按设计图纸要求核对材质、规格、型号；要求其表面无裂纹、缩孔、夹渣等缺陷；不锈钢管材预制时先要检查管子的圆度及壁厚是否在规定的公差范围内。

B. 管子切割。普通钢管一般采用机械方法切割，若采用氧乙炔切割，应将切割表面清理干净。管道的切口表面应平整，局部凹凸一般不大于 3mm。管端切口平面与中心线的垂直偏差一般不大于管径的 2%，且不大于 3mm。

不锈钢管公称直径 $DN \leqslant 150mm$ 的采用机械方法切割，公称直径 $DN > 150mm$ 的采用等离子切割。

C. 管子加工。管道坡口根据管壁厚度确定坡口形式（对壁厚不超过 4mm，采用 I 形坡口；壁厚大于 4mm，采用 70°V 形坡口），坡口加工采用坡口机、手握砂轮机等方式进行，加工后的坡口斜面及钝边端面的不平度、坡角应符合规范要求。

弯头、三通一般采用成品购件，其材质应符合要求。

若需要制作特殊焊接弯头和三通时，焊接弯头曲率半径按设计图纸要求进行，若无规定，则一般不小于管径的1.5倍，90°弯头其分节数不少于4节，焊接后轴线角度与样板相符；焊接三通的支管垂直偏差不大于其高度的2%。

管道加热弯制时，其弯曲半径一般不小于管径的3.5倍；冷弯时其弯曲半径一般不小于管径的4倍；采用弯管机热弯时，其弯曲半径一般不小于管径的1.5倍；常用管子热弯温度及热处理条件应符合《水轮发电机组安装技术规范》(GB/T 8564)的规定。

公称直径 $DN>50mm$ 不锈钢管预制时多数采用对接，定型弯形式、公称直径 $DN\leqslant50mm$ 的不锈钢管采用冷弯。不锈钢管采用冷弯时应注意以下几点。

不锈钢管弯制前，必须校对不锈钢管材料是否符合图纸要求，然后按不锈钢管子零件图弯制、校正。

弯管产生管子的不圆度不大于4%，其弯曲处截面外径尺寸收缩率不大于0.5%。

管壁减薄率：

$$\eta\leqslant(D/3R)\times100\%$$

实际减薄率计算公式：

$$\eta\leqslant(t-t_1)/t\times100\%$$

式中　η——减薄率；

D——管子外径，mm；

R——弯曲半径，mm；

t——弯曲前的管壁实际平均厚度，mm；

t_1——弯曲后的管壁实际平均厚度，mm。

不锈钢管弯曲后，允许有均匀折皱存在，但其高度不得超过管子实际外径 D 的1%，有折皱处不得有目测可见的裂纹，表面不应有擦伤，沟槽或碰撞形成的明显凹陷，不锈钢管弯曲处背部不得有裂纹，结疤、折叠、分层等缺陷。

支管宜设在不锈管总管法兰近端，但不得小于50mm，同时支管高度在确保法兰连接螺栓安装方便时尽量缩短，以便于内部清洁。

D. 管道及支吊架预制。管道预制时考虑运输和安装的方便，应留有活口，预制管道组合件应具有足够的强度，不得产生永久变形。

预制完的管道，内部吹扫干净，封闭管口，以防杂物进入；管道预制完毕后及时编号，妥善存放。

管道支架预制时，其形式、材质、尺寸及精度应符合设计图纸的规定，应采用机械钻孔，严禁气割开孔。检查供货的支吊架要符合设计要求，确认无漏焊、欠焊、裂纹等缺陷。

制作法兰垫片时，应根据管道输送介质和压力选用垫片材料，垫片宜切成整圆，避免接口。

预制的碳钢管件、管道附件及时进行防腐处理。

E. 管道焊接。从事焊接施工的人员必须持有效合同规定的资格证书，并经现场考试合格后上岗。

a. 普通钢管焊接：管道、管件的焊接和检查应遵守《水轮发电机组安装技术规范》（GB/T 8564）、《现场设备、工业管道焊接工程施工规范》（GB 50236）及设计有关要求。

焊口组装前，将管端内外及坡口清理干净，组装时使用同一规格和壁厚的管材。管件组装后其错边量不超过管壁厚度的 20%，但最大不超过 2mm，且符合规程规范要求。

管道、管件组焊时，检查坡口的质量，坡口表面平整，不得有裂纹、夹层等缺陷。点焊间距视管径大小而定，一般以 50～300mm 为宜，且每个焊口不得少于三处。每点点焊长度 10～15mm。

焊条使用前按规定进行烘干，并在使用过程中保持干燥，药皮无脱落和显著裂纹。对不同材质的管道应选用不同的焊接材料。对于异种材料焊接应根据强度较高的母材选用焊材；不锈钢与碳钢焊接时应选用相匹配的不锈钢焊材。

管道焊接完成后对外观进行检查，焊接飞溅物清理干净，焊缝焊角高度、宽度符合规范要求，其外形平缓过渡，表面无裂纹、气孔等缺陷，咬边深度不大于 0.5mm。

b. 不锈钢管焊接：不锈钢管采用钨极氩气弧焊，背面通氩气保护全位置单面焊，双面成型。

焊机牌号为逆变直流脉冲氩弧焊机，焊丝与母材匹配，焊丝直径为 1.6～2.0mm，气体采用氩气（Ar），氩气纯度：不小于 99.99%。

管材必须采用机械加工的方法进行截取和端面加焊接表面（或坡口），必须无损害接头质量的杂质和缺陷，毛刺应清除，但背面不得有倒角，接头（坡口）两侧 20mm 范围内的氧化物必须清除干净。

用不锈钢刷子清除工作表面的氧化物（不锈钢刷子不能在碳钢上使用，以免产生污染）。用在丙酮中浸泡过的布条，多次擦拭整个接头区，清除打磨后的碎屑和缝口上残留的污物、油脂。焊丝必须保证清洁干净，不施焊时，不允许裸露放置。接头清理后，要特别注意接头区不能用手触摸或在脏的工作台上拖拉，要求操作者戴上干净的手套。焊接工具用在丙酮溶液中浸过的抹布擦拭干净。如果从清理完到开始焊接操作 1h 以上，应在焊接前将接头去用丙酮溶液中浸泡过的抹布重新擦净。管子的搭焊采用与焊接同种牌号的焊丝，定位点为 120°三处，每处的长度不大于 10mm，高度与宽度不得超过正式焊缝，焊点应均匀牢固，不得有裂纹存在，反面成形与焊缝一致，焊接覆盖前、应检查无裂纹。

焊接时，管内应先接好充气装置，管子两端用海绵或对母材不产生腐蚀的材料封妥；焊接前先向焊接管道内冲氩气，充氩气的入口安排在管子的下端，入口与出口要有压力差，充氩气压力为 0.02～0.05MPa；所有焊接操作应在防风和防气候影响的条件下进行。焊接前应调好保护气体的流量，一般为 8～10L/min，先排除空气输送 1～2min 后开焊。

所有对接焊缝应完全焊透，采用单面焊双面成形，焊缝应以俯焊位置施焊为主，焊接以后对焊接处进行表面处理；焊接中产生的缺陷。如裂纹、端部弧坑、气孔以及凹陷等应及时予以清除。焊接时，不允许在焊缝及管子上引弧，引弧时，要防止钨板直接与工件碰撞，以免在焊缝区产生黑点；如果发生时，可用砂轮打磨去除。

焊接中断时，时间过长，表面被氧化，再续焊时，焊丝的端部应去掉。熄弧时，不能立刻提起焊枪，要注意滞后气体对焊丝的保护作用；焊双层焊时，第一层焊缝焊好后，冷却一段时间，待温度小于 600℃（可用测温仪）时，再焊第二层焊缝。

F. 阀门清扫、检验。按设计要求核对所有阀门的规格、型号，检查合格证书、质量证明、试验证明等。

对工作压力在 1.0MPa 以上的阀门和 1.0MPa 以下的重要部位的阀门按 1.25 倍实际工作压力进行严密性耐压试验，保持 30min，无渗漏现象。

2）管道安装。

A. 管道支（吊）架安装。按图纸要求，确定起始支、吊架的安装尺寸和标高，中间管道支、吊架采用拉线法控制，使其在同一平面上，其间距应符合施工图纸尺寸。

管架定位后与墙壁埋板点焊，用水平尺进行调平后完成全部焊接。若采用锚固法，应按支架位置画线，进而定出锚固件的安装位置，膨胀螺栓选用及钻孔深度应符合要求。上下左右对称，膨胀螺栓应露出螺母 2～3 个螺距，应使用同一规格的膨胀螺丝。安装时应注意支吊架管部位置不得与管子对接焊缝重合，其焊缝距离支吊架边缘不得小于 50mm。滑动支架不得做成固定形式，必须保证支吊架安装形式的正确性。所有活动支架的活动部分均应裸露，不应被水泥及保温层覆盖。支吊架调整后，各连接件的螺丝丝扣必须带满，螺杆露出 2～3 扣，锁紧螺母应锁紧。布置于同一处的阀门组，其支架 U 形管夹应处于同一标高。对安装好的管子支吊架及时涂防腐漆。

B. 管道配制。预埋管道通过混凝土伸缩缝、沉降缝处应按设计要求作特殊处理。管道预制件吊装前将管内清理干净，选用的吊装机具应满足安全吊装要求。吊装要平稳，就位在管架上后要及时固定。安装好的管道标高、方位、坡度应符合设计要求，环状焊缝要与管架错开（符合施工图纸或规范规定）。水平管平直度、立管垂直度、成排管道间距允许偏差应符合设计图纸要求。对成排管道还应注意起弯点、且弯曲弧度应一致，配制焊接后的弯头、三通应垂直。管道焊接采用小电流对称焊，尽量减少焊接变形对管道平直度的影响。确保管道安装后横平竖直，成排管道间距、弯曲角度应一致。对小口径管道在不违背设计意图的前提下尽可能集中布置。

C. 管道连接。管道连接前确保每节管段内部无杂物。

法兰连接应保持平行，法兰密封面，铁锈、油污、焊渣等要清理干净，加装规定的止漏垫。在安装过程中不得用强力紧固螺栓的方法消除歪斜。法兰连接保持同心，并保证螺栓自由穿入。法兰连接使用同一规格螺栓，螺帽安装方向一致，紧固螺栓对称均匀，松紧适度，紧固后螺杆外露长度为 2～3 个螺距。

管道与钢制法兰的焊接均采用内外焊接，且内焊缝高度不得高于法兰工作面。

丝扣密封的螺纹连接管螺纹加工应有锥度，表面光滑，断丝或缺丝不得超过丝全长的 10%，螺纹接头在螺纹处缠聚四氟乙烯或涂密封膏，接头表面应清理干净，先用手拧入 2～3 扣，再用工具拧紧。

现场配制的管道，在拆下焊接前做好标识。

（2）阀门安装。阀门在关闭状态下安装。对有方向要求的阀门，应注意其方向不能装反，其操作机构方位应符合要求。

（3）自动化元件安装。电磁流量计等设备安装时按介质流向确定其安装方向，运输时注意保持其不受碰撞。水力测量设备、自动化元件、表计在校验后安装。仪表管及表用阀按设计要求制作、检查。

（4）管道冲洗、吹扫。系统管道回装完后，系统要进行分段水冲洗，对不能参与的设备、仪表、阀门及附件应加以隔离和拆除，如发电机空冷却器、水轮发电机导轴承等。并对隔离和拆除设备、仪表、阀门及附件应加以封堵和保护，冲洗完后恢复。

冲洗前将管道系统内的流量孔板、滤网、温度计、止回阀阀芯等拆除，待清洗合格后再重新装配。管路冲洗的顺序按主管、支管、疏排管依次进行。水冲洗的排放管接入指定位置，并保证排污畅通。管路冲洗应连续进行，以系统内可能达到的最大压力和流量进行，直至出口处的水色和透明度与入口处目测一致为合格。

（5）管道压力试验。系统安装完毕，进行检漏试验，合格后再进行压力试验，压力试验应符合《水轮发电机组安装技术规范》（GB/T 8564）中系统管路试压要求，试压时应逐步分级升至试验压力，检查应无渗漏现象。

试压前，对不能参与试压的设备、仪表、阀门及附件应加以隔离或拆除。

系统试压过程中，当出现泄漏时，应停止试压，并应放空管路中的介质，处理后重新再试直至合格。

系统试压合格后即时进行恢复，并按规定要求填写试压记录。

（6）管道防腐、涂漆。对碳钢管材进厂前，先进行除锈，涂防锈底漆。系统在试压合格后按规定对系统做防腐、涂漆处理。涂漆前，按设计要求正确选用涂料。被涂设备、管材表面经除锈清理干净后按防腐涂装要求进行刷漆，保证涂层完整、均匀、颜色一致、无漏涂。

（7）管道保温。管路系统试压合格后，按设计图纸要求对系统有保温要求的设备和管路安装保温层，其材料应符合设计规定。

（8）管路安装技术要求。

1）水管件的耐压试验。所有的管路及附件，在安装完成后均应进行水压强度耐压和严密性试验，强度耐压试验压力为 1.5 倍设计压力，保持 30min，无渗漏及裂纹等异常现象。做水压强度耐压和严密性试验时，承包人应通知监理人进行检查验收。

2）明管、阀门和法兰的安装要求。

A. 明管安装。管子安装位置（坐标及标高）的偏差，一般室外的偏差不大于 15mm，室内的偏差不大于 10mm。

水平管弯曲和水平偏差：一般不超过 0.15％且最大不超过 20mm；立管垂直度偏差，一般不超过 0.2％，最大不超过 15mm。

成排布置的管道应在同一平面上，偏差不大于 5mm，管道间间距偏差应在 0～±5mm 范围内。

管道支、吊架均采用后置式成品支、吊架，由承包人负责安装。支、吊架间距以设计图纸为准。支、吊架的形式由支、吊架厂家按设计图纸根据现场情况二次设计制作。支、吊架距离接口焊缝、法兰及弯头处应大于 50mm。连接设备的管道，在连接处设支、吊架，不能让管道的重量压在设备上。

B. 阀门和法兰的安装。阀门安装前应清理干净,保持关闭状态。止回阀应按设计规定的管道系统介质流动方向正确安装。安装阀门与法兰的连接螺栓时,螺栓应露出螺母2~3扣,螺母宜位于法兰的同一侧,$DN=200mm$ 及以上的阀门安装前必须逐个进行压力试验,$DN=200mm$ 以下抽检30%。

平焊法兰与管道焊接时,应采取内外焊接,内焊缝不得高出法兰工作面,所有法兰与管道焊接后应垂直,一般偏差不超过1‰。

法兰密封面及密封垫不得有影响密封性能的缺陷存在,垫圈尺寸应与法兰密封面相符,垫圈内径允许比法兰内径大2~3mm,垫圈外径允许比法兰外径小1.5~2.5mm,垫圈不准超过两层。

法兰把合后应平行,偏差不大于法兰外径的1.5‰,且不大于2mm,螺栓紧力应均匀。

(9)水喷雾灭火系统设备安装。

1)进行外观检查,系统设备无碰撞变形和其他机械性损伤,接口螺纹和法兰密封面无损伤。检查喷头设备的型号和尺寸是否符合要求,外观有无缺损。安装位置和尺寸及喷头角度严格遵照设计图纸进行,不得将喷头分解、拆卸。

2)雨淋阀组的安装。雨淋阀组的安装位置应符合设计要求,观测仪表和操作阀门的位置便于观测和操作,且在发生火灾时应安全开启和便于操作。压力表安装在雨淋阀组水源一侧,雨淋阀在供水管网充水后,在关闭阀组出水口手动检修阀的情况下,做单独试验,回路动作正确。水力警铃按设计安装位置要求进行安装。

3)水雾喷头的安装。安装喷嘴前必须按设计图纸核对其数量、型号和规格。喷嘴应完好,无损坏,无腐蚀痕迹,内外应无黏着物及油污等。喷头安装在系统试压、冲洗合格后进行。喷头安装时使用专用扳手,严禁用喷头的框架施拧,喷头上不得涂漆。喷头安装的位置尺寸、喷射角度,严格按设计要求进行。

4)过滤器、阀门及仪表安装。过滤器或滤网的安装应满足水头损失最小的要求。

阀门及仪表的安装除应按《自动喷水灭火系统施工及验收规范》(GB 50261)的相关规定进行外,还应满足下列规定:系统的阀门和仪表均应安装在便于操作、检查和维护的位置;系统各种阀门和仪表的安装应避免机械、化学或其他损伤;当供给细水雾系统的压缩气体压力大于系统的设计工作压力时,应安装压缩气体调节阀门。压缩气体调节阀门的设定值由设备厂家设定,且应有防止误操作的措施和正确操作的永久标识。

(10)系统试压和冲洗。系统的试压和冲洗应按《自动喷水灭火系统施工及验收规范》(GB 50261)和《工业金属管道工程施工规范》(GB 50235)的相关规定进行。

水喷雾灭火系统的水压强度试验压力应为额定工作压力加0.4MPa,并应保持1h,目测应无泄漏和变形,压力降不应大于0.05MPa。

对于干式和预作用系统,除要进行水压试验外,还应进行气压试验。气压试验介质为空气或氮气,试验压力应为0.28MPa,且稳压24h,压力降不应大于0.01MPa。

双流体系统的气体管道应进行气压强度试验,试验压力为水压强度试验压力的0.8倍。

系统管道压力试验合格后，应进行水冲洗和空气吹扫，吹扫用气体不得含油或其他腐蚀性物质。

（11）室内消火栓（箱）安装。消火栓箱在安装前按施工图纸规定检查所购设备规格、型号、消防产品生产合格证等应符合要求。外观检查，设备无碰撞变形和其他机械性损伤，接口螺纹和法兰密封面无损伤。对于暗装或半暗装的消火栓箱其预留孔洞的尺寸应符合图纸要求。

室内消水栓箱安装应牢固，消火栓栓口应朝外，栓口中心距地面为1.1m。阀门中心距箱侧面为250mm，距箱后内表面100mm，偏差不得大于±5mm；箱体安装的垂直度偏差小于3mm。配套的水龙带和水枪挂装应整齐，各零件应齐全可靠。

对室内消火栓进行测试，采用压力表、流速仪等检测仪表。消火栓开启应灵活，不渗漏。最不利点消火栓的水压和流量应能满足灭火要求。

13.1.6 气体灭火设备安装

（1）气体灭火系统安装。气体灭火系统安装必须遵守《气体灭火系统施工及验收规范》（GB 50263）的规定。

1）安装前检查。检查主附件外观情况，不得有碰伤，附件不得有扭曲，瓶气压力显示清楚；瓶及附件型号、规格、功能应符合设计要求。

2）钢瓶组装。瓶架安装按设计图纸要求将瓶架固定。将钢瓶按编号顺序装在瓶架上卡稳；连接气管软管，接头必须拧紧；安装集气分配管，固定在钢瓶架顶部同时接上放气软管和角型止回阀。丝扣连接必须拧紧。安装安全阀、压力开关。储存容器宜涂红色油漆，正面应标明设计规定的灭火剂名称和储存容器的编号。

3）管道安装。管道安装同消防水系统灭火设备安装之管道安装。

4）喷嘴安装。安装前检查喷嘴型号、规格、孔径是否符合设计图纸要求；系统管道试压吹扫合格。支吊架牢固方可安装，在吊顶房间内喷嘴装饰盘应与吊顶面齐平。

5）管道强度试验和气密性试验。水压强度试验压力应按下列规定取值。

A. 对高压二氧化碳灭火系统，应取15.0MPa；对低压二氧化碳灭火系统，应取4.0MPa。

B. 对IG 541混合气体灭火系统，应取13.0MPa。

C. 对卤代烷1301灭火系统和七氟丙烷灭火系统，应取1.5倍系统最大工作压力。

D. 进行水压强度试验时，以不大于0.5MPa/s的速率缓慢升压至试验压力，保压5min，检查管道各处无渗漏，无变形为合格。

E. 当水压强度试验条件不具备时，可采用气压强度试验代替。气压强度试验压力取值：二氧化碳灭火系统取80%水压强度试验压力，IG 541混合气体灭火系统取10.5MPa，卤代烷1301灭火系统和七氟丙烷灭火系统取1.15倍最大工作压力。

气压强度试验应遵守下列规定：试验前，必须用加压介质进行预试验，试验压力宜为0.2MPa。

F. 试验时，应逐步缓慢增加压力，当压力升至试验压力的50%时，如未发现异状或泄漏，继续按试验压力的10%逐级升压，每级稳压3min，直至试验压力。保压检查管道各处无变形，无泄漏为合格。

G. 灭火剂输送管道经水压强度试验合格后还应进行气密性试验，经气压强度试验合格且在试验后未拆卸过的管道可不进行气密性试验。

H. 灭火剂输送管道在水压强度试验合格后，或气密性试验前，应进行吹扫。吹扫管道可采用压缩空气或氮气，吹扫时，管道末端的气体流速不应小于20m/s，采用白布检查，直至无铁锈、尘土、水渍及其他异物出现。

I. 气密性试验压力应按下列规定取值：对灭火剂输送管道，应取水压强度试验压力的2/3；对气动管道，应取驱动气体储存压力。

J. 进行气密性试验时，应以不大于0.5MPa/s的升压速率缓慢升压至试验压力，关断试验气源3min内压力降不超过试验压力的10％为合格。

K. 气压强度试验和气密性试验必须采取有效的安全措施。加压介质可采用空气或氮气。气动管道试验时应采取防止误喷射的措施。

6）模拟喷气试验。采用2.5MPa的氮气瓶一个。喷气试验结果应满足：试验气体能够进入设定防护区，并从该区的各喷嘴喷出；相关控制阀门工作正常；相关声、光报警系统正确；气体灭火系统设备、管道无明显晃动，无机械性损坏。

（2）火灾报警系统安装。见第13.1.3条火灾自动报警系统安装内容。

13.1.7 调试要求

（1）火灾自动报警系统调试。

1）火灾自动报警系统调试，应在建筑内部装修和系统施工结束后进行。

2）调试前施工人员应向调试人员提交竣工图、设计变更记录、施工记录（包括隐蔽工程验收记录），检验记录（包括绝缘电阻、接地电阻测试记录）、竣工报告。

3）调试负责人由有资格的专业技术人员担任。一般由生产厂工程师或生产厂委托的经过训练的人员担任，其资格审查由公安消防监督机构负责。

4）调试前应按下列要求进行检查：

A. 按设计要求查验，设备规格、型号、备品、备件等。

B. 按火灾自动报警系统施工及验收规范的要求检查系统的施工质量。对属于施工中出现的问题，应会同有关单位协商解决，并有文字记录。

C. 检查检验系统线路的配线、接线、线路电阻、绝缘电阻，接地电阻、终端电阻。线号、接地、线的颜色等是否符合设计和规范要求。

D. 火灾报警系统应先分别对探测器、消防控制设备等逐个进行单机通电检查试验。单机检查试验合格，进行系统调试，报警控制器通电接人系统做火灾报警自检功能、消音、复位功能，故障报警功能、火灾优先功能。报警记忆功能。电源自动转换和备用电源的自动充电功能、备用电源的欠压和过压报警功能等功能检查。在通电检查中上述所有功能都必须符合《火灾报警控制器》（GB 4717）的要求。

5）按设计要求分别用主电源和备用电源供电，逐个逐项检查试验火灾报警系统的各种控制功能和联动功能，其控制功能和联动功能应正常。

6）检查主电源：火灾自动报警系统的主电源和备用电源，其容量应符合有关标准要求，备用电源连续充放电三次应正常，主电源、备用电源转换应正常。

7）系统控制功能调试后应用专用的加烟加温等试验器，分别对各类探测器逐个试验，动作无误后可投入运行。

8）对于其他报警设备也要逐个试验无误后投入运行。

9）按系统调试程序进行系统功能自检，系统调试完全正常后，应连续无故障运行120h，写出调试开通报告，进行验收工作。

（2）消防水系统调试。

1）设备单体调试。设备单体调试前，检查系统各控制阀门应处于正确的开启和关闭状态，各系统仪表、监控系统显示正确。

2）消防系统管道充水及升压试验。设备单体调试合格后，对系统进行充水检查，无异常现象后，将系统缓慢升至额定压力。打开放水试验阀，测试系统流量、压力应符合设计要求。

3）雨淋阀调整试验。关闭雨淋阀出口侧闸阀，打开手动放水阀或电磁阀时，雨淋阀组动作可靠。检查水力警铃的设置位置应正确，水力警铃喷嘴处压力及警铃声强应符合制造厂家设计说明书要求中的规定。

4）模拟灭火功能试验。报警阀动作，警铃鸣响；电磁阀打开，雨淋阀开启，消防控制中心有信号显示；消防水泵启动，消防控制中心有信号显示。

5）消防系统有水调试。有水调试阶段，在向发包人、监理单位及有关单位申请并同意后，进行有水联合调试。

按照要求对油库中的油罐、主变室主变进行现场喷淋试验。通过调整消防水压，喷头方向和角度，使喷淋水雾化效果达到最佳，并能完全覆盖被喷淋物。

对发电机消防只进行模拟试验。

（3）消防水泵安装及试验。

1）水泵分解检查。外观检查无缺件、损坏、锈蚀等；泵体各部间隙应符合设计要求；传动轴的直线度应符合规范要求；各部密封应符合规范要求。

2）水泵安装调整。基础尺寸、位置、标高等符合要求；注意传动轴的同心度及每节扬水管间的密封情况；电机座的安装水平偏差不大于 0.2mm/m；水泵的固定应符合设计要求。

3）水泵试运行。手动点动水泵，检查电动机的相序；关闭排水管出口阀，检查排水管压力过高报警压力信号器动作情况；投入自动运行，检查水泵启停的水位，校核调整水位计；检查润滑水自动投入情况，整定润滑水供水时间。

（4）气体灭火系统设备调试。按照《气体灭火系统施工及验收规范》（GB 50263）及相关设备说明书，完成气体灭火系统设备调试。按照《火灾自动报警系统施工及验收规范》（GB 50166）的规定，完成系统联动调试。

13.1.8 系统验收程序

（1）火灾报警系统安装调试完成后，施工单位、调试单位对工程质量、调试质量、施工资料进行预检，同时进行质量评定，发现质量问题应及时处理。

（2）预检全部合格后，总承包单位负责请使用单位、设计、监理等单位，对工程进行竣工验收检查，无误后办理竣工验收单。

（3）总承包单位负责请建筑消防设施技术检测单位进行检测，由该单位提交检测报告。

（4）以上工作全部完成后，由总承包单位向公安消防监督机构提交验收申请报告，并提供下列文件和资料。

A. 建设过程中消防部门的消防审核文件、备忘录及其落实情况。

B. 施工单位、设备厂家的资质证书和产品的检测证书。

C. 施工记录（隐蔽工程验收、设计变更通知、回路绝缘电阻记录、接地电阻记录、主要材质证明、合格证）等。

D. 调试报告。

E. 总承包单位组织施工单位、设计单位、监理等单位办理的竣工验收单。

F. 检测单位提出的检测报告。

G. 系统竣工图。

H. 管理、维护人员登记表。

（5）消防工程经公安消防监督机构对施工质量复验和对消防设备功能抽验，全部合格后，发给建设单位《建筑工程消防设施验收合格证书》。建设单位可投入使用。

13.2 有线通信广播电视系统设备安装

13.2.1 系统的组成

水电站有线通信广播系统工程包括有线通信、有线广播、工业电视系统。

（1）有线通信包括行政电话和调度电话，均设总机，分机按需求装设。行政电话可与市话接通。有线通信系统由程控交换设备、传输设备、电源设备组成。

（2）有线广播（PA）。水电站内设广播设备。在主机室和有关部位设扬声器。播音一般在中控室。

（3）工业电视系统（CTV）。一般在中控室和门卫间设监视器，大电厂重要部位和主要通道及大坝设可遥控的摄像头，户外重要部位设全天候工作的摄像头，使监控人员从电视监视器上了解全水电站的运行安全情况。

13.2.2 电力系统通信的重要性和特点

电力系统通信是为电力调度、数据传输、电网自动化服务，同时为水库调度、水文水情预报服务。它是进行电力生产保证电网安全经济运行、水库调度和预防洪水灾害的不可缺少的手段。

由于以上各种用途，电力系统通信必须有较高的性能指标。

（1）快速性。电力调度与厂、所之间的电话通信，当有需要时，应立即接通。

（2）清晰度。为保证调度操作命令的正确无误，首先要保证电话的质量，要求在音质、音量上达到"舒适通话"，即在正常说话情况下，听到的语音如对面谈话一样。

（3）可靠性。电力调度通信在任何情况下都不允许中断，因此调度对厂、所之间的通信要有备用通道。当主通道发生故障时利用备用通道联系。备用通道至少一路，并与主通道用不同方式、不同路径，防止因天气、施工等原因造成主、备通道同时受到破坏。

调度通信要具有抗大风、大雨、大雪、大水等外力破坏的能力，在各种恶劣气候情况下，更需要保证畅通。

13.2.3 电力系统通信的主要内容

电力系统中信息的内容是多种多样的，经常传递的信息有：

（1）语言通信。

（2）远动和数据信号。

（3）远方保护信号。

（4）传真。

（5）计算机通信。

（6）系统运行图像信息。

（7）水电站水库、水情信息等。

13.2.4 电力系统的通信方式

一般有有线通信和无线通信两大类。有线通信有行政电话和调度电话，无线通信包括：电力线载波、微波中继、卫星和光纤等通信。

（1）电力线载波通信。载波机以高压输电线路和结合设备（包括结合电容器、结合滤波器、高频电缆）为通道，利用架空电力线路的相相导线或相地线作为信息传输载体，阻波器是为降低载波信号被分流而设。这种通信方式具有高度的可靠性和经济性。因此，早期它是电力系统的基本通信方式之一，也是目前中型电厂的主要通信方式。

电力线载波具有通道机械强度高、维护方便、投资省等优点。以供通话、传输数据信息及继电保护使用。但它可用通信频段为 $40\sim500kHz$，每路通信带宽 4kHz，不计重复用频段，最大为 115 路。但在输电线路事故或线路检修接地时，通信往往中断，输电线的电晕和瓷瓶放电，造成电力线载波通信的杂音较大。

（2）微波中继通信。这是现代通信的主要方法之一，是利用微波在视距范围内以大气为媒介进行直线传播的一种通信方式，每个中继段距离为 50km 左右。这种通信方式传输比较稳定可靠，通信容量大，噪声干扰小，与短波通信相比，通信质量高，工作稳定，可靠性可达 99.98%，可节约有色金属，但保密性和运行维护不如电缆通信优越。其主要缺点是一次投资大，电路传输有衰减，远距离通信需要增设中继站，当地形复杂时，选站困难。目前，微波中继通信已用作电力专用通信网的干线通信方式。

（3）卫星通信。这是利用通信卫星的转发来进行地面站相互间的通信。利用通信卫星的高度（35869km），可实现上万公里的远距离通信，可靠性达 99.80%。但卫星成本昂贵，地面站设备技术要求高，有较大的信号延迟和回声干扰（一问一答约 0.6s），所以卫星通信适合于边远山区水电站，边远局与部、网局之间的通信。由于容量有限，常做备用通道。

（4）光纤通信。光纤通信在电力系统中的应用，始于 20 世纪 80 年代初期，目前在电力系统通信中采用较为广泛。

光纤通信是根据光电子学原理，用激光作载波、用光导纤维作传输路径的通信。光纤通信具有通信容量大、通信质量高、抗电磁干扰、抗核辐射、抗化学侵蚀，重量轻、节省

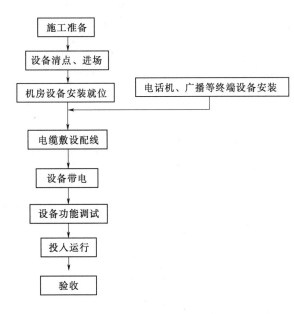

图 13-5　通信广播系统安装流程图

有色金属等一系列优点。与电缆等通信相比，主要优点有如下几个方面：

1）通信容量大，一对光纤最大能通15000路以下。

2）抗干扰性好，不受电磁干扰，在500kV、220kV高电压大电流环境中，通信畅通无阻。

3）多路成本低，当话路数达1920路以上时，光缆成本低于同轴电缆。随着光缆生产成本的降低，架空地线复合光缆的普遍使用，必将加速光缆通信的发展。

13.2.5　施工流程

通信广播系统安装流程见图13-5。

13.2.6　施工准备

（1）熟悉设计图纸、出厂技术文件及安装说明书，根据设计图纸、设备技术文件、资料、有关规范编制安装技术措施和调试程序，报监理工程师审查批准。

（2）通信机房的土建工程已竣工，地面平整干燥，门窗安装齐全，墙壁粉刷完毕。

（3）预留洞空、走线槽、架、静电地板铺设、预埋穿线钢管、预埋吊挂螺栓、走线架的位置应符合设计规定；预留洞孔框架安装完毕、平直整齐；地槽盖板平整、油漆均匀；预埋钢管口径合适、管口光滑、弯曲半径符合设计规定、管内干燥无积水；走线架牢固平直。

（4）设备到货清点：设备到货后，由仓库保管，安装前从仓库转运至安装现场，在监理人单位组织下，进行现场开箱清点，检查设备完好，内部元件完整，油漆无损，型号、规格符合设计要求，附件、备件、技术资料齐全，数量与装箱清单相符，暂时不装的部件或备品备件送仓库妥善保管。

（5）元件检查、测试。

1）所有工程上使用的设备、元件、材料应有生产厂商制造许可证、产品合格证、使用说明书、试验报告等技术文件。

2）电缆、电话线应用万用表测量其导通情况，并用高阻挡测量线芯间的电阻、一般应大于500MΩ。通常不使用绝缘电阻仪测量其绝缘电阻，因为电话系统用的电缆、电线耐压较小，因此可用万用表高阻挡来测量。

3）话机、音响设备应实测功能是否齐全。

4）箱、盒等元件符合图纸要求。

5）扬声器外观无破损断线，铭牌完整，字迹清晰。阻抗检测与铭牌相符。

6）线路设备应按架空线的要求对材料、元件、设备进行检测。

7）光缆应用光缆测试仪进行检测。

13.2.7 机房设备安装

机房设备主要有主机（交换机及服务台）、配线架、交流电源柜、直流电源柜（浮充）或蓄电池组，还有的机房布置有诊断机、打印机及空调等。

（1）地板及基础安装。机房一般铺设防静电活动地板，将电缆线槽敷设在地板下。安装地板时将地面清扫干净，找准地面标高后进行地板龙骨架施工，待电缆线槽、电缆及电话线敷设完毕后再回装地板。

按设计图纸位置和尺寸固定基础槽钢，控制槽钢水平偏差度和不直度小于1‰，并对槽钢进行防腐处理，基础与接地引线可靠连接，接地点清晰可见。

机房内安装铜接地网，并与接地体可靠连接，接地电阻一般不大于4Ω。

（2）交换机、配线架及控制柜安装。依照图纸位置将主机、服务台、交流柜、直流柜等安装在基础槽钢上，根据《电气装置安装工程　盘、柜及二次回路接线施工及验收规范》（GB 50171）的要求，调整控制盘、柜尺寸偏差，盘、柜调整完成后将盘、柜固定在槽钢上，并将盘、柜可靠接地。

配线架安装完成后进行绝缘电阻检查，用500V兆欧表测试绝缘电阻，各接头或端子与箱体间应大于500MΩ，各接头或端子间应大于300MΩ。

将引自电话组箱的导线在配线架上接好，然后将其另侧端子对应接在主机的端子上，线号必须互相对应。引入主机的进线应装设避雷器，电话总机进线避雷器接线见图13-6。

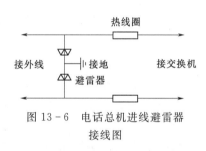

图13-6　电话总机进线避雷器接线图

（3）通信电源蓄电池安装。检查其型号、数量与设计是否一致，电池槽有无裂纹，极柱有无变形，连接条、螺栓应完好，设备在现场运输、安装过中应轻搬轻放，避免倒置、碰撞和曝晒。

按设计要求做好蓄电池台架（如有），然后布置蓄电池。蓄电池安装应平稳、间距均匀、排列整齐，编号清晰，编号与设计图纸相符。

将连接块/线每组蓄电池串接，连接块/线与蓄电池的极柱连接紧密牢固，极性正确。使用扳手紧固蓄电池极柱螺栓时，应将扳手手柄用绝缘布/带包缠起来。

（4）电缆敷设。馈线安装前检查有无短路或芯线断开故障，安装时弯曲半径符合技术指标要求，馈线走向和加固符合设计图纸要求，并按设计图纸要求可靠接地。按厂家说明书布置、安装及加固支架，并正确放置各部件设备。设备间连线、信号线、接地线的连接、布线平直、转弯处自然圆滑。焊接处不使用酸性助焊剂，无虚焊。布放电缆的规格、路由、截面和位置符合施工图的规定；电缆在工程中的编号标识准确、清楚、牢固，电缆排列整齐，外皮无损伤。交、直流电源的馈电电缆分开布放；电源电缆、信号电缆、用户电缆与中继电缆分离布放。电缆、光缆转弯均匀圆滑，电缆弯的曲率半径不小于电（光）缆外径的10倍。活动地板下布放电缆顺直不凌乱，尽量避免交叉，不堵住送风通道。线缆或尾纤在机架内排放位置不妨碍或影响日常维护、测试工作的进行。综合配线架数字配端子板、同轴电缆安装端正、牢固，无松动现象。光纤配线架上的托盘、尾纤安装端正、牢固，无松动现象。线缆在槽道中布放顺直，无明显扭绞和交叉，不突出槽道。

（5）电缆头制作安装及配线。

1）电缆头制作。电缆头制作前应校对，对其物理性能进行粗测；对不同功能的电缆可用兆欧表、万用表、电话机对设备进行测量。制作电缆头前，根据连接的设备、模块位置考虑电缆的预留余量。电缆进入配电箱（柜）内应剥去电缆外层保护皮，并用尼龙扎带等加以固定。铠装电缆引入电箱后应在钢铠上焊接好接地引线，或加装专门接地夹。在配电箱内接线空间一般比较宽裕，选用压接铜线耳制作电缆端头，在电视上一般使用开口线耳制作电缆头。采用压接线耳，在压接线耳两端朝不同方向压接一次，采用开口线耳时，将开口处敲紧敲密，并涂上非酸性焊锡膏锡焊。压接线耳截面应与导线截面相同，开口线耳载流量不应低于导线载流量。在有腐蚀性或对供电要求较高的场所，所有铜—铜接点都应搪锡或加涂导电膏，以减少接触面发热。线耳压接完毕后均应彻底清理干净，并包扎相色带。

2）配线。线缆在综合配线架内布放顺直，出线位置准确，预留弧长一致，并做适当的绑扎。

屏蔽线的剖头长度一致，剖头处套上热缩套管，屏蔽层接地良好，芯线刮线长度一致，在端子上的绕线紧密、牢固，无毛头。

当直流电源线采用螺丝压接时，电源线的剖头长度等于其插入接线端子腔的深度，顶压接触部分用细砂布去掉氧化物，顶压牢固。

当直流电源线采用线鼻子连接时，电源线的剖头长度等于其插入鼻子腔内长度，插入部分的芯线及鼻子腔内壁用砂布打磨干净后进行焊接或压接，连接牢固、端正，焊接时腔内焊锡饱满。在接线端子上安装时，位置正确、牢固、螺帽垫片齐全。

13.2.8 线槽、电缆管设备安装

（1）线槽施工。垂直敷设的线槽必须按底架安装，水平部分用支架固定。固定支点之间的距离要根据线槽具体的负载量选在 1.5～2.0m 之间。在进入接线盒、箱柜、转弯和变形缝两端及丁字接头不大于 0.5m，线槽固定支点间距离偏差小于 50mm，底板离终点 50mm 处均应固定。

不同电压、不同回路、不同频率的强电线应分槽敷设，或加隔离板放在同一槽内。

线槽与各种模块底座连接时，底座应压住槽板头。线槽螺杆高出螺母的长度少于 5mm，线槽两个固定点之间的接口只允许有一个，所有接口均装上接地跨接铜线。线槽交叉、转弯、丁字连接要求：平整无扭曲，接缝紧密平直无刺无缝隙，接口位置准确，角度适宜。槽板应紧贴建筑墙面，排列整齐。线槽内导线不得有接头。穿在管、槽、架内的绝缘导线，其绝缘电阻不应低于 50MΩ。管线槽架内穿线宜在建筑物的抹灰及地面工程结束后进行，施工之前，将线槽内的积水和杂物清除干净。

（2）电缆管安装。根据安装不同地点及不同用途，按设计选用镀锌管线管，室外裸露均采用黑铁管作线管。镀锌管参照如下方法施工。

1）金属管的加工要求。金属管表面不应有穿孔、裂缝和明显的凹凸不平，内壁应光滑。

为了防止在穿电缆时划伤电缆，管口应倒棱角并修光。金属管在弯制后，不应有裂缝和明显的凹瘪现象。若弯曲程度过大，将减少线管的有效直径，造成穿线困难；金属管的弯曲半径不应小于所穿入电缆的最小允许弯曲半径；镀锌管锌层由于弯曲原因剥落处应涂防腐漆。

2）金属管的切割套丝。根据实际需要长度对管子进行切割。可使用钢锯、管子切割刀或电动切管机，严禁使用气割。管子和管子连接，管子和接线盒、配线箱连接，都需要在管子端部套丝。并随即清扫管口，将管口端面和内壁的毛刺锉光，使管口保持光滑。

3）金属管弯曲。在敷设金属线管时应尽量减少弯头数量，每根金属管的弯头不宜超过3个，直角弯头不应超过2个，并不应有S弯出现，对于截面较大的电缆不允许有弯头，可采用内径较大的管子或增设拉线盒。

弯曲半径应符合下列要求：明配管时，一般不小于管外径的6倍；只有一个弯时，可不小于管外径的4倍；整排钢管在转弯处，宜弯成同心圆形状。敷设于地下或混凝土楼板内时，应不小于管外径的10倍。

电线管的弯曲处不应有折皱、裂缝，弯扁程度不应大于管外径的10%。

4）金属管的连接。金属管连接应牢固，密封良好，两管口应对准；管接头两端应以铜线作可靠连接，以保证电气接地的连续性；金属管连接不宜采取直接对焊的方式；金属管进入接线盒后，可用锁紧螺母或带丝扣管帽固定，露出锁紧螺母的丝扣为2～4扣。应保证接线盒内露出的长度要小于5mm。

5）金属管的敷设。金属管暗设时应符合下列要求：预埋在墙体中间的金属管内径不宜超过50mm，楼板中的管径宜为15～20mm，直线布管30m处设暗线盒。敷设在混凝土、水泥里的金属管，其地基应坚实平整。金属管连接时，管孔应对准，接缝应严密，不得有水和泥浆渗入。金属管道应有不小于0.1%的排水坡度。建筑群间的金属管道埋设深度不应小于0.7m；在人行道下面敷设时，不应小于0.5m。

6）金属管安装时按下列要求施工。金属管应用卡子固定，支持点间的间距不应超过3m。在距接线盒0.3m处，要用管卡将管子固定。在弯头的地方，两边也要固定。

光缆与电缆同管敷设时，应在暗管内预置塑料子管。将光缆敷设在子管内，使光缆和电缆分开布放，子管的外径应为光缆外径的2.5倍。当弱电管道与强电管道平行布设时，应尽量使两者有一定的间距。当线路明配时，弯曲半径不宜小于管外径的6倍，当两个接线盒间只有一个弯曲时，其弯曲半径不宜小于管外径的4倍。水平线垂直敷设的明配电线保护管，其水平垂直安装的允许偏差为1.5%，全长偏差不应大于管内径的1/2。钢管不应有折扁和裂缝，管内应无铁屑及毛刺，切断口应平整、管口应光滑。薄壁电线管的连接必须采用丝扣连接，管道套丝长度不应小于接头长度的1/2，在管接头两端应加跨接地线（不小于4mm² 铜芯电线）。混凝土楼板、墙及砖结构内暗装的各种信息点接线盒与管连接应采用锁紧螺母固定。暗敷与混凝土内的接线盒要求用湿水泥纸或塑料泡沫填满内部，不允许用水泥纸包外面。预埋在楼板、剪力墙内的钢管、接线盒应固定牢固，预防移位。

当电线管与设备直接连接时，应将管敷设到设备的接线盒内；当钢管与设备间接连接时，应增设电线保护软管或可挠金属保护管（金属软管）连接；选用软管接头时，不得利用金属软管作为接地体。

镀锌钢管或可挠金属电线保护管的跨接接地线，宜采用专用接地线卡跨接，不应采用熔焊连接。

明配钢管应排列整齐，固定点的间距应均匀，钢管管卡间的最大距离应符合规范的要求：管卡与终端、弯头中点、电气器具或接线盒（箱）。

边缘的距离宜为 $150\sim500mm$，中间的管卡最大间距为：厚壁钢管 $DN=15\sim20mm$，长为 $1.5m$，薄壁钢管 $DN=15\sim20mm$，长为 $1.5m$，天花吊顶内敷设的钢管应按明配管要求施工。

管内穿线前应将管内积水及杂物清除干净，导线在管内不得有接头，接头应在接线盒内进行，管口处应加塑料护嘴，不同回路、不同电压等级、交流和直流的导线不应穿入同一根管内。管线穿过建筑物伸缩缝时，应在伸缩缝两端留接线盒和接地螺栓。

13.2.9　接线盒、电话等设备安装

（1）交接箱的安装。交接箱即为接线箱，可落地或杆上、墙上安装在室内或室外。箱体安装在混凝土墙、柱或基础上时宜用膨胀螺栓固定，壁式箱体中心距离地面的高度为 $1.3\sim1.5m$。成排箱柜安装时，排列整齐。有底座设备的底座尺寸应与设备相符；设备底座安装时，其表面保持水平，水平方向的倾斜度偏差为每米 $1°$；设备及设备构件连接紧密、牢固，安装用的紧固件有防锈层；安装牢固、整齐、美观、端子编号科学易读、用途标志完整，书写正确清楚，设备内主板及接线端口的型号、规格符合设计规定；安装严格按图纸施工、按技术说明书连线；按系统设计图检查主机设备之间的连接电缆型号以及连接方式是否正确，金属外壳接地良好。

用 $500V$ 兆欧表测试绝缘电阻，各接头或端子与箱体间应大于 $500M\Omega$，各接头或端子间应大于 $300M\Omega$。

（2）电话端子箱安装。电话端子箱是将交换机引来的用户线在这里分解到上下用户电话终端。

安装时将引入导线或电缆及引出电话线引入端子箱，其端子箱容量为 5 部、10 部、20 部、30 部、50 部、100 部等，引入导线或电缆在箱内预留一定的长度，按设计要求接线。

（3）用户盒的安装。用户盒是与电话终端连接的，安装时要求：安装前要进行外观检查，本体及其配件应齐全、无机械损伤、变形、油漆脱落等缺陷。

安装平整、牢固、位置正确、高度符合要求，暗装时紧贴墙面，成排安装用户盒偏差符合要求。用户盒设置应便于检修，并加盖板。用户盒内端子接线牢固可靠，并标注线号，每一用户电话对就应一对端子。安装完成后，进行回路检查和绝缘测量。

（4）电话线安装。按设计要求进行穿线，管内导线不得有接头，绝缘无损伤。导线穿管时，电线不打结，导线截面及材质符合设计要求，管内导线总截面积不大于管截面积的 40%。

电话线一般使用 RVB 聚氯乙烯绝缘平行软铜线或 RVS 聚氯乙烯绝缘铜绞软线，管径 $25mm$，电话线的对数一般不超过 5 对，$\phi15mm$ 管宜穿 2 对线，$\phi20mm$ 管宜穿 4 对线；硬塑料 $\phi15mm$ 管可穿 3 对线，$\phi20mm$ 管可穿 5 对线。电话线安装时不得有接头，距离较长时应在接线箱（盒）内进行接头连接。

（5）测试及通话试验。

1）检查接线及编号正确统一。

2）设备及话机的测试应按厂家安装说明书进行。

3）通话试验。

A. 用外接移动有源电话从端子箱与所接的电话用户通话，验证接线是否正确、线号是否对应、声音效果如何。

B. 从配线架（或交接箱）的端子用 A 中的方法通话，要求同 A。

C. 启动电源使主机进入工作状态，工作稳定后，用主机话机拨用户号码，一一分别通话，要求同 A。

D. 通过主机用户电话之间通话，要求同 A。

E. 通过主机用户电话向外线电话通话，要求同 A。

13.2.10　广播音响设备安装

广播音响设备系统一般由广播喇叭（扬声器）、线间变压器、分线箱、端子箱、音响等设备组成。

（1）管线安装。按照施工平面图将管线暗敷设在墙、现浇层或吊顶内，敷设时应优先采用钢管或 PVC 管，注意管路的弯曲半径，接头处的处理等要点，并将管路引至组线箱或喇叭出线口盒内，管入箱盒中不能超出允许偏差值，组成箱应一管一孔，不能开长孔。

接干线或支线导线穿入保护管内，其导线应满足设计要求，在箱盒处留置维修长度，盒内为 15cm 左右。吊顶内喇叭应按实际尺寸留好开孔位置，大型机柜的基础槽钢已设置完成，为安装设备做好准备。

（2）广播音响设备安装。音响设备可明装或暗装，又分立装（墙上安装）或水平安装（顶棚安装），安装应牢固可靠，接线正确。顶棚内扬声器的安装位置要与装修工程配合进行，并应与火灾自动报警探测器、喷淋头、灯具、进出风口的安装位置协调好。室内扬声器的安装高度一般距地 2.2m 以上或吊顶下面 0.2m，大厅及车间扬声器的安装高度一般距地面 3~5m。明装壁挂式分线箱、端子箱或柱箱时，先将引线与盒内导线用端子作过渡压接，然后将端子放回接线盒。按标高进行钻孔，埋入膨胀螺栓进行固定。要求箱底与墙面平齐。

在吊顶内嵌入喇叭，引线用端子与盒内导线先接好，用手托着喇叭使其与顶棚贴紧，用螺丝将喇叭固定在吊顶支架板上。当采用弹簧固定喇叭时，将喇叭托入吊顶内，拉伸弹簧，将喇叭罩勾住并使其紧贴在顶棚上，并找正位置。扬声器接线应牢固，大型扬声器应安装牢固、平整，防止产生共振。导线应连接紧固，使用屏蔽线时，铜网屏蔽线和设备应可靠接地。

（3）系统测试及放音试验。系统测试及放音试验基本同电话测试，所不同的是音响效果应由有音响经验的人去现场监听。一般规定，从扩音机到任一扬声器间线路的衰减不应大于 4dB（1000Hz 时）。衰减量 B（dB）是以线路始端电压 U_1 与线路终端电压 U_2 的对数比值，即：$B = 20 \lg U_1 / U_2$。

当衰减小于 4dB 时，U_1 与 U_2 的比值不得小于 1.5，即线路电压选用 120V，扬声器末端电压不得小于 76V，选项用 30V 时，末端不得小于 19V。

13.2.11　现场试验与验收

（1）现场试验。所有通信设备安装完毕后，均按照订货合同及国家、行业相关标准检查及试验。试验项目如下：

1）光纤通信。光纤设备通电试验；检查输入直（交）流电压，各部件（机箱）电压、电流面板表计指示状态、检查设备的告警特性、光、电接口性能等；系统性能测试；测试系统光通道衰减等，检查系统功能；检查测试的项目及指标参考《同步数字系列（SDH）光纤传输系统工程验收规范》（YD 5044）。

2）卫星通信。卫星通信设备通电试验；天馈线系统测试；微波和数字复用设备系统性能测试；检查系统功能；检查测试的项目及指标参考《国内卫星通信地球站设备安装工程验收规范》（YD/T 5017）。

3）程控交换机。程控交换机通电试验；检查输入直（交）流电压，各部件（机箱）电压、电流面板表计指示状态、检查设备的告警特性等；系统性能测试；检查测试的项目及指标参考《固定电话交换网工程验收规范》（YD 5077）。

4）有线广播。有线广播设备通电试验；系统功能测试；检查测试的项目及指标参考《电气装置安装工程 接地装置施工及验收规范》（GB 50169）、《电气装置安装工程 盘、柜及二次回路接线施工及验收规范》（GB 50171）的要求。

5）通信电源。高频开关电源；绝缘电阻和绝缘强度试验；监视装置试验；电池组容量试验；稳压精度试验；稳流精度试验；纹波系数测量；充电装置的浮充试验；充电装置的均充试验；充电装置模拟故障试验；充电装置逆变试验；负荷联络试验；噪声测量。免维护蓄电池；蓄电池连接线应排列整齐，极性标志清晰、正确；电池编号应正确，外壳清洁并无膨胀现象；蓄电池充电、放电容量应符合要求；蓄电池组的绝缘应良好，绝缘电阻应不小于 0.5MΩ；直流电源系统对地绝缘电阻值不小于 10MΩ；盘、柜的固定及接地应可靠，盘内所装电器元件应齐全完好，安装位置正确，固定牢固；盘内所有接线应准确、连接可靠、标志齐全清晰，绝缘符合要求；盘及电缆管道安装完备后，应做好封堵。检查测试的项目及指标参考《电气装置安装工程 接地装置施工及验收规范》（GB 50169）、《电气装置安装工程 盘、柜及二次回路接线施工及验收规范》（GB 50171）、《电气装置安装工程 蓄电池施工及验收规范》（GB 50172）的要求。

（2）现场验收。所有通信广播设备安装完毕后，按照订货合同及相关的国家、行业标准进行现场检查，然后按照《电气装置安装工程 电缆线路施工及验收规范》（GB 50168）、《电气装置安装工程 接地装置施工及验收规范》（GB 50169）、《电气装置安装工程 盘、柜及二次回路接线施工及验收规范》（GB 50171）、《电气装置安装工程 蓄电池施工及验收规范》（GB 50172）、《通信管道工程施工及验收规范》（GB 50374）有关规定进行现场验收。

13.3 工业电视系统设备安装

水电站工业电视系统是一种视频设备。其信号从源点只传给电厂有关部位的显示器。主要用于对枢纽建筑物及重要机电设备及设施进行全天候实时监控，为水电站运行人员提供有效的可视工具，为实现电厂无人值班（少人值守）的运行管理提供有效手段，大型电厂均配有此设备，较好地解决了枢纽建筑物监控区域分散且图像信息传输量大的难题。

13.3.1 系统的组成、总体结构及主要监控点

（1）系统的组成。工业电视系统一般由前端摄像、传输、图像显示和控制等四部分组成。工业电视系统一般采用以太网结构，通过以太网交换机连接，并能完成与计算机监控系统及 MIS 系统的通信。

主控级设备主要包括：中心交换机、视频管理服务器、图形工作站、存储服务器、硬盘录像机、液晶显示器等。

现地层设备（前端设备）主要包括：摄像机及镜头、支架、护罩、云台、拾音器和解码器、报警设备、接入交换机、分区切换矩阵以及其他辅助设备等。

网络及传输设备主要包括：主交换机等网络设备、网络管理计算机、现地交换机、传输线缆（含网络光纤、视频电缆、音频电缆、控制电缆和电源电缆）等。

水电站工业电视系统现阶段一般采用数模结合的配置方案，水电站内部传输及前端设备配置为模拟方式，以保证图像效果；水电站与集控中心工业电视图像监控系统之间的远方传输采用数字方式，利用 SDH 设备和光缆组成的光纤通道进行传送。

（2）系统总体结构。工业电视系统一般采用分层分布式系统结构，根据水电站枢纽建筑物的特点，系统结构分成现地、分控、主控三层。将现场所有各监视点的视频等多媒体信号汇聚到各监控分区的分控级，各分控级与主控级进行组网，分控级将信号数字化后，通过网络设备传输至主控级。

主控级包括系统主控设备和终端监视设备，工业电视的主控级设备具有最高控制权限及控制优先级，分级控制系统结构见图 13-7。

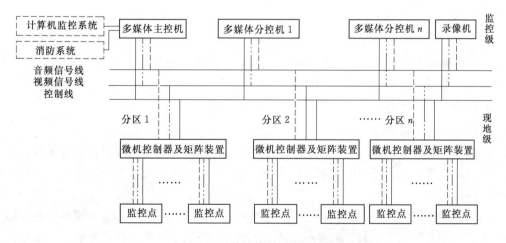

图 13-7 分级控制系统结构图

（3）系统主要监控点。工业电视监视系统主要是向水电站保卫部门或运行值班人员提供水电站设备现场图景（图像及声音），以取得设备状态图像，如设备的机械位置、运行响声、烟、光等信息；与水电站消防监控系统配合，提供现场火灾灾情图景信息，以便准确判断灾情、及时采取消防决策；作为水电站现场安全保卫的可视集中监视系统，实现水电站安全保卫的集中监视。为达到上述各信息的收集、管理的目的，水电站工业电视系统监控点主要布置在：①水轮机水车室；②水轮机层；③发电机层；④机组单元控制室或机

旁盘；⑤电缆室；⑥通信室；⑦中控室及辅助盘室；⑧计算机室；⑨主变室；⑩开关站；⑪低压配电室；⑫空压机室；⑬排水泵室；⑭厂房大门前；⑮进水口室；⑯尾水及其平台；⑰大坝和上游水库；⑱主要交通通道等。

13.3.2 安装流程

工业电视系统安装流程见图 13-8。

13.3.3 施工准备

（1）熟悉设计图纸、出厂技术文件及安装说明书，根据设计图纸、设备技术文件、资料、有关规范编制安装技术措施和调试程序，报监理工程师审查批准。

（2）根据设计图纸，核对各设备的安装位置。校核安装现场的高程、桩号样点及土建埋件、预留孔洞位置尺寸。

（3）组织全体施工人员学习并熟悉安装程序、相关规范标准，进行技术交底。

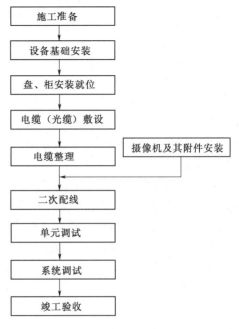

图 13-8　工业电视系统安装流程图

（4）现场清理干净，疏通设备材料运输通道。

（5）布置临时施工电源、照明。

（6）设备转运过程中轻搬轻放，无强烈冲击和震动，设备不得倒置、重压和日晒雨淋，应按产品规定的条件保管。

（7）在监理单位组织下，进行现场开箱清点，检查设备完好，内部元件牢固、完整，油漆无损、型号、规格符合设计要求，附件、备件、技术资料齐全，数量与装箱清单相符，暂时不装的部件或备品备件送仓库保管。

13.3.4 主控级设备安装

工业电视主控级设备一般布置在中央控制室或门卫室，根据需要增设安装部位。

在施工过程中，按设备厂家要求对现场设备采取防潮、屏蔽、防尘、通风和加温等临时保护措施。

（1）基础槽钢安装。校核基础样点尺寸高程，按设计图纸位置和尺寸安装设备基础槽钢，安装时控制槽钢水平偏差度和不直度小于1‰，并对槽钢进行防腐处理，基础与接地引线可靠连接，接地点清晰可见。

（2）盘、柜安装。依照图纸位置按顺序将盘柜安装在基础槽钢上，按相关国标要求用水平尺、线锤等调整控制盘柜尺寸偏差，然后按要求的方式将盘、柜固定在槽钢上，机柜固定平稳牢固，并列机柜高低一致，接地可靠。可开启的门，以裸铜软线与接地的金属构架可靠连接。

盘、柜的漆层完整、无损伤。固定电器的支架进行防锈处理。

（3）电缆安装。布放电缆的规格、路由、截面和位置符合施工图的规定；电缆在工程中的编号标识必须准确、清楚、耐久；电缆排列必须整齐，外皮无损伤；敷设时用力均匀，强弱电电缆在桥架上分层整齐排列；电缆按设计和规范要求进行穿管保护；电源电缆与信号电缆、控制电缆分开布放；电缆、光缆转弯弛度一致，电缆弯的曲率半径不小于电缆外径的 15 倍，光缆弯的曲率半径不小于光缆外径的 20 倍。

电缆、光缆和尾纤安装端正、牢固，不得有松动现象，线缆在线槽中布放顺直，出线位置准确，预留弧长一致，并做适当的绑扎，无明显扭绞和交叉，不得溢出线槽。

设备至摄像机之间敷设同轴电缆时，应不损伤同轴电缆的外护套，在拐弯处保证曲率半径不小于电缆外径的 15 倍。

将电缆的屏蔽层按规范要求进行可靠接地；电缆敷设完固定后，进行防火处理。

（4）二次配线。配线按图施工，接线正确，导线与电气元件的连接应牢固可靠。回路编号正确，字迹清晰且不易脱色。

盘、柜内导线无接头，盘内设备间无"T"接，导线芯线无损伤，备用芯线长度留有余量。

每个接线端子的每侧接线不得超过 2 根，对于插接式端子，不同截面的两根导线不得接在同一端子上，对于螺栓连接端子，当接两根导线时，中间应加平垫片。

引入盘、柜的电缆排列整齐，编号清晰，避免交叉，固定牢固，所接端子排不受机械应力；强、弱电回路分别成束分开排列。

同轴电缆剖头尺寸芯线露出部分与电缆插头尺寸、芯线焊接部分相适应。同轴电缆芯线焊接端正牢固，焊锡适量，焊点光滑。组装同轴插头时，配件齐全，位置准确、牢固，不得有松动现象。

屏蔽线的剖头长度一致，剖头处宜套上热缩上套管，屏蔽层接地良好，芯线剥皮长度一致，在端子上连接牢固。

13.3.5　前端设备安装

（1）云台拾音器及防护罩安装。云台是承载摄像机进行水平和垂直两个方向转动的装置。云台内装两个电动机。这两个电动机一个负责水平方向的转动；另一个负责垂直方向的转动。水平转动的角度一般为 350°，垂直转动则有 ±45°、±35°、±75° 等。水平及垂直转动的角度大小可通过限位开关进行调整。云台的分类大致如下：

1）室内用云台及室外用云台。室内用云台承重小，没有防雨装置。室外用云台承重大，有防雨装置。有些高档的室外云台除有防雨装置外，还有防冻加温装置。

2）承重。为适应安装不同的摄像机及防护罩，云台的承重是不同的。应根据选用的摄像机及防护罩的总重量来选择合适承重的云台。室内云台的承重量较小，云台的体积和自重也较小。室外用云台因为有防护罩（往往还是全天候防护罩）的摄像机，所以承重量都较大。它的体积和自重也较大。室内云台承重量约 1.5～7kg，室外用云台承重量约为 7～50kg。

3）控制方式。一般的云台均属于有线控制的电动云台。控制线的输入端有五个，其中一个为电源的公共端，另外四个分为上、下、左、右控制端。如果将电源的一端接在公共端上，电源的另一端接在"上"时，则云台带动摄像机头向上转，其余类推。

还有的云台内装继电器等控制电路，这样的云台往往有六个控制输入端。一个是电源的公共端；另四个是上、下、左、右端；还有一个则是自动转动端。当电源的一端接在公共端，电源另一端接在"自动"端，云台将带摄像机头按一定的转动速度进行上、下、左、右的自动转动。

电源供电电压有交流 24V 和 220V 两种。云台的耗电功率，一般是承重量小的功耗小，承重量大的功耗大。

还有直流 6V 供电的室内用小型云台，可在其内部安装电池，并用红外遥控器进行遥控。目前大多数云台仍采用有线遥控方式。云台的安装位置距控制中心较近，且数量不多时，一般从控制台直接输出控制信号进行控制。而当云台的安装位置距离控制中心较远且数量较多时，往往采用总线方式传送编码的控制信号，并通过终端解码器解出控制信号再去控制云台的转动。

在云台固定不动的位置上安装有控制输入端及视频输入、输出端，在固定部位与转动部位之间（即与摄像机之间）用软螺旋线形成的摄像机及镜头的控制输入线和视频输出线的连线。这样的云台不会因长期使用导致转动部分的连线损坏。

防护罩是使摄像机在有灰尘、雨水、高低温等情况下正常使用的防护装置。防护罩一般分为两类。一类是室内用，这种防护罩结构简单，价格便宜。其主要功能是防止摄像机落尘并有一定的安全防护作用，如防盗、防破坏等。另一类是室外防护罩，即无论刮风、下雨、下雪、高温、低温等恶劣情况，都能使安装在防护罩内的摄像机正常工作。因而这种防护罩具有降温、加温、防雨、防雪等功能。同时，为了在雨雪天气仍能使摄像机正常摄取图像，防护罩的玻璃窗前安装有可控制的雨刷。

有温控的防护罩采用半导体器件自动加温和降温，并且功耗较小。

全天候的摄像机晚间用红外线摄像效果更佳。

4）安装要求。按设计高度安装云台，可平装也可以吊装，云台安装平正、紧固；外观无变形、损伤，无脱漆；云台控制线配线整齐、美观。

（2）解码器安装。工业电视中，解码器是属于前端设备的，它一般安装在摄像机附近，有多芯控制电缆直接与云台及电动镜头相连，另有通信线（通常为两芯护套线或两芯屏蔽线）与监控室内的系统主机相连。

同一系统中有很多解码器，所以每个解码器上都有一个拨码开关，它决定了该解码器在该系统中的编号（即 ID 号），在使用解码器时首先必须对拨码开关进行设置。编号与摄像机编号一致，例如当摄像机的信号连接到 SP8000 系列主机第一视频输入口，即CAM1，而相对应的解码器的编号应设为1。否则，操作解码器时，很可能在监视器上看不见云台的转动和镜头的动作。

当云台、镜头与解码器连接使用时，必须根据云台、镜头的工作电源来选择解码器的端子。

（3）摄像机安装。摄像机是获取监视图像的前端设备，它以 CCD 图像传感器为核心部件，外加同步信号产生电路、视频信号处理电路及电源等。MOS 图像传感器有了较快速的发展，将与 CCD 传感器并驾齐驱。

摄像机具有黑白和彩色之分，由于黑白摄像机具有高分辨率、低照度等优点，特别是它可以在红外光照下成像，因此在电视监控系统中，在水电站较多部位仍使用黑白 CCD

摄像机。摄像机安装时要求：

1) 摄像机的云台及其附件安装应牢固、安全，并便于测试、检修和更换，其周围不应有妨碍摄像机水平、垂直转动的障碍物。

2) 摄像机周围的场强应符合制造厂的技术要求，防止引起图像画面的干扰。

3) 在摄像机镜头视场内严禁有遮挡监视目标的物体。

4) 摄像机镜头避免强光直射，防止产生光晕，保护摄像管靶面不受损伤。

5) 在搬运、架设摄像机过程中，不得打开镜头。

6) 在高压带电设备附近架设摄像机，要满足安全距离的要求。

7) 从摄像机引出的电缆留有 1m 的余量，不影响摄像机的转动，摄像机的电缆及电源线固定牢固，其插头不承受电缆重量。

8) 先对摄像机进行初步安装，经通电试看、细调、检查各项功能，观察监视区的覆盖范围和图像质量，符合要求后再固定。

9) 室外使用的解码箱具有良好的密闭防水功能；设备接地符合要求。

13.3.6 网络及传输设备安装

电视系统传输部分就是系统图像信号、声音信号、控制信号等的通道。该系统是双向的多路传输系统，既要向接收端传输视频信号，又要向摄像机传送控制信号和电源。

（1）控制方式及控制信号的传输。电视监控系统应具有对电动云台、电动变焦镜头、防护罩和电源的控制功能。控制中心与受控中心间的距离及受控设备的多少决定电视监控系统的控制方式。

1) 当摄像机数量少，控制距离不超过 500m 时，可采用直接控制方式，用多芯电缆传输控制信号。这种方式控制线数量多，施工量大。

2) 当摄像机数量少，控制项目较少，控制距离在 1000m 以内时，可采用间接控制方式。这种方式控制线数量也较多。

3) 由于 PC 机技术的极大进步，现已将数字技术广泛应用于传统的模拟电视监控领域，这就是数据编码微机控制方式。这种方式采用串行码传输控制信号，系统控制线只需两根，适用于大、中型系统的控制及长距离传输，还可以用软件将监控与报警系统兼容。

4) 当控制距离在 300～500m 时，来自摄像机的视频信号及来自控制器端的控制信号可共用一条同轴电缆，这就是同轴视控方式。这种方式虽能节省控制线缆，但目前此类设备较昂贵。

（2）视频信号的分配及传输。

1) 视频信号的分配。当监视器不超过 5 台且就近设置时，可采用桥接分配方式；当一路视频信号要传送到相距较远的多个监视器时，应采用视频分配器方式。

2) 视频信号的传输。视频信号传输线有同轴电缆（不平衡电缆）、平衡对称电缆（电话电缆）、光缆。平衡对称电缆和光缆一般用于长距离传输，传感距离较近时采用同轴电缆传输视频基带信号。当采用 75—5 同轴电缆时，一般传输距离在 300m 时，应考虑使用电缆补偿器。如采用 75—9 同轴电缆时，摄像机和监视器间的距离在 500m 以内可不加电缆补偿器。

（3）网络设备安装。网络设备安装同主控级设备安装方法一致。

（4）传输设备安装。

1）光缆到货开箱后检查光缆外表面有无损伤，光缆端头封装是否良好。

2）检查光缆合格证及检验测试数据，必要时可测试光纤衰减和光纤长度。

3）电缆、光缆的型号、规格应与设计图纸一致。

4）电缆、光缆敷设时要排列整齐，不交叉。

5）电缆、光缆敷设时，不得损坏电缆沟、廊道、竖井的防水层；电缆终端头或中间接头处留有适宜的备用长度；电缆、光缆上不得有铠装压扁、电缆绞拧、护层折裂等机械损伤。

6）每根电缆、光缆敷设好后，在电缆端头、拐弯处、隧道及竖井两端、人井内等地方装设统一规格的电缆标志牌，标志牌上字迹清楚，挂装牢固。

7）电缆、光缆的弯曲半径应符合下列要求：非屏蔽4对绞线的弯曲半径应至少为电缆外径的4倍；屏蔽4对绞线的弯曲半径应至少为电缆外径的6～10倍；主干对绞电缆的弯曲半径应至少为电缆外径的10倍；光缆的弯曲半径应至少为光缆外径的15倍。

8）控制线与电源线应分开布置。

9）电缆敷设完毕后，及时清理干净场地。

10）光纤芯线连接。采用光纤接线盒对光纤接头进行保护，在接线盒中光纤的弯曲半径符合工艺要求；光纤熔接处应加以保护和固定，使用连接器以便于光纤的跳接；光纤的连接损耗值，应符合表13-3所规定的内容。

表13-3　　　　　　　　　　　　光 纤 的 连 接 损 耗 表　　　　　　　　单位：dB

连接类别	多　　模		单　　模	
	平均值	最大值	平均值	最大值
熔接	0.15	0.5	0.15	0.3

13.3.7　安装验收

安装验收项目见表13-4。

表13-4　　　　　　　　　　　　　安 装 验 收 项 目 表

项　　目	内　　　　容
摄像机、拾音器	设置位置，范围；安装质量；镜头、防护套、支撑装置、云台、拾音器安装质量与紧固情况；通电试验
监视器、图像工作站	安装位置；设置条件；通电试验
控制设备	安装质量；遥控内容与切换路数；通电试验
其他设备	安装位置与安装质量；通电试验
控制台与机架	安装垂直水平度；设备安装位置；布线质量；连接处接触情况；开关、按钮灵活情况；通电试验
电（光）缆敷设	敷设与布线；电缆排列位置、布放和绑扎质量；埋设深度及架设质量；焊接及插接头安装质量；接线盒接线质量
接地	接地材料；接地线焊接质量；接地电阻

在所有现场试验完成后，经监理单位确认该系统已符合部标和国标以及定货合同的要求，并在技术资料、文件和备品备件齐全时方可验收。工业电视系统设备验收应按设计图纸、随机安装说明书、合同文件要求以及相关标准和设备供货厂商的要求进行。

13.4　保安系统设备安装

13.4.1　水电站保安系统的组成

水电站保安系统是指闭路电视监视系统、出入口管理及周界报警、人员出入控制设备、保安巡逻设备及可视电话门铃等多种安全防范系统。根据水电站建筑物及生产管理特点，一般设立以下几种保安种类。

（1）出入口控制。出入口控制就是对出入口的管理，该系统控制各类人员的出入，通常被称作门禁系统。其控制的原理是：按照人的活动范围，预先制作出各种层次的卡或预定密码。在相关的大门出入口、电梯门等处安装磁卡识别器或密码键盘，用户持有效卡或密码方能通过或进入。由读卡机阅读卡片密码，经解码后送控制器判断，如符合，门锁被开启，否则报警。

（2）防盗报警系统。防盗报警系统就是用探测器对水电站内外重点区域、重要地点布防，在探测到非法入侵者时，信号传输到报警控制器：声光报警，显示地址，值班人员接到报警后，根据情况采取措施，以控制事态的发展。防盗报警系统除上述报警功能外，尚有联动功能。诸如：开启报警现场灯光（含红外灯）、联动音视频矩阵控制器、开启报警现场摄像机进行监视，电视矩阵控制器一系列联控：使监视器显示图像、录像机录像、多媒体控制器自动或人工操作都可对报警现场进行声音、图像等进行复核，从而确定报警的性质（非法入侵、火灾、故障等），以采取有效措施。

（3）闭路电视监视系统。电视监控系统能使管理人员在控制室便能看到被监视区内图像情景，并录像储存备查。

（4）巡更管理系统。其作用是对特定区域要求保安人员定点定时前往巡视，把"巡视到位"信号送回保安中心，以示巡更路途平安无事，若"巡视到位"信号未按时按点返回，则巡视途中即有突发事件发生，保安中心将据此采取措施。

巡更系统就是将巡更开关安装在指定的巡更点上，通常设置门禁机来满足巡更的要求。

13.4.2　出入口监控系统安装

出入口监控系统主要由读卡机、打印机、中央控制器、卡片、报警及监控设备组成。

（1）设备开箱验收、清点。设备从仓库转运至安装现场，在监理单位组织下，进行现场开箱清点及验收工作。

（2）施工前通电检查。设备施工前必须通电24h，检查设备的稳定性并做好记录，不合格品及时更换。

（3）安装要点。

1）感应式读卡出入监控设备安装。读卡机不得装设在高频或强磁场区域，读卡机应可靠接地，接地电阻不小于 1Ω，一般有两点接地。读卡机感应的隔间材质不可为金属材料。感应读卡机的配线芯数一般需 6 芯电缆，长距离布线时，线材规格按表 13 - 5 选取。

表 13 - 5　　　　　　　　　　　　　　　线 材 规 格 比 较 表

电缆强度选择	读卡距离/mm	电缆长度/m			
		一般操作		BBU 操作	
		$\phi 18mm$	$\phi 22mm$	$\phi 18mm$	$\phi 22mm$
低	180	1650	600	1050	450
中	230	660	270	330	1350
高	250	180	75	不建议使用	

注　BBU 为备用电池供电模式。

2）出入口控制（门禁）系统检测。

A. 检测内容。

a. 功能检测：系统主机在离线的情况下，出入口（门禁）系统控制器独立工作的准确性、实时性和贮存信息的功能；系统主机对出入口（门禁）控制器在线工作时，出入口（门禁）控制器工作的准确性、实时性和贮存信息的功能，以及出入口（门禁）控制器和系统主机之间的信息传输功能；检测掉电后，系统启用备用电源应急工作的准确性、实时性和信息的存储和恢复能力；通过系统主机、出入口（门禁）控制器及其他控制终端，实时监控出入控制点的人员状况；系统对非法强行入侵及时报警的能力；检测本系统与消防系统报警时的联动功能；现场设备的接入率及完好率测试；出入口管理系统的数据存储记录保存时间应满足要求。

b. 软件检测：演示软件的所有功能，以保证软件功能与合同要求一致；根据合同要求，对软件功能逐一进行测试；对软件系统的安全性进行测试，如系统操作人员的分级授权、系统操作人员操作信息存储记录等；对软件进行综合评审，给出综合评审结论，包括软件设计与要求的一致性、程序与软件设计的一致性、文档描述与程序的一致性、完整性、准确性和标准化程度等。

B. 出/入口控制器检测。出/入口控制器抽检的数量不应低于 20％且不少于 3 台，数量少于 3 台时应全部检测；被抽检设备的合格率 100％时为合格；系统功能和软件全部检测，功能符合设计要求为合格，合格率 100％时为系统检测功能合格。

（4）设备支架安装。按图纸布置位置安装设备支架；根据设备大小，正确选择固定螺栓；固定螺栓安装牢固、紧实，不产生松动现象；安装支架尺寸符合设计要求。

（5）磁控开关安装。磁控开关的安装应牢固、美观，尽量装在门的里面，以防破坏。安装时网线的屏蔽网一定与网卡的接地线相连接。电锁正极接电源正极，负极接控制板继电器的常闭端 NC，公共端 COM 接电源负极。

（6）控制台（屏幕墙、操作台）及其设备安装。按设计顺序将控制台（屏幕墙、操作台）安装在基础槽钢上，按相关要求调整控制台（屏幕墙、操作台）的尺寸偏差，将控制台（屏幕墙、操作台）固定在槽钢上，并将控制台（屏幕墙、操作台）可靠接地。

控制台（屏幕墙、操作台）垂直偏差不大于1‰，水平偏差不大于3mm。

控制台内接线应符合设计要求，接线端子各种标志应齐全，接线端接触良好。

（7）控制箱的安装。控制箱的安装应符合技术说明书的要求。控制箱的固定应不少于三个螺丝，固定牢固、美观。

（8）配管安装。

1）明配管要求横平竖直、整齐美观。暗配管要求管路短、畅通、弯头少。

2）线管的选择，按设计图选择管材种类和规格，如无规定时，可按线管内所穿导线的总面积（连外皮），不超过管子内孔截面积的70%的限度进行选配。

3）为便于管子穿线和维修，在管路长度超过下列数值时，中间应加装接线盒或拉线盒。

4）线管的固定、线管在转弯处或直线距离每超过1.5m应加固定夹子。

5）电线的线管弯曲半径应符合所穿入电缆弯曲半径的规定。

6）凡有沙眼、裂纹和较大变形的管子禁止使用。

7）线管的连接应加套管连接或丝扣连接。

8）竖直敷设的管子，按穿入导线截面的大小，在每隔10～20m处，增加一个固定穿线的接线盒，用绝缘线夹将导线固定在盒内，导线越粗，固定点之间的距离应越短。

9）在进入盒（箱）内的垂直管口，穿入导线后，应将管口作密封处理。

10）接线盒（箱）的固定应不少于3个螺钉，盒（箱）应加盖。

11）线管的分支处应加分线盒。

（9）布线。

1）报警控制箱的交流电源应单独走线，不能与信号线和低压直流电源线穿在同一管内。

2）所有走线应加套管保护，天花板走线可用金属软管，但需固定稳妥美观。

3）控制器机箱和交流电地线连接可靠。

4）接线端子接线规范，裸露金属不得过长，以免引起短路。

5）线与线的连接采用电烙铁可靠焊接。

13.4.3 防盗报警系统安装

防盗报警系统主要由传感器、控制器、信号传输及控制中心四部分组成。

（1）报警器的种类及工作特点。传感式报警器种类很多，主要有红外式、开关式、雷达式微波、墙式微波、超声波、声控振动、玻璃破碎传感器等。各种防盗报警器的工作特点见表13-6，三种入侵探测器对于环境因素的要求见表13-7。水电站使用较多的是在GIS室内安装主动红外式报警器。

表 13-6　　　　　　　　各种防盗报警器的工作特点表

报警器名称		警戒功能	工作场所	主要特点	适于工作的环境及条件	不适于工作的环境及条件
微波	多普勒式	空间	室内	隐蔽、功耗小，穿透力强	可在热源、光源、流动空气的环境中正常工作	机械振动，有抖动摇摆物体、电磁反射物、电磁干扰
	阻挡式	点线	室内、室外	与运动物体速度无关	室外全天候工作，适于远距离直线周界警戒	收发之间视线内不得有障碍物或运动、摆动物体

表 13-7		三种入侵探测器对于环境因素的要求表	
环境因素	红外式	微波式	超声波式
振动	尚可	不行	尚可
门、窗的晃动	尚可	不行	注意安装位置
水在塑料管中流动	可	靠近不行	可
小动物活动	靠近不行，但可改变指向或用挡光片	靠近不行	靠近不行
在薄墙或玻璃外活动	可	注意安装位置	可
通风口或空气流	温度较高的热对流不行	可	注意安装位置
阳光、车大灯	注意安装位置	可	可
加热器	注意安装位置	可	极少不行
运转的机器	尚可	注意安装位置	注意安装位置
雷达干扰	尚可	靠近不行	极少不行
荧光灯	可	靠近不行	可
温度变化	不行	可	不太行
湿度变化	可		不行
无线电干扰	严重时不行	严重时不行	严重时不行

（2）防盗报警系统安装的注意事项。防盗报警系统管线、电缆敷设安装同前，其主要安装注意事项：

1）同一室内不得安装同一频率的微波探头，以防误报。

2）报警器的电源尽可能不与大功率设备和易产生电磁辐射的电器共用同一回路。

3）当探头离报警控制器距离较远时，要实测工作电流与线路压降，以确保工作正常。

4）安装时，报警探测器要交叉探测，不留盲区。在风险等级高的地方，还要加装不同种类的探测器交叉保护。

5）探测器信号线与避雷线平行间距不得小于3m，垂直交叉间距不得小于1.5m。

6）探头与报警器设备连接时两端均应接上滤波电容。

7）探头距荧光灯距离应大于1m。

8）探头不得靠近或接触发热体、发光体、风口、气流通道、窗口或玻璃门窗。

9）探头进线口不能开得太大，否则容易造成异物进入。

10）探头周围应无遮挡物。

11）探头的实际应用距离与产品的标称距离应有20%～30%的余量。

12）传感器到控制报警器的信号线，一般选用平行软线，线长不超过100m。

13）信号线不得与强电线路或其他弱电线路同管或平行敷设时，必须平行敷设，间距不得小于50mm。

（3）各类报警器的特点。

1）红外式报警器。发射器和接收器对直放置安装。主动红外式报警器的布置见图13-9。

发射装置向装在几米甚至百米远的接收装置辐射一束红外线，当有目标遮挡时，接收装置即发出报警信号。主动红外式探测器可采取多对构成光墙成光网安装方式，组成警戒封锁区域或警戒封锁网，乃至组成立体警戒区。主动红外式探测器之间不得有遮挡物，安装高度视现场情况而定。

被动红外式报警器由光学系统、红外式传感器和报警控制器组成。该报警器可直接

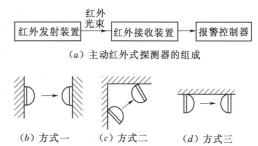

（a）主动红外式探测器的组成

（b）方式一　　（c）方式二　　（d）方式三

图13-9　主动红外式报警器的布置图

安装在墙上、天花板处、墙脚或室外门口、窗户口的墙壁上，高度距地 2.5m；报警器探头应避开加热器、火炉、暖气片、空调出风口、白炽灯等发热元件，若安装于发热部件上方或周围，其距离应在 2m 以上，另外还要避开 380V/220V 电源处；安装探头其视线内不得有遮挡物或可能出现的遮挡物，一般均采用双探头上下安装。

2）开关式报警器（包括磁控开关、微动开关、压力垫、易断金属丝或导电条等探测器及控制器）。开关式报警器带一副开关接点，可接通线路。

磁控开关可将干簧管固定在门框或窗框上，磁铁体固定在门或窗的对应位置上，也可多个串联起来由导线引至报警控制器。磁控开关不得安装在金属物体上；微动开关一般可安装在门框或窗框的活页处，或被保护物的下边，或工作位置的地面上；压力垫一般安装在窗户、楼梯、门口、被保护物周围的地面上并用地毯或其他片状物遮盖；易断金属丝或导电条是一碰就断的导线，也是一副常闭接点，安装方便。

3）雷达式微波报警器。不应对着被保护房间的外墙、外窗安装，一般是将其悬挂在距地 1.5～2m 处，探头向下俯视指向地面，并覆盖出入口；不应对着金属物体；同室装设两台以上时，其发射频率要相差 30Hz 以上，同时不应相对摆设；不应对着门帘、窗帘、门等可能会活动或因振动而引起位移的物体；不应对着荧光灯、高压汞灯等气体放电灯光源。

4）墙式微波报警器。发射器和接收器可分别安装在墙上或木桩上，但相互间必须无遮挡物，有清晰的视线；发射器和接收器间距可达百米，通道宽 2～4m，高 3～4m。

5）超声波报警器。报警器的发射角应对准入侵者可能进入的场所、或门、窗口等位置；室内应密封且无较大的空气流动，尽量远离发热设备元件；被监控房间应隔音，尽量减少铃声等超声噪波；报警器不应对着玻璃、软隔断墙等；在不同气候条件下，安装报警器应将其灵敏度调宽一点。

6）声控报警器。适合环境为噪声较小的仓库、金库、机要部门等，一般为吊装，距地 2.5m。

7）振动报警器。振动报警器必须安装在固定牢固且体积较小、重量较轻的物体上。振动传感器应远离振源。

8）玻璃破碎传感器。传感器应正对着警戒的主要方向，有清晰的视线；尽量靠近被保护的玻璃，远离噪声源和振动源；被保护物体应在探测器探测半径范围以内。

13.4.4 闭路电视系统安装

(1)简述。闭路监控报警系统由前端摄像机部分、传输部分、控制部分、显示记录部分、报警部分和报警联动部分组成。

前端设备是安装在现场的摄像装置，包括各类摄像机、镜头、防护罩、支架，它的任务是对现场的图像信号转换成电信号。是整个电视监控系统的基础，只有在前端采集了良好的图像信号，才有可能在后端进行高质量的回显和存储。

各摄像机采用集中供电方式，每个摄像机从系统配电箱引一路电源。系统采用独立的稳压电源集中供电，以保证设备的安全运行和设备良好的同步性能。从稳压电源设备输出的电源，由系统配电箱向现场设备和中央监控设备统一供电。

画面处理系统具有多画面、单画面互相转换显示等特点，即在一台显示器上可同时显示多画面图像，可将所有重要摄像机画面，无遗漏地显示在中心控制室的监视器上，并用一台或几台录像机即可录下全部画面，并可实现单画面或多画面回放。

显示录像设备为成像装置，包括视频显示器、录像机和一些视频处理设备。

显示部分由几台或多台显示设备组成。它的功能是将传送过来的图像一一显示出来。图像监视器是目前闭路监控系统中使用最多的一种，对前端摄像机信号进行图像监视。

电视监控系统的录像机主要为具有控制功能的长时间录像机，并且能够同时记录视频信号和音频信号。

(2)设备安装。

1)云台和拾音器安装。外观无变形、损伤，无脱漆；按设计高度安装云台，云台安装牢固；云台控制线配线整齐、美观。

2)摄像机安装。摄像机的云台及其附件安装牢固、安全，并便于测试、检修和更换，其周围不应有妨碍摄像机水平、垂直转动的障碍物；摄像机周围的场强应符合制造厂的技术要求，防止引起图像画面的干扰；在摄像机镜头视场内严禁有遮挡监视目标的物体；摄像机镜头避免强光直射，防止产生光晕，保护摄像管靶面不受损伤；在搬运、架设摄像机过程中，不得打开镜头；在高压带电设备附近架设摄像机，要满足安全距离的要求；从摄像机引出的电缆留有 1m 的余量，不影响摄像机的转动，摄像机的电缆及电源线固定牢固，其插头不承受电缆重量；先对摄像机进行初步安装，经通电试看、细调、检查各项功能，观察监视区的覆盖范围和图像质量，符合要求后再固定；室外使用的解码箱具有良好的密闭防水功能；设备接地符合要求。

3)管线敷设方案。考虑到监控系统处在一个比较特殊的环境中，电器设备林立，电磁辐射十分的强，而且视频信号在传输过程中又易于受到干扰。因此，视频信号的传输就需要特别加以注意，在设计方案中传输设备选用优质的视频传送电缆，根据现场需要再在视频电缆外套上金属管，力争让视频信号达到应有的清晰度。宜按如下要求施工：前端设备采用环路供电；视频电缆的弯曲半径大于电缆直径的 15 倍；电源线（220V）应与信号线、控制线分开敷设；进入管内的电缆保持平直，并采取防潮、防腐、防鼠等处理措施；线路主干线及大部分支线采用金属导线槽敷设，无法架槽的采用金属软管敷设；线槽中的接线点用锡焊好，并用注塑枪注塑密封；各种视频接插件，采用优质配件；系统应有接地措施，采用 16mm² 以上的铜芯线，与大楼楼体综合接地小于 1Ω，独立接地电阻小于 4Ω。

13.4.5 巡更管理系统安装

（1）工作原理。电子巡更系统是按设定路径上的巡更开关和读卡器，使保安人员能够按照预定的顺序路线在安全防范区域内的巡视区进行巡逻，可同时保障保安人员以及设备的安全。

电子巡更系统工作原理是利用碰触卡技术开发的管理系统，可有效管理巡更员巡视活动，加强保安防范。系统由巡检纽扣、手持式巡更棒、巡更管理软件等组成。

在确定巡更线路设定一定数量的检测点并安装巡检纽扣，不锈钢封装巡检纽扣无须连线，防水、防磁、防震，数据存储安全，适合各种环境安装；以手持式巡更棒作为巡更签到牌，不锈钢巡更棒坚固耐用，抗冲击，同时巡更棒中可存储巡更签到信息，便于打印历史记录；软件用于设定巡更的时间、次数要求以及线路走向等。

巡检时巡更员手持不锈钢巡更棒，按规定时间及线路要求巡视，到达巡更检测点只需轻轻一碰安装在墙上的巡检纽扣，即把巡更员巡检日期、时间、地点等数据自动记录在巡更棒上。巡逻人员完成巡检，根据需要将巡更棒插入传输器，所有巡逻情况自动下载至电脑。管理人员可以随时在电脑中查询保安人员巡逻情况、打印巡检报告，并对失盗失职现象进行分析。

（2）有线巡更系统。有线巡更系统一般由计算机、网络收发器、前端控制器、巡更点等设备组成。保安人员到达巡更点并触发巡更点开关 TV，巡更点将信号通过前端控制器及网络收发器送到计算机。有线巡更系统见图 13-10。

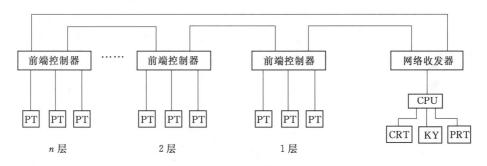

图 13-10　有线巡更系统图

有线巡更系统的安装与前述相同，系统调试时要先模拟测试，一切正常后再投入运行。

（3）无线巡更系统。无线巡更系统由计算机、传送单元、手持读取器、编码片等设备组成。编码模块安装在巡更点处代替巡更点，保安人员巡更时手持读取器读取巡更点上的编码模块资料，巡更结束后将手持式读取器插入传送单元，使其存贮的所有信息输入到计算机，记录全部巡更信息并可打印各种巡更记录。

无线巡更系统的安装与前述相同，不同的是其布线较少。

（4）互联网式巡更系统。互联网式巡更系统是现有电子巡更系统的升级，现有电子巡更系统是需要安装信息编码片的，而互联网式无需接触电子巡更系统提出安装内容，直接通过 GPRS 网络，将人员位置信息等数据传输到服务器中，在 WEB 平台上可以清楚地知道巡查人员的位置以及巡查人员周围的环境等，这无疑是一个移动的摄像头。

全视电子巡更系统与传统的巡更系统相比有几大优点：操作全自动，数据实时；巡查点不限制，全过程记录；路线连贯，行为分析准确；调度有效，并及时移动的"摄像头"。

全视电子巡更系统其功能是即时图文信息结合 GPS 信息技术，在 GPS 全球卫星定位系统和终端软件的辅助下，配合报警求助联动服务系统，将整个巡查区置于安全布控范围之内，极大地提高了安防水平和应急处置能力，并可与消防巡查相结合使用。全视电子巡更系统实现了对安保人员的全过程高效管理，通过 GPS 巡查路径信息的数据统计，管理人员可以即时掌握安保人员的分布情况，合理优化巡防人员的调度管理，更好地发挥巡查作用，大大提高了监控中心的远程处理突发事件能力。该系统具有即拍立传功能，可以便捷完成报警，在第一时间实现安全图片取证，可以通过安装校巡通终端软件，用手机发送报警信息或拍照上传至巡查系统平台，为全员预防、预警提供了便利平台。

13.4.6　调试与验收

门禁系统调试与验收。

（1）系统调试。

电源检测：对本系统所有门禁控制器主电源进行检测，避免因电源故障引起设备损坏。

网络检测：检测本系统网络与现场门禁系统通信正常。

单体调试：设备安装前，对安装到现场的门禁控制器及配套电源、扩展模块、读卡器、电磁锁等进行检测，确保设备可正常工作。

（2）验收。当门禁系统安装完毕，按照制造厂的安装说明书和相关规定进行检查并做好检查记录，按照有关规定进行现场验收工作。

14 照明设备安装

14.1 简述

水电站照明工程包括厂区和坝区照明工程。其中厂区照明工程包括主副厂房、主变压器室、GIS 室、GIL 室、出线平台、尾水平台、厂区道路以及厂区其他设施场所等照明工程；坝区照明工程包括大坝、进水口、各启闭机室、变电站、开关站、尾水渠以及坝区交通公路等照明工程。照明工程的安装内容包括厂区和坝区照明配电箱和照明管路的预埋、照明电线的穿管以及接线盒、开关预埋件的预埋，电线、电缆敷设，照明变压器、照明盘柜、开关、插座、灯具的安装和调试。

14.1.1 照明设备的分类

照明设备按功能分为正常照明设备和应急照明设备，正常照明设备是指在正常情况下使用的室内外照明设备。应急照明设备是指正常照明的电源消失而启用的照明备用电源，包括疏散照明设备、安全照明设备和备用照明设备。

照明设备按安装地点分为室内照明和室外照明，其中室内照明设备的安装形式有壁式、吸顶式、镶嵌式、悬吊式；悬吊式又有吊线式、吊链式、吊杆式；室外照明设备分为路灯、地埋灯、景观灯、隧洞灯、高杆灯、中杆灯、低杆灯、坝顶栏杆灯及构架、门架照明等，安装形式一般采用固定式，将灯具固定在构筑物、设备或独立的基础上。

照明灯具按是否节能分为普通灯具和节能灯具，其中节能灯具又分为普通节能灯和LED 节能灯。目前，节能灯具由于其在节能和寿命上的优越性能已经逐步在水电站中使用。

照明灯具按防护等级、防触电保护、防爆进行分类如下。

(1) 按防护 (International Protection，简称 IP) 等级分类。按 IEC 529-598 和《灯具 第一部分：一般要求试验》(GB 7000.1) 的规定，根据异物和水的侵入防护程度进行分类。防护等级以 IP 后跟随两个数字来表述，数字用来明确防护的等级，第一位数字表明设备抗微尘的范围，代表防止固体异物进入的等级，级别是 0~6；第二位数字表明设备防水的程度，代表防止进水的等级，级别是 0~8。例如 IP65，其中第一位数字即与表 14-1 中防异物等级 6 对应，表示完全防尘。而第二位数字与表 14-2 中防水等级 5 对应，表示防止喷水进入，其余依此类推。

(2) 按防触电保护分类。为了保证电器安全，灯具所有带电部分必须采用绝缘材料等加以隔离。灯具的这种保护人身安全的措施称为防触电保护。根据防触电保护方式，灯具可分为 0 类、Ⅰ 类、Ⅱ 类和 Ⅲ 类共 4 种等级，每一类灯具的主要性能及应用情况见表 14-3。

表 14-1　　　　　　　　　　　　**灯具 IP 分类防异物等级表**

特征等级	防 护 等 级	
	简述	防护细节
0	无防护	无特殊防护要求
1	防止大于 50mm 异物进入	防止大面积的物体进入，例如手掌等
2	防止大于 12mm 异物进入	防止手指等物体进入
3	防止大于 2.5mm 异物进入	防止工具、导线等进入
4	防止大于 1.0mm 异物进入	防止导线、条带等进入
5	防止小于 1.0mm 异物进入	不严格防尘，但不允许过量的尘埃进入以致使设备不能满意的工作
6	完全防尘	不准尘埃进入

表 14-2　　　　　　　　　　　　**灯具 IP 分类防水等级表**

特征等级	防 护 等 级	
	简述	防护细节
0	无防护	无特殊防护要求
1	防止水滴进入	垂直下滴水滴应无害
2	防止倾斜 15° 的水滴	灯具处在正常位置和直到倾斜 15° 角时垂直下滴水应无害
3	防止洒水进入	与垂直 65° 角处洒下的水应无害
4	防止泼水进入	任意方向对灯具封闭体泼水应无害
5	防止喷水进入	任意方向对灯具封闭体喷水应无害
6	防海浪进入	防止强力喷射的灌水或进入量不损害灯具
7	防浸水	以一定压力和时间将灯具浸在水中时，进入水量不有害于灯具
8	防淹水	在规定的条件下灯具能持续淹没在水中而不受影响

表 14-3　　　　　　　　　　　　**灯具的主要性能及应用情况表**

灯具等级	灯具主要性能	应 用 说 明
0 类	保护依赖基本绝缘，在易触及的部分及外壳和带电体间的绝缘	适用安全程度高的场合，且灯具安装、维护方便。如空气干燥、尘埃少、木地板等条件下的吊灯、吸顶灯
I 类	除基本绝缘外，易触及的部分及外壳有接地装置，一旦基本绝缘失效时，不致有危险	用于金属外壳灯具，如投光灯、路灯、庭院灯等，提高安全程度
II 类	除基本绝缘，还有补充绝缘，做成双重绝缘或加强绝缘，提高安全性	绝缘性好，安全程度高，适用于环境差、人经常触摸的灯具，如台灯、手提灯等
III 类	采用特低安全电压（交流有效值小于 50V），且灯内不会产生高于此值的电压	灯具安全程度最高，用于恶劣环境，如廊道照明灯等

从电气安全角度看，0 类灯具的安全程度最低，I 类、II 类灯具较高，III 类灯具最高。有些国家已不允许生产 0 类灯具，我国目前尚无此规定。在照明设计时，应综合考虑使用场所的环境、操作对象、安装和使用位置等因素，选用合适类别的灯具。在使用条件恶劣场所应选用 III 类灯具，一般情况下可采用 I 类灯具或 II 类灯具。

（3）按防爆等级分类。按防爆形式分为隔爆型、增安型、正压型、无火花型和粉尘防爆型共5种类型，也可以由其他防爆形式和上述各种防爆组合形式。

防爆照明灯具：主要用于易燃易爆场所，分为防爆型荧光灯、防爆型泛光灯、防爆型投光灯、防爆型无极灯、防爆型隔爆灯、防爆型LED灯、防爆型平台灯、防爆型马路灯等。

14.1.2　照明设备的电源

水电站照明设备电压一般采用380V/220V，由照明专用有载调压变压器供电；检修用携带式作业灯（行灯）电压应采用25V及以下，由便携式照明变压器在现场就地供电，厂用电采用混合供电方式的水力发电厂，发电机层、中央控制室、计算机室、通信室、保护盘室内的正常照明线路应由照明专用盘供电，远离厂房照明电源的场所，正常照明可由邻近动力盘供电。

应急照明备用电源装置根据应急照明类别、光源类别等情况，选用电源方式包括：水电站直流配电盘引出的专用直流回路；EPS电源装置；灯具自带蓄电池。发电机层、中央控制室等重要场所和主要通道的应急照明，必须由应急照明网络供电；远离厂房区域的应急照明，可采用自带蓄电池的应急照明灯具；应急照明回路不应接入与应急照明无关的负荷；备用电源连续供电时间不应少于30min或设计要求值。

14.1.3　照明设备的控制

水电站主、副厂房等大范围工作区域宜采用集中控制，并按需要采取调节照度的控制措施，厂、坝区主要交通廊道、电缆廊道、灌浆廊道、排水廊道、楼梯间、门厅等场所的照明，宜采用分散控制，道路等户外照明宜采用光控与时控结合的控制方式，根据需要可自动关闭部分照明灯或将照明灯转换至低功率运行，进厂隧洞照明过渡段可用声控等方式。

14.2　照明设备安装

14.2.1　施工流程

照明设备安装施工流程见图14-1。

14.2.2　施工准备

（1）作业条件。

1）安装灯具的有关建筑和构筑物预留预埋工作应经隐蔽验收合格。

2）灯具安装前建筑工程：顶棚、墙壁、地面等装修工作必须完成，地面清理等工作应结束。

3）安装灯具用的接线盒应装好。

4）成排或对称及组成几何形状的灯具安装前应进行测量画线定位。

（2）设备和器材要求。

1）照明工程采用的设备、材料及配件进入施工现场应有清单、使用说明书、合格证明、检验报告等文件，当设计有要求时，尚需提供电磁兼容检测报告。进口照明设备除应

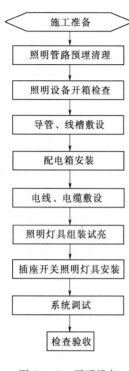

施工准备

↓

照明管路预埋清理

↓

照明设备开箱检查

↓

导管、线槽敷设

↓

配电箱安装

↓

电线、电缆敷设

↓

照明灯具组装试亮

↓

插座开关照明灯具安装

↓

系统调试

↓

检查验收

图 14-1 照明设备
安装施工流程图

符合以上规定外，尚应提供商检证明，列入国家强制性认证产品目录的照明装置必须有强制性认证标识及认证证书。

2）设备及器材领用时，应检查型号、规格符合设计要求；灯具及其附件齐全、适配，无损伤、变形、涂层剥落和灯罩破裂等缺陷；开关、插座的面板及接线盒盒体完整、零件齐全，调速器等附件适配。

（3）施工主要机具。

1）卷尺、小线、线坠、水平尺、铅笔、安全带等。

2）手锤、扎锥、剥线钳、扁口钳、尖嘴钳、丝锥、压线钳、一字和十字螺丝刀等。

3）台钻、电钻、电锤、工具袋、高凳、梯子、升降车、高架车等。

4）万用表、兆欧表等。

5）电烙铁、焊锡、无腐蚀性焊剂。

14.2.3 管路、线槽敷设

（1）一般规定。

1）对机械连接的钢导管及其配件的电气连续性有异议时，应在材料进场后敷设前进行抽样检验，检验应按《电气安装用导管系统 第1部分：通用要求》（GB/T 20041.1）的有关规定执行，合格后才可使用。

2）对塑料绝缘导管、线槽及其配件的阻燃性能和金属导管的电气连续性有异议时，应由有资质的检测机构进行检测。

3）导管暗配宜沿最近的路径敷设，并应减少弯曲。除特定情况外，埋入建筑物、构筑物的导管，与建筑物、构筑物表面的距离不应小于15mm。

4）进入落地式配电箱（柜）底部的导管，排列应整齐，管口宜高出配电箱（柜）底面50～80mm。

5）需接地的金属导管，进入配电箱时应与箱体上的专用接地（PE）母线连接。

6）敷设在潮湿或多尘场所的导管管口、盒（箱）盖板及其他各连接处均应密封。

7）导管不宜穿越设备或建筑物、构筑物的基础，当必须穿越时，应采取保护措施。

8）导管的加工弯曲处，不应有折皱、凹陷和裂缝，且弯扁程度不应大于管外径的10%。

9）导管的弯曲半径应符合下列规定：

A. 明配的导管，其弯曲半径不宜小于管外径的6倍，当两个接线盒间只有一个弯曲时，其弯曲半径不宜小于管外径的4倍。

B. 暗配的导管，当埋设于混凝土内时，其弯曲半径不应小于管外径的6倍；当埋设于地下时，其弯曲半径不应小于管外径的10倍。

10）当导管敷设遇下列情况时，中间宜增设接线盒或拉线盒，且盒子的位置应便于穿线。

A. 导管长度每大于 40m，无弯曲。

B. 导管长度每大于 30m，有 1 个弯曲。

C. 导管长度每大于 20m，有 2 个弯曲。

D. 导管长度每大于 10m，有 3 个弯曲。

11）垂直敷设的导管遇下列情况时，应设置固定电线用的拉线盒：

A. 管内电线截面面积为 50mm² 及以下，长度大于 30m。

B. 管内电线截面面积为 70～95mm²，长度大于 20m。

C. 管内电线截面面积为 120～240mm²，长度大于 18m。

12）明配导管的布设宜与建筑物、构筑物的棱线相协调，对水平或垂直敷设的导管，其水平或垂直偏差均不应大于 1.5‰，全长偏差不应大于 10mm。

13）室外导管管口不应敞口垂直向上，导管端部应设有防水弯，用防水的可弯曲导管或柔性导管弯成滴水弧状。

14）明配的导管应采用明配的配件。

15）导管与热水管、蒸汽管平行敷设时，宜敷设在热水管、蒸汽管的下面。导管与热水管、蒸汽管间的最小距离宜符合表 14-4 规定。

表 14-4　　　　　　　　　导管与热水管、蒸汽管间的最小距离表　　　　　　　单位：mm

导管敷设位置	管道种类	
	热水	蒸汽
在热水、蒸汽管道上面平行敷设	300	1000
在热水、蒸汽管道下面或水平平行敷设	200	500
与热水、蒸汽管道交叉敷设	100	300

注　1. 导管与不含易燃易爆气体的其他管道的距离，平行敷设不应小于 100mm，交叉敷设处不应小于 50mm。

　　2. 导管与易燃易爆气体不宜平行敷设，交叉敷设处不应小于 100mm。

　　3. 达不到规定距离时应采取可靠有效的隔离保护措施。

16）金属导管不宜穿越常温与低温的交界处，当必须穿越时在穿越处应有防止产生冷桥的措施。

（2）钢导管敷设。

1）潮湿场所明配或埋地暗配的钢导管其壁厚不应小于 2.0mm，干燥场所明配或暗配的钢导管其壁厚不宜小于 1.5mm。

2）非镀锌钢导管内壁、外壁均应作防腐处理。当埋设于混凝土内时，钢导管外壁可不做防腐处理；镀锌钢导管的外壁锌层剥落处应用防腐漆修补，管材选用应按设计规定执行。

3）钢导管不应有折扁和裂缝，管内壁光滑无铁屑和棱刺，加工的切口端而应平整、管口无毛刺。

4）钢导管的连接应符合下列规定：

A. 采用螺纹连接时，管端螺纹长度不应小于管接头的 1/2；连接后，其螺纹宜外露 2～3 扣。螺纹表面应光滑，无明显缺损现象。螺纹不应采用倒扣连接，连接困难时应加装盒（箱）。

B. 采用套管焊接时，套管长度不应小于管外径的 2.2 倍，管与管的对口处应位于套管的中心，焊缝密实，外观饱满。

C. 钢导管不得对口熔焊连接；壁厚小于等于 2.0mm 的钢导管不得采用套管熔焊连接。

D. 镀锌钢导管对接应采用螺纹连接或其他形式的机械连接，埋入混凝土中的接头连接处应有防止混凝土浆液渗入的措施。

5) 钢导管与盒（箱）或设备的连接应符合下列规定：

A. 暗配的非镀锌钢导管与盒（箱）连接可采用焊接连接，管口宜凸出盒（箱）内壁 3～5mm，焊后在焊接处补涂防腐漆，防腐漆颜色应与盒（箱）面漆的颜色一致。

B. 明配的钢导管或暗配的镀锌钢导管与盒（箱）连接均应采用螺纹连接，用锁紧螺母固定，管端螺纹宜外露锁紧螺母 2～3 扣，紧定式或扣压式镀锌钢导管均应选用标准的连接部件。

C. 钢导管与用电设备直接连接时，导管宜进入到设备的接线盒内。

D. 钢导管与用电设备间接连接时，宜经可弯曲导管或柔性导管过渡，可弯曲导管或柔性导管与钢导管端部和设备接线盒的连接固定均应可靠，且有密闭措施。

E. 钢导管与用电设备间接连接的管口距地面或楼面的高度宜大于 200mm。

6) 钢导管的接地连接应符合下列规定：

A. 当非镀锌钢导管采用螺纹连接时，连接处两端应焊接跨接接地线。

B. 镀锌钢导管的跨接接地线不得采用熔焊连接，宜采用专用接地线卡跨接，跨接接地线应采用截面面积不小于 $4mm^2$ 的铜芯软线。

7) 明配的钢导管应排列整齐，固定点间距应均匀。钢导管管卡间最大距离应符合表14-5的规定；管卡与终端、弯头中点、电气器具和盒（箱）边缘的距离宜为150～500mm。

表 14-5　　　　　　　　　　钢导管管卡间最大距离表

敷设方式	导管种类	导管直径/mm			
		15～20	25～32	40～50	65 以上
		管卡间最大距离/m			
吊架、支架或沿墙敷设	厚壁钢导管壁厚不小于2mm	1.5	2.0	2.5	3.0
	薄壁钢导管壁厚不小于1.5mm且小于2mm	1.0	1.5	2.0	—

（3）可弯曲金属导管及金属软管敷设。

1) 采用可弯曲金属导管做过渡连接，其两端应有专用接头，过渡连接的导管长度不宜超过 1.2m，并应可靠接地。

2) 可弯曲金属导管的敷设应符合下列规定：

A. 敷设在干燥场所可采用基本型可弯曲金属导管；敷设在潮湿或多尘场所应采用防水型可弯曲金属导管。

B. 明配的可弯曲金属导管在有可能受到重物压力或有明显机械撞击的部位，应采取加套钢管或覆盖角钢等保护措施。

C. 当可弯曲金属导管弯曲敷设时，在两盒（箱）之间的弯曲角度之和不应大于270°，且弯曲处不应多于4个，最大的弯曲角度不应大于90°。

D. 明配的可弯曲金属导管固定点间距应均匀，不应大于1m，管卡与设备、器具、弯头中点、管端等边缘的距离应小于0.3m。

3）金属软管不应退绞、松散、有中间接头；不应埋入地下、混凝土内和墙体内；可敷设在干燥场所，其长度不宜大于2m。

4）金属软管固定点间距应均匀，管卡与设备、弯头中点、管端的距离宜小于0.3m。吊顶内接线盒至灯具距离小于1.2m的金属软管中间可不予固定。

（4）刚性塑料绝缘导管敷设。

1）导管不宜敷设在穿越高温和易受机械损伤的场所。

2）导管管口应平整光滑；管与管、管与盒（箱）等器件采用承插配件连接时，连接处结合面应涂专用胶合剂，接口处牢固密封。

3）直埋于地下或楼板内的刚性塑料导管在穿出楼地面的一段，应有大于500mm高度的防机械撞击的保护措施。

4）暗配在墙内或混凝土内的刚性塑料导管，应是中型及以上的塑料导管。

5）导管在加工煨弯时，应在原材料允许的环境温度下进行，且不宜低于－15℃。

6）沿建筑物、构筑物表面和在支架上敷设的刚性塑料导管，在直线段部分，每隔30m宜加装伸缩接头或其他温度补偿装置。

7）明配刚性塑料导管应排列整齐，固定点间距均匀。刚性塑料绝缘导管管卡间最大距离应符合表14-6的规定。管卡与终端、转弯中点、电气器具或盒（箱）边缘的距离宜为150～500mm。

表14-6　　　　　　　　　　刚性塑料绝缘导管管卡间最大距离表　　　　　　　单位：m

敷设方式	管 内 径/mm		
	20及以下	25～40	50及以上
吊架、支架或沿墙敷设	10	15	20

（5）线槽敷设。

1）线槽及其部件应平整、无扭曲、变形，内壁应光滑、无毛刺。

2）金属线槽表面应做防腐处理，涂层应完整无损伤。

3）线槽不宜敷设在易受机械损伤、高温场所，不宜敷设在潮湿或露天场所。金属线槽不宜敷设在有腐蚀介质的场所。

4）线槽的敷设应符合下列规定：

A. 线槽的转角、分支、终端以及与箱柜的连接处等宜采用专用部件。

B. 线槽敷设应连续无间断，沿墙敷设每节线槽直线段固定点不应少于2个，在转角、分支处和端部均应有固定点；线槽在吊架或支架上敷设，直线段支架间距不应大于2m，线槽的接头、端部及接线盒和转角处均应设置支架或吊架。

C. 线槽的连接处不应设置在墙体或楼板内。

D. 线槽的接口应平直、严密，槽盖应齐全、平整、无翘角；连接或固定用的螺钉或其他紧固件，均应由内向外穿，螺母在外侧。线槽的分支接口或与箱柜接口的连接端应设置在便于人员操作的位置。

E. 线槽敷设应平直整齐；水平或垂直敷设时，塑料线槽的水平或垂直偏差均不应大于5‰，金属线槽的水平或垂直偏差均不应大于2‰，且全长不应大于20mm。

F. 金属线槽应接地可靠，且不得作为其他设备接地的接续导体，线槽全长不应少于2处与接地保护相连接。全长大于30m时，应每隔10～30m增加与接地干线的连接点。

G. 非镀锌线槽连接板的两端应跨接铜芯软线接地线，接地线截面面积不应小于4mm²，镀锌线槽可不跨接接地线，但其连接板的螺栓应有防松螺帽或垫圈。

H. 金属线槽与各种管道平行或交叉敷设时，其相互间最小净距应符合表14-7的规定。

表 14-7　　　　　　金属线槽与各种管道的最小净距表　　　　　　单位：mm

管 道 类 型		平行净距	交叉净距
一般工艺管道		400	300
具有腐蚀性气体管道		500	500
热力管道	有保温层	500	300
	无保温层	1000	500

I. 线槽直线段敷设长度大于30m时，应设置伸缩补偿装置或其他温度补偿装置。

14.2.4　电线敷设

（1）一般规定。

1）同一建筑物、构筑物的各类电线绝缘层颜色选择应一致，并应符合下列规定：

A. 保护地线（PE）应为绿、黄相间色。

B. 中性线（N）应为淡蓝色。

C. 相线应符合：L_1 应为黄色、L_2 应为绿色、L_3 应为红色。

2）电线接头应设置在盒（箱）或器具内，严禁设置在导管和线槽内，专用接线盒的设置位置应便于检修。

3）电线线芯与设备、器具的连接应符合下列规定：

A. 截面面积在10mm²及以下的单股铜心线可直接与设备、器具的端子连接。

B. 截面面积在2.5mm²及以下的多股铜芯线应先拧紧搪锡或接续端子后，再与设备、器具的端子连接。

C. 截面面积大于2.5mm²的多股铜芯线，除设备、器具自带插接式端子外，应接续端子后与设备、器具的端子连接；多股铜芯线与插接式端子连接前，端部应拧紧搪锡。

D. 多股铝芯线接续线鼻子后与设备、器具的端子连接。

E. 每个设备、器具的端子接线不得多于2根电线。

F. 电线端子的材质和规格应与芯线的材质适配，截面面积大于1.5mm²的多股铜芯线鼻子端子孔不应开口。

4）配线的线路标识应清晰，编号应准确。

5）截面面积大于 16mm² 的铜芯电线在接线盒内分支连接时，不宜采用铜丝绑扎锡焊连接。

6）应急照明系统的配电线路应独立敷设，对明敷管线或暗敷管线两端部位等应设置明显的应急照明标识。

7）应急照明线路宜采用耐火电缆。采用耐火线缆时宜采用穿阻燃性硬质管或封闭式金属线槽明敷；当采用暗敷方式时，应敷设在不燃烧体结构内，且保护层厚度不应小于 30mm。

8）配线工程完工后，必须进行回路的绝缘检查，绝缘电阻值应符合《电气装置安装工程 电气设备交接试验标准》（GB 50150）的有关规定，并应做好记录。

（2）管内穿线。

1）电线穿管前，应先清除管内的积水和杂物。

2）不同电压等级和交直流线路的电线不应穿于同一导管内。不同回路的电线不宜穿于同一导管内，下列情况除外：

A. 额定工作电压 50V 及以下的回路。

B. 同一设备或同一联动系统设备的主回路和无抗干扰要求的控制回路。

C. 同一个照明器具的几个回路。

3）大容量交流单芯电缆，不得单独穿于钢导管内。

4）管内电线的总截面面积（包括外护层）不应大于导管内截面面积的 40%，且电线总数不宜多于 8 根。

5）进入箱柜的穿线钢导管的管口应装设护线帽；对不进入盒（箱）的管口，穿入电线后应将管口密封。

（3）线槽敷线。

1）线槽内电线敷设应符合下列规定：

A. 同一回路的相线和中性线应敷设于同一金属线槽内。

B. 同一路径无抗干扰要求的电线可敷设于同一线槽内；线槽内电线的总截面面积（包括外护层）不应超过线槽内截面面积的 20%，载流的电线不宜超过 30 根。仅为控制和信号的电线在线槽内敷设，其总截面面积（包括外护层）不应大于线槽内截面面积的 50%，电线的根数可不限。

C. 电线的分支接头应设在盒（箱）内，盒（箱）应设在便于安装、检查和维修的部位，分支接头处电线的总截面面积（包括外护层）不应大于盒（箱）内截面面积的 75%。

D. 电线敷设在垂直的线槽内，每段线槽至少应有一个固定点，当直线段长度大于 3.2m 时，应每隔 1.6m 将电线固定在线槽内壁的专用部件上。

E. 电线在线槽内应有一定富裕长度，并应按回路编号分段绑扎，绑扎点间距不应大于 1.5m。

2）电线敷设后，应将线槽盖板复位。

（4）塑料护套线直敷布线。

1）塑料护套线应明敷，严禁直接敷设在建筑物顶棚内、墙体内、抹灰层内、保温层内或装饰面内。

2）塑料护套线不应沿建筑物木结构表面敷设。

3）室外受阳光直射的场所，不宜直接敷设塑料护套线。

4）塑料护套线与接地导体或不发热管道等紧贴交叉处及易受机械损伤的部位，应采取保护措施。

5）塑料护套线室内沿建筑物表面水平敷设高度距地面不应小于2.5m；垂直敷设时在距地面高度1.8m以下的部分应有保护措施。

6）塑料护套线不论侧弯或平弯，其弯曲处护套和芯线绝缘层均应完整无损伤。

7）塑料护套线进入盒（箱）或与设备、器具连接，其护套层应进入盒（箱）或设备、器具内，护套层与盒（箱）入口处应采取密封措施。

8）塑料护套线的固定应符合下列规定：

A. 应顺直，不松弛、扭绞。

B. 应采用线卡固定，固定点间距均匀，固定点间距宜为150～200mm。

C. 在终端、转弯和进入盒（箱）、设备或器具等处，均应装设线卡固定电线，线卡距终端、转弯中点、盒（箱）、设备或器具边缘的距离宜为50～100mm。

D. 电线的接头应设在盒（箱）或器具内，多尘或潮湿场所应采用密闭式盒（箱），盒（箱）的配件应齐全，并固定可靠。

14.2.5　电缆敷设

（1）电缆敷设前后必须用500V兆欧表测量绝缘电阻，一般不低于10MΩ。

（2）电缆若中间需连接，芯线应采用接续管压接。长度是套管直径的8～10倍。

（3）在电缆支架、电缆沟内以及进入控制箱、配电柜的电缆和中间接头、终端头均应配有记载电缆规格、型号、线路名称或回路号数的电缆指示牌。

（4）电缆连接的中间头或终端头必须密封防水。切断电缆线时不能将电缆线芯损伤。电缆施工都应有施工的原始记录，主要包括：电缆型号、规格、长度、安装日期、中间接头和终端头的编号，以便地埋电缆线路的查勘和维修。

（5）按设计图纸要求的电缆走向、规格，合理安排展放顺序，并以此确定电缆盘的位置。

（6）安装电缆盘支架，检查应牢固、将电缆盘穿轴上架固定。敷设电缆时，盘边缘距地面不得小于30cm，电缆应从盘的上方引出，端头的铠装应绑扎牢固。采用电缆输送机、牵引机及地滑轮进行展放，具体参见第9章。

（7）电缆穿管敷设时，应首先疏通管道。可先用一根10号铁丝穿入管内，一端与电缆绑紧；用另一端拽引，一端穿送，为了加强润滑，还可在管口及电缆上抹上滑石粉。

（8）电缆的金属外皮、电缆头金属外壳、保护钢管及支架等，均应可靠接地。

（9）敷设完成后，做电缆头，压接接线铜端子，用500V兆欧表摇测绝缘应合格。

14.2.6　灯具安装

水电站常用的照明灯具有白炽灯、荧光灯、碘钨灯、金卤灯、高压钠灯、无极灯、节能灯、LED灯等。在大坝廊道湿度大的环境下安装灯具时，应保证灯具具有良好的耐潮湿性能，应采用相应等级的防水灯具或配有防水灯头的开启型灯具；在油库、蓄电池室等部位应安装防爆型灯具。水电站室内照明灯具一般手工安装，高处需要人字梯、升降车等进行安装，厂房顶棚照明灯可在桥机顶上搭设安装平台进行安装。

（1）一般规定。

1）灯具的灯头及接线应符合下列规定：

A. 灯头绝缘外壳不应有破损或裂纹等缺陷。

B. 连接吊灯灯头的软线应做保护扣，两端芯线应搪锡压线，螺口灯头相线应接于灯头中间触点的端子上。

2）一个单元照明回路对地绝缘电阻值不应小于2MΩ。

3）引向单个灯具的电线线芯截面积应与灯具功率相匹配，电线线芯最小允许截面积不应小于1mm²。

4）灯具表面及其附件等高温部位靠近可燃物时，应采取隔热、散热等防火保护措施。以卤钨灯或额定功率不小于100W的白炽灯泡为光源时，其吸顶灯、槽灯、嵌入灯应采用瓷质灯头，引入线应套用瓷管、矿棉等不燃材料做隔热保护。

5）高低压配电设备及裸母线的正上方不应安装灯具，灯具与裸母线的水平净距不应小于1m。

6）当设计无要求时，室外墙上安装的灯具，距地面的高度不应小于2.5m。

7）安装在公共场所的大型灯具，应有防止玻璃罩坠落或碎裂的安防措施。

8）聚光灯和类似灯具出光口面与被照物体的最短距离应符合产品技术文件要求。

9）卫生间照明灯具不宜安装在便器或浴缸正上方。

10）当镇流器、触发器、应急电源等灯具附件与灯具分离安装时，应固定可靠；在顶棚内安装时，不得直接固定在顶棚上；灯具附件与灯具本体之间的连接电线应穿导管保护，电线不得外露。触发器至光源的导线长度不应超过产品的规定值。

11）露天安装的灯具及其附件、紧固件、底座和与其相连的导管、接线盒等应有防腐蚀和防水措施。

12）Ⅰ类灯具的不带电的外露金属部分必须与保护接地线（PE）可靠连接。且应有标识。

13）成排安装的灯具中心线偏差不应大于5mm。

14）质量大于10kg的灯具，其固定装置应按5倍灯具重量的恒定均布载荷作强度试验，历时15min，固定装置应无明显变形为合格。

15）带有自动通、断电源控制装置的灯具，动作应准确、可靠。

（2）常用灯具。

1）吸顶或墙面上安装的灯具固定用的螺栓或螺钉不应少于2个。室外安装的壁灯其泄水孔应在灯具腔体的底部，绝缘台与墙面接线盒盒口之间应有防水措施。

2）悬吊式灯具安装应符合下列规定：

A. 带升降器的软线吊灯在吊线展开后，灯具下沿应高于工作台面0.3m。

B. 质量大于0.5kg的软线吊灯，应增设吊链（绳）。

C. 质量大于3kg的悬吊灯具，应固定在吊钩上，吊钩的圆钢直径不应小于灯具挂销直径，且不应小于6mm。

D. 采用钢管作灯具吊杆时，钢管应有防腐措施，其内径不应小于10mm，壁厚不应小于1.5mm。

3）嵌入式灯具安装应符合下列规定：

A. 灯具的边框应紧贴安装面。

B. 多边形灯具应固定在专设的框架或专用吊链（杆）上，固定用的螺钉不应少于4个。

C. 接线盒引向灯具的电线应采用导管保护，电线不得裸露；导管与灯具壳体应采用专用接头连接。当采用金属软管时，其长度不宜大于1.2m。

4）投光灯的底座及支架应固定牢固，枢轴应沿需要的光轴方向拧紧固定。

5）导轨灯安装前应核对灯具功率和载荷与导轨额定载流量和载荷相适配。

6）庭院灯、建筑物附属路灯、广场高杆灯安装应符合下列规定：

A. 灯具与基础应固定可靠，地脚螺栓应有防松措施；灯具接线盒盒盖防水密封垫齐全、完整。

B. 每套灯具应在相线上装设相配套的保护装置。

C. 灯杆的检修门应有防水措施，并设置需使用专用工具开启的闭锁防盗装置。

7）高压汞灯、高压钠灯、金属卤化物灯安装应符合下列规定：

A. 光源及附件必须与镇流器、触发器和限流器配套使用。触发器与灯具本体的距离应符合产品技术文件要求。

B. 灯具的额定电压、支架形式和安装方式应符合设计要求。

C. 电源线应经接线柱连接，不应使电源线靠近灯具热源。

D. 光源的安装朝向应符合产品技术文件要求。

8）安装于线槽或封闭插接式照明母线下方的灯具应符合下列规定：

A. 灯具与线槽或封闭插接式照明母线连接应采用专用固定件，固定应可靠。

B. 线槽或封闭插接式照明母线应带有插接灯具用的电源插座；电源插座宜设置在线槽或封闭插接式照明母线的侧面。

9）埋地灯安装应符合下列规定：

A. 埋地灯防护等级应符合设计要求。

B. 埋地灯光源的功率不应超过灯具的额定功率。

C. 埋地灯接线盒应采用防水型，盒内电线接头应做防水绝缘处理。

（3）专用灯具。

1）应急照明灯具安装应符合下列规定：

A. 应急照明光源宜选用荧光灯、LED灯。

B. 安全出口标志灯应设置在疏散方向的里侧上方，灯具底边宜在门框（套）上方０.2m。地面上的疏散指示标志灯，应有防止被重物或外力损坏的措施。当厅室面积较大，疏散指示标志灯无法装设在墙面上时，宜装设在顶棚下且距地面高度不宜大于2.5m。

C. 疏散照明灯投入使用后，应检查灯具始终处于点亮状态。

D. 应急照明灯回路的设置除符合设计要求外，尚应符合防火分区设置的要求。

E. 应急照明灯具安装完毕，应检验灯具电源转换时间，其值为：备用照明不应大于 5s；疏散照明不应大于 5s；安全照明不应大于 0.25s。应急照明最少持续供电时间应符合设计要求。

2）霓虹灯的安装应符合下列规定：

A. 灯管应完好，无破裂。

B. 灯管应采用专用的绝缘支架固定，固定应牢固可靠。固定后的灯管与建筑物、构筑物表面的距离不应小于 20mm。

C. 霓虹灯灯管长度不应超过允许最大长度。专用变压器在顶棚内安装时，应固定可靠，有防火措施，并不宜被非检修人员触及；在室外安装时，应有防雨措施。

D. 霓虹灯专用变压器的二次侧电线和灯管间的连接线应采用额定电压不低于 15kV 的高压绝缘电线。二次侧电线与建筑物、构筑物表面的距离不应小于 20mm。

E. 霓虹灯托架及其附着基面应用难燃或不燃材料制作，固定可靠。室外安装时，应耐风压，安装牢固。

3）建筑物景观照明灯具安装应符合下列规定：

A. 在人行道等人员来往密集场所安装的灯具，无围栏防护时灯具底部距地面高度应在 2.5m 以上。

B. 灯具及其金属构架和金属保护管与保护接地线（PE）应连接可靠，且有标识。

C. 灯具的节能分级应符合设计要求。

4）游泳池和类似场所用灯具，其防护等级应符合设计。自电源引入灯具的导管必须采用绝缘导管，严禁采用金属或有金属护层的导管。

5）建筑物彩灯安装应符合下列规定：

A. 当建筑物彩灯采用防雨专用灯具时，其灯罩应拧紧，灯具应有泄水孔。

B. 建筑物彩灯宜采用 LED 等节能新型光源。

C. 彩灯配管应为热浸镀锌钢管，按明配敷设，并采用配套的防水接线盒，其密封应完好；管路、管盒间采用螺纹连接，连接处的两端用专用接地卡固定跨接接地线。

D. 彩灯的金属导管、金属支架、钢索等应与保护接地线（PE）连接可靠。

6）太阳能灯具安装应符合下列规定：

A. 灯具表面应平整光洁，色泽均匀；产品无明显的缺损、锈蚀及变形；表面漆膜完整。

B. 灯具内部短路保护、过载保护、反向放电保护、极性反接保护，功能应齐全。

C. 太阳能灯具应安装在光照充足、无遮挡的地方，避免靠近热源。

D. 太阳能电池组件根据安装地区的纬度，调整电池板的朝向和仰角，使受光时间最长。迎光面上无遮挡物阴影，上方不应有直射光源。电池组件与支架连接时应牢固可靠，组件的输出线用扎带绑扎固定。

E. 蓄电池不得放置在潮湿处，且不应裸露于太阳光下。

F. 灯具与基础固定可靠，地脚螺栓应有防松措施，灯具接线盒盖的防水密封垫应完整。

7）洁净场所灯具安装时，灯具与顶棚之间的间隙应用密封胶条和衬垫密封。密封胶条和衬垫应平整，不得扭曲、折叠。

8）防爆灯具安装应符合下列规定：

A. 检查灯具的防爆标志、外壳防护等级和温度组别应与爆炸危险环境相适配。

B. 灯具的外壳应完整，无损伤、凹陷变形，灯罩无裂纹，金属护网无扭曲变形，防爆标志清晰。

C. 灯具的紧固螺栓应无松动、锈蚀现象，密封垫圈完好。

D. 灯具附件应齐全，不得使用非防爆零件代替防爆灯具配件。

E. 灯具的安装位置应离开释放源，且不得在各种管道的泄压口及排放口上方或下方。

F. 导管与防爆灯具、接线盒之间连接应紧密，密封完好；螺纹啮合扣数应不少于5扣，并应在螺纹上涂以电力复合酯或导电性防锈脂。

G. 防爆弯管工矿灯应在弯管处用镀锌链条或型钢拉杆加固。

14.2.7　插座、开关、照明配电箱（板）安装

（1）插座安装。

1）当交流、直流或不同电压等级的插座安装在同一场所时，应有明显的区别，且必须选择不同结构和不能互换的插座。

2）插座的接线应符合下列规定：

A. 单相两孔插座，面对插座，右孔或上孔应与相线连接，左孔或下孔应与中性线连接；单相三孔插座，面对插座，右孔应与相线连接，左孔应与中性线连接，上孔接地线PE。

B. 单相三孔、三相四孔及三相五孔插座的保护接地线（PE）必须接在上孔。插座的保护接地端子不应与中性线端子连接。同一场所的三相插座，接线的相序应一致。

C. 保护接地线（PE）在插座间不得串联连接。

D. 相线与中性线不得利用插座本体的接线端子转接供电。

3）插座的安装应符合下列规定：

A. 当有儿童活动的场所电源插座底边距地面高度低于1.8m时，必须选用安全型插座。

B. 当设计无要求时，插座底边距地面高度不宜小于0.3m；无障碍场所插座底边距地面高度宜为0.4m，其中厨房、卫生间插座底边距地面高度宜为0.7～0.8m。

C. 暗装的插座面板紧贴墙面或装饰面，四周无缝隙，安装牢固，表面光滑整洁。暗装在装饰面上的插座，电线不得裸露在装饰层内。

D. 地面插座应紧贴地面，盖板固定牢固，密封良好。地面插座应用配套接线盒。插座接线盒内应干净整洁，无锈蚀。

E. 同一室内相同标高的插座高度差不宜大于5mm；并列安装相同型号的插座高度差不宜大于1mm。

F. 应急电源插座应有标识。

G. 当设计无要求时，有触电危险的日用电器和频繁插拔的电源插座，宜选用能断开电源的带开关的插座，开关断开相线；插座回路应设置剩余电流动作保护装置；每一回路插座数量不宜超过10个；用于计算机电源的插座数量不宜超过5个（组），并应采用A型剩余电流动作保护装置；潮湿场所应采用防溅型插座，安装高度不应低于1.5m。

（2）开关安装。

1）同一建筑物、构筑物内，开关的通断位置应一致，操作灵活，接触可靠。同一室内安装的开关控制有序不错位，开关控制控制相线。

2）开关的安装位置应便于操作，同一建筑物内开关边缘距门框（套）的距离宜为0.15～0.2m。

3）同一室内相同规格相同标高的开关高度差不宜大于5mm；并列安装相同规格的开关高度差不宜大于1mm；并列安装不同规格的开关宜底边平齐；并列安装的拉线开关相邻间距不小于20mm。

4）当设计无要求时，开关安装高度应符合：开关面板底边距地面高度宜为1.3～1.4m；拉线开关底边距地面高度宜为2～3m，距顶板不小于0.1m，且拉线出口应垂直向下；无障碍场所开关底边距地面高度宜为0.9～1.1m。

5）暗装的开关面板应紧贴墙面或装饰面，四周应无缝隙，安装应牢固，表面应光滑整洁、无碎裂、划伤，装饰帽（板）齐全；接线盒应安装到位，接线盒内干净整洁，无锈蚀。安装在装饰面上的开关，其电线不得裸露在装饰层内。

（3）照明配电箱（板）安装。

1）照明配电箱（板）内的交流、直流或不同电压等级的电源，应具有明显的标识。

2）照明配电箱（板）不应采用可燃材料制作。

3）照明配电箱（板）安装应符合下列规定：

A. 位置正确，部件齐全；箱体开孔与导管管径适配，应一管一孔，不得用电、气焊割孔；暗装配电箱箱盖应紧贴墙面，箱（板）涂层应完整。

B. 箱（板）内相线、中性线（N）、保护接地线（PE）的编号应齐全，正确；配线应整齐；电线连接应紧密，不得损伤芯线和断股，多股电线应压接接线端子或搪锡；螺栓垫圈压接的两根电线线径应相同，同一端子上连接的电线不得多于2根。

C. 电线进出箱（板）的线孔应光滑无毛刺，并有绝缘保护套。

D. 箱（板）内分别设置中性线（N）和保护接地线（PE）的铜汇流排，汇流排端子孔径大小、端子数量应与电线线径、电线根数适配。

E. 箱（板）内剩余电流动作保护装置应经测试合格；箱（板）内装设的螺旋熔断器，其电源线应接在中间触点的端子上，负荷线接在螺纹的端子上。

F. 箱（板）安装应牢固，垂直度偏差不应大于1.5‰。照明配电板底边距地面高度不应小于1.8m；当设计无要求时，照明配电箱安装高度宜符合表14-8的规定。

表14-8　　　　　　　　　照明配电箱安装高度表

配电箱高度/mm	配电箱底边距地面高度/m	配电箱高度/mm	配电箱底边距地面高度/m
600以下	1.3～1.5	1000～1200	0.8
600～800	1.2	1200以上	落地安装，潮湿场所箱柜下应设高900mm的基础
800～1000	1.0		

G. 照明配电箱（板）不带电的外露可导电部分应与保护接地线（PE）连接可靠；装有电器的可开启门，应用裸铜编织软线与箱体内接地的金属部分可靠连接。

H. 应急照明箱应有明显标识。

4）建筑智能化控制或信号线路引入照明配电箱时应单独走线。

14.2.8 路灯照明安装

（1）灯杆组立。

1）灯杆组立应在基础强度达到100％后进行。

2）灯头组装及灯杆穿线在地面进行，宜采用临时电源进行调试确认照明灯合格后，再进行整体组立。灯头接线一般采用BVV-2.5护套线，在接线桩头采用专用工具手工做接线鼻环，螺母压紧，确保接线牢固、接触良好。

3）灯杆整体组立采用8t或16t吊车进行，采用专用尼龙吊带起吊，防止损伤灯杆表面油漆。吊点应选择在灯杆整体重心以上，绑扎牢固，防倾翻。灯杆起吊时必须注意附近障碍物，如架空导线、绿化、广告牌、脚手架、建筑物等，做好安全措施，应由现场负责人统一指挥，施工人员应站在安全位置，非工作人员必须远离杆高的1～2倍距离以外。

4）灯杆组立就位后，用经纬仪和吊线锤调整其中心位置、垂直度，垂直度偏差应在2‰以内，灯头小臂的方向与道路轴线垂直。

5）高空调整工作用高空作业车进行。在地面调整的基础上，再进行高空作业精细调整，需调整的项目包括灯头小臂方向及灯头角度，使灯头角度保持一致，并再次检查、紧固灯头及小臂连接螺栓。

6）各种螺母宜加垫片和弹簧垫紧固。紧固后露丝不得少于两个螺距。待灯杆组立完成后，浇筑基础保护帽，以避免地脚螺帽松动或丢失。

（2）电气接线。

1）各段导线穿管到位后，用500V兆欧表测绝缘合格，方可进行接线，其绝缘电阻应大100MΩ。

2）所有导线接续必须在路灯座接线孔内进行，导管中间严禁接头。主干线接续时，采用压接管接续，压口顺序从内向外，压口不少于4处，同时应区别相色，严防接错相序。各盏灯均按照图纸分别接在A、B、C三相上，每3盏灯轮换一次，保证负荷均衡。道路两侧电源起始相序应错开，以避免道路两侧同一位置的路灯接在同一相电源上，在电源掉相时，该段路面无照明的现象。

3）灯头线与主干线的连接采用缠绕法T接，灯头线在主干线上缠绕不少于4圈，并逐圈收紧，确保接触良好。

4）剥除导线绝缘层时，不允许损伤线芯，所有接头采用低压绝缘自粘带包绕，应紧密包绕，不少于4层。保证绝缘良好，不低于导线原有绝缘。

5）每根灯杆本体均应通过可靠的电气连接与接地保护线相连，连接点在灯杆内专用接地螺栓上。

6）接线完毕，用万用表检查各回路接线正确；拔出路灯保险管，用低压摇表摇测绝缘应良好。

7）采用防火泥，将各导线管口及时封堵。

（3）控制开关箱安装调试。

1）控制开关箱宜采用不锈钢，具有防水防尘功能，加装门锁。箱门上标识"××道路路灯控制箱"。

2）所有元器件按设计要求选型，安装牢固、整齐，箱内布线整齐、清晰合理。

3）箱体安装高度距离地面 1.5m，在墙面采用 M8 膨胀螺栓固定，安装平整、牢固。

4）断路器及接触器进行电气试验主要包括：绝缘测量、回路直流电阻测试、保护整定及联动试验。试验合格，方可带电及投运。

5）智能开关控制器严格按厂家说明书进行试验和调整，保证其定时准确、动作可靠。其动作时间按季节整定。

14.2.9 构架照明安装

构架照明一般采用高架作业车安装，灯具在地面进行组装，采用钢制镀锌抱箍和专用夹具在构架柱上固定，电缆须穿钢管从地面引上，钢管用抱箍等距离固定。

投电试灯按实际需要调整照射角度，最后将灯具固定。

14.2.10 隧道照明安装

隧道照明安装主要包括：导管线槽安装、电缆桥架安装、灯具安装、电缆敷设、配电箱安装、照明变压器安装、开闭所（隧道变电站）设备安装、高压电缆敷设、变电站设备安装等，按照先高空后地面的顺序进行。

（1）电缆桥架安装。检查电缆桥架的数量、规格、型号符合设计要求，部件齐全，表面光滑、不变形；涂层完整，无锈蚀；色泽均匀。

1）画线定位。根据设计图纸，从电缆桥架始端至终端（一个直线段）找好水平或垂直线（隧道如有坡度，电缆桥架应随其坡度倾斜布置），确定并标出支架的具体位置。

2）桥架安装。

A. 钻孔时根据设计的膨胀螺栓规格，选用配套钻头，严格控制钻孔的深度，钻孔施工完毕，验收合格后进行膨胀螺栓的安装，膨胀螺栓为热镀锌件。

B. 电缆桥架支架采用膨胀螺栓固定，垂直度偏差小于 ±5mm，支架的间距误差控制在设计值的 ±10mm 范围以内。桥架用连接板连接，用垫圈、弹垫、螺母紧固，螺母应位于线槽外侧。

C. 桥架全长应有良好的电气通路，桥架全长不得少于 2 个接地点。

（2）照明设备安装。

1）灯具安装有如下要求：

A. 灯具型号符合设计图纸要求，具有良好的防腐性能。

B. 灯具固定应牢固可靠，每个灯具固定用的螺栓不应少于 2 个，螺栓均应配置弹簧垫，紧固后露丝不得少于两个螺距。

C. 灯具安装时，灯具的边框宜与隧道轴线平行，其偏差不应大于 5mm。

D. 灯具安装高度符合设计要求，灯管必须与触发器和电容器配套使用。

E. 灯具安装过程中防止内部锐角或毛刺部位将内部导线绝缘层刺破，留下短路、触电等安全隐患。金属外壳要用配电电缆的接地线芯同接地系统相连。

2）LED 诱导灯安装。

A. LED 灯安装在电缆沟的侧壁上，两侧对称安装，灯间距 15m，首尾灯距洞口 10m。

B. LED 灯控制器安装在隧道内的配电箱内，控制器接应急电源，出两回电缆分别供左右两侧的 LED 灯。

C. LED 灯的光色为黄色和白色，以行车方向为"左黄右白"。

D. LED 灯用 2 个 $\phi8mm$ 塑料膨胀管固定在电缆沟侧壁上，钻 $\phi16mm$ 的孔用于穿 LED 灯的电源引线。

E. 配电电缆敷设在电缆沟中，电源线连接好后，接头需用密封胶做防水处理。

14.3 试运行和交接验收

14.3.1 通电试运行

（1）照明系统通电试运行时，应检查下列内容包括：灯具控制回路与照明配电箱的回路标识应一致；开关与控制灯具位置相对应；风扇运转应正常；剩余电流动作保护装置应动作准确。

（2）生产照明系统通电连续试运行时间应为 24h，住宅照明系统通电连续试运行时间应为 8h。所有照明灯具均应开启，且每 2h 记录运行状态 1 次，连续试运行时间内无故障。

（3）有自控要求的照明工程应先进行就地分组控制试验，后进行单位工程自动控制试验，试验结果应符合设计要求。

（4）照明系统通电试运行后，三相照明配电干线的各相负荷宜分配平衡，其最大相负荷不宜超过三相负荷平均值的 15%，最小相负荷不宜小于三相负荷平均值的 85%。

14.3.2 照度和功率密度值测量

（1）当有照度和功率密度测试要求时，应在无外界光源的情况下。测量并记录被检测区域内的平均照度和功率密度值，每种功能区域检测不少于 2 处。照度值不得小于设计值；功率密度值应符合现行《建筑照明设计标准》（GB 50034）的规定或设计要求。

（2）照度测量时应待光源的光输出稳定后进行测量，并符合：白炽灯需燃点 5min；荧光灯需燃点 15min；高强气体放电灯需燃点 30min；新安装的照明系统，宜在燃点 100h（气体放电灯）和 10h（白炽灯）后再测量其照度。

（3）室内照度测量宜采用准确度为二级以上的照度计；室外照度测量宜采用准确度为一级的照度计，对于道路和广场的照度测量，应采用能读到 0.1lx 的照度计。

（4）照度和功率密度值测量应作记录，记录内容包括：测量场所名称；标有尺寸的测试点布置图；各测量点的照度值；平均照度计算结果；光源、功率、灯具型号规格、镇流器类型、总灯数、总功率、照明功率密度；灯具布置方式及安装高度；测量时电源电压；照度计型号、编号、检定日期；测量点高度；测量日期、时间、测量人员姓名。

（5）照明质量有特定要求的场所，应委托有资质的专业检测机构进行检测。

14.3.3 工程交接验收

（1）工程交接验收时，项目检查内容包括：

1）成排安装的灯具、并列安装的开关、插座，其中心轴线、垂直偏差、距地面高度。

2）盒（箱）周边的间隙，交流、直流及不同电压等级电源插座安装的准确性。

3）大型灯具的安装牢固度，吊扇、壁扇的防松措施。

4）室外灯具及接线盒的防水措施。

5）室外灯具紧固件的防锈蚀措施。

6）照明配电箱（板）回路编号及其接线的准确性。

7）灯具控制性能及试运行情况。

8）保护接地线（PE）连接的可靠性。

（2）验收检查的数量应符合：强制性条文规定的应全数检查；非强制性条文规定的应抽查5%。

（3）工程交接验收时，应提交的技术资料和文件包括：竣工图；设计变更、洽商记录文件及图纸会审记录；产品合格证、3C认证证书，照明设备电磁兼容检测报告；进口设备的商检证书和中文的质量合格证明文件、检测报告等技术文件；检测记录内容包括：灯具的绝缘电阻检测记录；照度、照明功率密度检测记录；剩余电流动作保护装置的测试记录；试验记录内容包括：照明系统通电试运行记录；有自控要求的照明系统的程序控制记录和质量大于10kg的灯具固定装置的载荷强度试验记录。

15 水电站施工供电

15.1 水电站施工供电的特点和供电管理的基本要求

15.1.1 水电站施工供电的特点

随着我国水电事业的发展，特别是大型水电站的开发建设，施工供电安全运行已经成为工程关键问题之一。施工供电是否安全、可靠直接影响到整个水电站工程的施工安全、质量和进度。施工供电不同于一般城区和农村电网供电，其特点介绍如下。

（1）电网结构变化快。

1）施工电网一边建设一边为水电站施工负荷供电，随着工程的全面开工，电网的线路、设备不断增加，对电网供电的连续性要求愈来愈高，电网调度必须精心编制运行方式和线路、设备投运计划。

2）随着水电站施工面不断扩展，各项主体工程及辅助工程开工，施工场地和通道必然与部分配电线路通道发生冲突，线路改道必不可少，线路改造对工期要求及停电时间要求较为严格，线路改造施工组织的合理性尤为重要。

3）施工电网供电负荷变化较大。随着水电站建设施工进展，施工电网供电总负荷在不断发生变化，各部位的供电负荷在不同时段也会发生较大变化。它要求供电管理单位随时掌握负荷变化情况，合理编制运行方式，加强功率因数、网损考核。

（2）现场干扰多。

1）施工电网受水电站建设施工干扰，如开挖爆破、施工机械伤害等，送配电线路倒杆、断线事故不可避免。要求组建一支电网事故快速反应抢修队伍。

2）各施工承包商配备供电运行维护人员数量、素质参差不齐，三级电网的不稳定直接干扰二级电网的安全运行。须加强对用户的用电安全检查管理。

3）施工区特别是较狭窄施工区的开挖、配料等施工经常使交通被堵、改道等情况使线路正常巡视及故障处理不能正常通行，干扰线路的正常运行维护。同时，由于开挖引起山坡落石、电杆部位塌方、回填引起线路对地距离不够等现象。要求线路运行维护人员经常熟悉现场变化，增加巡视检查频度。

（3）电网故障多。

1）水电施工中使用高压电气设备老化，电缆多次重复使用，且移动频繁，受条件限制，防护不到位，使电网配电系统接地、短路故障经常发生。要求线路运行维护人员熟悉现场情况，具备迅速分析排查故障能力。

2）受现场施工开挖爆破、施工机械碰撞引起线路倒杆、断线故障经常发生，要求精心组织线路运行维护人员抢修。

3）由于施工安排调整，电网建设不能及时跟上负荷急剧变化，线路、设备会出现过负荷现象，引起电网薄弱环节烧红、烧断现象。要求快速、合理调整负荷分布。

4）由于变电站断路器短时间经常切断短路电流，为保证施工不间断供电，断路器不能得到正常的维护检修，引起拒动等故障。

线路经常接地、产生谐振引起变电站电压互感器损坏。要求运行检修人员合理安排时间，对断路器设备进行维修保养。

（4）供电要求高。

1）水电站施工中大坝主体及厂房浇筑时，施工中途突然停电直接影响其质量，关系重大。

2）水电站施工中基础灌浆、基坑排水等短时间停电可能造成钻孔的报废、基坑设备淹没等重大损失。要求施工电网管理人员熟知水电站施工程序，能预见不同时间段的重要负荷，制定保供电措施。

3）水电站施工场面大，施工进度控制严格，一个部位的停工可能影响全局，使得每个部位的计划停电时间均严格控制，要求运行检修队伍必须要科学严密组织，尽力缩短停电及事故抢修时间。

4）发电厂首台机组投产，厂用电主要依靠外来电源（施工电源），如运行中供电可靠性差，将直接影响机组的安全运行。

15.1.2　水电站施工供电管理基本要求

施工电网运行管理的核心是确保施工电网的安全、可靠运行。根据葛洲坝、三峡等大型水电站施工供电的经验，要做好水电站施工供电管理工作，其基本要求如下。

（1）组建装备精良、作风过硬的供电管理队伍。要确保施工电网安全、可靠运行，必须拥有一支能吃苦、善打硬仗的职工队伍和一批既懂电网施工管理又懂电网运行管理的复合性技术管理干部，建立相应的运行维护管理机构，建立安全技术培训机制，充分发挥人才优势，确保人员素质满足电网管理和运行需要。

（2）建立保障有力的电网运行管理体系。组建电力调度室、线路队、变电队、修试所为基层运行维护及检修单位的电网运行维护管理框架，建立施工电网以电力调度为龙头，以线路运行维护、变电运行维护，电气检修试验为主体的电网运行维护管理体系。制定配套的电力调度规程、变电运行规程、线路运行规程等运行管理制度，明确电网运行、检修程序，确保施工电网运行有序。

（3）加强标准化管理。以质量管理体系和职业健康安全管理体系程序文件为标准，形成一套完整的管理体系。确保电网经济、高效运转。重点对电网危险点分析预控、电网故障快速抢修、控制电网改造停电时间、重点施工部位供电可靠性的控制等方面加强管理。

（4）提供优质服务，确保施工生产供电。为用户提供优质服务是供电管理单位工作的职责。规范用电管理、加强用电监察，力保用户安全可靠用电。

15.2 施工供电系统规划

15.2.1 供电总负荷的确定

(1) 计算原则。

1) 供电负荷计算可采用需要系数法和总同时系数法。当要求估算各年用电量时，亦可采用负荷曲线法。

2) 当需要计算施工供电系统的高峰负荷时，可用需要系数法。

3) 当资料不足、无条件采用需要系数法计算施工供电系统的高峰负荷时，可采用总同时系数法。

4) 有条件时应采用负荷曲线法。

(2) 需要系数法。用需要系数法计算供电高峰负荷时，应采用式 (15-1)、式 (15-2) 计算：

$$P=K_1K_2K_3(\sum K_CP_D+\sum K_CP_M+\sum K_CP_N) \qquad (15-1)$$

式中　P——施工供电系统高峰负荷时的有功功率，kW；

　　　K_1——考虑未计及的用户及施工中发生变化的余度系数，一般取 1.1～1.2；

　　　K_2——各用电设备组之间的用电同时系数，一般取 0.6～0.8；

　　　K_3——配电变压器和配电线路的损耗补偿系数，一般取 1.06；

　　　K_C——需要系数，见表 15-1；

　　　P_D——各用电设备组的额定容量，kW；

　　　P_M——室内照明单位负荷，kW，见表 15-2；

　　　P_N——室外照明单位负荷，kW，见表 15-3。

表 15-1　　　　　　　　　需要系数 K_C 及功率因数 $\cos\varphi$ 表

序号	名称	需要系数	功率因数	序号	名称	需要系数	功率因数
1	大型混凝土工厂	0.50～0.60	0.70	15	钢筋加工厂	0.50	0.50
2	中型混凝土工厂	0.60～0.65	0.70	16	木材加工厂	0.20～0.30	0.50～0.60
3	小型混凝土工厂	0.60～0.65	0.70	17	混凝土预制构件厂	0.60	0.68
4	压缩空气站	0.60～0.65	0.75	18	大、中型机修厂	0.20～0.30	0.50
5	水泵站	0.60～0.75	0.80	19	小型机修厂	0.20～0.30	0.50
6	起重机	0.20～0.40	0.40～0.50	20	码头	0.35	0.40～0.50
7	挖掘机	0.40～0.50	0.30～0.50	21	仓库动力负荷	0.90	0.40～0.50
8	连续式皮带机	0.60～0.70	0.65～0.70	22	水泥厂	0.70	0.65～0.70
9	非连续式皮带机	0.40～0.60	0.65～0.70	23	施工场地	0.60	0.70～0.75
10	电焊机	0.30～0.35	0.40～0.50	24	室内照明	0.80	1.00
11	碎石机	0.65～0.70	0.65～0.75	25	室外照明	1.00	1.00
12	灌浆设备	0.70	0.65～0.75	26	住宅照明	0.60	1.00
13	钢管加工厂	0.60	0.65～0.70	27	仓库照明	0.35	1.00
14	修钎厂	0.50～0.60	0.50	28	基坑排水	0.35	1.00

表 15-2 室内照明单位负荷表

序号	地点	单位负荷/(W/m²)	序号	地点	单位负荷/(W/m²)
1	拌和楼（厂）、汽车库	5	8	棚仓	2
2	预制构件厂	6	9	仓库	5
3	空气压缩机机房、水泵房	7	10	办公室、试验室	10
4	钢筋木材加工厂	8	11	宿舍、招待所	4~6
5	发电厂、变电所	10	12	医院、托儿所、学校	6~9
6	金属结构厂	10	13	食堂、俱乐部	5
7	机械修配厂	7~10			

表 15-3 室外照明单位负荷表

序号	地点	单位负荷/(W/m²)	序号	地点	单位负荷/(W/m²)
1	人工开挖土石方	0.8~1.0	7	材料设备堆场	1.0~2.0
2	机械开挖土石方	1.0~2.0	8	主要人行道、车行道	2.0kW/km
3	人工浇筑混凝土	0.5~1.0	9	其他人行道、车行道	2.0kW/km
4	机械浇筑混凝土	1.0~1.5	10	警卫照明	1.5kW/km
5	金属结构安装	2.0~3.0	11	廊道、仓库照明	3.0
6	钻探工程	1.0~2.0	12	防洪抢险场地	13.0

$$S = P/\cos\varphi \tag{15-2}$$

式中　S——施工供电系统高峰负荷时的视在功率，kVA；

　　$\cos\varphi$——施工供电系统的平均功率因数，无功未补偿时的 $\cos\varphi$，一般取 $0.70\sim0.75$；

　　无功补偿后 $\cos\varphi$，一般取 $0.85\sim0.90$。

（3）总同时系数法。用总同时系数法计算施工供电系统高峰负荷时，应采用式（15-3）计算：

$$P = K\sum P_d \tag{15-3}$$

式中　P——施工供电系统高峰负荷时的有功功率，kW；

　　K——总同时系数，一般可取 $0.25\sim0.4$；

　　$\sum P_d$——全工程用电设备容量的总和，kW。

（4）负荷曲线法。用负荷曲线法进行计算时，可用式（15-4）计算：

$$W = P_M T_M \tag{15-4}$$

式中　W——年用电量，kW·h；

　　P_M——年最大负荷，kW；

　　T_M——年最大负荷利用小时数，h。

大型水电工程建设单位一般按设计要求购置变压器及相关设备，由于施工进度不可能完全依照设计方案进行，变数较多，通过计算可与设计要求相比较，做到心中有数。

（5）配电变压器容量计算。配电变压器容量应按式（15-5）和式（15-6）计算：

$$P_b = 1.1\left(\sum K_C P_D + \sum K_C P_M + \sum K_C P_N\right) \tag{15-5}$$

$$S_b = 1.1(\sum K_C P_D / \cos\varphi + \sum K_C P_M + \sum K_C P_N) \qquad (15-6)$$

式中　P_b——配电变压器总有功功率，kW；

　　　　S_b——配电变压器总视在功率，kVA；

　　　K_C——需要系数，见表 15-1；

　　$\cos\varphi$——电器设备平均功率因数，一般取 0.7～0.8，金属结构厂、钢管加工厂为 0.2～0.3；

　　　1.1——低压网络功率损耗系数；

其余符号意义同前。

各级电压合理输送半径及容量见表 15-4。

表 15-4　　　　　　　　　　　各级电压合理输送半径及容量表

额定电压/kV	输送容量/MW	输送半径/km	额定电压/kV	输送容量/MW	输送半径/km
0.4	0.1	<0.6	35	2.0～10.0	20～50
6	0.1～1.2	4～15	110	10.0～50.0	50～150
10	0.2～2.0	6～20	220	100.0～500.0	100～300

15.2.2　施工电源和电压等级的确定

（1）施工电源的选择。施工用电有以下几种电源可供选择：

1）提前建设永久性的输电线路，从电力系统中取得电源。根据用电负荷的太小，可以采用原级电压，也可降低电压供电。

2）租用移动式发电站供电，如列车电站和船舶电站等、但这些电站常受到交通、燃料等条件的限制，一般仅作为施工初期电源或施工高峰期间的补充电源。

3）建造柴油机发电厂供电。柴油机组运输、安装及运转方便迅速，能在短期内建成供电是其突出优点，但因发电成本高，单机容量受限制，一般只在小型水利水电工程中无其他电源时，才作为主要的施工电源。在大、中型水利水电工程中可作为；①施工准备阶段的临时电源；②由电力系统供电时，作为补充电源或重要负荷的备用电源；③一些远离施工枢纽的分区用户电源，如砂石厂等。

4）就近利用中、小型水电站发电作为施工电源。如枯水期供电能力不足时，还需考虑补充电源。

5）多种电源联合供电。常用于负荷较大的大型水电工程。

每个工程的施工电源，都应结合本地区电力系统供应情况和施工的具体条件，经过技术经济比较论证确定。

（2）电源容量确定和电压选择。

1）电源容量确定。电源容量按下列原则确定：

A. 施工用电总容量应满足各个施工期内的用电最高负荷需要，由设计提供数据，包括主变参数、线路电压参数等。

B. 以自备发电厂为主要电源时，电厂的装机容量尚应考虑有事故和检修的备用机组，以及自然条件对机组出力的影响。当工作机组在 4 台及以下时，装设一台机组作为备用。

作为备用电源的柴油机发电厂不必设置备用机组。

C. 当采用多种电源联合供电时，应根据不同电源的特性和承担的任务，在施工供电负荷曲线图上定出各自的工作时段。

2）施工区电压等级的确定。

A. 在同一电网内，应尽可能简化电压等级。

B. 供电系统中的输、配电电压，应根据电网内线路送电容量和送电距离拟定出几个方案进行比较后确定。

C. 供电电压以 6kV、10kV、35kV 为宜，其中 6kV 是考虑较多施工机械的实际需要而设，如施工机械设备没有 6kV 设备时直接用 10kV，如只有少量 6kV 级施工机械时可局部增加降压变压器解决。

15.2.3　施工变电站

（1）施工变电站设计。水利水电工程施工总降压变电站，主要在施工期间使用，还应结合水电站周围发展对电力需求考虑，在工程竣工后全部或部分地留作水电站附近地区供电之用。

110kV 及以上电压级的施工变电站，按标准降压变电站设计。施工中可根据实际情况作适当优化调整。

施工变电所必须为电站机组发电初期提供 2 回可靠厂用电电源，因此变电所必须安装 2 台主变压器，供电电压可根据负荷和距离选择，供电电压一般为 35kV 和 10kV。

1）变电站位置。选择施工变电所所址，应考虑下列条件和因素：

A. 接近施工用电负荷中心或配电网络中心。

B. 有足够的进出线走廊。

C. 地势应相对较高，平缓，避免建立在低洼地方或其他地质灾害可能影响的部位。

D. 变电所所址离施工区应有一定距离，防止土石方爆破带来影响。

E. 若与永久变电站相结合时，应考虑扩建的可能性。

2）变压器容量和台数的选择。

A. 变电所内变压器的总容量应大于承担的全部用电设备的计算负荷。

B. 变电所与电力系统相连接的主变压器一般应装设两台。当只有一个电源或变电所可由系统中二次电压网络取得备用电源时，方可装设一台变压器。当 35kV 电压等级的变电站负荷超过 3200kVA 时或 110kV 电压级的变电站负荷超过 6300kVA 时，可考虑装设 2 台主变压器。

C. 应采用三相变压器，在高峰时电压质量无法保证的情况下，可采用带负荷调压的变压器。

（2）水电站主接线设计。

1）6～220kV 高压配电装置的基本接线。对于 6～220kV 高压配电装置的接线，大致分为两类：

A. 有汇流母线的接线：单母线接线、单母线分段接线、双母线接线、双母线分段接线、一台半接线、3/4 接线、增设旁路母线的接线等。

B. 无汇流母线的接线：变压器—线路组单元接线、扩大单元接线、联合单元接线、桥形接线、角形接线等。

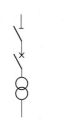

图 15-1 变压器—线路
单元接线图

2）变压器—线路单元接线见图 15-1。

A. 优点：接线最简单、设备最少，不需要高压配电装置。

B. 缺点：线路故障或检修时，变压器停运。

C. 适用范围：一是只有一台变压器和一回线路时；二是过渡接线时。

3）桥形接线。两回变压器线路单元接线相连，构成桥形接线，桥形接线分为内桥与外桥两种。

A. 内桥形接线［见图 15-2（a）］。

优点：高压断路器数量少，四个回路只需三台断路器。

缺点：①变压器的切除和投入较复杂，需动作两台断路器，并影响一回线路的暂时停运；②桥断路器检修时，两个回路需解列运行。

适用范围：适用于较小容量发电厂、变电所，并且变压器不经常切换或线路较长、故障率较高的情况。

B. 外桥形接线［见图 15-2（b）］。

优点：同内桥形接线。

缺点：①线路的切除和投入较复杂，需动作两台断路器，并有一台变压器暂时停运；②桥断路器检修时，两个回路需解列运行；③变压器侧断路器检修时，变压器需在此期间停运。

适用范围：适用于较小容量的发电厂、变电所，并且变压器的切换较频繁或线路较短、故障率较少的情况。此外，线路有穿越功率时，也宜采用外桥形接线。

4）单母线接线见图 15-3。

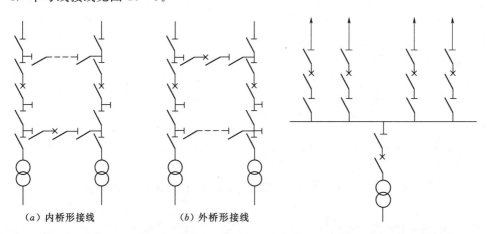

（a）内桥形接线　　　（b）外桥形接线

图 15-2　变压器—线路单元接线图　　图 15-3　单母线接线图

优点：接线简单、清晰，设备少、操作方便、投资省，便于扩建和采用成套配电装置。

缺点：不够灵活可靠，母线或母线隔离开关故障或检修时，均可造成整个配电装置停电。

488

适用范围：一般只适用于变电所安装一台变压器的情况，并与不同电压等级的出线回路数有关：①6～10kV 配电装置的出线回路数不超过 5 回；②35～66kV 配电装置的出线回路数不超过 3 回；③110～220kV 配电装置的出线回路数不超过 2 回。

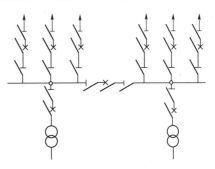

5）单母线分段接线见图 15-4。

优点：①用断路器将母线分段后，对于重要用户可从不同段引出两个回路，由两个电源供电。②当一段母线发生故障时，分段断路器自动将故障切除，保障正常段母线不间断供电和不致使重要用户停电。

图 15-4　单母线分段接线图

缺点：①当一段母线或母线隔离开关故障或检修时，该段母线的回路都要在此期间停电。②当出线为双回路时，常使架空线出现交叉跨越。③扩建时需向两个方向均衡扩建。

适用范围：①配电装置的出线回路数为 6 回及以上；当变电所有两台主变压器时，6～10kV 宜采用单母线分段接线。②6～66kV 配电装置出线回路数为 4～8 回时。③110～220kV 配电装置出线回路数为 3～4 回时。

6）双母线接线见图 15-5。双母线的两组母线同时工作，并通过母线联络断路器并列运行，电源与负荷平均分配在两组母线上。由于母线继电保护的要求，一般某一回路固定与某一组母线连接，以固定连接的方式运行。

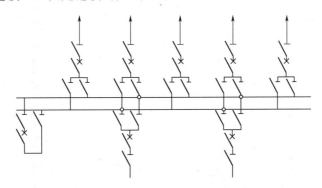

图 15-5　双母线接线图

优点：①供电可靠。通过两组母线隔离开关的倒换操作，可以轮流检修一组母线而不致使供电中断；一组母线故障后，能迅速恢复供电；检修任一回路的母线隔离开关，只需停该回路。②调度灵活。各个电源和各回路负荷可以任意分配到某一组母线上，能灵活地适应系统中各种运行方式调度和潮流变化的需要。③扩建方便。向双母线的左右任何一个方向扩建，均不影响两组母线的电源和负荷均匀分配，不会引起原有回路的停电。当有双回架空线路时，可以顺序布置，以致连接不同的母线段时，不会如单母线分段那样导致出线交叉跨越。④便于试验。当个别回路需要单独进行试验时，可将该回路分开，单独接至一组母线上。

缺点：①增加了一组母线及母线设备，每一回路增加了一组隔离开关，因此投资费用增加。②当母线故障或检修时，隔离开关作为倒闸操作电器，容易误操作。③适用范围。

当出线回路数或母线上电源较多、输送和穿越功率较大、母线故障后要求迅速恢复供电、母线或母线设备检修时不允许影响对用户的供电、系统运行调度对接线的灵活性有一定要求时采用，各级电压采用的具体条件如下：①6~10kV配电装置，当短路电流较大、出线需要带电抗器时。②35~66kV配电装置，当出线圈路数在8回及以上时或连接的电源较多、负荷较大时。③110kV配电装置出线回路数为6回及以上时；220kV配电装置出线回路数为4回及以上时。

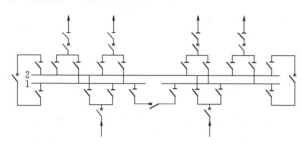

图15-6　双母线单分段接线图

7）双母线分段接线。当220kV进出线回路数多时，双母线需要分段，分段原则是：

A. 当进出线回路数为10~14回时，在一组母线上用断路器分段，称为双母线单分段接线见图15-6。

B. 当进出线回路数为15回及以上时，两组母线均用断路器分段，称为双母线双分段接线。

C. 为了限制某种运行方式，220kV母线短路电流或系统解列运行的要求，可根据需要将母线分段。

8）增设旁路母线的接线。为保证采用单母线分段或双母线的配电装置，在进出线断路器检修时，不中断对用户的供电，可增设旁路母线或旁路隔离开关。旁路母线有三种接线形式：

A. 设有专用旁路断路器［见图15-7（a）］。进出线断路器检修时，由专用旁路断路器代替，通过旁路母线供电，对双母线的运行没有影响。

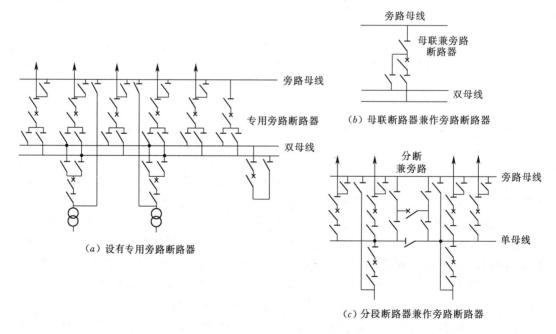

图15-7　增设旁路母线的接线图

B. 母联断路器兼作旁路断路器［见图 15-7（b）］。不设专用旁路断路器，而以母联断路器兼作旁路断路器用。

优点：节约专用旁路断路器和配电装置间隔。

缺点：当进出线断路器检修时，就要用母联断路器代替旁路断路器，双母线变成单母线，破坏了双母线固定连接的运行方式，增加了进出线回路母线隔离开关的倒闸操作。

C. 分段断路器兼作旁路断路器。对于单母线分段接线，可采用如图 15-7（c）所示的以分段断路器兼作旁路断路器的常用接线方案。两段母线均可带旁路，正常时旁路母线不带电。

9）三～五角形接线见图 15-8。多角形接线的各断路器互相连接而成闭合的环形，是单环形接线。

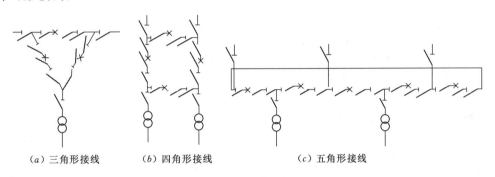

（a）三角形接线　　　　（b）四角形接线　　　　　　（c）五角形接线

图 15-8　三～五角形接线图

为减少因断路器检修而开环运行的时间，保证角形接线运行可靠性，以采用三～五角形为宜，并且变压器与出线回路宜对角对称布置。

优点：①投资省，平均每一回路只需装设一台断路器。②没有汇流母线，一条线路故障不影响另一条线路的正常供电。③接线成闭合环形，在闭环运行时，可靠性灵活性较高。④每回路由两台断路器供电，在任一台检修时，不中断供电，也不需要旁路设施。⑤占地面小。

缺点：任一台断路器检修，都成开环运行，从而降低了接线的可靠性。

适用范围。适用于能一次建成的、最终进出线为 3～5 回的 110kV 及以上配电装置。

15.2.4　供电网络

（1）施工区内的配电线路。施工区内的配电线路，有架空线路和电缆线路两种、架空线路的架设费用较低，施工期短，发生故障后的检修方便，但容易遭受雷击，在开挖爆破区内易受损坏，为了节约投资，一般采用架空线路。但当遇到工区建筑物布置稠密、道路桥梁以及各种管道纵横交错，且线路数目较多或须进入爆破危险区内时，以敷设电缆为宜，并加以保护。

导线和电缆型号及截面的选择：既要保证对用户供电的安全可靠，又要充分利用导线和电缆的负荷能力。

10kV 及以下的高低压配电网络中导线和电缆选择包括两个内容：①确定其结构、型号、使用环境和敷设方式；②根据发热条件、电压降、机械强度和按照经济电流密度选择导线和电缆的截面。此外，对于电缆还须校验短路时的热稳定度。

10kV及以下的配电线路的载流量和截面。当工区内部高压配电线路较长时，可按允许电压损失的条件来选择；线路不长时，则按允许载流量来选择；当线路的输送容量较大，线路又较长时，则可按经济电流密度选择导线的截面，对于380V及以下的低压动力和照明线路，虽然线路不长，但电流较大时，可按导线或电缆的允许载流量选择其截面，然后再校验其电压降。

（2）6～10kV配电网络规划。

1）设计原则。

A. 配电系统应简单可靠，便于操作与管理。

B. 6～10kV高压配电线路应尽可能地深入到负荷的中心。当技术经济合理时，可采用35kV的线路直接向孤立的重负荷区配电。

C. 平行的生产作业线及互为备用的机组宜用不同的母线或线路供电，一般地同一生产线的用电设备应尽量采用同一母线或线路供电。

D. 在规划配电系统结线时，除施工用电的重要负荷外，不必考虑一电源回路检修或事故时；另一电源回路又发生事故的情况。

E. 在出线走廊和环境条件许可时，配电线路应尽量采用架空线，少用电缆线路。

F. 配电系统的规划设计，除考虑适应正常生产时的负荷外，尚应考虑到检修和事故状态时的负荷分配。

G. 配电系统的规划设计，应适应各个阶段的负荷需要。

H. 合理利用现有设备，节省投资。

2）配电电压选择。

A. 施工机械设备的电压，除大部分为380V/220V外，也有相当数量电压等级为3kV、6kV和10kV的电动机（如空气压缩机、水泵和各种类型的挖掘机、起重机等），配电电压选择时应加以注意。

B. 要收集和掌握现存有利用价值的变配电设备的技术资料，并尽量根据已有的设备来确定配电电压。若有高压电动机，可配置专用的变压器供电，而不发展为两级电压配电为宜。

C. 对于3kV的用电设备，可采用6kV/3kV或10kV/3kV的中间变压器降压供给。

3）配电网络形式。

A. 对一般无重要负荷的用电点，如砂石料场、一般仓库、生活区等，可用单回线路供电。

对重要负荷用户，通常采用环形网络供电。如负荷较大，超过单环所能担负的容量，可以采用多环或双回路相结合的供电网络。

B. 当环网两条主干线平行距离较近，两线路又比较长，则沿线的负荷可由两条干线分别引接电源，以便减少导线的截面。

C. 采用环形网络供电时，导线截面应按干线上可能出现的最高负荷来选择，而不能按配电变压器的容量来选择。环网干线为适应不同时期负荷的变化，应尽可能选用相同截面的导线。

D. 施工区内配电线路的路径、走向和配电所的位置，均应避开施工开挖危险区域。

4）配电所的变压器及容量台数。

A. 配电所的变压器容量应适应各施工阶段负荷的变化，还应考虑扩建的可能。选用折算后标幺值相似的配电变压器。并列运行变压器的容量比一般不宜超过 2∶1。

B. 生产与生活用电的配电所应尽可能分开，以便管理。若混合供电，应在 380V/220V 侧的出线回路上分开。

C. 配电所一般设置不超过 3 台变压器。

D. 配电变压器容量可根据负荷情况进行计算；对于直接启动的大型电动机，尚应计算启动时的电压降及对同一电源其他机械的影响。

5）配电所常用布置方案。

A. 配电所有户内、户外、半露天和移动式等四种类型，可根据环境条件及变压器形式确定。

B. 高压侧的配电装置一般采用户外式布置，也可设置在高压配电室内。

C. 配电所的高低压开关设备尽量采用成套装置。

D. 在高压配电室内留有适当数量的开关柜位置。

E. 电力电容器一般装设在单独的电容器室内，当与高压配电室并列布置时，应设防火墙。

F. 配电所宜有单独的值班室，也允许在低压配电室内值班，并根据需要可设储存室等辅助间。

15.3 工程实例

15.3.1 三峡水利枢纽工程施工供电实况

三峡水利枢纽工程位于湖北省宜昌市，距市区 32km，建在长江中游河段上。三峡水利枢纽工程分三期连续施工，总工期 17 年，水电站总装机容量 22500MW。设 4 个发电厂房，其中两个在地下。施工供电系统是国内水电工程最大的施工供电系统，二期工程施工高峰最高负荷达 70MW，施工供电系统有四个电压等级：主供电源额定电压 220kV，备用电源额定电压 110kV，供电网络最低一级额定电压 35kV，配电网络额定电压 6kV。整个坝区供电系统以满足施工用电为主、远景作为地区供电所，并为三峡水电站电厂初期发电时提供两回备用厂用电源。二期工程施工时系统由 1 座 220kV 变电所（配 2×63MVA 变压器，电压为 220kV/110kV/35kV）、9 座 35kV 变电所、36km 220kV 输电线路、15km 110kV 输电线路、20 多回路共计 60 多 km 35kV 输电线路、125km 6kV 配电线路组成。

（1）供电电压的选择。由葛洲坝二江水电厂 220kV 开关站出一回 220kV 线路至陈家冲变电所（即葛陈线），导线截面 1×400mm²；建 220kV 变电所一座（即陈家冲变电所 220kV，以下简称陈变），规模 2×63MVA，电压等级为 220kV/110kV/35kV，作为主供电源，于 1994 年建成投运。

由莲沱变电所 110kV 架设 110kV 线路一回，导线截面 1×150mm²，作为备用电源，于 1994 年建成投运。

每一个负荷片设一个施工变电所，且双回供电，选用 35kV 电压等级，导线截面 $150\sim240mm^2$。考虑到当时大型施工设备中电源电压 6kV 占有相当大的比重，确定 6kV 为配电网络的额定电压。三峡水利枢纽工程施工电网规划见图 15-9。

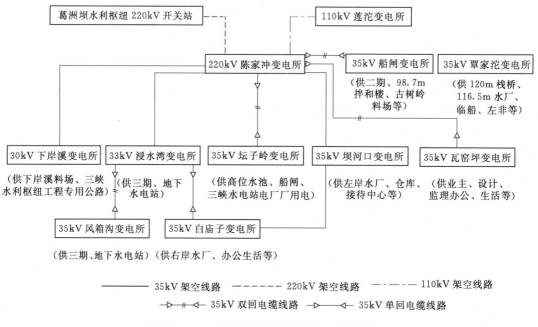

图 15-9 三峡水利枢纽工程施工电网规划图

（2）网络接线。陈家冲变电站作为三峡水利枢纽工程施工总降压变电所，220kV 侧接线采用典型的"单母线分段带旁路，分段断路器兼旁路断路器"的接线方式。

110kV 中压侧出线 2 回，选用"外桥式"接线。

35kV 低压侧出线 12 回，采用"单母线分段"接线方式（见图 15-9）。

各施工变电所 35kV 侧一般进出线 4 回，采用"单母线分段"接线方式；下岸溪变电所由于 35kV 侧只有两回进出线，且无穿越功率，故采用"内桥型"接线方式。

（3）变电所建设规模及布置位置。主供电源的建设规模和布置位置已如前所述，各施工变电所建设规模及布置，根据负荷分布情况按照每片设一个 35kV 变电所，每个变电所设两台主变压器，事故时一台主变压器应能承担 70% 左右的负荷进行设置，各 35kV 施工变电所变压器台数及容量见表 15-5，其中风箱沟变电所为可拆装式变电所，其他为固定式。

表 15-5 各 35kV 施工变电所变压器台数及容量表

变电所名称	主变安装容量/MVA	变电所名称	主变安装容量/MVA
风箱沟	2×12.5	下岸溪	2×（10.0+6.3）
覃家沱	2×16.0	浸水湾	2×12.5
船闸	2×16.0	白庙子	2×5.0
瓦窑坪	2×10.0	坛子岭	2×5.0
坝河口	2×5.0		

（4）供电线路。考虑到负荷分布、供电可靠等要求，并结合施工总平面布置等，出线架设 35kV 架空线路和电缆线路见表 15-6。

表 15-6　　　　　　　　　　　35kV 架空线路和电缆线路一览表

序号	名称	导线或电缆型号规格	回路数	长度/km
1	陈坝线	LGJ-240	单	2.08
2	陈瓦电缆线路	ZRYJV32-35-240	双	0.50
3	瓦坝线	LGJ-240	单	2.08
4	陈船线	LGJ-240	双	1.76
5	陈坛线	ZRYJV32-35-400	单	4.50
6	陈下线	LGJ-185	单	10.00
7	船罩1线	LGJ-240	单	1.30
8	船坛线	LGJ-240	双	1.60
9	陈浸线	LGJ-150，LGJ-240	单	9.10
10	坝白线	LGJ-150，LGJ-240	单	6.40
11	白浸线	LGJ-240	单	3.40

为满足右岸施工用电的需要，充分利用已建成的大跨越段双回线路陈浸线和坝白线通过左、右岸 35kV 相连，使施工供电系统更加完善。

6kV 施工供电网络：35kV/6kV 变电站 6kV 出线由 6kV 架空线路、6kV 电缆线路、刀闸、断路器、配电变压器、高压令克群、6kV 配电室和 6kV 开闭所构成。整个 6kV 供电网络按区域分为左岸供电网和右岸供电网，左岸电网主供三峡水利枢纽二期工程左岸厂房坝段、泄洪坝段、电源电站、升船机和永久船闸的施工负荷，右岸电网则主供三峡水利枢纽三期工程右岸厂房坝段、地下水电站和茅坪溪防护坝的施工负荷。

（5）6kV 施工电网的运行维护。

1）三峡水利枢纽工程施工 6kV 电网基本满足了坝区生产、生活以及公用事业用电。覃家陀变电站、船闸变电站为泄洪坝段、左岸厂房坝段、临船坝段、升船机和永船坝段提供施工电源。浸水湾变电站、风箱沟变电站主要担负着地下水电站、三期厂房的生产用电负荷。三峡水利枢纽工程电网 6kV 施工供电网络规划见图 15-10。

2）三峡水利枢纽工程 6kV 电网重要负荷的供电稳定可靠。无论是左岸电网还是右岸电网，35kV 变电站之间的联络都很紧密，这为重要负荷提供双回路甚至多回路供电提供了保证，使得用电负荷在计划停电和事故停电时均能快速恢复供电，不影响坝区重要部位的生产。

3）三峡水利枢纽工程 6kV 施工电网运行维护灵活、方便。6kV 线路上布置有大量的断路器、刀闸、箱式令克群。断路器和刀闸的密切配合使得电网运行方式灵活，也使得变电站各出线间隔能够合理分配负荷，并使得线路检修和事故停电时均不影响坝区其他部位正常生产。令克群对电网运行方式的变化更是起到了关键作用。首先，令克群为一些无法架设杆塔的部位（比如 120m 栈桥、94m 平台）引入电源提供了可能；其次，令克群移设方便，为一些临时供电负荷和移动用电负荷引入电源可以降低供电成本；最后，令克群

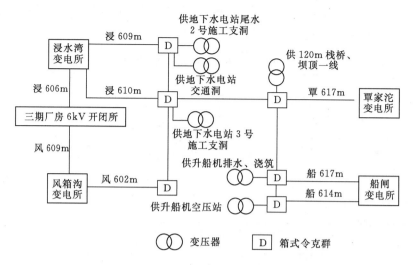

图 15-10 三峡水利枢纽工程电网 6kV 施工供电网络规划图

增强了线路间的互相联络，使得电网运行维护灵活方便。

4）通过在变电所 6kV 侧集中进行无功补偿来保证 6kV 电网线路电压质量。为了降低供电成本，造成线路无功补偿装置缺乏，再加线路上感性负荷居多，使得部分线路末端电压偏低，有时给生产、生活带来了诸多不便。采取了 35kV/6kV 变电所集中进行无功补偿的方式稳定电网终端用电电压。

15.3.2 锦屏一级水电站施工供电规划

锦屏一级水电站是雅砻江干流（卡拉至江口河段）五个梯级中的龙头水电站，位于四川省凉山彝族自治州盐源县和木里县境内，距西昌市公路里程约 187km，下游与锦屏二级水电站衔接。水电站以发电为主，地下主厂房装有 6 台单机 600MW 的混流式水轮发电机组，总装机容量 3600MW，多年平均年发电量为 166.2 亿 kW·h，年利用小时数 4616h。

（1）施工布置。锦屏一级水电站处深切河谷，两岸基岩裸露，岸坡陡峻，阶地不发育，呈典型的峡谷地貌。坝区附近可供利用的平缓坡地与滩地很少，仅坝址附近沿江两岸谷坡底部、冲沟出口处有零星的小块缓坡地带，在大坝上游约 10km、高程 1900.00m 以上的兰坝乡，大坝下游约 5.5km、高程 1900.00m 以上的大坪以及大坝下游约 15km、高程 1625.00m 以上的大沱才有较为平缓的地形供施工场地利用，因此施工布置十分困难。结合区域内的地形、地貌条件和工程实际情况，施工场地布置划分为以下五个工区：

1）坝区工区。位于厂坝区上、下游的左、右两岸，布置有混凝土系统、制冷系统、供风站、供水站、施工机械停放场，以及机电安装场、油库等；为满足 C I 标、C II 标的施工，在位于坝址上游右岸约 2km 的三滩布置有 C I 标、C II 标的施工生活区、综合仓库、综合加工系统及上游人工砂石加工系统等。

2）大坪工区。位于大坝下游右岸约 5.5km、高程 1900.00m，主要布置有 C III 标、C IV 标及 C V 标的综合仓库、生活区、钢筋加工厂、木材加工厂、机械修配厂、汽车修配厂及供水站、消防站等设施。

3）印坝子工区。位于大坝下游左岸约 6km、高程 1650.00m，主要布置有下游人工砂石加工系统、供水站、压力钢管制造及金属结构拼装场、炸药库等。

4）大沱工区。位于大坝下游左岸约 14.4km 处的高程 1625.00m 以上，主要布置有业主营地、供水站等。

5）东端松林坪工区。位于大坝下游锦屏二级水电站的厂址附近的松林坪，距坝址公路距离约 23km，主要布置有永久设备库。

（2）施工负荷。锦屏一级水电站装机容量大，建设周期长，施工布置场地区域狭长，施工布置较为分散，电站的施工工区负荷主要分布在锦屏山西侧（以下简称锦屏西）坝址上、下游河段的两岸，在锦屏山东侧（以下简称锦屏东）仅有少量负荷。水电站高峰期负荷为 52.8MW，其中西区 49.8MW，东区 3MW。施工用电负荷有如下特点：

1）施工用电负荷容量大。在水电站的施工高峰期（2008—2011 年），最大负荷约 49.8MW。

2）施工负荷周期长。水电站建设分三个施工阶段，即筹建及工程准备期（56 个月，2003 年 7 月至 2008 年 2 月）、主体工程施工期（53 个月，2008 年 3 月至 2012 年 8 月）和完建期（20 个月，2012 年 8 月至 2014 年 3 月），总工期 109 个月（从 2005 年 2 月缆机平台开挖完成开始计算）。

3）施工用电设备呈狭长分布。锦屏二级水电站西侧的施工线在纵向上由大坝向上游延伸超过 3km、向下游延伸超过 14km，最长施工线达 17km；而在宽度上，除印坝子工区很短一段（长约 0.5km）大约宽 4km 外，其他施工线宽度不足 1km。施工负荷主要分布在锦屏二级水电站西侧坝址上、下游河段两岸长约 21km、宽约 1km 的狭长地带。在锦屏东仅有少量负荷（该部分负荷由锦屏二级水电站施工供电系统供电）。

4）负荷中心在坝区、大坪工区、印坝子工区、大沱工区和东端松林坪工区；坝区施工区为三滩、大坝左岸和大坝右岸。

（3）施工供电系统。根据锦屏一级水电站的施工负荷特点，水电站供电系统分三级：一级 110kV 供电系统，包括两座 110kV 变电站和 110kV 线路；二级 35kV 供电系统，包括四座 35kV 变电站和两座 10kV 开关站，以及它们之间的 35kV 线路和 10kV 线路；三级供电系统，包括一级变电站和二级变电站至各施工区域的 10kV 线路和 10kV 变电站，以及各 10kV 变电站至施工设备间的供电线路。

1）一级 110kV 供电。锦屏一级水电站和锦屏二级水电站地理位置和开发时间接近，且由同一业主开发，因此，将两水电站的一级 110kV 施工供电系统统一规划。110kV 电源引自西昌电网和子耳河（河口）小水电站。

A. 在西区锦屏西设置 110kV 降压施工变电站（锦屏西 110kV 变电站）供两水电站西区施工用电，装 2 台容量为 40MVA 的 110kV/35kV/10kV 三卷降压变压器（容量比为 100/100/100）。110kV 出线 4 回，2 回至磨房沟电厂 110kV 变电站，1 回至河口，1 回预留；110kV 采用单母线分段接线，其配电装置采用 COMPASS 设备。35kV 出线 6 回，采用单母线分段接线，配电装置采用手车柜。10kV 出线 12 回，采用单母线分段接线，配电装置采用中置式手车柜，配置 2 组（2×2Mvar）电容器作无功补偿，分别接于 10kV 的两段母线上，电容器组采用单星形接线。35kV 中性点设置消弧线圈，容量为 275kVA。

B. 110kV 线路包括：磨泸线两回，线路长约 1.8km；磨（磨房沟）—锦（锦屏西）Ⅰ回，线路长长约 21km；磨—锦Ⅱ回，线路长长约 21km；锦—河（子耳河）线，线路长长约 25km。导线均选用 LGJ-185。

2）二级 35kV 施工供电系统。锦屏一级水电站施工负荷主要分布在 6 个负荷较集中的工区：三滩、大坝右岸坝肩、大坝左岸坝肩、大坪、印坝子、大沱营地，分别在各工区设置一座二级施工变电站或开关站。其电源引自锦屏西 110kV 变电站的 35kV 或 10kV 出线，各二级施工变电站/开关站均为双电源供电，或引自二级变电站。6 个负荷中心的用电负荷分别为：三滩开关站 2700kW、大坝右岸变电站 24000kW、大坝左岸变电站 8000kW、大坪开关站 2500kW、印坝子变电站 9600kW、大沱变电站 4800kW（含锦屏二级电站的 1800kW）。各负荷中心二级变电站/开关站与锦屏西变电站 110kV 的距离分别为：三滩开关站约 5km、大坝右岸变电站约 2km、大坝左岸变电站约 3km、大坪开关站约 2.5km、印坝子变电站约 3km、大沱变电站约 13km。

A. 各二级施工变电站供电网络方案如下：

a. 大坝右岸变电站 35kV 二回电源直接引自锦屏西 110kV 变电站 35kV 两段母线，导线选用 LGJ-240，同塔双回架设，线路全长约 2.5km。

b. 印坝子变电站 35kV 二回电源直接引自锦屏西 110kV 变电站 35kV 两段母线，导线选用 LGJ-150，两条单回架设，线路全长各约 3.4km 和 3.2km。

c. 大坝左岸变电站 35kV 一回电源引自大坝右岸 35kV 母线，导线选用 LGJ-150，线路长约 1.3km；一回直接引自锦屏西 110kV 变电站 35kV 母线，导线选用 LGJ-150，线路长约 1.9km。

d. 三滩开关站 10kV 的二回电源分别引自大坝右岸的两段 10kV 母线，导线选用 LGJ-120，同塔双架架设，线路长约 3.0km。

e. 大坪开关站 10kV 的二回电源分别引自印坝子 35kV 变电站的两段 10kV 母线，导线选用 LGJ-120，同塔架设，线路长约 1.8km。

f. 大沱变电站 35kV 的二回电源分别引自印坝子 35kV 变电站的二段 35kV 母线，导线选用 LGJ-120 和 LGJ-95，单回架设，线路全长约 9.0km 和 8.8km。

B. 各二级施工变电站站址、主要供电范围、容量设置、开关柜数量及接线情况等如下：

a. 三滩开关站 10kV：位于大坝上游右岸的三滩，主要供应上游三滩人工砂石加工系统、CⅠ标、CⅡ标施工生产用电及生活照明等用电；开关站供电容量按 3500kW 设置，10kV 开关柜共 15 面，10kV 母线为单母线分段接线。

b. 大坝右岸变电站 35kV：变电站位于大坝右岸坝肩，主要供应 CⅠ标、CⅡ标、CⅢ标、CⅣ标主体工程施工及各施工生产、照明等用电；变电站设置 2 台 31500kVA 的 35kV/10kV 降压变压器；35kV 开关柜 9 面。10kV 开关柜共 24 面；两级电压均为单母线分段接线。

c. 大坝左岸变电站 35kV：变电站位于大坝左岸坝肩，主要供 CⅠ标、CⅡ标、CⅢ标、CⅤ标主体工程施工、混凝土系统、供风供水系统、施工照明等用电；变电站设 2 台容量为 10000kVA 的 35kV/10kV 降压变压器；35kV 开关柜 8 面；10kV 开关柜共 20 面；

两级电压均为单母线分段接线。

d. 大坪开关站 10kV：主要供 CⅢ标、CⅣ标、CV 标施工生产用电、大坪工区承包人营地生活、照明用电等；开关站供电容量按 2500kW 设置；10kV 开关柜共 17 面；10kV 侧接线为单母线分段接线。

e. 印坝子变电站 35kV：主要供下游印坝子沟工区所有设施的生产、生活及照明用电；变电站设置 2 台 16000kVA 的 35kV/10kV 降压变压器；10kV 开关柜共 20 面；两级电压均为单母线分段接线。

f. 大沱变电站 35kV：变电站位于大沱业主营地，主要供大沱营地的生活、照明用电以及供水系统生产用电；变电站设置 2 台容量为变压器 6300kVA 的 35kV/10kV 降压变压器；35kV 侧接线为单母线分段接线。10kV 开关柜共 18 面；10kV 侧接线为单母线分段接线。

3）供电系统。一级变电站和二级变电站至各施工区域的 10kV 线路和 10kV 变电站，以及 10kV 变电站至施工设备间的供电线路组成了锦屏一级水电站施工的供电系统。锦屏一级、二级水电站施工供电网络规划见图 15-11。

15.3.3 锦屏二级水电站施工供电规划

锦屏二级水电站位于四川省凉山彝族自治州木里、盐源、冕宁三县交界处的雅砻江干流锦屏大河弯上，是雅砻江干流上的重要梯级电站。工程枢纽主要由首部拦河闸、引水系统、尾部地下厂房三大部分组成，为一低闸坝、长隧洞、大容量引水式水电站。地下发电厂房采用"4 洞 8 机"布置，引水隧洞共 4 条，引水隧洞平均长度 16.67km，隧洞一般埋深 1500~2000m，最大埋深达 2525m。水电站装机容量为 8×600MW。

（1）分区负荷确定。

A. 根据工程特性和施工进度要求，拟定的各施工部位施工方法，提出各施工部位的施工用电设备。

B. 根据工程特性和施工强度，确定各施工工厂的规模，确定工厂内所配置的用电设备。

C. 其他用电情况，如建筑物内部及场地照明、供水泵站等，参照类似工程经验，确定不同分区的用电同时系数，确定分区用电高峰负荷。

（2）东端工区负荷分布。东端工区负荷计算依据 1 号、3 号引水隧洞及排水洞采用 TBM 法掘进并采用皮带机出渣，2 号、4 号引水隧洞采用钻爆法开挖并采用无轨和有轨运输出渣。其中洞内皮带机共 3 条（1 号、3 号引水隧洞及施工排水洞各 1 条），东引 2 号支洞内的皮带机 1 条，洞外皮带机 1 条，直接接至模萨沟弃渣场。同时考虑在锅腔岩转渣场设有破碎机。

东端工区主要施工项目包括：1 号引水隧洞（长约 10.7km）TBM 法施工、3 号引水隧洞（长约 10.6km）TBM 法施工，2 号、4 号引水隧洞东段钻爆法施工，施工排水洞 TBM 法施工，4 个上游调压室和 8 个高压管道，地下厂房洞室群，尾水隧洞等，施工项目主要以地下工程为主。为满足地下工程施工通风需要，机械设备的动力以电力为主。主要的施工用电设备包括：TBM（掘进机）、皮带机、钻孔机械、装渣设备、供风设备、排水设备、混凝土浇筑设备、喷锚支护设备、高压注浆设备、独头通风设备、巷道通风设

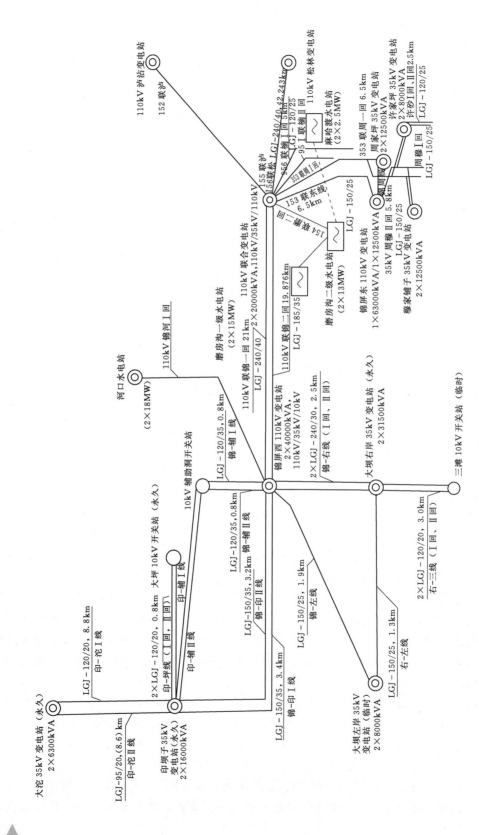

图 15－11　锦屏一级、二级水电站施工电网络规划图

备、电瓶机车充电设备、牵拉设备等。本工区的主要用电施工工厂设施包括：人工砂石料系统、低线混凝土系统、高线混凝土系统、钢筋木材加工厂、混凝土预制件厂、钢管加工及金属结构拼装场、修配站等。其他用电部位包括：辅助洞施工运营、承包商4号生活营地、业主2号营地、各施工仓库库房照明、各施工场地照明、引水隧洞等地下工作面照明、沿路照明、加油站等。根据计算，锦屏二级水电站东端工区施工用电分区高峰负荷见表15－7。

表 15－7　　　　　　　锦屏二级水电站东端工区施工用电分区高峰负荷表

序号	用电分区		主要用电项目	用电高峰负荷/kW	备注
1	引水隧洞及施工排水洞工区	引水隧洞洞内TBM	TBM（1号洞、3号洞）	12000	直径12.4m的TBM 2台
		施工排水洞	排水洞施工（含皮带机、TBM、通风、照明等）	7000	其中小直径TBM需要负荷约4000kW
		引水隧洞洞内其他	开挖、通风、洞内皮带机、洞内排水、照明、混凝土施工等	11500	
		引水隧洞支洞口平台	高线混凝土系统、大水沟取水泵站、机车保修车间、巷道通风、照明、破碎机、1号皮带机、2号皮带机等	2700	
2	地下厂房工区（包括低线混凝土系统、上游调压室、高压管道）		地下厂房施工、照明、低线混凝土系统、调压室、高压管道等	6000	
3	周家坪工区		周家坪人工砂石料系统、引水隧洞标仓库区1、东端加油站、爆破器材库、6号、7号皮带机等	5000	
4	许家坪营地		锦屏4号承包商营地	4000	
			3号、4号、5号皮带机	1000	
5	楠木沟工区		锦屏2号业主营地、金楠木隧道运行通风	700	
6	海腊沟工区		预制件厂、施工排水洞场地等	1000	
7	穆家铺子工区		引水隧洞标工厂区、厂房标钢管加工厂及金属结构拼装厂、厂房标工厂及仓库区、模萨沟取水泵站等	2700	
8	联牦线工区		对外公路及隧道照明等	2500	
9	东端辅助洞施工、运营			3500	
10	东端总高峰负荷			52500	考虑总同时系数

注　表中负荷未考虑洞内移动破碎机负荷。

另外，根据各用电负荷的重要性，对锦屏二级水电站东端需要设置双电源的负荷进行统计，共计约9420kW，其双电源项目及负荷见表15－8。

表 15-8　　　　　　　锦屏二级水电站东端工区需设置双电源项目及负荷表

位置	项目	负荷/kW	备注
引水隧洞	洞内照明	1500	
	管道通风、巷道通风	2300	
施工排水洞	洞内通风、照明	800	
地下厂房	洞内照明	540	
	通风	480	
	排水	240	
生活区	医务设施	60	
东端辅助洞	辅助施工运营	3500	
合计		9420	

（3）西端工区施工分区负荷。西端工区主要施工项目包括：闸坝工程、引水隧洞进水口工程、4条引水隧洞西段（单工作面长约4.7km）等，施工项目中地下工程占了较大的比重。为满足地下工程施工通风需要，机械设备的动力以电力为主。主要的施工用电设备包括：钻孔机械、供风设备、逆坡施工排水设备、供水设备、混凝土浇筑设备、喷锚支护设备、高压注浆设备、独头通风设备、牵拉设备、起重设备、防渗墙施工设备等。本工区的主要用电工厂设施包括：引水隧洞混凝土系统、拦河闸坝混凝土系统、钢筋木材加工厂、混凝土预制件厂、金属结构拼装场、修配站等。其他用电部位包括：承包商生活营地、各施工仓库库房照明、各施工场地照明、引水隧洞等地下工作面照明、沿路照明、取水泵站等。根据计算，锦屏二级水电站西端工区施工用电分区高峰负荷见表15-9。

表 15-9　　　　　　　锦屏二级水电站西端工区施工用电分区高峰负荷表

序号	用电分区		主要用电项目	用电高峰负荷/kW	备注
1	西端引水隧洞工区	引水隧洞洞内排水	洞内排水系统	2500	
		引水隧洞洞内其他	开挖、通风、照明、混凝土施工等	3150	
		引水隧洞支洞口	进水口、支洞口、闸室施工、引水隧洞取水泵站、西端引水工程钢筋加工厂、引水工程木材加工厂	2200	
2	西端引水及闸坝混凝土系统		西端拦河闸坝及引水工程混凝土系统	1100	
3	闸坝工区		闸坝工程钢筋加工厂、闸坝木材加工厂、闸坝工程混凝土预制厂、闸坝取水泵站、闸坝施工、导流隧洞施工	2000	
4	二级大沱工区		闸坝工程标汽车保养厂、引水标汽车保养厂、闸坝工程标金属结构拼装场、闸坝工程标仓库、西端引水标仓库、闸坝工程标生活办公区、磨子沟临时爆破器材库、大沱加油站等	1000	
5	西端辅助洞施工、运营			5500	
6	西端总高峰负荷			15000	考虑总同时系数

根据负荷重要性，锦屏二级水电站西端工区需要设置双电源负荷共计约 9900kW，其双电源项目及负荷见表 15 - 10。

表 15 - 10　　　　锦屏二级水电站西端工区需设置双电源项目及负荷表

位置	项目	负荷/kW	备注
引水隧洞	通风、照明	1500	
	逆坡排水	2500	
闸坝	基坑排水	400	
西端辅助洞	辅助洞施工运营	5500	
合计		9900	

（4）东端工区施工用电规划。

A. 施工用电负荷分区规划。东端工区施工供电分为以下几大块。

a. 引水隧洞工区、地下厂房工区、混凝土系统。该区块主要集中在大水沟一带，负荷容量大、重要性程度高。

引水隧洞原采用钻爆法施工，该区块施工用电高峰负荷约 19000kW，据此，于 2004 年在辅助洞洞口附近建造了 35kV 周家坪变电站，主变容量为 2×12500kVA，采用 10kV 线路向该区块各工区供电。

2006 年 9 月东端 1 号、3 号引水隧洞采用 2 台大直径掘进机施工，另外增加一条排水洞，也采用 1 台掘进机施工。为配合掘进机施工，还需增加皮带机出渣。经估算增加用电高峰负荷约 30000kW，已建成的周家坪变电站已无法满足同时向 3 台掘进机供电的要求，需另建专用变电站（TBM 专用变）供掘进机施工。

b. 许家坪工区、周家坪工区、器材库、加油站等。许家坪附近的 4 号营地规模较大，用电负荷大（约 5000kVA），供电要求高；另外周家坪工区有人工砂石料系统等，用电负荷也较大。4 号营地内 35kV 许家坪变电站的主变容量为 2×8000kVA。本区域由该变电所采用 10kV 线路供电。

c. 海腊沟工区、楠木沟工区、2 号业主营地、对外公路隧道通风照明等。该区块在 110kV 联合变电站附近，由 110kV 联合变电站采用 10kV 线路供电。

d. 穆家铺子工区：该区块主要设置一些加工厂、仓库等，属东端施工供电末端。按照施工规划，用电负荷大约在 2500kW 左右，直接从现 35kV 线路引接，采用 10kV 或 0.4kV 供电；也可根据施工负荷发展需要建设 35kV 穆家铺子变电站。

B. 施工供电网络规划。在锦屏二级水电站 4 条引水隧洞全部采用钻爆法施工情况下，锦屏东端施工用电高峰负荷约 25500kW，锦屏东端 110kV 联合变可以满足施工供电要求。

根据 1 号、3 号引水隧洞和施工排水洞采用 TBM 施工法，每一台 TBM 需增加施工用电负荷约 9000kW（其中 TBM 加其后配套用电约 6000kW、20kV 电压，洞内出渣皮带机用电约 3000kW、10kV 电压）；而隧洞通风、照明负荷等并不因 TBM 施工或钻爆法施工而有所改变，引水隧洞内原估算的用电高峰负荷也基本未减小；另外还需增加洞外皮带机负荷。因此，引水隧洞内外及整个东端工区施工负荷将大大增加（东端总高峰负荷约 52500kW）。

锦屏一级、二级水电站施工用电由西昌北部110kV环网供电，在锦屏水电站东端联合乡建110kV联合变1座，主变为2台20000kVA三卷变、电压比为110kV/35kV/10kV；在锦屏西端建110kV锦西变1座，主变为2台40000kVA三卷变、电压比为110kV/35kV/10kV。

110kV联合变是锦屏水电站施工供电的中心站，110kV侧为6回线路间隔（其中1回备用间隔）及2回主变间隔，35kV侧通过联周Ⅰ回线和联周Ⅱ回线向35kV周家坪变、35kV许家坪变及穆家铺子工区供电，10kV侧通过10kV向海腊沟工区、2号业主营地及楠木沟工区供电。

增加TBM施工机械后供电方案的论证：采用TBM施工法后新增的负荷（约30000kW，其中TBM需20kV供电）集中在大水沟附近，已建的35kV周家坪变容量为2×12500kVA，电压为35kV/10kV，显然无法满足TBM供电要求，需新建TBM专用变电站。

锦屏东端工区施工供电主要由联周Ⅰ回线和联周Ⅱ回线承担，35kV周家坪变、35kV许家坪变及穆家铺子工区等高峰负荷已近50000kW，新建TBM专用变电站通过已有的2回35kV联周线供电的方案不可行。

如果新建TBM专用变电站采用35kV供电方案，需增加联合变至周家坪35kV供电线路及降压至20kV、10kV的变电所。即在联合变增加35kV出线间隔，增加2回35kV线路（同杆双回）至厂房枢纽的高程1560.00m平台，在高程1560.00m至引水洞施工支洞内设35kV/20kV/10kV变电所。但由于联合变主变容量已不能满足TBM施工供电的需要，需同时对联合变主变压器增容。采用此方案，联合变增容改造工作量较大，停电时间长，实施过程对水电站施工的影响较大，不推荐该方案。

如果新建TBM专用变电站采用110kV供电方案，可利用联合变110kV开关站直接供电，无需对联合变主变压器进行增容。利用联合变110kV侧预留的出线间隔，可有两种方式：新架一回从联合变—大水沟110kV线路或将35kV联周Ⅱ回线路升压为110kV运行。如新架设一回110kV线路，线路长度大约8km，而且新架线路须翻越豹子坪，施工难度较大，施工工期长，投资也较大。而35kV联周Ⅱ回线为新架设线路，导线型号为LGJ-150/25，全线架设地线。如将35kV联周Ⅱ回线路升压为110kV运行，按导线载流量和负荷距校核计算，LGJ-150/25导线110kV输送容量约42000kW（按年利用小时小于3000h计），可满足TBM专用变供电要求。由于联周Ⅱ回线全线铁塔均适合110kV线路运行，仅有几基水泥杆和头尾几基铁塔需要改造或新建，另外全线绝缘子串需要加长。改造施工工程量较少，实施过程对水电站施工的影响将降至最低，投资也大大节省。因此推荐采用35kV联周Ⅱ回线路升压为110kV运行、TBM专用变电站采用110kV供电方案。

建设TBM专用变电站，除了为引水隧洞和施工排水洞的TBM及后配套设备、皮带机等供电外，还需为35kV周家坪变电站、35kV许家坪变电站及穆家铺子工区等提供35kV电源。因此，TBM专用变电站的主变应选用三卷变，电压为110kV/35kV/20kV，根据负荷统计，选用主变1台，容量为50000kVA。

35kV联周Ⅱ回线路升压为110kV运行后，周家坪变电站一回35kV进线需改为从

TBM专用变电站 35kV 侧引接。

35kV 周家坪变电站共有 10kV 出线 18 回，主要供电引水隧洞工区、地下厂房工区（含低线混凝土系统、上游调压室、高压管道）及锦屏辅助洞运营。

35kV 许家坪变电站共有 10kV 出线 11 回，主要供电 4 号营地、许家坪工区和周家坪工区。4 号营地需 4 个 10kV 回路；许家坪工区皮带机需 1 个 10kV 回路；周家坪工区需 3 个 10kV 回路；另留有 3 个 10kV 回路作备用。

35kV 穆家铺子变电站将视负荷发展需要再确定是否建设。

锦屏东桥至二级水电站厂房段高、低线公路隧道照明、通风等由联合变至蘑芋沟一回 10kV 线路供电；二级水电站厂房至周家坪段高、低线公路隧道照明由新建的许家坪 35kV 变电站供电。

C. 新增 110kVTBM 专用变电站规模及排水洞 TBM 供电。根据负荷分布及供电要求，新建的 TBM 专用变电站规模应为 1 台 50000kVA 主变，电压比为 110kV/35kV/20kV，容量比为 100/100/100；1 回 110kV 进线；4 回 35kV 出线（其中 1 回供 35kV 许家坪变，1 回供施工排水洞 TBM 变，1 回供引水隧洞照明等负荷，另留有 1 个回路作为备用）；3 回 20kV 出线（分别为 2 个引水隧洞 2 台 TBM 及后配套设备供电，另留有 1 个回路作为备用）。

站内设置 35kV/10kV 变压器 1 台，变压器容量为 6300kVA，通过 7 个回路 10kV 线路（其中 3 个回路作为备用）供引水隧洞照明等负荷。

由于施工排水洞即将开始采用 TBM 施工，施工初期排水洞 TBM 供电采取从 35kV 联周 I 回线 T 接方式，设置一台 35kV 变压器专供排水洞 TBM 及后配套设备等负荷，具体配电接线由施工单位负责。110kV TBM 专用变电站建成后，接在联周 I 回线上的排水洞 TBM 供电线改接至 110kV 的 TBM 专用变 35kV 侧，由 110kV TBM 专用变供电。

（5）西端工区施工用电规划。根据西端施工区施工变电所布局及锦屏二级水电站西端施工负荷分布进水口施工（主要为洞外部分 2200kW）、引水及闸坝混凝土系统（约 1100kW）等离印把子沟较近，施工负荷由印把子沟变电站供电，另外，在西端景峰桥附近设置 10kV 开闭所，西端引水隧洞其他施工负荷和西端辅助洞运营用电由景峰桥 10kV 开闭所供电。

辅助洞西端运营供电采用 4 回 10kV 线路，形成双电源供电，总负荷 5500kW。

参 考 文 献

[1] 王冰，杨德晔. 中国水力发电工程. 机电卷. 北京：中国电力出版社，2000.

[2] 张晔. 水利水电工程施工手册. 第四卷：金属结构制作与机电安装工程. 北京：中国电力出版社，2004.

[3] 梁维燕，等. 中国电气工程大典. 第五卷：水力发电工程. 北京：中国电力出版社，2009.

[4] 付元初. 中国水电机电安装 50 年发展与技术进步//第一届水力发电技术国际会议论文集. 北京：中国电力出版社，2006.

[5] 龚祖春. 水利水电施工供电技术管理. 北京：中国水利水电出版社，2010.

[6] 毛泽伟. 锦屏一级水电站施工供电简介. 水电站设计，2008，24（2）.

16 水电站电气设备安装工期与施工设备

16.1 水电站电气设备安装工期

水电站电气设备的安装在机电设备安装调试工程中，工期主要与水电站规模、设备布置、土建交面、设备到货、设计供图计划、施工投入、技术水平等因素有关，水电站的规模、设备布置是由工程项目规划、设计确定，总工期一般是固定的，而土建交面、设备到货、设计供图计划、施工投入等因素则是工程实施阶段的可变因素，受地质条件、工程管理、资源投入水平等多方面因素影响；因此，电气设备的安装工期控制工作，主要应做好土建交面、设备到货、设计供图计划、施工投入、技术水平等因素的控制、协调、组织工作，使电气设备的安装工期处于合理、受控状态。

（1）发电机电压设备。根据机组容量的大小，工期略有差异，常规水电站1台机安装工期大约需要60~90d；抽水蓄能电站由于有启动回路设备，工作量大一些，1台机安装工期大约90~120d。

（2）主变压器。根据变压器容量的大小，电压等级的高低，各种主变压器安装工期有一定差异，一般一台110kV级主变压器安装工期大约需要30d，一台220kV级主变压器安装工期大约需要45d，一台330~500kV级主变压器安装工期大约需要60d，一台750kV级主变压器安装工期大约需要75d。

（3）升压站。升压站的形式、电压等级、接线方式、进出线回路数与水电站装机台数、机组容量大小等因素密切相关，各个水电站的升压站安装工期差别很大，应具体情况具体分析。

（4）公用系统。无论水电站规模大小，均设置有辅助设备控制系统、厂用电系统、直流电源系统、照明系统、计算机监控系统、升压站继电保护系统、工业电视系统、火灾报警控制系统等公用系统电气设备，各系统的设备配置与水电站装机台数、机组容量大小等因素密切相关。为了配合水电站首台机组发电工期，需要将公用系统的厂用电、风水油系统达到投用水平，各专业按发电计划分为几个部分分期完成，公用系统设备安装工期一般都比较长，各水电站的安装工期差别也很大。一般情况下，至首台机组发电为止，单机容量10MW、装机4台常规水电站公用系统电气二次设备安装工期大约需要90d；单机容量30MW、装机4台常规水电站大约需要120d，单机容量250MW 4台机抽水蓄能电站大约需要180d；单机容量700MW、装机6台常规水电站大约需要240d。

（5）机组系统。水电站每台机组一般均设置有计算机监控系统、发电机变压器保护系统、励磁系统、故障录波、状态监测等电气设备，机组的设备配置与机组容量大小、自动控制水平、安全与保护要求等因素有关，安装工期主要受土建交面、设备供货、设计供图、机组主设备安装进度等影响较大。一般情况下，单机容量 10MW 常规水电站机组电气二次设备安装工期大约需要 45d；单机容量 30MW、装机 4 台常规水电站大约需要 80d，单机容量 250MW、装机 4 台的抽水蓄能电站大约需要 100d；单机容量 700MW、装机 6 台的大型常规水电站大约需要 100d。

（6）电缆及电缆桥架安装。各水电站的电缆及桥架安装工程量，与水电站规模、建筑物布置、装机台数、机组容量大小、电缆数量等因素密切相关，相应的安装工期差别也很大。电缆桥架安装工期主要受土建交面、设备供货、设计供图等影响较大。一般情况下，至首台机组发电为止，小型常规水电站电缆桥架安装大约需要 30d，电缆敷设及接线工期大约需要 60d；中型常规水电站电缆桥架安装大约需要 60d，电缆敷设及接线工期大约需要 90d；大型常规水电站电缆桥架安装大约需要 270d，电缆敷设及接线工期大约需要 180d；电缆及电缆桥架安装通常需要采用平行流水作业来保障总工期。

就单台机组的电缆安装工期而言，一般情况下，小型常规水电站大约需要 20d，中型常规水电站大约需要 40d，大型常规水电站大约需要 60d。

16.2 安装工期工程实例

（1）某水电站电气设备安装工期。某水电站为地下厂房，主要建筑物布置除升压站、出线平台及中控楼布置在地面外，引水隧洞、主厂房、母线洞、主变洞、尾水调压井、尾水隧洞、电缆竖井等均布置于左岸地下。

厂内共装设 9 台单机容量为 700MW 的水轮发电机组（包括后期 2 台），水电站电气主接线为发电机与主变压器采用单元接线，500kV 采用 5 串 4/3 断路器接线，6 回（其中 1 回备用）出线、500kV 主变器、经垂直 94m 的 500kV 电缆接入 500kV GIS。

1）500kV 主变参数如下：

型号与规格	USP－780000/500，特殊三相组合式
额定容量	780MVA
电压比	500/18kV
冷却方式	ODWF
连接组标号	YNd11
短路阻抗	14％～16％
油重	～3×35t
充氮运输重	～3×180t
数量	7 台

2）500kV 并联电抗器参数如下：

型式	单相、油浸自冷式
额定电压	$550kV/\sqrt{3}kV$
额定容量	～50Mvar
雷电冲击耐压	1675kV
操作冲击耐压	1175kV

3）500kV SF$_6$ GIS 参数如下：

额定电压	500kV
额定电流	2500A
断路器额定开断电流	63kA
热稳定电流	63kA（3s）
工频耐压	680kV
雷电冲击耐压	1550kV
操作冲击耐压	1175kV
断路器间隔数	16

4）500kV 高压电缆参数如下：

型号	XLPE
额定电压	500kV
电缆截面	800mm^2
外护套	PVC
电缆外径	～133mm
电缆重量	～20.0kg/m
电缆转弯半径	～2550mm
单根电缆长度	～500m
电缆根数	21 根

某水电站电气主高压设备施工断面见图 16-1，某水电站地下厂房封闭母线、发电电

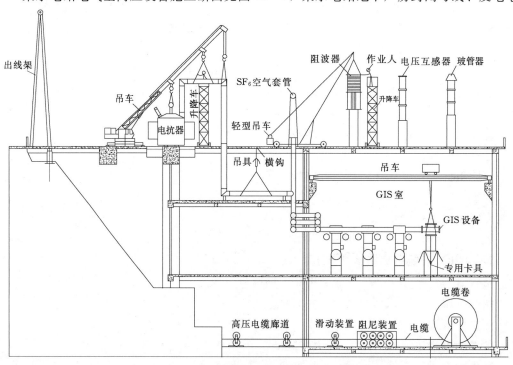

图 16-1　某水电站电气高压设备施工断面图

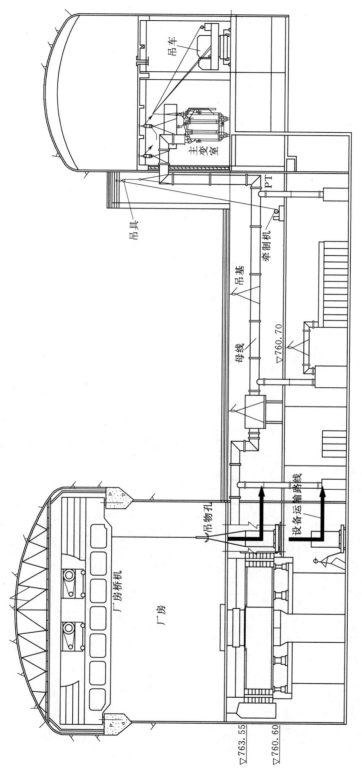

图 16 - 2　某水电站地下厂房封闭母线、发电电压设备、主变压器设备施工断面图

作业名称	原定工期	最早开工	最早完工	总浮时
500kV主变安装				
主变轨道安装				
施工准备	20	2006.3.12	2006.3.31	64
轨道安装	120	2006.4.1	2006.7.29	64
1号主变安装				
施工准备	20	2006.9.11	2006.9.30	63
运输就位	10	2006.10.1	2006.10.10	63
滤油	15	2006.10.11	2006.10.25	63
注油排氮	6	2006.10.26	2006.10.31	63
上节油箱安装	7	2006.11.1	2006.11.7	63
附件安装	5	2006.11.8	2006.11.12	63
内部接线	7	2006.11.13	2006.11.19	63
油渗漏试验	2	2006.11.20	2006.11.21	63
真空注油	3	2006.11.22	2006.11.24	63
热油循环	4	2006.11.25	2006.11.28	63
静置及油位调整	4	2006.11.29	2006.12.2	63
常规电气试验	5	2006.12.3	2006.12.7	63
高压试验	5	2006.12.23	2007.1.27	49
2号主变安装				
施工准备	20	2006.12.8	2006.12.27	119
运输就位	10	2007.1.1	2007.1.10	115
滤油	15	2007.1.11	2007.1.25	115
注油排氮	6	2007.1.26	2007.1.31	115
上节油箱安装	7	2007.2.1	2007.2.7	115
附件安装	5	2007.2.8	2007.2.12	115
内部接线	7	2007.2.13	2007.2.19	115
油渗漏试验	2	2007.2.20	2007.2.21	115
真空注油	3	2007.2.22	2007.2.24	115
热油循环	4	2007.2.25	2007.2.28	115
静置及油位调整	4	2007.3.1	2007.3.4	115
常规电气试验	5	2007.3.5	2007.3.9	115
高压试验	5	2007.3.10	2007.3.14	135

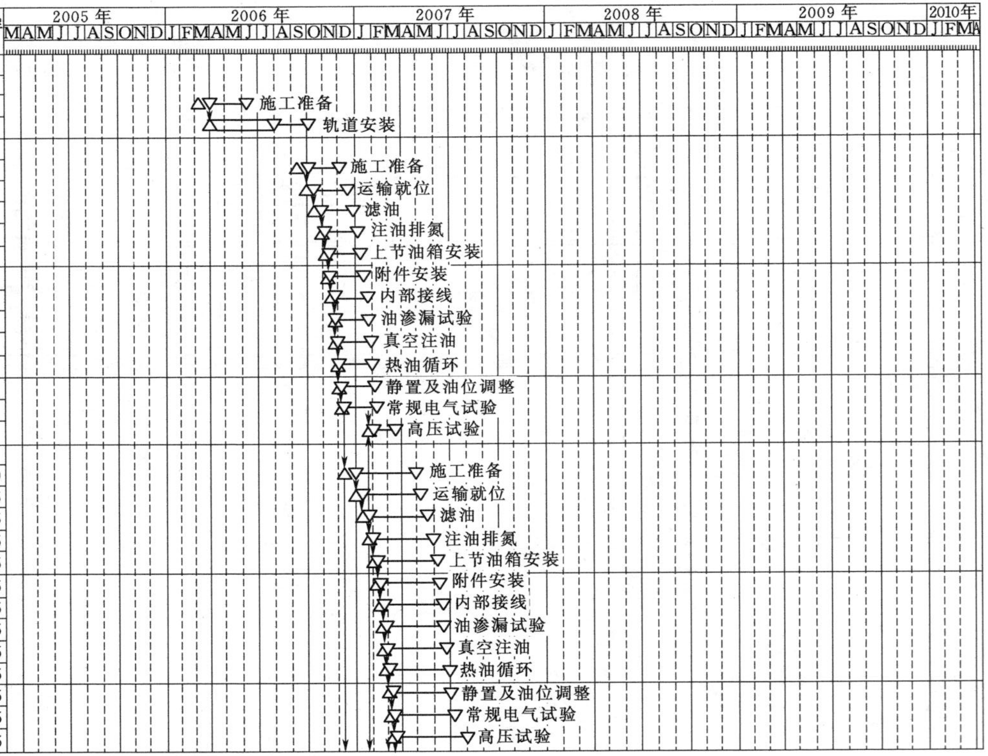

图 16－3 某水电站电气设备安装工期横道图（一）

注：原定工期、总浮时单位为工日；最早开工、最早完工单位为年·月·日。

510

作业名称	原定工期	最早开工	最早完工	总浮时
3号主变安装				
施工准备	20	2007.3.10	2007.3.29	159
运输就位	10	2007.4.1	2007.4.10	147
滤油	15	2007.4.11	2007.4.25	147
注油排氮	6	2007.4.26	2007.5.1	147
上节油箱安装	7	2007.5.2	2007.5.8	147
附件安装	5	2007.5.9	2007.5.13	147
内部接线	7	2007.5.14	2007.5.20	147
油渗漏试验	2	2007.5.21	2007.5.22	147
真空注油	3	2007.5.23	2007.5.25	147
热油循环	4	2007.5.26	2007.5.29	147
静置及油位调整	4	2007.5.30	2007.6.2	147
常规电气试验	5	2007.6.3	2007.6.7	147
高压试验	5	2007.6.8	2007.6.12	167
4号主变安装				
施工准备	20	2007.6.8	2007.6.27	191
运输就位	10	2007.7.1	2007.7.10	178
滤油	15	2007.7.11	2007.7.25	178
注油排氮	6	2007.7.26	2007.7.31	178
上节油箱安装	7	2007.8.1	2007.8.7	178
附件安装	5	2007.8.8	2007.8.12	178
内部接线	7	2007.8.13	2007.8.19	178
油渗漏试验	2	2007.8.20	2007.8.21	178
真空注油	3	2007.8.22	2007.8.24	178
热油循环	4	2007.8.25	2007.8.28	178
静置及油位调整	4	2007.8.29	2007.9.1	178
常规电气试验	5	2007.9.2	2007.9.6	178
高压试验	5	2007.9.7	2007.9.11	198
5号主变安装				
施工准备	20	2007.9.7	2007.9.26	222
运输就位	10	2007.10.1	2007.10.10	208
滤油	15	2007.10.11	2007.10.25	208
注油排氮	6	2007.10.26	2007.10.31	208
上节油箱安装	7	2007.11.1	2007.11.7	208
附件安装	5	2007.11.8	2007.11.12	208
内部接线	7	2007.11.13	2007.11.19	208
油渗漏试验	2	2007.11.20	2007.11.21	208

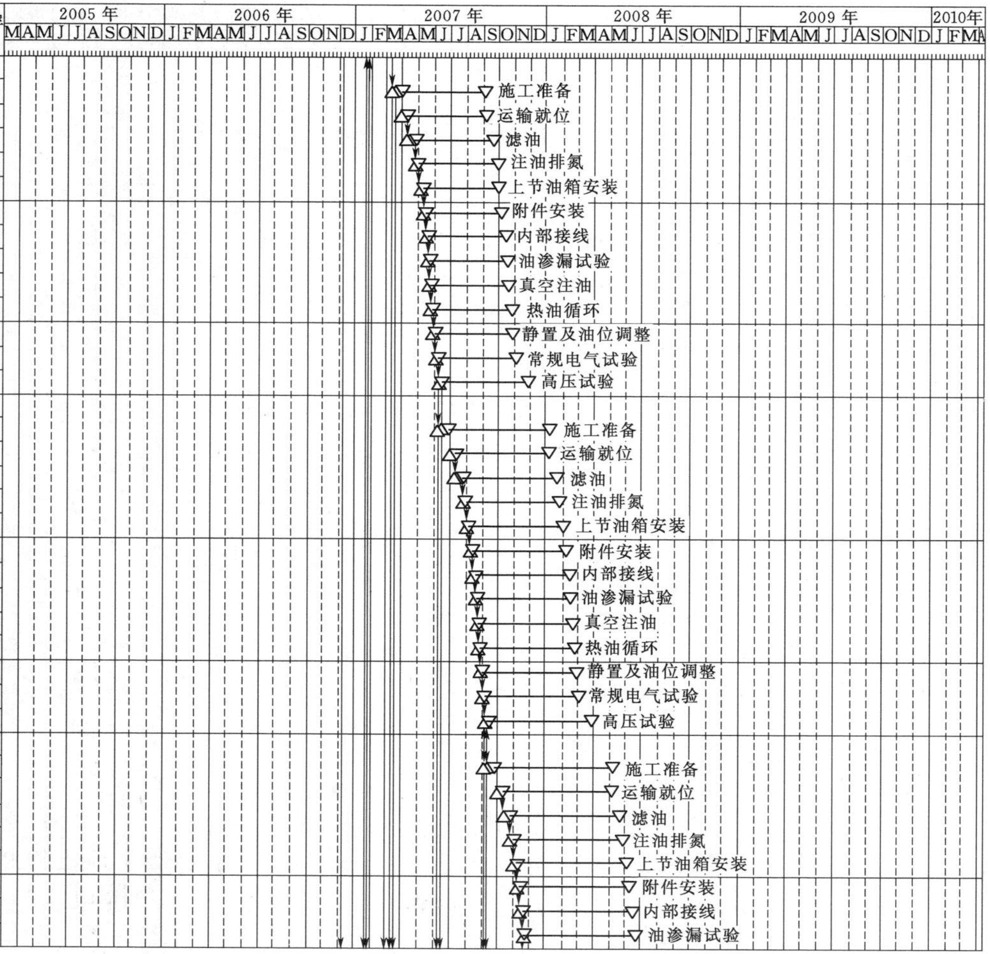

图16-3 某水电站电气设备安装工期横道图 (二)

注: 原定工期、总浮时单位为工日; 最早开工、最早完工单位为年·月·日。

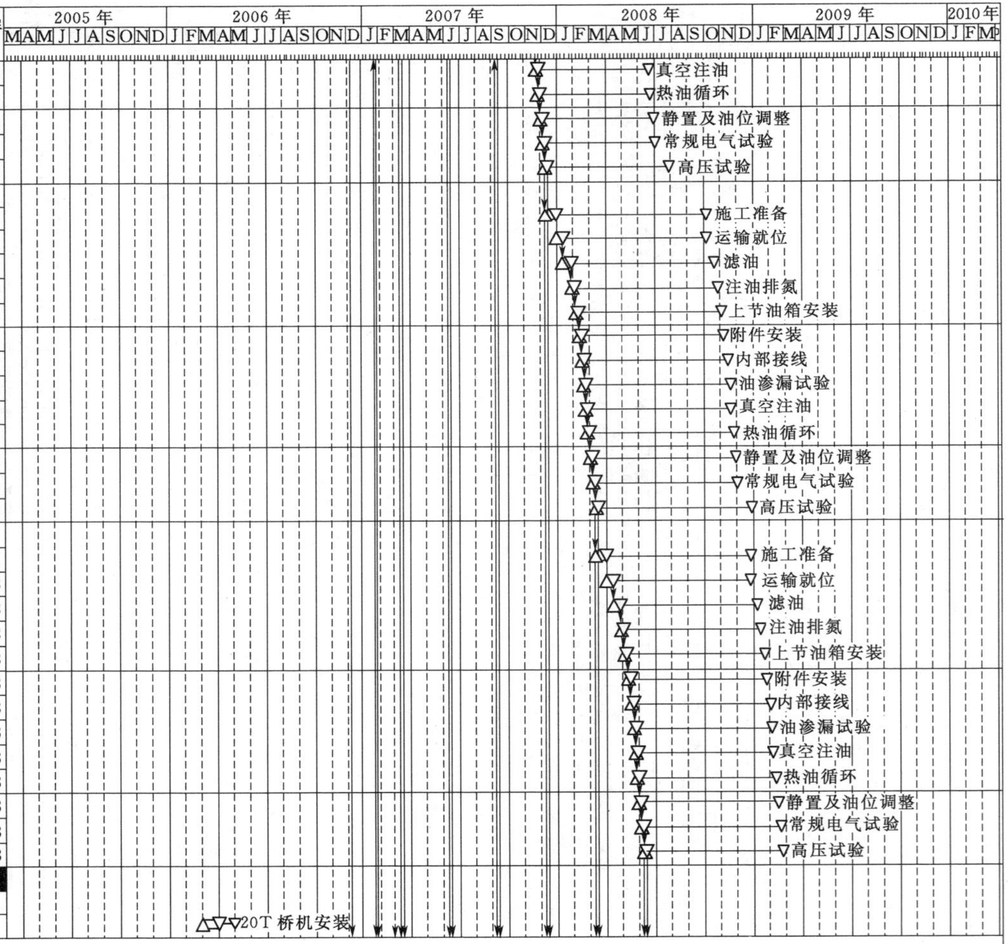

图 16-3 某水电站电气设备安装工期横道图（三）

作业名称	原定工期	最早开工	最早完工	总浮时
真空注油	3	2007.11.22	2007.11.24	208
热油循环	4	2007.11.25	2007.11.28	208
静置及油位调整	4	2007.11.29	2007.12.2	208
常规电气试验	5	2007.12.7	2007.12.7	208
高压试验	5	2007.12.8	2007.12.12	228
6号主变安装				
施工准备	20	2007.12.8	2007.12.27	283
运输就位	10	2008.1.1	2008.1.10	269
滤油	15	2008.1.11	2008.1.25	269
注油排氮	6	2008.1.26	2008.1.31	269
上节油箱安装	7	2008.2.1	2008.2.7	269
附件安装	5	2008.2.8	2008.2.12	269
内部接线	7	2008.2.13	2008.2.19	269
油渗漏试验	2	2008.2.20	2008.2.21	269
真空注油	3	2008.2.22	2008.2.24	269
热油循环	4	2008.2.25	2008.2.28	269
静置及油位调整	4	2008.2.29	2008.3.3	269
常规电气试验	5	2008.3.4	2008.3.8	269
高压试验	5	2008.3.9	2008.3.13	289
7号主变安装				
施工准备	20	2008.3.9	2008.3.28	271
运输就位	10	2008.4.1*	2008.4.10	258
滤油	15	2008.4.11	2008.4.25	258
注油排氮	6	2008.4.26	2008.5.1	258
上节油箱安装	7	2008.5.2	2008.5.8	258
附件安装	5	2008.5.9	2008.5.13	258
内部接线	7	2008.5.14	2008.5.20	258
油渗漏试验	2	2008.5.21	2008.5.22	258
真空注油	3	2008.5.23	2008.5.25	258
热油循环	4	2008.5.26	2008.5.29	258
静置及油位调整	4	2008.5.30	2008.6.2	258
常规电气试验	5	2008.6.3	2008.6.7	258
高压试验	5	2008.6.8	2008.6.12	258
500kV GIS开关站				
20t桥机安装	30	2006.3.1	2006.3.30	32

图例：△▽▽20T桥机安装

注：原定工期、总浮时单位为工日；最早开工、最早完工单位为年.月.日；*为开工时间限制。

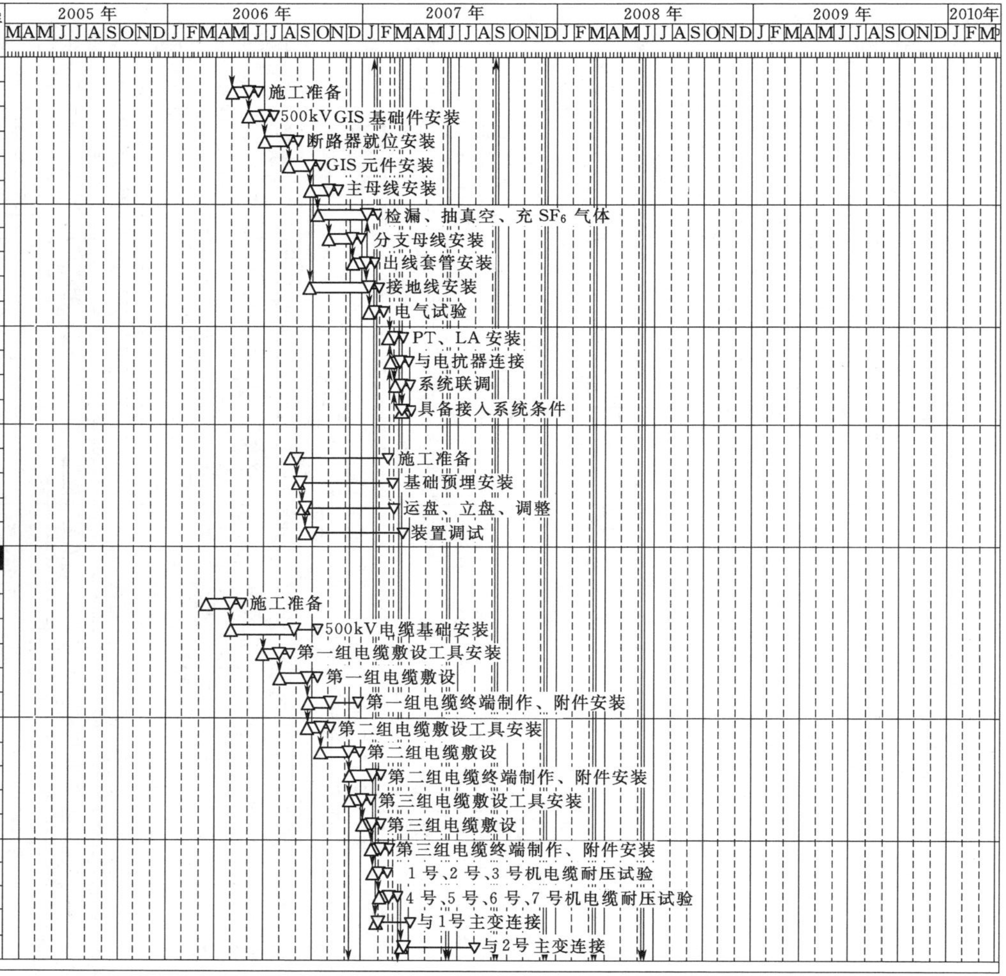

图 16-3　某水电站电气设备安装工期横道图（四）

作业名称	原定工期	最早开工	最早完工	总浮时
500kV GIS 安装				
施工准备	30	2006.5.2	2006.5.31	17
500kV GIS 基础件安装	30	2006.6.1	2006.6.30	17
断路器就位安装	45	2006.7.1	2006.8.14	17
GIS 元件安装	40	2006.8.15	2006.9.23	17
主母线安装	35	2006.9.24	2006.10.28	17
检漏、抽真空，充 SF₆ 气体	95	2006.10.9	2007.1.11	17
分支母线安装	45	2006.10.29	2006.12.12	17
出线套管安装	25	2006.12.13	2007.1.6	17
接地线安装	60	2006.9.24	2007.1.9	22
电气试验	8	2007.1.15	2007.1.22	17
PT、LA 安装	7	2007.2.22	2007.2.28	17
与电抗器连接	15	2007.2.22	2007.3.8	24
系统联调	15	2007.3.1	2007.3.15	17
具备接入系统条件	0	2007.3.16	2007.3.15	17
控制、保护、监测、自动化设备安装				
施工准备	15	2006.8.17	2006.8.31	168
基础预理安装	10	2006.9.1*	2006.9.10	168
运盘、立盘、调整	5	2006.9.11	2006.9.15	168
装置调试	15	2006.9.16	2006.9.30	168
500kV 电缆敷设				
施工准备	45	2006.3.17	2006.4.30	18
500kV 电缆基础安装	120	2006.5.1*	2006.8.28	42
第一组电缆敷设工具安装	30	2006.6.30	2006.7.29	18
第一组电缆敷设	54	2006.7.30	2006.9.21	18
第一组电缆终端制作，附件安装	42	2006.9.22	2006.11.2	54
第二组电缆敷设工具安装	24	2006.9.22	2006.10.15	18
第二组电缆敷设	54	2006.10.16	2006.12.8	18
第二组电缆终端制作，附件安装	42	2006.12.9	2007.1.19	18
第三组电缆敷设工具安装	24	2006.12.9	2007.1.1	18
第三组电缆敷设	18	2007.1.2	2007.1.19	18
第三组电缆终端制作，附件安装	14	2007.1.20	2007.2.2	18
1号、2号、3号机电缆耐压试验	12	2007.1.23	2007.2.3	17
4号、5号、6号、7号机电缆耐压试验	18	2007.2.4	2007.2.21	17
与1号主变连接	5	2007.1.28	2007.2.1	59
与2号主变连接	5	2007.3.15	2007.3.19	135

注：原定工期、总浮时单位为工日；最早开工、最早完工单位为年．月．日；＊为开工时间限制。

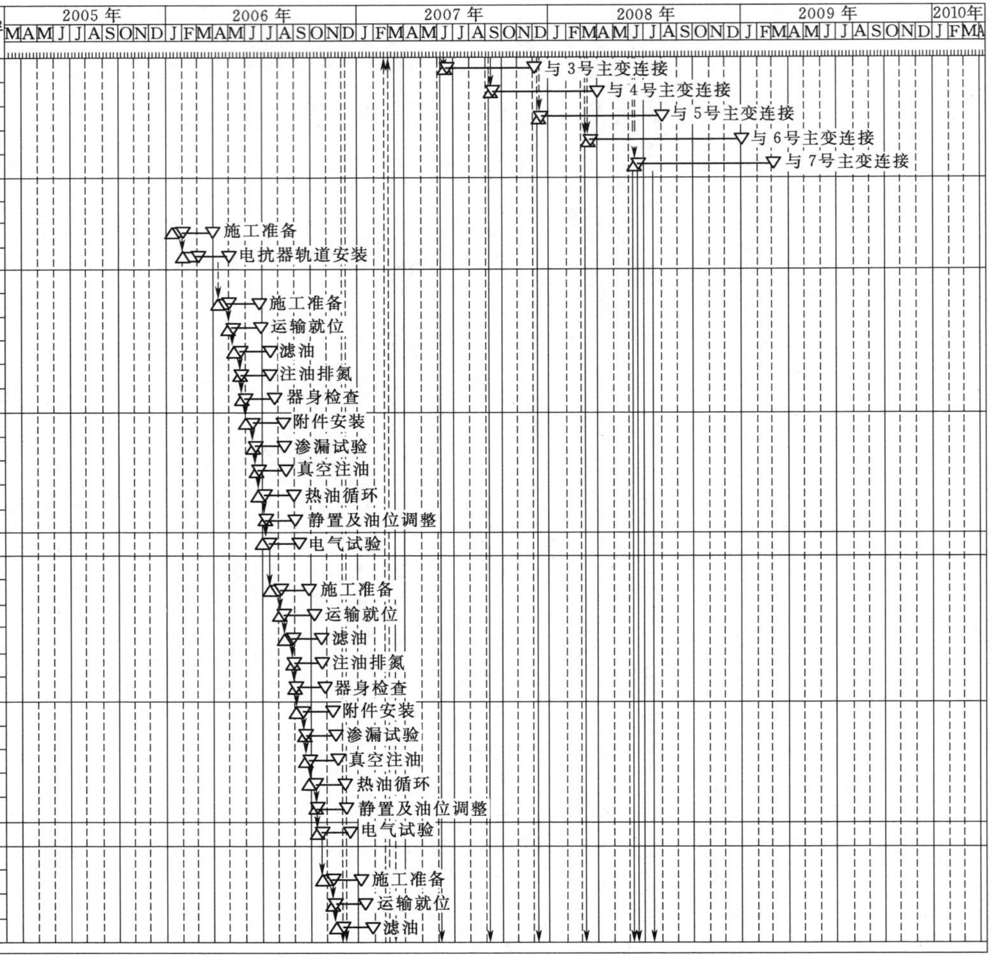

图 16-3 某水电站电气设备安装工期横道图（五）

作业名称	原定工期	最早开工	最早完工	总浮时
与3号主变连接	5	2007.6.13	2007.6.17	167
与4号主变连接	5	2007.9.12	2007.9.16	198
与5号主变连接	5	2007.12.13	2007.12.17	228
与6号主变连接	5	2008.3.14	2008.3.18	289
与7号主变连接	5	2008.6.13	2008.6.17	258
500kV散开式设备安装				
电抗器轨道安装				
施工准备	20	2006.1.12	2006.1.31	59
电抗器轨道安装	30	2006.2.1*	2006.3.2	59
1号电抗器安装				
施工准备	20	2006.4.11	2006.4.30	53
运输就位	6	2006.5.1*	2006.5.6	53
滤油	15	2006.5.7	2006.5.21	53
注油排氮	3	2006.5.22	2006.5.24	53
器身检查	6	2006.5.25	2006.5.30	53
附件安装	15	2006.5.31	2006.6.14	53
渗漏试验	3	2006.6.15	2006.6.17	53
真空注油	6	2006.6.18	2006.6.23	53
热油循环	12	2006.6.24	2006.7.5	53
静置及油位调整	4	2006.7.6	2006.7.9	53
电气试验	7	2006.7.10	2006.7.16	53
2号电抗器安装				
施工准备	20	2006.7.17	2006.8.5	53
运输就位	6	2006.8.6*	2006.8.11	53
滤油	15	2006.8.12	2006.8.26	53
注油排氮	3	2006.8.27	2006.8.29	53
器身检查	6	2006.8.30	2006.9.4	53
附件安装	15	2006.9.5	2006.9.19	53
渗漏试验	3	2006.9.20	2006.9.22	53
真空注油	6	2006.9.23	2006.9.28	53
热油循环	12	2006.9.29	2006.10.10	53
静置及油位调整	4	2006.10.11	2006.10.14	53
电气试验	7	2006.10.15	2006.10.21	53
3号电抗器安装				
施工准备	20	2006.10.22	2006.11.10	53
运输就位	6	2006.11.11*	2006.11.16	53
滤油	15	2006.11.17	2006.12.1	53

注：原定工期、总浮时单位为工日；最早开工、最早完工单位为年·月·日；＊为开工时间限制。

作业名称	原定工期	最早开工	最早完工	总浮时
注油排氮	3	2006.12.2	2006.12.4	53
器身检查	6	2006.12.5	2006.12.10	53
附件安装	15	2006.12.11	2006.12.25	53
渗漏试验	3	2006.12.18	2006.12.26	53
真空注油	6	2006.12.26	2006.12.31	53
热油循环	12	2006.12.26	2007.1.12	53
静置及油位调整	4	2007.1.13	2007.1.16	53
电气试验	7	2007.1.17	2007.1.23	53
500kV出线搭架安装	60	2006.4.1*	2006.5.30	231
避雷器、CVT、阻波器安装	35	2006.5.31*	2006.7.4	231
一次路线	40	2006.7.5	2006.8.13	231
供用系统设备安装				
1号主变供排水系统设备安装	30	2006.12.8*	2007.1.6	177
2号主变供排水系统设备安装	30	2007.3.10	2007.4.8	115
3号主变供排水系统设备安装	30	2007.6.8	2007.7.7	147
4号主变供排水系统设备安装	30	2007.9.7	2007.10.6	178
5号主变供排水系统设备安装	30	2007.12.8	2008.1.6	208
6号主变供排水系统设备安装	30	2008.3.9	2008.4.7	269
7号主变供排水系统设备安装	30	2008.6.8	2008.7.7	359
其他系统				
接地工程	180	2005.3.1*	2005.8.27	217
机电埋件安装	120	2006.4.1*	2006.7.29	246
绝缘油系统设备安装	180	2005.3.1*	2008.7.17	258
消防系统设备安装	180	2006.7.1*	2008.7.17	258
通风空调系统设备安装	240	2006.7.1*	2008.6.17	288
照明安装	180	2006.9.1*	2008.6.17	288
电缆与电缆桥架安装	210	2006.9.1*	2008.6.17	288
500kV开关站控制电源安装	45	2006.9.1*	2006.10.15	153
公用交流供电设备安装	45	2006.9.1*	2006.10.15	168
全厂工业电视及安全门禁系统	200	2006.11.1*	2008.6.7	298
全厂保护及故障信息处理系统	37	2006.9.1*	2006.10.7	176

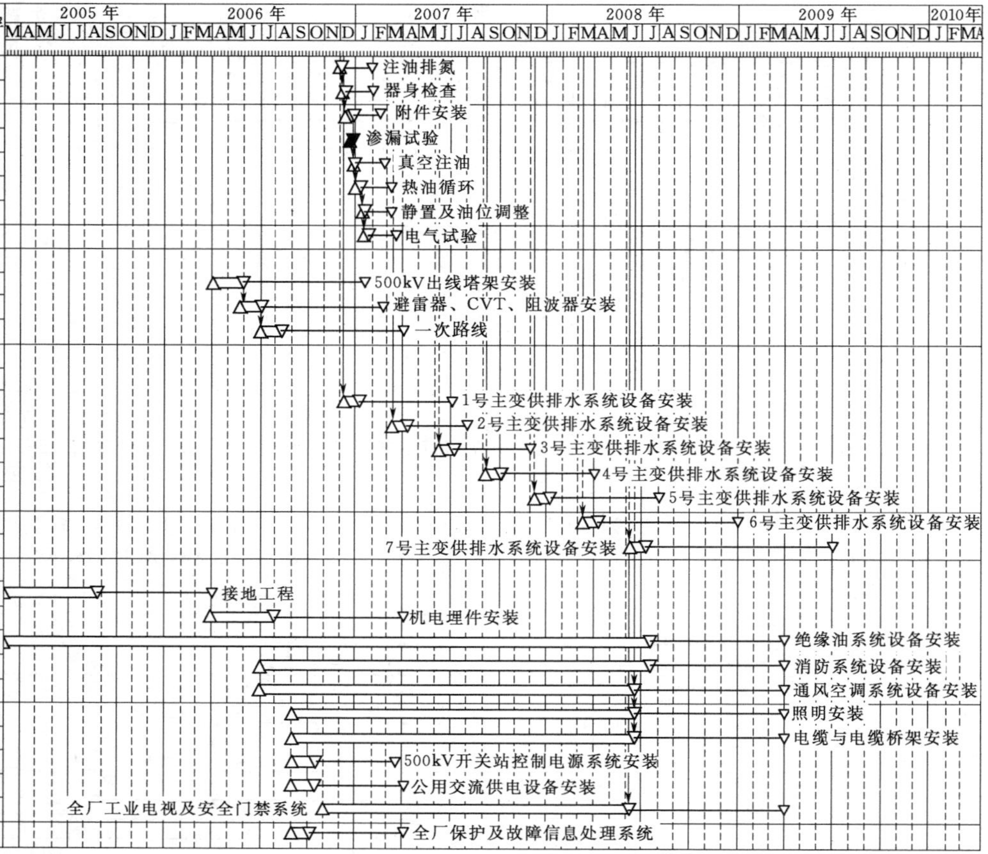

图16-3 某水电站电气设备安装工期横道图（六）

注：原定工期、总浮时单位为工日；最早开工、最早完工单位为年·月·日；* 为开工时间限制。

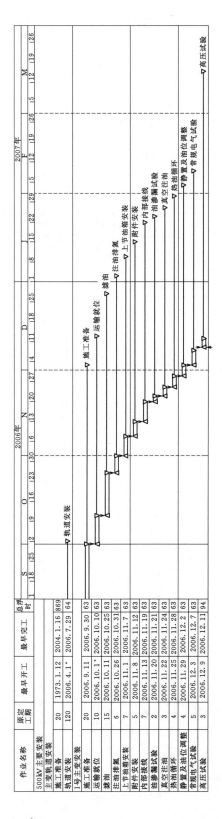

图 16-4　某水电站 500kV 主变压器安装工期横道图

注：原定工期、总浮时单位为工日；最早开工、最早完工单位为年·月·日。 * 为开工时间限制。

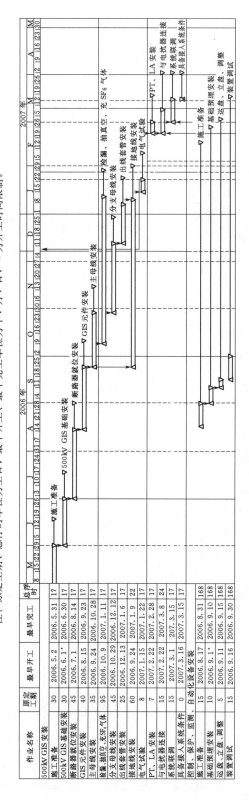

图 16-5　某水电站 12 间隔 500kV SF₆ GIS 安装工期横道图

注：原定工期、总浮时单位为工日；最早开工、最早完工单位为年·月·日。 * 为开工时间限制。

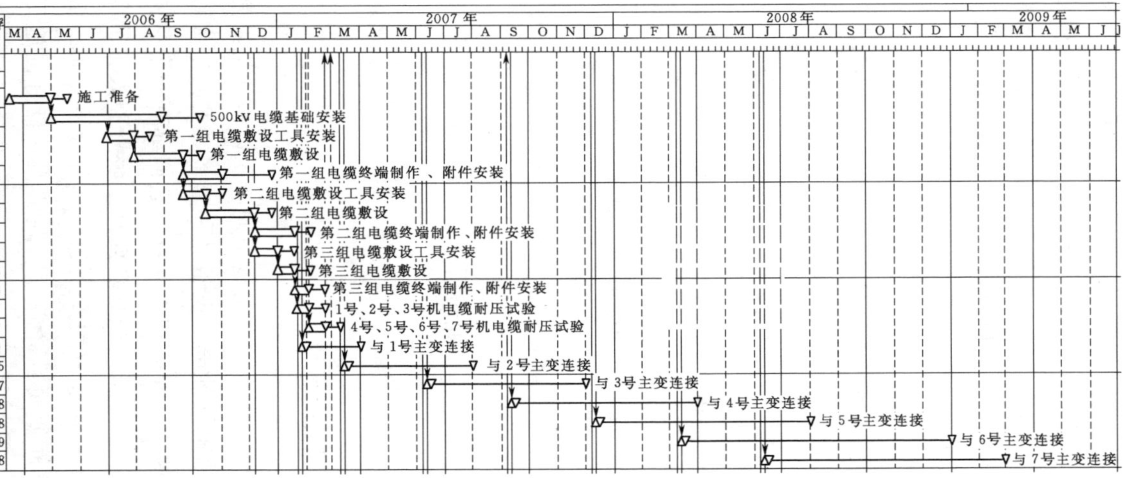

图 16 - 6 某水电站 3 个回路 500kV 高压电缆安装工期横道图

注：原定工期、总浮时单位为日；最早开工、最早完工单位为年·月·日，* 为开工时间限制。

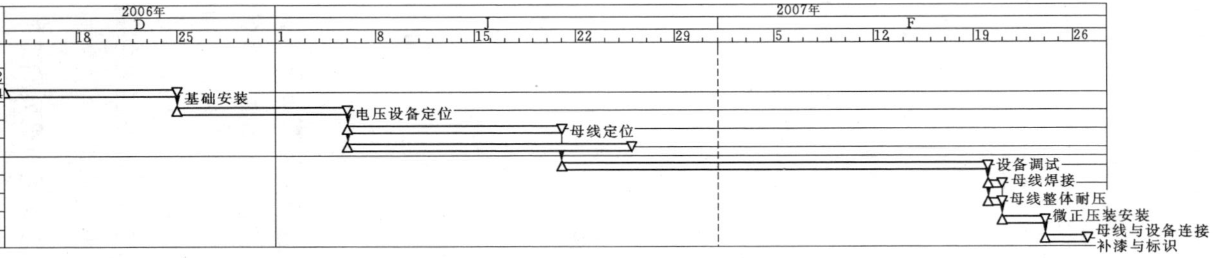

图 16 - 7 某水电站封闭母线与发电电压设备安装工期横道图

注：原定工期、总浮时单位为日；最早开工、最早完工单位为年·月·日，* 为开工时间限制。

压设备、主变压器设备施工断面见图 16-2。变压器、电抗器、GIS、高压电缆、发电机封闭母线、发电电压设备、出线设备等电站电气主设备施工时，施工机械及临时设施原则上就近设置，灵活调配。一般均采用机械施工。如变压器、电抗器部件吊装采用机械吊装、GIS 采用室内桥机吊装、高压电缆采用专用电缆输送机敷设，封闭母线及发电电压设备采用专用吊具吊装等。该项目采用 Primavera Project Planner（简称 P3）编制了电气设备安装工期横道图（见图 16-3）。

从进度计划图看，最早施工是主变轨道安装，开始时间是 2006 年 4 月 1 日，到 2008 年 6 月 12 日第 7 台主变高压试验止，总工期约为 25 个月零 12d。

（2）单项工程工期。

图 16-4～图 16-7 中原定工期、最早开工、最早完工、总浮时单位均为工日。

图 16-4 为某水电站 500kV 主变压器安装工期横道图，其中 2006 年 9 月 11 日开工，于 2006 年 12 月 11 日完工；总工期为 3 个月。

图 16-5 为某水电站 12 间隔 500kV SF$_6$ GIS 安装工期横道图，其中 2006 年 5 月 2 日开工，于 2007 年 3 月 15 日完工。

图 16-6 为某水电站 3 个回路 500kV 高压电缆安装工期横道图，其中 2006 年 3 月 17 日开工，于 2008 年 6 月 17 日完工。

图 16-7 为某水电站封闭母线与发电电压设备安装工期横道图，其中 2006 年 12 月 13 日开工，于 2007 年 2 月 26 日完工。

16.3 水电站电气设备安装施工设备与机具

水电站电气设备安装除了采用先进的技术和工艺外，选用适用的施工设备和机具是提高安装质量和节省安装时间的有效途径。当今水电站的电气设备品种繁多，尤其是大型水电站的电气设备均来自世界著名的电气制造厂商。从安装的角度看，它们都有一个共同特点，配备了专用的施工机具；如变压器安装中一般配备串联双级抽真空装置和大容量高真空滤油装置；美国生产的 800kV GIL 设备，配有安装专用的滑道，即便是在 210m 的垂直竖井内也能对 GIL 法兰连接进行定位，不仅简便而且高效。实践证明，良好的施工设备与机具是电气设备安装质量的重要保证。

16.3.1 施工设备与机具的组成

电气施工设备和机具一般由以下三部分组成：

（1）电气设备制造厂提供的专用机具，如 GIS 导体安装用的运输小车、法兰连接螺栓紧固用的扭力扳手、SF$_6$ 充气装置、SF$_6$ 回收装置等。

（2）施工单位要自备的设备、机具和测量仪器，如设备的现场运输、吊装设备，变压器滤油设备、变压器 GIS 抽真空设备、铝母线焊接设备，电气设备参数测量、绝缘试验用设备和仪表等。

（3）现场制作的临时设施，如工装、工作平台、安全防护设施等。

16.3.2 配置实例

（1）某 4×80MW 水电站的电气设备包括：10kV 发电机电压设备、220kV 主变压器、

220kV GIS、220kV 电缆、220kV 出线设备、10kV/0.4kV 厂用电设备、控制保护盘柜、电缆及桥架等，其电气设备安装的主要施工设备与机具见表 16-1。

表 16-1　　某 4×80MW 水电站电气设备安装的主要施工设备与机具表

名　称		规格型号	单　位	数　量
通用设备	手动液压叉车	3t	台	2
	手动液压叉车	5t	台	2
	螺旋千斤顶	5t	台	2
	螺旋千斤顶	10t	台	2
	螺旋千斤顶	50t	台	4
	电动卷扬机	10t	台	1
	电动卷扬机	3t	台	1
	滑车组	5t	台	2
	滑车组	20t	台	2
	手拉葫芦	1t	台	20
	手拉葫芦	3t	台	10
	手拉葫芦	5t	台	4
	手拉葫芦	10t	台	2
	尼龙吊带	3t	根	6
	尼龙吊带	5t	根	6
	机械压线钳		台	4
	液压压线钳		台	4
	电锤		台	4
	吸尘器	100~300W	台	4
	电缆牌机		台	2
	活动扳手	各种规格	把	若干
	逆变焊机	ZX7-400，400A	台	4
	氩弧焊机	NSA-300-1	台	2
	焊条烘箱	YCH-100	台	1
专用设备	油罐	30m³	只	3
	真空泵	150L/s	台	1
	真空滤油机	6000L/h	台	1
	压力滤油机	150L/s	台	2
	内衬钢丝 PVC 软管	DN50	mm	150
	数字真空计		块	2
	SF₆ 气体回收装置		台	1
	SF₆ 气体充气装置		台	1
	SF₆ 气体检漏仪		台	1
	SF₆ 气体含水量测试仪		台	1
	力矩扳手		套	1
	电缆终端制作工具（专用设备）		套	1

（2）某 4×300MW 水电站的电气设备包括：18kV 发电机电压设备、500kV 主变压器、500kV GIS、500kV 电缆、500kV 出线设备、10/0.4kV 厂用电设备、控制保护盘柜、电缆及桥架等，其电气设备安装的主要施工设备与机具见表 16-2。

表 16-2　　某 4×300MW 水电站电气设备安装的主要施工设备与机具表

	名　称	规格型号	单位	数量
通用设备	手动液压叉车	3t	台	2
	手动液压叉车	5t	台	2
	螺旋千斤顶	5t	台	2
	螺旋千斤顶	10t	台	2
	螺旋千斤顶	100t	台	4
	组合式油压千斤顶及油泵	4×100t	套	4
	电动卷扬机	10t	台	1
	电动卷扬机	3t	台	1
	滑车组	5t	台	2
	滑车组	20t	台	2
	手拉葫芦	1t	台	25
	手拉葫芦	3t	台	10
	手拉葫芦	5t	台	4
	手拉葫芦	10t	台	2
	尼龙吊带	3t	根	8
	尼龙吊带	5t	根	8
	机械压线钳		台	4
	液压压线钳		台	4
	电锤		台	5
	吸尘器	100～300W	台	10
	电缆牌机		台	2
	活动扳手	各种规格	把	若干
	逆变焊机	ZX7-400，400A	台	4
	氩弧焊机	NSA-300-1	台	2
	焊条烘箱	YCH-100	台	1
专用设备	油罐	50m³	只	4
	真空泵	75L/s	台	1
	真空泵	150L/s	台	1
	真空滤油机	6000L/h	台	1
	压力滤油机	150L/s	台	2
	干燥空气发生器	露点小于-40℃	台	2
	内衬钢丝 PVC 软管	DN50	mm	300

续表

名　称		规格型号	单位	数量
专用设备	数字真空计		块	3
	SF_6 气体回收装置		台	1
	SF_6 气体充气装置		台	1
	SF_6 气体检漏仪		台	1
	SF_6 气体含水量测试仪		台	1
	力矩扳手		套	1
	电缆终端制作工具（专用设备）		套	1
	电缆敷设机（专用设备）	输送机型号为 JSD－5C，牵引机为 JSY－30，直线滑车 HCL－1810，转弯滑车 ZCL－180，环形滑车 WX－180，配套拖辊 100 个	套	1

（3）某 6×700MW 地下水电站的电气设备包括：20kV 发电机电压设备、500kV 主变压器、500kV GIS、500kVGIL、500kV 出线设备、10/0.4kV 厂用电设备、控制保护盘柜、电缆及桥架等，其电气设备安装的主要施工设备与机具见表 16－3。

表 16－3　　某 6×700MW 地下水电站电气设备安装的主要施工设备与机具表

名　称		规格型号	单位	数量
通用设备	手动液压叉车	3t	台	2
	手动液压叉车	5t	台	2
	螺旋千斤顶	1t	台	2
	螺旋千斤顶	3t	台	2
	螺旋千斤顶	10t	台	2
	组合式油压千斤顶及油泵	4×220t	套	1
	电动卷扬机	8t	台	2
	电动卷扬机	5t	台	2
	电动卷扬机	3t	台	2
	升降车	升降高度 8m	台	2
	滑车组	10t	台	2
	滑车组	50t	台	2
	手拉葫芦	1t	台	25
	手拉葫芦	3t	台	10
	手拉葫芦	5t	台	4
	手拉葫芦	10t	台	4
	尼龙吊带	3t	根	20
	尼龙吊带	5t	根	8
	机械压线钳		台	4

名 称		规格型号	单位	数量
通用设备	液压压线钳		台	4
	电锤		台	5
	吸尘器	100～300W	台	10
	电缆牌机		台	2
	芯线打号机		台	2
	活动扳手	各种规格	把	若干
	力矩扳手	各种规格	把	若干
	套筒扳手	各种规格	套	2
	内六角扳手	各种规格	套	2
	塞尺		把	2
	逆变焊机	ZX7－400，400A	台	5
	氩弧焊机	NSA－300－1	台	3
	焊条烘箱	YCH－100	台	1
	电动扳手		套	2
	角磨机	ϕ150mm	台	5
	砂轮锯	ϕ400mm	台	2
	水准仪		台	1
	热风机	16kW	台	4
	小型弯板机		台	1
	水准仪		台	4
	经纬仪		台	1
	空气压缩机		台	
专用设备	油罐	60m³	只	3
	真空泵	150L/s	台	1
	真空滤油机	6000L/h	台	2
	板式滤油机	2000L/h	台	1
	干燥空气发生器	流量不大于 3m³/min，露点小于－40℃	台	2
	内衬钢丝 PVC 软管	DN100	mm	300
	数字真空计		块	3
	氧量仪		台	1
	露点检测仪		台	1
	SF₆ 气体回收装置		台	1
	SF₆ 气体充放装置		台	2
	大功率真空泵	300m³/h	台	3
	SF₆ 气体检漏仪		台	1

名　称		规格型号	单位	数量
专用设备	SF₆气体含水量测试仪		台	1
	力矩扳手		套	1
	套管支架	高压套管	个	3
	套管支架	中性点套管	个	1
	均载梁		块	6
	干湿度表		块	6
	母线转运车		台	40
	电缆终端制作工具（专用设备）		套	1
	电缆敷设机（专用设备）	输送机型号为 JSD - 5C，牵引机为 JSY - 30，直线滑车 HCL - 1810，转弯滑车 ZCL - 180，环形滑车 WX - 180，配套拖辊 100 个	套	1